“高速铁路工程技术创新丛书”
专家委员会

“高速铁路工程技术创新丛书”
编委会

国家出版基金项目
NATIONAL PUBLICATION FOUNDATION

高速铁路工程技术创新丛书
国家铁路局组织编写

高速铁路隧道

何　川　张志强　等编著
梁文灏　主　审

中国铁道出版社有限公司
2021年·北　京

内 容 简 介

本书是高速铁路工程技术创新丛书之一，由国家铁路局组织编写。本书结合我国大规模高速铁路工程建设实践，系统总结了我国高速铁路隧道的技术创新成果；阐明了高速铁路隧道主要技术标准、总体设计原则；从矿山法、盾构法、TBM 法三方面重点论述了高速铁路隧道的建设关键技术，涵盖了高速铁路隧道结构设计基本理论、特殊条件下隧道建造技术、高速铁路隧道抗震设计、防灾救援与运营通风、全寿命期服役状态评估与维护等学科前沿技术；以矿山法、盾构法、TBM 法建设的三座代表性高速铁路隧道为工程实例，全面反映我国高速铁路隧道建设现状。

本书将高速铁路隧道技术与工程实践相结合，具有较高的理论水平和实用价值，可供从事高速铁路隧道科学研究、设计、施工及运营管理的工程技术人员以及高等院校师生参考。

图书在版编目（CIP）数据

高速铁路隧道/何川等编著．—北京：中国铁道出版社有限公司，2021.6

（高速铁路工程技术创新丛书）

ISBN 978-7-113-27774-1

Ⅰ.①高… Ⅱ.①何… Ⅲ.①高速铁路-铁路隧道-隧道施工 Ⅳ.①U459.1

中国版本图书馆 CIP 数据核字（2021）第 039356 号

书　　名：高速铁路隧道
GAOSU TIELU SUIDAO

作　　者：何　川　张志强　等

策　　划：金　锋

责任编辑：李露露　　**编辑部电话：**(010)51873240　　**电子信箱：**790970739@qq.com

封面设计：高博越

责任校对：焦桂荣

责任印制：樊启鹏

出版发行：中国铁道出版社有限公司（100054，北京市西城区右安门西街 8 号）

网　　址：http://www.tdpress.com

印　　刷：北京盛通印刷股份有限公司

版　　次：2021 年 6 月第 1 版　2021 年 6 月第 1 次印刷

开　　本：787 mm×1 092 mm　1/16　**印张：**29.25　**字数：**749 千

书　　号：ISBN 978-7-113-27774-1

定　　价：175.00 元

主要编著者简介

何川,1964年6月出生,1999年毕业于早稻田大学土木建筑工程专业,获工学博士学位,西南交通大学副校长、教授,兼任中国岩石力学与工程学会副理事长、中国土木工程学会隧道及地下工程分会副理事长。主要研究领域为越江跨海隧道、地铁区间隧道、艰险山区隧道等大型复杂隧道的结构安全控制。发表SCI/EI收录论文300余篇,出版专著7部,主持完成的成果获国家科技进步一等奖1项、二等奖2项、国家技术发明二等奖1项,获省部级科技奖20多项。获首届全国创新争先奖状、何梁何利基金科学与技术奖、詹天佑铁道科学技术成就奖、茅以升铁道科学技术奖等荣誉。

张志强,1968年11月出生,1996年毕业于重庆大学采矿工程专业,获工学博士学位,1998年于西南交通大学"铁路、公路、水运博士后流动站"出站、博士后经历。现为西南交通大学教授、博士生导师,交通隧道工程教育部重点实验室副主任,教育部新世纪优秀人才,四川省学术和技术带头人,兼任中国土木工程学会隧道及地下工程分会地下空间专业委员会副主任、中国岩石力学与工程学会工程安全与防护分会理事。主要研究领域为大型及复杂地下结构施工力学、艰险山区隧道工程减灾与防灾等。发表SCI/EI收录论文120余篇,主持国家自然科学基金项目6项,其中高铁联合基金1项。获国家科技进步二等奖1项、省部级科技进步奖12项。

序

铁路是国民经济大动脉、关键基础设施和重大民生工程，是综合交通运输体系的骨干和主要交通方式之一，在我国经济社会发展中的地位和作用至关重要。高速铁路集聚了现代工业文明的丰硕成果，以其安全、便捷、舒适、环保等技术经济优势，显示出强大生命力。我国高度重视发展高速铁路，经过几代人的不懈努力，实现了从无到有、从探索到突破、从制造到创造，特别是党的十八大以来，我国高速铁路快速发展，已建成世界上最现代化的高铁网络，成为高铁运营里程最长、在建规模最大、高速列车数量最多、商业运营速度最高、高铁技术体系最全、运营场景和管理经验最丰富的国家。“复兴号奔驰在祖国广袤的大地上”。截至2020年底，我国高速铁路已达3.8万公里，占世界高铁总里程的三分之二以上。四通八达的高铁网，在服务国家重大战略、支撑经济社会发展、满足人民群众美好生活需要、助力“一带一路”建设、推动世界铁路发展等方面做出了巨大贡献。

我国高速铁路借鉴世界高铁发展的成功经验，通过原始创新、集成创新、引进消化吸收再创新，坚定不移地走出了一条符合国情路情、具有中国特色的自主创新道路。系统掌握了艰险山岭、风沙戈壁、黄土湿地、高寒酷热等各种复杂地质及气候条件下高速铁路建造成套技术，建成了一大批世界级标志性工程；创建了成套的高速铁路列车运行控制技术标准体系、认证体系和仿真平台，具备从列控系统设计、生产制造到工程实施的全过程能力；具有成熟的高速动车组设计、制造、测试技术，构建了科学的高速动车组技术标准体系，打造了规模强大的生产基地和完整的产业链；形成了适应复杂路网条件下长距离跨线运行的高铁运营管理成套技术，构建人防、物防、技防“三位一体”的高铁主动安全保障机制。我国高速铁路技术已经走在世界前列，成为推动世界高速铁路发展的重要力量。

习近平总书记指出：“我国自主创新的一个成功范例就是高铁，从无到有，从引进、消化、吸收再创新到自主创新，现在已经领跑世界。要总结经验，继续努力，争取在‘十四五’期间有更大发展。”今年，习近平总书记对发展职业教育做出重要指示。国家铁路局坚决贯彻习近平总书记重要指示精神，牵头组织铁路行业科研和工程技术人员编写了“高速铁路工程技术创新丛书”（以下简称“丛书”），旨在全面梳理创新成果，系统总结建设经验，进一步厚植技术优势，持续推进高质量发展；旨在集聚行业智慧，丰富教学载体，助力高铁专业人才培养；旨在分享我国高铁科技创新成果，促进各国铁路合作交流，服务“一带一路”建设。丛书共31册，涵盖高速铁路规划设计、土木建筑、装备制造、生态保护、运营管理、安全工程等高速铁路工程技术全产业链、全寿命周期。丛书力求全面反映我国高速铁路科技创新发展成就，体现铁路行业科技创新水平；阐述高铁工程基础理论、规律、机理，呈现技术、方法、路径，可验证，可复制，可传承；汇集专业积累和经验积淀，源于实践，指导实践；涵盖高铁主要工程技术领域，内在统一、自成体系。丛书坚持理论与实践、规范与实证、传承与创新相结合，着力构建"理论＋技术＋实践"三位一体的高铁工程技术框架，矢志推动建立反映时代特征、体现中国特色、具有世界高度的高铁工程技术创新体系。丛书得到了国家出版基金的大力支持，已列为2021年度资助项目。

我们深刻地认识到，我国高速铁路科技创新能够取得丰硕成果，是以习近平同志为核心的党中央坚强领导亲切关怀、铁路全行业攻坚克难实干奉献的结果，是集中力量办大事的社会主义制度优势的突出体现，是坚持改革开放强国之路的最好例证；得益于中央各部门和地方政府的协同奋战、通力合作，得益于广大人民群众的广泛参与、大力支持。丛书编著人员来自于我国高铁各领域一线，长期从事高铁技术研究与实践，具有深厚理论功底和丰富实践经验，是我国高速铁路建设发展的亲历者、见证人，是铁路各专业具有代表性和影响力的领军人物。丛书专家委员会由行业内具有崇高威望、为我国高速铁路发展做出重大贡献的资深权威专家组成，全程指导丛书编著，并进行审定把关。丛书既是高铁工作者的智慧和汗水的结晶，更是追逐梦想、奋发有为的写照。

当今世界正经历百年未有之大变局，我国正处于两个百年奋斗目标的历史交汇期，开启了全面建设社会主义现代化国家的新征程，立足新发展阶段，贯彻新发展理念，构建新发展格局，实现高质量发展，铁路面临新形势、新使命。我们必须坚决贯彻习近平新时代中国特色社会主义思想，全面落实《交通强国建设纲要》，不忘初心、牢记使命，传承守正、培元固本，继续推进高速铁路创新发展，高质量建设铁路强国，为全面建设社会主义现代化国家当好先行。

国家铁路局"高速铁路工程技术创新丛书"编委会

2021年6月

前　言

党的十八大以来，我国高速铁路快速发展，取得了举世瞩目的成就。为了全面梳理我国高铁工程技术创新成果、系统总结建设经验、推进高铁持续创新，国家铁路局组织一批具有深厚理论功底和丰富实践经验的科研和工程技术人员编写了"高速铁路工程技术创新丛书"，并请高铁工程领域资深权威专家全程指导、审定把关。丛书共31册，本书为丛书之一。

当前，我国高速铁路网已逐渐覆盖祖国的东西南北。我国高速铁路经历了从无到有、从弱到强的发展过程，实现了从引进来到走出去的历史性跨越。我国高速铁路已经成为"国家名片"，其技术标准、设计咨询、工程建设、装备制造、人员培训和运营维护等整体技术均处于国际领先水平。近年来，伴随着我国高速铁路的建设步伐，我国在山岭和水下修建了大量高速铁路隧道。这些隧道表现出设计速度越来越高、断面越来越大、埋深越来越深、长度越来越长、地质越来越复杂等趋势，给隧道工程建设与运营带来了诸多挑战。为反映我国高速铁路隧道在新原理、新方法、新结构、新技术、新工艺等方面所取得的技术进步，特别是在高速铁路隧道勘察设计、施工建造、防灾救援等方面的技术进步，我们特地编著了本书，目的是为广大读者提供一本与时俱进、全面反映我国高速铁路隧道建设新理论和新技术的专业图书。

本书结合高速铁路隧道线路线形标准高、空气动力学效应显著、衬砌结构受力复杂、运营防灾救援难度大、隧道维修养护困难等技术特点，阐述了高速铁路隧道的总体设计原则和技术标准，并从矿山法、盾构法、TBM法三方面论述了高速铁路隧道的建设关键技术；鉴于我国地质情况多样，地震频发，本书还对复杂与特殊环境高速铁路隧道修建技术、高速铁路隧道抗震设计进行了论述；由于高速铁路隧道运营防灾和长期安全性是关系高速铁路运行质量和可持续发展的重要因素，因此，本书各辟专章对高速铁路隧道防灾救援与运营通风、高速铁路隧道服役状态评估与维护进行了阐述；最后，结合矿山法、盾构法、TBM法建设的三座代表性高速铁路隧道，进行了工程案例剖析和示范。

本书作者均来自隧道研究和设计单位的一线人员，均具有丰富的理论功底和设计经验。本书由何川、张志强等编著，参与单位有西南交通大学、中铁四院、中铁一院、中铁二院工程集团。全书由何川总策划和组织撰写、统稿，梁文灏院士主审。在撰写过程中，肖明清、李国良、喻渝等提供了工程案例。

本书编写分工如下：第1章（何川、晏启祥），第2章（何川、张志强）、第3章（晏启祥、张志强），第4章（张志强、姚超凡、董唯杰），第5章（何川、方勇、郭瑞），第6章（方勇、董唯杰），第7章（何川、张志强、晏启祥、汪波、王士民、封坤、陈子全），第8章（耿萍、何川），第9章（曾艳华、张玉春），第10章（王士民、杨文波），第11章（肖明清、李国良、喻渝）。在此，向所有编著、编审人员以及各支持单位表示衷心感谢和崇高敬意。

本书理论联系实际，图文并茂、内容全面，反映了我国当前高速铁路隧道建设的实践情况，可供从事高速铁路隧道科学研究、设计、施工及运营管理的相关工程技术人员参考，也可作为高等学校研究生学习隧道工程的专业书籍。

由于编者水平和条件有限，书中难免有疏漏和不足之处，敬请广大读者批评指正。

编著者

2020 年 6 月

目　　录

1 绪　论

随着我国经济社会的发展和进步，我国高速铁路建设逐渐由东部平原地区向西部丘陵、山地和高原等地区推进，贵阳至广州高速铁路、西安至成都高速铁路、宝鸡至兰州高速铁路、贵阳至南宁高速铁路、银川至西安高速铁路、重庆至昆明高速铁路等都有大量铁路隧道工程。目前，我国高速铁路隧道总长约占高速铁路营业里程的16%，其中一些项目隧道占比超过50%。建成和在建的代表性隧道工程有：郑西高速铁路函谷关隧道(7 851 m)，武广高速铁路大瑶山一号隧道(10 081 m)、浏阳河隧道(10 115 m)，石太高速铁路太行山隧道(27 839 m)，合福高速铁路北武夷山隧道(14 646 m)，广深港高速铁路狮子洋隧道(10 800 m)，京张高速铁路新八达岭隧道(12 010 m)，成渝高速铁路龙泉山隧道(7 328 m)，兰渝高速铁路西秦岭隧道(28 236 m)，西成高速铁路秦岭天华山隧道(15 989 m)，成贵高速铁路老房子隧道(6 423 m)，贵广高速铁路岩山隧道(14 693 m)，贵南高速铁路都安隧道(15 152 m)，南昆高速铁路幸福隧道(12 787 m)，郑渝高速铁路小三峡隧道(18 950 m)，兰新高速铁路大坂山隧道(15 918 m)等。

1.1 高速铁路隧道技术特点

高速铁路隧道的使用属性和环境要求，决定了其具有线路线形标准高、隧道断面大、空气动力学效应显著、衬砌结构受力复杂、运营防灾救援难度大、隧道维修养护困难等技术特点。

1. 线路线形标准高

众所周知，随着列车速度的提高，列车与线路之间相互作用关系发生变化，列车的竖向和横向加速度增大，列车振动的衰减距离延长，各种振动叠加的可能性提高。若列车振动发生不利叠加，将严重影响列车运行的安全性和旅客乘坐的舒适度。因此，高速铁路隧道的线路平纵断面线形等技术标准应相应提高，包括平面最小曲线半径、缓和曲线、外轨超高等线路平面标准，坡度值和竖曲线等线路纵断面标准。譬如采用较大的线路平面曲线半径、较长的纵断面坡段长度和较大的竖曲线半径以提高隧道内线路的平顺性。相关技术标准规定，速度250 km/h、300 km/h和350 km/h的无砟轨道高速铁路隧道的平面最小曲线半径一般分别为3 200 m、5 000 m和7 000 m，区间正线的最大坡度不宜大于20‰，当最大设计坡度采用20‰时，坡段长度不宜大于6 km。高速铁路隧道线路线形标准提高为隧道内列车运行安全平稳提供了保障，隧道则可能变得越来越长、埋深越来越深。截至2020年底，我国建成(3 631座)和在建(1 811座)的高速铁路隧道共5 442座，总长为8 753 km，其中长度10 km以上的特长隧道有137座，总长约1 741 km。

2. 隧道断面大

高速铁路隧道的断面特点主要体现在其净空有效面积上。断面大小与相应的移动设备标准、乘车舒适度标准、防灾救援以及经济性有关，各国采用的标准相差比较大。以日本新干线隧道为代表，采用较小隧道断面积方案，通过提高运营车辆的密封性能，达到节约工程投资的目的，其运营速度 270 km/h 的双线隧道断面净空有效面积仅为 64 m^2。以韩国高速铁路隧道为代表，通过适当加大隧道断面净空有效面积的方法，缓解高速铁路的空气动力学效应，首尔至釜山高速铁路设计速度为 350 km/h，双线隧道断面净空有效面积则为 107 m^2。德国科隆至法兰克福高速铁路设计速度为 300 km/h，双线隧道断面净空有效面积为 92 m^2。我国高速铁路隧道采用相对较大断面积标准的方案，设计速度 350 km/h 的双线隧道断面净空有效面积达到了 100 m^2，设计速度 250 km/h 的双线隧道断面净空有效面积达到了 90 m^2。

3. 空气动力学效应强

高速铁路隧道净空断面大小直接影响高速列车进入隧道诱发的空气动力学效应剧烈程度。高速列车进入隧道后诱发的空气动力学效应主要表现在三个方面，即瞬变压力、洞口微气压波和行车阻力。其中，瞬变压力使人的听觉感到不适，影响其大小的主要因素是行车速度、隧道净空有效面积、列车断面积以及列车的密封系数。洞口微气压波是列车进入隧道时产生的压缩波，其在另一端释放时将产生爆破声。微气压波的量值主要取决于行车速度、隧道净空有效面积及列车断面积，其中，行车速度最为敏感。当行车速度达到 300 km/h 以上时，加大隧道断面对防止微气压波的作用减小，此时应考虑在洞口设置缓冲结构。减小行车阻力主要靠增大隧道净空有效面积，增大隧道净空有效面积对行车阻力有整体减缓作用。然而，当隧道净空有效面积达到 100 m^2 时，这一效果将下降。如在此净空有效面积下，隧道内最大行车阻力只比明线增大 15%～30%。鉴于高速铁路隧道的空气动力学效应，我国相关技术标准要求：速度 250 km/h 的双线隧道净空有效面积不宜小于 90 m^2，速度300 km/h、350 km/h 的双线隧道净空有效面积不宜小于 100 m^2。由此可见，由于高速铁路隧道列车行驶速度较高，因而其净空有效面积比普速铁路要大，高速铁路隧道断面呈扩大趋势。截至 2020 年，我国开挖断面积为 150～170 m^2 甚至更大的隧道约占全部高速铁路隧道的 1/2 以上。

在通常情况下，考虑到空气动力学的特性，高速铁路隧道多采用单洞双线断面。而双洞单线断面主要从防灾救援角度考虑，两隧道互为救援疏散通道。单洞双线和双洞单线高速铁路隧道如图 1.1 和图 1.2 所示。

图 1.1 单洞双线高速铁路隧道

图 1.2 双洞单线高速铁路隧道

4. 衬砌结构受力复杂

高速铁路隧道有的穿越大埋深艰险山区、有的穿越复杂地质或江湖河海水域，这些地质环境决定了隧道结构受力的复杂性。常规岩土体应力条件下还可能叠加高水头压力、高温度应力、高地应力、冻融冻胀力、断层错动力、湿陷下沉力、局部膨胀力，以及频繁变化的微气压波作用、高速列车往复振动荷载作用等。因此，隧道结构受力非常复杂且变化较大，需要高度重视隧道结构的安全性和耐久性设计。高速铁路隧道横断面较大，受力较复杂，尤以隧道底部为甚。由于隧道底部结构在长期列车动载作用及地下水侵蚀的影响下极易产生破坏，从而引起基底沉陷、道床翻浆冒泥等病害，不但增加养护维修工作量，而且严重影响运营安全。因此，高速铁路对隧道底部的强度较普速铁路要求更高。同时，若高速铁路隧道断面宽度较大，隧道仰拱矢跨比过大，工程量增加较大，不经济；若矢跨比过小，则仰拱作用减弱。所以高速铁路隧道矢跨比，需在合理范围内取值。研究还表明，高速铁路隧道两侧边墙底容易引起应力集中，故隧道在边墙底应加强，且隧道边墙与仰拱的连接方式宜采用圆顺连接。

5. 运营防灾救援难度大

由于高速铁路隧道普遍较长，因此列车活塞风效应减弱，列车在隧道内发生事故的概率增大，旅客疏散难度增加。若采用单洞双线隧道方案，防灾救援的难度非常大。特别是在我国西部地区，地形地质条件极为复杂，气象、地质等自然灾害频发。艰险山区经济相对落后，道路交通等基础设施均较为落后，不仅给高速铁路隧道施工带来不便，且一旦发生灾害事故，抢修救援工作也难以迅速有效展开。高速铁路隧道防灾救援应贯彻“以人为本、安全疏散、自救为主、方便救援”的工作方针，健全防灾疏散救援系统，将列车发生灾害事故后所产生的影响降至最低程度。因此，高速铁路隧道内应设置疏散通道和安全空间。疏散通道应贯通设置，单线隧道单侧设置，多线隧道双侧设置。当列车发生火灾事故时，一般应将着火列车驶出洞外，若无法驶出时，则驶至紧急救援站（或车站）进行疏散救援。对于长大隧道及大规模隧道群，必须确定紧急救援站（或车站）的间距。已经建成通车的石太高速铁路太行山隧道，就在其中部 5 号斜井处和隧道进口设置了两个紧急救援站。当列车发生非火灾事故时，对于双洞单线铁路隧道，一般可立即停车，通过两隧道之间等间距设置的横通道进行疏散。对于单洞双线铁路隧道，一般应控制列车驶至最近的紧急出口或避难所进行疏散。长度 5～10 km 的单洞隧道，一般应在隧道洞身段结合施工辅助坑道设置一处紧急出口或避难所；长度 10 km 及以上的单洞隧道，应在洞身段设置不少于一处紧急出口或避难所。武广高速铁路浏阳河隧道就在隧道最低处设置了避难所。

6. 隧道维修养护困难

高速铁路隧道一般都位于崇山峻岭之中，难以绕行，如果隧道内出现严重水害、冻害、衬砌裂损、衬砌侵蚀或设施故障等情况，则会停止通行，从而造成重大经济损失。高速铁路隧道一旦投入运行，由于列车行驶速度高、运行时间长，隧道维修有一定的时间限制，实施衬砌结构维修难度大，隧道病害往往难以彻底治理。高速铁路必须严格遵守“行车不施工、施工不行车”的天窗作业制度，天窗时间总体有限，通常安排在凌晨。隧道重大缺陷整治工程量大，不中断行车条件下的天窗时间短。相对普速铁路隧道，两三天可集中完成修复整治的工程，高速铁路隧道往往会持续若干天甚至长达一个月以上，边整治边运行成为常态，安全隐患特别大。高速铁路隧道运营病害检测与治理应本着“预防为主、早期发现、及早维护、对症下药”的理念，要经常性地对隧道进行检查，及时发现问题，建立数据库，确定需要整治的技术指标，制定质量验收标准，并采用隧道防水排水、供热通风、衬砌补强加固等有效措施进行整治，力争做到质量检测程序化，处治规范化，验收标准化，减少运行安全事故的发生。

1.2　高速铁路隧道发展历史

我国是一个多山国家，山地面积占 2/3 以上，山峦起伏、群山连绵，崇山峻岭密布，同时，水系发育、江河纵横。这些地形和地质条件成为制约我国高速铁路工程建设的障碍。随着我国经济社会的快速发展，隧道工程在我国高速铁路中的比重越来越大，并呈现出以下趋势：隧道设计速度越来越高、断面越来越大、埋深越来越深、长度越来越长、数量越来越多、地质越来越复杂。为应对这些新情况和新挑战，高速铁路隧道工程建设在新原理、新方法、新结构、新技术、新设备、新工艺等方面实施了大量创新，取得了辉煌成就。截至 2020 年底，我国共建成高速铁路隧道 3 631 座，总长 6 003 km，其中长度 10 km 以上的特长隧道 87 座，总长约 1 096 km。新增运营隧道 189 座，累计长度约 508 km；在建高速铁路隧道 1 811 座，累计长度约 2 750 km；规划高速铁路隧道 3 566 座，累计长度约8 036 km。通过技术研发和积累，基本形成了以 250 km/h、300～350 km/h两种速度等级为基础的高速铁路隧道结构体系，并熟练掌握了山岭隧道和水下隧道施工技术（见图 1.3 和图 1.4），矿山法隧道和盾构(TBM)法隧道施工技术（见图 1.5 和图 1.6），并且应对复杂地质的能力越来越强。尤其是在矿山法施工方面，大规模实现了机械化配套技术，形成了涵盖超前支护、开挖、初期支护、二次衬砌4 大作业区，关键工序机械化的Ⅰ级机械化配套和全工序机械化的Ⅱ级机械化配套的自由选择。我国高速铁路隧道的发展历史不断被刷新，在我国高速铁路隧道技术发展过程中，涌现了若干代表性工程。

2007 年，台北至高雄高速铁路建成通车，该线全长 345 km，共有隧道 48 座，总延长 47.217 km，是我国最早通车并建有隧道工程的高速铁路。同年，石太高速铁路太行山隧道贯通，该隧道全长 27.839 km，最大埋深 445 m，双洞单线，设计时速 250 km，是我国目前已建成的最长山岭高速铁路隧道。

图 1.3　山岭高速铁路隧道

图 1.4　水下高速铁路隧道

图 1.5　矿山法高速铁路隧道

图 1.6　盾构法高速铁路隧道

2008 年，合肥至南京高速铁路建成通车，包含总长 2.005 km 的两座隧道，这是我国第一条具有隧道工程并通车运营的高速铁路。同年，武广高速铁路浏阳河隧道贯通，该隧道下穿浏阳河和长沙市区，隧道全长 10.115 km，设计行车速度目标值为 350 km/h，是我国第一条矿山法水下高速铁路隧道，也是国内开挖断面最大的矿山法水下铁路隧道，开挖断面积达 165 m^2。2008 年，郑西高速铁路秦东隧道全线贯通，该隧道全长 7.7 km，最大开挖面积达 174 m^2，是世界上首座也是目前最大断面的湿陷性黄土隧道。

2011 年，广深港高速铁路狮子洋隧道贯通，该隧道全长 10.8 km，穿越软硬交错复杂地层，隧道内径 9.80 m，外径 10.80 m，是我国第一条盾构法水下铁路隧道、国内最长水下隧道、世界上行车速度目标值最高的盾构法水下隧道。

2014 年，兰新高速铁路祁连山隧道建成，该隧道全长 9.49 km，轨面海拔 3 580 m，隧道处于高寒缺氧区，含氧量只有内地 60%，平均气温 −2.9 ℃，最低气温 −32.6 ℃，是目前世界上海拔最高的高速铁路隧道。同年，兰新高速铁路大坂山隧道建成，该隧道海拔 3 000～4 200 m，全长 15.918 km，是全线第一长隧道，也是世界上最长的高原高速铁路隧道。2014 年，广深港高速铁路益田路隧道贯通，该隧道全长为 6.236 km，采用直径为 13.23 m 的泥水平衡盾构机施工，隧道管片外直径达 12.8 m，隧道穿越较长的软硬不均花岗岩和变质砂岩复合地层，并且位于城市密集居民区下面，该隧道是我国目前采用盾构技术建成的最大直径高速铁路隧道。2014 年，兰渝高速铁路西秦岭隧道贯通，隧道全长 28.236 km，位于甘肃省陇南市，为双洞单线隧道，采用两台 TBM 和钻爆法施工，是当时我国高速铁路采用 TBM 修建的最大直径干线铁路隧道，是我国铁路隧道采用 TBM 建成的标志性工程。

2016 年，莞惠城际铁路松山湖隧道贯通，这条隧道位于广东东莞，隧道全长 38.0 km，采用了盾构、明挖和暗挖等多种方法施工，下穿城市房屋、道路、河流、沟渠等，施工难度极大，是我国目前建成的最长高速铁路隧道。

2018 年，北起南昌，南至赣州，设计时速 350 km、长度 13.9 km 的昌赣高速铁路万安隧道顺利贯通。该隧道穿越 18 条断层、15 个褶皱带，是全线的重点控制性工程。

2019 年，设计速度 250 km/h 的梅汕高速铁路丰顺隧道贯通，该隧道是广东省内已建的最长高速铁路隧道，贯穿整座莲花山脉，施工难度大、安全风险高、环保管控严，施工克服高温、高压、富水等地质结构，隧道全长 14.4 km，为单洞双线隧道。同年，西银高速铁路全线开通运营，该铁路设计速度 250 km/h，该线的彬县隧道全长14.25 km，是西银高速铁路全线最长隧道。

2020 年，郑太高速铁路太谷隧道安全顺利贯通，标志着山西东南部出省大通道太焦段全线隧道正式贯通。太谷隧道全长 11.49 km，地处地质构造活动强烈带。隧址区穿越 28 条断层、8 处泉眼，岩体极其破碎且富水，全隧岩层黏结力较差，现场施工存在坍塌、突泥、突水等高风险，被列为太焦段四座高风险隧道之一。

1.3 高速铁路隧道技术进步及其发展方向

高速铁路隧道建设发展近二十年来，我国高速铁路隧道技术在勘察设计、施工建造、防灾救援等方面取得了重要进步。

首先是高速铁路隧道地质勘查技术不断取得进步，如航拍遥感、物探技术和高速地质钻机的综合使用，使隧道工程的水文和工程地质的信息量和准确度大为提高。全球定位系统(GPS)的采用，使隧道野外地形勘测工作效率翻倍，精度等级提高。在设计方面，传统隧道结构设计采用工程类比法、基于结构力学的荷载结构法、基于现场量测和实验室试验的收敛约束法为主，而近年来随着计算机辅助设计手段的运用和普及，基于连续介质力学和岩石力学的地层结构法获得了大量应用。这种计算方法的重要特征是把支护结构与岩体作为一个统一的力学体系来考虑。地层结构法中，围岩和结构两者之间的相互作用与岩体的初始应力状态、岩体的特性、支护结构的特性、支护结构与围岩的接触条件及参与工作的时间等一系列因素有关，同时还与施工开挖技术有关。相关数值分析方法包括有限差分法、有限单元法、边界元法、无网格法、离散元法、流形元法等。基于设计分析方法和技术的进步，高速铁路隧道设计效率及质量实现了较大跨越，并促使新的设计理念、新的结构形式不断涌现。

其次，我国高速铁路隧道掘进机(TBM、盾构)技术异军突起，由设备引进、消化、自制到创新，进步显著。目前，国内独家生产或与境外合作生产 TBM 和盾构机的能力基本能满足国内需要。除一些特殊隧道项目需要进口掘进机外，国产掘进机已基本能够满足国内工程建设需要，甚至进入了国际市场。同时，采用钻爆法或其他开挖手段进行隧道施工的机械化水平也明显提高，特别是在施工机具和设备的合理配置方面。我国先后开发了适用于双线铁路隧道的四臂钻孔台车，用于单线铁路隧道的门架式钻孔台车，TBM 适用于有轨运输的挖装机、大功率的电瓶车、大容积的梭式矿车，适用于无轨运输的装载机、载重车，低回弹率的湿喷机，全自动的喷射混凝土机械等。大量新的建造装备的研发和应用，使高速铁路隧道建设对地质的适应能力和施工效率发生了显著提高。能够在水下、软土及特殊不良地层中构筑高速铁路隧道，在硬岩中掘进隧道，在通风、排水、运输、供电等制约因素方面都有新的突破。近年来，我国在特长山岭隧道建设技术、大断面水下隧道建设技术等方面已经进入世界前列，具体体现在软岩大变形控制技术、瓦斯隧道施工通风技术、复合地层盾构施工技术、TBM 施工技术等方面，我国已经逐渐拥有建造几十千米特长隧道、数百平方米的大断面隧道的能力。

在高速铁路隧道防灾救援方面，我国对高速铁路隧道防灾疏散救援工程的设计理念、防灾疏散救援土建设施、排烟控制、人员疏散等方面都开展了深入研究：明确提出了火灾和非火灾事故下单洞双线和双洞单线隧道的防灾疏散救援设计理念；形成了高速铁路隧道防灾疏散设施的结构形式，提出了隧道紧急救援站、竖井式紧急出口、竖井式避难所、横通道和水底隧道纵向疏散廊道的结构形式及设计参数；提出了高速铁路隧道火灾事故下排烟量计算公式、各类防灾疏散设施的控烟方式、控烟标准和风机配置；明确了高速铁路隧道人员逃生线路以及人员安全疏散时间控制标准。上述成果对我国高速铁路隧道防灾救援的设计与建造有极大的指导意义。

高速铁路隧道技术今后的发展方向，主要体现在地质多样化、设计精准化、构件工厂化、施工机械化、施工专业化、建管信息化、评估标准化等几个方面。

1. 地质多样化

我国国土面积大，高速铁路隧道在东北、华北、华东、中南、东南沿海、西南和西北地区均有分布，所通过地区的地质和气候条件异常复杂，经常遭遇特殊和不良地质条件，如岩溶、膨胀性围岩、湿陷性黄土、高地应力围岩蠕变和岩爆、软弱地层、断层破碎带、涌水突泥、瓦斯和可燃气、放射性等。东北地区气候寒冷，要重点考虑冻土问题；西北地区黄土分布广泛，要重点解决大断面黄土湿陷性问题；东南沿海地区地层岩性比较坚硬，要重点解决火成岩的不均匀风化问题；中南地区江河较多，经常遇到长距离穿越江河技术难题；西南地区隧道岩溶发育，要重点解决岩溶隧道突水突泥等地质灾害问题。高速铁路隧道工程现场因特殊和不良地质等原因致使施工受阻、甚至发生安全质量事故的情形并不少见，因此加强对特殊和不良地质条件下高速铁路隧道技术的研究是需要长期坚持进行的重要课题。尤其是灾害性事故的预防和治理，如坍塌、水害和瓦斯爆炸等。为此，需要大力研发高速铁路隧道建设的辅助工法，如施工阶段疏水、排水、降水和堵水辅助工法，围岩加固的注浆、冷冻、桩墙、管棚等辅助工法。高速铁路隧道辅助工法十分重要，甚至直接关系到主体工程施工的成败。

2. 设计精准化

我国目前隧道设计理论严重落后于工程实践，为了实现支护结构体系的精准化设计，首先，应明确隧道支护作用的本质特征，揭示支护围岩作用全过程演化机制，阐明超前支护、初期支护和二次衬砌的分工和合作关系；其次要建立隧道支护结构稳健性设计理论体系和技术标准，最终形成隧道支护体系的协同作用理论与设计方法。当前，我国高速铁路隧道结构设计依然很依赖基于经验的工程类比法和容许应力法。容许应力法基于线弹性理论，以构件危险截面的某一点或某一局部的计算应力小于或等于材料的容许应力为准则，并将应力作为隧道结构破坏的判别指标，没有考虑隧道结构在塑性发展阶段的实际受力状态和继续承载的能力。由于单一安全系数是一个笼统的经验系数，因其给定的容许应力不能保证各种结构具有比较一致的安全水平，也未考虑荷载增大的不同比率或具有异号荷载效应情况对结构安全的影响。同时，容许应力法采用单一的安全系数来体现隧道结构的设计冗余度与安全性，经验性较强，但不能直接考虑实际工程中材料性能、围岩物理力学性质、结构几何参数、力学模型等的不确定性，故其难以保证隧道结构的经济性与可靠性。当以整个结构或结构的一部分超过某一特定状态就不能满足设计规定的某一功能要求的特定状态称为该功能的极限状态，按此状态进行设计的方法称极限状态设计法。目前，美国、欧盟、日本等国家和地区已经稳步地将隧道结构设计方法从容许应力法过渡到极限状态设计法。极限状态设计法以可靠性理论为基础，能够充分考虑结构设计中各种因素的不确定性，全面考虑影响安全的不同因素，进而确定结构的可靠性水准。

3. 构件工厂化

高速铁路盾构隧道管片、TBM 隧道的仰拱块预制化已经实现，今后矿山法隧道的型钢拱架、钢筋笼、预埋件、连接件等也必须走工厂化的道路。目前，有的矿山法隧道现场正在推行型钢拱架工厂化，这些型钢拱架加工厂配备了等离子切割机、液压弯圆机、二氧化碳气体焊机、剪扳机、数控钻床等专用设备。同时，格栅钢拱架工厂化生产探索也已取得初步成效。实践证明，隧道初期支护钢拱架、沟槽盖板等采用工厂化集中预制是完全可行的。高速铁路隧道结构构件工厂化不仅解决了下料、曲弧、钻孔、焊接等传统"作坊式"加工的制作规格和精度难以控制的难题，而且在减轻劳动强度、节省人力资源的同时，节省了 40%～50%的焊接费用。另外，利用配套的移动机械设备以适应固定的地下隧道结构，实现工厂化流水作业也是完全可行的。

4. 施工机械化

世界上修建隧道较多的国家，如德国、日本、意大利、奥地利、瑞典、瑞士等，都在设计制造适应于各种地质条件、隧道断面尺寸的配套施工机械。随着我国大型隧道施工机械国产化程度以及劳动力成本的不断提高，今后高速铁路隧道施工的发展方向应该是主要采用大型机械化配套作业，形成超前地质预报、超前支护、洞室开挖、初期支护、仰拱施工、防水板铺设、二次衬砌浇筑和养护作业等多条机械化配套作业线。应进一步研发和优化凿岩钻机、多功能钻爆作业台架、三臂凿岩台车、自行式液压拱架安装台车、混凝土湿喷机、防水板作业台车、衬砌模板台车、自行式仰拱栈桥、仰拱纵向滑模、混凝土输送车和整体移动式沟槽模板、移动式混凝土养生台架等机械化配套设备，逐步实现各道工序机械化、标准化，从而以设备保工艺、以工艺保质量、以质量保安全。有条件的高速铁路隧道应直接采用 TBM、盾构等大型机械实施非钻爆作业，从而节约人力资源，提高施工效率，保障施工安全和质量。从某种意义上来说，提高隧道施工速度，就是提高隧道施工机械化、自动化水平。

5. 施工专业化

高速铁路隧道施工专业化，就是要求施工队伍坚持走内涵发展道路。施工队伍要注重专业人才引进和人才培养，下大力气投入购置隧道工程专业设备，建立符合国内和国际标准的质量认证体系和管理体系。注重科技创新，积极推行应用隧道工程建设的新技术、新工艺、新材料、新设备，鼓励施工现场采用先进的施工工艺和施工方法，把现有科技成果转化为生产力。施工专业化的另一层含义是施工企业要有所为，有所不为。施工企业需要将一些隧道工程专业性特别强、知识面难以覆盖的配套性工作交给专业化队伍完成，如超前地质预报、特殊材料检测、岩溶注浆加固等工作。地质复杂多变的高风险隧道，需要预防各类突发性地质灾害，规避工程建设风险，必须由具备工程地质和地质物探等知识的超前地质预报专业化队伍完成。因为专业化队伍才能正确选择超前地质预报方式，开展超前地质预报设计，准确判释超前预报成果，这样才能提高隧道超前地质预报质量和精度。同样，高速铁路隧道岩溶、断层注浆工艺是决定设计方案成败的主要因素之一，因此要求施工单位要拥有专业化的注浆作业队，配备足够的技术人员和专业设备，通过检验注浆效果并稳定注浆工艺，以保障注浆施工质量。

6. 建管信息化

高速铁路隧道建设过程中，利用信息化手段对勘察、设计、施工和监测等方面的数据进行集中、高效管理，借助虚拟现实、地理信息空间分析等技术手段为高速铁路隧道的建设和管理提供信息共享方式，实现对隧道全生命周期的数字化管理是未来高速铁路隧道的发展方向。目前，我国正在开发智能围岩分级系统、隧道施工智能机器人。如基于掌子面数码成像技术和钻孔台车钻进参数等，自动获取隧道掌子面及超前地质信息，进行施工阶段围岩亚分级、调整爆破参数和支护结构参数；研发智能凿岩机器人、锚杆机器人、喷射混凝土机器人，实现掌子面爆破孔的自动布设、定位和钻孔，实现锚杆自动定位和安装、自动3D轮廓扫描和喷射混凝土、自动3D轮廓扫描识别超欠挖等。随着计算机技术、数据库技术、GIS技术、空间信息技术、三维仿真与模拟技术和数控技术等高新技术在高速铁路隧道中的不断深入研究与应用，以及物联网技术和云计算技术的逐步引入，对高速铁路隧道的建设和运营应用信息化、数字化管理是必然发展趋势。在高速铁路隧道工程信息化和机械化施工的基础上，今后还要向高速铁路隧道建管智能化和智慧化方向发展，最终实现智能判断和智能决策。

7. 评估标准化

高速铁路隧道结构的耐久性和长期安全性是影响高速铁路运营安全和使用寿命的重大问题。隧道结构的耐久性和长期安全性与其所处环境、材料组成、结构本身等诸多方面有关，同时也与外部条件的变化和养护维修管理水平分不开。隧道结构随着时间慢慢劣化，性能下降是必然的，需要担心的是其不按正常劣化速度下降从而过早演变为潜在的安全隐患。这时，实时识别衬砌劣化、拱墙结构变形、仰拱结构损伤并评价其安全尤为重要，尤其是在高速铁路列车振动和气动效应等动载循环叠加作用下，衬砌结构的耐久性和长期安全性存在很多不确定因素，需要研究循环气动荷载和振动荷载作用下高速铁路隧道结构体系的疲劳损伤规律，研究支护围岩系统的材料损伤机理、构件参数弱化规律、结构性能衰减机制以及系统整体稳定性演变规律，发展基于隧道围岩变形破坏机理和衬砌结构劣化的安全评价方法及其指标体系，并保障评价的一致性和标准化，即评价方法、评价周期、评价流程、评价指标体系等的标准化。

参考文献

[1]赵勇，田四明，孙毅.中国高速铁路隧道的发展及规划[J].隧道建设，2017，37(1)：11-17.

[2]田四明，王伟，巩江峰.中国铁路隧道发展与展望(含截至2020年底中国铁路隧道统计数据)[J].隧道建设，2021：1-13.

[3]何川，耿萍.强震活动断裂带铁路隧道建设面临的挑战与对策[J].中国铁路，2020(12)：61-68.

[4]中华人民共和国国家铁路局.高速铁路设计规范：TB 10621—2014[S].北京：中国铁道出版社，2015.

[5]赵勇，唐国荣，倪光斌，等.我国高速铁路隧道主要技术标准和关键技术[J].铁道经济研究，2006(6)：25-29，38.

[6]何川，封坤，孙齐，等.盾构隧道结构耐久性问题思考[J].隧道建设(中英文)，2017，37(11)：1351-1363.

[7]龚彦峰，肖明清.我国高速铁路隧道技术要点与有关建议[J].铁道工程学报，2014，31(12)：67-71.

[8]关宝树.漫谈矿山法隧道技术第十一讲：谈隧道施工机械化[J].隧道建设，2016，36(10)：1163-1170.

[9]王同军.我国铁路隧道建造方法沿革及智能建造技术体系与展望[J].中国铁路，2020(3)：1-11.

[10]王同军.我国铁路隧道智能化建造技术发展现状及展望[J].中国铁路，2020(12)：1-9.

[11]王志坚.郑万高铁隧道大断面机械化施工关键技术研究[J].隧道建设(中英文)，2018，38(8)：1257-1270.

[12]吴剑，王建宇，万晓燕，等.高速铁路隧道空气动力学效应变化规律与设计方法研究[J].现代隧道技术，2019，56(S1)：13-23.

[13]王明年，于丽，李琦，等.高速铁路隧道防灾疏散救援技术研究综述[J].隧道与地下工程灾害防治，2019，1(2)：13-23.

2 高速铁路隧道主要技术标准和设计原则

高速铁路隧道与普速铁路隧道结构设计的总体原则和规定基本相同，但是高速铁路隧道须考虑列车在隧道内引起的空气动力学问题，因此高速铁路隧道净空有效面积与普速铁路隧道有较大差别。本章主要介绍我国高速铁路隧道主要技术标准、衬砌内轮廓和设计原则。

2.1 高速铁路隧道主要技术标准

高速铁路隧道与普速铁路隧道最大的区别就是当列车以高速通过隧道时，产生的空气动力学效应（行车阻力、瞬变压力、微气压波、列车风等）对行车、旅客舒适度、列车相关性能和洞口环境的不利影响十分明显，因此隧道断面的确定必须考虑如何缓解和消减旅客列车进入隧道时诱发的空气动力学效应的影响。高速铁路隧道断面设计主要应考虑下列因素：①隧道建筑限界；②轨道数量和线间距；③缓解空气动力学效应；④机车车辆类型及其密封性；⑤轨道结构形式及运营维护；⑥安全空间、避难和救援空间、养护维修及工程技术作业空间；⑦设备安装空间。

2.1.1 建筑限界

“建筑限界”是一种规定的极限横断面轮廓，轮廓以内的空间是保证列车安全运行所必需的；除机车车辆和与机车车辆有相互作用的设备外，一切建（构）筑物、设备，均不得侵入。

我国高速铁路“建筑限界”的制定主要在高速铁路机车车辆限界的基础上，考虑车辆高速运行时，由于横摆、侧滚和随机振动而产生的横向和垂向偏移量；由于线路状态（如轨道的水平、轨距变化）引起的车辆偏移量；车辆各部件之间的游间及车体允许制造误差引起的横向位移量。将各种因素产生的偏移量按最不利情况进行组合，得出车辆在曲线和直线上的振动总偏移量，再考虑接触网悬挂方式、导线高度、结构高度、绝缘距离等和一些未定因素（如施工误差、车辆摇头、点头振动、列车交会时会车压力波等）的影响而留有的安全裕量，同时参考国外高速铁路建筑限界，进而确定了我国高速铁路建筑限界（包括站台建筑限界）的基本尺寸和轮廓图。

我国高速铁路隧道建筑限界的标准如图 2.1 所示，曲线上的隧道衬砌内轮廓可不加宽。

2.1.2 隧道内轮廓空间设置

1. 正线线间距

双线隧道线间距按《高速铁路设计规范》（TB 10621—2014）设计，具体行车速度与对应的正线线间距要求见表 2.1。

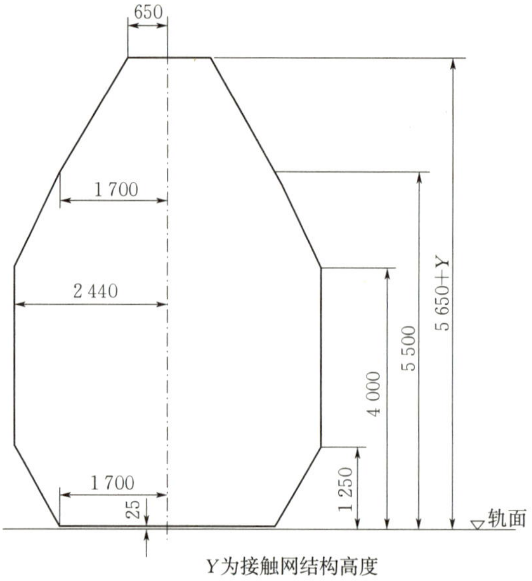

图 2.1 高速铁路建筑限界(单位:mm)

表 2.1 高速铁路正线线间距

设计行车速度/(km·h^{-1})	350	300	250
线间距/m	5.0	4.8	4.6

2. 净空有效面积

高速铁路隧道净空有效面积,即隧道衬砌内轮廓内轨顶面以上的净空断面积。隧道净空有效面积和列车速度目标值、轨道类型、列车密封性能、舒适度标准等有关,最重要的考虑因素是列车内瞬变压力的变化是否符合乘客舒适度标准。

我国根据不同行车速度和高速铁路机车车辆限界,考虑空气动力学效应的各种情况,拟定的新建隧道净空有效面积见表 2.2,部分国家和地区高速铁路隧道净空有效面积见表 2.3。通常情况下,高速铁路隧道考虑空气动力学效应、节约投资,多采用单洞双线断面。在特殊条件下,如超特长隧道和采用特殊工法时,考虑防灾救援、养护维修等需要,可采用双洞单线断面。

表 2.2 我国高速铁路隧道净空有效面积

序　号	速度目标值/(km·h^{-1})	单线/m^2	双线/m^2
1	250	58	90
2	300～350	70	100

表 2.3 部分国家和地区高速铁路隧道分布及净空有效面积统计

国家	线路名称	线路长度/km	设计最高速度/(km·h^{-1})	运营最高速度/(km·h^{-1})	隧道长度/(km/占比)	双线隧道净空有效面积/m^2
日本	东海道	515	210	270	69/13%	63.5
	山阳	563	250	300	268/47%	63.5
	东北	593	260	275	184/34%	63.5
	上越	275	260	275	107/39%	63.5
	北陆	117	260	260	63/54%	63.5
	九州	128	260	260	85/69%	63.5
德国	曼海姆 斯图加特	99	300	280	30/30%	82
	汉诺威—维尔茨堡	327	300	330	120/37%	82
	科隆—法兰克福	177	280	300	17/22%	92
法国	大西洋线	284	350	300	16/6%	71
	北方线	333	350	300	—	100
	地中海	250	350	300(320)	13/5%	100
韩国	首尔—釜山	412	350	300	189/46%	107
中国	台北—高雄	345	350	300	65/19%	90
	郑西高速铁路(郑州—西安)	553	350	300	77/14	100
	武广高速铁路(武汉—广州)	1069	350	300	178/17%	100
	京沪高速铁路(北京—上海)	1318	350	350	16/1.2	100
	合福高速铁路(合肥—福州)	850	350	300	341/40	100
	成渝高速铁路(成都—重庆)	305	350	350	60/20	100
	广深港高速铁路(广州至深圳段)	102	350	300	33/32	100
	贵广高速铁路(贵阳—广州)	857	300	250	464/54	100
	温福高速铁路(苍南—福州)	211	250	250	159/75	90
	厦深高速铁路(厦门—深圳)	513	250	250	134/26	90
	云桂高速铁路(南宁—百色)	222	250	250	49/22	90
	石太高速铁路(石家庄—太原)	227	250	250	75/33	90
	合武高速铁路(合肥—武汉)	359	250	250	34/18	90

注:法国双线隧道净空有效面积 100 m^{2}的线路运营双层高速动车组。

我国高速铁路隧道净空有效面积比列车密封性能要求较高的国家(如日本)要大,随着我国列车的密封性能(动态密封指数)的逐步提高,隧道净空有效面积具备优化空间。

3. 疏散通道

在隧道内应设置贯通的疏散通道,用于自救或外部救援。由于疏散通道是在列车停运的情况下才使用,因此可部分侵入建筑限界。德国规范规定,疏散通道的宽度一般情况下为1.25~1.6 m,科隆—法兰克福高速铁路隧道疏散通道宽为1.6 m。我国高速铁路隧道疏散通道的设置应遵守下列规定:

(1)疏散通道应贯通设置,单线隧道单侧设置,双线及以上隧道双侧设置,如图2.2所示。

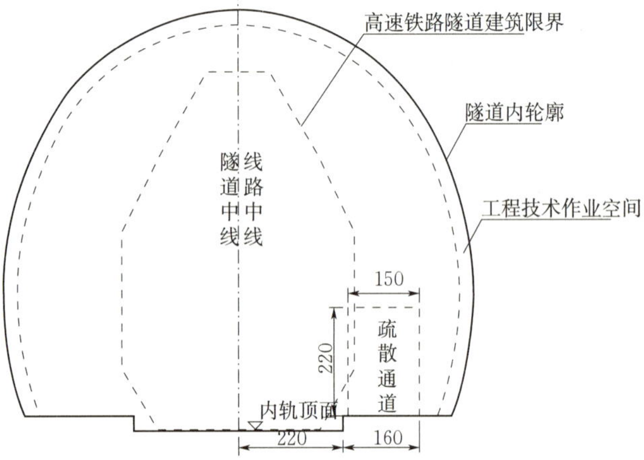

(a) 单线隧道疏散通道

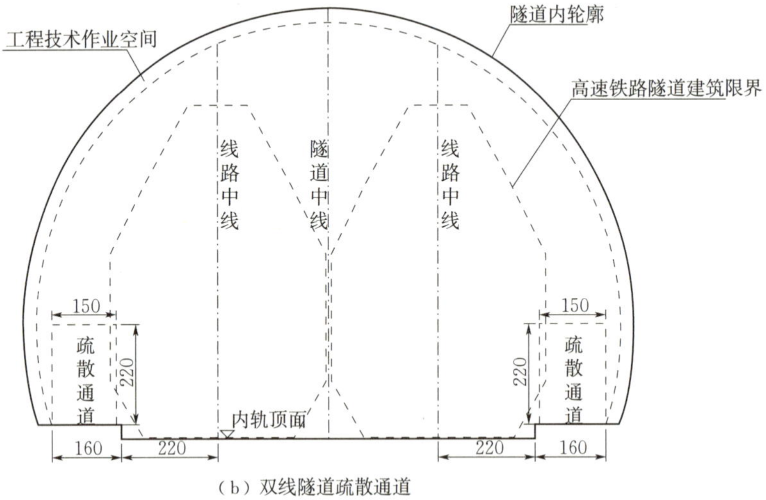

(b) 双线隧道疏散通道

图2.2 高速铁路隧道疏散通道示意图(单位:cm)

(2)疏散通道距线路中线不应小于2.3 m。

(3)一般情况下,疏散通道需满足担架或小型急救车通行。根据高速铁路隧道断面宽度情况,疏散通道宽度宜为1.5 m,在装设专业设施处可适当减少,但是不应小于1.25 m;高度不应小于2.2 m。

(4)疏散通道走行面不得低于内轨顶面,走行面应平整、铺设稳固。

4. 安全空间

安全空间是为铁路内部员工和特殊情况下养护人员预留的空间,如图 2.3 所示。安全空间内可安装把手、保护栏杆等,并允许安装 30 cm 厚的建筑设施。当行车速度大于 200 km/h 时,列车通过时产生的负压较大,不加防护时难以站稳,因此,一般人员不准在隧道内停留。

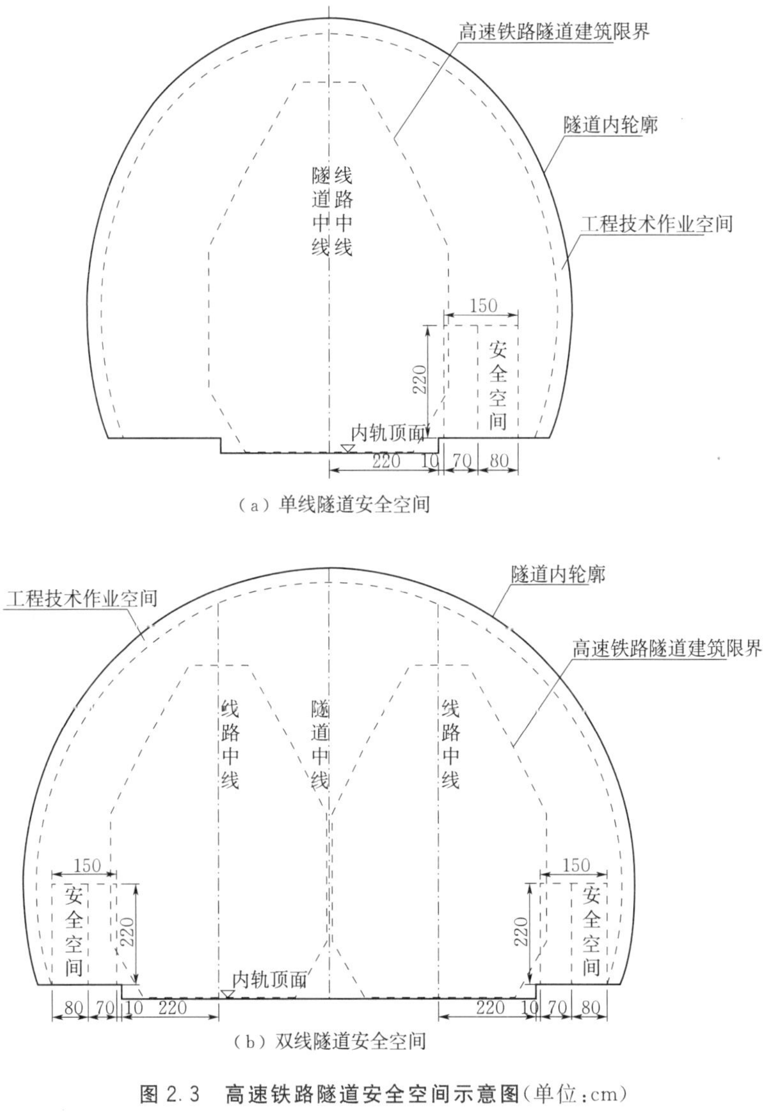

图 2.3 高速铁路隧道安全空间示意图(单位:cm)

安全空间设置原则如下:

(1)安全空间应设在距线路中线 3.0 m 以外,单线隧道应设在疏散通道一侧,双线及以上隧道应在双侧设置。

(2)安全空间的宽度不应小于 0.8 m,高度不应小于 2.2 m。

(3)一般情况下,安全空间地面设计与水沟电缆槽盖板面齐平。在我国高速铁路隧道设计中,安全空间与隧道内水沟、电缆槽上部空间是共用的。

5. 工程技术作业空间

从高速铁路隧道的建设运营实践来看，考虑到地质条件变化和混凝土耐久性，在衬砌内轮廓内会预留一定厚度的技术作业空间，用于设备安装、衬砌结构维修补强以及安装降噪声护墙板等，其厚度一般按照 30 cm 考虑。工程技术作业空间在安全空间和疏散通道之外，该空间允许在有限的长度范围内设置一些设备(如接触导线张力调整器、接触导线开关以及接头的紧固装置等)。

2.1.3 隧道衬砌内轮廓确定

根据高速铁路隧道建筑限界和隧道内必须配置的各功能空间的要求，我国统一制定了 250 km/h、300～350 km/h 不同行车速度条件下的隧道衬砌内轮廓，并编制了相应的单、双线隧道衬砌通用参考图。

1. 250 km/h 隧道衬砌内轮廓

(1)单线隧道衬砌内轮廓

250 km/h 单线隧道内单侧设置贯通的疏散通道，疏散通道宽 1.5 m、高 2.2 m，外侧距线路中线的距离为 2.3 m，疏散通道走行面与内轨顶面齐平，轨面以上净空有效面积为 60 m^2，衬砌内轮廓采用曲墙形式，如图 2.4 所示。隧道内轮廓内考虑了 30 cm 厚的技术作业空间。疏散通道侧设置单沟单槽。

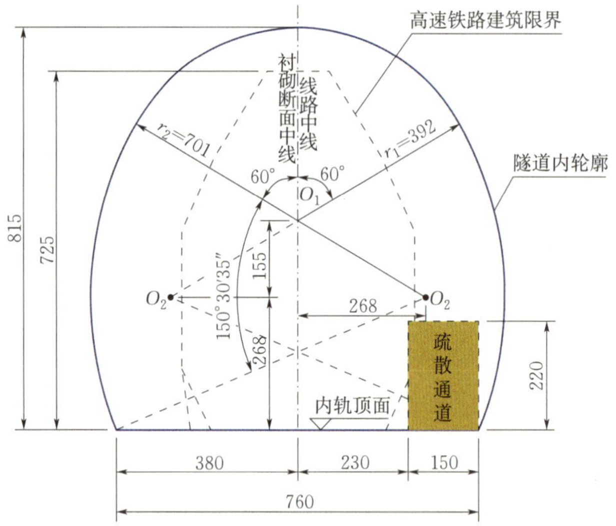

图 2.4 250 km/h 高速铁路单线隧道衬砌内轮廓(单位:cm)

(2)双线隧道衬砌内轮廓

250 km/h 速度行车的双线隧道线间距 4.6 m，轨面以上净空面积 92 m^2。隧道内双侧设置贯通的疏散通道，疏散通道宽 1.5 m、高 2.2 m，外侧距线路中线的距离为 2.3 m，疏散通道底面高出内轨顶面 30 cm，衬砌内轮廓采用单心圆，如图 2.5 所示。

隧道底部结构根据隧道长度和地质条件分别按有砟道床和无砟道床设计。隧道采用曲墙衬砌形式，通常Ⅱ级围岩隧道设置钢筋混凝土底板，Ⅲ～Ⅴ级围岩隧道设置仰拱。隧道两侧各设置两槽一沟，电缆槽宽度分别为 35 cm 和 30 cm，水沟宽度为 30 cm。两侧排水沟的功能主要是集水，并间隔适当距离与中心排水沟(管)连通。在隧道中线处仰拱填充内设置中心排水沟(管)。

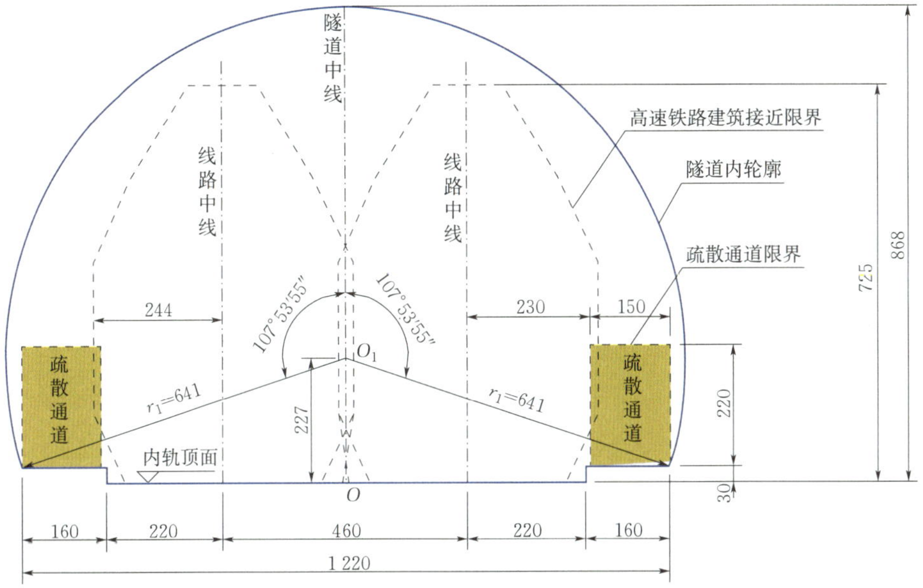

图 2.5 250 km/h 高速铁路双线隧道衬砌内轮廓(单位：cm)

2. 300～350 km/h 隧道衬砌内轮廓

(1)单线隧道衬砌内轮廓

350 km/h 单线隧道内单侧设置贯通的疏散通道，其宽度为 1.5 m，疏散通道宽边线距线路中线的距离为 2.3 m，疏散通道底面高出内轨顶面 30 cm，轨面以上净空有效面积为 70 m^2，衬砌内轮廓形式如图 2.6 所示。

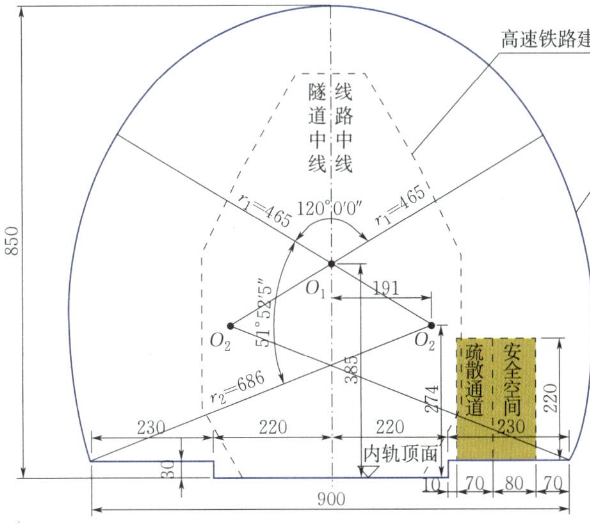

图 2.6 300～350 km/h 高速铁路单线隧道衬砌内轮廓(单位：cm)

(2)双线隧道衬砌内轮廓

350 km/h 速度行车的双线隧道内双侧设置疏散通道,疏散通道宽 1.5 m、高 2.2 m,边线距同侧线路中线的距离为 2.3 m,疏散通道底面高出内轨顶面 30 cm,轨面以上净空有效面积为 100 m^2,衬砌内轮廓采用单心圆,如图 2.7 所示。

隧道底部结构按无砟道床设计。隧道采用曲墙衬砌形式,通常Ⅱ级围岩设置钢筋混凝土底板,Ⅲ～Ⅴ级围岩隧道设置仰拱。隧道内轮廓内考虑了 30 cm 厚的技术作业空间。隧道两侧各设置两槽一沟,电缆槽宽度分别为 35 cm 和 30 cm,水沟宽度为 30 cm。两侧排水沟的功能主要是集水,并间隔适当距离与中心排水沟(管)连通。在隧道中线处仰拱填充内设置中心排水沟。

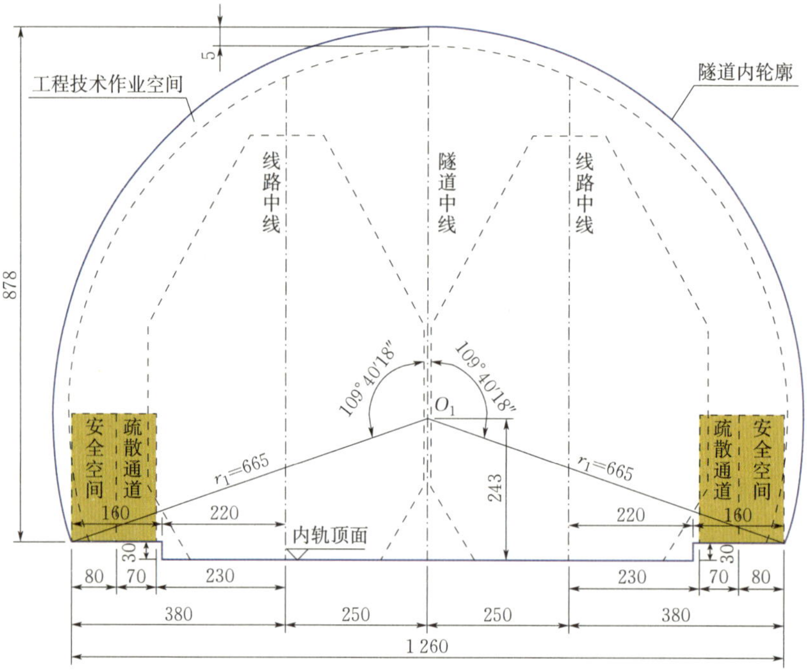

图 2.7 300～350 km/h 高速铁路双线隧道衬砌内轮廓(单位:cm)

3. 圆形隧道断面衬砌内轮廓

采用盾构法施工的隧道一般采用圆形断面,如广深港高速铁路狮子洋隧道和京沈高速铁路望京隧道。狮子洋隧道是我国第一座水下高速铁路隧道。隧道设计行车速度目标值为 350 km/h,采用双洞单线圆形结构。图 2.8 为狮子洋隧道建筑限界及衬砌内轮廓,隧道净空断面内设置两个信号电缆槽、一个电力电缆槽、DN400 排水管和水喷雾 DN300 水管用管槽、消火栓箱及变压器箱空间等,疏散通道宽 150 cm。考虑隧道建筑限界,在综合考虑和合理布置隧道内各种管线、设备和沟槽后,盾构隧道内径确定为 9.8 m,外径为 10.8 m,管片厚度为 50 cm,采用"7+1"分块方式的通用楔形环钢筋混凝土单层管片衬砌。

望京隧道位于北京市五、六环之间,沿京承高速公路方向走行。隧道设计行车速度目标值为 350 km/h,采用双洞单线圆形结构,隧道全长为 8 000 m。综合考虑和合理布置隧道内各种管线、设备和沟槽后,盾构隧道采用内径为 9.5 m,外径为 10.5 m 的预制管片结构,管片厚度为 50 cm。管片形式采用通用楔形管片,采用"8+1"分块方式。望京隧道建筑限界及衬砌内轮廓如图 2.9 所示。

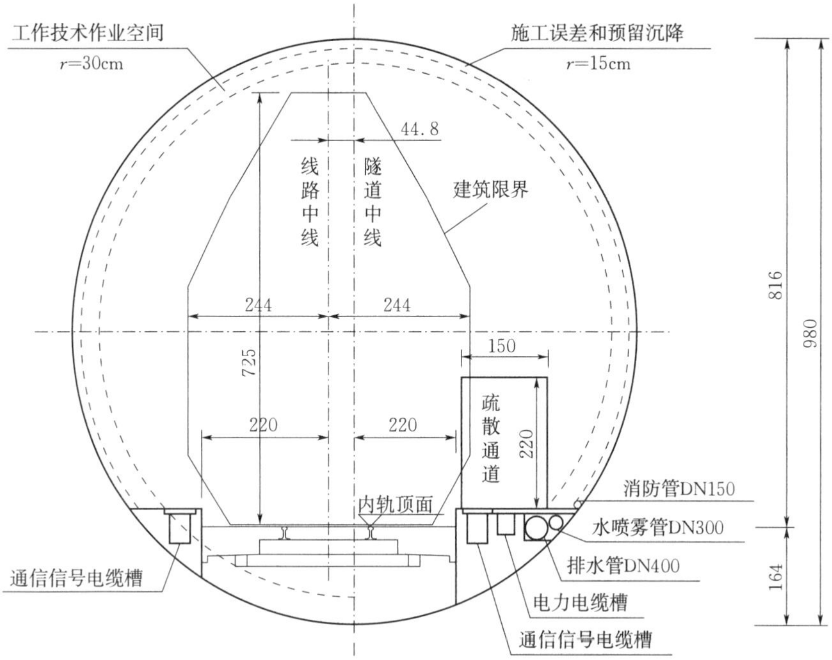

图 2.8 狮子洋隧道建筑限界及衬砌内轮廓(单位:cm)

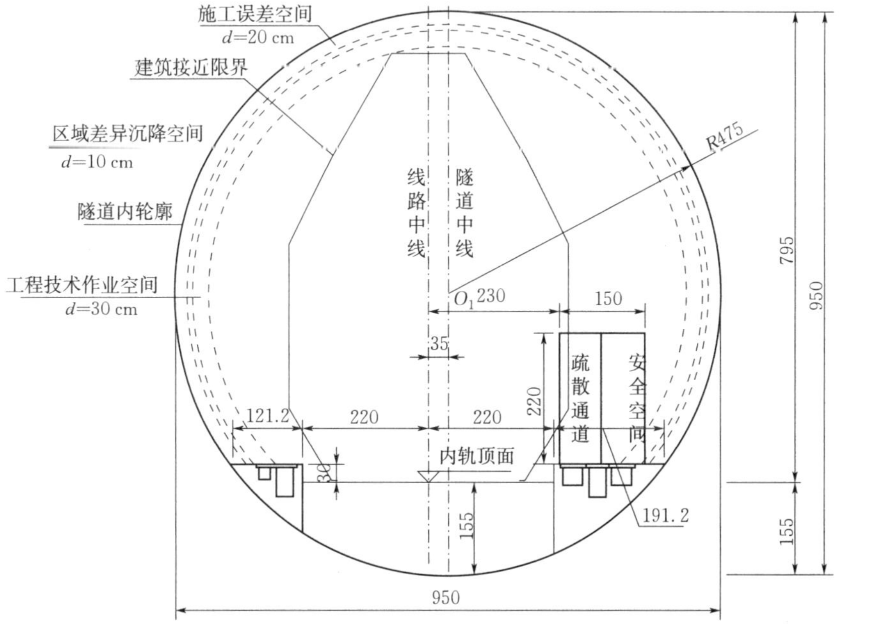

图 2.9 望京隧道建筑限界及衬砌内轮廓(单位:cm)

2.1.4 单洞双线与双洞单线隧道形式比选

高速铁路均设计为双线，隧道工程设计需对设一座双线隧道(单洞双线)和设两座单线隧道(双洞单线)进行比较。

采用单洞双线方案和采用双洞单线隧道方案各有其优缺点。对高速铁路隧道而言,采用单洞双线隧道方案,阻塞比小,在满足洞内会车最不利的前提下,可有效地提高乘车舒适度;而采用双洞单线隧道方案十分有利于防灾救援,当一座隧道出现重大事故时,另一座可正常运营,且可利用其进行救援和旅客的疏散。

通过综合分析比较,我国高速铁路隧道在做单洞双线和双洞单线选择时,通常可遵循以下原则:①一般情况下,长度小于 10 km 的隧道采用单洞双线方案;②长度在 10～20 km 之间的隧道应结合地质条件、建设工期、施工难度和施工方法、施工组织要求、运营通风、防灾救援和人员疏散等多方面要求,经单洞双线隧道和双洞单线隧道方案的技术经济比较后确定;③从防灾救援方面考虑,长度大于 20 km 的隧道采用双洞单线方案。

2.2　高速铁路隧道设计基本原则

高速铁路隧道是一项多学科交叉融合的复杂工程,涵盖勘察、设计、施工和运营全过程。本节重点介绍我国高速铁路隧道设计中涉及的一些基本原则。

2.2.1　隧道位置的选择

高速铁路隧道位置的选择,需根据线路所在地区工程地质条件、水文条件、地形地貌条件、工程难易程度、投资数额、工期要求、施工水平和运营环境等因素综合进行比较,使隧道方案整体达到技术可行、经济合理、施工方便等目标。其中地质条件为主要影响因素,高速铁路隧道应力求选择在地质构造简单、岩性较好的稳定地层中通过,尽量避免通过断层、崩塌、错落、滑坡、流砂、溶穴、褶皱、偏压显著以及地下水丰富、第四纪堆积层等地质不良地段。若线路不可避免穿越不良地质区域时,在技术条件许可和经济合理的条件下,需因地制宜地采取相应工程措施。

2.2.2　隧道洞口的选择

洞口是隧道的咽喉,位置选择是否合理,将对隧道施工工期、造价、运营等产生重大影响。洞口所处地质条件差,多为严重风化的堆积体,覆盖层厚度较薄,若地形倾斜易造成浅埋偏压。洞口段受地下水的冲刷,容易造成山体失稳,产生滑坡和坍塌等灾害,因此,洞口是整个隧道的薄弱环节。理想的洞口位置应选择在地质条件良好,地势开阔,施工方便,技术、经济合理之处。隧道洞口位置应根据隧道所处地形、地质、水文等条件,结合环保、洞外工程、坡面防护、洞口排水、施工场地及便道引入、弃渣处理及施工干扰等进行综合研究,通过技术和经济比较,确定最佳位置。在选择隧道洞口位置时,应遵循以下原则:

(1)隧道应贯彻“早进晚出”的原则,进、出口位置结合边仰坡情况及地质条件等综合确定,洞口应优先考虑接长明洞,确保洞口附近危岩落石不影响线路的安全,尽量减少对边仰坡的开挖,并做好洞口环境保护工作。

(2)隧道洞门位置应根据洞口附近的地形、地质、周边环境以及隧道所在地区地震动峰值加速度值等综合确定。

(3)洞口位置一般选择在坡面稳定、地质条件较好的地方，尽量避开滑坡、坍塌、泥石流、松散堆积体等不良地质地段。

(4)隧道洞口边坡、仰坡永久防护形式与洞口外路基工程尽量一致，一般采用骨架护坡、孔窗护坡及孔窗护墙等防护形式。

2.2.3 衬砌支护类型的确定

1. 隧道衬砌形式

矿山法施工的隧道应采用复合式衬砌，明挖隧道应采用整体式衬砌。Ⅰ、Ⅱ形围岩隧道衬砌宜采用曲墙带底板的结构形式。Ⅱ级围岩富水、基底有软弱夹层段落应采用曲墙带仰拱衬砌结构形式，Ⅲ～Ⅵ级围岩隧道衬砌应采用曲墙有仰拱的结构形式，边墙与仰拱应圆顺连接。下穿河沟、水库等地表环境敏感等地段，必要时采用全封闭复合式衬砌。

2. 衬砌类型适用条件

(1)地震动峰值加速度为 0.1g 及以上地段，洞口浅埋、偏压地段以及断层破碎带应进行抗震设防，隧道二次衬砌采用钢筋混凝土衬砌。洞口暗挖段设防长度一般不应小于 2.5 倍的隧道净空跨度。

(2)隧道衬砌混凝土强度等级不应低于 C30，钢筋混凝土强度等级不应低于 C35。Ⅰ、Ⅱ级围岩隧道衬砌底板厚度不应小于 30 cm，混凝土强度等级不应低于 C35，并应配置双层钢筋。仰拱填充混凝土强度等级不应低于 C20。

(3)隧道二次衬砌Ⅳ～Ⅵ级围岩地段宜采用钢筋混凝土；Ⅰ～Ⅲ级围岩地段宜采用素混凝土，并可掺加一定比例纤维。

(4)复合式衬砌初期支护及二次衬砌设计参数，应根据隧道围岩级别、岩体构造特征等采用工程类比、理论分析确定，并应根据现场围岩量测信息，对支护参数做必要的调整。

2.2.4 施工方法及主要措施

1. 施工方法

隧道施工方法的选择应根据环境条件、地质条件、隧道长度、断面大小、设备条件、工期要求、场地条件等因素综合确定，可选择钻爆法、掘进机(TBM)法、盾构法、明挖法等。

(1)采用钻爆法施工时，视围岩级别及断面大小等因素可选用全断面法、台阶法、中隔壁法、双侧壁导坑法等，宜优先选用全断面法或台阶法开挖。

(2)围岩条件以岩石为主的长及特长隧道可采用掘进机(TBM)法。

(3)越江、海底、城市浅埋及对周边环境控制要求高的隧道可采用盾构法。

2. 超前支护与加固

超前支护与加固的类型应根据隧道施工及结构、周边建(构)筑物的安全确定，常用的超前支护与加固的类型及适用条件见表 2.4。

表 2.4 超前支护与加固的类型及适用条件

类型		支护/加固方式	适用条件
围岩支护措施	超前支护	超前锚杆	可用于开挖临空后可能存在剥落或局部坍塌的软弱围岩及缓倾岩层地段
		超前小导管	可用于自稳时间段的软弱破碎围岩或浅埋、偏压等地段
		超前管棚	可用于洞口及洞身浅埋段、软弱围岩或断层破碎带、地表有重要建(构)筑物等地段
		超前水平旋喷	可用于流塑状、孔隙率小、开挖后自稳能力较差的地段
	临时封闭措施	喷射混凝土	可用于开挖掌子面自稳能力差、临空面存在剥落或易坍塌、围岩变形和下沉显著等地段
		掌子面超前锚杆	
		临时仰拱	
	临时支撑	临时构件支撑	可用于围岩强度小的软弱围岩、断层破碎带、土砂地层等因支持脚部的地基承载力不足引起很大下沉的地段
		锁脚锚杆	
围岩加固措施	超前加固	超前周边注浆	可用于软弱围岩、富水断层破碎带、涌水及涌泥、塌方严重等地段,以提高围岩强度和自稳能力
		超前帷幕注浆	
	周边加固	周边注浆	
	地表加固	地表砂浆锚杆	
		地表注浆	
		地表竖向旋喷	

3. 基底处理

隧道基底处理可采用旋喷桩、灰土挤密桩、树根桩、钢管桩、袖阀管注浆等方法。隧道基底处理应根据隧道净空、地质情况和设计情况选择成桩机械,施工前应通过试桩 2～3 根修正施工工艺参数。采用注浆方式进行基底处理时,施工前应根据设计加固强度和现场土样含水率选择浆液配合比,并试注 2～3 次,修正配合比。

2.2.5 隧道洞门及洞口缓冲结构

隧道洞门结构类型根据地形、地质条件,结合相邻工程及周边自然环境综合确定,当隧道洞口与等高线正交或大角度相交时尽量采用帽檐斜切式洞门,当洞口地形陡峭、存在偏压,或受相邻工程影响不适合采用帽檐斜切式洞门时,可采用与其自然环境和地质条件相适应的洞门形式。

洞门设计考虑空气动力学效应对周围环境的影响，并满足微气压波峰值要求，有条件时通过设置洞口缓冲结构降低微气压波峰值。

2.2.6　隧道防灾救援疏散

隧道防灾救援疏散工程遵循"以人为本，安全疏散，自救为主，方便救援"的原则，隧道救援时，在条件具备的情况下，可将车辆拉出洞外救援。长度大于 5 km 的隧道按照《铁路隧道防灾疏散救援工程设计规范》(TB 10020—2017)要求结合具体情况设置紧急出口或避难所并配置相关设备。长度 20 km 及以上隧道或隧道群应设置紧急救援通道，通过含瓦斯地段的斜井、横洞及独头平导不宜作为运营期间的防灾救援疏散工程。

1. 疏散通道

结合隧道内的使用空间，隧道两侧设置贯通整个隧道的疏散通道，单线隧道单侧设置，双线及以上隧道双侧设置。疏散通道宽 1.5 m，净高 2.2 m，距线路中线距离 2.3 m。疏散通道每隔 100 m 应设图像文字标记，指示两个方向分别到下一个洞口或紧急出口的整百米数，并配备灯光显示方向。

2. 疏散救援设施

长度为 5～10 km 的隧道，在隧道洞身段宜结合施工辅助坑道设置一处紧急出口或避难所；长度为 10 km 及以上的单洞隧道，应在洞身段设置不少于一处紧急出口或避难所；长度为 20 km 及以上的隧道或隧道群应设置紧急救援站，紧急救援站之间的距离不应大于20 km。隧道口紧急救援站处宜设置临时待避场地，并具有接受外部救援的条件。

3. 防灾疏散救援工程的设计

防灾疏散救援工程设计一般应包括以下内容：

(1)总体方案设计。包括防灾疏散救援工程设置形式、规模和数量等。

(2)土建工程技术参数确定。包含疏散通道尺寸，横通道的间距、断面净空尺寸，紧急救援站、紧急出口、避难所、防护门等相关技术参数等。

(3)相关设施配套。包括通风、应急照明、供电、应急通信、设备监控、消防等设备系统等。

(4)疏散救援设施及设备的接口设计以及疏散救援方案设计。

2.2.7　隧道结构耐久性及建筑材料选取

1. 隧道结构耐久性

隧道主体结构的设计使用年限级别为一级，设计使用年限为 100 年，因此结构需具有足够的耐久性。隧道混凝土结构所处环境一般为碳化环境，抗渗等级一般不小于 P8，隧道衬砌通常采用 C30 混凝土或 C35 钢筋混凝土。当局部地段地下水有侵蚀性时，应根据地下水性质确定侵蚀类型及作用等级，满足耐久性要求的混凝土最低强度等级。

2. 建筑材料选取

隧道工程各部位建筑材料应符合结构强度和耐久性的要求，同时还需满足抗冻、抗渗和抗侵蚀的要求。隧道主要建筑材料见表 2.5。

表 2.5 隧道主要建筑材料

项目		材料
二次衬砌	拱部、边墙和仰拱	C30 防水混凝土、C35 防水钢筋混凝土
初期支护	喷射混凝土	C25 或 C30 喷混凝土
	系统锚杆	ϕ22 mm 组合中空注浆锚杆、ϕ22 mm 砂浆锚杆、ϕ22 mm 树脂早强药包锚杆
	钢筋网	HPB300 钢筋，ϕ6 mm、ϕ8 mm
	格栅、钢架	HPB300、HRB400，工字钢、HW 型钢
	锁脚锚管	热轧无缝钢管，ϕ42 mm，$t=5$ mm
超前支护	超前小导管	热轧无缝钢管，ϕ42 mm，$t=3.5$ mm；ϕ60 mm，$t=5$ mm
	大管棚	ϕ108 mm 钢管，$t=6$ mm；ϕ159 mm 钢管，$t=6$ mm
	中管棚	ϕ89 mm 钢管，$t=5$ mm
水沟电缆槽	水沟、电缆槽	C30 混凝土、C35 钢筋混凝土
	水沟、电缆槽盖板	C35 钢筋混凝土
仰拱填充		C20 混凝土
洞门	直切、斜切式洞门	C35 钢筋混凝土
	端墙	C35 钢筋混凝土
	挡墙、翼墙	C30 混凝土
	截水天沟	C25 钢筋混凝土，湿陷性黄土地段加设三七灰土垫层

混凝土原材料品质、配合比参数限制、材料使用量、强度等耐久性指标及衬砌钢筋保护层最小厚度应满足《铁路混凝土结构耐久性设计规范》(TB 10005—2010)和《高速铁路隧道工程施工质量验收标准》(TB 10753—2018)的要求。

2.2.8 防水及排水设计

1. 防排水设计原则

隧道防排水设计应结合隧道洞身水环境要求和水文地质条件确定，一般地段遵循“防、堵、截、排，因地制宜，综合治理，保护环境”的原则；对地下水发育，且隧道修建对生态或工程环境可能产生不利影响的地段，采取“以堵为主，限量排放”的原则；对地下水环境保护要求高、埋深浅的隧道，应采用全断面封闭防水。

2. 防水设计

隧道防水系统可由地表处理、围岩防渗、衬砌结构自防水、防水层防水、接缝防水、注浆防水等根据需要组合构成。

隧道衬砌应采用防水混凝土，混凝土的抗渗等级不低于 P8；地下水发育地段的隧道衬砌混凝土抗渗等级不低于 P10；当地下水对混凝土有侵蚀性时，抗渗等级不低于 P12。隧道应设置防水层，岩溶地区或地下水发育的硬质岩地段，可采用排水板防水层。隧道衬砌结构的施工缝、变形缝应按一级防水要求采取可靠的防水措施，见表2.6。有侵蚀性地下水地段，应针对侵蚀类型，采用抗侵蚀性混凝土等措施。

表2.6 隧道衬砌结构防水设防要求

工程部位	拱墙		仰拱(底板)		施工缝						变形缝			
防水措施	防排水板	防水涂料	防排水板	预埋注浆管	中埋式止水带	排水板	预埋注浆管	背贴式止水带	防水密封材料	水泥基渗透结晶型防水涂料	中埋式止水带	排水板	背贴式止水带	防水密封材料
一级防水要求	应选	可选	必要时选一种		应选	至少选一种					应选	至少选两种		

3. 排水设计

隧道的排水系统包括地表截排水沟、洞内侧沟及中心排水沟(管)，衬砌背后环向盲管(沟)、纵向盲管(沟)、横向排水管、泄水孔组成。

隧道岩体软弱且地下水发育地段，应采取疏排地下水的措施，以防止隧底滞水、基础软化、翻浆冒泥，有条件时可于隧底结构下设置纵向排水管(沟)。当地下水有长期补给来源或揭示大型地下水通道，可加大水沟、利用辅助坑道或设置泄水洞等作为截、排水措施。隧道采用集中疏导排水时应采取防颗粒流失的反滤措施。

双线铁路隧道应设置双侧水沟和中心排水沟(管)，中心排水沟(管)应与双侧水沟相连通，衬砌背后应设置与双侧水沟连通的环、纵向排水盲管。

2.2.9 抗震设计及国防要求

1. 抗震设计

根据国家地震局《中国地震动参数区划图》(GB 18306—2015)，确定隧址区基本地震动峰值加速度和抗震设防烈度。高速铁路隧道横断面较大，结构抗震方面更为不利，其设防段标准较《铁路工程抗震设计规范(2009年版)》(GB 50111—2006)中有关隧道抗震设计的规定有所提高。对符合表2.7条件的隧道进行验算，视情况进行结构抗震设计。

表2.7 隧道抗震验算范围

项目	动峰值加速度	
	0.10g，0.15g	0.2g及以上
洞门墙及洞口挡土墙(翼墙)	不验算	验算
洞口、浅埋和偏压地段隧道衬砌	验算	验算
明洞或区域性断层破碎带地段隧道衬砌	验算	验算

洞口设防段长度可根据地形、地质条件及设防烈度确定，并不应小于2.5倍的隧道净空跨度，抗震隧道洞门结构通常采用钢筋混凝土浇筑。隧道抗震设防段应采用曲墙有仰拱的复合式衬砌结构，并设置变形缝，变形缝间距不宜大于20 m。

2. 国防要求

按照《铁路建设贯彻国防要求技术规程(试行)》有关规定，长度大于5 km的隧道，隧道洞顶覆盖层厚度达不到最小防护厚度要求的浅埋地段，隧道衬砌考虑国防设防。隧道设防段的衬砌采用钢筋混凝土结构，设防段长度应不小于 40 m。

2.2.10 运营通风

隧道运营通风方式应根据技术、经济条件，考虑维修、防灾救援等因素综合比选确定，并符合现行铁路隧道运营通风设计标准的相关规定。

隧道防灾通风应与运营通风统筹考虑，应采用可靠的防火安全措施，并符合现行铁路隧道防灾救援疏散工程设计标准的相关规定。

2.2.11 洞内附属工程设置

隧道内设备专用洞室应根据相关专业要求设置。隧道内设置双侧电缆槽，供通信、信号及电力专业使用，通信信号电缆槽设置于靠线路侧，电力电缆槽设置于靠边墙侧；长度大于 500 m 的隧道洞内应设置余长电缆腔，沿两侧交错布置，每侧间距 500 m；隧道内可根据接触网设计要求设置下锚区段。隧道衬砌结构按照相关专业要求预埋综合接地设施。隧道内附属构筑物设计应考虑高速列车通过隧道时所产生的压力变化和列车风对附属构筑物结构及安装件的附加受力影响，设计时应按照最不利情况组合考虑。

隧道高压富水溶洞地段不宜设置附属洞室。隧道内煤与瓦斯突出区段不应设置电气设备洞室，其他含瓦斯区段应减少附属洞室设置。

2.2.12 辅助坑道设置

辅助坑道一般为临时性隧道附属工程，当作为运营及防灾服务使用时，如运营通风风道、疏散通道、泄水洞等时，则为隧道永久性工程。

辅助坑道的设置及选择应遵循以下原则：

(1)辅助坑道的设置，应根据隧道长度、工期、地形、地质、水文等条件，结合施工和运营期间通风、排水、防灾救援、人员疏散及弃渣的需要，通过技术经济比较确定。辅助坑道可单个设置或多个组合设置。

(2)辅助坑道应选择在地质条件好的地层中，避免穿过工程地质及水文地质条件复杂和不良地质地段，当需要通过时，应采取可靠的工程技术措施。

(3)辅助坑道类型的选择，优先选择横洞，受地形条件限制时，可选择斜井或平行导坑。特殊条件下经过技术、经济比较后方可选择竖井。高瓦斯隧道应结合施工通风优先选用平行导坑，岩溶水发育的隧道应优先选择横洞或平行导坑。

(4)辅助坑道的运输方式，应根据施工机械配备情况和辅助坑道的坡度、长度、断面大小、出渣量及工期等条件，经技术经济比较后确定。

(5)辅助坑道的洞(井)口位置的选择，应结合地形条件、洪水位高程、施工场地布置、交通条件、环境保护及弃渣综合确定。辅助坑道洞(井)口、洞(井)身应设有排水系统，保障施工和运营安全。斜井和竖井排水应纳入正洞排水系统统筹考虑。

(6)辅助坑道断面尺寸，应根据用途、运输要求、支护类型、设备外形尺寸及技术条件、人行安全及管路布置、安全距离等因素确定。兼作运营期间通风道时，应按通风设计要求核算其面积。

2.2.13 生态环境及水土保持措施

隧道工程设计应严格执行国家环境保护与水土保持法律、法规及相关规定，重视环境保护及水土保持工作，尽量减少隧道施工对生态环境的影响，主要处理原则及措施如下：

(1)隧道洞口位置的选择严格遵守“早进晚出”的原则，优先采用帽檐式等环保型洞门。隧道施工场地、便道的选择应尽量选择在地势平坦、植被稀少的荒地处，尽量避免高填深挖，隧道施工完毕后，应对洞口边仰坡，明洞洞顶、施工场地进行绿化处理，减少隧道施工对植被的破坏。

(2)隧道洞身穿越森林公园、生态严控区、农场、村庄等环境敏感区时，应根据穿越处隧道埋深、工程地质及水文地质条件，综合判断隧道施工对地下水环境的影响，隧道排水可采取“以堵为主、限量排放”的原则进行设计，可采取注浆堵水的方式限排或不排地下水，避免地表周边生态环境破坏。

(3)采取清污分流，设置施工工区的正洞、辅助坑道洞口均需设置1座污水处理池，对隧道施工中产生的污水，经处理达到排放标准后方可排放。

(4)隧道选用的建筑材料，特别是注浆材料，应符合环保要求，采用对地下水环境无污染的材料。

(5)材料运输与存放、施工便道维护应符合环保要求，减少扬尘对环境的污染。

(6)对隧道弃渣应尽量予以利用，如用作路基站场填料、混凝土骨料、浆砌片石石料及地方利用等。不能利用的应选择合理的位置集中弃置，隧道弃渣应严格按照“先挡后弃”的原则，弃渣场均应设置永久挡护措施及完善的截排水措施，以防弃渣流失，弃渣完成后应对弃渣场表面进行绿化处理，具备条件的进行复耕。

参考文献

[1]中华人民共和国国家铁路局.铁路隧道设计规范：TB 10003—2016[S].北京：中国铁道出版社，2017.

[2]中华人民共和国国家铁路局.高速铁路设计规范：TB 10621—2014[S].北京：中国铁道出版社，2015.

[3]中国铁路总公司.高速铁路隧道工程施工技术规程：Q/CR 9604—2015[S].北京：中国铁道出版社，2015.

[4]何川，张志强，肖明清.水下隧道[M].成都：西南交通大学出版社，2011.

[5]中华人民共和国铁道部.铁路隧道防灾疏散救援工程设计规范：TB 10020—2017[S].北京：中国铁道出版社，2017.

[6]中华人民共和国国家铁路局.铁路工程设计防火规范：TB 10063—2016[S].北京：中国铁道出版社，2017.

[7]中华人民共和国铁道部.铁路混凝土结构耐久性设计规范：TB 10005—2010[S].北京：中国铁道出版社，2010.

[8]赵勇,肖明清,肖广智.中国高速铁路隧道[M].北京:中国铁道出版社,2016.
[9]中华人民共和国建设部.铁路工程抗震设计规范:GB 50111—2006[S].北京:中国计划出版社,2006.
[10]中华人民共和国铁道部.铁路隧道运营通风设计规范:TB 10068—2010[S].北京:中国铁道出版社,2010.
[11]中华人民共和国铁道部.铁路建设贯彻国防要求技术规程(试行)[S].2015.
[12]中华人民共和国国家铁路局.高速铁路隧道工程施工质量验收标准:TB 10753—2018[S].北京:中国铁道出版社有限公司,2019.

3 高速铁路隧道总体设计

为保证高速列车运行的安全、准时、快速、舒适，高速铁路隧道的线位选择及平、纵、横断面设计与普速铁路隧道设计有所不同。其中，高速列车在隧道中所诱发的空气动力效应是隧道设计中须考虑的关键技术问题。本章主要介绍高速铁路隧道线位选择，平、纵、横断面设计的主要原则及高速铁路隧道气动效应及缓冲结构措施。

3.1 高速铁路隧道线位选择

隧道是山区线路穿越山岭时用来克服地形障碍的一种建筑物，是整条线路的重要组成部分。同迂回绕线的方案相比，隧道往往可以缩短线路长度、改善线路的平、纵断面以及日后的运营条件，但它相对路基建筑物而言，造价比较高，施工难度大，施工进度也比较慢。

隧道的位置与线路是互为相关的。在一般情况下，当一段线路的方案比选一旦确定以后，区段上中、短隧道的位置一般依从于线路的位置，最多是空间上做小幅度调整。但是，如果隧道很长、工程规模很大、技术上也有一定的困难，属于该区段的重点控制工程，那么这一区段的线路就得依从于隧道所选定的最优位置。所以，隧道位置的选定与线路的选定是同时考虑的，不可分开。隧道具体位置的选择与区域工程地质条件、水文地质条件、地形地貌条件、工程难易程度、投资的数额、工期的要求，以及现有的施工技术水平和今后运营条件等因素有关。

3.1.1 隧道位置的选择

要选择好隧道线路位置，一般说来，主要应对沿线的地形、地质作详尽的了解，充分掌握这两方面的资料，认识它们之间的内在联系，分清主次，统筹研究，处理好近期与远期、隧道工程与其他工程的关系，就可选择出较为理想的隧道线路位置和恰当的隧道进出口位置。

1. 地形条件与隧道位置的选择

作为克服地形障碍的有利手段，隧道位置的选择很大程度上受地形的制约。地形障碍有高程障碍(见图 3.1)和平面障碍(见图 3.2)两方面。

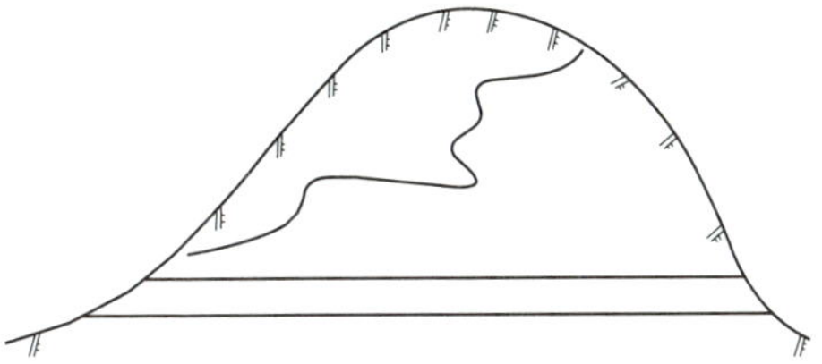

图 3.1 高程障碍

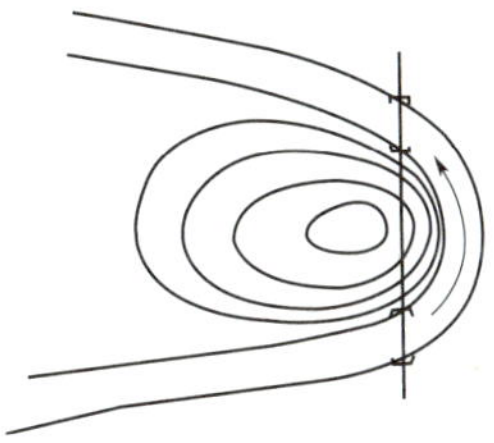

图 3.2 平面障碍

(1)高程障碍

高速铁路在前进方向上如遇到高山，由于线路的坡度有严格的限制，不能在一定距离内拔起越过山峰，于是高山就成了线路上的高程障碍。当地形紧迫，山坡陡峭，不具备迂回绕行和开挖深路堑的条件时，开凿隧道，穿山通过，就成为克服这种障碍唯一可行，而且是比较有利的方案。修建隧道可能工程量要大一些，工期也会长一些，但是，它能使线路平缓顺直，不需要较大的坡度，不需设置太多、太急的曲线。今后在长期的运营中，由于技术条件好，可以牵引更大的重量，可以提高行驶速度，缩短运程，还不受外界干扰，战争时期也是良好的掩护所。因此，从全局和长期考虑，越岭隧道方案是比较合理的。

(2)平面障碍

当高速铁路进入山峦起伏，河谷蜿蜒的山区，线路不得不依山傍河迂回前进。若走行在凹岸，则需注意是否受到河水冲刷。若走行在凸岸山嘴，则沿山坡绕行，当凸度较大时，曲线半径势必很小，行车条件恶化。若是山嘴伸出太急，线路就无法随之环绕，这就出现了平面障碍。相对于沿河傍山绕行，在平面障碍的前方，开凿隧道，穿山而过，虽然工程略大一些，但线路顺直平缓，可不设急弯，没有陡坡，线路行程缩短，运营条件改善，而且不受山坡坍方落石的威胁，从长远的利益看，隧道方案是比较合理的。

2. 地质条件与隧道位置的选择

无论是越岭线路或沿河傍山线路，在选择隧道位置时，都应力求选择在地质构造简单、岩性较好的稳固地层中通过。尽量避免通过断层、崩坍、滑坡、流砂、溶洞、陷穴以及偏压显著、地下水丰富等地质不良地段，当绕避有困难时，应尽量采取必要的工程措施。

(1)单斜构造与隧道位置的选择

单斜构造是指成层的岩层向一个方向倾斜的地质构造。常见的工程地质问题为不均匀压力、偏压、顺层滑动等现象，故隧道中线以垂直走向穿越最为有利。按岩层的倾角不同，可分为三种情况：

①水平或缓倾角岩层

如图 3.3 所示，当隧道通过硬质的厚层岩层时，较为稳定。若通过薄层或很薄岩层时，则施工时顶部易产生掉块现象，此时，以不透水的硬质岩层作顶板为最好。

②陡倾角岩层

陡倾角岩层一般有偏压和不均匀压力存在，当有软弱夹层伴以有害节理切割时，易产生坍方和顺层滑动。在此情况下，如以明洞通过时应慎重对待。隧道开挖虽处于约束状态，但当开挖造成临空面后，洞壁如有两组及以上结构软弱面或节理裂隙为有害组合时，同样易引起较大偏压或顺层坍滑。

当隧道中线可能沿两种不同岩性的岩层走向通过时，应避免将隧道置于两种不同的岩层软弱构造(破碎)带，如图 3.4 所示(a)位置；而宜将隧道置于岩性较好的单一岩层中，如图 3.4 所示(b)位置。

③直立岩层

隧道通过直立岩层时，其中线宜垂直于岩层的走向穿过，如图 3.5 所示。如隧道中线与岩层走向一致时，仍应避开不同岩层接触带。尤应注意的是：当层状岩层较薄，并有软弱夹层，伴有微量地下水活动时，亦可产生不对称压力，在隧道开挖过程中，易产生坍塌

（见图 3.6），甚至导致大的坍方，致使地面形成“天窗”，在选择隧道位置时应予重视。

图 3.3 缓倾角岩层隧道位置选择

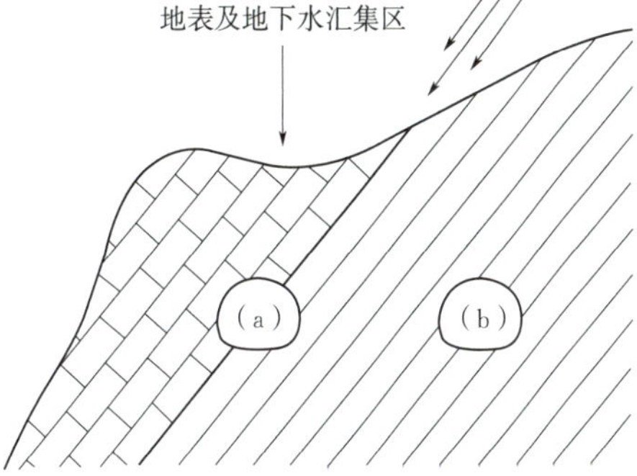

图 3.4 陡倾角岩层隧道位置选择

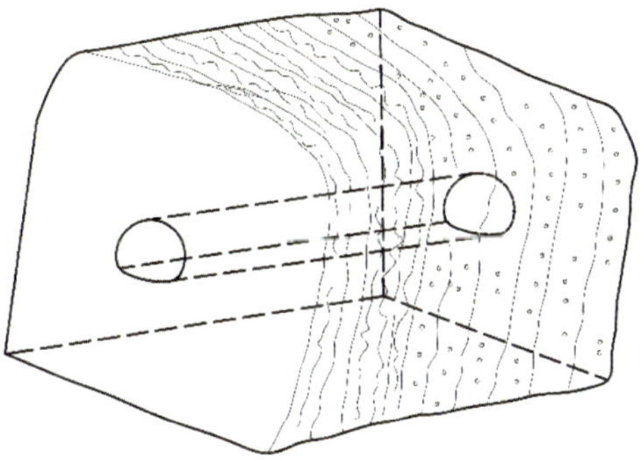

图 3.5 直立岩层处隧道走向示意图

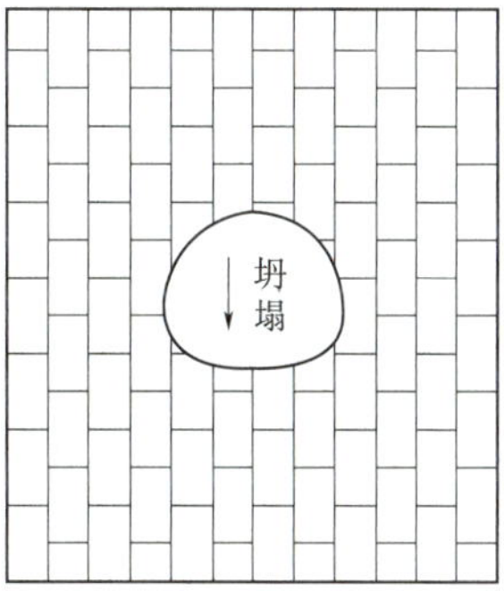

图 3.6 直立岩层坍塌示意图

（2）褶皱构造与隧道位置的选择

褶皱构造有向斜和背斜两种基本类型，当隧道通过褶皱构造时，应尽量避免将隧道置于向斜或背斜的轴部，如图 3.7 所示（a）、（b）位置，而应将隧道置于翼部，如图 3.7 所示（c）位置，此时隧道所处的地质条件类似于单斜构造。

因背斜或向斜的轴部岩层均比翼部破碎，节理裂隙发育，施工时可能发生坍塌。当隧道通过向斜和背斜轴部作比较时，则背斜较向斜略好，若向斜轴部位于含水层中，洞身开挖所出现的涌水及坍塌将比背斜严重。

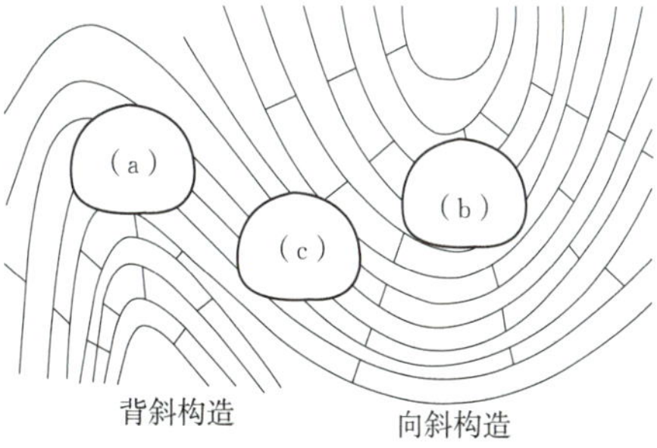

图 3.7 褶皱构造处隧道位置选择

（3）断裂构造、接触带与隧道位置的选择

断裂构造及不同岩层的接触带，其裂隙发育，并有被挤压呈破碎的块碎石角砾及断层泥存在，地下水量也较大，常呈突水涌出，一般在该处开挖隧道易产生坍塌，会给施工带来一定的困难，同时地层压力变化较大，衬砌结构亦难处置，因此，在选择隧道位置时，切忌沿着（或靠近平行）断层带或破碎带修建隧道，如图 3.8 所示；特别对于区域性大断裂，尤其应注意绕避。当隧道线路必须通过断层带时，应尽量使线路与断层走向正交，如图 3.9 所示；同时应避开严重破碎带，并应使通过断层的地段最短。

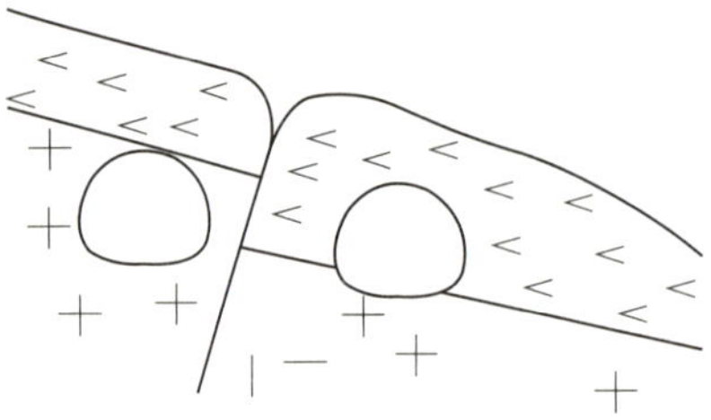

图 3.8 隧道平行于断层带图示

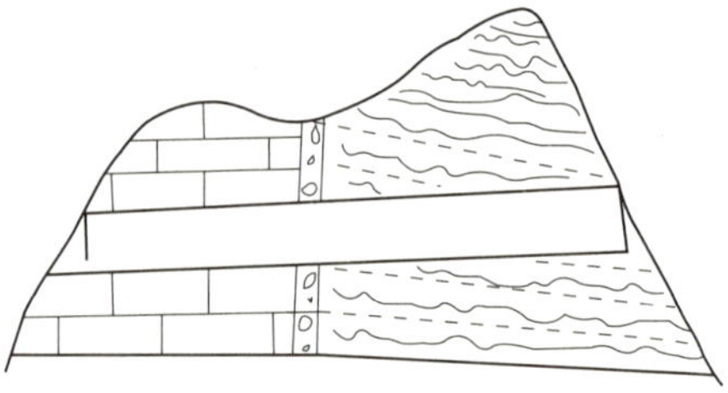

图 3.9 隧道与断层走向正交图示

3. 不良地质与特殊地质地区隧道位置的选择

隧道位置应选择在岩性较好和稳定的地层中，对施工和运营均有利，亦可节省投资。对岩性不好的地层、断层破碎带、含水层等不良地段应避免穿越，以免增大投资，造成施工与运营的困难，影响隧道安全，留下后患。若不能绕避而必须通过时，应采取可靠的工程处理措施，以确保隧道施工及运营安全。常见的不良地质条件主要是指滑坡、崩坍、松散堆积、泥石流、岩溶及含盐、含煤、地下水发育等地质条件。

(1)滑坡地区隧道位置的选择

在山区修建隧道时，经常会遇到滑坡，它给施工、运营可能造成极大危害，因此，当隧道线路必须通过滑坡地段时，应慎重对待。

①由于滑坡、错落对隧道的危害很大，因此在隧道通过滑坡地区时，必须查明滑坡类型、范围、深度、滑动方向及发生发展原因和规律，地下水情况等。线路应避开滑坡体或错动体，如图 3.10所示(a)位置，或在可能滑动面以下一定深度通过，如图 3.10 所示(b)位置。

当隧道通过古滑坡体时，应充分预计到不致因施工开挖和运营中人为因素导致古滑坡体的复活。

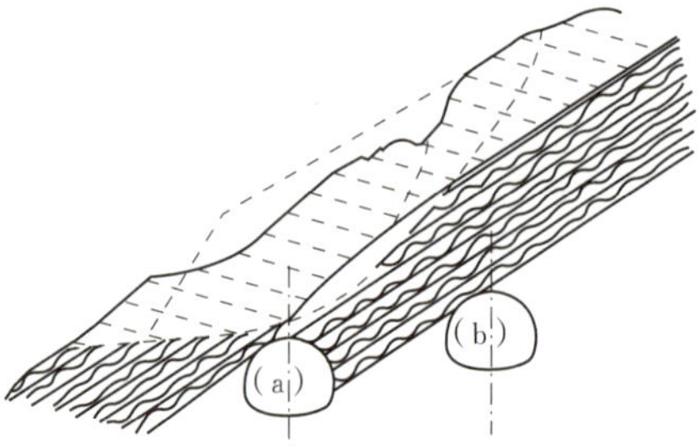

图 3.10 滑坡地区隧道位置选择

②当隧道或明洞必须通过滑坡体时，应在查明滑坡的成因、性质、类型、构造的基础上，采取上部减载、下部支挡、抗滑桩(墙)、地表及地下排水、加强衬砌结构等工程措施，在能确保滑坡稳定的情况下，才允许隧道或明洞通过滑坡体。

③当隧道穿山体进洞，通过不稳定并有软弱夹层的岩体时，多有引起山体滑动的可能，为此，选择隧道位置时，应充分预计由于施工开挖和爆破、河岸冲刷和剥蚀等影响所导致的软弱夹层不稳定和山体滑动；当隧道通过时，宜避开软弱面(夹层)而将其置于可能滑动面以下一定深度处并应有足够的覆盖厚度，对上述可能产生的危害必须采取相应的工程措施，防患于未然。

(2)堆积层地区隧道位置的选择

山体岩石经风化、温度变化、冻融交替等作用逐渐崩解成碎块，在重力作用下，自山坡滚落至坡脚形成一种松散的碎石堆积层，这种堆积层常处在暂时稳定状态。一旦扰动，稳定即会丧失而造成崩塌。在这种地质条件下隧道应避开不稳定、松散的堆积层，使洞身处于基岩中，并具有足够的安全厚度，如图 3.11 所示(a)位置。在堆积体紧密稳定，且不得已时，隧道也可以穿过堆积体，但应避开堆积层中的软弱层面和堆积体与基岩的接触处通过，且一定要采取有效可靠的工程措施，才可在如图 3.11 所示(b)位置通过。

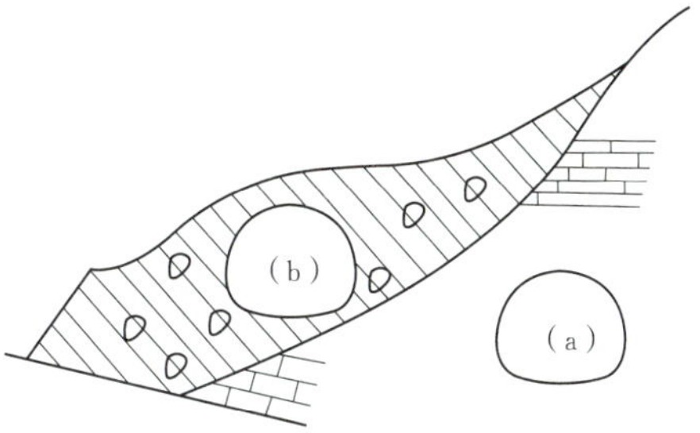

图 3.11 堆积层地区隧道位置选择

(3)泥石流地区隧道位置的选择

隧道通过泥石流地段时，应结合地质情况考虑泥石流沟的改道和最大下切深度，以确保洞口和洞身的安全。隧道洞口应避开泥石流沟及泥石流可能扩展的范围。有困难时，可修建一段明洞，使泥石流在明洞顶通过。在受彼岸山嘴或洪积扇影响而压缩河床，导致冲刷侧蚀威胁线路安全时，应考虑侧蚀作用对隧道或明洞的危害，在这种情况下，线路位置宜往里靠，如图 3.12 所示(a)位置。当隧道(明洞)洞口位置毗邻泥石流沟时，应注意适当延长以避免泥石流可能扩散范围的影响。

(4)岩溶地区隧道位置选择

当隧道通过岩溶地区时，应力求避免穿越岩溶严重发育的网状洞穴区、巨大空洞区及有利于岩溶发育的构造带，尽量避开洞身置于碳酸盐岩与非碳酸盐岩(可溶岩与非可溶岩)的接触带。当不可能时，应选择在较狭窄地段，以垂直或大角度穿过，使通过岩溶地段为最短。

当洞身不能避开时，宜使隧道与岩溶间壁(特别是顶板与底板)有足够的岩壁厚度，或采取相应的工程处理措施，如图 3.13 所示；并要选择在岩溶水不发育的地带通过，应特别注意岩溶水突然袭击的可能性。

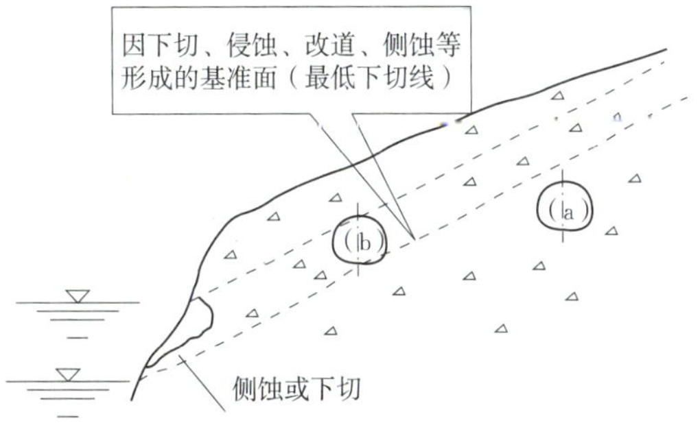

图 3.12 泥石流地区隧道位置选择

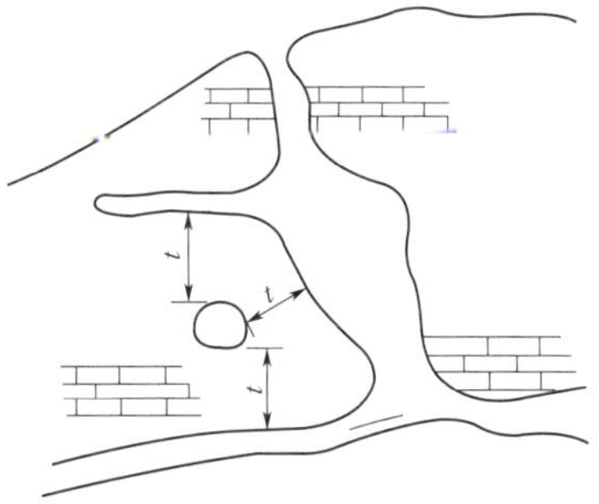

图 3.13 岩溶地区隧道位置选择

4. 特殊地质地区隧道位置选择

特殊地质地区系指膨胀岩(土)、含盐地层、煤系地层、黄土、多年冻土、地震地区以及水库坍岸区等。在这些地区选择隧道位置，首先应掌握这些地层的特点及对隧道工程可能造成的危害程度。

(1)膨胀岩(土)地区隧道位置的选择

膨胀性的岩石种类有：页岩、泥岩、含有长石、云母、辉石等的风化岩、蛇纹岩。当隧道通过膨胀岩(土)地区时，应在确认膨胀性围岩的范围后，以通过地段最短，地下水含量最少者为宜。同时应根据支护变形情况，顶、底板隆起及边墙的凸出等程度，来分析和测定膨胀力的大小和开挖不同部位相应的变化规律，以便采取相应的施工方法和加强衬砌结构工程措施。

(2)含盐地层隧道位置的选择

含盐地层系指岩石中含有盐类矿物，如岩盐、芒硝、钙芒硝、硬石膏、石膏等矿物成分的可溶性地层。当其在恒定天然含水状态下，具有较大的强度。但当含水量发生变化时及变化后，则其会严重影响岩层的稳定性。

含盐地层对隧道的危害大致有下列三种类型：①膨胀作用的危害，将导致衬砌结构承受附加压力。②湿陷作用的危害，使底板呈现不规则的隆起或沉陷，影响结构稳定。③含有高浓度 SO_4^{2-} 的水溶液和芒硝矿物对混凝土的侵蚀，严重者使混凝土呈豆腐渣状，对钢筋也有腐蚀作用。

为此，当隧道通过含盐地层时，宜选择在干燥无水或地下水位低、含盐量最少的地段通过，并应对衬砌结构采取相应的加强措施。

(3)煤系地层隧道位置的选择

当隧道通过煤系地层时，要注意有害气体、煤窑采空区以及地层膨胀等影响隧道结构安全的问题。有害气体危害施工、运营安全，且易发生燃烧和爆炸事故；小煤窑采空区也不容忽视，因其直接影响隧道洞身稳定和运营安全。煤系地层隧道开挖后，围岩压力较大；在含水的情况下，一般水质均含有 SO_4^{2-}，具有侵蚀性，破坏衬砌圬工。

因此，在选择隧道位置时，应设法避开有害气体含量较高和煤窑采空密集地段，当不可避免时，应选择影响最小的方案通过，同时保证底部隔层有足够厚度或预留煤柱，以减少其对隧道工程的威胁，确保施工安全和结构稳定。

(4)黄土地区隧道位置的选择

黄土具有干燥时很坚固，遇水容易剥落和易遭受侵蚀的特征。在黄土地区常见有冲沟、陷穴、滑坡及泥流等不良地质现象，对隧道的危害是不容忽视的，特别是在有地下水活动和陷穴密集的地段，在隧道施工中极易发生坍塌，产生较大的围岩压力，导致支护变形、基础下沉及衬砌开裂等危害。因此，选择隧道位置时应避开沟壑及有地下水活动和地面陷穴密集的地区。

(5)多年冻土地区隧道位置的选择

凡是温度低于或等于 0 ℃，且含有固态水的土(石)称为冻土，这种状态能保持三年或三年以上者，称为多年冻土。多年冻土地区，多分布于我国东北大兴安岭和西北的青藏高原一带，由于气候严寒，防排水工程设计及施工均比较复杂，处理不当将造成隧道病害。

多年冻土地区修建的隧道，在洞口地段及衬砌背后会形成一个冻融交替的融化圈，因冻融循环的交替作用，洞门易遭到破坏，且融化圈内的围岩强度有所降低。由于冻融圈的存在，在寒季时，融化圈中的地下水冻结体积膨胀会产生较大的冻胀力，冻胀力对衬砌产生往复作用，影响着衬砌结构的耐久性和安全性。当隧道在多年冻土地区通过时，应注意选择好隧道位置和洞口位置，防止隧道病害的发生，减少施工和运营养护的困难。

(6)地震区隧道位置的选择

地震对隧道影响的大小，与地形、地质及隧道埋藏深度有着密切的关系，地震的破坏作用，由地表向地下随隧道埋深增加而迅速减弱，故一般对深埋隧道影响较小，对浅埋、偏压的隧道及明洞和洞门等结构的影响较大。一旦地震发生，将可能导致隧道洞口地面塌陷、衬砌出现开裂破损等病害，直接威胁行车安全。因此，在选择隧道位置和洞口位置时，应特别注意地形、地质及洞身埋藏深度等问题。对土质松散或地层破碎及地质构造不利的傍山隧道，更应注意采取必要措施，以保证洞身稳定和洞口工程的安全。

(7)水库地区隧道位置的选择

水库蓄水后，改变了岸边的工程地质和水文地质条件，岸壁将受库水的浸润和波浪的冲刷而导致坍塌，即所谓的水库坍岸，如图 3.14 所示。同时，由于库水向岸壁土层(或破碎岩层)渗透，致使地下水位上升，在库水消落时，地下水又随之下降。库水水位的变化除加剧坍岸的发展外，还可能造成岩(土)体力学性质(承载力、摩擦力)的降低以及老滑坡体的复活或产生新滑坡等不同程度的危害。

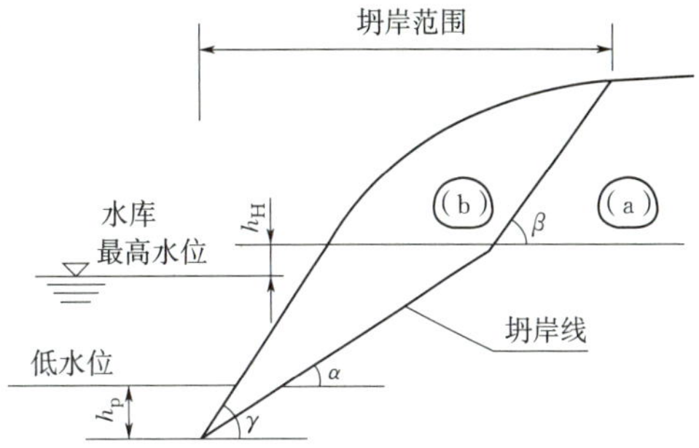

图 3.14　水库地区隧道位置选择

h_H—波浪侵袭高；

h_p—波浪影响深度；γ—水下安息角；

α—浅滩磨蚀角；β—水上岸坡的稳定坡角

在水库坍岸地区修建隧道时，隧道位置应置于牢固的基岩中，或坍岸范围以外具有一定覆盖厚度并足以保证洞身稳定的土层上，如图 3.14 所示(a)位置。

隧道设置高程一般均应设于水库设计正常高水位以上规定高度，如因特殊原因需要设于正常高水位以下时，应根据工程地质、水文等情况采取有效的防护工程措施，并有足够的技术经济比选依据。

3.1.2　洞口位置的选择

洞口是进出隧道的咽喉，又是隧道施工中的主要通道。洞口位置选择是否合理，将对隧道的运营安全及由此产生的工程投资产生重大的影响，故洞口位置的选择，是隧道勘察设计中极其重要的环节之一。一般应根据具体工点的地形、环境、地质、水文等条件，结合施工条件、景观要求及洞口相关工程(洞口段衬砌及洞门结构形式、相邻的桥梁及路基工程、边仰坡防护及洞外排水工程)加以全面研究，综合比较其经济、技术上的合理性和安全性，方能确定洞口的最佳位置。

我国根据多年实践经验，总结出"早进晚出"的原则。即在决定隧道洞口位置时，为了确保施工、运营的安全，宁可早一点进洞，晚一点出洞，这样做，虽然隧道修长了一些，却安全可靠。当然，这并不意味着进洞越早越好，出洞越晚越好，而是应当从安全等多方面比较确定。

1. 隧道洞口位置选择原则

理想的洞口位置应选择地质条件良好，地势开阔，施工方便，技术、经济合理之处。在选择隧道洞口位置时，应遵循以下原则：

(1)地形条件选定洞口位置

①隧道进出口中线应力求与地形等高线相垂直、接近垂直或大角度斜交进洞(见图 3.15)，尽量避免与等高线平行或接近平行进洞，这样可相应减小洞口工程量，对施工亦较为有利。

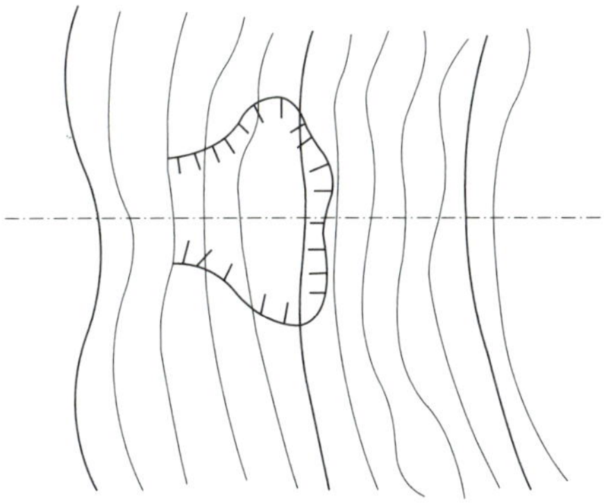

图 3.15　正交洞门

②对于傍山隧道因限于地形，有时无法与等高线正交，只能斜交进洞时(见图 3.16)，其交角不应太小(不小于 45°)，此时按隧道低侧基础不露空并有足够的承载力及稳定性、高侧边坡挖方高度不超过 15 m 确定洞口里程，洞门形式根据地面横坡及仰坡情况采用台阶式洞门或明洞门(见图 3.17)。

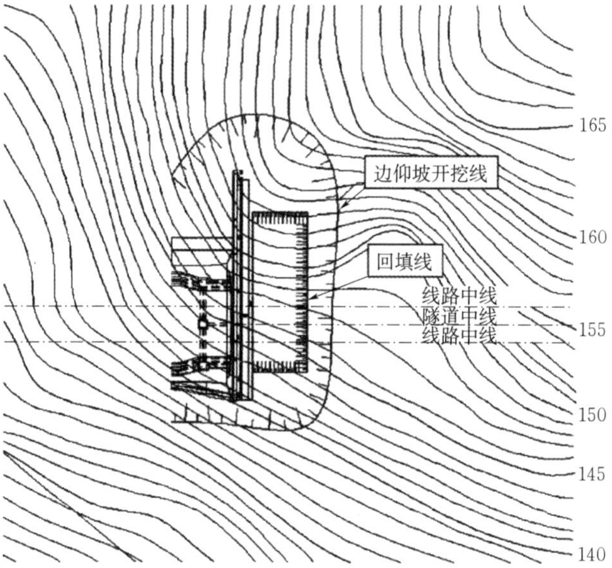

图 3.16 斜交洞门

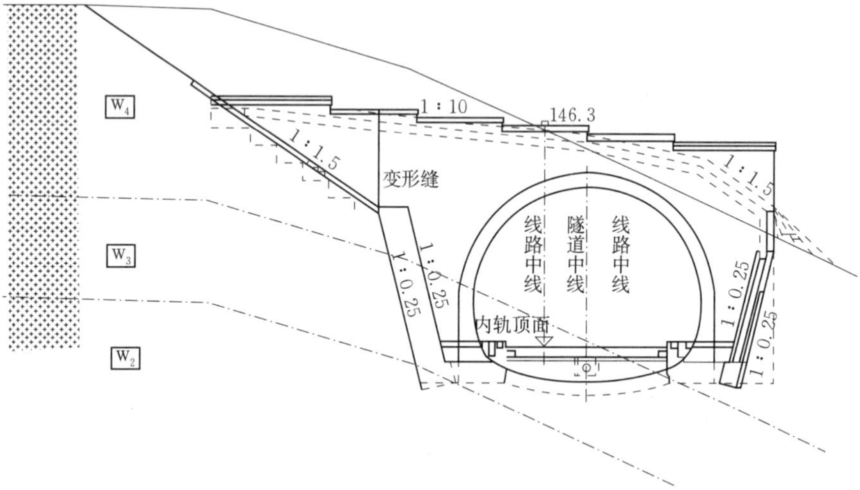

图 3.17 台阶式洞门

③位于悬崖陡壁下的洞口，不宜切削原坡面，破坏地表植被，暴露岩层，使洞口处于不利地位，有条件时结合相邻工程，尽量接长明洞。如岩壁稳定，亦可采用桩柱式洞门贴壁进洞(见图 3.18)，若有落石危险时，必须采取接长明洞(见图 3.19)、主被动防护等综合措施。

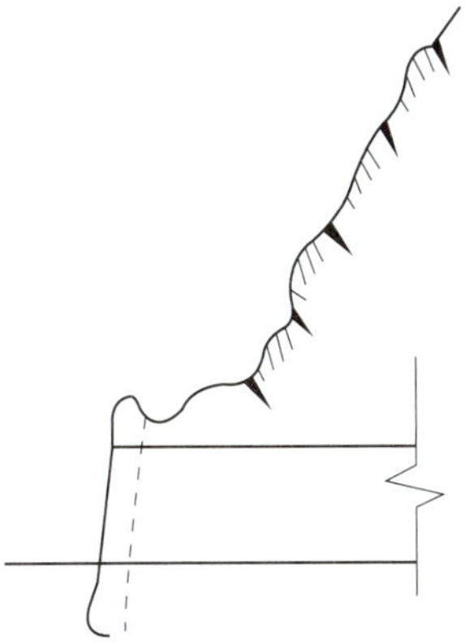

图 3.18 贴壁进洞时洞口纵断面示意图

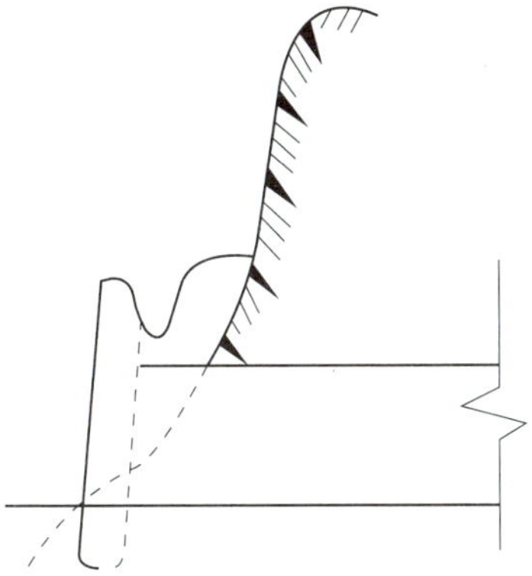

图 3.19 陡壁下接长明洞时纵断面示意图

④当洞口地形平缓时，由于选定洞口位置有较大的伸缩范围，此时应结合洞外挖方路堑情况、排水条件和有利于快速施工等因素，结合少占农田和环境保护等情况综合考虑。另外，当隧道位于城市、风景区附近时，为有效利用立体空间，尽量少做长拉槽进洞，以修筑明洞为宜。

⑤在沟谷和山凹处，往往是地表水和地下水汇集处(见图 3.20中的 *A* 线)，地层也多较为软弱，因此应尽量沿山脊进洞，避免“顺沟进洞”。若无法避免时，应对地表径流作妥善处理，加强洞口段的防排水措施。一般宜将洞口移在沟谷地质条件较好的一侧有足够宽度的山嘴处，如图 3.20 中的 *B* 线。

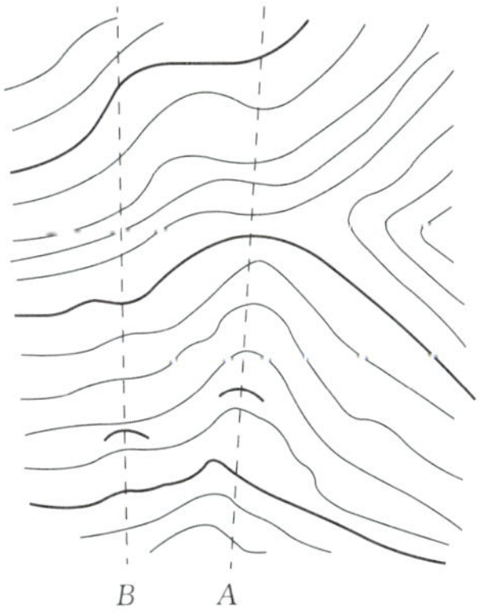

图 3.20 沟底附近洞口平面位置

(2)环境条件选定洞口位置

①高速铁路往往以客运为主，选择洞口位置应考虑洞口对自然景观、自然资源的保护要求。

②应考虑运营期间的空气动力学效应，结合设置减压措施而采取接长明洞的方法确定洞口位置。

(3)地质条件选定洞口位置

选定隧道洞口除考虑地形、环境等条件外，在通常情况下，地质条件起决定性作用。因此，洞口段地层岩性、风化程度、节理裂隙发育程度、地下水及不良地质现象，均为洞口位置选定的决定性因素。

①当要求洞口避开较厚土层(黏土、碎块石)或堆积层进洞有困难时，不宜采取清方的办法缩短洞口，可采取必要的预加固措施(地表加固、预加固桩、洞口管棚等)，保证进洞安全。

②当洞口为软岩或软硬岩互层(如炭质页岩、泥质千枚岩、砂页岩互层、页岩灰岩互层等)时，要考虑受风化及自然应力的作用。软岩易受侵蚀而剥落、凹陷，导致掉块、落石，危及洞口安全，故在此类地层中选定洞口位置时，应适当降低边仰坡高度，以减少风化暴露面，同

时对坡面作适当的防护。

③当岩层倾斜，层理、片理结合很差或存在软弱结构面(顺层)时，不宜大挖，避免斩断岩脚，防止顺层滑动或坍方，并尽量早进洞或设明洞引进。

④洞口应避开山体不稳定或有明显偏压、滑坡、崩塌、泥石流等不良地质地段。当不可避免时应有足够的整治、加固措施后再行进洞。

⑤黄土地区选择隧道洞口，若为干燥、密实、稳定的老黄土时，可按一定的挖深进洞，对有水或新黄土地层则不宜大挖。洞口应避开冲沟，以防止洞口坡面冲蚀产生泥石流等病害。

2. 洞口防护及绿化原则

(1)洞口边仰坡采取的防护措施应按“安全、可靠、绿化”的原则设计。当边仰坡高度小于 12 m 时，对土质边仰坡采用液压喷播植草，对岩质边坡采用挂网喷射混凝土植生防护；边坡刷方高度超过 12 m 时，采用挡墙结构防护，以达到收坡效果。挡墙顶部边坡防护同上，边仰坡绿化的植物种类应适应当地的环境条件，并与所连接路基段绿化协调一致。图 3.21 为常用的洞口格构式护坡，在护坡内喷播植草。

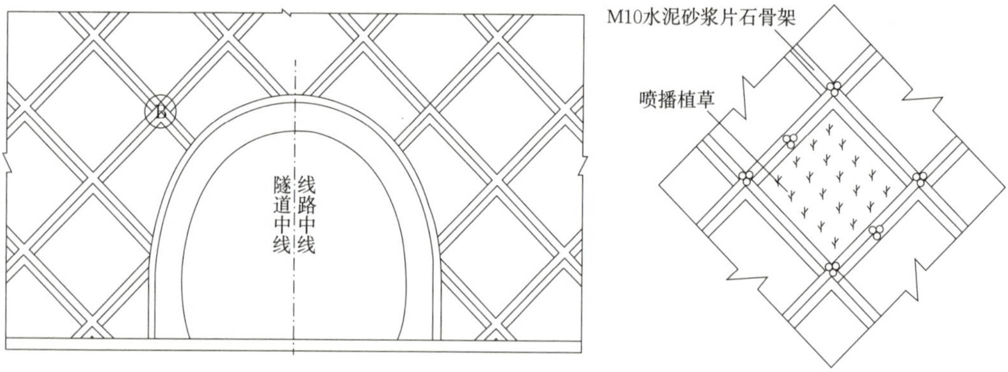

图 3.21 洞口格构式护坡及植草绿化

(2)对于高速铁路隧道的洞口防护，洞口边仰坡刷方线外 5 m 采用防护栅栏隔离措施，有落石时，采用 SNS 防护网防护，防护网形式为 RS-025 型，防护网高度为 4 m。

3.2 高速铁路隧道平面与纵断面设计

隧道内线路设计时，首先应满足整体线路规定的各种技术指标。而隧道内的环境条件比较差，无论是车辆运行还是维修养护，都处于不利的条件下进行。所以，在设计隧道内线路时，还要考虑适应隧道特点的一些技术要求。

3.2.1 隧道平面设计

1. 平面设计要求

一般情况下隧道内的线路最好采用直线，但是，如受到某些地形的限制，或因地质原因而不得不采用曲线时，应采用较大的曲线半径。例如，当线路绕行于山嘴时，为了避免直穿隧道太长，或是为了便于开辟辅助性的横洞，有时也会有意识地设置与地形等高线相接近的曲线隧道。

当隧道越岭时，线路常常是沿着垭口的一侧山谷转入山体后，又沿垭口另一侧山谷转出。这样可以使隧道较长的中段放在直线上，但两端为了转向都要落在曲线上。如果垭口两侧沟谷地势开阔，则可将曲线放在洞口以外。

上述情况在山区的线路中经常遇到。设计时，应尽可能将曲线设在洞口附近并采用较大的曲线半径，使它的影响小一些。隧道在曲线两端设缓和曲线时，最好不使洞口落在缓和曲线上。缓和曲线在平面上半径总在改变，竖向的外轨超高也在变化，这样，在双重变化下，列车行驶不平稳。所以，应尽可能将缓和曲线设在洞外一个适当距离以外，圆曲线的长度也不应小于一节车厢的长度。在一座隧道内最好不设一个以上的曲线，尤其是不宜设置反向曲线或复合曲线。列车同时跨在两个曲线上时，行驶很不稳当。所以，两曲线间应有足够长的夹直线，一般要求在 3 倍车辆长度以上。

《高速铁路设计规范》(TB 10621—2014)指出与设计速度匹配的平面曲线半径应符合表 3.1的规定。

表 3.1 平面曲线半径表

<table>
<tr><td colspan="3">设计速度/($km \cdot h^{-1}$)</td><td>350</td><td>300</td><td>250</td></tr>
<tr><td rowspan="4">最小值/m</td><td rowspan="2">有砟轨道</td><td>一般</td><td>7 000</td><td>5 000</td><td>3 500</td></tr>
<tr><td>困难</td><td>6 000</td><td>4 500</td><td>3 000</td></tr>
<tr><td rowspan="2">无砟轨道</td><td>一般</td><td>7 000</td><td>5 000</td><td>3 200</td></tr>
<tr><td>困难</td><td>5 500</td><td>4 000</td><td>2 800</td></tr>
<tr><td colspan="3">最大值/m</td><td colspan="3">12 000</td></tr>
</table>

注：困难最小值应进行技术经济比选后采用。

2. 单洞双线与双洞单线隧道的方案设计

在单洞双线和双洞单线方案比较中，采用一座双线隧道的横断面积要比两座单线隧道横断面积总和小，经济性较好，这是日本新干线隧道采用一座双线隧道方案的主要原因。在欧洲，当隧道长度大于 20 km 时，考虑防灾救援等因素，一般采用两座单线隧道方案，其线间距一般为 30～50 m，按 300～500 m 距离设置横通道用作救援通道。

一般地说，在满足空气动力学要求的前提下，双线断面要比单线断面更有利一些。法国的比较结果是：在列车速度为 300 km/h 情况下，两座单线隧道的总断面积为 140 m^2，一座双线隧道的断面积为 100 m^2；在列车速度为 250 km/h 情况下，相应的断面积分别为 100 m^2 和 72 m^2。

在特长隧道方案设计时，选择两座单线隧道方案还是选择一座双线隧道方案，应从地质条件、建设工期、施工难度和方法、运营通风、防灾救援和人员疏散、工程投资等多方面综合考虑，对高速铁路还要考虑列车在隧道内运行的空气动力学效应。

采用单洞双线方案和采用双洞单线隧道方案各有其优缺点。对高速铁路隧道而言，采用单洞双线隧道方案，阻塞比较小，在满足洞内会车最不利的前提下，可有效地提高乘车舒适度；而采用双洞单线隧道方案十分有利于防灾救援，当一座隧道出现重大事故时，另一座可正常运营，且可利用其进行救援和旅客的疏散。

从地质条件看，在软弱破碎围岩地段，考虑施工难度和风险，宜选用跨度较小的双洞单线隧道方案，当地质条件好时，可选用单洞双线隧道方案。从施工方法看，当采用 TBM 或盾构施工时，考虑施工风险，采用直径较小的双洞单线隧道方案较为稳妥，施工风险相对较小。从运营通风看，双洞单线隧道方案可以充分利用列车活塞风改善隧道内的环境条件，而单洞双线隧道方案利用活塞风效果较差。就工程投资而言，双洞单线隧道方案通常较单洞双线隧道方案造价高 20%～40%，特别是在硬质围岩地段，单洞双线隧道方案具有明显的价格优势。故在确定隧道方案时，应结合线路的隧道分布和隧道两端引线等相关工程的具体情况，综合考虑。

单洞双线隧道方案和双洞单线隧道方案的比较见表 3.2。

表 3.2 单洞双线和双洞单线隧道方案比较

比较项目	单洞双线隧道方案	双洞单线隧道方案
施工难度及风险	断面大，在软弱围岩中发生坍塌的机会较多，容易发生变形，风险较大	断面较小，发生坍塌、变形的机会相对较少，风险较小
运营通风	难以利用活塞风	可以充分利用活塞风
防灾救援	当隧道内发生火灾时，消防灭火与救援难度大，线路将中断运营	当一座道内发生火灾时，可通过另一座隧道帮助灭火，并利用横通道紧急疏散人员，仅中断一条线路运营
空气动力学影响	相对小	相对大
环境影响	相对小	相对大
工程投资	较低	较大，较单洞双线方案多 20%～40%

我国高速铁路隧道设计时选择“单洞双线隧道方案”还是选择“双洞单线隧道方案”，通常可遵循下列原则：

①当隧道长度小于 10 km 时，一般采用单洞双线方案，可利用施工时的辅助坑道作为防灾救援和人员疏散的紧急出口。

②当隧道长度为 10～20 km 时，应结合隧道两端引线、车站布点等相关工程情况进行系统的经济技术比选，也可结合防灾救援及养护维修考虑，采用双线隧道加贯通平导的方案进行比较。例如：

a. 当隧道长度在 10～20 km，地质条件整体尚可，没有严重不良地质时，双洞隧道造价高于单洞双线隧道，宜采用单洞双线隧道。

b. 当隧道长度在 10～20 km，在松软地层、不良地质地段修建隧道时，大断面隧道施工风险剧烈增加，往往修建双洞隧道较修建单洞隧道更易于保证工程质量和施工安全，因此，长距离穿越高地应力软岩、第四系松软地层及膨胀性地层的隧道，按双洞隧道设计更为合理。

③以往长度大于 20 km 的隧道多采用双洞单线方案，目前得益于防灾救援技术的进步，部分 20 km 以上的隧道也开始采用单洞双线方案。

3.2.2 隧道纵断面设计

隧道内线路纵断面设计就是要选定隧道内线路的坡道形式、坡度大小、坡段长度和坡段间的衔接等。

1. 坡道形式

隧道处于岩土层之中，除了地质有变化以外，线路走向不受任何限制，不必采用复杂多变的形式。一般可采用单面坡[见图 3.22(a)]或人字坡[见图 3.22(b)]。

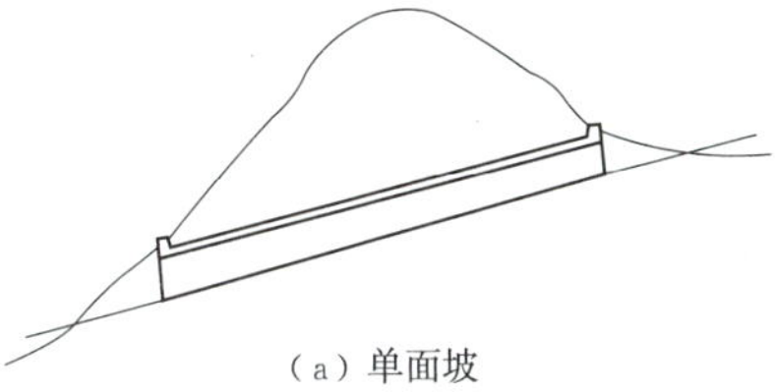

(a) 单面坡

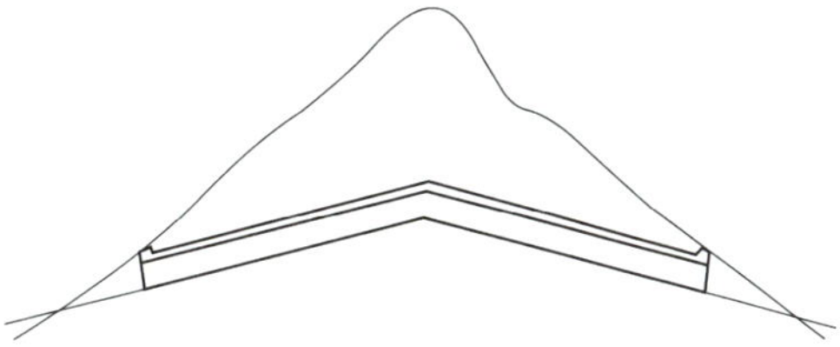

(b) 人字坡

图 3.22 坡道形式示意图

最大坡度标准对线路的走向、长度、工程投资、运营费用、牵引重量及输送能力等都有较大的影响。高速铁路采用大功率、轻型动车组，牵引和制动性能优良，能适应大坡道运行。最大坡度不考虑曲线半径和隧道坡度减缓。

《高速铁路设计规范》(TB 10621—2014)规定区间正线的最大坡度不宜大于 20‰，困难条件下经技术经济比较后不应大于 30‰。动车组走行线的最大坡度不宜大于 30‰，困难条件下不应大于 35‰。动车组走行线的最大坡度大于 30‰时，宜铺设无砟轨道。

2. 坡段长度

从列车运行平稳性要求出发，纵断面坡段长度宜设计为较长的坡段；但从节省工程投资角度分析，较短的坡段能够较好地适应地形，减少工程数量，降低工程投资。因此，最小坡段长度的确定，既要满足列车运行的平稳性要求，又要尽可能地节约工程投资，使两者合理兼顾。

(1)最小坡段长度确定

高速铁路正线宜设计为较长的坡段，最小坡段长度一般条件下不应小于 900 m，困难条件下不应小于 600 m，列车全部停站的车站两端不应小于 400 m；最小坡段长度不宜连续采用，困难条件下不应连续采用；动车组走行线最小坡段长度不宜小于 200 m，且竖曲线不应重叠。最小坡段长度应按式(3.1)计算确定且取为 50 m 的整倍数。

$$l_p = 2 \times \frac{R_{sh} \cdot (\Delta i_1 + \Delta i_2)}{2} + 0.4v \tag{3.1}$$

式中 l_p——最小坡段长度，m；

$\Delta i_1,\Delta i_2$——坡段两端坡度差，‰；

R_{sh}——竖曲线半径，m；

v——设计速度，km/h。

(2)最大坡度长度确定

高速铁路坡度长度与最大设计坡度有关。最大设计坡度采用 15‰时，坡段长度不宜大于 10 km；最大设计坡度采用 20‰时，坡段长度不宜大于 6 km；最大设计坡度采用 25‰时，坡段长度不宜大于 4 km；最大设计坡度采用 30‰时，坡段长度不宜大于 3 km。对最大设计坡度的坡段长度，应进行行车检算。

3. 坡段连接

为保证列车在变坡点处的运行安全、乘客的舒适性，相邻坡段的坡度差大于等于 1‰时，应采用圆曲线型竖曲线连接。根据铁科院研究，竖曲线半径由旅客舒适性要求控制，即受列车运行于竖曲线产生竖向离心加速度 a_{sh} 限制的最小竖曲线半径为

$$R_{sh}=\frac{v^2}{3.6^2 a_{sh}} \tag{3.2}$$

式中 a_{sh}——乘客舒适度允许的竖向离心加速度，m/s^2，根据试验及高速铁路对 a_{sh} 的取值经验，取值一般为 0.4 m/s^2，困难为 0.5 m/s^2。

最小竖曲线半径应满足表 3.3。

表 3.3 最小竖曲线半径采用标准

设计行车速度/(km·h⁻¹)	350	300	250
R_{sh}/m	25 000		20 000

相邻的两个竖曲线重叠设置时，保证各自的竖曲线形状是很难达到的，测设工作也将更加困难，因此，不允许竖曲线重叠。

竖曲线与缓和曲线不应重叠设置。竖曲线与平面圆曲线也不宜重叠设置，困难条件下重叠设置时，最小曲线半径应符合表 3.4 的规定。

表 3.4 竖曲线与平面圆曲线重叠设置时的最小曲线半径

设计行车速度/(km·h⁻¹)		350	300	250
平面最小圆曲线半径/m	一般条件	7 000	5 000	3 500
	困难条件	6 000	4 500	3 000
最小竖曲线半径/m		25 000	25 000	20 000

3.3 高速铁路隧道横断面设计

3.3.1 隧道净空

隧道净空是指隧道衬砌的内轮廓线所包围的空间，是根据“隧道建筑限界”确定的；而“隧道建筑限界”是根据“基本建筑限界”制定的，“基本建筑限界”又是根据“机车车辆限界”制定的。“限界”是一种规定的轮廓线，这种轮廓线以内的空间是保证列车安全运行所必需的。

(1)机车车辆限界：是指机车车辆最外轮廓的限界尺寸。要求所有在线路上行驶的机车车辆停在平坡直线上时，沿车体所有部分都必须容纳在此限界范围内而不得超越。

(2)基本建筑限界：是指线路上各种建筑物和设备均不得侵入的轮廓线。它的用途是保证机车车辆的安全运行及建筑物和设备不受损害。

(3)隧道建筑限界：是指包围“基本建筑限界”外部的轮廓线，即要比“基本建筑限界”大

一些，留出少许空间，用于安装通信信号、照明、电力等设备。

(4)直线隧道净空："直线隧道净空"要比"隧道建筑限界"稍大一些，除了满足限界要求外，考虑避让等安全空间、疏散通道及技术作业空间，还考虑了在不同的围岩压力作用下，衬砌结构的合理受力形状以及施工方便等因素。

高速铁路隧道与普速铁路隧道最大的区别就是当列车以高速通过隧道时，产生的空气动力学效应对行车、旅客舒适度、列车相关性能和洞口环境的不利影响十分明显，因此隧道断面的确定必须考虑如何缓解和消减旅客列车进入隧道时诱发的空气动力学效应的影响。

我国统一制定了 250 km/h、300～350 km/h 不同行车速度条件下的单、双线隧道衬砌内轮廓以及相应衬砌通用参考图。

由于隧道内线间距在 350 km/h 速度目标值时采用 5 m，250 km/h 速度目标值时采用 4.6 m，且隧道两侧预留空间较大，检算结果表明已满足车辆轴线与线路中线的偏距和因曲线外轨超高引起车辆对垂直位置的倾斜要求，故曲线地段线间距及隧道内轮廓均不再考虑加宽。

3.3.2 隧道衬砌断面的拟定

隧道净空确定以后，就可以据此进行隧道衬砌断面的拟定。拟定隧道结构形状和尺寸可采取经验类比的方法。拟定隧道衬砌结构尺寸，需考虑三个方面因素。

1. 内轮廓

高速铁路隧道的内轮廓，应满足现行国家相关限界标准规定、轨道结构形式及其维护方式、疏散救援的要求。内轮廓的确定应考虑下列具体因素：①隧道建筑限界；②股道数及线间距；③隧道设备空间；④空气动力学效应；⑤轨道结构形式及其运营维护方式；⑥养护及工程技术作业空间；⑦疏散通道空间；⑧机车车辆类型及其密封性。内轮廓应平顺圆滑，使结构受力合理。

2. 结构轴线

隧道衬砌是一种压弯结构，一般应使结构的轴线尽可能地符合荷载作用下的压力线。应使大部分截面主要承受压力，而部分截面承受很小的拉力，从而充分地利用混凝土材料的性能。

3. 截面厚度

二次衬砌在隧道支护体系中具有承受荷载的功能，应当具备足够的强度和刚度，高速铁路隧道衬砌混凝土强度等级不应低于 C30，钢筋混凝土强度等级不应低于 C35。二次衬砌厚度设计应首先确定拱墙等上部结构的厚度。二次衬砌的上部结构的主要作用是要保持隧道断面的使用净空，因此在具备所需强度的同时还要有足够的刚度，从而可以抵抗变形，保证在各种荷载作用下拱墙衬砌不会出现过大变形侵占隧道使用净空。一般地，采用工程类比法并考虑施工性和构造要求拟定二次衬砌厚度，计算衬砌厚度及强度要求，使其安全系数满足现行行业标准《铁路隧道设计规范》(TB 10003—2016)要求。

高速铁路对隧道底部的强度要求较普速铁路更高，且高速铁路隧道的断面跨度较大，因此要求底板厚度应不小于 30 cm，并配置双层钢筋，混凝土强度等级不低于 C35，仰拱混凝土强度等级均不应低于 C35。仰拱填充混凝土可以与仰拱结构分开浇筑，强度等级不宜低于 C20。

3.4 高速铁路隧道气动效应及缓冲结构措施

3.4.1 隧道气动效应

高速列车驶入隧道的行为类似一个宽松的活塞，活塞风引起隧道内的空气剧烈流动，列车带动的空气被迫平行地流动于隧道轴线方向，大量空气被列车推到车头，形成压缩波(见图 3.23)，这种压力波动即为瞬变压力。压缩波以近声速的速度沿隧道向前传播，在隧道出口洞门处，突然释放并向周围地区辐射形成微气压波。高速列车通过隧道时引起的这一系列空气动力学效应随着行车速度的提高而加剧。在车头和车尾处产生的压缩波和膨胀波，会引起车内的压力波动，给乘客的听觉造成不适；在隧道出口处，形成的微气压波会产生爆炸声和车窗振动等不良效果，并对周围的环境造成不利影响。高速列车行进中的压力波动会引起一系列与隧道设计和运营密切相关的空气动力学效应，具体见表 3.5。

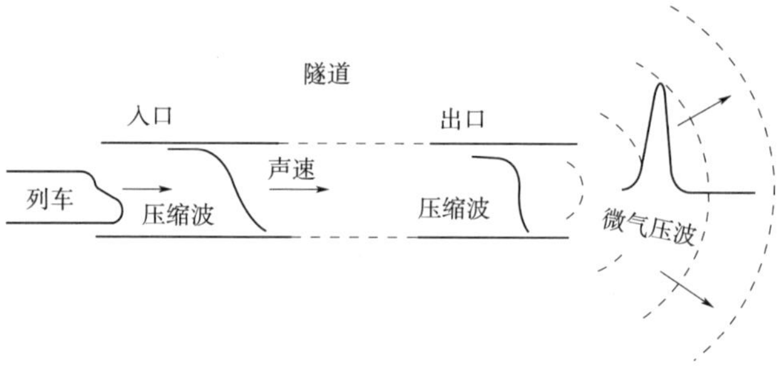

图 3.23 压缩波的传播和微气压波

表 3.5 高速铁路隧道空气动力学效应

空气动力学效应		对隧道设计和运营的意义
瞬变压力	车内瞬变压力	旅客舒适度
	车上压力波动最大幅度	旅客和乘务员的健康
	隧道内压力峰值	衬砌和设施的气动荷载
	车内外压差	车辆结构的气动荷载
微气压波		隧道口环境
列车空气阻力	平均阻力	牵引计算
	阻力过程	限坡
空气流动	列车风	隧道中设备的安全
	空气动压	

因此，必须对高速列车引起的气动效应问题进行相关研究及主要技术参数确定，为高速铁路隧道的设计和运营提供技术决策的依据。

3.4.2　瞬变压力与微气压波

1. 瞬变压力

(1)瞬变压力产生机理

当列车高速进入隧道时，由于隧道边壁显著限制了空气的侧向流动和向上流动，从而使列车前方的空气受到压缩，即列车前方的空气压力增大。被列车排开的空气，一部分沿隧道向前流动，形成车前压缩波，以当地声速沿隧道向前传播；另一部分则通过列车与隧道壁之间的环状空间向列车后方流动。随着列车进一步驶入隧道，环状空间的长度逐渐增大。在环状空间中流动的空气的阻力也增大，列车车前的空气压力继续升高，即压缩波强度继续增大，直到列车完全进入隧道为止。

当列车车尾进入隧道时，原先经过环状空间流出隧道进口的空气改为流到列车车尾的隧道中，但是经环状空间流到列车后面的空气量小于列车排开的空气量，于是在列车尾端就形成低于隧道口大气压的压力差，即产生膨胀波，它同样以当地声速沿环状空间向隧道出口方向传播。当此膨胀波传到环状空间的前端点(即列车的前端)时，一部分以压缩波的形式反射回来，另一部分则仍以膨胀波的形式继续沿隧道向出口方向传播，到达隧道出口时，又以压缩波的形式反射回来，沿隧道向隧道进口方向传播。这些波动对隧道壁面、列车、洞内设施等均产生瞬时的压力变化，通常理解为瞬变压力的变化。它反映出高速列车引起的气体压力波动在隧道内传播、反射和叠加的实态。

(2)影响因素

影响瞬变压力的因素有：列车运行速度、阻塞比β(列车截面积与隧道净空有效面积的比值)、列车车型、列车长度、列车表面摩擦系数、隧道长度、隧道壁面摩擦系数等。

①隧道面积影响

试验分析和研究表明，列车运行速度和阻塞比β对洞内瞬变压力的影响是最大的因素。

$$\beta=\frac{A_v}{A_t} \tag{3.3}$$

式中　A_t——隧道净空有效面积，m^2；

A_v——列车截面积，m^2。

由于列车截面积变化不大，因此隧道净空有效面积的影响是最大的。

②隧道长度的影响

隧道越长，来回反射的周期也相应更大，同时，在反射过程中的能量有所衰减。试验表明，压力波动绝对值并不随隧道长度的减小而减小。因此，对于高速铁路隧道，有的虽然不长(例如长度在1 km左右)，其可能引起的行车时的压力波动仍然不能忽视。当隧道长度短到使列车首尾不能同时在其中时，则马赫波的叠加不可能发生，压力波动程度随之缓解。当隧道长度为1 km时，压力波动明显加剧，而当隧道长度进一步增加到3 km时，压力波动则并无显著加剧，反而有缓解趋向。

③辅助坑道的影响

合理设置辅助坑道(斜井、竖井和横洞)能缓解瞬变压力的波动程度。竖井位置对减压效果影响最大，可以根据马赫波叠加情况，计算出竖井距洞口的最佳位置，并且竖井横断面积也存在最佳值。

④列车速度的影响

压缩波的压力峰值与列车速度的平方成正比,表达式为

$$P_{\max}=kv^{2}\beta^{N} \tag{3.4}$$

式中　$P_{\max}$——压缩波的压力峰值,kPa;

v——列车行车速度,km/h;

β——阻塞比;

k——条件常数;

N——单一列车在隧道中运行时,$N=1.3\pm0.25$;考虑列车交会时,$N=2.16\pm0.06$。

⑤列车交会的影响

对于双线隧道,列车在隧道中交会引起压力波动的情况十分复杂,与列车长度、隧道长度、列车进入隧道的时间差(会车位置)、车速等多种因素有关。根据对称性原则,当列车同类型、同速度时,最大压力变化产生于两列车进入隧道的时间差 $\Delta t_{1,2}=0$,即交会点在隧道中点的情况。

(3)舒适度控制标准

隧道内过大的压力波动和车辆较低的密封性,可使车内压力波动较大,使车厢内的旅客感到不舒适。为了解气压变化对人体舒适性的影响,英国、日本、德国等高速铁路发达国家对此展开大量的研究,最典型的方法是进行气密性试验。

目前气压变化环境下,人体的舒适度评价有两种方法:一种是通过压力变化幅值和压力变化率两个指标来评估;另一种是考核某个时间段内的压力变化幅值,这一时间段是根据人耳对外界气压变化完成自我调整所需的时间来确定,由于这种评估方法不但考虑到压力变化的幅值和压力变化率,还考虑到人体生理的需求,已为大多数国家所采用。各国采用的人体舒适度评价标准见表 3.6 和表 3.7,我国高速铁路舒适度准则的建议见表 3.8。

表 3.6　各国采用的人体舒适度评价标准(单一型)

国家	铁路类型	线路类型	阈值				车速 /(km·h⁻¹)	是否密封
			ΔP /kPa	dP/dt /(kPa·s^{-1})	$\Delta P/\Delta t$ /[kPa·$(ns)^{-1}$]			
					车内瞬变压力 n 秒变化值	n		
英国	城际铁路	交会			3.0	3	160	否
					4.0	4	200	否
	海峡隧道联络线	单线			2.0	4	225～300	否
		双线			3.5	4		
美国	地铁			0.41	0.7	1.7	80～100	否
日本	新干线	单车	1.0	0.20,可放宽到 0.30			210/240/270	是

续上表

国家	铁路类型	线路类型	阈值				车速/(km·h⁻¹)	是否密封
			ΔP/kPa	$\mathrm{d}P/\mathrm{d}t$/(kPa·s^{-1})	$\Delta P/\Delta t$/[kPa·(ns)$^{-1}$]			
					车内瞬变压力n秒变化值	n		
德国		单车	1.0	0.20,可放宽到0.30～0.40			初期300,远期350	是
意大利	FS		1.5	0.5			高速	是
韩国	HSR	单车			0.8	3	高速	
		交会			1.25	3		
瑞士	Rail2000				1.5	4		
中国		单线			0.8	3	高速	
		双线			1.25	3		

表 3.7 国外人体舒适度评价标准(复合型)

标准	铁路类型	线路类型	阈值		车速/(km·h⁻¹)	是否密封
			$\Delta P/\Delta t$/[kPa·(ns)$^{-1}$]			
			车内瞬变压力n秒变化值	n		
德国	DB	单车	0.5	1	240～280	是
			0.8	3		
			1.0	10		
UIC660		单车	0.5	1	高速	是
			0.8	3		
			1.0	10		
			2.0	60		
UIC779－11		交会	1.0	1	高速	是
			1.6	4		
			2.0	10		
ERRI C218/RP1		交会	1.0	1	高速	是
			1.6	4		
			2.0	10		
			3.0	60		

续上表

标准	铁路类型	线路类型	阈值 $\Delta P/\Delta t/[\mathrm{kPa}\cdot(ns)^{-1}]$ 车内瞬变压力 n 秒变化值	n	车速 $/(\mathrm{km}\cdot\mathrm{h}^{-1})$	是否密封
荷兰		单车	0.50	1	高速	
			0.85	4		
			1.40	10		
			2.00	20		
			2.40	30		
			2.80	40		
			3.20	50		
		交会	0.85	1		
			1.35	4		
			2.10	10		
			3.00	20		
			3.60	30		
			4.20	40		
			4.80	50		

表 3.8 我国高速铁路舒适度准则的建议

铁路类型	隧道长度(占线路长度的比率)		关系	隧道密集程度/(座·h^{-1})	瞬变压力/[$\mathrm{kPa}\cdot(3\mathrm{s})^{-1}$]
A(平原)	单线	<10%	而且	<4	2.0
B(平原)	双线	<10%	而且	<4	3.0
C(山丘)	单线	>25%	或者	>4	0.8
D(山丘)	双线	>25%	或者	>4	1.25

2. 隧道口微气压波

(1)微气压波产生机理

高速列车一旦进入隧道,即在车前形成初始压缩波,该压缩波以当地声速向前传播,到达隧道出口处,大部分能量以膨胀波的形式被反射回隧道内,少部分以低频脉冲波的形式向外辐射,形成冲击波。如果该冲击波的强度足够大,则会在隧道出口处产生声爆现象,并使附近房屋的窗框、百叶窗等急剧振动,此脉状冲击波即为微气压波。典型的微气压波波形如图 3.24 所示。

(2)影响因素

隧道长度对隧道出口微压波的强度有一定影响,这种影响与道床形式有关。在铺设板

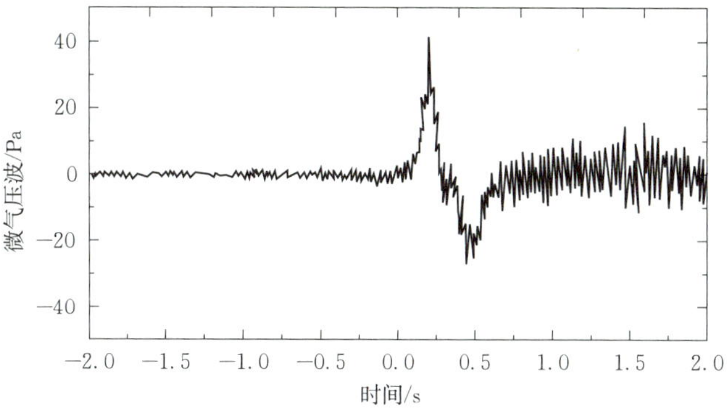

图 3.24 典型微气压波波形

式道床的长隧道中，微气压波常呈现出激化效应；而在铺设碎石道床的长隧道中，微气压波则表现出衰减效应。

微气压波的发生实态和大小与许多因素有关，其中主要有列车进入隧道的速度、列车头部形状、列车头部的长细比、隧道的阻塞比、隧道长度、隧道内部条件（如轨道结构及有无竖井、斜井和横通道等）和隧道出口处的地形等因素。其中，列车进入隧道的速度、隧道的阻塞比、轨道结构形式是最为重要的三个影响因素。

(3)洞口微气压波控制标准

我国目前执行的洞口微气压波控制标准见表 3.9。

表 3.9 我国洞口微气压波峰值控制标准

建筑物至洞口距离	建筑物有无特殊环境要求	基准点	微气压波峰值
<50 m	有	建筑物	按要求
	无		≤20 Pa
≥50 m	有	距洞口 20 m 处	<50 Pa

3.4.3 隧道气动效应减缓措施

高速铁路隧道空气动力学效应减缓措施很多，主要可分为列车方面及隧道方面。列车方面主要通过提高车体密封性、改善车头形状、增大车头长细比等措施来达到目的；隧道方面可通过增大隧道净空有效面积、洞口设置缓冲结构、设置辅助坑道等措施来达到目的。

1. 列车方面

(1)提高列车的密封性

动车组可被看成有多个泄漏处（诸如车窗、脚蹬门、车辆连接部、端墙门、空调设备和厕所设备等）的弹性封闭容器，当列车高速通过隧道及在隧道内交会时，车体表面将承受正负数千帕的瞬时压力变化。如果容器内部压力和外部压力之间存在差异，则会出现车体变形和由于泄漏而造成的内外压力平衡两种情况。如果列车不密封，则压力波会传到车厢内，旅客会感到不舒服。高速动车组所采取的密封措施主要涉及车体结构、车窗、车门（侧门、端墙门）、通过台、空气系统和厕所设备。

(2)车头形状的流线型化

列车头部形状需要通过外形控制参数和控制型线来实现。控制参数包括流线型头部长度、宽度、高度、倾斜角等;控制型线主要有纵向、横向、水平剖面最大轮廓线,又分为主控制型线和辅助控制型线,其中主控制型线包括纵向对称面最大控制型线、俯视最大控制型线和车体截面外廓型线。典型的列车头部形状主要有扁宽形、椭球形、梭形和钝体头形。

(3)缩小车体横断面积

车体横断面积主要以阻塞比的形式表现出对隧道内压力变化的影响。隧道横断面积一定的情况下,列车横断面积越大,相应的阻塞比越大,其通过隧道时的气动效应越明显,因此,在隧道横断面积一定的情况下,可以通过减小列车横断面积来达到减少气动效应的目的,但车体横断面积不能无限减小,因此,通常需要协调控制车体横断面积与隧道净空有效面积之间的关系。

(4)车体外围部件的平滑化

车辆底部形状对空气阻力的影响很大。为了避免地板下部设备外露,采用与车身横断面形状相吻合的裙板遮住车下设备,以减少空气阻力,同时防止高速运行带来的沙石击打车下设备。车体表面光滑平整,减少凸出物,如侧门采用塞拉门,扶手选择内置式,脚蹬做成翻板式,使侧门关闭时可以包住它。两车辆连接处采用橡胶大风挡,与车身保持平齐,避免形成空气涡流。

2. 隧道方面

(1)隧道净空有效面积

隧道横截面面积主要以阻塞比的形式表现出对隧道内压力变化的影响。随着阻塞比的增大,隧道测点及车体壁面测点处压力增大,并且阻塞比越大,压力增加的幅度也越大,但压力变化曲线形状没有发生变化。

通过扩大隧道净空有效面积虽可有效缓解气动效应,但净空有效面积的扩大也意味着工程造价的提高。经济合理的隧道净空有效面积需要通过仿真计算予以确定。

(2)设置缓冲结构

缓冲结构的设置能够有效地降低隧道内的气动压力和压力梯度的最大值,原因在于缓冲结构会延长压缩波压力上升的时间,降低列车突入隧道时所形成的最大压力梯度。理论计算表明,不管何种形式的缓冲结构,压缩波压力梯度都是随着缓冲结构长度和横断面积的增加而减小,但缓冲结构长度超过隧道的等效水力直径时,缓冲结构长度的影响就变得很小。另外,在缓冲结构上开口,能够继续降低最大压力梯度。

洞口缓冲结构并不能解决列车在隧道内高速行进产生的压力变化给旅客带来的不适和压力过大而带来的耳鸣问题,但却可以通过降低列车进洞后第一阶段压缩波的波前梯度而有效地降低出口微气压波的大小,消除洞口的爆炸声响,减少微气压波对洞口环境带来的危害。

缓冲结构的设置应综合考虑微气压波的大小和隧道长度、断面尺寸、道床类型、辅助坑道、洞口附近房屋等建筑物的性质及其他环境要求、地质地形地貌条件、工程难易程度、造价等。在有条件的隧道,还应考虑利用其他降低微气压波的措施,如采用洞壁贴吸声材料等措施。

(3)利用辅助坑道

辅助坑道主要包括竖井、斜井、横通道、平行导坑等,能够对隧道内的瞬变压力波形成部分反射,对瞬变压力"气压波分散"和"气压波反射界面增加"情况较复杂,在隧道设计中须考虑和利用,尽量发挥其缓解压力波、降低气压变化幅度和频率的有利功能。国外一些高速铁路也曾充分利用辅助坑道对缓解气动效应的有利因素进行隧道优化设计,如瑞士马特斯泰滕至罗特里斯特之间的铁路干线的8座隧道中共使用了10个减压竖井和2条横通道,目标是在降低成本的基础上实现较高的乘车舒适度。

3.4.4 洞口缓冲结构设置

一般情况下,双线隧道洞口可不设置缓冲结构。当隧道洞口附近有建筑物或特殊环境要求时,应设置缓冲结构。是否需要设置缓冲结构物,可根据洞口微压波峰值的大小来确定。

设置大于隧道净空有效面积的缓冲棚,可以缓解列车运行空间条件骤变的程度,从而起到消减微气压波的作用。

缓冲结构的形式按断面变化的规律可分为两类:断面渐变的喇叭形和断面突变的阶梯形。从理论上说,断面渐变的喇叭形缓冲结构应该具有较好的效果。然而,三维仿真分析和模型试验表明,与阶梯形缓冲结构相比,喇叭形缓冲结构的优越性并不明显;不同形状的缓冲结构对缓解微压波的效果差别不显著;在缓冲结构上开口能显著改善或缓解微压波的作用。图3.25所示为$\beta=0.2$时不同形状缓冲结构的模拟试验效果。从图中可知,当缓冲结构的长度$L_h=2d$时,断面渐变的缓冲结构的减压效果与断面突变的缓冲结构相差无几;当$L_h=1d$时,喇叭形的不如阶梯形的。可见,缓冲结构的形状对减压效果的影响不大。

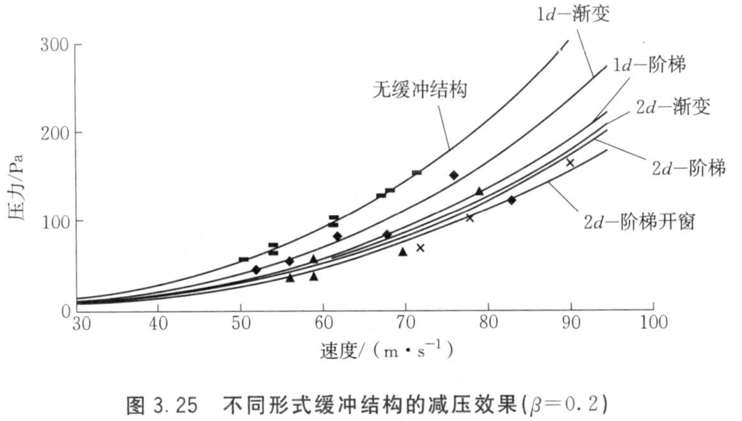

图3.25 不同形式缓冲结构的减压效果($\beta=0.2$)

当列车进入阶梯形缓冲结构的隧道时,会经历周围空间状况的两次骤变,相应地会产生两个压力波峰值。模型试验表明,当缓冲结构断面$A_h=1.55A_t$(隧道净空有效面积)时,两峰值相等。因此,对不开口的阶梯形缓冲结构取$A_h=1.55A_t$为最佳值。三维仿真计算也表明$A_h=1.6A_t$时为最佳;当$A_h=1.3A_t$时,开窗的缓冲结构有显著效果。

对于我国高速铁路的几种情况,提出缓冲结构设计长度。对于碎石道床见表3.10。对于板式轨道,要考虑隧道长度增加时对微气压波的激化作用,见表3.11。

表 3.10 适用于碎石道床的缓冲结构长度

列车速度 v_0/(km·h^{-1})	250		300		350	
隧道净空有效面积 A_1/m^2	52	80	70	100	70	100
缓冲结构计算长度 L_{h0}/m	2.6	—	7.9	5.3	18	15
缓冲结构设计长度 L_h/m	1d	—	1d	1d	20	20

注：d 为隧道当量直径。

表 3.11 适用于板式轨道的缓冲结构长度

隧道净空有效面积 A_t/m^2	缓冲结构长度/m
100	35～40
70	50～60

洞口缓冲结构的传统形式如图 3.26 和图 3.27 所示。目前，新型缓冲结构可与洞门一起设计。

图 3.26 箱形缓冲结构

图 3.27 拱形缓冲结构

图 3.28 为我国台湾地区高速铁路隧道洞口缓冲结构，洞口的扩大断面和顶部的天窗起到了缓解空气动力学效应的作用，避免了旅客乘坐高速列车经过隧道时诱发的压力波动造成的耳膜不适。

图 3.28 台湾地区高速铁路天窗式缓冲结构

图 3.29 和图 3.30 分别为韩国和德国的高速铁路隧道帽檐式缓冲结构，这两种缓冲结构都是在正切洞口的基础上加了帽檐。

图 3.29 韩国高速铁路帽檐式缓冲结构

图 3.30 德国高速铁路帽檐式缓冲结构

我国地域辽阔、地形复杂，一种洞口形式已不能满足不同的需求，因此需要结合景观和缓解空气动力学效应的要求研究多种洞口建筑形式(见图 3.31)。

(a) 斜切式帽檐洞门

(b) 缓冲式洞门结构

图 3.31 京沪高速铁路洞门效果图

3.4.5 高速铁路隧道断面、间距的要求

隧道净空有效面积 A_t 同舒适度准则 ΔP、车辆密封指数 τ 和车速 v 之间是关联的，而且同隧道长度 L_t 和列车长度 L_v 有关。同时还涉及辅助坑道的设置、轨道结构形式、双线隧道列车在隧道内交会的概率(特别是临界交会发生概率)以及线路的平、纵断面等多种因素，呈现出十分复杂的情况。因此在根据瞬变压力确定隧道净空有效面积(见表 3.12)时应根据工程的情况进行具体分析，对于重要的隧道工程要“一隧一算”。

表 3.12 我国高速铁路隧道对应瞬变压力的净空有效面积

$v/(\text{km}\cdot\text{h}^{-1})$		250		300		350	
隧道密集程度		不密集	密集	不密集	密集	不密集	密集
单线	$[\Delta P]/[\text{kPa}\cdot(3\text{s})^{-1}]$	2.0	0.8	2.0	0.8	2.0	0.8
	A_t/m^2	52	60	70		70	
双线	$[\Delta P]/[\text{kPa}\cdot(3\text{s})^{-1}]$	3.0	1.25	3.0	1.25	3.0	1.25
	A_t/m^2	80	92	100		100	

参考文献

[1] 高波,王英学.高速铁路隧道设计[M].北京:中国铁道出版社,2010.
[2] 中华人民共和国国家铁路局.铁路隧道设计规范:TB 10003—2016[S].北京:中国铁道出版社,2017.
[3] 中华人民共和国国家铁路局.高速铁路设计规范:TB 10621—2014[S].北京:中国铁道出版社,2015.
[4] 铁道部工程设计鉴定中心.高速铁路隧道[M].北京:中国铁道出版社,2006.
[5] 朱永全,宋玉香.隧道工程[M].3 版.北京:中国铁道出版社,2015.
[6] 赵勇,肖明清,肖广智.中国高速铁路隧道[M].北京:中国铁道出版社,2016.
[7] 梅元贵,周朝晖,许建林,等.高速铁路隧道空气动力学[M].北京:科学出版社,2009.
[8] 王建宇,万晓燕,吴剑.高速铁路隧道空气动力学效应及相关技术的研究与试验[R].成都:中铁西南科学研究院有限公司,2005.
[9] 赵勇,唐国荣,倪光斌,等.我国高速铁路隧道主要技术标准和关键技术[J].铁道经济研究,2006(6):25-29,38.
[10] 王英学,高波,朱丹.高速铁路隧道空气动力效应控制技术[M].北京:科学出版社,2012.

4　高速铁路隧道矿山法修建技术

矿山法一词因最早应用于矿山开采而得名。它常常与钻眼、爆破技术联系在一起，因此过去又被称为钻爆法。随着隧道开挖、支护及预支护、量测等技术的进步，矿山法设计施工技术及应用得到了空前的发展，已成为高速铁路隧道常用的主流施工方法之一。本章主要介绍矿山法的建造理念、隧道结构设计、防排水设计、隧道施工以及地质超前预报与信息化施工。

4.1　矿山法建造理念

矿山法的建造理念主要包括新奥法、挪威法和新意法。

新奥法认为围岩有一定的自稳性，其工作原理是维护和提高围岩的“自承能力”，使围岩与支护共同形成承载体系，初期支护以锚杆结合喷射混凝土的柔性支护为主。挪威法是根据隧道质量指标Q值进行围岩分级并选定支护，适用于以硬岩为主的地层，采用锚杆支护围岩并敷以钢纤维喷射混凝土层形成围岩承载圈，是典型的“锚喷构筑法”。新意法在继承了新奥法核心理念的基础上，重在对隧道开挖面之前的超前核心土进行勘察、预测及加固处理，是一种采用全断面开挖方法穿越复杂地层的动态设计施工指导原则。

4.1.1　新奥法

1. 新奥法定义

新奥法是新奥地利隧道施工方法(New Austrian Tunnelling Method)，由奥地利学者拉布西维兹于20世纪50年代提出，并于1963年正式命名的一种隧道工程方法。新奥法是基于岩体力学理论，充分发挥和调动围岩的自身承载力，通过控制爆破技术进行开挖施工，采用柔性支护结构(以喷射混凝土和锚杆为主)及时对围岩进行支护，控制围岩松弛和变形，使围岩成为支护体系的组成部分，并采取现场监控量测反馈施工的隧道建造理念，如图4.1所示。

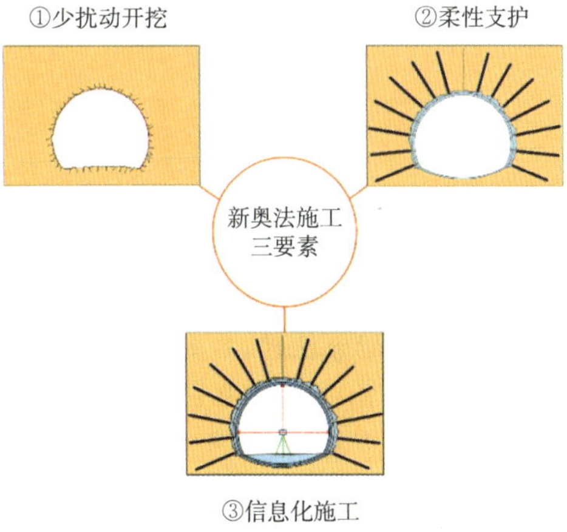

图4.1　新奥法施工三要素

2. 新奥法主要原理

1978年，米勒发表了新奥法的22点基本理念和原则，其主要内容可归纳为以下9条：

(1)支护隧道的基本是周围的围岩。隧道开挖时应尽量保护围岩，保持围岩的固有强度，减少对围岩的扰动，防止围岩产生较大松弛、变形。支护只是利用围岩支护力的辅助手段。

(2)设计和施工时,应尽量采用合理的支护方式防止围岩的松弛和变形。用喷射混凝土、锚杆和钢拱架的一种或几种组合形成柔性支护,使围岩松动圈变成新的承载拱,将开挖后围岩的二向应力状态还原到三向应力状态,充分发挥围岩的自承作用。

(3)围岩的动态是由支护的封闭时间决定的,封闭时间越短,变形量就会越小,隧道就越容易稳定。隧道施工的关键就在于尽快形成封闭的支护结构,才能有效控制围岩的变形。除了硬岩隧道可施作底板外,隧道内一般均应施作仰拱封闭,在变形大的场合,及早用封闭结构保证围岩承载环的作用。

(4)预计有大变形和围岩松弛的场合,应及早对掌子面施作支护使之产生约束效果。对于围岩的变形控制,不仅要控制掌子面后方的变形,还要控制掌子面前方的先行变形和掌子面挤出变形。在软弱围岩中补强掌子面前方的围岩是最基本的对策。

(5)隧道支护结构体系由围岩承载环、初期支护和二次衬砌构成,它们之间的作用具有协同性。初期支护的作用是控制围岩圈层的松动、塌落和扩展,通过初期支护来主动调动和发挥围岩的自承能力,和围岩一起保证隧道的稳定。二次衬砌对初期支护和围岩起到安全保护和力学储备作用。

(6)把握合理的支护时机和支护刚度非常重要。应当在适当的时期施作支护,不能过早也不要过晚。支护不能太刚也不能过柔,应能充分发挥围岩的自身承载能力。支护设计过程中,可利用围岩特征曲线和支护特征曲线交会的办法来决定支护体系的最佳平衡条件。

(7)围岩内的地下水压力应用排水方法解决。较大涌水量的场合,应考虑包括二次衬砌的稳定,二次衬砌的设计宜考虑一定的水压力。

(8)信息化施工是新奥法的基本要素。基于监控量测结果指导和验证围岩承载环的稳定性,正确掌握和评价围岩力学特征和位移的时间特性,有利于确定隧道支护形式和断面闭合时间。

(9)隧道支护结构体系的受力与围岩条件、施工工法、支护措施、施工工艺控制等息息相关,科学的隧道设计应是动态设计。根据超前地质预报和光面爆破开挖后揭示的地质情况,结合施工过程中围岩和支护体系受力和变形随时间的变化规律,进行设计和施工的优化。

新奥法是我国隧道施工中最常用的理念,指导着我国绝大多数的隧道工程的设计和施工工作。该方法主要优点为:适用范围广,对地层条件的适应能力强,作业灵活,有利于施工安全的控制,具有很好的经济性。

4.1.2 挪威法

1. 挪威法定义

挪威法简称 NMT(the norwegian method of tunneling),是由正确的围岩评价、合理支护参数和高性能支护材料三部分组成的一种经济安全的隧道施工方法。正确的围岩评价体系是通过 Q 系统,即巴顿法(N. Borton)进行围岩分级;合理的支护结构参数是通过隧道施工中观测和量测记录所求出的 Q 值来选择,其中包括各种支护结构体系数值解析检算,支护体系的最大特点是将一次支护作为永久结构,只是在运营后,如有漏水、冰霜等危害的情况下,才修筑二次衬砌;高性能支护材料是指采用高质量的湿喷钢纤维混凝土($\sigma=40\sim50$ MPa)和全长胶结型高拉应力耐腐蚀锚杆,近些年发展的支护材料还包括格栅钢架、高压注浆材料等。挪威法主要适用于公路隧道、铁路隧道、水工隧洞及大型地下岩体工程等。

2.Q 系统及其参数

Q 系统以钻孔取芯率 RQD 值为基础，用另外 5 个参数对其修正，共 6 个参数确定得到一个定量围岩描述值 Q，其表达式为

$$Q=\frac{\mathrm{RQD}}{J_{\mathrm{n}}}\times\frac{J_{\mathrm{r}}}{J_{\mathrm{a}}}\times\frac{J_{\mathrm{w}}}{\mathrm{SRF}} \tag{4.1}$$

式中　RQD——岩体质量指标；

J_{n}——岩石节理组数；

J_{r}——岩石节理粗糙度；

J_{a}——岩石节理蚀变系数；

J_{w}——岩体节理水折减系数；

SRF——与岩石松散、挤压、膨胀等不利条件有关的岩石应力折减系数。

式(4.1)中，第一个商数(RQD/J_{n})表示岩体的完整性，是岩块大小和由不同节理组形成的楔形岩块大小的一个量值；第二个商数(J_{r}/J_{a})表示结构面形态、充填物特征及次生变化程度；第三个商数(J_{w}/SRF)表示水与应力存在时对岩体质量的影响。当以上 6 个参数确定以后，就可以根据式(4.1)计算出 Q 值，根据 Q 值可把围岩从最好到最差分为 9 个等级，如图 4.2 所示，与之对应的支护分类见表 4.1。实际应用中，首先计算 Q 值和 S 值(隧道等效尺寸)，然后根据 Q 值和 S 值在图 4.2 中确定一个点，最后基于该点所在的支护区域确定隧道的支护类型。

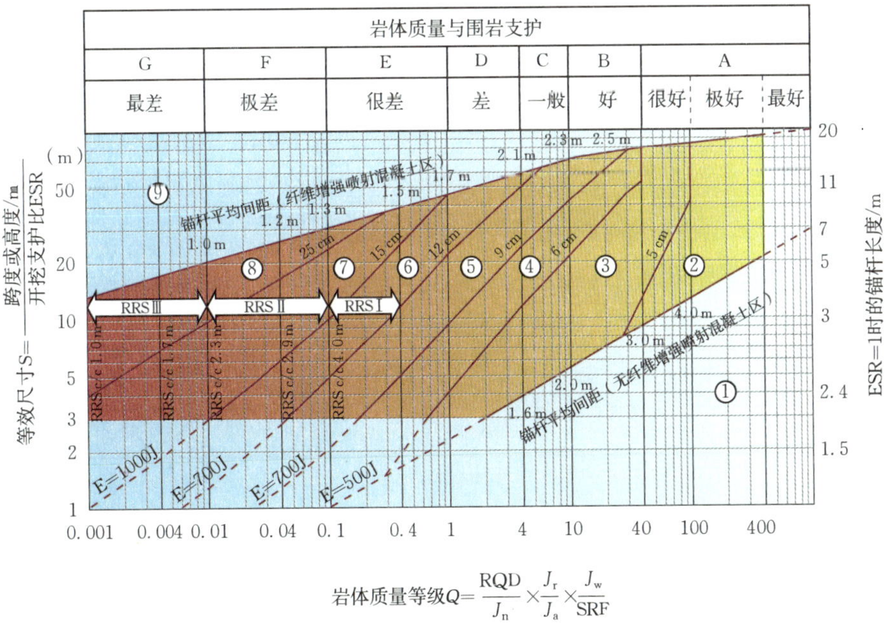

图 4.2　Q 系统围岩分级

备注：锚杆间距主要以 ϕ20 mm 为基础；E 为纤维增强喷射混凝土的能量吸收；ESR 为隧道开挖支护比，对于高速铁路隧道可取 0.5～1.0；RRS 表示喷射混凝土加筋肋，RRS Ⅰ、RRS Ⅱ、RRS Ⅲ是与 Q 值有关的参数，详见表 4.2。

表 4.1　挪威法支护分类

对应编号	支护类型
①	无支护或局部锚杆支护
②	局部锚杆支护，SB
③	系统锚杆支护，纤维增强喷射混凝土，5～6 cm，B+Sfr
④	纤维增强喷射混凝土和锚杆支护，6～9 cm，Sfr(E500)+B
⑤	纤维增强喷射混凝土和锚杆支护，9～12 cm，Sfr(E700)+B
⑥	纤维增强喷射混凝土和锚杆支护 12～15 cm+喷射混凝土加筋肋和锚杆支护，Sfr(E700)+RRS Ⅰ+B
⑦	纤维增强喷射混凝土>15 cm+喷射混凝土加筋肋和锚杆支护，Sfr(E1000)+RRS Ⅱ+B
⑧	模筑混凝土衬砌，CCA 或 Sfr(E1000)+RRS Ⅲ+B
⑨	专项评估

表 4.2　喷射混凝土加筋肋(RRS)参数表

RRS 概念图	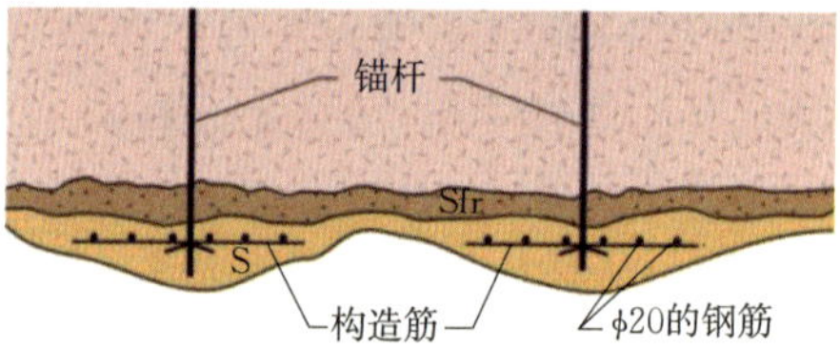	符号及参数说明
RRS Ⅰ 	Si30/6 ϕ16～20(跨度 10 m) D40/6+2 ϕ16～20(跨度 20 m)	Si—表示单层钢筋； D—表示双层； Si30/6—单层 6 根钢筋，30 cm 厚喷射混凝土； D45/6—双层 6 根钢筋，肋条的总厚度为 45 cm； ϕ16—钢筋直径为 16 mm； c/c—RSS 间距，中心至中心； 备注：若 Q 值标明需使用 RRS，加强筋会应用 12～15 cm 厚的纤维增强喷射混凝土层。该层具有临时支护和平滑岩石表面的功能，该层的厚度包含在 RRS 的总厚度中
RRS Ⅱ 	Si35/6 ϕ16～20(跨度 5 m) D45/6+2 ϕ16～20(跨度 10 m) D55/6+4 ϕ20(跨度 20 m)	
RRS Ⅲ 	D40/6+4 ϕ16～20(跨度 5 m) D55/6+4 ϕ20(跨度 10 m) 专项评估(跨度 20 m)	

4.1.3　新意法

1. 新意法概念体系

20 世纪 80 年代，鉴于新奥法面对软弱围岩条件的局限性，Pietro Lunardi 教授及其团队在新奥法和围岩压力拱的基础上提出了岩土控制变形分析法(ADECO-RS)，又称新意法。新意法针对软弱围岩隧道的全断面快速施工方法进行了探索，认为掌子面—超前核心土体系的稳定是隧道开挖能否安全进行的决定性因素，因此主张各种超前工法加固下的全断面开挖方法。该工法已经广泛应用于欧洲一些国家的大型隧道项目施工中，并取得极大的成功，该工法的理论也被意大利铁路和公路领域纳入规范。

新意法的理论中，主要包括四个基本概念，即超前核心土、收敛变形（掌子面后方变形）、挤出变形、预收敛变形（掌子面前方先行变形），如图 4.3 所示。

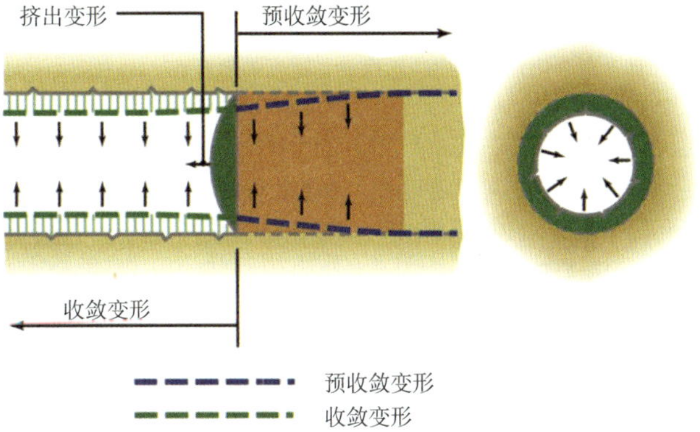

图 4.3 隧道开挖过程中的三种变形类型

(1)超前核心土：隧道掌子面前方一定范围（隧道洞径）内的土体。

(2)收敛变形：掌子面后方已经开挖的隧道轮廓向隧道内的变形。

(3)预收敛变形：掌子面前方未开挖的隧道理论轮廓线发生向隧道内的变形。

(4)挤出变形：开挖掌子面受地应力调整的影响向外水平挤出的变形。

新意法的基本理念和思想主要有以下一些观点：

(1)所有变形及变形引起的不稳定现象都直接或间接与掌子面超前核心土的强度和刚度有关。

(2)开挖介质对隧道开挖作业的变形反应预示着是否能够形成拱效应以及拱效应的位置，即预示着隧道所能达到的稳定程度。

(3)隧道变形反应从掌子面超前核心土开始，逐步沿隧道向后发展。变形反应不仅包括收敛变形，而且包括挤出变形和预收敛变形。收敛变形只是错综复杂的应力—应变过程的最后阶段。

(4)掌子面—超前核心土体系的变形反应与隧道洞身变形之间存在直接联系，前者是因，后者是果，从而应强调对掌子面—超前核心土体系的变形反应进行监测的重要性，而不仅仅只是对隧道洞身的变形进行监测。

(5)对掌子面超前核心土进行防护和加固，提高其强度和刚度，可以控制超前核心土的变形（挤出变形和预收敛变形），从而可以控制隧道洞身的收敛变形。

(6)可以把掌子面超前核心土控制视作一种新的隧道长期和短期稳定的手段。掌子面超前核心土的强度及变形特性是隧道三种变形（挤出变形、预收敛变形和收敛变形）的真正原因，可以通过对超前核心土进行防护和加固，提高其强度和刚度，以达到控制隧道变形的目的。超前核心土的强度和变形特性对隧道的长期和短期稳定起到决定性作用。

2. 隧道稳定性分类与掌子面—超前核心土变形行为

新意法认为，隧道的稳定性与拱效应的形成密切相关，而拱效应的形成及其形成位置，可以通过掌子面—超前核心土的变形行为来判定，具体见表 4.3。

表 4.3　隧道稳定性分类与掌子面—超前核心土变形行为

稳定性分类	特　征	掌子面—超前核心土变形行为
A 类 掌子面—超前核心土稳定	• 拱效应：A 类表示掌子面及周围地层的应力状态未达到其强度极限，即地层强度能够维持隧道稳定。隧道实际开挖轮廓线接近理论轮廓线，形成拱效应。围岩变形处于弹性范围内，大小以厘米计。 • 稳定性及地下水：掌子面整体稳定，只有局部的岩块掉落。一般情况下，地下水（包括动水作用）并不会影响此类地层中隧道的稳定性，除非围岩破裂、易风化或水力梯度过大以致水流冲刷破坏了结构面的抗剪强度。 • 支护要点：采用的支护技术主要是用以防止围岩弱化和保持开挖轮廓线的稳定	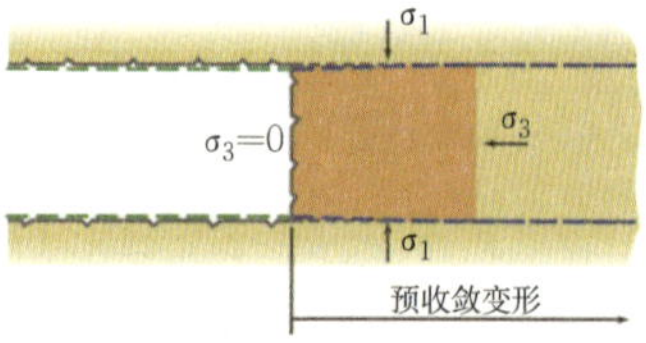  掌子面整体稳定
B 类 掌子面—超前核心土短期稳定	• 拱效应：B 类表示掌子面及周围地层的应力状态超过其强度极限，即地层强度能够保持隧道短期稳定。拱效应在远离理论轮廓线的位置形成，且与围岩塑性区的范围有关。围岩变形处于弹—塑性范围内，大小以分米(dm)计。 • 稳定性及地下水：掌子面在短期内保持稳定，超前核心土的挤出变形并不会影响隧道的稳定性，因为围岩仍有足够的残余强度。地下水特别是动水，会降低此类地层的抗剪强度、促使塑性区发展和加剧地层的失稳，因此需要将掌子面前方地层中的地下水排出。 • 支护要点：隧道不稳定表现为掌子面和洞周围岩的大范围剥落。因此，需在掌子面后方采取传统的径向加固措施，有时还需要采取掌子面超前加固措施，使围岩变形控制在允许的极限范围内	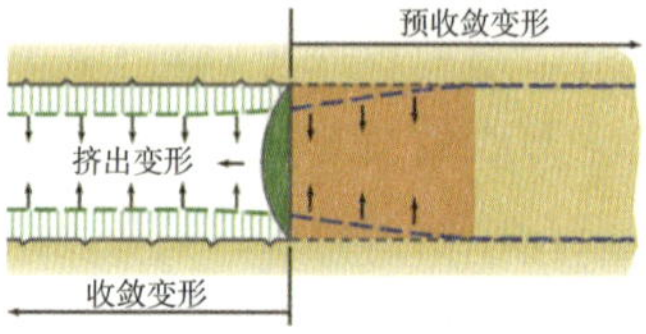  掌子面短期稳定
C 类 掌子面—超前核心土不稳定	• 成拱效应：C 类表示掌子面及周围地层的应力状态远超过其围岩强度极限，隧道发生失稳。在此类地层中不形成拱效应。 • 稳定性及地下水：掌子面不稳定。围岩变形发展过快，导致掌子面失稳、破坏甚至坍塌。地下水会进一步降低地层的抗剪强度、扩大塑性区范围、加剧围岩变形，必须将掌子面前方地层中的地下水排出。 • 支护要点：必须对掌子面前方地层进行超前支护和加固，防止掌子面失稳破坏，提供能够形成人工成拱效应的超前支护和加固作用	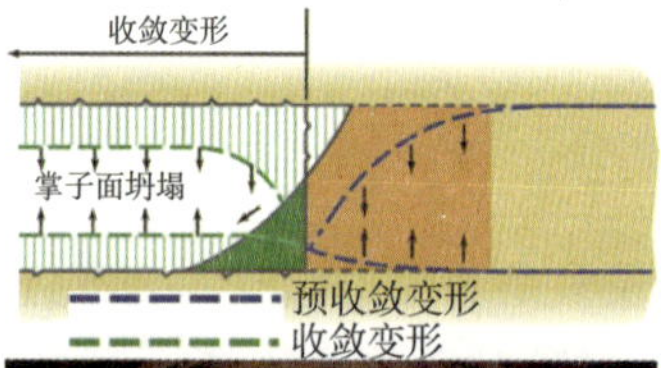  掌子面不稳定

4.2 矿山法隧道结构设计

4.2.1 隧道结构设计方法及选择

高速铁路隧道结构设计方法包括标准设计法、经验设计法和解析设计法(结构力学方法和岩体力学方法)三大类。容许应力法、破损阶段法和概率极限状态法常作为隧道结构设计的校核方法。此外,特征曲线法主要应用于隧道动态施工中初期支护的设计。

本节主要阐述高速铁路隧道结构设计方法的选择,并介绍标准设计法、概率极限状态法和特征曲线法。

1. 隧道预设计方法的选择

隧道支护结构的设计应根据围岩条件(围岩的强度特性、初始地应力场等)和设计条件(隧道断面形状、隧道周边地形条件、环境条件等)选择合适的设计方法。根据隧道支护结构的特点,在预设计中,原则上采用以下方法:

(1)标准支护模式的设计方法(简称标准设计法);

(2)类似条件的设计方法(简称类比设计法或经验设计法);

(3)解析的设计方法(简称解析设计法)。

隧道支护结构的设计,在有标准支护模式的情况下,是以标准设计为主要设计方法的,在没有标准支护模式的情况下,则需要根据围岩条件、结构特点等选择类比设计或解析设计的方法进行。一般而言,设计方法的选择由围岩条件和设计条件确定,具体可参考表4.4及图4.4。

表4.4 设计方法的选择

设计方法	围岩条件	设计条件
标准设计法	一般围岩 特殊围岩	一般条件(标准断面)
类比设计法	特殊围岩	特殊条件(大断面、偏压地形、埋深极小或极大、地表下沉有限制等)
解析设计法	一般围岩(符合右栏特殊条件) 特殊围岩	

在设计隧道断面、支护构件、衬砌时,多采用根据以往隧道工程的实际和经验编制的标准支护模式的设计方法。标准设计法用于一般围岩条件下的标准隧道断面设计。在围岩条件特殊或设计条件特殊时,采用已经实施过的、经过工程实际证实是安全和经济的支护结构模式是最简便的设计方法。例如,在规划地段已修筑其他高速铁路隧道的情况,就可参考进行设计。在采用时,也可以用解析方法进行校核。高速铁路隧道的建设常遇到特殊围岩和环境,有时宜采用解析方法,根据解析的计算结果,进行定量的判断。具体而言,特殊条件的情况如下:

①地质条件特别差的情况;

②埋深大、初始地应力大的情况;

③埋深小、地表下沉有问题的情况;

④采用施工方法、开挖顺序与标准的支护模式不同的特殊工法的情况;

⑤断面比标准支护模式大得多的情况；

⑥断面形状特殊的情况；

⑦洞口段、斜坡面下的隧道等地形条件可能产生偏压的情况；

⑧有接近隧道的结构物的情况；

⑨预计有与时间有关的流变荷载作用，二次衬砌存在长期荷载的情况；

⑩隧道穿越活动断层、岩溶等不良地质的情况。

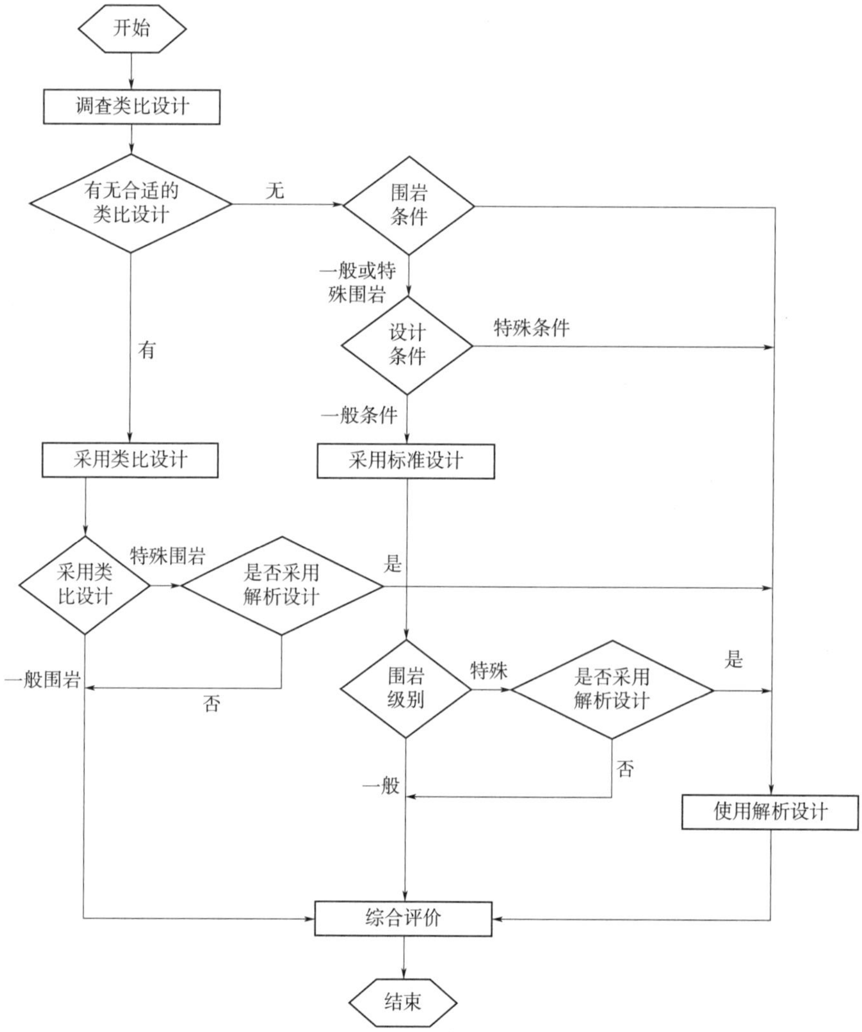

图 4.4 设计方法选择流程图

在这些场合中，进行隧道的合理设计及安全的施工计划时，采用解析方法的同时，应参考类似条件的设计，定量而具有一定精度的推定围岩的力学动态是极为重要的。在解析方法中，有两种主要的方法，即传统的结构力学方法和近代的岩体力学方法。前者是把支护结构和周围围岩分割开来，把围岩作为给定荷载，支护结构作为承载结构，即结构—荷载模式。这是目前在衬砌设计中常采用的，围岩的承载能力既考虑在给定荷载中，也考虑在支护结构和围岩之间的相互作用上(以约束抗力形式出现)。这种方法概念清晰、计算简便，易为工程师们所接受，目前是作为设计方法而被广泛采用。后者是把结构和周围岩体视为一体，作为共同的承载体系，即相互作用模式或围岩—结构模式，这是目前在隧道设计中力求采用的或正在发展中的方法。

2. 标准设计法

在一般围岩条件下的预设计中，有标准支护模式时，原则上都要采用标准设计法，这也是当前隧道设计方法的主流。标准设计法适合于围岩条件（地形、地质、埋深）和断面积、断面形状、周边环境的影响等条件均属一般的情况。支护结构要选择能够充分利用围岩固有支护能力的支护构件的组合。

一般而言，围岩条件是千变万化的，因此在预设计阶段要充分掌握和评价围岩特性，选择适合其特性的支护结构。因此，应采用适当的指标对围岩进行分级，并对喷射混凝土、锚杆、钢支撑等进行组合的标准设计，其设计流程如图 4.5 所示。

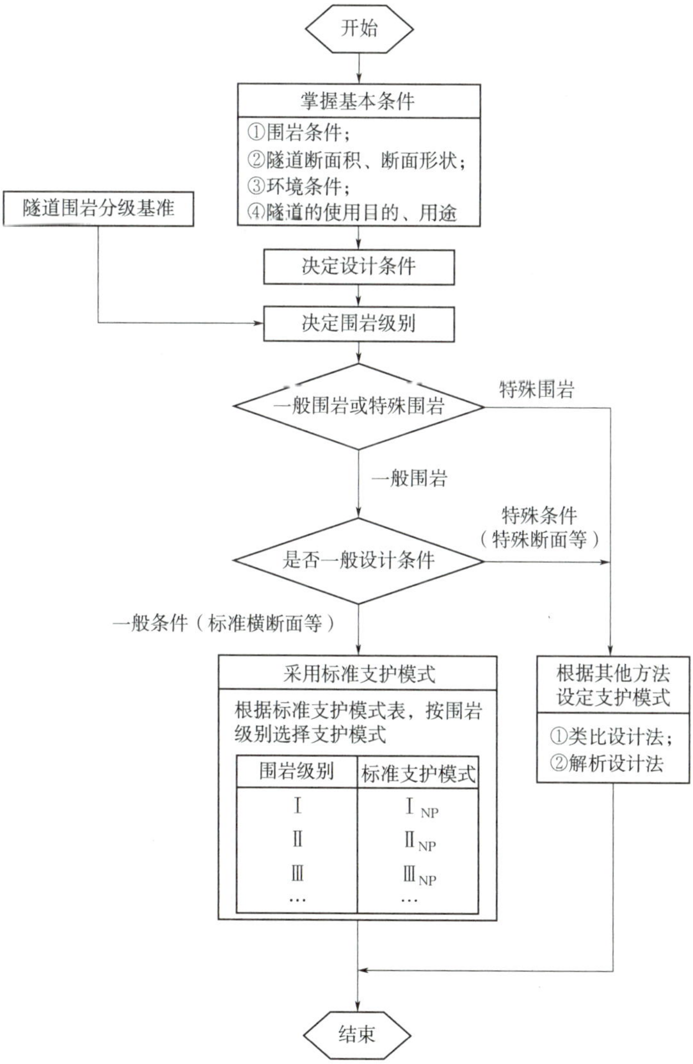

图 4.5 标准支护模式设计流程

采用标准设计法时，根据施工中对掌子面观察和量测结果进行设计修正是很重要的。位移量测有问题的情况，或在城市的土砂围岩及近接结构物施工对地表下沉有限制等情况，对隧道周边环境的影响是一个重要的判断因素，因此，与解析方法同时应用也是必要的。

(1)标准设计法的适用范围及注意事项

标准设计法在一般的设计条件下，适用于所有围岩级别。表 4.5 是标准设计法的适用范围，表 4.6 是采用标准设计法时应注意的事项。

采用标准设计法时，要切实进行围岩分级，充分考虑应用条件。标准支护模式的主要支护构件是喷射混凝土、锚杆、钢支撑等，同时要考虑开挖、仰拱、二次衬砌等。在附近有类似条件的工程时，也应参考。

表 4.5　标准设计法的适用范围

一般围岩	特殊围岩	土砂围岩
隧道埋深在 2～500 m 范围；埋深超过 500 m 时，对围岩预计没有岩爆等现象时，也适用	•不发生显著的膨胀性地压，净空位移； •单线在 15 cm，双线在 30 cm 以下的围岩	•新第三纪的砂质土、风化残积土等，采用超前支护和简便的排水措施可使掌子面稳定的围岩； •在硬岩、中硬岩、软岩中，隧道埋深在 $2D$～$5D$，采用辅助工法可使掌子面稳定的场合； •硬岩、中硬岩、软岩中，有断层破碎带，但采用辅助工法可使掌子面稳定的情况

表 4.6　标准设计法应用上的注意事项

一般围岩	特殊围岩	土砂围岩
•采用辅助工法时，要修正支护构件的设计； •在硬岩下半断面，根据裂隙状态，可能不能期待锚杆的内压效果，此时可省略锚杆； •在软岩中，弹性波速度大于2.6 km/s，围岩强度比小于 2 时，应格外注意； •在硬岩中，根据裂隙状态，可同时采用喷射混凝土和锚杆，或采用锚杆和金属网而不采用喷射混凝土，或采用无支护	•预计单线在 15 cm，双线在 30 cm以上的净空位移时，应立即修正设计； •发生钢支撑局部屈服和喷射混凝土开裂的情况，应增加喷射混凝土的强度，增加金属网以提高其柔性； •应研究超前支护、正面支护、环形开挖、临时闭合等措施	•应考虑的辅助工法有：斜锚杆、管棚等； •采用排水钻孔、压浆等措施，对围岩要专门研究； •根据掌子面的自稳性，可采用正面喷射混凝土、临时闭合等； •根据锚杆的拉拔力，研究锚杆的长度、孔径及锚固方法等； •没有受拉力的锚杆可以取消

(2)标准设计法的标准支护模式

为了提高设计效率和质量，提高隧道设计的标准化程度是非常重要的，这也是目前许多国家大力提倡的。标准设计法的中心内容是支护模式的标准化。我国铁路隧道长期以来一直采用标准设计法，在单线、双线以及车站等隧道中都编制了相应的标准设计图，规范中给定了相应的支护结构参数。时速 350 km、250 km 高铁铁路单线、双线隧道复合式衬砌支护参数见表 4.7～表 4.10。

表 4.7　时速 350 km 高速铁路单线隧道复合式衬砌支护参数

衬砌类型	预留变形量/cm	初期支护											二次衬砌	
		C25 喷混凝土		钢筋网			锚　杆			格栅(型钢)钢架				
		设置部位	厚度/cm	设置部位	网格间距/cm	钢筋规格	设置部位	间距(环向×纵向)/m	长度/m	设置部位	类型/mm	间距/m	拱墙/cm	仰拱/底板/cm
Ⅱ型	1～3	拱墙	5	—	—	—	局部	—	2.0	—	—	—	30	/30*
Ⅲ$_a$型	3～5	拱墙	10	拱部	25×25	ϕ6	拱墙	1.2×1.5	2.5	—	—	—	35	35
Ⅲ$_b$型	5～8	拱部	20	拱部	25×25	ϕ6	拱墙	1.2×1.5	2.5	拱墙180°	高 130、ϕ22 格栅	1.2	35	35
		边墙	10											
Ⅳ$_a$型	5～8	拱墙	20	拱墙	25×25	ϕ6	拱墙	1.2×1.2	3.0	拱墙	高 130、ϕ22 格栅	1.2	40	40
		仰拱	10											
Ⅳ$_b$型	5～8	拱墙	23	拱墙	20×20	ϕ6	拱墙	1.2×1.2	3.0	拱墙	高 150、ϕ22 格栅或 I16 型钢	1.0	40*	40*
		仰拱	10											
Ⅴ$_a$型	8～12	拱墙	23	拱墙	20×20	ϕ8	拱墙	1.2×1.0	3.5	全环	高 150、ϕ22 格栅或 I16 型钢	1.0	45*	45*
		仰拱	23											
Ⅴ$_b$型	8～12	拱墙	25	拱墙	20×20	ϕ8	拱墙	1.2×1.0	3.5	全环	I18 型钢	0.8	45*	45*
		仰拱	25											

注：① Ⅱ型衬砌底板设钢筋网(纵向采用间距为 250 mm 的 ϕ10 钢筋，横向采用间距为 200 mm 的 ϕ14 mm 钢筋)；

② Ⅳ$_b$型、Ⅴ$_b$型衬砌结构拱部位于土质地层时可不设置拱部系统锚杆，石质围岩系统锚杆应根据岩层产状、节理裂隙发育情况等具体条件设置；

③ Ⅳ$_a$型衬砌结构初期支护也可根据具体情况选择不设置钢架或仅局部设置钢架；

④表中带“*”号者表示为钢筋混凝土。

表 4.8　时速 350 km 高速铁路双线隧道复合式衬砌支护参数

衬砌类型	预留变形量/cm	初期支护											二次衬砌	
		C25 喷混凝土		钢筋网			锚　杆			格栅(型钢)钢架				
		设置部位	厚度/cm	设置部位	网格间距/cm	钢筋规格	设置部位	间距(环向×纵向)/m	长度/m	设置部位	类型/mm	间距/m	拱墙/cm	仰拱/底板/cm
Ⅱ$_a$型	3～5	拱墙	5	—	—	—	局部	—	2.5	—	—	—	35	/30*
Ⅱ$_b$型	3～5	拱墙	5	—	—	—	局部	—	2.5	—	—	—	35	45
Ⅲ$_a$型	5～8	拱墙	12	拱部	25×25	ϕ6	拱墙	1.2×1.5	3.0	—	—	—	40	50
Ⅲ$_b$型	5～8	拱部	23	拱部	25×25	ϕ6	拱墙	1.2×1.5	3.0	拱部	高 130、ϕ22 格栅	1.2	40	50
		边墙	12											
Ⅳ$_a$型	8～10	拱墙	25	拱墙	20×20	ϕ6	拱墙	1.2×1.2	3.5	拱墙	高 150、ϕ22 格栅	1.0	45	55
		仰拱	10											

续上表

衬砌类型	预留变形量/cm	初期支护											二次衬砌	
		C25 喷混凝土		钢筋网			锚　杆			格栅(型钢)钢架				
		设置部位	厚度/cm	设置部位	网格间距/cm	钢筋规格	设置部位	间距(环向×纵向)/m	长度/m	设置部位	类型/mm	间距/m	拱墙/cm	仰拱/底板/cm
Ⅳ$_b$ 型	8～10	拱墙	25	拱墙	20×20	ϕ6	拱墙	1.2×1.2	3.5	全环	高 150、ϕ25 格栅或 I18 型	1.0	45*	55*
		仰拱	25											
Ⅴ$_a$ 型	10～15	拱墙	28	拱墙	20×20	ϕ8	拱墙	1.2×1.0	4.0	全环	高 180、ϕ25 格栅或 I20a 型	0.8	50*	60*
		仰拱	28											
Ⅴ$_b$ 型	10～15	拱墙	28	拱墙	20×20	ϕ8	拱墙	1.2×1.0	4.0	全环	I20a 型钢	0.6	50*	60*
		仰拱	28											

注：①Ⅱ$_a$ 型衬砌底板设钢筋网(纵向采用间距为 250 mm 的 ϕ10 钢筋，横向采用间距为 200 mm 的 ϕ14 mm 钢筋)；

②Ⅲ$_b$ 型复合式衬砌结构，拱部 180°范围内设置格栅钢架，钢架拱脚位置设置锁脚锚杆(管)；

③Ⅳ$_a$、Ⅴ$_a$、Ⅴ$_b$ 衬砌结构拱墙喷混凝土中可根据需要掺合成纤维，掺量为 0.9 kg/m^3；

④表中带“*”号者表示为钢筋混凝土。

表 4.9　时速 250 km 高速铁路单线隧道复合式衬砌支护参数

衬砌类型	预留变形量/cm	初期支护								二次衬砌	
		C25 喷混凝土		钢筋网			锚　杆				
		设置部位	厚度/cm	设置部位	网格间距/cm	钢筋规格	设置部位	间距(环向×纵向)/m	长度/m	拱墙/cm	仰拱/底板/cm
Ⅱ型	0～2	拱墙	5	—	—	—	局部	—	2.0	30	30*
Ⅲ型	3～4	拱墙	8	拱部	25×25	ϕ6	拱墙	1.2×1.5	2.5	35	40
Ⅳ$_a$ 型	3～5	拱墙	12	拱墙	25×25	ϕ6	拱墙	1.2×1.2	3.0	40	40
Ⅳ$_b$ 型	6～8	拱墙	23	拱墙	20×20	ϕ6	拱墙	1.2×1.2	3.0	40	40
Ⅴ$_a$ 型	8～10	拱墙	23	拱墙	20×20	ϕ8	拱墙	1.2×1.0	3.0	45*	45*
		仰拱	10								
Ⅴ$_b$ 型	8～10	拱墙	25	拱墙	20×20	ϕ8	全环	1.2×1.0	3.0	45*	45*
		仰拱	25								

注：①Ⅱ型衬砌底板设钢筋网(纵向采用间距为 250 mm 的 ϕ10 钢筋，横向采用间距为 200 mm 的 ϕ14 mm 钢筋)；

②Ⅳ$_b$、Ⅴ$_a$ 型衬砌设置格栅钢架，间距分别为 1.0 m 和 0.8 m，Ⅴ$_b$ 型衬砌设置型钢钢架，间距为 0.8 m；

③Ⅴ$_a$ 型衬砌必要时应设置仰拱钢架并及时封闭初期支护；

④表中带“*”号者表示为钢筋混凝土。

表 4.10 时速 250 km 高速铁路双线隧道复合式衬砌支护参数

衬砌类型	预留变形量/cm	初期支护											二次衬砌	
		C25 喷混凝土		钢筋网			锚杆参数			钢架			拱墙/cm	仰拱/底板/cm
		设置部位	厚度/cm	设置部位	网格间距/cm	钢筋规格	设置部位	间距(环向×纵向)/m	长度/m	设置部位	类型	间距/m		
Ⅱ$_{a}$型	3～5	拱墙	5	—	—	—	拱部	局部	2.5	—	—	—	35	/30*
Ⅱ$_{b}$型	3～5	拱墙	5	—	—	—	拱部	局部	2.5	—	—	—	35	/35*
Ⅲ$_{a}$型	5～8	拱墙	12	拱部	25×25	$\phi 6$	拱墙	1.2×1.5	3.0	—	—	—	40	50
Ⅲ$_{b}$型	5～8	拱部	23	180°拱部	25×25	$\phi 6$	拱墙	1.2×1.5	3.0	180°拱部	格栅	1.5	40	50
		边墙	12											
Ⅳ$_{a}$型	8～10	拱墙	25	拱墙	20×20	$\phi 6$	拱墙	1.2×1.2	3.5	拱墙	格栅	1.0	45	55
		仰拱	10											
Ⅳ$_{b}$型	8～10	拱墙	25	拱墙	20×20	$\phi 6$	拱墙	1.2×1.2	3.5	拱墙	型钢或格栅	1.0	45*	55*
		仰拱	15											
Ⅴ$_{a}$型	10～15	拱墙	28	拱墙	20×20	$\phi 8$	拱墙	1.2×1.0	4.0	全环	型钢或格栅	0.8	50*	60*
		仰拱	28											
Ⅴ$_{b}$型	10～15	拱墙	28	拱墙	20×20	$\phi 8$	拱墙	1.2×1.0	4.0	全环	型钢或格栅	0.6	50*	60*
		仰拱	28											

注：①Ⅱ$_{a}$、Ⅱ$_{b}$型衬砌底板设钢筋网(纵向采用间距为 250 mm 的 $\phi 10$ 钢筋，横向采用间距为 200 mm 的 $\phi 14$ mm 钢筋)；
②表中带"*"号者表示为钢筋混凝土。

根据二次衬砌在运营期间承受水压力及地下水排放情况，复合式衬砌还可分为排水型衬砌和防水型衬砌两种形式。此外，考虑到地形地貌、地质条件、荷载不对称程度等复杂地质环境的影响，在同一围岩级别下复合式衬砌支护参数做出了相应调整。表 4.11和表 4.12 分别为武广高速铁路双线隧道排水型和防水型(浏阳河隧道)复合式衬砌支护参数表。

表 4.11 武广高速铁路双线隧道(排水型)复合式衬砌支护参数

衬砌类型	初期支护									二次衬砌		预留变形量/cm
	喷射混凝土厚度/cm	锚杆			喷聚丙烯纤维混凝土/素喷混凝土			格栅钢架/型钢		拱墙/cm	仰拱/底板/cm	
		位置	长度/m	间距/m(环×纵)	位置	合成纤维掺量/(kg·m^{-3})	钢筋网 $\phi 8$/$\phi 10$	直径/mm	每榀间距/m			
Ⅱ$_{a}$型	10	拱部	2.5	1.5×1	拱部/边墙	1.2/—	—	—	—	35	/40	3
Ⅱ$_{b}$型	10(拱墙)	拱部	2.5	1.5×1	拱部/边墙	1.2/—	—	—	—	35	45/	3
Ⅲ$_{a}$型	15(拱墙)	拱墙	3.0	1.2×1	拱墙/仰拱	1.2/—	拱部 $\phi 8$ 25×25	—	—	40	55/	5

续上表

衬砌类型	初期支护									二次衬砌		预留变形量/cm
	喷射混凝土厚度/cm	锚杆			喷聚丙烯纤维混凝土/素喷混凝土			格栅钢架/型钢		拱墙/cm	仰拱/底板/cm	
		位置	长度/m	间距/m(环×纵)	位置	合成纤维掺量/($kg \cdot m^{-3}$)	钢筋网 $\phi 8/\phi 10$	直径/mm	每榀间距/m			
Ⅲ$_b$型	18	拱墙	3.0	1.2×1	拱墙/仰拱	1.2/—	拱墙 $\phi 8$ 25×25	/I16	1.0(拱墙)	45*	55*/	5
Ⅳ$_a$型	23	拱墙	3.5	1.0×1	拱墙/仰拱	1.2/—	拱墙 $\phi 8$ 20×20	格栅 $\phi 22$/	1.0(拱墙)	45	55*/	8
Ⅳ$_b$型	25	拱墙	3.5	1.0×1	拱墙/仰拱	1.2/—	拱墙 $\phi 10$ 25×25	/I18	1.0(全环)	50	55*/	8
Ⅳ$_c$型	25	拱墙	3.5	1.0×1	拱墙/仰拱	1.2/—	拱墙 $\phi 10$ 20×20	/I18	0.8(全环)	50*	60*/	8
Ⅴ$_a$型	28	拱墙	4.0	0.8×1	拱墙/仰拱	1.2/—	拱墙 $\phi 10$ 20×20	/I20a	0.8(全环)	50*	60*/	12
Ⅴ$_b$型	28	拱墙	4.0	1×0.8	拱墙/仰拱	1.2/—	拱墙 $\phi 10$ 20×20	/I20a	0.6(全环)	50*	60*/	12
Ⅴ$_c$型	28	拱墙	4.0	0.8×1	拱墙/仰拱	1.2/—	拱墙 $\phi 10$ 20×20	/I22a	0.5(全环)	55*	65*/	12

注:①表中带 * 号表示为钢筋混凝土;钢筋外侧混凝土保护层厚 5 cm;

②Ⅱ$_a$型和Ⅱ$_b$型分别表示无仰拱和有仰拱两种情况。

3. 特征曲线法

特征曲线法的基本原理是利用围岩特征曲线和支护结构特征曲线交会的办法来决定支护体系的最佳平衡条件(见图 4.6)。

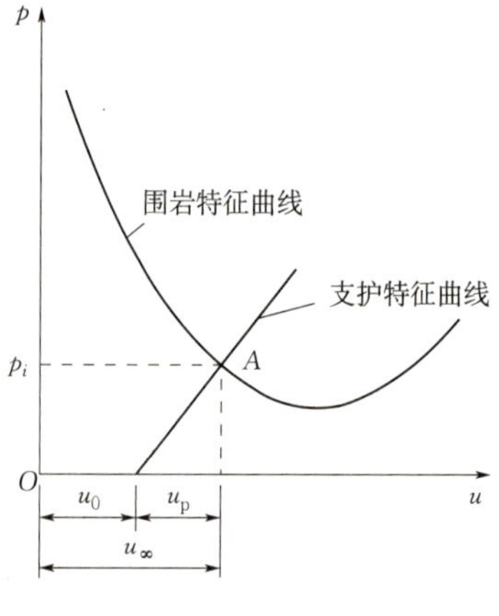

图 4.6 特征曲线法的图解概念

表 4.12 武广高速铁路双线隧道(防水型)复合式隧道结构支护参数

断面类型	初期支护：网喷 C25 合成纤维混凝土 厚度/cm	初期支护：网喷 C25 合成纤维混凝土 合成纤维/(kg·m^{-3})	初期支护：喷 C25 钢纤维混凝土 厚度/cm	初期支护：喷 C25 钢纤维混凝土 钢纤维/(kg·m^{-3})	初期支护：钢架 位置	初期支护：钢架 规格/mm	初期支护：钢架 间距/m	初期支护：锚杆 位置	初期支护：锚杆 长度/m	初期支护：锚杆 间距/m	二次衬砌：C35 钢筋混凝土 拱墙/cm	二次衬砌：C35 钢筋混凝土 仰拱/cm	仰拱配筋(纵向主筋单侧)/延米	适用条件(拱顶以上水压力/m)	仰拱加深深度/cm
Ⅳ$_a$型	拱部 22 仰拱 10	1.2	—	—	拱墙	150ϕ22	0.6～0.75				50	65	10ϕ18	10～30	50
Ⅳ$_b$型	拱部 22 仰拱 10	1.2	—	—	拱墙	150ϕ22	0.6～0.75	拱墙	3.5	1.0×1.0	50	70	10ϕ18	30～40	50
Ⅳ$_c$型	拱部 22 仰拱 10	1.2	—	—	拱墙	150ϕ22	0.6～0.75				50	70	10ϕ22	40～50	50
Ⅴ$_a$型	—	—	25	50	全环	I20a	0.6				50	65	10ϕ25	0～10	0
Ⅴ$_b$型	25	1.2	—	—	全环	I20a	0.6	拱墙	4.0	1.0×1.0	50	70	10ϕ25	10～30	50
Ⅴ$_c$型	—	—	25	50	全环	I20a	0.5				60	80	10ϕ25	30～50	50

注：①仰拱加深深度指相对于排水型隧道轨面至仰拱内侧最低点深度；

②Ⅴ$_c$型拱墙配筋参数为 5ϕ22，其余断面类型下拱墙配筋参数为 5ϕ20。

$$u_\infty = u_0 + u_p \tag{4.2}$$

式中 u_∞——架设支护结构经过长时间后达到平衡时的位移，m；

u_0——支护结构参与工作前隧道周边的初始位移，m；

u_p——支护结构在平衡压力 p 作用下的位移，m。

此方法的关键是合理地确定这两条曲线的基本性质及其随一些因素的变化以及由两者相互作用所决定的最佳平衡条件。显然，图 4.6 的概念是明确的，但其内在含意是广泛的。以围岩特征曲线为例，其形态不仅受到围岩性质（瞬时的及长期的）、围岩构造的影响，还受到施工技术（对围岩强度损害的程度）等的影响，其形态可能是各式各样的。例如图 4.7 中曲线 1 是代表弹性围岩的，曲线 2 是代表弹塑性围岩的，曲线 3、4 是代表弹塑—刚塑性围岩的。因此，掌握各种围岩的动态是很重要的。

支护结构的特征曲线也是这样，视其材料、构造也有不同的形态。例如，喷射混凝土支护和锚杆的特征曲线就很不相同（见图 4.8）。显然参照围岩特征曲线就可以合理地设置支护结构特征曲线，使两者的平衡点处于最佳位置，即决定在围岩初始位移 u_0 达到何值时施设支护结构，这样也就具体地体现了两者的相互作用。此外，这个方法还可考虑时间的影响，以及开挖面附近的三维空间影响。

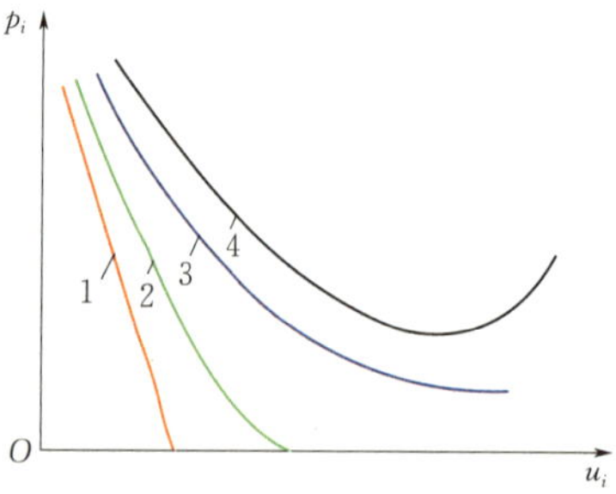

图 4.7 围岩特征曲线示例

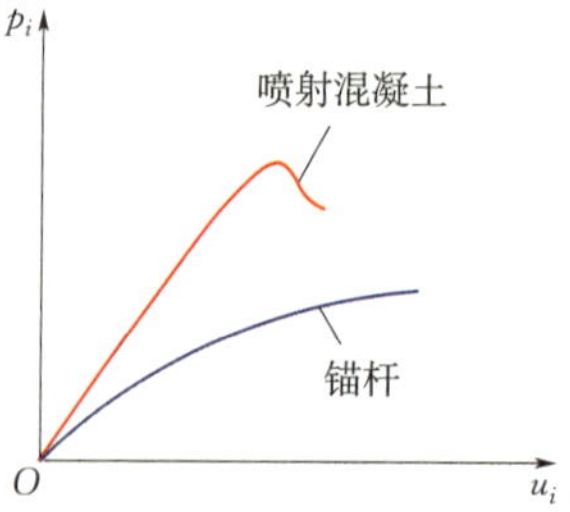

图 4.8 喷锚支护结构的特征曲线

（1）围岩的破坏准则或塑性判据

围岩的破坏准则是由其本构方程决定的，在通常情况下都采用摩尔—库仑破坏准则。当采用的破坏判据不同时，获得的计算塑性区半径、各区域的应力值及周边位移的公式也将不同。因此，在特征曲线法中，加强对围岩本构方程的研究是很重要的。

（2）围岩特征曲线的类型及其表达式

按图 4.9 中 a 线计算，假定围岩进入塑性状态后，围岩性质是不发生变化的，显然，这个假定是不完全符合实际的。因此，在计算特征曲线时，应该考虑围岩物性变化的影响。在当前的计算中，多数假定围岩进入塑性状态后，围岩性质立即变化到可能的极值，如图 4.9 中 b 线所示。实际上，围岩性质的恶化如图 4.9 中 c 线所示，是逐步发生的。

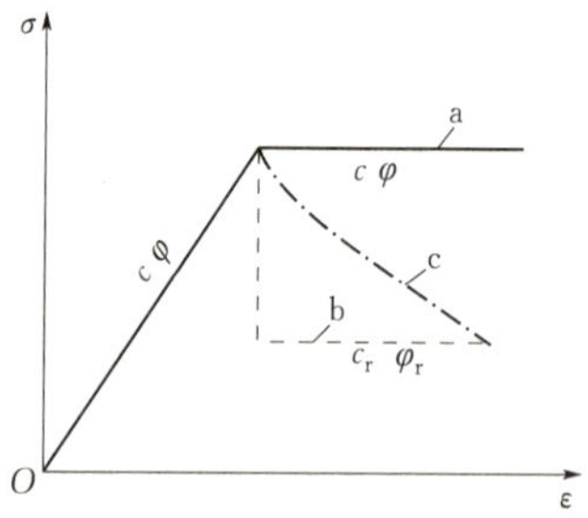

图 4.9 围岩的 c、φ 值在塑性阶段的变化

当考虑围岩性质变化时，在弹塑性边界 r_0 处应满足下述条件。

无支护阻力时：

$$r_0=a\left[\frac{(1-\sin\varphi)\sigma_y-c\cdot\cos\varphi+c_r\cdot\cos\varphi_r}{c_r\cdot\cos\varphi_r}\right]^{\frac{1-\sin\varphi_r}{2\sin\varphi_r}} \tag{4.3}$$

有支护阻力 p_a 时：

$$r_0=a\left[\frac{(1-\sin\varphi)\sigma_y-c\cdot\cos\varphi+c_r\cos\varphi_r}{c_r\cdot\cos\varphi_r+p_a}\right]^{\frac{1-\sin\varphi_r}{2\sin\varphi_r}} \tag{4.4}$$

在这种情况下：

$$p_a=-c_r\cdot\cos\varphi_r+[(1-\sin\varphi)\sigma_y-c\cdot\cos\varphi+c_r\cdot\cot\varphi_r](a/r_0)^{\frac{1-\sin\varphi_r}{2\sin\varphi_r}} \tag{4.5}$$

显然，考虑围岩性质变化后，塑性区范围 r_0 将随 c、φ 的减小而增大，而支护阻力 p_a 在同样 r_0 的条件下，将随 c、φ 的减小而增大（见图 4.10）。另外，须说明，在这种假定下于 r_0 处，径向应力是连续的，但切向应力则是不连续的，有一突变（见图 4.11）。

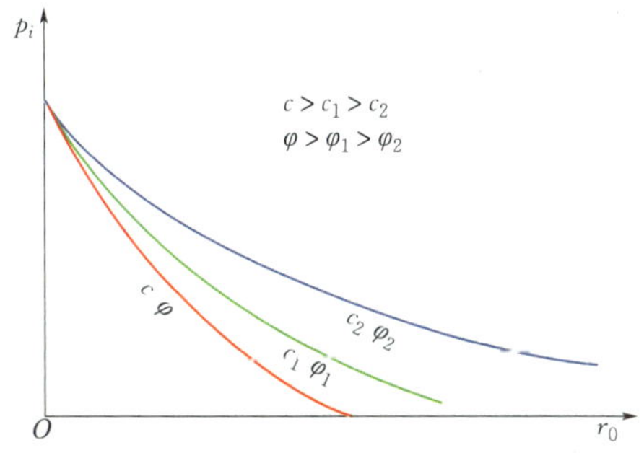

图 4.10 c、φ 值对 p_a 与 r_0 的影响

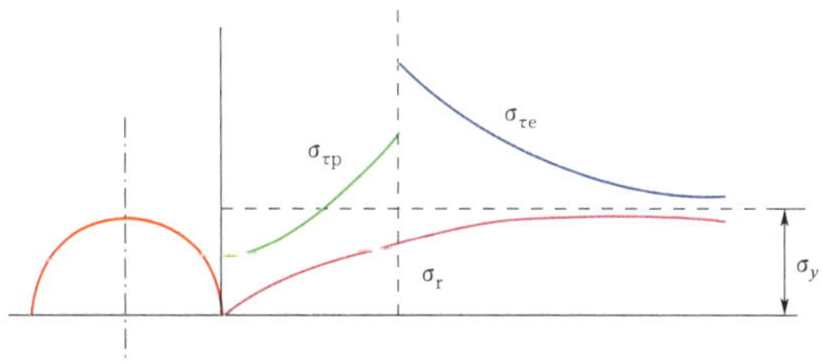

图 4.11 c、φ 值变化对围岩中应力分布的影响

4. 概率极限状态法

（1）概率极限状态法概念

极限状态法规定了结构的极限状态，并把不同的外荷载、不同的材料以及不同构件的受力性质等，用不同的分项系数区别开来，使不同的构件具有比较一致的安全度。极限状态法能充分考虑各因素的不确定性，通过分项系数全面反映各因素对结构安全的影响，明确结构的可靠性水准，使结构设计更加经济合理。

概率极限状态法是指以概率理论为基础，视荷载效应和影响结构抗力的主要因素为随机变量，根据统计分析确定失效概率或可靠指标来度量结构可靠度的结构设计方法。采用极限状态法设计时，一般将工程结构的极限状态分为承载能力极限状态和正常使用极限状态，按照各种结构的特点和使用要求，给出极限状态表达式作为结构设计的依据。

概率极限状态法是设计理念的革新，目前国外规范已经较为普遍采用极限状态法理论体系，概率极限状态法设计代表了结构设计的发展方向。为提高隧道设计的科学性，并与国际标准接轨，隧道设计方法由“安全系数法”向“极限状态法”的转轨势在必行。

（2）隧道概率极限状态法应用现状

①英国及欧洲其他国家应用现状

极限状态法在设计中的应用直接体现在设计规范的采用上。在英国，没有专门为隧道编制的设计规范，隧道设计主要参考混凝土结构设计规范、钢结构设计规范、地基基础规范或挡水结构设计规范。例如，对作为隧道永久支护的钢筋混凝土衬砌、临时支护中的钢拱架、隧道底板下的承载地基和隧道结构耐久性，分别采用上述不同的规范进行设计。欧洲其他国家的情况与英国类似，隧道结构的设计主要参考地面建筑结构设计的通用规范。

在极限状态法中，荷载与抗力被假定为不同的互为独立的变量。但是位于土体(岩体)中的隧道却未必如此，因为作用在隧道支护结构上的土体(岩体)荷载有可能是抗力的一部分。地层与隧道支护结构的相互作用使得极限状态法在隧道支护结构设计中受到限制。在欧洲规范中，也明确说明极限状态法不适用于矿山法隧道初期支护的结构设计。

鉴于隧道结构与地面建筑的不同特点，目前在英国或欧洲大致采用以下方法设计隧道结构：

• 永久支护结构设计，如复合式衬砌的二次衬砌，一般按概率极限状态法设计；

• 对于考虑与地层相互作用的构件设计，如复合式衬砌的初期支护，一般按容许应力法设计；

• 临时支护结构中无直接与水土接触的构件设计，一般按概率极限状态法设计。

也就是说，在英国及欧洲其他国家，概率极限状态法只适用于永久支护(复合式衬砌的二次衬砌)，复合式衬砌的初期支护仍然采用容许应力设计法设计。

②日本应用现状

概率极限状态法在日本隧道工程中的应用与英国及欧洲其他国家的情况相似，也仅对部分工法施工的隧道二次衬砌采用极限状态法进行结构设计。例如，在日本2006年版的《隧道标准规范及解说(土木学会)》，根据隧道采用的工法不同，结构设计方法也不同，其中对采用极限状态法在隧道中的应用进行专门的规定。对明挖法修建的隧道，明确规定采用极限状态法；对采用盾构法修建的隧道，建议采用极限状态法；而对用矿山法修建的隧道，则规定仍然采用容许应力法。城市矿山法隧道《铁道结构物等设计标准(城市矿山法隧道)》(2002年版)则规定隧道二次衬砌采用极限状态法。

鉴于矿山法施工的隧道地层与支护结构之间相互作用的不确定性，国外发达国家隧道工程界的一般做法是对采用矿山法施工的隧道二次衬砌按概率极限状态法设计，初期支护仍然按传统的容许应力法设计。

③中国隧道概率极限状态法应用现状

20世纪90年代初，由原铁道部组织，中铁二院工程集团牵头，联合西南交通大学、北方交通大学、兰州铁道学院和石家庄铁道学院等4所高校深入开展了隧道结构荷载统计特征、衬砌混凝土偏压构件强度统计特征及抗力计算公式、衬砌几何尺寸变异性的结构可靠度分析等基础性研究工作，取得了大量研究成果。在此基础上，原铁道部组织相关设计院及高校对《铁路隧道设计规范》进行了修编，修编后的《铁路隧道设计规范》(TB 10003—1999)于1999年发布，从而以规范的形式将可靠度理论引入隧道结构设计。

1999年《铁路隧道设计规范》(TB 10003—1999)发布后，由于新的设计方法与传统的设计方法差别较大，再加上对新的公式验证不足，工程技术人员一时还难以接受，在短期内全面推广应用概率极限状态法尚存在一定的问题。因此，2000年原铁道部重新对《铁路隧道设计规范》(TB 10003—1999)进行修编，修编后的《铁路隧道设计规范》(TB 10003—2001)

将容许应力法、破损阶段法和概率极限状态法三种隧道结构设计方法同时纳入规范，并调整了概率极限状态法的适用范围。设计人员可根据所设计隧道结构的特点，选择采用能够确保结构安全性和耐久性的合理的设计方法。后续颁布的《铁路隧道设计规范》（TB 10003—2005）中隧道结构设计方法仍然沿用 2001 年版的相关章节内容，基本上没有进行修改。现行《铁路隧道设计规范》（TB 10003—2016）中删除了概率极限状态法的内容，并以国铁集团企业标准《铁路隧道设计规范（极限状态设计法）》（Q/CR 9129—2018）的形式单独对隧道结构极限状态设计法进行了规定。

（3）铁路隧道概率极限状态设计法主要内容

隧道结构概率极限状态法设计主要针对隧道衬砌和洞门结构构件的设计。借鉴国外隧道的一般做法，目前我国铁路隧道复合式衬砌结构极限状态法设计主要针对二次衬砌结构。现阶段洞门结构极限状态方程建立仍以挡土墙稳定性理论为依据，在洞门墙上取一定宽度具有代表性的计算条带作为分析对象，将问题简化为对具有一定宽度的挡土墙的可靠度分析。

①结构的可靠度指标

采用“校准法”对铁路隧道衬砌及洞门结构通用参考图进行校准，并结合对国内外相关行业目标可靠指标的调研，提出了我国铁路隧道结构的目标可靠指标，具体见表 4.13和表 4.14。

表 4.13　铁路隧道衬砌目标可靠指标值

极限状态类型		安全等级极限状态		
		一级	二级	三级
正常使用极限状态		1.0～2.5		
承载能力极限状态	延性破坏	4.7	4.2	3.7
	脆性破坏	5.2	4.7	4.2

表 4.14　铁路隧道洞门目标可靠指标值

极限状态类型		安全等级		
		一级	二级	三级
正常使用极限状态		1.0～2.5		
承载能力极限状态	墙身抗裂、抗压	5.2	4.7	3.7
	墙身倾覆	2.5	2.0	1.5
	整体滑动	2.5	2.0	1.5
	墙底承载力	3.7	3.2	2.7

②作用分类及作用组合

采用极限状态法进行结构设计时，应首先确定作用在隧道结构上的作用类型，并按承载能力极限状态和正常使用极限状态分别进行作用组合，取其最不利组合进行设计。作用组合见表 4.15。

表 4.15 作用组合

极限状态类型	作用组合	表达式
承载能力极限状态	基本组合	$S_{\mathrm{d}}=\gamma_{\mathrm{sd}}S(\sum_{i=1}^{n}\gamma_{\mathrm{G}i}G_{\mathrm{k}i}+\gamma_{\mathrm{Q1}}\gamma_{\mathrm{L1}}Q_{\mathrm{k1}}+\sum_{j=2}^{m}\gamma_{\mathrm{Q}j}\psi_{\mathrm{c}j}\gamma_{\mathrm{L}j}Q_{\mathrm{k}j})$
	偶然组合	$S_{\mathrm{d}}=\gamma_{\mathrm{sd}}S(\sum_{i=1}^{n}G_{\mathrm{k}i}+A_{\mathrm{d}}+(\psi_{\mathrm{f1}}\text{ 或 }\psi_{\mathrm{q1}})Q_{\mathrm{k1}}+\sum_{j=2}^{m}\psi_{\mathrm{q}j}Q_{\mathrm{k}j})$
	地震组合	$S_{\mathrm{d}}=S(\sum_{i=1}^{n}G_{\mathrm{k}i}+\gamma_{\mathrm{I}}A_{\mathrm{Ek}}+\sum_{j=1}^{m}\psi_{\mathrm{q}j}Q_{\mathrm{k}j})$
正常使用极限状态	标准组合	$S_{\mathrm{d}}=\gamma_{\mathrm{sd}}S(\sum_{i=1}^{n}G_{\mathrm{k}i}+Q_{\mathrm{k1}}+\sum_{j=2}^{m}\psi_{\mathrm{c}j}Q_{\mathrm{k}j})$
	频遇组合	$S_{\mathrm{d}}=\gamma_{\mathrm{sd}}S(\sum_{i=1}^{n}G_{\mathrm{k}i}+\psi_{\mathrm{f1}}Q_{\mathrm{k1}}+\sum_{j=2}^{m}\psi_{\mathrm{q}j}Q_{\mathrm{k}j})$
	准永久组合	$S_{\mathrm{d}}=\gamma_{\mathrm{sd}}S(\sum_{i=1}^{n}G_{\mathrm{k}i}+\sum_{j=1}^{m}\psi_{\mathrm{q}j}Q_{\mathrm{k}j})$

式中 S_{d}——作用组合效应设计值；
$S(\cdot)$——作用组合的效应函数；
γ_{sd}——作用效应计算模型不确定性系数；
γ_{I}——地震作用重要性系数；
$\gamma_{\mathrm{G}i}$——第 i 个永久作用的分项系数；
$G_{\mathrm{k}i}$——第 i 个永久作用的标准值；
γ_{Q1}——主导可变作用的分项系数；
$\gamma_{\mathrm{Q}j}$——第 j 个其他可变作用的分项系数；
γ_{L1}，$\gamma_{\mathrm{L}j}$——第 1 个和第 j 个考虑结构设计使用年限的荷载调整系数；
$\psi_{\mathrm{c}j}$——第 j 个可变作用的组合值系数；
ψ_{f1}——主导可变作用的频遇值系数；
ψ_{q1}，$\psi_{\mathrm{q}j}$——主导可变作用和其他可变作用的准永久值系数；
Q_{k1}——主导可变作用的标准值；
$Q_{\mathrm{k}j}$——第 j 个其他可变作用的标准值；
A_{d}——偶然作用的标准值；
A_{Ek}——根据重现期为 475 年的地震作用（基本烈度）确定的地震作用的标准值。

③计算模型

针对衬砌结构，建立“荷载—结构”模型（见图 4.12），按承载能力极限状态和正常使用极限状态分别施加作用组合效应设计值，计算衬砌结构内力；针对洞门结构，采用“条带法”进行设计（见图 4.13），针对不同的洞门类型选取设计所需条带，建立计算模型确定墙背土压力及条带重力，并按要求进行荷载组合。

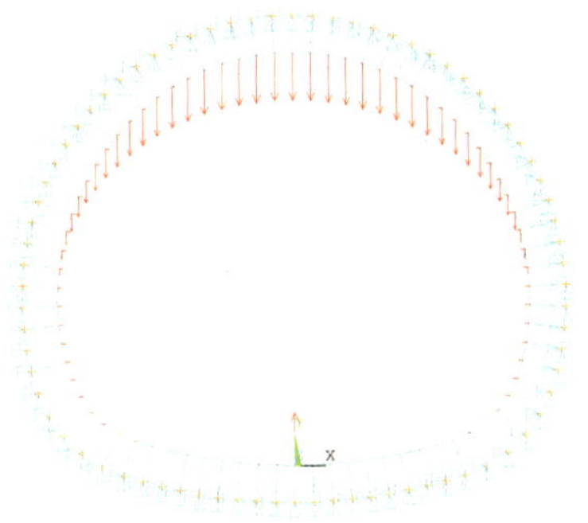

图 4.12 衬砌“荷载—结构”模型

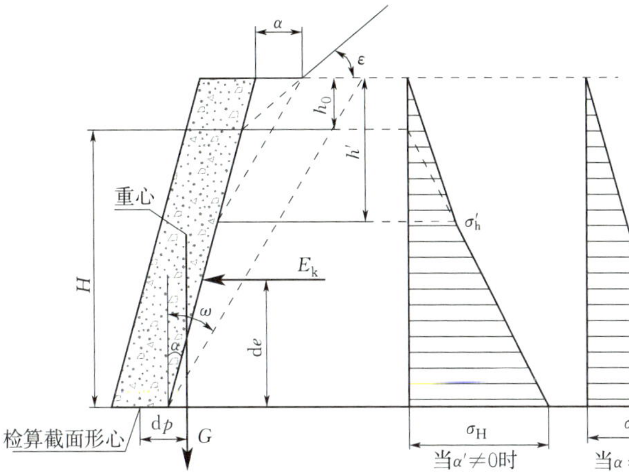

图 4.13 洞门条带计算模型

④极限状态表达式

隧道结构极限状态分为承载能力极限状态和正常使用极限状态，其基本设计式如式(4.6)和式(4.7)所示。

承载能力极限状态：

$$\gamma_0 S_d \leqslant R_d \tag{4.6}$$

正常使用极限状态：

$$S_d \leqslant C \tag{4.7}$$

式中 γ_0——结构重要性系数；

S_d——作用组合效应设计值，Pa；

R_d——隧道结构构件抗力设计值，Pa；

C——结构或构件达到正常使用要求的规定限值，Pa。

根据式(4.6)和式(4.7)，可推导出衬砌结构及洞门结构不同极限状态的极限状态表达式，具体见表 4.16。

表 4.16 衬砌及洞门结构极限状态表达式

结构类型	极限状态类型	极限状态	极限状态表达式
衬砌结构	承载能力极限状态	混凝土抗压	$N \leqslant \dfrac{\varphi \alpha f_c bh}{\gamma_d}$
		混凝土抗拉	$N \leqslant \dfrac{1.55\varphi f_t bh}{\gamma_d[6(e_0/h)-1]}$
		钢筋混凝土偏心受压	$N \leqslant \dfrac{1}{\gamma_d}\dfrac{\alpha_1 f_c bx(h_0-x/2)+f'_y A'_s(h_0-a'_s)}{e_0+e_a+h/2-a_s}$
	正常使用极限状态	钢筋混凝土裂缝宽度	$w_{max}=\alpha_{cr}\psi\dfrac{\sigma_s}{E_s}\left(1.9c_s+0.08\dfrac{a_{eq}}{\rho_{te}}\right)\leqslant 0.2$

续上表

结构类型	极限状态类型	极限状态	极限状态表达式
洞门结构	承载能力极限状态	洞身抗压	$f_{cd} \leqslant \frac{f_c}{\gamma_d}$
		洞身抗裂	$f_{td} \leqslant \frac{f_t}{\gamma_d}$
		地基承载力	$f_{pd} \leqslant \frac{f_p}{\gamma_d}$
		抗倾覆	$M_d \leqslant \frac{M_R}{\gamma_d}$
		抗滑移	$f_{md} \leqslant \frac{f_m}{\gamma_d}$

针对衬砌结构，基于“荷载—结构”模型所求内力，根据衬砌类型选取相应极限状态表达式进行设计；针对洞门结构，应采用“条带法”对不同的极限状态分别设计，最终设计参数应满足所有极限状态的承载力要求。

目前，我国铁路隧道概率极限状态法设计正在有序推进，基于该方法已经编制了“隧道结构可靠度分析软件”。根据使用过程中的反馈以及随着铁路工程随机变量样本及统计特征的逐步完善，该软件也在进行进一步优化和完善。针对《铁路隧道设计规范》(TB 10003—2016)极限状态设计法对隧道抗震等方面研究不足的情况，已有相关课题开展补充研究，可为规范后续的修改和完善提供技术支撑。此外，基于概率极限状态法编制通用参考图的工作也正在开展。

4.2.2 复合式衬砌设计

1. 复合式衬砌的结构形式与设计参数

复合式衬砌结构(见图 4.14)一般由中间设置隔离层(防水)的内、外两层结构组成，内层结构与外层结构之间可以传递压力，但一般不传递剪力。外层结构一般采用喷锚支护，内层结构一般采用模筑混凝土(或钢筋混凝土)衬砌。复合式衬砌结构具有以下优点：防水性能好，从工程实践经验看，在地下水发育地段复合式衬砌结构的防水性能明显优于整体式衬砌；外层结构采用喷锚支护，能适应围岩变形和充分发挥围岩自身的承载能力，具有良好的经济性；内层结构采用模筑混凝土(或钢筋混凝土)，既可以保证隧道内表面光滑平整，也进一步提高了结构的安全性。

支护参数设计原则：初期支护承担施工阶段全部荷载，二次衬砌承担由于初期支护可能劣化而作用于二次衬砌上的荷载或由于围岩蠕变、环境条件变化等引起的附加荷载，并作为安全储备。对于防水型隧道，二次衬砌承受的水压力、围岩压力均为主要荷载。为提高经济性，支护参数设计原则为初期支护按保证施工安全和控制地面沉降的要求确定，二次衬砌承担全部围岩压力和水压力。

衬砌结构设计参数取值主要是以类比设计法为主，须对各种结构断面采用相应的计算方法进行验算，并应根据现场围岩量测信息对支护参数作必要的调整。

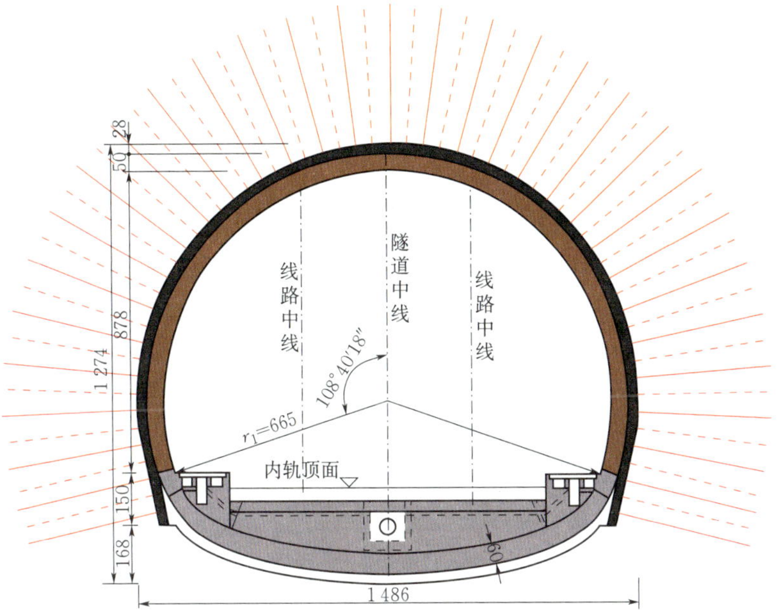

图 4.14　复合式衬砌结构(单位:cm)

2. 初期支护设计

(1)喷射混凝土

目前,喷射混凝土作为初期支护的设计方法,多数国家采用标准设计法进行设计,实质上是采用经验设计的方法。作为初期支护的喷射混凝土设计,主要是决定喷射混凝土的设计厚度以及要求喷射混凝土应满足的力学性能(如强度、刚度等)及施工性能(压送性、回弹及粉尘等)。

①经验设计方法

喷射混凝土设计厚度,应采用最小厚度作为设计厚度。由于壁面的不平整,喷射混凝土厚度的离散性是非常大的。

从饰面支护的角度出发,喷射混凝土厚度多采用 5 cm 左右,喷砂浆的厚度可采用 3 cm,但作为发挥支护构件结构作用的厚度,不宜小于8 cm。

喷射混凝土的最大厚度,除特殊场合外不宜大于 20 cm,在特殊场合可以采用 25 cm。更大厚度的喷射混凝土施工实例是很少的,因为已经失去了初期支护的意义。据相关统计分析,开挖断面积与喷射混凝土厚度的关系如图 4.15 所示。

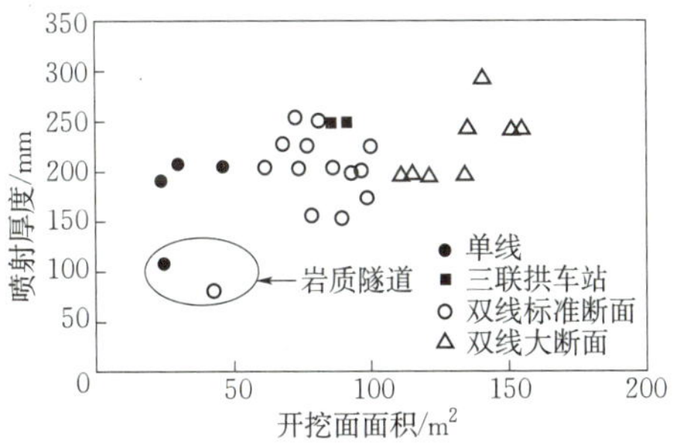

图 4.15　开挖断面积与喷射混凝土厚度的关系

在经验不足的情况下,喷射混凝土厚度可以取隧道开挖跨度的 1.7%。

此外,喷射混凝土厚度过大,结果是虽然增加了初期支护的刚度,但会出现较大的弯曲应力,而且会使开挖断面面积、喷射混凝土量增大,这对施工是极为不利的。在这种情况下,应采用不增加厚度的替代方案,如采用高强度喷射混凝土或钢纤维喷射混凝土等。

在硬岩地层中,几乎无土压作用,喷射混凝土仅仅是为了防止掉块和岩块滑动,设计厚度可以小些。但在膨胀性围岩土压很大,变形量很大、承载能力小的未固结围岩以及埋深小、需极力减少对周边环境影响的情况下,为增加支护刚性控制变形,需要喷射较大厚度的喷射混凝土。

喷射混凝土一般都采用标准支护模式的厚度,但在不能采用标准支护模式时,应采用类比设计法(或经验设计法)和解析设计法进行设计,并参考周边围岩的稳定、容许变形、构件中的应力等因素来决定。表 4.17 和表 4.18 列出了根据 RMR 和 Q 值的经验法则的喷射混凝土支护设计实例。

表 4.17　软弱围岩中喷射混凝土设计的经验法则

Alborts 1965		Kobler 1966	
瑞典的经验法则		根据高速公路隧道的经验	
基准	喷射厚度	状态	喷射厚度
围岩裂隙发育的场合,爆破后一次喷射	3～8 cm	普通	拱顶 15 cm;起拱线下薄些
拱顶崩落和劣化的场合	10～15 cm	局部压力作用	
Cecil 1970			
RQD	平均裂隙间隔	必要的支护	
60%	小于 30 cm	最大限:多层喷射混凝土、模筑混凝土、锚杆	
60%～80%	30 cm～1.0 m	中程度:锚杆、一层喷射混凝土、锚杆和一层喷射混凝土组合	
>80%	大于 1.0 m	最小限:无支护或锚杆	
1 层喷射厚度 4～6 cm,多层喷射厚度叠加			
Heuer 1974			
松弛荷载下的初期支护			
围岩状况		喷射混凝土	
良好围岩:支护问题不大,但因某些理由不容许采用"无支护隧道",一般 RQD 大于 75%		起拱线以上拱部 5 cm	
普通围岩:围岩裂隙多易松弛,拱部需支护,但侧壁是稳定的。喷射混凝土附着良好,一般 RQD 在 50%～75%		拱部 7～8 cm,起拱线以下被覆程度	
恶劣围岩:隧道稳定性差,喷射混凝土的附着不良,一般 RQD 在 25%～50%		拱部 8～10 cm,侧壁 7～8 cm,马蹄形隧道喷到侧壁底,圆形隧道侧壁的喷射范围根据附着情况而定。如附着良好,只在上部 70°范围喷射,附着非常差时要 360°喷射	
非常差的围岩:与恶劣围岩同样处理,但增加 2～3 cm 厚度,拱部喷 10～12 cm,侧壁喷 10 cm			

表 4.18 Q 系统分级的喷射混凝土厚度建议值

围岩级别	C2	C1	B2	B1	B0	A
Q 值	1～0.1	4～1	10～4	40～10	40～15	大于 40
锚杆间隔(m)	1.0	1.0	1.5	1.5	2.0	必要时
纤维喷射混凝土喷射厚度(m)	135	65	65	不使用	不使用	不使用

②半理论的经验设计

如果把喷射混凝土作为一个具有结构作用的构件来看，就可以用一些理论方法进行研究和设计。例如，挪威根据大量的试验，基于拱理论和落石理论把喷射混凝土功能做了如图 4.16 所示的模式化和表 4.19 的分类。

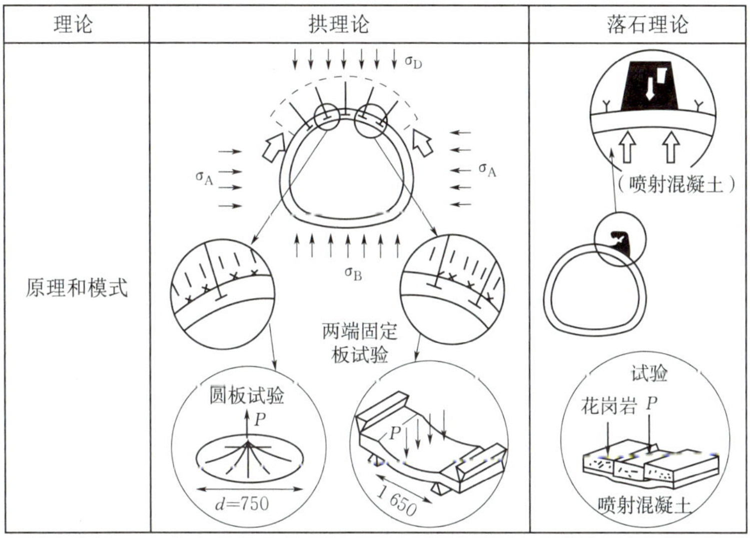

图 4.16 拱理论和落石理论的原理

表 4.19 喷射混凝土要求的重要特性

理　　论	对象围岩	喷射混凝土重要特性
拱理论	中硬岩～硬岩	弯曲强度、韧性
落石理论	硬岩	附着强度、抗剪强度

例如，普通喷射混凝土可按弯曲构件进行设计，如图 4.17 所示，构件中的弯曲应力可由式(4.8)决定。

$$M_p = \frac{f_u}{s} \cdot b \cdot \frac{d^2}{6} \tag{4.8}$$

式中 M_p——弯矩，N·m；

f_u——喷射混凝土的弯曲强度，N/mm²；

s——安全系数；

b——荷载宽度，mm；

d——喷射厚度，mm。

如加入钢纤维（见图 4.18），试求喷射厚度。仍采用式（4.8），设 f_e为钢纤维喷射混凝土的弯曲强度，f_u 等于 $0.65f_e$，则

$$d^2=6\cdot\frac{M_p}{f_e}\cdot\frac{s}{b} \tag{4.9}$$

由式（4.9）可分析出，加入钢纤维后，因其弯曲强度增大，喷射厚度比没有钢纤维时变薄了。

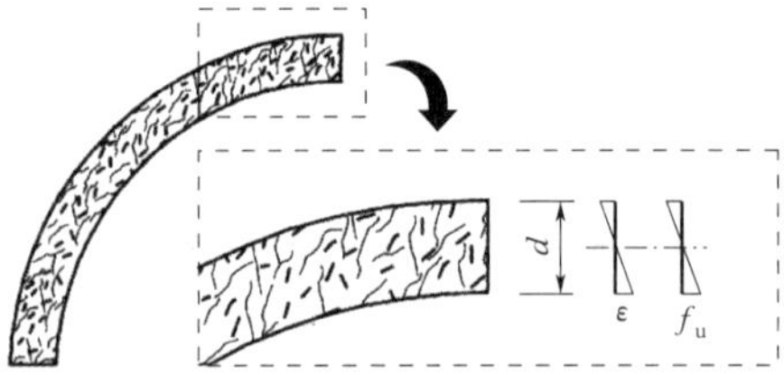

图 4.17　普通喷射混凝土的场合

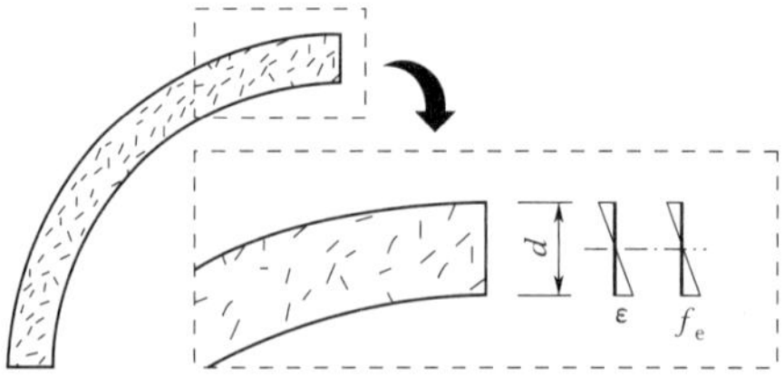

图 4.18　钢纤维混凝土的场合

但更为简单的方法是把喷射混凝土视为薄壁构件进行经验设计。理论证实：喷射混凝土厚度越大，越易产生弯曲应力，因此喷射混凝土厚度应从尽可能地减小弯曲应力发生的角度出发，不易过厚。建议喷射混凝土的厚度按以下三种情况确定。

a. 预计开挖后隧道稳定。喷射混凝土围岩附着良好，这时主要是用以填平开挖后岩面的凹陷处，跨越软弱层附着，同时防护因爆破振动和地震等产生的扰动荷载，防止因涌水而引起软弱层内填充物流失。此时喷射混凝土厚度可按具有较小的危石效应，并用式（4.10）决定。

$$d=\frac{D}{120}\ \text{或}\ d\approx 5\ \text{cm} \tag{4.10}$$

式中　D——隧道开挖跨度，m。

这种方法不适用于黏附力较弱和大断面隧道。

b. 预计用喷射混凝土的附着强度和弯曲抗压强度能支持局部的松弛荷载，分配锚杆间的荷载，并预计有危石效应等，可用式（4.11）计算。

$$5\ \text{cm}\leqslant d\leqslant\frac{D}{80} \tag{4.11}$$

c. 预计能够利用喷射混凝土的弯曲强度和抗压强度，即能分配钢支撑间的荷载或预计有危石效应，在中等程度以下的地质条件时应按式（4.12）确定。

$$\frac{D}{80}\leqslant d\leqslant\frac{D}{40} \tag{4.12}$$

以 10 m 跨度的隧道为例，其喷射混凝土厚度最大，在 12.5～25 cm 之间。地质不良时，应向掌子面喷射混凝土或喷射临时仰拱。

此外，虽然有一些理论的设计方法，但都建立在一些假定的基础上，如假定喷射混凝土是全环闭合的圆形薄壁结构，而且假定围岩是均质的等等，与喷射混凝土的实际工作状态不

符。因此,作为初期支护的喷射混凝土厚度,目前只能按照大家认可的、依据围岩分级建立的标准设计原则确定。

实际上,喷射混凝土的厚度变化范围是不大的。一般多在 5～25 cm 之间。如按 5 cm 分级,也只能分为 5 cm、10 cm、15 cm、20 cm、25 cm 共 5 个等级,与现行的围岩分级也是对应的。因此,对于喷射混凝土的厚度,不宜过多地强调计算决定。而应在如何改变喷射混凝土的性能,使之更加适应支护的需求方面多下功夫。如增加喷射混凝土的黏性、提高喷射混凝土的初期强度、添加纤维增加喷射混凝土的韧性等,这也是当前喷射混凝土技术的重要发展趋势。

(2)锚杆

锚杆可能是在所有的支护中进行理论和试验研究最多的一种支护手段,许多国家在锚杆的支护机理和支护效果上所进行的研究为发展和提高锚杆的设计技术水平起到了良好的作用。

①锚杆的作用效果

锚杆是唯一从内部补强围岩的手段。它可以提高裂隙围岩的抗剪强度,也可以改善围岩的物性指标,更可以将一些不连续的岩块联系在一起,它基本上不占用作业空间,施工性好,因此得到广泛的应用。锚杆的作用效果见表 4.20。

锚杆的强度是根据围岩条件而预计发生的轴力、围岩性质、锚固材料的性能等决定的。锚杆的破坏强度应在其拉拔力之上。在锚杆设计中,了解轴力的发生和发展趋势是非常重要的。一般来说,锚杆一旦产生拉力,就开始发挥作用,因此,锚杆的材质及直径主要取决于发生的轴力。以内压效果和形成平衡拱效果为目的的场合,即使是为了防止岩块万一掉落,或发生的轴力很小时,也不要轻易减少锚杆的根数。锚杆设计包括锚杆类型的选择、锚杆的布置(长度、根数、间隔等)以及锚固材料选择。不同的围岩条件,需要不同类型的锚杆与之对应。

表 4.20 锚杆的作用效果

锚杆的作用效果	概念图
内压效果 锚杆轴力通过喷射混凝土作用在隧道壁面上,发挥了内压效果,使隧道附近保持三轴应力状态。这抑制了隧道周边围岩的塑性化和扩大,同时也发挥了抑制隧道净空位移的效果	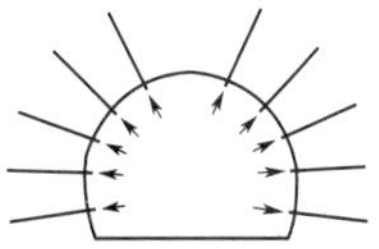
拱效果 由于系统锚杆的内压效果,对一体化的围岩,形成了承载拱,提高了隧道周边围岩的承载能力,也发挥了抑制隧道净空位移的效果	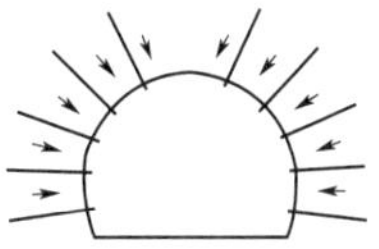
围岩改良效果 围岩内插入锚杆后增大了围岩自身的抗剪强度,围岩屈服后的残余强度也增大了。因此,锚杆能够改善围岩的特性	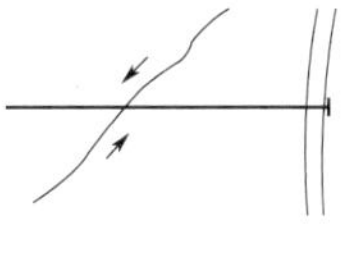

续上表

锚杆的作用效果	概念图
梁效果 对隧道周边的层状围岩，使分离的层理面叠合而形成叠合梁。因锚杆的叠合效果可使层理面传递剪力，作为组合梁而发挥效果	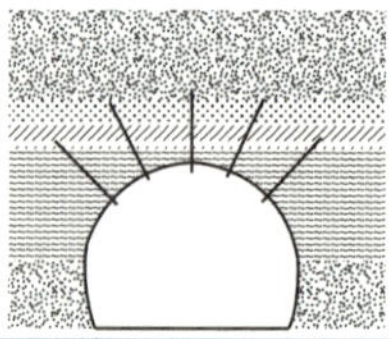
悬吊效果 把因爆破而松动的岩块固定在没有松动的围岩上，防止掉落。在裂隙发育的围岩中与喷射混凝土并用，效果增大	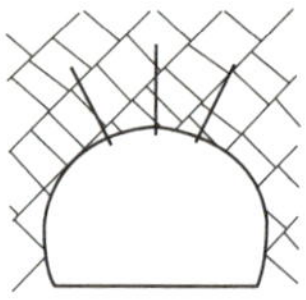

②锚杆的分类及适用范围

近年来，随着锚杆应用的日益增多，锚杆的分类也越来越繁杂，从不同的锚固方式和支护作用，锚杆有不同的分类，但总体来讲，锚杆的分类主要包含以下几种：

a. 粘结型锚杆：杆体部分或全长利用胶结材料把杆体和锚孔壁粘结住，以粘结力为主起锚固作用的锚杆，称之为粘结型锚杆，主要包括砂浆锚杆(见图 4.19)和中空注浆锚杆(见图 4.20)。

图 4.19　砂浆锚杆

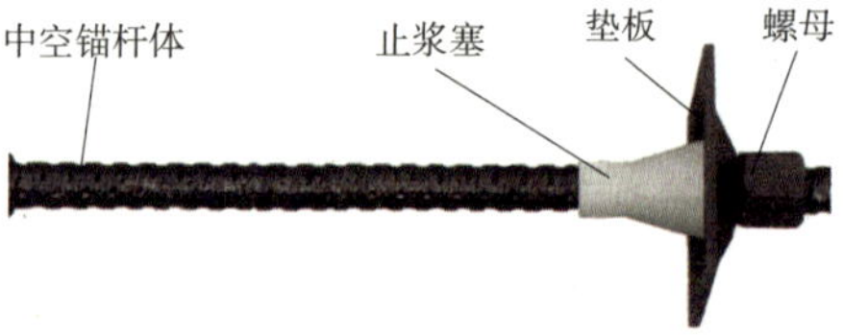

图 4.20　中空注浆锚杆

b. 端头锚固型锚杆：又称为集中类锚杆(也称点锚，point anchoring)，如图 4.21 所示。此类锚杆只有锚固装置或杆体一部分和锚孔壁接触，其中典型代表是涨壳式锚杆和树脂类锚杆，前者为机械型锚固，后者为粘结型锚固。该类锚杆应用在以“悬吊机理”为主的锚固工程中，可提供及时支护。

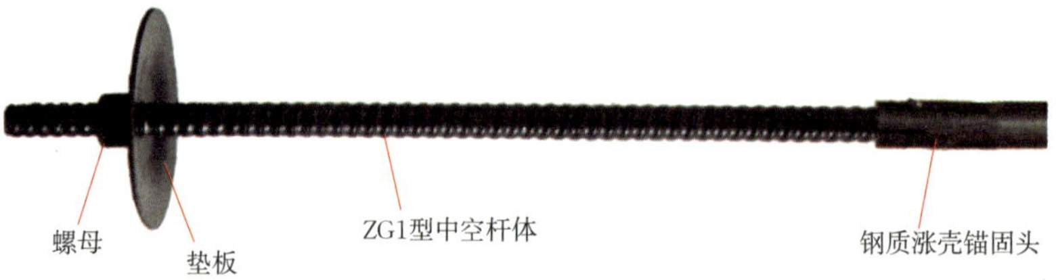

图 4.21　端头锚固型锚杆

c. 摩擦型锚杆：该类锚杆利用杆体与孔壁摩擦而形成支护力，其原理如图 4.22 所示。其中代表性产品为水胀式锚杆和管缝式锚杆。摩擦型锚杆一般应用在需要及时支护的岩土工程中，其截面如图 4.23 所示。

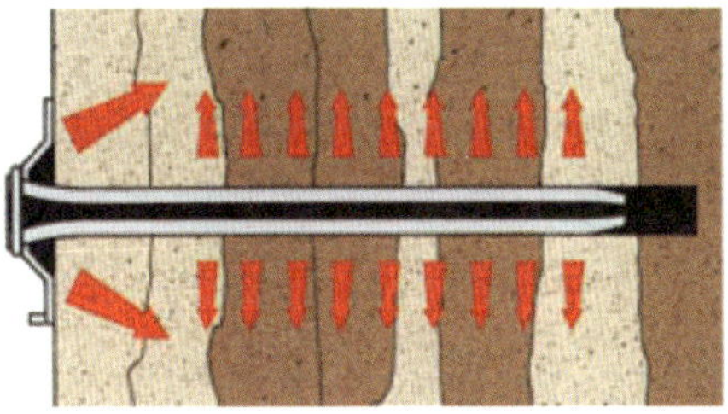

图 4.22 摩擦型锚杆原理

图 4.23 摩擦型锚杆截面

d. 让压释能型锚杆：该类锚杆可在保持恒定支护阻力的条件下，允许围岩及支护结构产生一定的位移量以释放部分围岩压力及动荷载作用时积累的能量，当这种可控的变形——让压量释放完毕后，让压锚杆随变形的进一步加大而持续承载直至破坏。该类锚杆一般用在软岩大变形隧道中。让压释能型锚杆结构如图 4.24 所示。

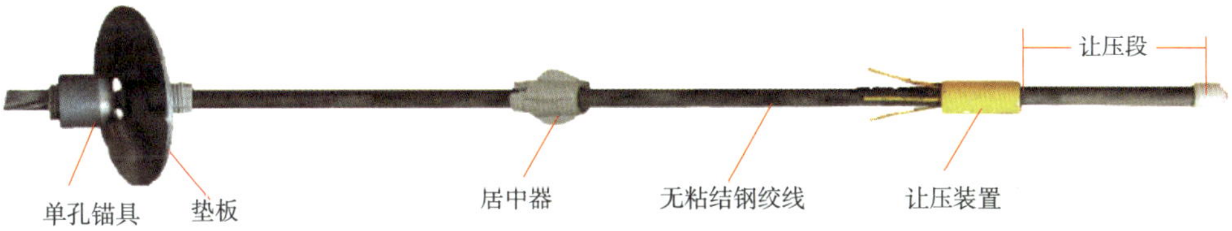

图 4.24 让压释能型锚杆

各种类型锚杆的锚固方法、特征及适用范围见表 4.21。

表 4.21 锚杆的类型及适用范围

锚杆的类型	锚固方法及特征	适用范围
全长粘结型	杆体部分或全长利用胶结材料把杆体和锚孔壁粘结住，以粘结力为主起锚固作用	最常用类型
端头锚固型	锚固装置或杆体一部分和锚孔壁接触	应用在以“悬吊机理”为主的锚固工程中，如层状岩体
摩擦型	利用杆体与孔壁摩擦而形成支护力	应用在需及时支护的岩土工程中，如高地应力岩爆隧道、含水砂土地层隧道
让压释能型	允许围岩及支护结构产生一定的位移量以释放部分围岩压力及动荷载作用时积累的能量	应用在高或极高地应力作用的软岩大变形隧道

(3)钢支撑与格栅

钢支撑和格栅在初期支护中主要用于软弱破碎或土质围岩中，很少单独使用，大多与锚杆、喷射混凝土等共同使用。

①钢支撑

使用钢支撑的目的有四点:一是作为喷射混凝土支护功能出现前的支持物;二是对喷射混凝土进行补强;三是作为超前支护的支点;最后是与喷射混凝土、锚杆共同发挥初期支护的作用。钢支撑的最大特点是架设后能够立即承载。因此,多设在需要立即控制围岩继续松弛和塑性区继续扩大,或变形迅速发展的场合。钢支撑的设计,主要包括钢支撑的形状、断面、材质、间距、接头和联系构件等的设计。

②格栅

格栅是由普通建筑用钢筋(多采用 16Mn 钢)经冷弯成形后焊接而成,其形状可根据使用要求和隧道轮廓而定,如图 4.25 所示。

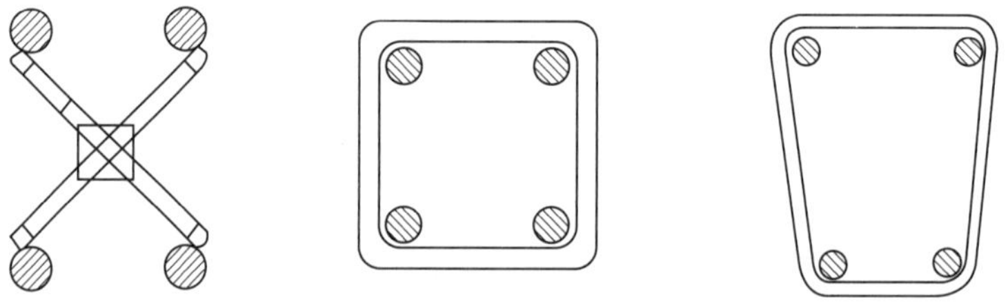

图 4.25 格栅断面形状示例

格栅的适用范围与钢支撑的适用条件是一致的,主要用于:

a. 自稳时间很短的围岩,在锚杆或喷射混凝土支护发挥作用前,可能发生围岩失稳或坍塌危险时;

b. 浅埋、偏压隧道,当早期围岩压力增长快,需要提高初期支护的早期强度和刚度时;

c. 在难以布设锚杆、喷射混凝土的砂卵石、土夹石或断层泥等地层,大面积淋水地段,以及为了抑制围岩大的变形而增加支护抗力时;

d. 当需要施作超前支护,设置格栅作为超前锚杆(或超前小导管等)的支承构件时;

e. 自稳时间短,一次变形大的地层,对地面下沉量有严格限制的情况。

一般情况下,采用格栅钢架支护的适用条件见表 4.22。

表 4.22 采用格栅的适用条件

围岩级别	单线隧道		双线隧道	
	350 km/h	250 km/h	350 km/h	250 km/h
Ⅲ	拱墙	—	拱部	拱部
Ⅳ	拱墙	—	拱墙或全环	拱墙
Ⅴ	全环	—	全环	全环
Ⅵ	通过试验确定		通过试验确定	

格栅与钢支撑,都归为构件支撑一类,但两者的力学作用是完全不同的。前者只有与喷射混凝土并用,才能发挥其支护作用,而且不能立即发挥承载作用。而后者可以立即、独立地发挥承载作用。因此,需要采用钢支撑的,决不能用格栅代替。两者的比较列于表 4.23。

表 4.23 钢支撑与格栅的比较

支撑形式	优　　点	缺　　点
钢支撑	•架设后能够立即承载，充分发挥其力学作用； •加工比较容易，但需要较大的加工设备； •安装及构件连接比较简洁、方便	•背后的混凝土不易填充密实，留有空隙； •质量大，架设安装困难； •钢支撑的变形与混凝土变形不协调，混凝土易开裂
格栅	•喷射混凝土完全包裹格栅，整体性好，背后不易留下空隙； •加工容易，且不需要大型加工设备； •质量小，易于架设安装； •因具有一定的柔性，能够适应围岩的变形	•必须与喷射混凝土配合，才能发挥其力学作用； •在围岩变形大的场合，不能有效地控制围岩的变形

3. 二次衬砌设计

二次衬砌设计时，研究其设计条件和需要的力学功能是很重要的。在一般围岩场合，二次衬砌是根据初期支护的应力状态来判断需要的功能，但通常初期支护能够与围岩形成一体，成为稳定的支护结构体。因此，二次衬砌在构造上是以提高初期支护的安全性为目的，此时可考虑对内装功能、维修管理功能、隧道内设施的保持功能等进行设计。同时，二次衬砌的耐久性因受气象条件、漏水、环境条件的变化等影响，所以设计上要研究这些影响因素，并采取适当的对策。

二次衬砌原则上应在初期支护的位移收敛后施设，但同时应根据围岩条件、施工状况、周边环境等进行设计，有以下情况时，应另行研究。

①土砂围岩等埋深小、不能形成平衡拱的场合；

②因地下水变动，有很大水压作用的场合；

③近接其他结构物施工，有荷载作用的场合；

④地形等有偏压作用的场合；

⑤膨胀性围岩、塑性变形大、初期支护位移不收敛，不得不用衬砌抵抗土压的场合；

⑥初期支护位移收敛，可以确保周边围岩稳定，但初期支护的承载力接近极限的场合。

在这些场合中，应研究二次衬砌的力学功能和需要的材质、厚度等。

对衬砌附加力学功能的场合，适用于以下条件：

①有土压、水压作用的场合；

②有因交通振动和以后挖土、填土等环境变化而产生附加荷载的场合；

③在膨胀性围岩等不得不在围岩变形收敛前修筑衬砌的场合；

④计划有并行隧道和近接施工的场合。

附加力学功能的场合，要在设计中决定衬砌厚度、强度、钢筋量等。特别是在大的偏压、埋深浅的围岩、大的形变压力产生的围岩、膨胀性围岩、有水压作用的围岩等，设计厚度要仔细研究决定。

4. 二次衬砌结构的计算分析

为满足隧道的承载功能和正常使用功能，二次衬砌应具备足够的强度以适应隧道在运营期水压力的影响。运营期间防水型衬砌结构应承受全部水压力，排水型衬砌结构需承受部分水压力或排水引起的渗流体积力。防水型衬砌与排水型衬砌内轮廓断面可以设计为完全相同,但应根据其水压力大小调整仰拱深度与厚度。

采用防水型衬砌隧道的最大静水头一般不超过 50 m,当静水头超过 50 m 时宜采用排水型衬砌。对于水压力不超过 50 m 场合,考虑水压力的作用,按以下原则进行:①在地下水位以下的防水型隧道的二次衬砌及仰拱的设计中,应考虑水压;②水压应根据极限状态设定;③水压作用在衬砌的径向,如图 4.26 所示。

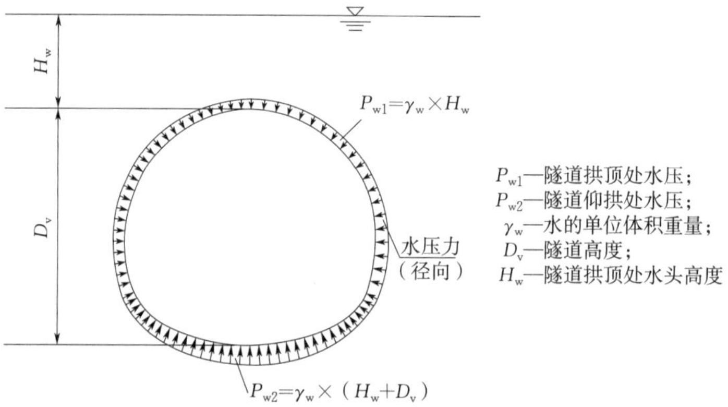

图 4.26 水压力荷载分布图示

对于排水型衬砌而言,所承受外水压力将在图 4.26 所示基础上,采用折减系数方法计算从 P_{w1} 至 P_{w2} 各点的外水压力。折减系数 η 需根据围岩、衬砌的渗透性、围岩与衬砌相对渗透性、围岩的裂隙性及隧道防排水体系等影响因素,予以确定。

(1)计算模型

二次衬砌计算采用荷载—结构模型,衬砌采用弹性梁单元模拟,初期支护对二次衬砌的约束采用无拉弹簧单元模拟,计算模型如图 4.27 所示。荷载及荷载组合为围岩压力+水压力+结构自重+基底反力,各作用的组合系数取 1.0。对于铁路隧道还应考虑道床压力。

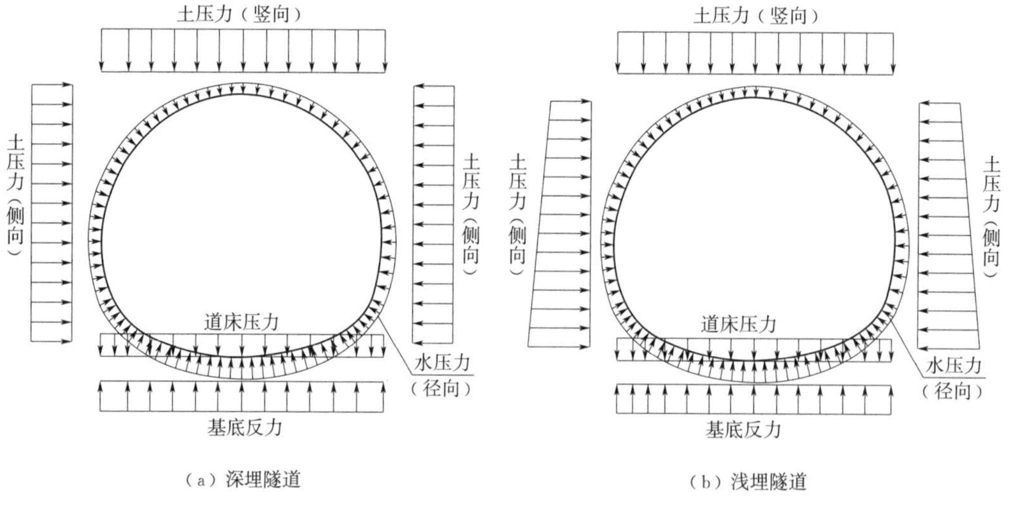

图 4.27 二次衬砌结构计算模型

(2)计算荷载

①围岩压力

围岩压力根据深浅埋条件按《铁路隧道设计规范》(TB 10003—2016)中的有关公式计算。对于浅埋隧道,侧向围岩压力按梯形分布。对于地下水位以下的围岩,应按浮容重计算围岩压力。

②外水压力

对于防水型衬砌,水压力可采用常水位进行计算,但必须计入全水头的作用力。由于初期支护与二次衬砌之间设置了全封闭防水板,而防水板不可能与初期支护密贴,二者之间的间隙将形成“水袋”,传递全部水压力。因此,为安全考虑,水压力大小取至地下水位。

隧道结构设计使用年限一般为 100 年,对于 1% 频率的高水位或低水位可作为特殊荷载考虑,此时结构的安全系数可适当降低,以提高工程的经济性。

③强度校核

二次衬砌按《铁路隧道设计规范》(TB 10003—2016)采用破损阶段法进行结构强度检算,根据破损阶段法的设计要求,应使结构满足承载能力的要求,结构安全系数 $K \geqslant 2.0$,以确保结构断面形式和支护参数满足安全、经济的要求。

(3)仰拱的合理深度及曲率

与排水型隧道不同,防水型复合式衬砌隧道的仰拱承受较大的水压力,其内力一般远大于拱墙,因此,必须对仰拱的不同深度和曲率进行对比计算,寻求合理的深度与曲率。随着水压力的加大,仰拱的开挖深度和曲率应相应加大。

4.3 矿山法隧道防排水设计

防排水系统是高速铁路隧道工程的重要组成部分,直接关系到隧道结构本身的安全性、耐久性、环保水保、运营成本和运营安全,因此在设计和施工阶段必须高度重视防排水系统的质量。本节主要介绍高速铁路隧道防排水设计原则和标准、复合式衬砌防排水体系及隧道分区防排水设计。

4.3.1 防排水设计原则及标准

1. 防排水设计原则

高速铁路隧道防排水应遵循“防、排、截、堵结合,因地制宜,综合治理”的原则。其中:

“防”:是指衬砌抗渗和衬砌外围防水,包括衬砌外围防水层和压浆,要求隧道衬砌结构具有一定的自防水能力,能防止地下水渗入。

“排”:是指使衬砌背后空隙及围岩不积水,减少衬砌背后的渗水压力和渗水量。但必须注意大量排水后对周围环境引起的后果,如地层细颗粒流失、降低围岩稳定性及造成当地农田灌溉和生活用水困难等,应事先妥善处理。

“堵”:采用注浆、喷涂、嵌补抹面等方法堵住渗水裂缝、空隙。

“截”:是在地下采取导坑、泄水洞等截水措施,将水从地面截走,减少地面水下渗,减少地下水流向衬砌周围。

2. 高速铁路隧道防排水标准

高速铁路隧道防水标准非常严格，要求满足《地下工程防水技术规范》(GB 50108—2008)的一级防水标准，即：①隧道衬砌和设备洞室衬砌不渗水，安装设备的孔眼不渗水；②目测检测表面观察不到湿渍；③道床排水通畅，不浸水；④在有冻害地段的隧道，衬砌背后不积水，排水沟不冻结。

4.3.2 复合式衬砌隧道防排水体系

1. 防排水系统选型

根据地下水排放方式的不同，复合式衬砌隧道可以分为排水型隧道和防水型隧道两种。

(1)排水型隧道

排水型隧道的防排水设计应因地制宜，视围岩和地下水状况采取“防、排、堵、截”相结合的综合治理原则。

当隧道穿过断裂破碎带或强透水地层，预计地下水量较大时，应根据实际情况采取“以堵为主，限量排放”的原则；在岩溶发育地段，当排水对生态环境影响小时，可采取“以排为主、以堵为辅”的原则，否则应采取“以堵为主，以排为辅”的原则，且任何情况下均应尽量维系岩溶暗河的既有通路；一般不透水或弱透水岩层，采取“防、排、截”相结合的处理原则。

(2)防水型隧道

当隧道涌水量大于隧道排水能力，排放可能影响水环境或者隧道位于敏感环境，隧道排水可能引发地面沉降等不良后果时，隧道应设计为防水型隧道，并采用抗水压的二次衬砌。通过有关研究，防水型衬砌承受的水压一般不大于0.5 MPa。当水压过高或排水量远大于隧道排水能力时，宜另行设计地下水引排通道，降低水压，并把所排地下水抽排补给至失水地层。

不同防排水类型隧道的特点对比见表4.24。

表4.24 不同防排水类型隧道特点对比

项　目	防水型隧道	排水型隧道	
		控制排水	不控制排水
地下水流失	基本无流失	部分流失	地下水流失
衬砌压力	全水压	部分水压	无水压
建造费用	随水头的增大而明显增加	随水头的增大而增加	低
维护成本	少	随时间的增长而增加	随时间的增长而增加

2. 排水型隧道防排水系统设计

(1)排水系统设计

排水系统主要由环向排水盲管、纵向排水盲管、横向排水盲管、侧沟和中心排水管(沟)等组成(见图4.28)。

①衬砌外部排水系统

a. 环向及纵向排水盲管

环向排水盲管的作用是在岩面与初期支护喷射混凝土之间、初期支护喷射混凝土

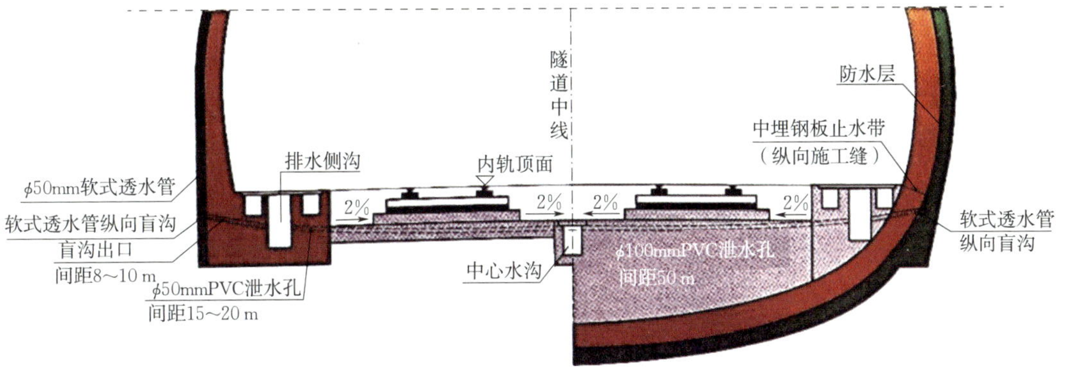

图 4.28 隧道横向排水系统

与防水板之间提供过水通道（见图 4.29），并使之下渗汇集到纵向排水管。工程上使用的环向排水管通常为涂塑弹簧外裹玻璃纤维布或塑料滤布构成，称为弹簧排水管，直径为 5～8 cm。

图 4.29 环向排水盲管

纵向排水盲管是沿隧道纵向设置在衬砌底部外侧的透水盲管。纵向排水管的作用是将环向排水管和防水板垫层下的水汇集并通过横向排水管排出。纵向排水管应按一定的排水坡度安装，中间不得有凹陷、扭曲等，以防泥砂在这些位置淤积，堵塞排水管。在安装前，用素混凝土整平并安装基面。

高速铁路隧道环向排水盲管一般选用 450 mm 软式透水管。环向排水盲管视施工期间地下水的出露情况设置，具有很大的灵活性，间距一般不应大于 10 m。纵向排水盲管可采用双壁打孔波纹管，按 15 m 左右分段设置，并分段引入侧沟。当水量特别大时，应适当加大纵向盲管的直径。为防止纵向盲管堵塞，盲管应设置碎石反滤层，并采用防水板包裹。

b. 横向排水盲管

横向排水盲管位于衬砌基础和路面的下部，布设方向与隧道轴线垂直，是连接纵向排水盲管与中心排水管（沟）的水力通道。施工中先在纵向盲管上预留接头，然后在路面施工前接长至中心排水管（沟）。横向排水盲管通常为高强度硬质塑料管，直径不小于 100 mm。

c. 竖向盲沟

竖向盲沟适用于隧底集水严重地段，对隧底结构有良好泄水降压效果，同时也用于高海拔高寒地区排水，以达到保护隧道结构、防寒抗冻的目的。双线隧道竖向盲沟示意图如图 4.30所示，图中除管径以 mm 计、排水孔间距以 m 计外，其余以 cm 计。

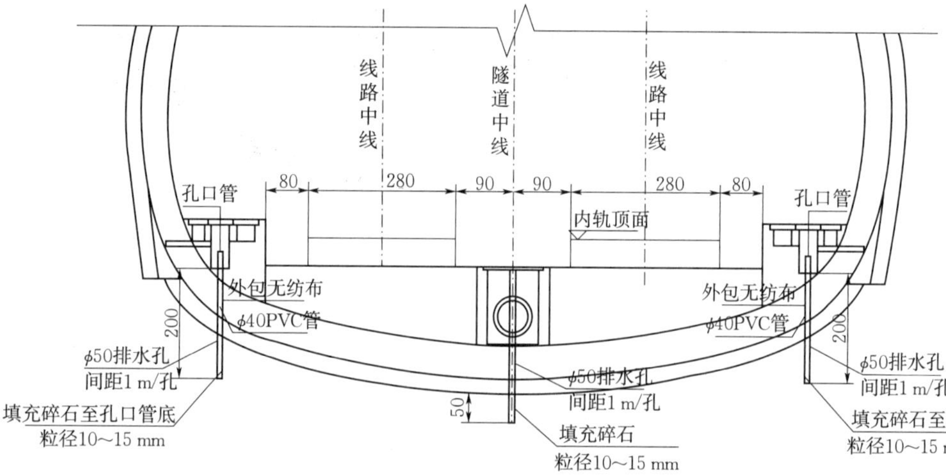

图 4.30　双线隧道竖向盲沟泄水示意图

②衬砌内部排水系统

高速铁路隧道洞内排水沟由双侧水沟和中心排水沟组成。侧沟主要用于汇集地下水，并将地下水引入中心排水管(沟)，两侧水沟与中心排水沟通过横向导水管在检查井处(间距一般为 30 m)连接。单线隧道洞内排水沟一般由两侧水沟组成。

a. 双线隧道洞内排水沟

根据地下水量大小，可分别选择表 4.25 所示的三种排水沟设置方式。

表 4.25　隧道洞内排水沟设置方式

设置方式		适用条件
方式一	两侧沟排水，侧沟排水深度为 25 cm	隧道地下水量少，且均为带仰拱衬砌的隧道
方式二	两侧沟＋ϕ400 mm 中心排水管(沟)排水	水量较大的隧道
方式三	两侧沟＋ϕ600 mm 中心排水管(沟)排水	水量大的隧道

b. 中心排水沟

中心排水沟采用暗埋管沟时，应设置透水层和反滤层，并在仰拱填充面(或底板顶面)设纵向排水明槽，将表面明水通过检查井排入中心排水沟。

(2)防水系统设计

防水系统主要由围岩注浆堵水、喷射混凝土防水、二次衬砌自防水、防水板防水、接缝防水等部分构成(见图 4.31)。

①围岩注浆堵水

围岩注浆堵水是补强围岩、减少地下水排放的重要手段，可分为地表预注浆、开挖前超

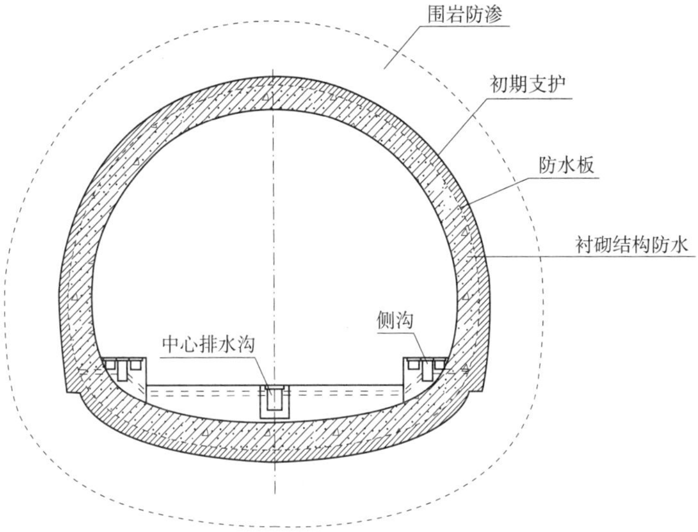

图 4.31 防水系统示意图

前深孔注浆、开挖后径向注浆或局部注浆等。一般在地下水排放影响生态环境、水压力高影响围岩稳定或影响施工安全等情况下，采用地表预注浆、开挖前超前深孔注浆进行处理，否则可在开挖后采用径向注浆或局部注浆。

②喷射混凝土防水

为提高喷射混凝土的防渗性能，应做到以下几点：

a. 对喷射混凝土的围岩面进行处理；

b. 对喷射混凝土背后的空隙进行注浆；

c. 对突出的锚杆头进行处理；

d. 加强喷射混凝土的湿润养护，减少裂缝；

e. 调整混凝土配合比或掺加外加剂等，提高混凝土的抗渗能力。

喷射混凝土的施作质量受围岩开挖、施作工艺及结构形式影响很大，不作任何处理的喷射混凝土的防水能力是非常有限的。

③二次衬砌自防水

二次衬砌混凝土自防水能力是高速铁路隧道防水体系中的重要组成部分。二次衬砌应采用高性能混凝土浇筑，提高混凝土的密实度和抗裂性，特别是防止混凝土贯通开裂。因此，二次衬砌应通过调整配合比、掺加外加剂、掺和料等，提高其混凝土抗渗等级。

a. 隧道衬砌应采用防水混凝土，抗渗等级不低于 P8，施工配合比应通过现场试验确定，抗渗等级要比设计要求提高一级（0.2 MPa），寒冷地区隧道防冻害设防段的二次衬砌混凝土抗渗等级不应低于 P12。

b. 防水混凝土衬砌厚度不应小于 30 cm，裂缝宽度不得大于 0.2 mm，并不得贯通；钢筋混凝土衬砌迎水面主筋保护层厚度不小于 50 mm。

c. 优化混凝土浇筑工艺，提高混凝土的密实度。

d. 衬砌背后回填注浆。回填注浆应在衬砌混凝土强度达到 70%后进行，宜采用图 4.32

所示的纵向预贴注浆管道法。预贴注浆花管宜采用 ϕ20～30 mm 的 PVC 管，并在管身布设梅花形溢浆液孔。排气管不布孔，应根据排气需要安设。回填注浆应采用微膨胀性水泥砂浆，有特殊要求的地段可采用强度高、流动性好的自流平水泥浆。回填注浆应在孔口封堵材料达到一定强度后进行，注浆压力达到 0.2 MPa 或排气孔出浆时，即可结束注浆。

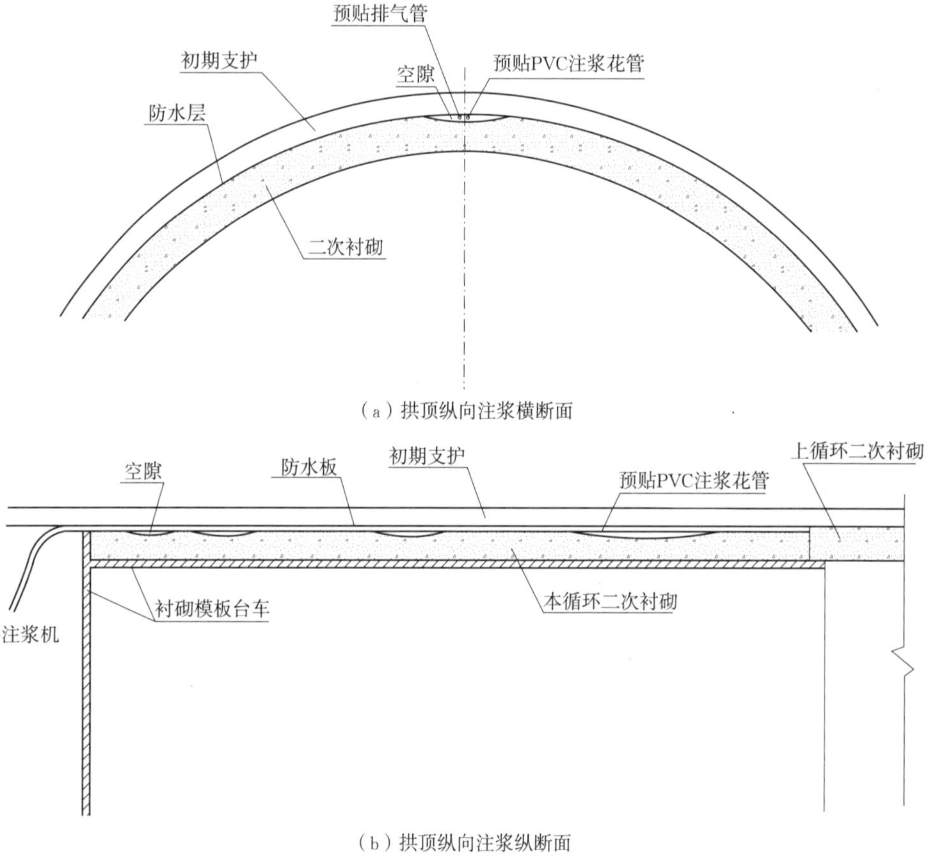

图 4.32　隧道拱顶回填注浆（纵向预贴注浆管道法）

④防水板防水

设置防水板是复合式衬砌隧道防水技术的关键之一。防水板的作用是将地层渗水拒于二次衬砌之外，以免水与二次衬砌接触并通过二次衬砌中的薄弱环节渗入隧道。防水板后面的垫层的主要作用是保护防水板，使防水板免遭尖锐物的刺伤，同时充当喷射混凝土与二次衬砌间的渗水下排通道，将水流引导到排水系统中，以免形成积水而对衬砌产生水压力。

高速铁路隧道应用的防水板应符合下列规定：幅宽 2～4 m；厚度不得小于 1.5 mm；耐穿刺性好；耐久性、耐水性、耐腐蚀性、耐菌性好；物理力学性能符合要求。

⑤接缝防水

施工缝、变形缝的防水构造措施应根据工程的防水等级要求确定，宜优先选用可修复的防水构造形式及材料。隧道衬砌混凝土应尽量减少施工缝，拱、墙应避免出现纵向施工缝，隧底结构应整幅浇筑。施工缝也可采用混凝土界面剂加强新老混凝土界面的连接，以加强防水性能。

a. 施工缝处理

墙体水平施工缝不应留在剪应力与弯矩最大处以及底板与侧墙连接处，拱墙结合的水平施工缝应置于其接缝处以下一定距离。垂直施工缝应避开地下水和裂隙水较多的地段，宜与变形缝相结合。施工缝可采用设置中埋式止水带、外贴式止水带、防水密封材料、遇水膨胀橡胶止水条及预埋注浆管等防水措施，并根据所处部位和防水等级要求组合使用。

b. 变形缝处理

常见的变形缝防水措施有设置中埋式止水带、外贴式止水带、防水密封材料、遇水膨胀橡胶止水条等，可根据不同的条件组合使用。变形缝常见防水处理方式包括：外贴止水带＋中埋式止水带＋内侧嵌缝、外贴止水带＋止水条＋中埋式止水带、止水条＋中埋式止水带＋内侧嵌缝、中埋式止水带＋接水盒＋内侧嵌缝等。当变形缝两侧可能出现不均匀沉降时，应在变形缝内设置抗剪钢筋。

⑥埋设件及穿墙管防水

隧道穿墙管应在浇筑混凝土前预埋，穿墙管与衬砌变化处的距离应大于 25 cm。穿墙管线较多时，管与管的间距应大于 30 cm，并宜相对集中布置。结构变形或管道伸缩量较小时，穿墙管可采用主管直接埋入混凝土内的固定式防水法，并应预留凹槽，槽内用嵌缝材料嵌填密实；结构变形或管道伸缩量较大或有更换要求时，穿墙管应采用套管式防水法，套管应加焊止水环。隧道衬砌上的埋设件宜预埋，埋设件端部或预留孔底部的混凝土厚度不得小于 10 cm，有水压或侵蚀性环境等级较高地段不应小于 25 cm。当小于 25 cm 时，应采取局部加厚或其他防水措施。

3. 防水型隧道防排水系统设计

(1)防水系统设计

防水型隧道是采用防水板全包的抗水压结构，又称全封闭防水型衬砌。防水板材料既可以选择与排水型隧道相同材质的塑料防水板，也可以选择与现浇混凝土有较好黏结性能的自黏式防水板。防水型隧道需要采用多种措施，从围岩、结构和附加防水层方面入手，不让地下水进入隧道内部。防水型隧道在围岩注浆堵水、喷射混凝土防水、二次衬砌自防水、防水板防水、接缝防水等方面与排水型隧道基本相同，不再赘述。

(2)排水系统设计

防水型隧道也需要设置一定的排水措施，一是排除可能存在的少量渗漏水，二是对因防水系统万一失效而导致的少量渗漏水进行有序排放，使地下水通过环向排水盲管和纵向排水盲管，流入隧道内的排水沟内。防水型隧道洞内排水沟的设置与排水型隧道基本相同，在此不再赘述。

4. 隧道分区防排水系统设计

(1)分区防水系统

在矿山法隧道修建中，为了防止已经穿过防水层的渗水在衬砌段背后沿隧道纵向窜流，并从衬砌防水的薄弱环节渗漏至隧道净空，工程界开发了分区防水技术。其指导思想是：在隧道铺设了防水层后，在防水层上每隔一定的间距粘贴或焊接垂直于防水层的止水条带，然后浇筑衬砌混凝土。由于止水条带具有一定的高度和刚度，即使有的衬砌段背后有渗水，这些渗水也只能在一定的范围内纵向窜流，降低渗漏水的处理难度。如果在一个防水分区内恰巧衬砌混凝土的防水性能很好，那么，即使在该分区内防水层有损伤，该分区也不会发生渗漏，从而大大地降低了隧道的渗漏概率。同时，在每个分区内预先设置注浆管，可针对漏水的分区进行注浆修补。背贴式止水带一般安装在施工缝和变形缝处，必要时在中间非施工缝、变形缝部位设置防渗肋条，隔离地下水的纵向流动，从而缩小分区面积。分区防水设计如图 4.33 所示。

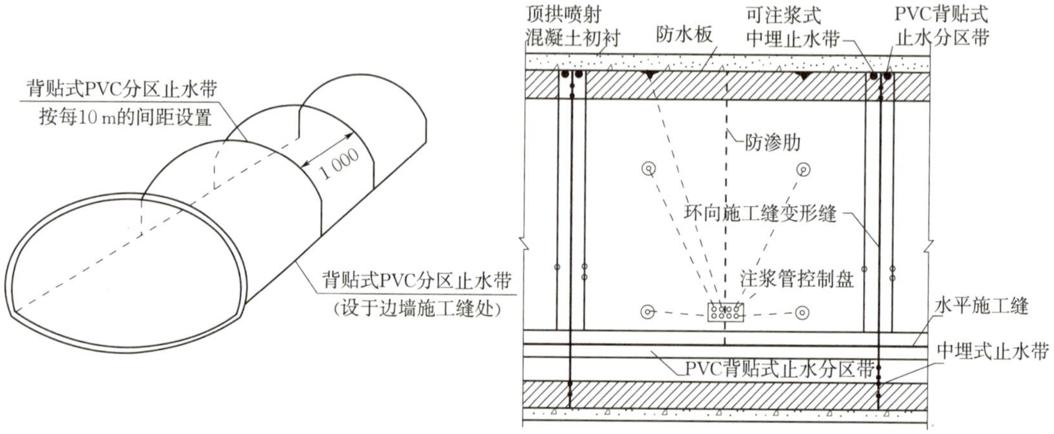

图 4.33 分区防水设计示意(单位:mm)

分区防水的做法:根据衬砌模板台车的长度(通常为 12 m 左右)，每环模筑衬砌作为一个防水分区，在每环模筑衬砌施工缝位置设置背贴式止水带，使环向和纵向均设置防水分区，同时在每个分区内预埋注浆管，针对漏水区域进行注浆修补。每个分区范围不宜超过 200 m^2。

(2)分区防排水系统

分区防排水系统作为一种综合型防排水方案，已在隧道工程中得到了一定程度上的应用，其设计理念主要为:

①隧道是一个细长结构物，沿纵向隧道的埋深是不断变化的，沿线地层含水状况不尽相同。实际工程中，可根据隧道沿线含水状况采用不同的衬砌结构，当拱顶与水位线的距离较小时，可采用防水型衬砌结构;而距离较大时，为了防止衬砌因承受较大的水压力而出现破坏，则采用排水型衬砌，对地下水进行适量的排放，以此来减小衬砌背后所承受的水压力。

②在一些场合中，隧道沿纵向所穿越的地层条件十分复杂，存在断层、破碎带、风化深槽等地质条件较为薄弱的地带，为了防止由于地下水的排放造成洞周水土的流失，在这些地段可采用防水型隧道衬砌，而在其他地质条件较好处，则可以考虑采用排水型衬砌结构，减小衬砌结构承受的水压力。

在这两种情况下，沿隧道纵向同时采用了防水型衬砌结构和排水型衬砌结构，这两种类型的衬砌结构是通过一定长度的过渡段联系起来的，过渡段的设置是为了防止含砂土的水沿防水板与初期支护、二次衬砌界面纵向串流，减少其影响范围，以及在排水过程中达到堵浑排清的目的，实现分区防排水。

4.4 矿山法隧道施工

4.4.1 大断面隧道施工方法

1. 高速铁路隧道的大断面属性

大断面隧道的基本划分可参考表 4.26 和表 4.27，其中表 4.27 是国际隧协的隧道断面划分标准。

表 4.26 隧道断面划分和开挖断面积

断面划分	开挖断面积/m^2
标准断面	70～80
大断面	100～140
超大断面	＞140

表 4.27 国际隧协的断面划分标准

断面划分	净空有效面积/m^2	断面划分	净空有效面积/m^2
超小断面	＜3.0	大断面	50.0～100.0
小断面	3.0～10.0	超大断面	＞100.0
中等断面	10.0～50.0		

时速 350 km 的高速铁路双线隧道，要求净空有效面积为 100 m^2，开挖面积有仰拱时约为 160 m^2，无仰拱时约为 130 m^2；时速 250 km 的高速铁路双线隧道，要求净空有效面积为 90 m^2，开挖面积有仰拱时约为 150 m^2，无仰拱时约为 120 m^2；它们均属大或超大断面隧道。高速铁路大断面隧道结构具有以下特征：

①开挖后的应力重分布变得不利。高速铁路双线隧道开挖面积大，矢跨比小于 1，而在大多数地层环境中，垂直方向地应力占主导(侧压力系数小于 1)，即为最大主应力。隧道跨度(长轴方向)与最大主应力方向刚好相反，因此，高速铁路大断面隧道开挖后应力重分布变得不利。

②底脚处的应力集中过大，要求有较大的地基承载力。开挖后的轴向应力在侧壁处比较大，开挖跨度越大，轴力也越大，特别是侧压系数小时，净空跨度有扩大的可能，因此，底脚的承载力是很重要的。

③拱顶不稳定。隧道力学解析通常都是假定为连续介质，这种假定对推断塑性区是合适的，但对直接推断岩块的崩塌无效。因此，对高速铁路大断面隧道可采用块体理论进行解析。

④较大的松弛地压。开挖跨度和高度越大，要求产生拱作用的埋深越大，但在埋深小、拱作用不能发挥作用时，就会产生很大的松弛压力。因此，预计高速铁路大断面隧道会作用有较大的松弛荷载。

⑤支护结构的承载力相对较小。跨度越大，矢跨比越小的拱形支护结构的承载力也小。

2. 施工方法

高速铁路大断面隧道开挖方法，视围岩工程地质条件、支护条件、断面大小、隧道长度和机械配备能力等因素可选用全断面法、台阶法、分部开挖法和 TBM 导坑法等，优先选用全断面法或台阶法开挖。

(1)全断面法

全断面法施工一般适用于Ⅰ、Ⅱ、Ⅲ级围岩，Ⅳ、Ⅴ级围岩在采取有效的超前预加固措施稳定开挖工作面后，也可采用全断面法开挖。全断面法施工工序如图 4.34 所示。

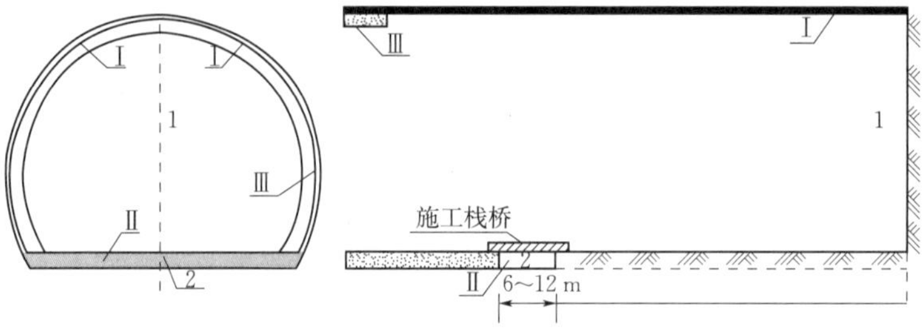

图 4.34　全断面法施工工序示意图

1—开挖；Ⅰ—初期支护；2—检底；Ⅱ—铺底混凝土；Ⅲ—拱墙混凝土

全断面开挖应符合下列要求：

①全断面法开挖时，应控制一次同时起爆的炸药量，减少爆破振动对围岩的影响；

②长及特长隧道应采用大型施工机械，各种施工机械设备应合理配套，充分发挥机械设备的综合效率；

③Ⅰ、Ⅱ级围岩开挖循环进尺不宜大于 3.5 m，Ⅲ级围岩循环进尺不宜大于 3.0 m；Ⅳ、Ⅴ级围岩在采取有效的超前预加固措施稳定开挖工作面后，若采用全断面法开挖，循环进尺不得大于 2 m。

(2)台阶法

台阶法施工一般适用于Ⅲ级围岩，Ⅳ、Ⅴ级围岩在采取必要的超前支护措施稳定开挖面后也可选用台阶法。台阶法分为二台阶法、三台阶法、三台阶预留核心土法等。

台阶法施工应符合下列要求：

a. 采用台阶法开挖隧道时，应根据围岩条件合理确定台阶长度和高度。台阶长度不宜过长，宜控制在一倍洞径以内；

b. 台阶形成后，各台阶开挖、支护宜平行作业；

c. 下台阶开挖，左右侧宜交错进行；

d. 循环进尺应根据围岩的地质条件、自稳能力和初期支护钢架间距合理确定。Ⅲ级围岩循环进尺不宜超过 3.0 m；Ⅳ级软弱围岩上台阶循环进尺不宜超过 2 榀钢架设计间距，Ⅴ、Ⅵ级围岩上台阶循环进尺不宜超过 1 榀钢架设计间距；Ⅳ、Ⅴ级围岩下台阶循环进尺不宜超过 2 榀钢架设计间距；初期支护设计钢架未封闭成环的隧道，仰拱一次开挖长度不宜大于 3 m。

①二台阶法

单线隧道及围岩地质条件较好的双线隧道可采用二台阶法施工，二台阶法施工工序如图 4.35 所示。

②三台阶法

隧道断面较高、单层台阶断面尺寸较大时可采用三台阶法，三台阶法施工工序如图 4.36 所示。

③三台阶预留核心土法

当地质条件较差时，为增加掌子面自稳能力，可采用三台阶预留核心土法开挖。三台阶预留核心土法适用于开挖断面为 100～180 m^2，具备一定自稳条件的Ⅴ和Ⅵ级围岩地段隧道的施工。三台阶预留核心土法施工工序如图 4.37 所示。

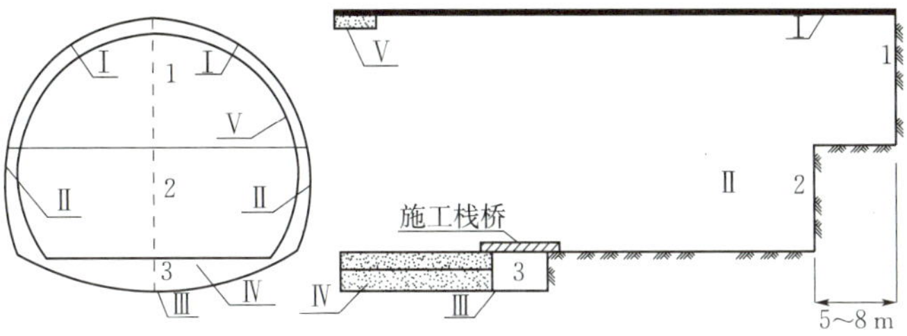

图 4.35 二台阶法施工工序示意图

1—上台阶开挖；Ⅰ—上台阶初期支护；2—下台阶开挖；Ⅱ—下台阶初期支护；3—仰拱开挖；Ⅲ—仰拱喷射混凝土封闭；Ⅳ—仰拱填充混凝土施工；Ⅴ—拱墙混凝土施工

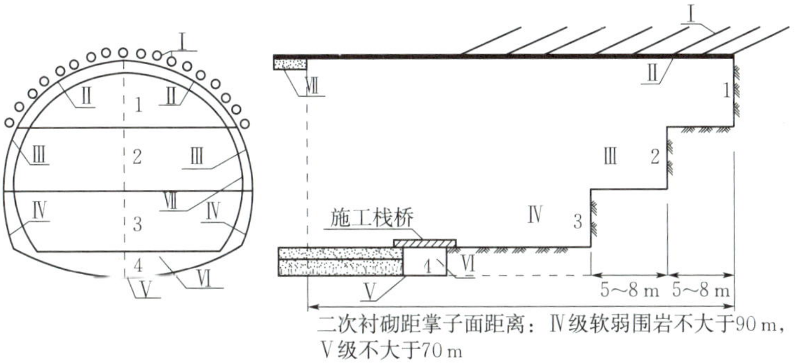

图 4.36 三台阶法施工工序示意图

Ⅰ—超前小导管；1—上台阶开挖；Ⅱ—上台阶初期支护；2—中台阶开挖；Ⅲ—中台阶初期支护；3—下台阶开挖；Ⅳ—下台阶初期支护；4—仰拱开挖；Ⅴ—仰拱初期支护；Ⅵ—仰拱填充混凝土；Ⅶ—拱墙混凝土

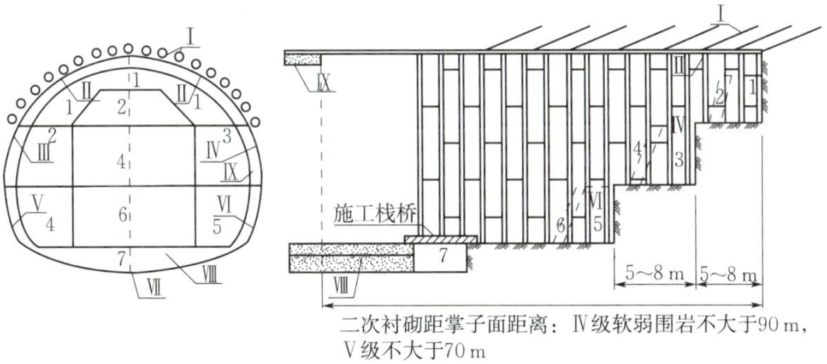

图 4.37 三台阶预留核心土法施工工序示意图

Ⅰ—超前小导管；1—上台阶开挖；Ⅱ—上台阶初期支护；2—上台阶核心土开挖、中台阶左侧开挖；Ⅲ—中台阶左侧初期支护；3—中台阶右侧开挖；Ⅳ—中台阶右侧初期支护；4—中台阶核心土开挖、下台阶左侧开挖；Ⅴ—下台阶左侧初期支护；5—下台阶右侧开挖；Ⅵ—下台阶右侧初期支护；6—下台阶核心土开挖；7—仰拱开挖；Ⅶ—仰拱初期支护；Ⅷ—仰拱填充混凝土；Ⅸ—拱墙混凝土

(3)中隔壁法

中隔壁法一般适用于Ⅳ、Ⅴ级围岩浅埋双线隧道，软弱围岩或三线隧道采用中隔壁法时

宜增设临时仰拱。中隔壁法施工工序如图 4.38 和图 4.39 所示。

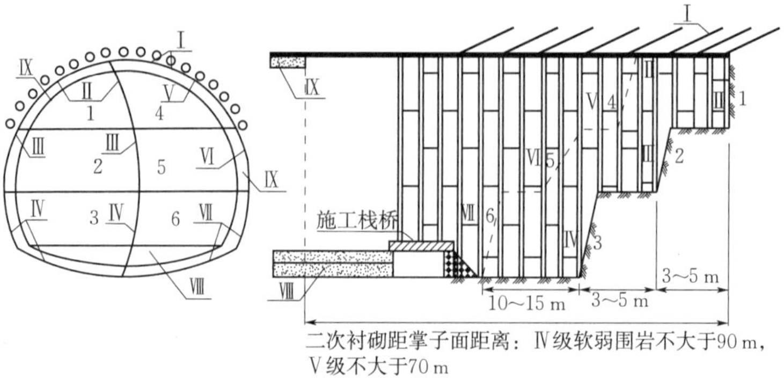

图 4.38 中隔壁法施工工序示意图

Ⅰ—超前小导管；1—左侧上部开挖；Ⅱ—左侧上部初期支护；2—左侧中部开挖；Ⅲ—左侧中部初期支护；3—左侧下部开挖；Ⅳ—左侧下部初期支护；4—右侧上部开挖；Ⅴ—右侧上部初期支护；5—右侧中部开挖；Ⅵ—右侧中部初期支护；6—右侧下部开挖；Ⅶ—右侧下部初期支护；Ⅷ—仰拱填充混凝土；Ⅸ—拱墙混凝土

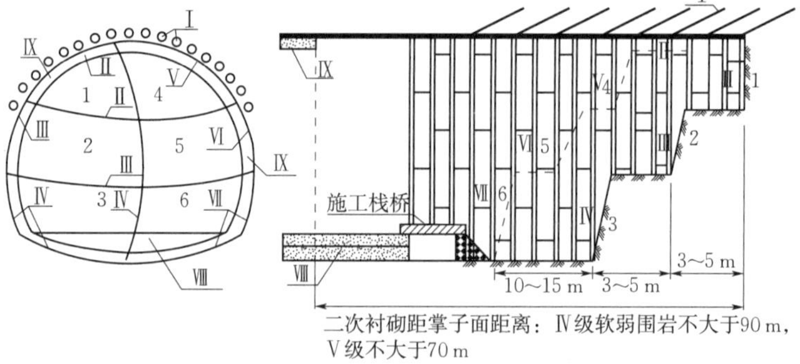

图 4.39 中隔壁法设临时仰拱施工工序示意图

Ⅰ—超前小导管；1—左侧上部开挖；Ⅱ—左侧上部初期支护；2—左侧中部开挖；Ⅲ—左侧中部初期支护；3—左侧下部开挖；Ⅳ—左侧下部初期支护；4—右侧上部开挖；Ⅴ—右侧上部初期支护；5—右侧中部开挖；Ⅵ—右侧中部初期支护；6—右侧下部开挖；Ⅶ—右侧下部初期支护；Ⅷ—仰拱填充混凝土；Ⅸ—拱墙混凝土

中隔壁法施工应符合下列要求：

①中隔壁法应先施工隧道的一侧，施作中隔壁后再施工隧道另一侧；中隔壁应设置为弧形；

②中隔壁法设置临时仰拱时，临时仰拱宜设为弧形，各部施工应步步成环；

③开挖时，同层左、右两侧沿纵向应错开 10～15 m，单侧开挖应采用短台阶，台阶长度 3～5 m；

④开挖循环进尺不宜大于初期支护钢架设计间距；

⑤各分部宜采用机械开挖，周边轮廓应圆顺，避免应力集中。

(4)双侧壁导坑法

双侧壁导坑法适用于浅埋双线或三线隧道Ⅴ、Ⅵ级围岩，双侧壁导坑法施工工序如图 4.40所示。

双侧壁导坑法施工应符合下列要求：

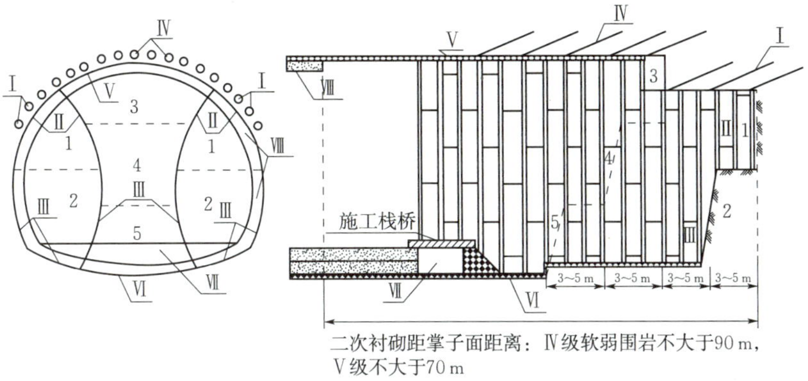

图 4.40 双侧壁导坑法施工工序示意图

Ⅰ—两侧超前小导管；1—两侧上部开挖；Ⅱ—两侧上部初期支护；2—两侧下部开挖；Ⅲ—两侧下部初期支护；Ⅳ—拱部超前小导管；3—中壁上部开挖；Ⅴ—中壁上部初期支护；4—中壁中部开挖；5—中壁下部开挖；Ⅵ—中壁下部初期支护；Ⅶ—仰拱混凝土施工；Ⅷ—拱墙混凝土

①双侧壁导坑法开挖时，应先开挖隧道两侧导坑，再开挖中部剩余部分；

②侧壁导坑形状应近似椭圆形，导坑宽度宜为 1/3 隧道宽度；

③侧壁导坑、中部开挖应采用短台阶，台阶长度 3～5 m，必要时留核心土；

④侧壁导坑开挖应超前中部 10～15 m；

⑤开挖循环进尺不宜大于初期支护钢架设计间距；

⑥拱部与两侧壁间的钢架应定位准确、连接牢固。

(5)TBM 导坑法

在超大断面隧道施工方法的研究中，提出了 TBM 导坑法，即利用小断面 TBM 掘进超前导坑，而后用爆破法进行扩大，在工程实践中获得了良好的效果(见图 4.41)。

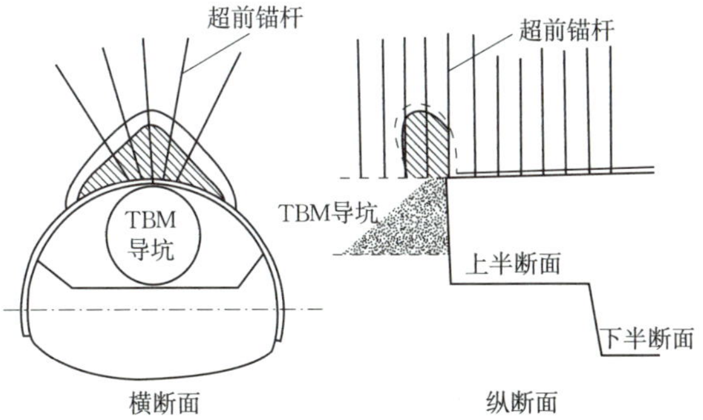

图 4.41 隧道 TBM 导坑超前法

TBM 导坑超前的作用包括：①围岩调查；②因排水，使围岩条件改善；③对不稳定地段进行预加固；④扩大时，起到掏槽作用；⑤可作为施工中的风道。

TBM 在上半断面掘进导坑，对解决拱部不稳定问题有很大好处。

TBM 导坑法适用在比较良好的围岩条件下。从出渣等施工条件考虑，比较合适的长度是 1.5 km 以上，但从经济性考虑最好在 5 km 以上。

在掌子面稳定性容许的范围内，应尽可能采用较大直径的 TBM。从工程实践看，为保证掘进速度以及在导坑内进行围岩加固作业等所需的空间，直径采用 5.0 m 是合适的。

TBM 导坑的位置大致有上半部、下半部、两侧壁、其他位置几种(见图 4.42)。具体选择何种位置应根据地质调查、排水、导坑通风等目的，并考虑力学稳定性、施工性等条件决定。

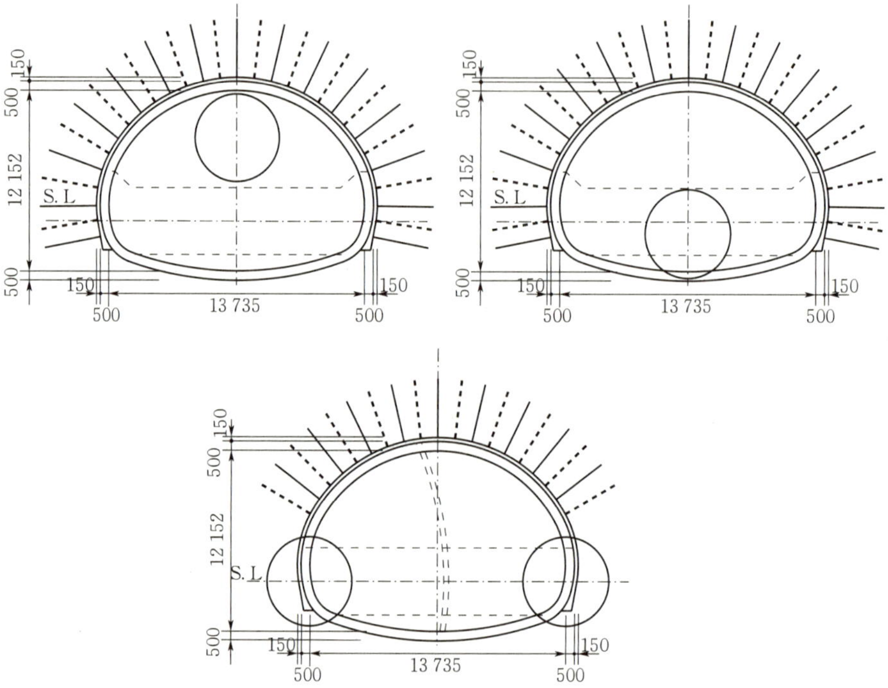

图 4.42 TBM 导坑位置(尺寸单位：mm)

3. 适应性及工法转换

(1)工法适应性

由于各施工方法在工序、工作空间和适用条件等方面存在显著差异，导致施工效果不尽相同。因此，根据掌子面稳定性、隧道周边松弛的控制效果、地质变化的适应性、施工性等表示出基本施工方法的适应性，见表 4.28。

表 4.28 大断面隧道基本施工方法的适应性评价

基本工法	掌子面稳定性	隧道周边松弛的控制效果	地质变化的适应性	施工性	评　　价
台阶法	因采用可靠性高的超前支护可确保掌子面的稳定性	从改善开挖前地层的角度看，超前支护可在一定范围控制拱顶范围的松弛	在超前支护、辅助工法效果不明显时，可以调整为三台阶法或三台阶预留核心土法	因开挖断面大，可采用大型机械快速施工	在积累大量超前支护施工实际的基础上，形成有效的评价体系，是一个强有力的工法
中隔壁法	因纵向分割面，开挖宽度小，能确保掌子面的稳定性	因开挖断面小，半断面开挖，可防止隧道周边的松弛的扩大	根据地质状况的变化，可改为 CRD、上半超前工法等	拆除中隔壁作业复杂，施工性差	属于大断面分割工法，在掌子面涌水以及不良地质地段可应用

续上表

基本工法	掌子面稳定性	隧道周边松弛的控制效果	地质变化的适应性	施工性	评　价
双侧壁导坑法	开挖断面分割细,掌子面稳定性较好,视地质情况,可采用环向开挖、辅助工法等确保掌子面稳定性	因断面分割细,能控制隧道周边的松弛的扩大,因修筑侧壁,可控制上部断面支护下沉,有效改善围岩松弛	地质变好时,改变工法困难,超前导坑能确认前方的地质状况,对不良地质可施工前采取措施	因开挖断面小,大型机械使用困难,施工性差	在洞口段应用较多,在施工中过多采用该工法,开挖效率会出现问题
TBM导坑法	因在扩大前进行地层改良,能确保掌子面的稳定性	因在扩大前进行地层改良,能防止隧道周边松弛的扩大	中途变更工法困难	导坑能快速施工,地层适应性较好	是最有希望的工法

(2)工法转换

在施工过程中,根据现场工程地质条件选择合适的工法是保障隧道安全施工的重要前提。由于隧道地质条件复杂多变,若始终采用同一种工法,当由软弱围岩段向硬质围岩段施工时,会降低硬质围岩段的施工效率;当由硬质围岩段向软弱围岩段施工时,则无法确保施工安全。随着隧道施工技术的发展和工程经验的不断积累,隧道工法与工程地质条件已经建立了一定的匹配关系。因此,对沿线工程地质有明显变化的隧道工程,势必需要根据地质条件的变化调整相应的工法,即进行工法转换。

①工法转换条件

隧道工法的转换需满足以下两个基本条件:

a. 确保隧道已开挖段围岩—支护体系的平衡稳定

隧道围岩—支护体系平衡稳定的判定指标为围岩稳定变形、稳定时间以及稳定距离,是根据围岩等级与围岩变形特征的关系确定,如图 4.43 所示。在开挖过程中,围岩—支护体系相互作用不仅会产生变形,而且隧道开挖引起的时空效应会使产生的变形不断发展,因此,判定围岩—支护体系的平衡稳定必须使围岩稳定变形、稳定时间以及稳定距离同时符合控制标准。

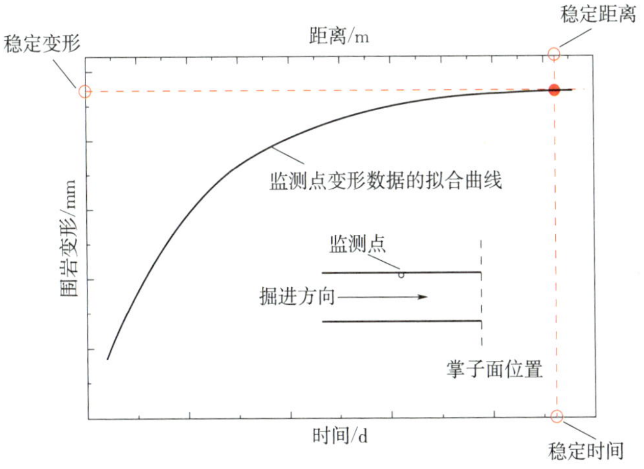

图 4.43　判定围岩—支护体系的平衡稳定示意图

b. 准确预测掌子面前方地质条件

隧道掌子面前方地质条件所包含的地质信息异常丰富，可采取超前地质预报手段获取掌子面前方围岩强度、掌子面前方围岩分布长度以及地层分界状况等方面信息，准确预测隧道掌子面前方地质条件。

在掘进的过程中，应同时对两个基本条件进行判定，而且随着隧道掌子面不断向前推进，应持续进行判定，这是一个动态的判定系统，当满足工法转换条件时，宜实施工法转换。

②工法转换注意事项

隧道工法转换是一个复杂的施工力学演变过程，围岩和结构的力学状态均可能发生较大转变，稍有不慎就会引起围岩坍塌、掌子面失稳和结构开裂破坏，甚至造成施工机械设备损坏、人员伤亡等灾难性后果，带来巨大的经济损失。因此，在工法转换时，需要注意以下事项：

a. 加强超前地质预报，准确判定掌子面前方围岩的工程地质特性；

b. 注重施工阶段的监控量测，动态掌握隧道围岩变形状况；

c. 根据地质条件变化情况，合理把握工法转换时机，必要时可通过数值模拟等方法辅助确定；

d. 对工法转换段的支护结构进行应力监测，动态掌握支护结构受力情况随施工进程的演变过程，为工法转换提供依据；

e. 由于工法转换段围岩及支护结构的受力状态改变显著，应做好施工预案及相应措施，保障前后工法之间的安全顺利转换。

4.4.2 隧道围岩稳定性分析及评价

隧道围岩分级将开挖后围岩的稳定性分为长期稳定、基本稳定、暂时稳定和不稳定 4 种状态。稳定性通常是指开挖后在一定时间内无支护地段的周边围岩的稳定状态。而周边围岩不仅指开挖面周边横向一定范围内的围岩，也包括掌子面前方（纵向）一定范围内的围岩。隧道开挖后，周边围岩不需要进行特别的处理，而在一定时间内能保持不发生有害变异（如大变形、崩塌、掉块、挤入等）的自支护能力称为围岩稳定性，也称之为围岩自稳性，或掌子面自稳性。

1. 隧道围岩稳定性判据

围岩失稳模式和稳定性判据一直是工程界争论的焦点，迄今没有统一的标准，从科学性与工程实用性出发，可将围岩极限应变、洞周塑性区（或松动圈）、剪切滑移区作为稳定性判定指标。

（1）极限应变判定

从理论及试验可知，各级围岩都有一个允许的极限应变值，当围岩的应变超过极限应变后，即认为围岩已过度松弛，就不宜再用 Fenner—Pacher 方程来表达其力学状态。因此可将其作为允许应变值来评估位移量测（拱顶下沉、净空收敛等）时隧道围岩—支护体系的稳定性。

一些学者根据室内试验结果认为：极限应变 ε_0（单轴抗压强度 σ_c 与变形模量 E 之比）为

0.5%～0.8%，岩石越硬，ε_0 允许值越小；而破坏应变值 ε_f 大体上是：岩质为 1.5%～2.0%，土质为 4%～5%。樱井春辅教授也提出，围岩的破坏应变变化范围是：岩质为 0.7%～2.5%，土质为 1.3%～4.0%。极限应变 ε_0 与破坏应变 ε_f 不同，通常是极限应变小于破坏应变。

围岩极限应变 ε_{0R} 为其单轴抗压强度 σ_{cR} 与其变形模量 E_R 的比值，即

$$\varepsilon_{0R}=\frac{\sigma_{cR}}{E_R}=\frac{m\sigma_c}{nE}=\left(\frac{m}{n}\right)\varepsilon_0 \tag{4.13}$$

式中 ε_{0R}——围岩极限应变；

ε_0——岩石极限应变；

σ_{cR}——围岩单轴抗压强度，MPa；

E_R——围岩变形模量，MPa；

σ_c——岩石单轴抗压强度，MPa；

E——岩石变形模量，MPa；

m,n——无量纲节理岩体的强度和变形与实验室试件折减系数，其取值范围为 0～1.0。

一般情况下，m/n 比值取值范围为 1.2～3.0。如果 $m=n$，则 $\varepsilon_{0R}=\varepsilon_0$，即围岩极限应变等同于无节理岩石极限应变。因此，可以利用岩石极限应变值作为隧道稳定性的警戒标准，工程实践中，也可采用净空收敛量测值 U_b 和隧道跨度 D 的比值来确定。根据围岩和取芯试验的单轴抗压强度分 A、B、C 三类，斜线标识从试验获取的极限应变的上下限值，据此可将极限应变值作为围岩稳定性的三级警戒标准，如图 4.44 所示。若各级围岩的净空收敛相对变形 U_b/D 未达到警戒标准Ⅰ，表示围岩处于稳定状态。

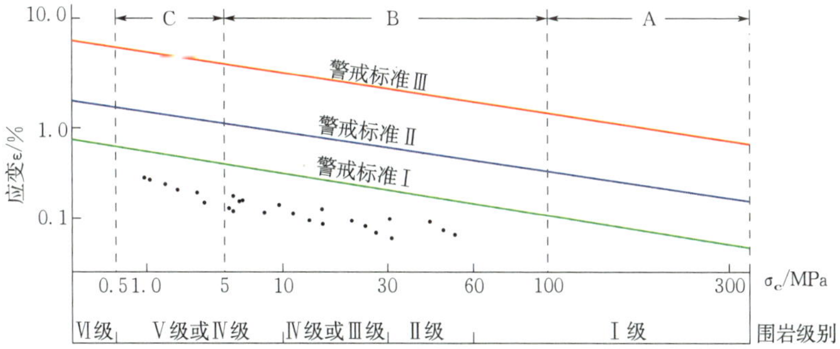

图 4.44 基于极限应变的围岩稳定性判断

注：①标准Ⅰ表示虽然围岩稳定，但已到达松弛范围相关状态，施工时应该注意有关事项；②标准Ⅱ表示已发生松弛；③标准Ⅲ表示松弛区域明显，提示隧道施工遇到严重的问题。

隧道的净空收敛相对变形可作为判别隧道稳定性的经验判别方法，但其值随测点位置不同而异，且随隧道断面形状（尺度）及其他因素而变，所以，该方法的实施要求工程技术人员具备丰富的现场测试经验。

针对挤压性围岩，Hoek 提出以围岩强度应力比 σ_{cR}/σ_0 作为挤压性的评价指标（σ_0 为初始地应力），并根据强度应力比大小分级见表 4.29。

表 4.29 挤压性围岩分级标准

围岩分级	强度应力比	应变/%	挤出程度
A	>0.4	<1	无挤出
B	0.2～0.4	1～2.5	轻度的挤出
C	0.2～0.15	2.5～5	挤出的可能性大
D	0.15～0.1	5～10	挤出的可能性非常大
E	<0.1	10～15	极度的挤出

图 4.45 给出了隧道相对变形与围岩强度和围岩中赋存的应力状态的关系。

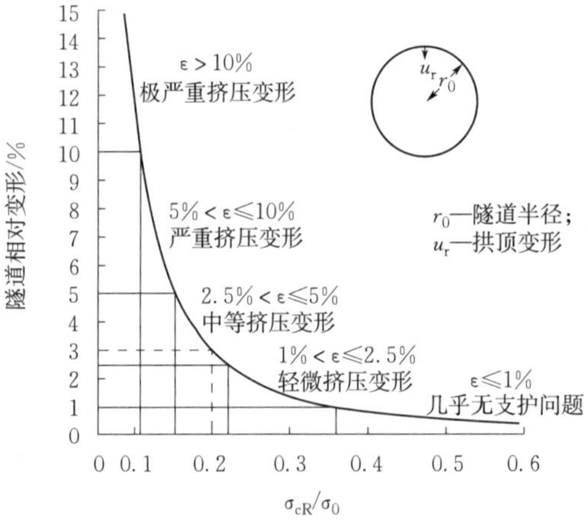

图 4.45 隧道围岩挤压变形行为的分类准则

(2)洞周松动圈(塑性区)判定

松动圈(塑性区)范围是判断围岩稳定性的一种经验方法。松动圈(塑性区)范围随隧道断面形状、断面大小及其他因素而变。对于不同形状隧道，失稳破坏时围岩塑性区深度(对应相同跨度)是不同的；对于相同形状的隧道，受断面尺寸影响，跨度越大，隧道失稳破坏时塑性区深度越大。

洞周变形受围岩变形模量、隧道形状等因素影响，不同部位变形值差异很大，很难找到统一标准；以塑性区作为稳定性判据优于以围岩变形作为判据。围岩塑性化反映连续介质宏观塑性流动力学动态，而不能用于量化判定由优势结构面控制节理岩体破坏的隧道稳定性，因此，对于特殊破碎围岩，仍需寻求合理的判定依据。

(3)剪切滑移区判定

对于软弱破碎、不同风化程度的岩土体，被纵横交错的节理分割，其稳定性由优势结构面控制，不能视作连续介质。隧道开挖后会引起节理面间发生剪切滑移，形成脱落和张开潜在区域，即剪切滑移区。剪切滑移区是诱发围岩发生渐进性破坏的主因，对隧道长期稳定性有着重要影响，因此，可采用剪切滑移区来评估裂隙岩体的稳定性。剪切滑移区如图 4.46 所示。

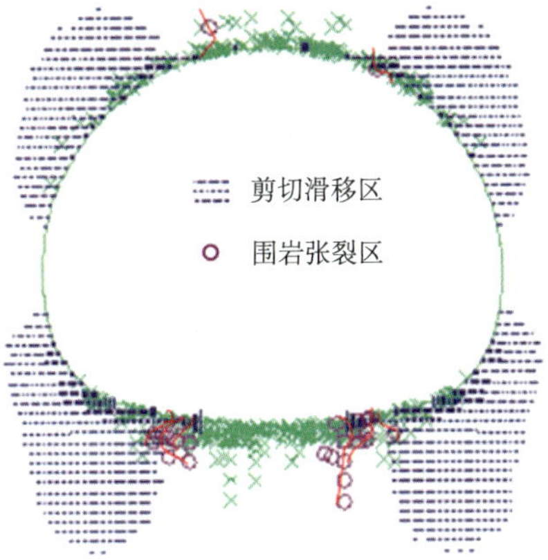

图 4.46 隧道围岩剪切滑移区

2. 隧道掌子面失稳及破坏

隧道开挖后，洞周发生应力重分布，在施工扰动下，洞周形成塑性区，围岩和支护结构发生变形，特别是软弱围岩条件下，极易诱发初期支护变形侵限或者隧道坍方等工程灾害。大量工程实践表明，软弱围岩隧道失稳常表现为拱顶崩塌、掌子面失稳、底鼓、长时间持续变形、变形不收敛、初期支护严重变形和富水条件下异常涌水、围岩流失等力学现象。

在软弱围岩地质条件下，其变形失稳的结果是造成掌子面崩塌、拱部坍塌以及各种异常现象。表 4.30 和表 4.31 分别从不同角度，说明不同地质条件下的掌子面崩塌现象及注意事项。

表 4.30 掌子面崩塌现象以及掌子面观察时的注意事项

<table>
<tr><th colspan="2">围岩状况</th><th>掌子面崩塌现象(代表性的)</th><th colspan="2">关注的重点</th></tr>
<tr><td rowspan="3">均质</td><td rowspan="3">相当于大致均质的围岩，第三纪的泥岩等膨胀性围岩</td><td rowspan="3">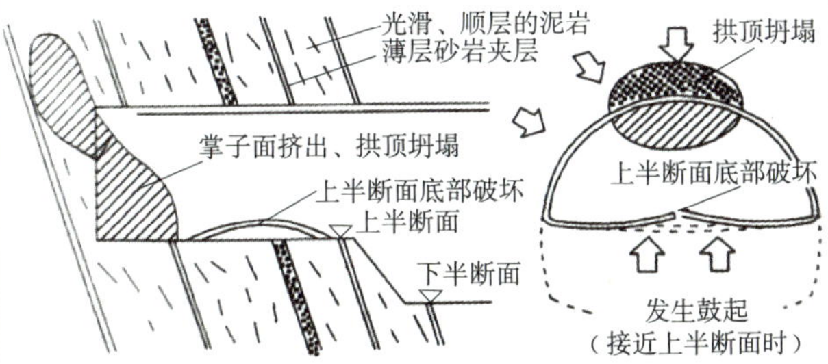</td><td>基岩的性质</td><td>◎</td></tr>
<tr><td>裂隙程度和方向</td><td>△</td></tr>
<tr><td>涌水</td><td>△</td></tr>
<tr><td rowspan="3">层理</td><td rowspan="3">相当于不同物性的地层形成的互层围岩，如泥岩、砂岩等</td><td rowspan="3">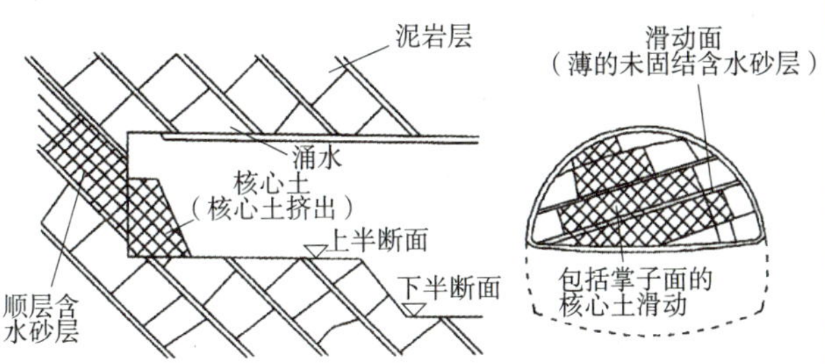</td><td>基岩的性质</td><td>○</td></tr>
<tr><td>裂隙程度和方向</td><td>◎</td></tr>
<tr><td>涌水</td><td>◎</td></tr>
</table>

续上表

<table>
<tr><th colspan="2">围岩状况</th><th>掌子面崩塌现象（代表性的）</th><th colspan="2">关注的重点</th></tr>
<tr><td rowspan="3">节理</td><td rowspan="3">多为硬岩，因节理、裂隙等分割形成的不连续的围岩</td><td rowspan="3">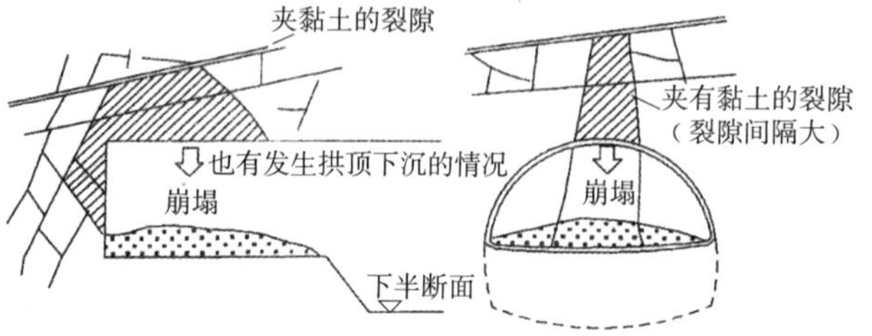
</td><td>基岩的性质</td><td>△</td></tr>
<tr><td>裂隙程度和方向</td><td>◎</td></tr>
<tr><td>涌水</td><td>○</td></tr>
<tr><td rowspan="3">强风化、破碎化</td><td rowspan="3">因断层、破碎带存在与周边局部劣化性质不同的围岩，如风化花岗岩</td><td rowspan="3">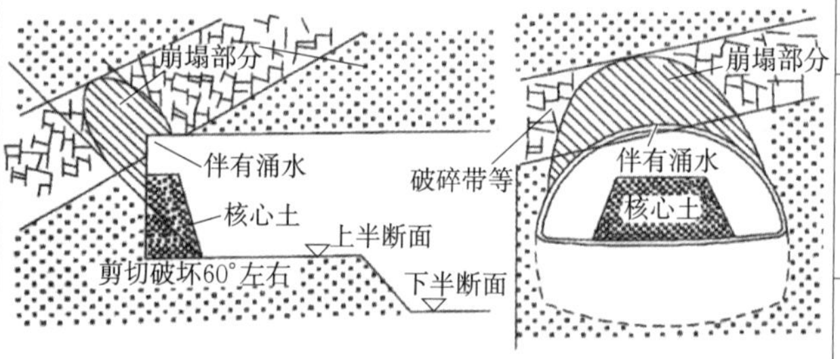
</td><td>基岩的性质</td><td>◎</td></tr>
<tr><td>裂隙程度和方向</td><td>△</td></tr>
<tr><td>涌水</td><td>◎</td></tr>
</table>

注：◎—最重要；△—不太重要；○—比较重要。

表 4.31　崩塌现象的概念

<table>
<tr><th>崩塌现象的因素</th><th>代表性的地质</th><th>概念图</th><th colspan="2">对掌子面稳定性的影响度</th></tr>
<tr><td rowspan="3">起因于不连续面发育的崩塌</td><td rowspan="3">块状岩体：中硬岩、软岩
火成岩类
砂岩、砾岩
层状岩体：中硬岩、软岩
片岩类
页岩
黏板岩</td><td rowspan="3">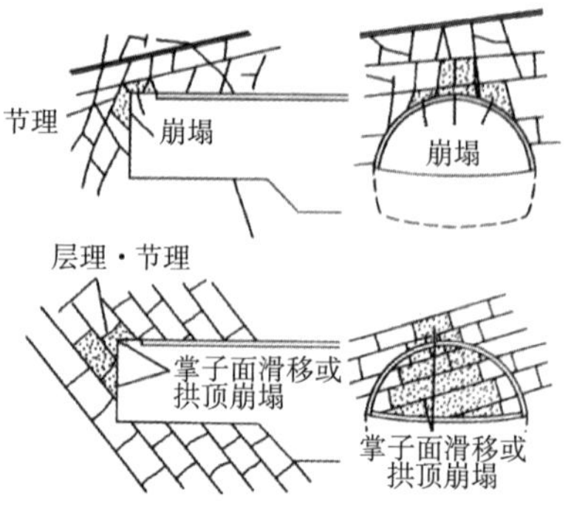
</td><td>基岩的性质</td><td>小</td></tr>
<tr><td>不连续面的状况</td><td>大</td></tr>
<tr><td>涌水的状况</td><td>大～中</td></tr>
</table>

续上表

崩塌现象的因素	代表性的地质	概念图	对掌子面稳定性的影响度	
起因于涌水的崩塌	断层、破碎带 土砂围岩 岩堆 洪积层	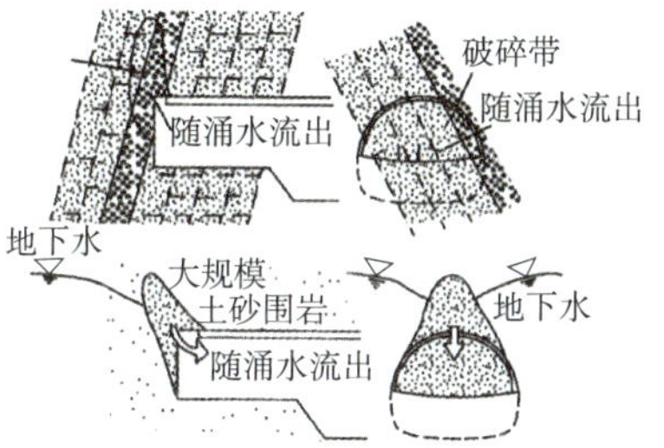	基岩的性质	大
			不连续面的状况	小
			涌水的状况	大
起因于掌子面挤出和低围岩强度的崩塌	层状岩体 软岩 凝灰岩类 泥岩 片岩类 蛇纹岩	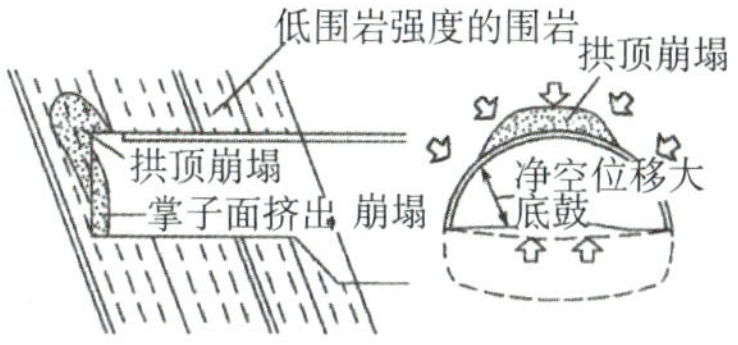	基岩的性质	大
			不连续面的状况	中～小
			涌水的状况	中
	土砂围岩 岩堆等 洪积层 破碎带	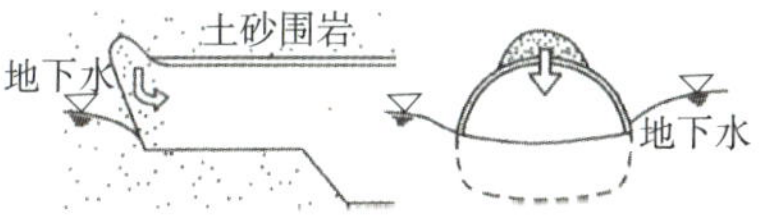	基岩的性质	大
			不连续面的状况	小
			涌水的状况	大

3. 掌子面极限支护力

黏土和砂土地层中隧道掌子面的破坏模式有所不同。根据黏土和砂土的工程特性及其不同的掌子面破坏模式，基于极限分析上限定理，分析不同地层的掌子面极限支护力，作为采取加固措施的依据。

(1)极限分析理论

随着 W. F. Chen(1975)提出极限分析理论，岩土极限分析理论广泛应用于工程实际中。极限分析法是假设土体处于理想弹塑性或者刚塑性状态，在虚功原理基础上，通过在岩土结构物中构造机动场和静定场，在满足屈服条件、流动法则和边界条件等的前提下，求解得到相关解析解。

建立极限上限模型所要求的条件是：①假定破坏有效机构满足力学边界条件；②计算外荷载在假想机构上的能量消耗；③塑性变形区的内部能量损耗；④借助功方程求出与假想机构相对应的最小上限解。

上限定理可表述为：在所有机动容许的塑性变形位移速率场相对应的荷载中，极限荷载为最小。上限定理也可以表述为：对某一机动容许的塑性变形位移速率场 u_i^{p*} 和应变速率场 ε_{ij}^{p*}，由式(4.14)确定的荷载 T_i，X_i 将大于或者等于真实的极限荷载，等式右边为内能消散率。

$$\int_A T_i \dot{u}_i^{p^*} \mathrm{d}A + \int_v X_i \dot{u}_i^{p^*} \mathrm{d}v = \int_v \sigma_{ij}^{p^*} \varepsilon_{ij}^{p^*} \mathrm{d}v + \int_S c v_i^{p^*} \mathrm{d}S \tag{4.14}$$

式中　T_i——给定的表面力，$\mathrm{N/m^2}$；

$u_i^{p^*}$——塑性变形位移速率场，m/s；

$\varepsilon_{ij}^{p^*}$——塑性变形应变速率场，m/s；

X_i——给定的体积力，$\mathrm{N/m^3}$；

$\sigma_{ij}^{p^*}$——静力容许的应力场，Pa；

c——黏聚力，Pa；

$v_i^{p^*}$——速度跃度，m/s。

(2)黏土地层

假设为平面应变模型，建立的黏土地层破坏模型如图 4.47 所示。破坏模型由掌子面上前方一个等腰三角形(块体 1)和一个梯形(块体 2)组成，$\tan\alpha=\tan\beta=2\sqrt{(C/D)+1/4}$，隧道埋深为 C(隧道顶面到地表的距离)，隧道直径为 D，掌子面所需最小水平支护力 p_{tf}，土体抗剪强度为 c_{u}。在模型的建立及掌子面稳定性分析过程中作了如下的假设：

①把三维模型简化为平面应变模型；

②黏土材料为均质理想弹塑性材料，在速度间断面上满足摩尔—库仑准则、关联流动法则，并处于不排水条件；

③掌子面水平支护力 P_{tf} 沿隧道高度是均匀分布的；

④由于浅埋大跨隧道开挖进尺短，因此在黏土地层模型分析中没有考虑未支护段的长度。

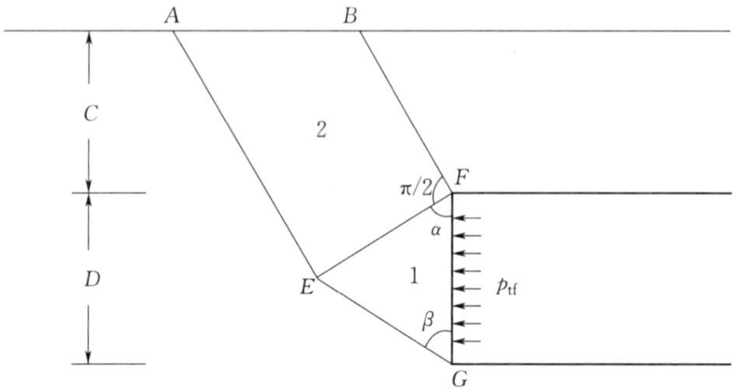

图 4.47　黏土地层破坏模型

极限分析法假设土体为理想弹塑性材料，在虚功原理的基础上，由外部荷载所做的功率等于内部能量耗散率，从而获得上限解。

①外荷载做的功率计算

外荷载所做的功率包括：掌子面水平支护力 P_{tf} 做功率、土体重力做功率。外荷载所做总功率为

$$P_{\mathrm{ext}} = \gamma\int_A v\mathrm{d}A - p_{\mathrm{tf}}\int_A v_{\mathrm{n}} dA = \frac{(4C+D)D}{4\sin 2\alpha}\gamma v_1 \sin\alpha + \frac{D^2\tan\alpha}{4}\gamma v_2 \cos\alpha - p_{\mathrm{tf}} D v_3 \tag{4.15}$$

式中　P_{ext}——外荷载所做总功率，W；

γ——土体容重，N/m^3；

v_i——间断面上的速度，m/s；

p_{tf}——掌子面支护力，Pa；

α——FE 与 FG 夹角，(°)，见图 4.47；

C——隧道埋深，m；

D——隧道高度，m。

②内部能量耗散率计算

内部能量耗散率包括块体 1 和块体 2 在间断面上所做的功率。内部能量耗散率为

$$P_{in}=P_1+P_2+P_{12}=c_u v_1\frac{2C+D/2}{\sin\alpha}+c_u v_2\frac{D}{2\cos\alpha}+c_u v_{12}\frac{D}{2\cos\alpha}$$

$$=\frac{c_u(2C+D/2)\sin 2\alpha}{\sin\alpha}v_2+\frac{c_u D}{2\cos\alpha}v_2-\frac{c_u D\cos 2\alpha}{2\cos\alpha}v_2$$

$$=\left[c_u(4C+D)\cos\alpha+\frac{c_u D\sin^2\alpha}{\cos\alpha}\right]v_2 \tag{4.16}$$

式中 P_{in}——内部能量耗散率，W；

P_1——块体 1 在间断面 AE 和 BF 上做的功率，W；

P_2——块体 2 在间断面 FG 上做的功率，W；

P_{12}——块体 1 和块体 2 在间断面上 EF 做的功率，W；

c_u——土体黏聚力，Pa。

由外部荷载所做功率等于内部能量耗散，令 $P_{ext}=P_{in}$，可得掌子面水平极限支护力 p_{tf} 的上限解。

$$P_{ext}=\gamma\int_A v\,\mathrm{d}A-p_{tf}\int_A v_n\,\mathrm{d}A=\frac{(4C+D)D}{4\sin 2\alpha}\gamma v_1\sin\alpha+\frac{D^2\tan\alpha}{4}\gamma v_2\cos\alpha-p_{tf}Dv_3$$

$$=P_{in}=\left[c_u(4C+D)\cos\alpha+\frac{c_u D\sin^2\alpha}{\cos\alpha}\right]v_2 \tag{4.17}$$

进而可得

$$p_{tf}=\left(C+\frac{D}{2}\right)\gamma-2c_u\tan\alpha$$

(3)砂土地层

从上限定理出发，并考虑未支护段的影响，构造砂土地层隧道掌子面破坏模型如图 4.48 所示。该破坏机构由掌子面顶部一个梯形(三角形)及掌子面螺旋线受剪滑块组成，掌子面处的滑动体破裂面为螺旋线面。假设土体均为理想刚塑性体，在速度间断面上满足摩尔—库仑屈服条件、关联流动法则。

当土体处于极限破坏状态时，掌子面上方及未支护段的运动方向是竖直向下，掌子面螺旋体的运动方向是沿滑面向下。能耗计算包括外力做功和内部耗能计算两个方面，其中外力做功计算包括重力做功功率、未支护段支护力 P_1 所做功率和掌子面支护力 P_2 所做功率，而内部耗散计算包括破裂面上的内力耗散功率、塑性剪切变形区内部消耗。

①外力功率计算

块体 a 的重力所做的功率为

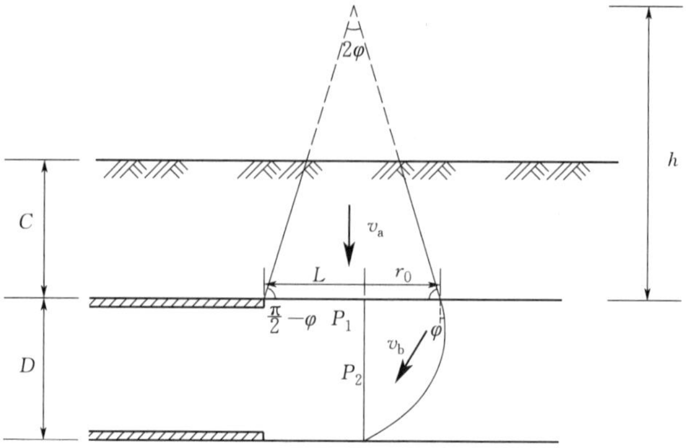

图 4.48　砂土地层破坏模式

$$P_{Wa}=\frac{1}{2}\gamma v_a[(l+r_0)h-l_B(h-C)] \tag{4.18}$$

式中　P_{Wa}——块体 a 的重力所做的功率，W；

γ——土体容重，N/m³；

v_a——块体 a 的速率，m/s；

l——掌子面到支护结构的距离，m；

r_0——掌子面拱顶到前方破裂面的距离，m；

h——隧道拱顶到破坏机构顶点的距离，m；

l_B——掌子面顶部梯形的下边长度，m；

C——隧道埋深，m。

掌子面前方螺旋线块体重力所做功率为

$$P_{Wb}=\int_0^{\frac{\pi}{2}}\mathrm{d}P_{Wb}=\int_0^{\frac{\pi}{2}}\frac{1}{3}v_a r_0^2 e^{3\theta\cdot\tan\varphi}\cos\theta\cdot\gamma\cdot\mathrm{d}\theta$$

$$=-\frac{1}{3}v_a\cdot\gamma\cdot r_0^2\cdot\frac{-\exp\left(\frac{3\pi}{2}\tan\varphi\right)+3\tan\varphi}{9\tan_{\varphi}^2+1} \tag{4.19}$$

式中　P_{Wb}——掌子面前方螺旋线块体重力所做功率，W；

γ——土体容重，N/m³；

v_a——块体 a 的速率，m/s；

θ——水平面与分析面的夹角，(°)；

φ——隧道拱顶上方破裂面与垂直面的夹角，也为土体内摩擦角，(°)。

未支护段压力 P_1 所做功率为

$$P_{P1}=P_1Lv_a \tag{4.20}$$

式中　P_{P1}——未支护段压力 P_1 所做功率，W；

L——未支护段长度，m；

P_1——未支护段支护力，Pa。

掌子面支护压力 P_2 所做的功率为

$$P_{P2}=v_a e^{\frac{\pi}{2}\tan\varphi}\cdot r_0 e^{\frac{\pi}{2}\tan\varphi}\cdot P_2=v_a r_0 e^{\pi\tan\varphi}P_2 \tag{4.21}$$

式中 P_{P2}——掌子面支护压力 P_2 所做的功率，W；

P_2——掌子面支护力，Pa。

②内部耗散计算

块体 a 在间断面上所做的功率为

$$\begin{aligned}Q_a&=2\cdot\left(\frac{h}{\cos\varphi}-\frac{l_B}{2\sin\varphi}\right)v_a\cdot\cos\varphi\cdot c\\&=2\cdot\left(h-\frac{l_B}{2}\cot\varphi\right)v_a\cdot c=(2h-l_B\cot\varphi)\cdot v_a\cdot c\end{aligned} \tag{4.22}$$

式中 Q_a——块体 a 在间断面上所做的功率，W。

螺旋线受剪滑块沿滑裂面能量耗散率 Q_{b1} 及内部能量耗散率 Q_{b2} 为

$$Q_{b1}=Q_{b2}=\frac{1}{2}cv_a r_0\cot\varphi(e^{\pi\tan\varphi}-1) \tag{4.23}$$

式中 Q_{b1}——螺旋线受剪滑块沿滑裂面能量耗散率，W；

Q_{b2}——螺旋线受剪滑块内部能量耗散率，W。

掌子面锚杆在滑裂面上的拉伸破坏时会消耗能量，筋材内力所消耗的功率 D_r 为

$$D_r=\frac{1}{2}k_t v_a r_0 e^{\pi\tan\varphi} \tag{4.24}$$

式中 D_r——筋材内力所消耗的功率，W；

k_t——单位高度隧道围岩内锚杆的抗拉强度，Pa；

t——滑裂面的厚度，m。

根据极限分析上限定理，令外功率与能量消耗相等，则

$$P_{Wa}+P_{Wb}-P_{P1}-P_{P2}=Q_a+Q_{b1}+Q_{b2}+D_r \tag{4.25}$$

将以上各式进行代入，求出掌子面支护力 P_2 的求解表达式为

$$\begin{aligned}P_2&=\frac{P_{Wa}+P_{Wb}-P_{P1}-Q_a-Q_{b1}-Q_{b2}-D_r}{v_a r_0 e^{\pi\tan\varphi}}\\&=\frac{\frac{1}{2}\gamma[(l+r_0)h-l_B(h-c)]-\frac{1}{3}\gamma r_0^2\frac{-\exp\left(\frac{3\pi}{2}\tan\varphi\right)+3\tan\varphi}{9\tan_\varphi^2+1}-P_1L}{r_0 e^{\pi\tan\varphi}}-\\&\quad\frac{(2h-l_B\cot\varphi)c+cr_0\cot\varphi(e^{\pi\tan\varphi}-1)+\frac{1}{2}k_t r_0 e^{\pi\tan\varphi}}{r_0 e^{\pi\tan\varphi}}\end{aligned} \tag{4.26}$$

在实际工程中，可根据计算得到的极限支护力采取合理的掌子面加固措施，维持掌子面稳定。

4.4.3 隧道围岩变形控制技术

1. 隧道开挖后的围岩变形形态

在软弱围岩隧道中施工，认识和掌握隧道开挖后是如何变形及其演变过程、变形动态是非常重要的，这是围岩稳定性控制及采取相应对策的理论基础。隧道开挖后的围岩变形状

态可用图 4.49 的三维图表示。

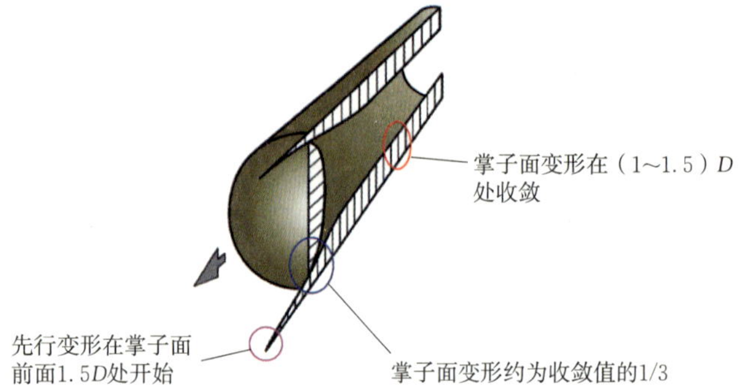

图 4.49 隧道开挖时的变形三维示意图

由图 4.49 可知，隧道开挖后的变形可分为：掌子面前方的先行变形（掌子面处的拱顶下沉）、掌子面挤出变形、掌子面后方的变形三种，这三种变形是同时发生的。支护的主要目的就是要抑制这些变形的发展，也就是抑制由这些变形引起的围岩松弛。因此，对设计、施工来说就是要弄清楚这三种变形的产生条件和发展规律，并通过各种手段来控制其发展。

(1)掌子面前方的先行变形

掌子面前方围岩先行变形的概念，可用两个量值表示，即掌子面处的先行变形值和掌子面前方发生先行变形的范围（见图 4.50）。实际上先行变形是随掌子面的推进而发生的，先行变形的最大值在掌子面处。在一般的围岩条件下，其值占总变形的 20%～30%，围岩条件越差，其值越大。掌子面前方的先行变形，涉及的范围与围岩条件有关，一般为隧道跨度的 1.0～1.5 倍。

在一般围岩条件下，先行变形可以任其发生，不加控制。但在软弱围岩条件下，当其最大值超过总变形的 30%以上，甚至达到 50%或更大时，如不加控制，则会成为掌子面拱顶部分坍塌以及发生大变形的主因，这也就是采用各种超前预支护的主要原因。

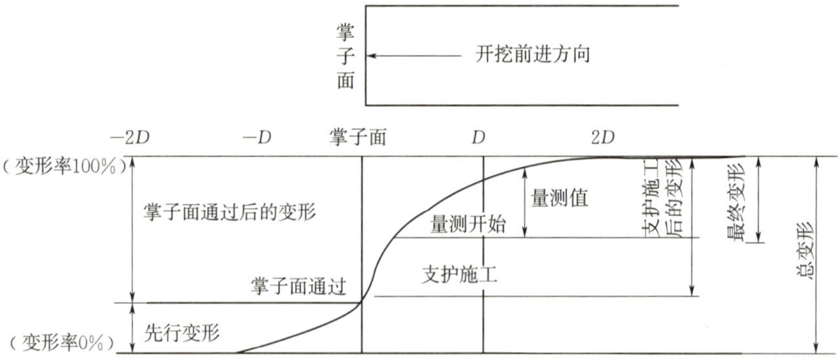

图 4.50 隧道开挖后的变形实态（D—隧道开挖跨度）

(2)掌子面挤出变形

掌子面挤出变形是评价掌子面稳定性的重要指标。图 4.51 说明了掌子面挤出变形的基本概念。当掌子面挤出变形超过一定量值时，掌子面将崩塌。掌子面挤出变形，可以用其最大值评价。

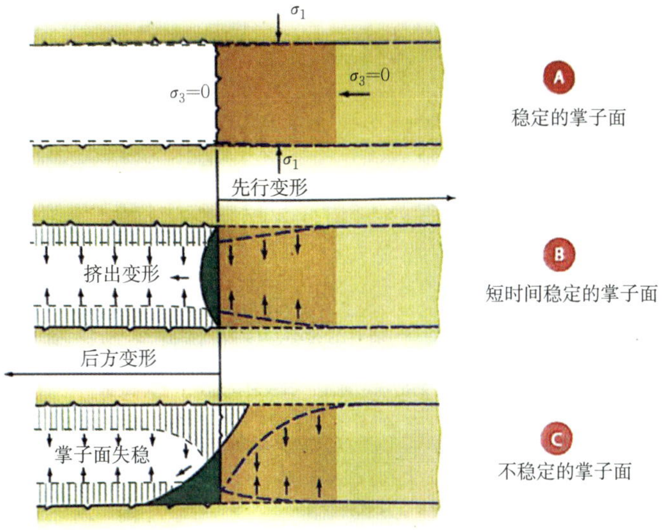

图 4.51 掌子面挤出变形概念图

因此，在预计掌子面挤出变形过大的场合就必须采取控制掌子面挤出变形的技术对策，这也是采用留核心土方法的主要目的之一。

(3)掌子面后方变形

目前采取的初期支护，主要是控制掌子面后方变形的技术对策。掌子面后方变形的动态特点是初始阶段的变形速度比较大，而且量值也比较大。因此，控制初期变形速度的发展是非常重要的，这也是判定围岩好坏的一个重要指标。控制了初期变形速度的发展，也就控制了最终变形值。因此，在实地量测中，首先取得初期变形速度这个参数是非常重要的；其次是控制变形的收敛时间(距离)。在一般地质条件下，变形在距掌子面(1～2)D 处已基本收敛；但在软弱围岩中，这个距离更长，甚至在很长距离(时间)不收敛。

在软弱围岩中施工需要根据隧道开挖后可能产生的变形形态，如掌子面前方先行变形、掌子面挤出变形、拱脚下沉及掌子面后方变形等，采取相应的控制方法与技术对策。

2. 围岩变形控制方法

保护围岩是隧道施工最重要的原则，在软弱围岩中，需要采取必要的措施以增强围岩自身支护能力，许多辅助工法应运而生。

近年来，在软弱围岩地层中修建隧道工程愈来愈多，工程施工难度大、风险大，极易发生变形、甚至塌方，会耗费大量人力物力、延误工期，给工程建设造成极大的困难。掌子面前方核心土变形是导致隧道围岩变形的真正原因，超前核心土的强度决定了隧道的稳定性。因此，掌子面稳定问题成为隧道开挖技术中的重要问题。

掌子面自稳性不仅与开挖断面大小和施工方法有密切关系，还与辅助工法的选取有关。根据地质条件，在掌子面非稳定情况下，开挖需采用分割断面或缩短一次开挖进尺的方法。但有时分部开挖或缩短进尺也不能取得良好的效果，而采用大断面开挖配套辅助工法的方法能取得成功。

掌子面稳定性降低的原因视围岩条件而异，在多数情况下可考虑：①因凝聚力不足而崩塌（未固结围岩、裂隙性围岩）；②因地下水而崩塌（未固结围岩、裂隙性围岩）；③因强度不足产生大变形而崩塌（膨胀性围岩）。

在土砂围岩、膨胀性围岩和破碎带中，确保掌子面的稳定性至关重要。主要方法有维护拱顶稳定的超前支护、维护掌子面正面稳定的正面锚杆和核心土以及拱脚稳定的锁脚管等。

此外，特殊情况下也有掌子面沿地质结构面挤出的情况。稳定掌子面的方法，根据其功能的不同，可分为：支护围岩的（超前支护，如管棚、小导管等），改良围岩的（注浆等），发挥锚杆作用的（正面锚杆、斜锚杆等），喷射混凝土加强等。

3. 掌子面先行变形控制技术

掌子面先行变形可以通过短超前支护（一般长度不超过 6 m）、中长超前支护（长度为6～15 m）和长超前支护（15 m 以上）等超前支护技术控制。短超前支护有小导管、锚杆以及预衬砌等；中长超前支护、长超前支护有水平旋喷注浆和管棚超前支护等。

（1）小导管支护

小导管支护是在开挖前向掌子面前方的拱部，斜向打入长 6 m 以内的钢花管等，打设范围是隧道中线左右各 60°，计 120°左右，每一次掘进后打设，但视崩落规模和位置，范围和间距可以调整。在不良围岩地段，可打设双排小导管，以保证超前支护效果。采用小导管对围岩注浆，使地层得到固结和加密，能提高围岩的整体强度，有效防止洞室坍塌，减小地层变形及地表沉降。小导管支护适用于地下水量较小的砂石层、砂卵（砾）石层、断层破碎带、软弱地层及浅埋等地段。

（2）预衬砌支护

预衬砌支护属于短超前支护的一种，它是用厚约 20 cm 的混凝土壳或砂浆壳，形成比较柔性的拱壳，也可以用厚约 30 cm 的混凝土形成刚性比较大的拱壳。柔性拱壳主要用于稳定掌子面，刚性拱壳用于控制地表下沉。

（3）水平旋喷支护

水平旋喷支护是以高压泵为动力源，通过水平钻机钻杆、喷嘴把配制好的浆液喷射到土体内。喷射流以巨大的能量将一定范围内的土体切削，并在喷嘴作缓慢旋转和进退的同时切割土体，强制土颗粒与浆液搅拌混合。浆液凝固后，形成水平圆柱状水泥土固结体即水平旋喷桩。当旋喷桩互相咬合后，便以合理的形式在隧道拱顶及周边形成连续的水平旋喷帷幕体，起到防流砂、抗滑移、防渗透的稳定拱壳保护作用，如图 4.52 所示。

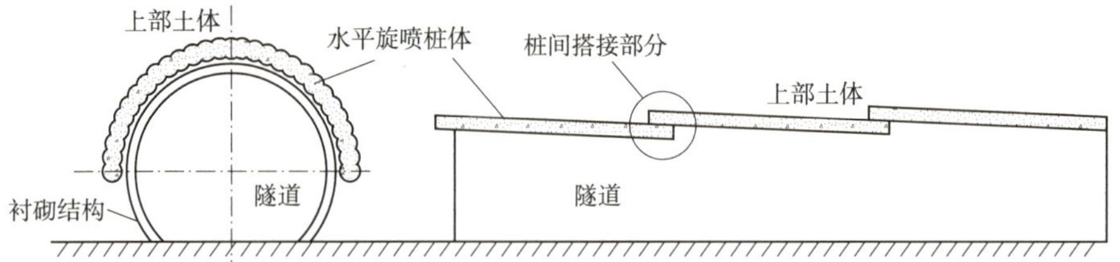

图 4.52 水平旋喷支护

根据支护部位的不同，水平旋喷可分为拱墙水平旋喷（设置范围为拱墙 120°～180°）和掌子面水平旋喷。水平旋喷支护主要适用于流塑状、孔隙率小、开挖后自稳能力差的地层，如含水地层、淤泥地层、含水全风化地层、第三系含水未固结成岩地层等。水平旋喷支护可成桩，也可成拱，支护效果较好。

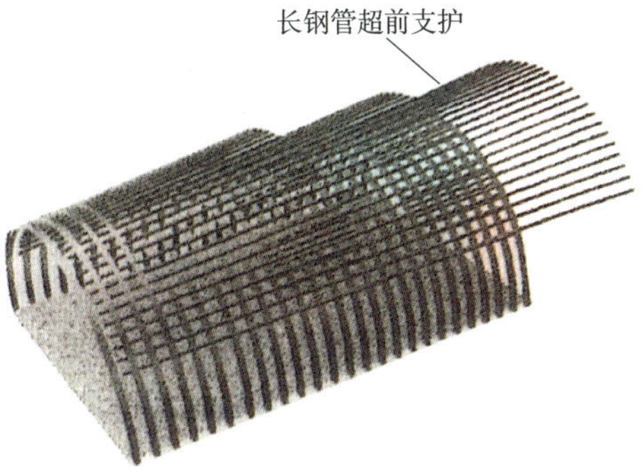

图 4.53 管棚支护形式

(4)管棚支护

中长、长超前支护多采用管棚超前支护（见图 4.53），钢管直径采用外径 ϕ108 mm 的最多，根据围岩条件和环境条件、目的和荷载条件等，外径在 ϕ75～159 mm 之间变化，一次打设长度大致变化在 10～50 m 之间，但也有超过 60 m 的施工实例。环向打设间隔，标准的是450 mm，根据围岩条件和与其他辅助工法的组合，也有采用 300 mm 和 600 mm 间隔的。

超前支护，打设仰角越大，距开挖线的距离也越大，会降低超前支护的效果，因此，如采用长钢管施工，要在不妨碍钻孔的范围内，尽可能地减小仰角的角度。为了发挥超前支护的作用，基本上采用把上覆荷载传递到钢支撑上的构造。

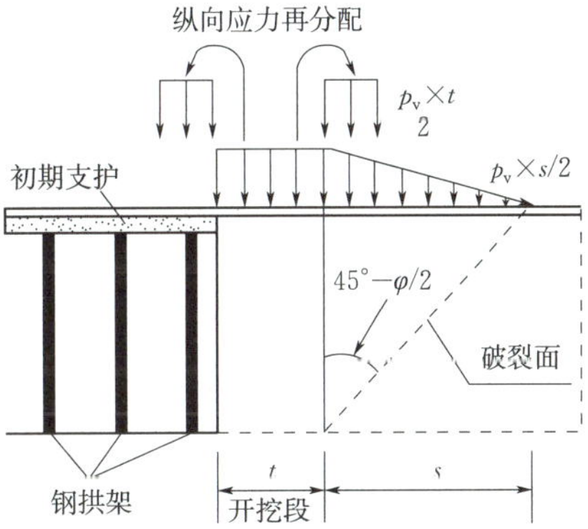

图 4.54 管棚荷载作用模式

管棚前端插入掌子面前方稳定地层，末端固定在已支护段的钢拱架上，形成类似简支梁的支护结构，如图 4.54 所示，采用双参数弹性地基梁模型对管棚支护力学特性进行分析，如图 4.55 所示。在管棚结构体系支护作用下，促进地层应力再分配，由掌子面和初期支护支撑点承担未支护段一半围岩压力 $(p_v \times t)/2$，掌子面前方松弛范围的作用荷载为 $p_v \times s/2 + (p_v \times t)/2$。管棚支护可降低掌子面荷载值，使得围岩荷载分布更加均匀，明显减小掌子面荷载的应力集中现象，起到较好地控制掌子面先行变形效果。

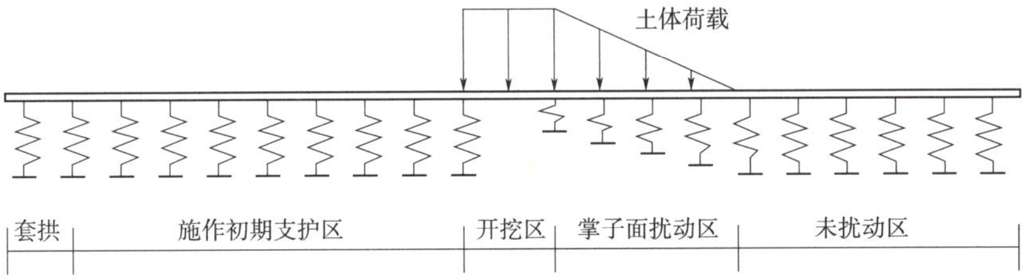

图 4.55 双参数弹性地基梁模型

外荷载—位移方程：

$$p = k\omega - G_p \frac{d^2\omega}{dx^2}$$

挠曲微分方程：

$$EI\frac{d^2\omega}{dx^2}=-M(x)$$

式中 p——地基反力，kN/m^2；

k——地基反力系数，kN/m^3；

ω——地基位移，m；

G_p——相当于地基土的剪切模量，kN/m；

E——材料的弹性模量，kN/m^2；

I——梁截面惯性矩，m^4；

$M(x)$——梁截面上的弯矩，kN·m。

采用回转插入方式时，钢管直径多为 89～150 mm，采用非回转插入方式时多在150 mm以上。隧道在铁路、公路下方通过，或接近结构物施工时，或者隧道开挖对周边环境有直接影响时，或者在管棚间土颗粒能够流出的软弱围岩时，为了能直接承受荷载、防止土颗粒流出，应选用刚性大的、中直径(150～220 mm)或大直径(318 mm)带接头的钢管。

管棚的支护效果是因为围岩与钢管形成一体，使有效断面扩大和土压均匀而形成的，因此，过大的间隔会降低这些效果。管棚钢管的最小间隔需根据地质条件、施工长度及水平钻孔弯曲量的精度而定。根据经验，钢管间距多采用管径的 2.0～3.5 倍。

4. 掌子面挤出变形控制技术

控制掌子面挤出变形的技术主要包括改变掌子面形状、留核心土、掌子面喷射混凝土、掌子面锚杆和掌子面前方围岩注浆补强。

(1)掌子面形状

软弱围岩隧道施工中，采用倾斜掌子面或球形掌子面进行开挖，取得了良好的稳定效果。倾斜掌子面的施工步骤如图 4.56 所示。

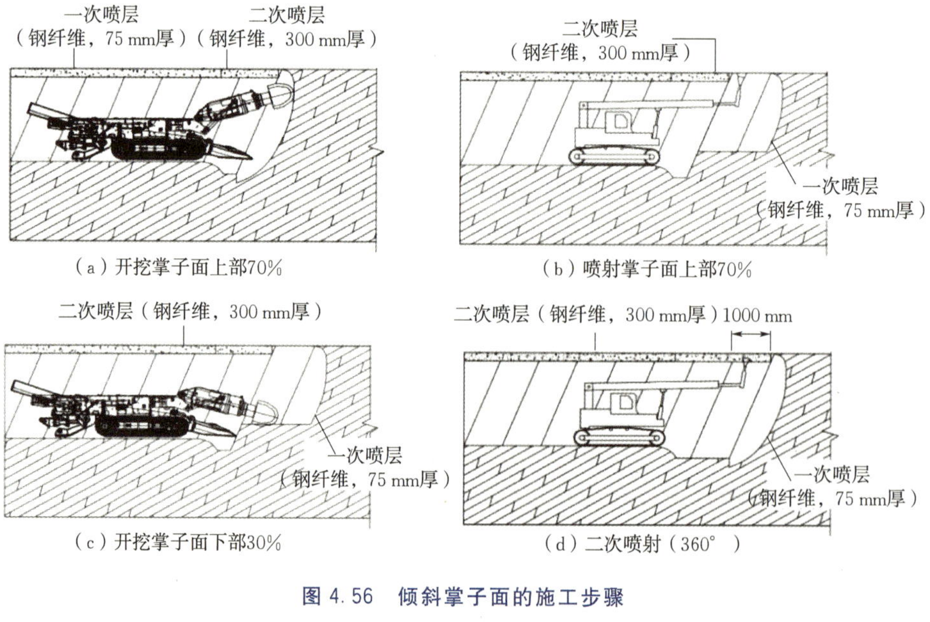

图 4.56 倾斜掌子面的施工步骤

采用倾斜掌子面的优点是:减小了作业人员的风险;减少了地表的下沉;大幅度改善进度和闭合时间,提高了喷射混凝土的品质和耐久性;提高了喷射混凝土的形状、厚度、位置、成形的精度。

(2)留核心土

在台阶法施工中,为稳定掌子面,经常采用弧形开挖法,即留核心土法。留核心土法是控制掌子面挤出变形、防止掌子面崩塌最有效的方法之一。

留核心土常与喷锚支护组合使用,保护掌子面的稳定。拱部开挖称为弧形开挖,可用反铲、液压铲和自由断面掘进机等开挖,特别是对于自稳性差的围岩,弧形开挖部还可进一步分割开挖。开挖后立即喷射混凝土,待闭合后再进行相邻部分的开挖。在核心土地段,靠近掌子面打设锚杆很困难,多推迟 2～3 榀钢架距离打设锚杆。

对掌子面在不留核心土、留核心土以及不同台阶长度等影响下的研究表明,对于不留核心土的场合,掌子面挤出量超过 70 mm 的部分可达到掌子面前方 1.3 m,而对于留核心土的场合,掌子面挤出量超过 70 mm 的部分只达到掌子面前方 0.6 m 处。核心土起到了控制掌子面挤出变形的效果,如图 4.57 和图 4.58 所示。

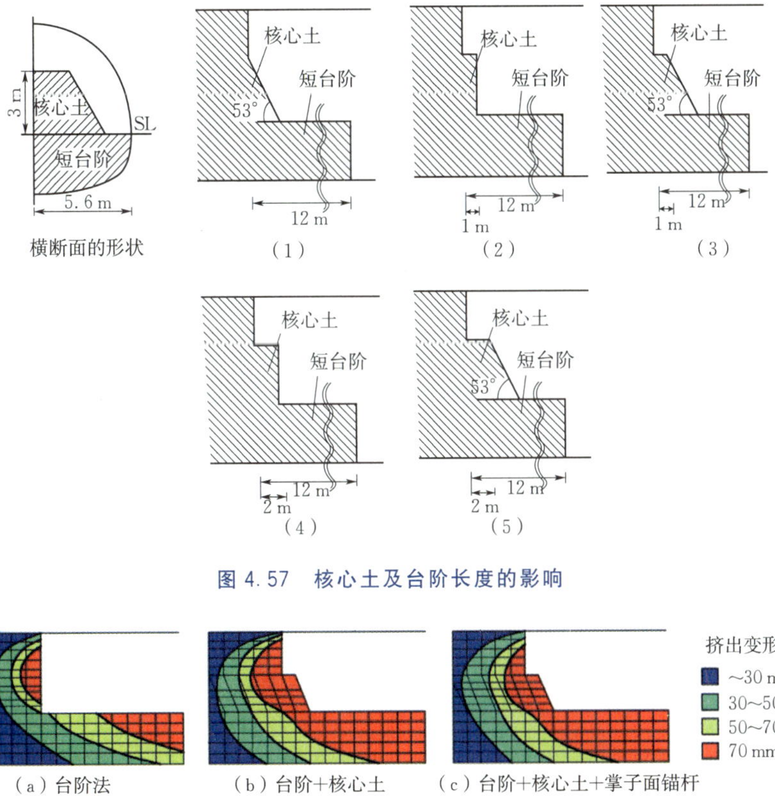

图 4.57 核心土及台阶长度的影响

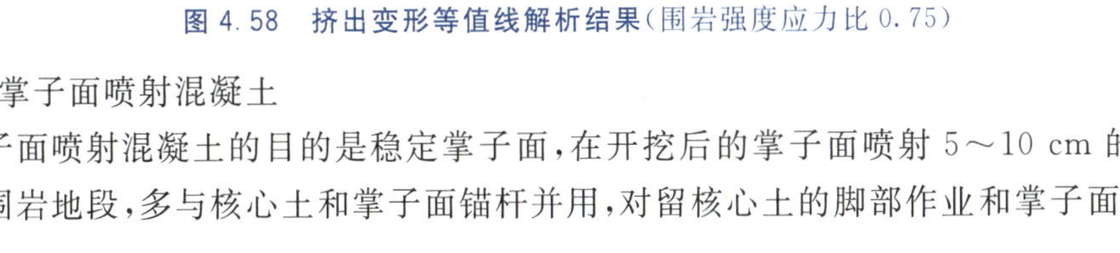

图 4.58 挤出变形等值线解析结果(围岩强度应力比 0.75)

(3)掌子面喷射混凝土

掌子面喷射混凝土的目的是稳定掌子面,在开挖后的掌子面喷射 5～10 cm 的混凝土。在不良围岩地段,多与核心土和掌子面锚杆并用,对留核心土的脚部作业和掌子面打设锚杆作业的安全起着至关重要的作用。

开挖过后应立即在掌子面喷射混凝土，可以防止掌子面围岩崩塌和抑制围岩松弛，因此应尽可能早地进行喷射。

在挤压性围岩中，掌子面喷射混凝土多会发生开裂，若裂缝继续发展，会造成大规模的崩塌，因此需对喷射混凝土开裂情况进行密切观察，为提高喷射混凝土韧性可采用纤维喷射混凝土。若只采用掌子面喷射混凝土不能确保掌子面稳定性时，要与其他工法组合使用。

(4)掌子面锚杆

掌子面锚杆可在掌子面崩落显著的场合采用。在小埋深隧道等有塌陷风险的场合，可以作为预防对策采用。掌子面锚杆分为一般锚杆(6 m以下)和长锚杆(6 m以上)。打设掌子面锚杆可缩短核心土的长度。锚杆材料要考虑开挖时易于切断，多采用玻璃纤维锚杆(GFRP)。

掌子面锚杆把开挖引起松动的岩(土)体固定在前方稳定的围岩中。锚杆长度多采用2～6 m，但采用4 m左右的居多。为了确保连续的补强效果，将锚杆全长一半的残余长度作为搭接长度。长掌子面锚杆一般是由3～5 m的锚杆用螺纹连接器接续而成的长为10～12 m的锚杆，多采用GFRP锚杆，另外，因为开挖和锚杆材料要与弃渣分别回收，也有采用开槽式钢管作为锚杆材料的情况。

5. 掌子面后方变形控制技术

控制掌子面后方变形的基本方法是加强初期支护。目前，加强初期支护有两种做法，一种是加大喷射混凝土的厚度、加密钢架间距或者缩小锚杆间距；另一种是改变喷射混凝土的性能、提高钢架的规格和采用抗拔力大的锚杆。对于大断面隧道如果仍采用前一种做法，必然会加大开挖断面积、增大施工难度，从而延长工期和增加成本。显然，后一种做法是符合技术发展方向的。

比较好的加强初期支护的措施主要有：采用喷射高性能混凝土、高承载力锚杆、高规格钢支撑以及多重支护等措施。

(1)喷射高性能混凝土

在矿山法中，喷射混凝土作为围岩开挖后的主要支护构件起着相当大的作用。近年来，喷射高性能混凝土可大大改善喷射混凝土支护结构的质量，是今后喷射混凝土技术发展的方向。喷射高性能混凝土包括初期高强度喷射混凝土、高刚度喷射混凝土、高防水性能喷射混凝土、纤维喷射混凝土等。

(2)高承载力锚杆

锚杆是唯一从内部改善围岩性质的支护构件，不仅能增强围岩的抗剪强度，也可以提高围岩屈服后的残余强度、提高围岩的自支护能力、补偿围岩中存在的力学上不连续性的缺陷，增强围岩稳定性。

锚杆的支护作用主要取决于锚杆与围岩的附着强度和抗剪强度。可以通过采用适当增大锚杆直径(增加附着面积)、适当改变锚杆表面形状和采用早强砂浆等措施来提高锚杆的附着性和抗剪强度，也可以采用高承载力锚杆替代普通锚杆的方法来实现。打设高承载力系统锚杆能极大地增强初期支护结构体系整体的受力性能。

(3)高规格钢支撑

钢支撑是沿隧道开挖面设置的拱形的型钢的支护构件，与围岩紧密接触而发挥其功能。

钢支撑主要作用效果有岩块保持效果、软弱层补强效果、内压效果、喷射混凝土补强效果、向围岩(脚部)传递荷载效果和超前支护支点效果。钢支撑的功能如图 4.59 所示。

当施工揭示的围岩地质条件与原设计的地质情况发生变化时,可采取提高钢架性能的方法,以高规格、高强度的钢架来替代普通钢架支撑,这样可以避免因为加密、增高钢架而引起的开挖断面增大、工期延缓和成本增加等问题,使原来的施工方法、喷射混凝土厚度等均不发生改变,施工进度也不受影响。

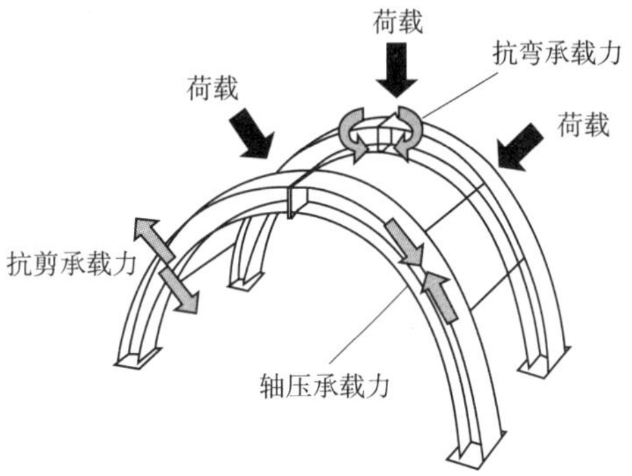

图 4.59 钢支撑的功能

(4)多重支护

多重支护控制变形技术就是在隧道开挖时留出充分的变形富余量,先释放一部分变形,进行第一次支护,继续释放变形,第一次支护达到极限状态后,再继续施作第二次支护,必要时,可继续施作第三次支护,最终将变形控制在容许范围内的一种多重支护施工的方法。

采用多重支护法需要解决两个问题:一是第二次支护的施作时机,二是变形富余量的设置。多重支护的基本观点是:容许第一次支护变形,以减轻作用在第二次支护的压力,并在最内侧形成健全的壳体,使整个支护稳定。因此,第二次支护的施作,最好在围岩内应力释放到某一程度后实施。

该方法的特点是:不需要进行反复扩挖和反复支护,可避免拆除顶替已经承载的支护构件和对围岩多次扰动的问题。图 4.60 表示反复扩挖反复支护与多重支护两种情况的侧壁变形值的比较。在多重支护中因没有进行再开挖,比反复扩挖反复支护的先行变形的总合小,能够抑制围岩的劣化。

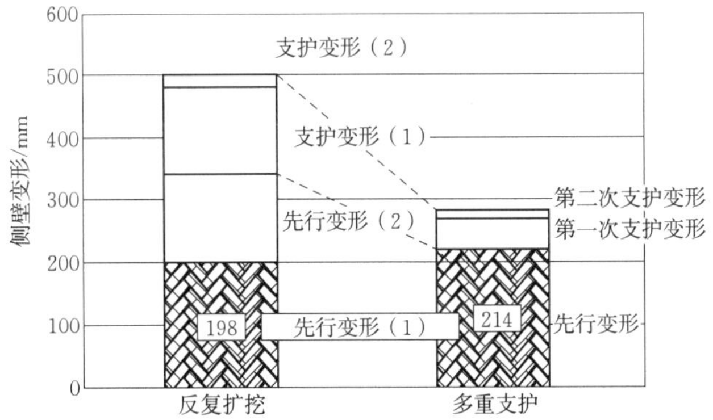

图 4.60 反复扩挖反复支护与多重支护的侧壁变形比较

4.5 超前地质预报与信息化施工

4.5.1 超前地质预报

在高速铁路隧道建设过程中,重视和加强地质超前预报,充分利用超前地质预报技术,对掌子面前方的地质情况进行及时准确的预测，预报不良地质体的性质、位置、规模，对安全施工、优化工效、缩短施工周期、避免工程事故具有重大意义。

严格意义而言，超前地质预报有广义和狭义之分。广义的超前地质预报包括隧道工程可行性研究阶段、勘察设计阶段和施工阶段的预报，指根据隧道洞内外地质调查、掌子面素描及隧道开挖揭示的洞身围岩条件，采用超前平行导坑法、超前水平钻孔法及地球物理方法对隧道掌子面前方地质情况进行探测，对可能存在的各种不良地质体(带)的性质、位置、规模及成灾性进行科学预测和预报，并根据预报结果提出地质灾害预防和处理措施。而狭义的超前地质预报指隧道施工期超前地质预报。

1. 超前地质预报内容

超前地质预报包括宏观地质超前预报、不良地质超前预报和地下水超前预报。

(1)宏观地质超前预报

预报掌子面前方地层岩性，包括岩性的种类、围岩级别和稳定性，预报不同岩类间接触界面位置、不同风化程度的分界位置，预报软弱夹层、破碎地层的位置、规模及其性质，及时修改设计，调整支护类型。

预报掌子面前方地质构造，包括构造的种类，如断层、褶皱、节理密集带等；构造的性质，如断层是张性、压性还是压扭性等；构造的规模，如断层破碎带、影响带的宽度；构造的空间分布，如断层、褶皱的产状及与隧道的相对位置关系等，并提出施工对策。

(2)不良地质超前预报

预报掌子面前方不良地质体的范围、规模、性质，以及突水、突泥、坍塌、岩爆、有害气体等灾害地质的成灾可能性，并提出预防措施。

(3)地下水超前预报

预报岩溶水、富水断层、富水褶皱、富水地层中的裂隙水，包括洞内涌水位置、涌水量的大小及其变化规律，评判其危害程度。

2. 超前地质预报的分类

高速铁路隧道所处地质条件或地质背景千差万别，不同地质背景条件下的超前地质预报的要求是不一样的：非可溶岩沉积岩地层中的超前地质预报重点是断裂构造破碎带、软弱夹层、不利结构面组合的位置和规模；深埋硬质完整岩体中的超前地质预报重点是可能出现的岩爆灾害位置和规模的预报；煤系地层隧道超前地质预报重点是煤层、可能出现瓦斯突出的预报；可溶岩地层隧道超前地质预报重点是在于岩溶发育的位置、规模，岩溶充填性质，岩溶涌水突泥量及涌水水压等的预报。

显而易见，隧道超前地质预报绝不仅仅是进行某一方面的内容，往往同时兼有其他预测预报内容。因此，进行隧道超前地质预报分类是十分必要的。超前地质预报分类如图 4.61 所示。

3. 超前地质预报方法

高速铁路隧道超前地质预报方法主要包括地质分析法、超前导坑法、超前水平钻孔法、物探法和综合超前地质预报法等。

(1)地质分析法

地质分析法是隧道超前地质预报最基本的方法，其他预报方法的解释应用都是在地质资料调查、分析、判断的基础上进行。

- 隧道超前地质预报分类
  - 作用分类
    - 常规预报
    - 成灾预报
  - 距离分类
    - 短距离预报
    - 中距离预报
    - 中长距离预报
    - 长距离预报
  - 精度分类
    - 定性预报
    - 定量预报
  - 手段分类
    - 经验预报
    - 直接法预报
      - 地质分析法
      - 超前导坑（平行导坑、隧道）法
      - 超前水平钻孔法
    - 间接法预报
      - 波反射法
        - 声波反射法
        - 地震反射法
        - 电磁波反射法（地质雷达）
        - 陆地声呐法
      - 声波测井法
      - 成像法
        - 声波层析成像法
        - 地震波层析成像法
      - 综合法
    - 推理判断法
      - 调查预测法
      - 类比法
      - 趋势外推法
      - 因果联系法
      - 指标参数法
      - 规范预测法
      - 摸拟预测法
      - 综合法
    - 综合法预报
  - 方法分类
    - 地质分析法
    - 地球物理方法
    - 综合法
  - 内容分类
    - 界面预报
    - 灾害预报
    - 涌水水压及水量预报
  - 学科分类
    - 物理数学法
    - 地下水动力学法
    - 地下水化学法
    - 数学模拟法

图 4.61 隧道超前地质预报分类

地质分析法主要根据隧道洞内外地质调查结果和隧道施工期掌子面地质条件调查结果，如岩体结构面产状及发育状况、岩体破碎程度、岩石变质程度等的变化特征，通过地质作图及构造相关性分析，由地面构造产状推测其在地下隧道穿越深度位置的出露关系(相关分析法)，由掌子面岩体结构面产状及发育状况、岩体破碎程度、岩石的变质程度等变化特征推测掌子面前方可能出现的构造及其性质(趋势外推法)，进行超前预报。主要预报隧道掌子面前方存在的断层、不同岩类间的接触界面特别是火成岩与沉积岩间的接触界面、隧道前方围岩的稳定性及失稳破坏模式等。通过对洞内掌子面涌水量动态变化的长期观测记录，掌握地下水初期涌水量、衰减涌水量和稳定涌水量的变化规律，综合分析地层、断层等构造以及基岩裂隙水的运动特点，查明地下水的补给、径流及排泄途径，预报未开挖段水文地质情况。

(2)超前导坑法

在隧道内或隧道一侧超前开挖一平行的小断面导坑，综合分析其地层岩性、地质构造、水文地质情况，预测相应段隧道的工程地质和水文地质条件。超前平行导坑法最为直观，精确度很高，缺点是成本高。

(3)超前水平钻孔法

用钻探设备向掌子面前方钻探，直接揭示隧道掌子面前方几十米至上百米的地层岩性、岩体结构和构造、地下水、岩溶洞穴充填物及其性质、岩体完整程度等资料，还可通过钻孔钻进速度测试和岩芯试验获得可钻性、岩石强度等定量指标。超前水平钻孔法是应用最多、可靠性最大、最直接的方法，也是获得信息量最多、最丰富的方法。但超前水平钻孔的方向控制和钻探工艺有一定的技术难度，对施工干扰较大。

超前钻孔按其长度大致分为4级，即：短(20～50 m)、中(数百米以下)、长(数百米以上)、超长(1 000 m以上)。从机械能力和钻孔的要求两方面看，掌子面超前钻孔多采用短～中长的钻孔。短超前钻孔的优点是可以用钻孔台车的凿岩机钻孔；长和超长钻孔要求不影响掌子面掘进钻孔，因此，要设钻孔基地。

按钻孔的目的划分，通常的超前钻孔可如下分类：

①地质调查钻孔。事前掌握掌子面前方围岩的状况；

②排水钻孔。事前排出掌子面前方的水或气体，减轻水压或气压；

③注浆用钻孔。补强或改良掌子面前方围岩；

④其他钻孔。设置锚杆，用于通风、投料等。

地质调查钻孔与排水钻孔，在许多场合都是兼用的。

(4)物探法

物探法是以目标地质体与周围介质的物性差异为基础，如电性、磁性、密度、波速、温度、放射性等，通过仪器观测自然或人工物理场的变化，确定地下地质体的空间展布范围，达到解决地质问题的一种物理探测技术。

物探法主要包括弹性波法(隧道地震预报、隧道反射成像、水平声波剖面法、地震负视速度法、陆地声呐法等)、电磁波法(地质雷达、瞬变电磁等)、电法(电阻率法、高分辨率直流电法、激发极化法等)以及其他方法(红外探水法、核磁共振法、温度探测法等)。

采用物探技术进行超前地质预报的优点是快速、超前探测距离大、对施工干扰相对小、可以多种技术组合应用。物探方法的应用受环境及经验的影响，准确解译物探资料具有一定的技术难度。物探技术存在一定局限性，在超前地质预报中应进一步结合地质理论，提高物探成果解译水平。工程中常用的方法介绍如下：

①隧道地震波法(TSP)

隧道地震波法(TSP)是利用地震波的反射原理，通过小药量爆破产生的地震波信号进行长距离探测的一种超前地质预报方法。地震波信号沿隧道方向以球面波的形式传播，当遇到波阻抗界面时被反射并被高精度接收器接收，能预报隧道施工前方的地质变化，其准确预报范围为掌子面前方100～150 m。TSP实现超前地质预报的最关键技术是解译技术，高水平的TSP解译必须与地面地质调查、隧道内的地质前兆定量预测法紧密结合。

②水平声波剖面法(HSP)

水平声波剖面法(HSP)是利用孔间地震剖面法的原理向岩体中辐射高频地震波的

一种超前地质预报方法。当地震波遇到波阻抗分界面时，将发生折射、反射，频谱特征也将发生变化，通过探测反射信号，求得其传播特征后，便可预测工作面前方的岩体特征。

观测时在隧道的两个侧壁分别布设震源和检波器，按其相对位置设计成两种观测方式即固定激发点(或接收点)和激发与接收点相错斜交方式。震源在预报目的体的远端，接收点间距采用小道间距、多道接收，构成“水平声波剖面”。利用时差和频差与地质相结合的方法确定反射面的空间方位并“投影”到该剖面上，从而确定反射面的空间位置及性质。其特点是各检测点所接收的反射波路径相等，反射波组合形态与反射界面形态相同，图像直观，同时观测时也不影响掌子面的掘进。

③地质雷达法

地质雷达法是利用高频电磁波以宽频带短脉冲的形式，从掌子面通过发射天线向前发射，当遇到异常地质体或介质分界面时发生反射并返回，被接收天线接收并由主机记录下来，最终形成雷达剖面图。

地质雷达法探测距离一般小于 30 m，在潮湿含水层中小于 10 m。该方法主要是配合地震反射法，通过测定与含水性有关介电常数的变化来探测充水地质体，如含水的断层、岩性界面和溶洞等。采用地质雷达法对隧底、边墙、拱顶外的不良地质体探测效果最好，在超前平行导坑中应用可对正洞起到超前地质预报的作用。

④瞬变电磁法

瞬变电磁法是探查预报地下水的最佳方法之一，可探查范围为掌子面前方 60～80 m。其主要原理为：通过掌子面前的一个大线圈产生电磁波，低电阻体(如含水层)受此电磁波感应产生感应涡流，感应涡流产生感应电磁场，掌子面上的接收探头可接收到此电磁场，更远处的低电阻体又会受此电磁场感应产生感应电磁场，在瞬变电磁法视电阻率剖面图上含水层呈现低电阻反映。

⑤红外探水法

在隧道中，围岩每时每刻都在向外部发射红外波段的电磁波，并形成红外辐射场，红外辐射场有密度、能量、方向等信息，岩层在向外部发射红外辐射的同时，必然会把内部的地质信息传递出来。干燥无水的地层和含水地层发射强度不同的红外辐射，红外线探测仪通过接收岩体的红外辐射强度，根据围岩红外辐射场强的变化值来确定掌子面前方或四周是否有隐伏的含水体。该方法测量快速，施工干扰小，有较高的定性判别准确率，但无法预报水量和含水体前方具体位置等定量指标。

(5)隧道综合超前地质预报法

单一预报方法对地质预报的准确度并不十分可靠，同时不同方法对不同的地质缺陷预报效果也不尽相同，还没有哪种预报方法能对各种地质缺陷做出准确预报。多种超前预报技术相互结合，相互验证，相互补充，相互约束，可起到降低多解性、提高探测可靠性的作用。

综合超前地质预报应遵循洞内与洞外相结合、地质与物探钻探相结合、长与短相结合、多种方法相互配合的原则。以岩溶地区隧道综合超前地质预报为例，在岩性较好的地段，一般用 TSP 预报 100～150 m，在岩性较差的地段一般预报 100 m，当接近不良地质体时，采用地质雷达或瞬变电磁进行短期更精确的预报，同时施工超前探孔进行进一步确认，也可在先行隧道中从侧向钻探了解不良地质构造的情况。

隧道超前地质预报方法都有各自的特点和优缺点，表4.32是对隧道超前地质预报方法的对比。

表4.32 隧道超前地质预报方法的主要特点及优缺点

地质超前预报方法	主要特点	优缺点
地质分析法	主要根据隧道地质调查结果预报隧道掌子面前方存在的断层、不同岩类的接触界面、隧道前方围岩的稳定性及失稳破坏形式等	有牢固的理论基础，不占用或极少占用施工时间，适用性强，成本低，操作简便。但靠有限之“见”预报范围有限，特别是在地层岩性变化极为复杂隧道中准确率低
超前平行导坑法	利用超前施工的平行导坑或平行隧道所遇地质情况推测隧道将遇到的地质情况	有牢固的理论基础，不占用或极少占用施工时间，适用性强，操作简便。但投资大，对间距小，地层受构造变动小的平行隧道工程较好，两隧道间距大，地层变化复杂时准确率明显低
超前水平钻孔法	采用钻孔钻进速度测试结果、岩芯的观察及相关试验获取掌子面前方岩石（体）的强度指标，可钻性指标、地层岩性指标、岩体完整性指标及地下水状况等多方面的直接资料进行预报	直接揭示隧道施工掌子面前方地质条件，适应性强。但占用施工时间长，成本高
物探法	主要基于目标地质体与周围介质的物性差异来确定地质体的空间展布范围并测定岩土体的物性参数，是一种无损检测的间接探测方法	有成熟的理论基础，具有快速、全面、准确、省时、经济和勘探精度高等优点。多解性是物探法的固有难题，每种探测技术的物理基础各不相同，单一的探测技术仅能获知地质体的某一物理性质，进而推断其他地质属性

4. 超前地质预报设计

高速铁路隧道工程在各设计阶段均应进行相应的超前地质预报设计，预报方法的选择应与施工方法相适应。超前地质预报设计可参考图4.62所示流程图。

根据隧道的工程地质与水文地质条件、地质因素对隧道施工影响程度及诱发环境问题的程度等进行隧道地质复杂程度分级，确定隧道地质超前预报总体方案。隧道超前地质预报方案设计，应明确隧道超前地质预报选用的手段及方法，以及各种手段、方法应用的具体段落部位、施作频次、前后搭接长度、工作量大小等。

根据不同的地质复杂程度分级，针对不同类型的地质问题，选择不同的方法和手段及其组合进行，并贯穿于施工全过程。对于选用的预报方法，有特殊技术要求的，应在预报方案设计中明确技术要求。在隧道开挖过程中，根据超前地质预报成果和实际地质条件，动态调整隧道地质复杂程度分级与超前地质预报设计。

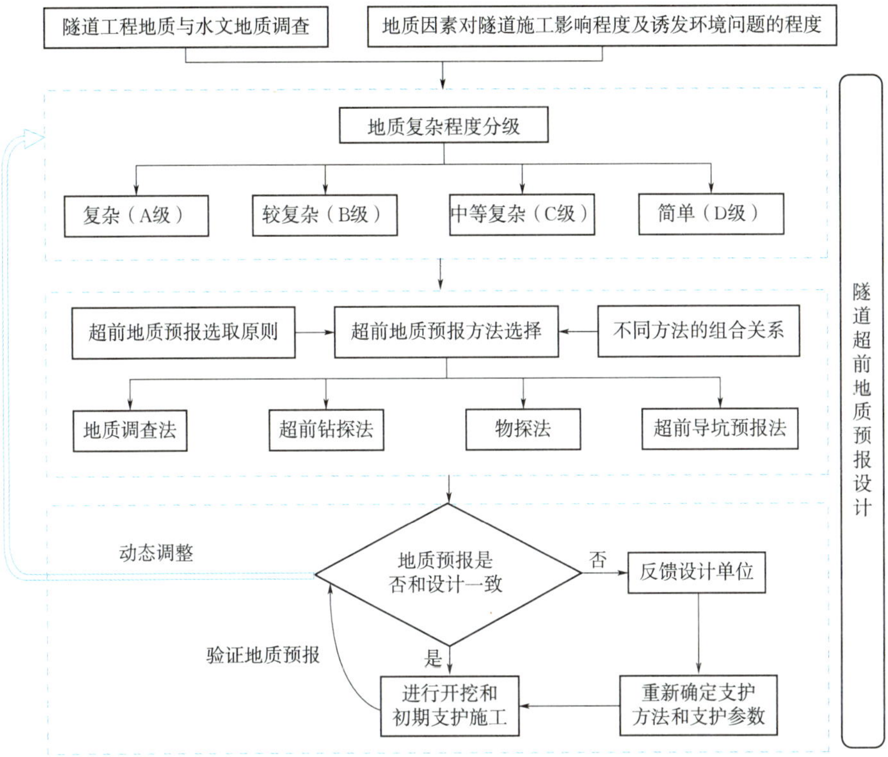

图 4.62 隧道超前预报设计流程图

4.5.2 信息化施工

设计与施工的一体化是隧道工程的特征之一，设计要考虑施工中的"动态信息"，施工要根据"动态信息"进行再设计，再继续施工。因此，矿山法隧道设计、施工的基本原则之一是：以"施工中信息"或"动态信息"为基础，坚持"信息化设计施工"或"动态设计施工"。

隧道信息化施工的目的是积累通过施工中的试验、观察、量测、掌子面前方地质预报获得的信息，并切实把分析的结果反馈到施工中，以便从安全性和经济性两方面具体实现隧道施工的合理性。信息化施工是在具有许多不确定性因素的隧道施工条件下，追求安全性和经济性，力图使施工最佳化。

隧道是以围岩为对象的工程，在设计阶段有关围岩构造的力学动态要进行确定的预测，即使在各种数值解析方法高度发展的今天，也是不容易的。因为围岩的复杂性，在设计阶段采用的力学模式和输入值很多都具有不确定性，因此，施工中或施工后的围岩和结构物的力学动态与设计阶段的预测不一定是一致的。

为提高预测的精度，实现结构物合理的设计施工的手段，一般采用被称为信息化施工的施工管理方法。根据隧道是地中构筑的线状结构物的特殊性，以充分的精度通过围岩调查和试验，掌握自然围岩的状态和性质，实质上是不可能的。开挖工法和辅助工法对围岩动态的影响也是很大的。为此，在初步设计中，必须根据对围岩大概的评价进行设计。在事前调查和设计阶段中，如不能充分掌握围岩的信息，就要根据施工中现场的观察、量测来掌握围岩的特性,补充设计上的不完善。这样的信息化施工的概念如图 4.63 所示。

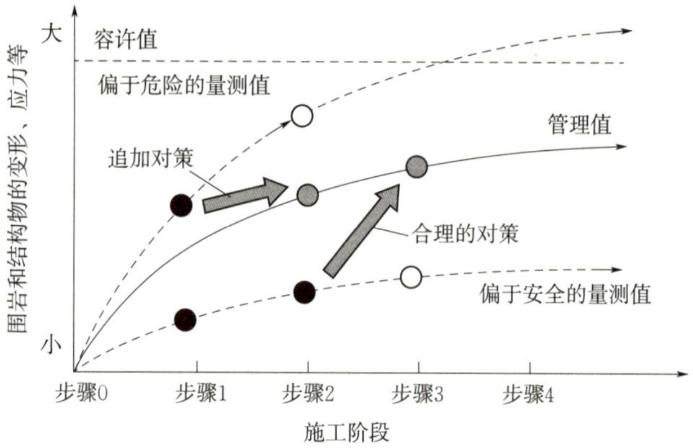

图 4.63 信息化施工的概念

信息化施工的主要作用如下:

(1)根据事先规定的限界值,预测施工中发生的危险;

(2)掌握对周边结构物的影响,保证安全性;

(3)分析施工中观察获得的信息,反馈到以后的预测和设计中;

(4)明确设计和施工上的不确定性,变更和改善施工方法;

(5)力图对策的合理化,保证施工的安全性和经济性;

(6)积累量测数据,用于理论的验证和未来的设计。

为实现隧道合理的设计、施工,如图 4.64 所示,实现 P(调查、解析)、D(设计、施工)、C(观察、量测)、A(分析、反馈)有机结合的信息化施工的螺旋线上升是很重要的。

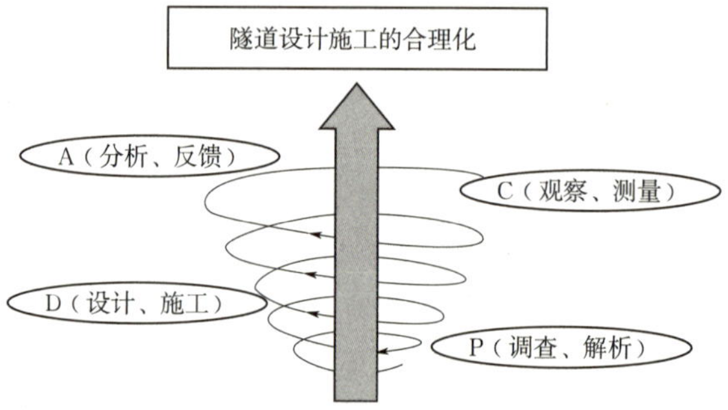

图 4.64 信息化施工的 PDCA 螺旋线循环

1. 实现真正的信息化施工的关键是“信息”

实现信息化施工的前提条件是要有能够充分表现隧道开挖后围岩和支护构件动态的“动态信息”。

目前的隧道设计,是以施工前有限的信息为基础进行设计的。由于地质的复杂性和不确定性,事前很难掌握自然围岩的状态和性质。因此,施工图建议的设计参数和施工方法,只能是推荐性的,需要在施工中予以验证、修正与完善,也就是说,在施工中要根据能够充分表现隧道开挖后围岩和支护构件动态的“动态信息”来进一步掌握围岩的特性,并进行修正设计。

这说明，信息化施工必须以“施工中的信息”为基础，不断完善设计与施工过程，才能构筑符合要求性能的隧道结构物。

因此，要把“设计变更”作为信息化施工中重要组成部分，开展设计变更基准、方法等内容的研究，是非常重要的。

对信息来说，需要的是能够确实反映隧道开挖前后动态、支护前后动态以及使用期间可能出现的变化等信息。例如：

(1)能够判定掌子面是否稳定的信息；

(2)掌子面前方围岩是否发生变化的信息；

(3)已支护地段变形是否收敛的信息；

(4)围岩分级是否合适的信息；

(5)地下水动态是否变化的信息；

(6)使用期间变异发生前后的信息(或数据)等。

在分析、评价上述信息的基础上，来确认隧道施工的安全性、隧道构造的稳定性以及耐久性等，以确定建成的隧道构造是否满足设计要求。

为此，应对各种“信息”提出“质”和“量”的要求，同时也要满足“信息共享”的要求。从当前的施工现状看，虽然积累了大量的信息(或数据)，但信息的“质”还不能满足信息化施工的要求。也就是说，没有“质”的信息，数量再多，也没有用。其次就是信息不能共享，也就是说信息没有规准化，这方面也是粗放式管理的一个薄弱环节。

2. 获取“信息”的方法和技术

在信息化施工中，另一个重要的问题，就是确立获得上述“信息”的方法和技术。获取信息的途径和方法是多种多样的，主要方法及内容列于表4.33。主要包括：掌子面前方围岩的探查、掌子面观察、量测、各种试验(室内的、原位的)等。

表4.33 获取信息的方法和目的

方 法		目 的
洞内观察调查		掌子面自稳性、毛洞开挖工作面稳定性； 掌握岩质、断层破碎带、褶皱构造、变质带等的性质； 掌握喷射混凝土等支护构件的变异状况； 对围岩分级的再评价
原位置调查、试验	洞内弹性波测定	对围岩分级的再评价； 松弛区域； 地层的裂隙、变质程度； 掌握岩层的强度等
	钻孔调查	掌握岩质、断层破碎带、褶皱构造、变质带、瓦斯等的性质； 采取围岩试验用试件
	利用钻孔的调查	掌握地基承载力(标准贯入试验)、水压、渗透系数(涌水压试验)、变形系数(孔内水平加载试验)等
	岩层直剪试验	掌握围岩的初期抗剪强度、残余强度及变形系数
	点荷载试验	点荷载强度
	针贯入度试验	针贯入深度

续上表

方　法		目　的
围岩试件试验	单轴抗压强度试验	掌握单轴抗压强度、静弹性系数、静泊松比
	超声波传播速度测定	掌握P波速度、S波速度、动弹性系数、动泊松比
	重度试验	掌握重度、含水率
	吸水率试验	掌握吸水率
	压裂拉伸试验	掌握压裂拉伸强度
	蠕变试验	掌握蠕变常数
	粒度分析试验	土砂围岩的场合，作为判断掌子面稳定性的资料； 泥岩、温泉余土等场合，作为判断膨胀性的资料
	浸水崩解度试验	软岩场合，作为判断对水的稳定性的资料
	三轴压缩试验	掌握内聚力、内摩擦角及残余强度
	X线回归试验	判定黏土矿物的种类(有无膨胀性黏土)
	阴离子交换容量(CEC)	推定黏土矿物的含有量
量测	拱顶下沉测定	监视隧道拱顶的绝对下沉量，了解断面的变形状态，判断隧道拱顶的稳定性
	净空位移测定	根据位移值、位移速度、位移收敛状况、断面变形状态等判断隧道周边围岩的稳定性、支护结构的设计施工的妥当与否以及衬砌的施设时间
	地表下沉测定	在洞口段和埋深小的区间，测定隧道纵向的地表下沉，评价隧道开挖对地表面的影响和隧道的稳定性
	洞内地中位移测定	了解隧道周边的松弛区域和位移值，判断锚杆长度、设计施工妥当与否
	锚杆轴力测定	根据锚杆的应变，计算锚杆轴力，确认其效果，判断锚杆长度、直径是否合适
	喷射混凝土应力测定	根据作用在喷射混凝土背后的土压、喷射混凝土应＋＋力，确认其支护效果，判断是否增喷射混凝土等
	地表、地中的位移测定	判断隧道开挖对地表的影响和防止下沉对策的效果。推定隧道周边的松弛区域
	钢支撑应力测定	根据钢支撑应力，判断钢支撑的大小、间距是否合适，并推定作用在钢支撑上的土压大小、方向、侧压系数
	衬砌应力测定	确认衬砌的稳定性、双设隧道有无相互干扰
	底鼓测定	判断仰拱的必要性和效果
	AE测定	评价岩爆现象发生的危险度
	锚杆拉拔试验	确认锚杆的锚固效果，根据拉拔承载力选定合适的锚杆锚固方式及锚杆类型
前方探查	洞内弹性波探查	掌握掌子面前方的断层、破碎带等的位置和宽度
	钻孔检层法	计算钻孔速度和钻孔能量，掌握围岩状况，比较好地掌握断层、破碎带等的位置和宽度
	钻孔岩粉	简易地掌握掌子面前方的地质状况和地下水状况
	纵向位移量测预测法	利用洞内纵向位移量测推定掌子面前方围岩的变化

应该指出，在信息化施工中，观察和前方围岩探查，可能比量测更为重要。因为施工主要是针对掌子面前方围岩的变化和对掌子面开挖后的即时判定来采取对策的。量测的数据只能在稍后的时间获取。因此，为确保信息化施工安全、经济、快速，加强掌子面观察和前方围岩探查很重要。实际上，在Ⅰ、Ⅱ级围岩中，观察、施工数据是主要的，基本上可以不进行量测。而在Ⅲ、Ⅳ级围岩中，观察、量测是并重的，而在需要控制变形的围岩中，量测、前方围岩探查是不可缺少的，如在Ⅴ、Ⅵ级及特殊围岩中。但在过去，过多地依赖量测，而忽视了观察、试验及掌子面前方围岩预测所提供的信息。因此，今后应有针对性地利用除量测以外的一些方法，以获取相应的信息，进而指导隧道的设计和施工是很重要的课题。

由上述方法获得的信息，数量是可观的，因此对信息的整理、分析、评价是十分重要的作业。只有利用数据库的方法才能予以解决，因此，有计划、有目的地建立隧道信息数据库是刻不容缓的，不能忽视。

隧道施工时的观察调查大体上分为洞内观察调查和地表调查两类。洞内观察调查包括掌子面观察和已施工区间的观察。掌子面观察是以支护施设前的围岩为对象，已施工区间观察则以施工后的支护结构为对象，两者与量测数据一起用来判断支护结构的选定和增减是很重要的。地表调查的主要对象是隧道所在地区沿线周边的地质情况，主要作用是掌握不良地质诱发施工地质灾害的可能性和发生施工地质灾害的类型、强度以及对隧道施工的影响，进一步为设计、施工提供基础。

(1)掌子面观察及其作用

施工的初期阶段，即开始揭露围岩的初期阶段，是有经验的工程技术人员用以判断围岩是否符合预计的最佳时期。观察采用的方法一种是目视加简易的锤击方法，一种是用数码相机摄影。

初期阶段的掌子面观察，重点要放在初步设计的围岩级别的核查上。随着施工的进展，积累掌子面观察数据和量测数据，掌子面观察可以用于选定支护模式。也就是说，根据积累的掌子面观察数据和量测数据，可以整理出掌子面的围岩条件和合理的支护模式的相关关系。对未施工区间(新的掌子面)，掌子面观察结果可用于选定支护模式。

在掌子面观察中，目前各国采用最多的方法是掌子面观察表法。例如，我国铁路隧道规定的围岩级别判定卡就是一例。

(2)已施工区间的观察

对已施工区间进行观察是为了补充量测、确认设计施工是否合适，如有问题可及早发现。一边检查支护的状态一边观察，如有异常立即查找原因并与其他量测项目加以综合判断，并采取适当的措施。

为了早期发现变异和前兆，观察是极为必要的。发生变异的场合，要增加观察频率。其次，在分析与量测数据相关性的基础上，为更好地利用已施工区间的观察结果，明确记录变异发生后的变异发展过程是很重要的。

根据对已施工区间的观察，认为有变异的场合，首先要分析变异发生的状况；其次，基于分析结果，研究采取的对策和修正未施工区间支护模式选定的基准和再评价管理基准，如按图4.65所示的步骤进行研究。对已施工区间进行观察结果的使用方法最好是编制能够与量测结果等对比的管理图，进行量测管理。

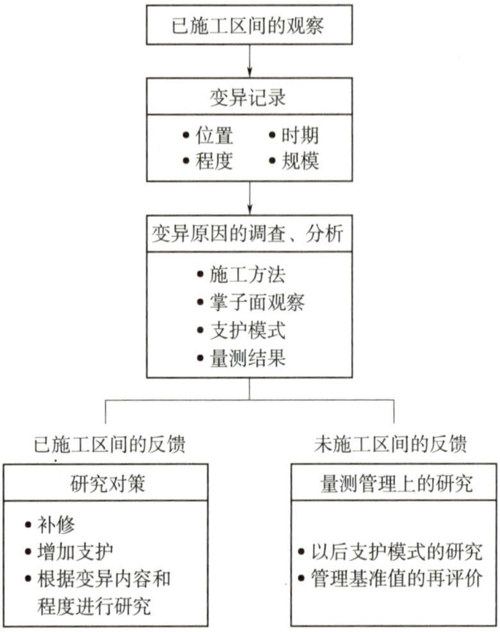

图 4.65 已施工地段观察结果的使用方法

(3)地表调查

只有高质量地完成隧道地表调查工作,才能为隧道地质条件分析提供丰富、准确的地质资料。它需要调查人员具有坚实的野外地质工作的基本功,也需要丰富的地质填图工作经验。

全面的隧道地表调查工作主要包括地层地质调查(特别是煤系地层地质调查)、地质构造调查(特别是断层调查,还包括节理、褶皱、地层不整合面、侵入岩接触带等)、岩浆岩调查、岩溶地质调查(包括岩溶洞穴、管道和各种岩溶塌陷)和水文地质调查等。

3. 建立为信息化施工服务的数据库

在具备"信息"和"方法"的前提条件下,就是如何"处理信息"、"分析信息"和"评价信息",进而"利用信息"的问题。为此,建立为信息化施工服务的数据库是非常必要的。

参考文献

[1] 关宝树.隧道工程设计要点集[M].北京:人民交通出版社,2011.

[2] LUNARDI P.Design and Construction of Tunnels Analysis of Controlled Deformation in Rock and Soils(ADECO-RS)[M].Germany:Springer,2008.

[3] 赵勇.隧道设计理论与方法[M].北京:人民交通出版社股份有限公司,2018.

[4] 关宝树.隧道工程施工要点集[M].北京:人民交通出版社,2011.

[5] 关宝树,赵勇.软弱围岩隧道施工技术[M].北京:人民交通出版社,2011.

[6] 樱井春辅.隧道量测位移反分析[J].隧道译丛,1986(4):8-12.

[7] 龚伦.山岭隧道信息化施工技术研究[D].成都:西南交通大学,2004.

[8] 张志强,何本国,关宝树.节理岩体隧道围岩稳定性判定指标合理性研究[J].现代隧道技术,2012,49(1):12-19.

[9] 徐昌茂.基于围岩稳定性与超前地质预报的高铁隧道钻爆开挖工法转换条件研究[D].武汉:中国地质大学,2015.

[10] CHEN W F. Limit analysis and soil mechanics [M]. New York: Elsevier Scientific Publishing Company,1975.

[11] ZHANG Z,SHI X,WANG X,et al.,Stability of NATM tunnel faces in soft surrounding rocks[J].Computers and Geotechnics,2018.96:90-102.

[12] ZHANG Z Q,LI H Y,LIU H Y,et al.Load transferring mechanism of pipe umbrella support in shallow-buried tunnels [J]. Tunnelling and Underground Space Technology,2014,43:213-221.

[13] 关宝树.隧道及地下工程喷混凝土支护技术[M].北京:人民交通出版社,2009.

[14] 关宝树.矿山法隧道关键技术[M].北京:人民交通出版社,2016.

[15] 卿三惠.高速铁路建造技术施工卷[M].北京:中国铁道出版社,2013.

[16] 王锦山,王力,张廷新,等.隧道施工超前地质预报理论基础与方法[M].武汉:中国地质大学出版社,2012.

[17] 李术才,刘斌,孙怀凤,等.隧道施工超前地质预报研究现状及发展趋势[J].岩石力学与工程学报,2014,33(6):1090-1113.

[18] 中国铁路总公司.高速铁路隧道工程施工技术规程:Q/CR 9604—2015[S].北京:中国铁道出版社,2015.

5　高速铁路隧道盾构法修建技术

盾构法是暗挖法施工中的一种全机械化施工方法，被广泛应用于城市地铁及水下隧道的施工。它是将盾构机械在地层中推进，通过盾构外壳和管片支承四周围岩防止发生往隧道内的坍塌，同时在开挖面前方用切削装置进行土体开挖，通过出土机械运出洞外，靠千斤顶在后部加压顶进，并拼装预制混凝土管片，形成隧道结构的一种机械化施工方法。本章主要介绍盾构机种类及选型、盾构的构造及支护结构设计、管片防水、盾构施工技术及智能建造等内容。

5.1　盾构机种类及选型

5.1.1　盾构机的种类

盾构机的分类方法有多种，常按照盾构施工的机械化程度、掘削面的敞开状态、掘削面的平衡方式等多种方法进行分类，如图 5.1 所示。

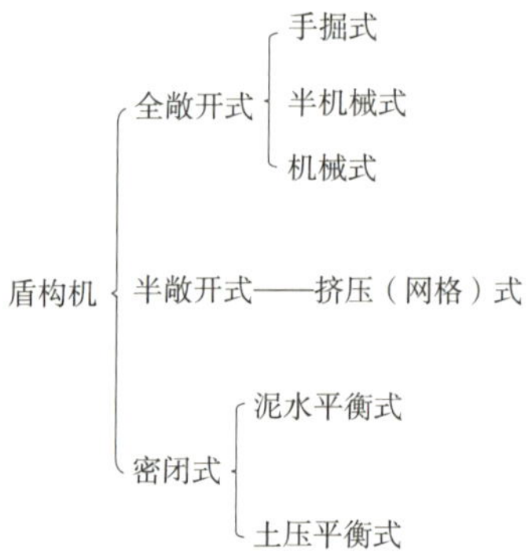

图 5.1　盾构机的分类

全敞开式盾构是指没有隔墙、大部分开挖面成敞露状态的盾构机，如图 5.2 所示。根据开挖方式的不同又可细分为手掘式、半机械式、机械式三类。全敞开式盾构适合于开挖面自稳性较好的围岩。在围岩条件不好时，需要结合使用压气施工法等辅助工法，以保证开挖面稳定。

挤压式盾构（见图 5.3）是半敞开式盾构的主要类型，又称网格盾构。挤压式盾构是将刀盘设计成网格状，同时

图 5.2　全敞开式盾构

配上可调的出土装置。施工时，盾构由后方油压千斤顶推进正面贯入围岩，使贯入部位土砂流动，由网格的开口处进入机器内部，再送达地面。开挖面的稳定是靠调节开口大小，使千斤顶推力和开挖面土压力达到平衡来实现的。

图 5.3 挤压式盾构

密闭式盾构（见图 5.4）的掘削面是不可见的。该类盾构通过在机械开挖式盾构机的切口环与支撑环之间设置隔板，使得刀盘与隔板之间形成密闭仓室。掘进时，掘削渣土进入该仓室内，同时由填充该仓室的介质如泥水、掘削渣土等提供足以使开挖面保持稳定的平衡压力。根据压力平衡介质的不同，密闭式盾构机可分为泥水平衡式盾构和土压平衡式盾构。

（a）土压平衡盾构

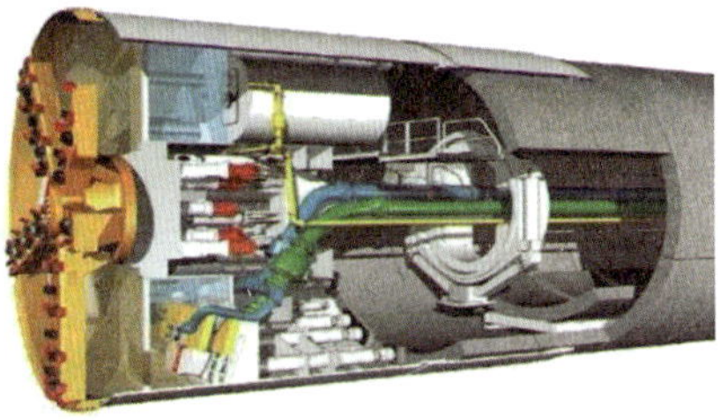

（b）泥水平衡盾构

图 5.4 密闭式盾构

5.1.2 盾构机的构造

盾构机的组成部分主要包括盾构机的外壳、掘削机构、挡土机构、推进机构、搅拌机构、排土机构、管片拼装机构及其他组成机构等部件。

1. 外壳

盾构外壳一般由钢板制作，并用环形梁加固支撑，其作用是保护掘削、排土、推进、施作衬砌等所有作业设备和装置的安全。通常盾构机的外壳沿纵向从前到后分为前、中、后三段，也被称为切口环、支承环、盾尾三部分。

2. 掘削机构

掘削机构应该满足结构强度、刚度和耐磨的要求，刀具配置能够适应地层变化，必要时能够预留检修、维护的空间和作业平台，根据实际需求配置刀盘及刀具磨损检测装置。掘削刀盘按结构形式分为辐条型、面板型以及介于两者之间的类型等，如图 5.5 所示。

辐条型刀盘由辐条及布置在辐条上的刀具构成，开口率大，提高了排出土体的量和颗粒大小，并将土仓内的土压力有效地传递给开挖面，多用于机械式盾构和土压平衡盾构。缺点是：对于地下水压大、易坍塌的土质而言，易喷水、喷泥。

面板型刀盘由辐条、刀具、槽口及面板组成，采用面板防止开挖面过度坍塌，有利于开挖面稳定，并可以通过控制槽口的开度来调节土砂排出量和掘进进度。缺点是开口率较小，掘削黏土层时，易发生黏土黏附面板表面，妨碍刀盘旋转，进而影响掘削质量。

掘削刀具布置方式及刀具形状是否适合应用工程的地质条件，直接影响盾构机的切削效果、出土状况及掘进速度。目前使用的刀具主要有两类：一是切削类刀具，二是滚动类刀具，如图 5.6 所示。

（a）辐条型

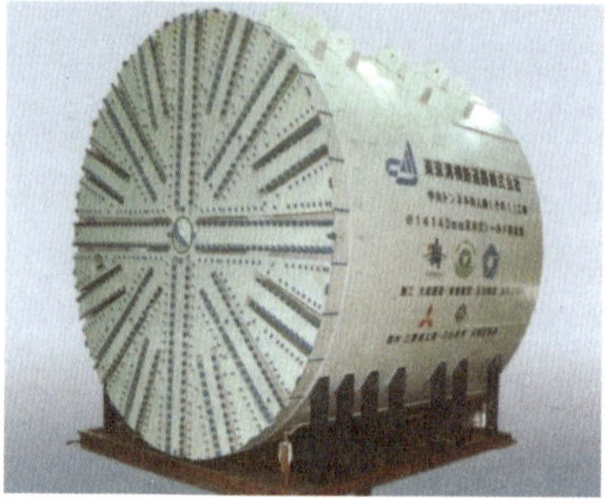

（b）面板型

（c）辐条—面板型

图 5.5　刀盘形式

（a）切刀

（b）刮刀

（c）撕裂刀

（c）齿形滚刀

（d）单刃滚刀

（f）双刃滚刀

图 5.6　常见刀具

切削刀具是指只随刀盘转动而没有自转的破岩刀具，其种类繁多，目前盾构机上常用的切削刀具主要包括切刀、边刮刀、撕裂刀等类型。切刀又称齿刀，主要用于软土地层的切削；边刮刀位于刀盘外轮廓上，用于切削断面的成形；撕裂刀、仿形刀为超前刀，多用于砂卵石地层的切削。

滚动刀具是指不仅随刀盘转动，还同时做自转运动的破岩刀具。根据刀刃的形状滚刀还可分为齿形滚刀（钢齿和球齿）和盘形滚刀，其中以盘形滚刀为常见。盘形滚刀根据刀刃数量可以分为单刃滚刀、双刃滚刀等类型。

3. 挡土机构

挡土机构的作用主要是防止掘削时掘削面地层的坍塌和变形，确保掘削面稳定。对于全敞开式盾构而言，其主要的挡土机构是挡土千斤顶；对于半敞开式网格盾构而言，其挡土机构是网格状面板；对于泥水平衡盾构而言，其挡土机构是泥水舱内的加压泥水和刀盘面板；对于土压平衡盾构而言，其挡土机构是土舱内的掘削加压土和刀盘面板。

4. 推进机构

推进机构提供盾构机前进的动力,形式应根据工程、水文地质条件和环境选择;驱动的最大推力和装配扭矩应根据地质条件、施工要求和驱动形式等确定,以满足盾构机推进、调向及管片安装要求。

5. 搅拌机构

搅拌机构属于专用机构,主要是针对泥水平衡盾构和土压平衡盾构。在土压平衡盾构中,搅拌机构的作用是搅拌注入添加剂后的舱内掘削土砂,提高其流塑性,防止堆积黏固,提高排土效果。而对于泥水平衡盾构,搅拌机构的作用是使掘削土砂在泥水中混合均匀,以利于排泥泵,将混有掘削土砂的泥浆排出。旋转搅拌机通常设置在泥水舱底部,以防止排泥吸入口堵塞。

6. 排土机构

在全敞开式或半敞开式机械盾构中,排土系统一般由铲斗、滑动导槽、漏土斗、皮带传送机等构成。对于砂卵石地层盾构机掘进,应配置满足卵石粒径要求的碎石设备,能够破碎大粒径卵石,满足渣土/泥浆输送要求。

在泥水平衡盾构中,排土机构由泥水循环系统实现。新鲜的泥水在泥水泵的作用下经进泥管进入泥水仓后,和刀盘掘削下来的渣土充分混合,然后由排泥管排出至地表的泥水处理系统,富含掘削渣土的泥水经过多级渣土分离和泥水处理后,重新开始新一轮循环。

在土压平衡盾构中,排上机构由螺旋输送机、排土控制器及盾构机以外的泥土运出设备构成。螺旋输送机的功能是把土舱内的掘削土运出、经排土控制器送给盾构机外的泥土运出设备。螺旋输送机分为轴式和带式两种,如图 5.7 所示。具体选用时,应该根据所处的地质条件来选取。具体来说,对于高水压和砂土,一般选用轴式;而带式多用于砾石层,因为中心无轴可以较方便地排出大砾石。有轴式保持压力效果较好,而无轴式因为中心开口较大,保持压力效果不佳,故常在出口处设置滑动闸门等止水装置。

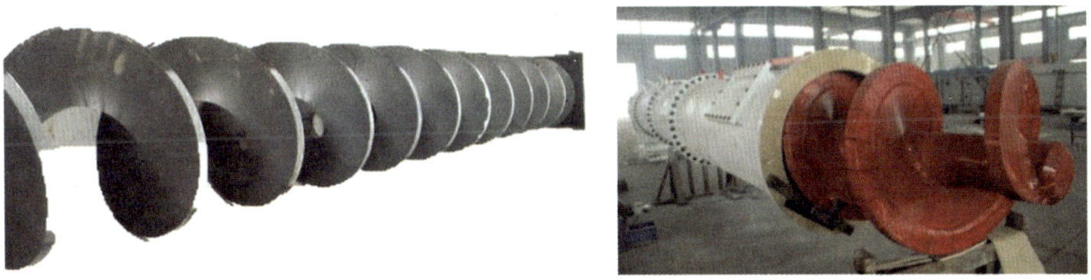

(a) 带式(无轴式)螺旋输送机　　(b) 轴式螺旋输送机

图 5.7　输送机种类

7. 管片拼装机构

管片拼装机构设置在盾构的尾部,由管片拼装机械手和真圆保持器构成。管片拼装机械手是在盾尾内把管片按照所定形状安全、迅速地拼装成环的装置,包括搬运管片的钳夹系统和上举、旋转和拼装系统。

当盾构向前掘进时管片拼装环就从盾尾脱出,由于管片接头缝隙、自重力和土压的作用原因,管片环会产生横向变形,使横断面成为椭圆形。当变形时,前面装好的管片环和现拼的管片环在连接时会出现高低不平(错台),给安装纵向螺栓带来困难。为了避免管片环的高低不平，需要采用真圆保持器。管片吊运及拼装系统起吊运输抓举能力应与管片重量相匹配，管片拼装机应具有高的灵活性和可靠性，管片拼装机应具有自由度。

8. 其他组成机构

此外，盾构机还常配备同步注浆系统、润滑及密封系统、数据采集及控制系统、导向系统、通风系统、通信系统、视频监控系统、消防安全系统等。

盾构设施的配备应满足工程计划进度、工程规模、施工方法、盾构运转安全、环境保护的要求，并与盾构类型及施工技术要求相适应。在盾构整机制造完成后应在工厂进行总装调试，验收合格后方可出厂。

5.1.3 盾构选型原则

盾构选型是盾构法隧道能否安全、环保、优质、经济、快速建成的关键之一。盾构选型的原则是安全性、技术性、经济性相结合，其首要原则是安全性，即以确保开挖面稳定为中心；为此，应注意地质条件（种类、强度、渗透系数、细颗粒含有率、粒径）及地下水条件，同时应充分明确场地条件、竖井周边的环境条件、施工线路上的地上及地下建（构）筑物条件、特殊场地条件、沉降控制等所要求的功能，在此基础上，还必须连同技术性和经济性等一并考虑，才能选择出合适的盾构。如果选择不当，就不得不采用多余的辅助工法，还可能导致无法开挖及推进，甚至引发重大工程事故。盾构选型时主要遵循下列原则：

（1）应对工程地质、水文地质有较强的适应性，首先要满足施工安全的要求。

（2）安全可靠性、技术先进性、经济合理性相统一，在安全可靠的情况下，考虑技术先进性和经济合理性，确保盾构施工的作业效率。

（3）满足隧道外径、长度、埋深、施工场地、周围环境等条件。

（4）满足安全、质量、工期、造价及环保要求。

（5）后配套设备的能力与主机配套，满足生产能力与主机掘进速度相匹配，同时具有施工安全、结构简单、布置合理和易于维护保养的特点。

（6）盾构制造商（专业制造、专业服务）的知名度、业绩、信誉和技术服务。

根据以上原则，对盾构的形式及主要技术参数进行研究分析，以确保盾构法施工的安全、可靠，选择最佳的盾构施工方法和选择最适宜的盾构。

5.1.4 盾构选型依据

盾构选型应以工程地质、水文地质为主要依据，综合考虑周围环境条件、隧道断面尺寸、施工长度、埋深、线路的曲率半径、沿线地形、地面及地下构筑物等环境条件，以及周围环境对地面变形的控制要求的工期、环保等因素。同时，参考国内外已有盾构工程实例及相关的盾构技术规范、施工规范及相关标准，对盾构类型、驱动方式、功能要求、主要技术参数、辅助设备的配置等进行研究。选型的主要依据如下：

（1）工程地质及水文地质条件，包括地貌，地层岩性，地质构造，岩层中特殊地质（如球状风化体、溶洞、含有害气体、放射性岩体等）分布，颗粒分析及粒度分布，单轴抗压强度，含水率，砾石直径，液限及塑限，标准贯入试验锤击数 N 值，黏聚力 c，内摩擦角 φ，土粒密度，孔隙率及孔隙比，地层反力系数，压密特性，弹性波速度，孔隙水压，渗透系数，地下水位（最高值、最低值、平均值)，地下水的流速、流向，河床变迁情况，沿线水域的分布等。

(2)隧道长度、隧道平纵断面及横断面形状、尺寸等设计参数。

(3)周围环境条件。地上及地下建构筑物分布，地下管线埋深及分布，沿线河流、湖泊、海洋的分布，沿线交通情况、施工场地条件，气候条件，水电供应情况，隧道近接施工条件等。

(4)隧道施工工程筹划及节点工期要求。

(5)宜用的辅助工法。

(6)技术经济比较。

5.1.5 盾构选型主要步骤

(1)在对工程地质及水文地质条件、周围环境、工期要求、经济性等充分研究的基础上选定盾构的类型。根据围岩的自稳性对敞开式、密闭式盾构进行比选；根据地质条件对软土盾构、复合盾构进行比选。

(2)在确定选用密闭式盾构后，根据地层的粒径、渗透系数、地下水压以及环保、辅助施工方法、施工环境、安全等因素对土压平衡盾构和泥水平衡盾构进行比选。

(3)在土压平衡盾构和泥水平衡盾构都不能满足开挖面稳定的要求时，则应考虑选择多模式盾构。

(4)根据详细的地质勘探资料，对盾构各主要功能部件进行选择和计算、设计(如刀盘驱动形式，刀盘结构形式、开口率，刀具种类与配置，螺旋输送机的形式与尺寸，沉浸墙的结构设计与泥浆门的形式，破碎机的布置与形式，送排泥管的直径等)，并根据地质条件等确定盾构的主要技术参数。盾构的主要技术参数在选型时应进行详细计算，主要包括刀盘直径，刀盘开口率，刀盘转速，刀盘扭矩，刀盘驱动功率，推力，掘进速度，螺旋输送机功率、直径、长度，送排泥管直径，送排泥泵功率、扬程等。

(5)根据地质条件选择与盾构掘进速度相匹配的盾构后配套施工设备。

5.1.6 盾构选型主要方法

1. 根据地层颗粒级配选型

土压平衡盾构在不进行渣土改良及泥水平衡盾构在不使用添加剂时，盾构类型与地层粒径的关系如图 5.8 所示。图中，左边区域为黏土、淤泥质土及细砂区，为土压平衡盾构最适用的颗粒级配范围；右边区域为粗砂及砂砾区，为泥水平衡盾构最适宜的颗粒级配范围。

从图 5.8 可以看出，在不进行渣土改良的情况下，土压平衡盾构最适应的地层粒径范围为 0.2 mm 以下(蓝色区域)，最多可以上延到约 1.5 mm(灰色区域)地层粒径范围；而泥水平衡盾构的粒径适应范围下起 0.01 mm，上至 80 mm(黄色区域)。

土压平衡盾构主要适宜于粉土、粉质黏土、淤泥质粉土和粉砂等黏稠土壤地层施工，在黏性土层中掘进时，由刀盘切削下来的土体进入土舱后再由螺旋机输出，并在螺旋机内形成压力梯降，以保持土舱压力稳定；一般来说，细颗粒含量多，渣土易形成不透水流塑体，容易充满土舱每个部位，能够在螺旋机内形成土塞效应，在土舱中可以建立压力来平衡开挖面的水土压力。一般来说，当岩土中粉粒和黏粒的总量达到 40% 以上时，通常宜选用土压平衡盾

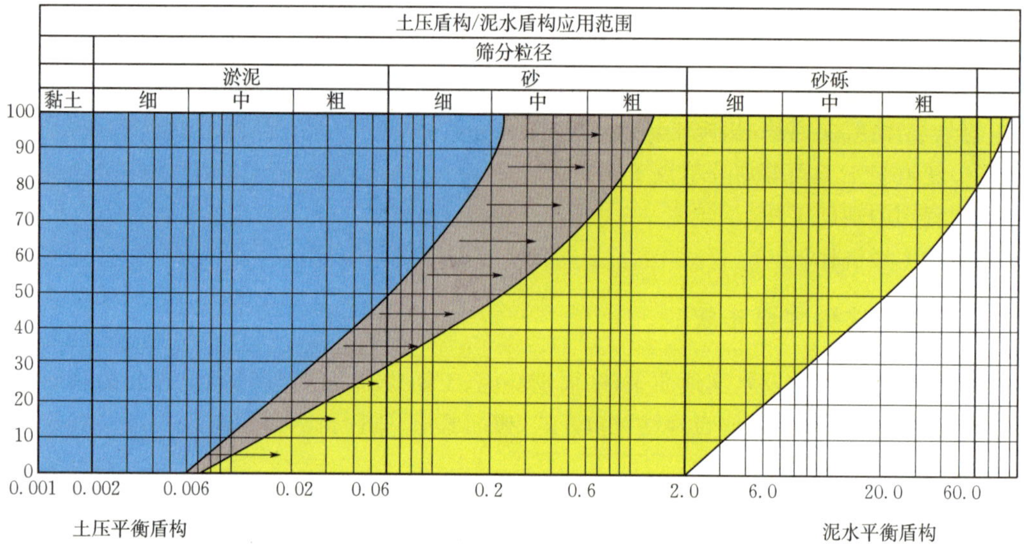

图 5.8 盾构类型与地层粒径关系曲线

构；否则选择泥水平衡盾构比较合适；粉粒的绝对大小通常以 0.075 mm 为界。以砂卵石地层为主时，宜选用泥水平衡盾构。

特别应注意的是，在依据地层粒径进行盾构选型时，应结合工程的具体情况，虽然土压平衡盾构和泥水平衡盾构适应的地层粒径不同，在不进行渣土改良的情况下，土压平衡盾构适用于地层粒径范围为 1.5 mm 以下的黏土、淤泥、砂质地层；在不使用添加剂时，泥水平衡盾构适宜的地层粒径范围为 0.01～80 mm 的淤泥、砂、砾石、卵石等多种地层。但若土压平衡盾构进行渣土改良或泥水平衡盾构使用适当的添加剂时，则土压平衡和泥水平衡盾构适应的粒径范围是一样的。

2. 依据渗透系数选型

根据欧美的经验，当地层的渗透系数小于 10^{-7} m/s 时，宜采用土压平衡盾构；当地层的渗透系数大于 10^{-4} m/s 时，宜采用泥水平衡盾构；当渗透系数在 10^{-7}～10^{-4} m/s 之间时，既可采用泥水平衡盾构，也可采用土压平衡盾构，如图 5.9 所示。

特别应注意的是，在依据渗透系数进行盾构选型时，应考虑具体的工程地质情况，根据日本的经验，当地层中黏土含量不足 10%时，泥膜很难形成，开挖面易坍塌，这时，不宜采用泥水平衡盾构，宜采用土压平衡盾构施工。

3. 依据地下水压选型

无论是地层粒径还是地层渗透系数，对土压平衡盾构的限制比对泥水平衡盾构的限制要大，其根本原因是土压平衡盾构的压力平衡介质是渣土，出渣方式是螺旋机。如果渣土的粒径太大、渗透系数太高就会造成两个主要后果：一是开挖面土层水的流失，不能建立压力平衡；二是螺旋机喷涌不能正常出渣。

依据地下水压选型时，一般地，当地下水压小于 0.3 MPa 时，宜采用土压平衡盾构；当地下水压大于 0.3 MPa 时，宜采用泥水平衡盾构。

特别应注意的是，在依据地下水压进行盾构选型时，应考虑具体的工程地质情况。一是

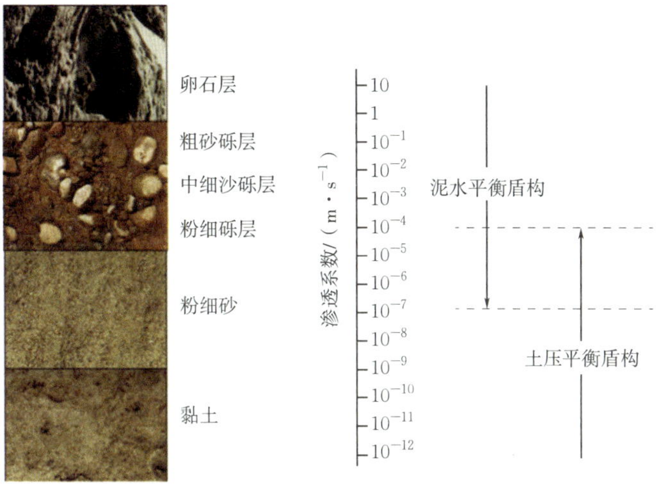

图 5.9 密闭式盾构类型与地层渗透系数之间的关系

当水压大于 0.3 MPa 时，如因地质原因需采用土压平衡盾构，则需增大螺旋输送机的长度，或采用二级螺旋输送机。二是当渣土改良效果不能满足土塞效应时，在地下水丰富时，即使地下水压小于 0.3 MPa，也不宜采用土压平衡盾构。在这类地层进行盾构法施工，虽然地下水压小于 0.3 MPa，若采用土压平衡盾构，盾构在该地层下掘进时，渣土和水处于分离状态，渣土在螺旋输送机内无法阻塞减压，无法形成土塞效应，即使使用双螺旋输送机，一旦螺旋机舱门开启出渣，依然会在水压的作用下发生螺旋输送机喷涌，导致开挖面压力无法稳定。若采用保压泵，虽然可以稳定开挖面压力，但螺旋机输出的渣土含有大量的大粒径块石，保压泵无法处理，渣土同样无法排除。

综上所述，盾构选型必须以开挖面稳定为中心，以工程地质和水文地质为基本点，以地层粒径、渗透系数、地下水压为依据，并综合考虑具体工程实际，确保所选择的盾构满足稳得住（平衡工作面）、掘得进（切削工作面）、排得出（排出渣土）的总体目标。

土压平衡盾构的优势是出渣能力强、土舱压力平衡直观、设备和操作相对简单；缺点是对高水压适应能力差，很难保持不稳定开挖面的稳定和防止渗透性强的地层中水的流失；对于大直径（大于 10 m）的土压平衡盾构在制造技术上有一定难度。

泥水平衡盾构在控制地层沉降和防止地层中水的流失方面具有比土压平衡盾构较明显的优势，可以在高水压、高渗透性地层工作；缺点是在黏土地层容易结泥饼、易堵塞、难分离，在有大量大粒径物体地层中容易滞排、易受碎石器能力和寿命的限制；另外相对土压平衡盾构，泥水平衡盾构的采购成本、场地要求和施工水平要求较高。

地层粒径、渗透系数、地下水压是盾构选项最根本的依据，但具体选型时，应结合工程的具体情况进行选择，需要解决理论的合理性与实际的可能性之间的矛盾，必须考虑环保、地质和安全因素，必须根据地层粒径大小和分布、地层渗透系数、地下水压、洞径、开挖面稳定性、埋深、成本、工期、场地等因素综合考虑而定。

根据开挖面平衡的机理，从保持开挖面的稳定、控制地面沉降的角度来看，使用泥水平衡盾构要比使用土压平衡盾构的效果好一些，特别是在江河湖等水体下、在密集的建筑物或构筑物下及上软下硬的地层中施工时。在这些特殊的施工环境中，施工过程的安全性是盾构选型时一项极其重要的选择，同时，采用泥水平衡盾构还可以降低地质变化差异大造成的施工风险。

在当土压平衡盾构和泥水平衡盾构都不能满足开挖面稳定的要求时，则应考虑选择多模式盾构。

5.2 盾构法隧道构造设计

5.2.1 盾构管片设计基本要求

盾构隧道应设置衬砌，一般优先采用单层装配式混凝土衬砌，如果结构重要性很高，从耐久性和防灾角度考虑，可采用双层衬砌。盾构隧道衬砌结构类型的选择应根据工程地质、水文地质、断面大小、施工方法等，通过分析计算或工程类比决定。盾构隧道衬砌结构形式应综合考虑断面形状和尺寸、围岩条件、防渗要求、支护效果、施工方法等因素，经过技术经济比较确定。

盾构隧道衬砌结构应满足以下基本要求：

(1)保持围岩稳定，可以长期承受作用于盾构隧道上的全部荷载。

(2)可以承受施工过程中的千斤顶推力及注浆压力等施工荷载。

(3)满足防渗要求。

(4)满足环境保护要求。

管片是盾构法隧道的永久衬砌结构，管片设计的成功与否直接关系到盾构隧道的质量和寿命，并且制造管片费用在整个隧道建设中所占比例也相当大，一般为40%～50%。因此无论从安全性还是管片造价方面讲，研究管片的结构力学行为具有很重要的意义。影响管片设计的因素包括：隧道的使用功能、结构运营寿命、运营空间要求（如净空、线路、施工精度等）、预埋件结构（如起吊件、连接预埋件等）、防水要求、规范规定的要求等。

5.2.2 管片衬砌类型

盾构隧道一般采用装配式衬砌结构，即通常所说的管片。管片的设计要根据隧道所处地层、地质、水文、断面尺寸等条件综合考虑。目前常用的管片类型有钢筋混凝土管片、钢管片、铸铁管片、复合管片等。

1. 钢筋混凝土管片

钢筋混凝土管片耐腐蚀，造价低，易于加工制作，是最为常用的管片形式。钢筋混凝土管片可以大致分为箱形管片和平板形管片。箱形管片主要用于大直径隧道，其手孔较大，利于螺栓的穿入和拧紧，同时节省了大量的混凝土材料，减轻了结构自重，但在千斤顶作用下容易开裂，国内应用较少；平板形管片手孔小，对管片截面的削弱相对较少，对千斤顶推力有较大的抵抗能力，正常运营时对隧道通风阻力也较小，在国内外中小直径盾构隧道中被普遍采用。

2. 钢管片

钢质管片主要用型钢或钢板加工而成，其强度高、延性好、运输安装方便，但是其刚度较小，在施工应力的作用下易变形，且耐腐蚀性差，造价也不低，仅在某些特殊场合使用，如平行隧道的联络通道口部的临时衬砌和小半径曲线隧道的转弯段等。

3. 铸铁管片

铸铁管片的耐腐蚀性、延性和防水性能好，质量轻、强度高，易于制作成薄壁结构，搬运方便，管片尺寸精度高，外形准确，安装速度快，但是缺点是耗费材料，机械加工量大，造价高，特别是具有脆性破坏的特性，不宜承受冲击荷载，目前已较少采用。

4. 复合管片

常见的复合管片有填充混凝土钢管片，即用钢管片的钢壳作为基本结构，在钢壳中用纵向肋板设计间隔，经填充混凝土后，称为简易的复合管片结构，与原有钢管片相比有制作容易、经济性能好、可以省略二次衬砌等优点。

5.2.3 管片厚度与幅宽

1. 管片厚度

一般情况下，管片厚度越大，其截面抗弯能力越强，可以节约钢筋用量，但同时也增加了混凝土用量，而且刚度增大也会增加截面的内力。因此，管片厚度的选取应视管片接头部位和混凝土截面的受力情况而定。根据施工经验，管片厚度一般为衬砌环外径的4%左右，但对于大断面隧道，尤其是采用钢筋混凝土管片的盾构隧道，管片厚度一般约为衬砌环外径的5.5%。

2. 管片幅宽

小幅宽管片便于搬运和组装以及隧道曲线段的施工；大幅宽管片可降低每延米隧道衬砌的制造成本、减少接头个数和提高施工速度。对结构受力而言，幅宽越小越接近梁体受力特征，幅宽越大越接近壳体受力特征。常用的幅宽有1 m、1.2 m、1.5 m和2 m等，参照国内外大断面隧道的建设情况，幅宽多数为2 m。

5.2.4 衬砌环分块原则及方式

单层装配式衬砌由多块预制管片在盾尾内拼装而成，衬砌圆环的分块主要由管片制作、运输、安装等方面的实践经验确定。从制作、防水、拼装速度而言，管片分块越少越好，从运输及拼装方便而言，管片分块越多越好。

管片分块方式总体上讲有等分模式和不等分模式：等分模式下由于没有小封顶块，采用错缝拼装时管片整体刚度较为均匀，是一种理想的受力分块方式；不等分模式一环管片一般是由几块A型管片（标准块）、2块B型管片（邻接块）和1块K型管片（封顶块）组成，一般情况下，标准块和邻接块的弧长很接近，封顶块的弧长较小，一般为标准块和邻接块弧长的1/4～1/3，其圆心角多为10°～17°。

盾构隧道衬砌环分块方式应根据地层情况、管片尺寸、管片制作、结构受力、运输及拼装、盾构构造、防水效果等因素确定，一般可分为7～12块。

5.2.5　楔形管片环

盾构在曲线段施工或蛇行修正时，需要使用一种幅宽不等的管片环(见图 5.10)，称为楔形管片环，当其宽度特别小呈窄板状时称为楔形垫板环。图中的 β 称为楔形角，Δ 为楔形管片环中最大宽度与最小宽度之差，称为楔形量。

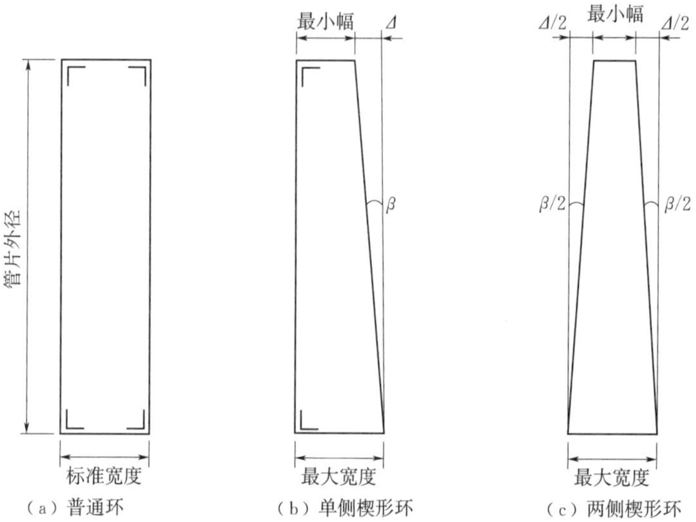

图 5.10　楔形管片环

蛇行修正使用的楔形管片环数取决于工程区域内所包含的缓曲线和急曲线区段的比例、有无 S 形曲线等的隧道线路、影响盾构操作稳定性的围岩情况等条件。通常蛇行修正使用的楔形管片环数大概是直线区间所需管片环数的 3%～5%。

若将用于蛇行修正的楔形管片环在缓曲线段使用，而且缓曲线段比较长时，楔形管片环的数量一般应为直线区间和这些缓曲线区间所需环数之和的 3%～5%。

楔形量除了根据管片种类、管片宽度、管片环外径、曲线外径、曲线间楔形管片环使用比例、管片制作的方便性确定外，还应根据盾尾操作空隙而定。由过去的使用经验可知，绝大多数混凝土管片的楔形量在 75 mm 以内。对于直径大于 10 m 或特殊形状的隧道，楔形量的确定还需进一步计算校核。

5.2.6　管片拼装方式

盾构隧道管片的拼装方式有两种，即通缝拼装和错缝拼装，如图 5.11 所示。通缝拼装时，管片衬砌结构的整体刚度较小，导致变形较大、内力较小。而采用错缝拼装时，管片衬砌结构的整体刚度较大，导致变形较小、内力较大。同时错缝拼装时，要求纵向螺栓的布置能够进行一定角度的错缝拼装，因此，对于管片的分块设计要求比通缝拼装更高。错缝拼装的拼转角度根据纵向螺栓的布置而定，可以两环一组错缝拼装，也可以三环一组错缝拼装。

一般情况下，一条线上需要 3 种管片环来模拟直线和曲线线形，但是为了减少管片模具，降低工程造价，而且方便管片的生产、运输和吊装等，提出了管片通用环的概念，将直线段上的管片环直接设计成楔形环,用两环楔形环一组错缝拼装来模拟直线线形。其基本拼装方式是:第一环 K 块在左侧水平位置(指的是 K 块的中心位置);第二环 K 块在右侧水平位置(相当于第二环在第一环的基础上右转 180°)。同时还可以模拟曲线线形和用于蛇行修正,如图 5.12 所示。我国西南交通大学地下工程系、铁二院和中铁十六局共同设计了通用管片并首次应用于深圳地铁工程中,并取得了良好的经济效益。

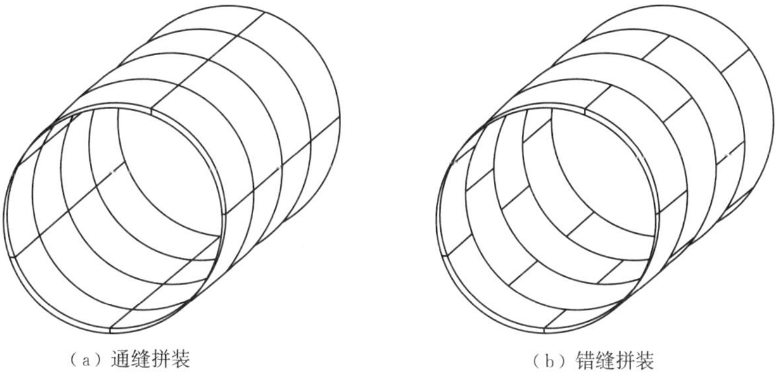

图 5.11 管片的拼装方式

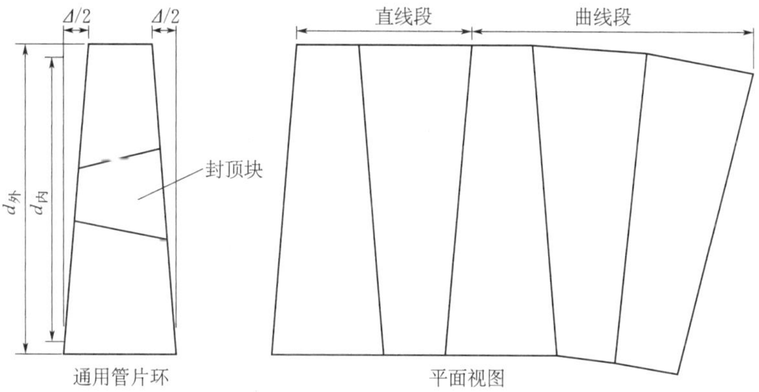

图 5.12 通用管片环布置图

管片的拼装方式和隧道的线路拟合有关联,线路拟合是通过不同的管片衬砌环组合来实现的,包括平、竖曲线两个方面。一般有 3 种管片组合方法来模拟线路,见表 5.1,这 3 种管片组合方法都是可行的。随着施工水平的提高,对于越江大断面隧道,建议采用通用管片环,减小模具数量,降低造价。

表 5.1 管片环组合方法

方 法	特 点
标准衬砌环、左转弯衬砌环和右转弯衬砌环组合	除直线地段和施工纠偏外,采用标准衬砌环;曲线地段可通过标准衬砌环与左、右转弯衬砌环组合使用,以模拟曲线。此方法施工方便,操作简单

续上表

方　法	特　点
左转弯衬砌环和右转弯衬砌环组合	通过左转弯环、右转弯环组合来拟合线路，由于每环均为楔形，拼装时施工操作相对不便，欧洲常采用，国内暂未采用
通用管片环	通过一种楔形环管片模拟直线、曲线及施工纠偏，管片拼装时，衬砌环需扭转多种角度，封顶块有时会位于隧道下半部，工艺相对复杂，大大减小模具数量，降低造价

5.2.7 接头构造

管片的连接处一般称为接头，包括接缝、螺栓及其附近（包括螺栓孔）的部位。从管片接头力学特性出发，根据是否允许相邻管片间产生相对位移，可将管片接头分为柔性接头和刚性接头两类。柔性接头由于允许在相邻管片间产生微小转动和压缩，使得整个衬砌环在受力后产生一定变形；刚性接头主要通过增加螺栓数量等手段在构造上使接头刚度与构件本身相同，有利于增强结构的整体性和控制结构的变形。目前的盾构隧道一般采取减小衬砌厚度和减弱接头刚度等措施以达到增加衬砌柔性的目的。

接头按照加强连接件的不同，主要分为有螺栓连接、无螺栓连接和销钉连接等方式，此种划分方法涉及接头的不同力学和防水特性。在欧洲，管片接缝不考虑螺栓的作用，而是按弹性铰接接头进行整个结构的受力分析，与这种方法相对应的分析模型为铰接圆环模型；在国内，管片连接一般采用螺栓连接，而且螺栓是永久性的，管片接头基本按与结构等强度进行考虑，按匀质圆环进行分析，因此接头设计要求相对较高。

螺栓连接方式按连接形状可分为弯螺栓连接、直螺栓连接、斜螺栓连接和榫槽加销轴等。弯螺栓连接接头具有一定的自由度，安装简单方便。直螺栓和斜螺栓的手孔体积较小，手孔对管片的削弱也较小，容易实现机械化快速安装，但安装难度高。

接头的选型不但要考虑到接头承载能力、防水能力及与整环匹配性、经济性和施工性等方面，还要使管片接头和环间接头相互协调。表5.2给出了目前使用的管片接头和环间接头的结构组合的实例。

表5.2　接头构造实例及特征

组　合	管片接头		环间接头		特　征
	对接方法	紧固方法	对接方法	紧固方法	
平板螺栓接头	全面对接	直螺栓	全面对接	直螺栓	环刚度大
有榫管片	部分对接	斜螺栓	键式	斜螺栓	环刚度小； 不需紧固； 斜螺栓施工用
高刚性构件与带销螺栓并用	全面对接	高刚性构件	全面对接	并用带销螺栓	环刚度大；拼装作业快速

续上表

组　合	管片接头		环间接头		特　征
	对接方法	紧固方法	对接方法	紧固方法	
开尾销与快速接头	全面对接	开尾销	全面对接	快速接头	环刚度大;拼装机械化、快速化
KL 管片	键式	弯螺栓	键式	弯螺栓	环刚度小
凸凹型与销榫	凹形接头	销子	键式	销榫	环刚度小;拼装快
长螺栓	全面对接	长螺栓	全面对接	长螺栓	环刚度大
内表面光滑管片	全面对接 部分对接 键式	水平开尾销	键式	销榫	可调环刚度;拼装机械化、快速化

5.2.8 其他构造

1. 注浆孔

为了能够均匀地注浆,衬砌管片上需设置注浆孔,通常每个管片上设置一个或一个以上注浆孔。由于注浆孔数量的增加会增加可能的渗漏水通道,并且,目前广泛采用盾尾同步壁后注浆的注浆方式,管片上的注浆孔往往用作二次注浆,因而,国内采用较多的是每个管片上仅设置一个注浆孔。注浆孔的直径必须依据使用的注浆材料确定,一般采用内径 50 mm 左右的注浆孔。

2. 吊装孔

盾构法隧道的管片上必须考虑设置吊装孔。混凝土平板形管片和球墨铸铁管片大多将壁后注浆孔同时兼作吊装孔使用,而钢管片则需另设吊装配件。无论哪种情况,其设计必须保证搬运和施工时的荷载对管片来说都是安全的。如果采用自动组装管片的拼装方式时,要求将管片牢固地固定在组装机上。

5.3 盾构法隧道支护结构设计

盾构法隧道支护结构即装配式管片衬砌,根据衬砌结构与地层相互作用方式的不同假设,隧道衬砌结构设计方法可大致分为两类,即荷载—结构法和地层—结构法。

荷载—结构法认为地层对结构的作用只是产生作用于衬砌结构的荷载,包括主动地层压力和被动地层抗力,并以此计算衬砌结构的内力和变形。地层—结构法认为衬砌与地层一起构成受力变形的整体,并根据连续介质力学原理来计算衬砌与周边地层的变形和内力。由于荷载—结构法具有概念清晰、荷载明确、计算简便等优点,已成为盾构法隧道支护结构的主要设计方法。

5.3.1 荷载计算

盾构隧道管片衬砌设计时所考虑的荷载种类较多,见表 5.3。表中,主要荷载是管片设计时通常必须考虑的基本荷载；附加荷载是施工过程中和隧道完工后所承受的荷载，是根据隧道用途加以考虑的荷载；特殊荷载是根据地层条件、隧道的使用条件等特殊考虑的荷载。具体使用时，要根据不同的设计条件和方法组合这些荷载。

表 5.3 荷载分类

荷载分类	荷载名称
主要荷载	①垂直及水平土压力；
	②水压力；
	③衬砌自重；
	④隧道上部地层破坏棱体范围的设施及建筑物压力；
	⑤地层抗力
附加荷载	⑥内部荷载；
	⑦施工荷载；
	⑧地震的影响
特殊荷载	⑨包括邻近隧道施工和地基沉降对结果的影响及其他

1. 垂直和水平土压力

(1)垂直土压力

将垂直土压力作为作用于衬砌顶部的均布荷载考虑，其大小宜根据隧道的覆土厚度、隧道的断面形状、外径和围岩条件决定。

$$P_{e1}=P_0+\sum\gamma_i H_i+\sum\gamma_j H_j \tag{5.1}$$

式中 P_{e1}——衬砌拱顶处垂直土压，Pa；

P_0——附加荷载，Pa；

γ_i——处于地下水位以上的 i 号地层土的容重，N/m³，按湿容重计算；

H_i——处于地下水位以上的 i 号地层土的厚度，m；

γ_j——处于地下水位以下的 j 号地层土的容重，N/m³，水土合算时按饱和容重计算，水土分算时，按浮容重计算；

H_j——处于地下水位以下的 j 号地层土的厚度，m；

H——覆盖层厚度，m，$H=\sum H_i+\sum H_j$。

如果隧道覆土厚度小于隧道外径，一般不考虑地层的拱效应；但当覆土厚度大于隧道外径时，地层产生拱效应的可能性比较可靠，可以考虑在设计计算时采用松弛土压力。在砂性土中，当覆土厚度大于 $1D\sim 2D$(D 为管片环外径)时多采用松弛土压力。在黏性土中，如果由硬质黏土($N>8$)构成的良好地基，当覆土厚度大于 $1D\sim 2D$ 时多采用松弛土压力。对于中等固结的黏土($4<N<8$)或软黏土($2<N<4$)，将隧道的全覆土作为土压力考虑的实例比较常见。

一般来说，当垂直土压力采用松弛土压力时，考虑施工时的荷载以及隧道竣工后荷载的变化，往往设定一个土压力的下限值。垂直荷载的下限值根据隧道的使用目的会有所不同，铁路隧道则采用隧道外径的 1.0～1.5 倍覆土厚度的土压力值或采用 200 kN/m²。

(2)水平土压力

水平土压力作用在衬砌两侧，自拱顶至隧底沿横截面的直径水平作用的分布荷载，其大小根据垂直土压力与侧压力系数来计算。

计算水平压力有两种方法：对于黏性土，水压力作为土压力的一部分考虑，即水土合算；对于砂性土和自立性好的硬质黏土及固结粉土，水压力与土压力分开考虑，即水土分算；对于中间土和岩质地层，可以将渗透系数 $10^{-4} \sim 10^{-3}$ cm/s 作为分界值。在水土合算时，地下水位以上用天然容重，地下水位以下用饱和容重；在水土分算时，地下水位以上用天然容重，地下水位以下用浮容重。

侧压力系数的选定对设计截面内力有很大影响，因此要充分考虑地基条件和荷载条件，同时还要参照类似工程进行慎重研究。我国多按照地质勘察试验报告试验值来确定地层侧压力系数，当无试验值时，可以按照朗肯主动土压力或库仑主动土压力计算来确定水平侧向土压力。盾构施工过程中边推进边注浆，填充了衬砌环周围的建筑空隙；注浆材料凝固后使衬砌与土体间形成了一个强度较高的中间介质层，使侧压增加而超过静止土压力，给衬砌环提供了一定的被动压力，改善了结构的工作条件，所以实测的侧压力系数比理论计算的(水土合算)侧压力系数大。

采用修正惯用法时，可根据 N 值和土的性质通过经验取值来确定土体侧压力系数，见表 5.4。盾构隧道管片结构应用全周弹簧模型计算时，土体侧压力系数取值见表 5.5。

表 5.4 修正惯用法土体侧压力系数 λ

计算方式	土的种类		λ 值	N 值
水土分算	砂性土	非常密实	0.45	$30 \leqslant N$
		密实	0.45～0.55	$15 \leqslant N < 30$
		中密、疏松	0.50～0.60	$N < 15$
	黏性土	已固结	0.35～0.45	$25 \leqslant N$
		硬	0.45～0.55	$8 \leqslant N < 25$
水土合算		中硬	0.55～0.65	$4 \leqslant N < 8$
		软	0.65～0.75	$2 \leqslant N < 4$
		极软	0.75	$N < 2$

表 5.5 全周弹簧模型土体侧压力系数 λ

计算方式	土的种类		λ 值	N 值
水土分算	砂性土	非常密实	0.45	$30 \leqslant N$
		密实	0.45～0.50	$15 \leqslant N < 30$
		中密、疏松	0.50～0.60	$N < 15$
水土合算	黏性土	硬	0.40～0.50	$8 \leqslant N < 25$
		中硬	0.50～0.60	$4 \leqslant N < 8$
		软	0.60～0.70	$2 \leqslant N < 4$
		极软	0.70～0.80	$N < 2$

2. 水压力

对于水土合算,水压力是作为土压力的一部分计算的。

对于水土分算,作用在隧道衬砌上的水压力,原则上采用孔隙水压力,但孔隙水压力的确定非常困难,从实用及偏于安全的角度考虑,一般都按静水压力确定。其作用模式有两种:一种是径向水压;另一种是均布水压,即垂直方向的水压力按均布荷载计算,作用在衬砌顶部的水压力等于作用在其顶点的静水压力,作用于底部的水压力等于作用在衬砌最低点上的静水压力,水平方向的水压力作为梯形分布荷载,其大小与静水压力相同,如图 5.13 所示。

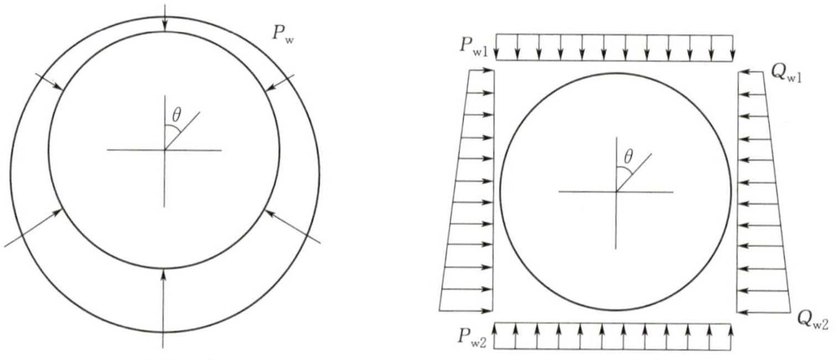

图 5.13 静止水压力计算模式

在评价地下水位对地下结构的作用时,最重要的三个条件是水头、地层特性和时间因素,具体的计算方法为:

(1)施工阶段—— 无论砂性土或黏性土,都应根据正常地下水位按全水头和水土分算的原则确定。

(2)使用阶段—— 可根据围岩情况区别对待。在渗透系数较小的黏性土层中的隧道,在进行抗浮稳定性分析时,可结合当地工程经验,对浮力作适当折减或把地下结构底板以下的黏性土层作为压重考虑,并可按水土合算的原则确定作用在地下结构上的侧向水压力。对于砂性土层中的隧道,应按全水头确定作用在地下结构上的浮力,按水土分算的原则确定作用在地下结构上的侧向水土压力。

3. 衬砌自重

(1)管片衬砌

管片自重荷载是沿衬砌轴线分布的竖向荷载,一般按式(5.2)计算:

$$g=\frac{W}{2\pi R_c} \tag{5.2}$$

式中 g——管片自重荷载,kPa;

W——衬砌单位长度重力,kN/m;

R_c——衬砌环半径,m。

计算管片衬砌自重时所用的材料容重可参照表 5.6。

表 5.6 材料容重

衬砌材料	钢筋混凝土管片	钢管片	铸铁管片
容重/($kN \cdot m^{-3}$)	26	78.5	72.5

(2)二次衬砌

二次衬砌的施工一般都在管片环已稳定性后才进行，而且二次衬砌本身也是环形或拱形的，因此二次衬砌的自重由其自身承担，在一次衬砌设计时可不考虑二次衬砌的重力。但是，当将二次衬砌作为结构构件时，由一次衬砌与二次衬砌共同来承受土压力及水压力，此时按管片的同样思路考虑二次衬砌的自重。

4. 上部超载

上部超载作为传递于土中的荷载来进行评价，超载参考值如下：

公路车辆荷载： $P_0=10\ kN/m^2$

铁路车辆荷载： $P_0=25\ kN/m^2$

建筑物重力： $P_0=10\ kN/m^2$

5. 地层抗力

地层抗力也称土体反力或地基反力。地层抗力的确定一般有两种方法：一种是认为地层抗力与地层变形(位移)无关，是一种与作用荷载相平衡的反作用力；另一种是认为地层抗力与地层变形(位移)有关，从属于地基的位移。实际上，在荷载作用下，衬砌结构的一部分会发生向着围岩方向的变形，由于隧道周边围岩具有一定的刚度，必然会对衬砌结构产生反作用力(即地层抗力)来抵制它的变形。目前，多以"温克尔(Winkler)"假定为基础的局部变形理论确定。

地层抗力会随着管片衬砌采用的力学计算模型不同而不同，对于常采用的修正惯用法和弹簧模型法，地层抗力的计算如下：

(1)修正惯用法

垂直方向的地基抗力：假定其与地基变形无关，取与垂直荷载相平衡的均布反力作为地基抗力。

水平方向的地基抗力：考虑衬砌向围岩方向的变形，认定水平方向的地基抗力作用在衬砌水平直径上下各45°中心角的范围内，并假定其以水平直径处为顶点，呈三角形分布，如图 5.14 所示。其中，水平直径处的地层抗力最大，其大小可根据与衬砌向着围岩方向的水平变形成正比关系进行计算确定。地基抗力系数可根据地层条件进行取值。

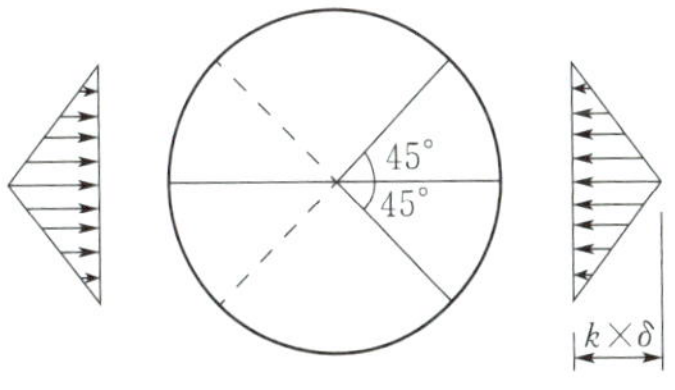

图 5.14 修正惯用法水平方向地层抗力

$$q_r = K\delta \tag{5.3}$$

式中 K——地层抗力系数，kN/m^3；

δ——衬砌的水平变形值，m。

(2)弹簧模型法

假定地层抗力沿衬砌环径向分布，将衬砌与地层间的相互作用等效成弹簧，并将地基抗力考虑为管片向地基方向变形时所产生的反力，如图 5.15 所示。

在欧美各国多采用全周地基弹簧模型。日本多采用部分地基弹簧模型，而且多不考虑切线方向弹簧，只将半径方向弹簧作为有效弹簧，地基弹簧系数大多参考惯用法的地层抗力系数进行确定。

对于管片自重变形所产生的地基抗力，宜根据施工方式确定是否考虑。若壁后注浆材料有较好的早期强度，或管片脱出盾尾后真圆度保持较好(盾构采用真圆器或推进液压缸推力控制较好)，可以考虑由管片自重变形所产生的地基抗力。尤其是隧道外径较大时，与土水压力所产生的断面应力相比，自重所引起的断面应力要大得多($D \geqslant 12$ m时，占60%～80%)。

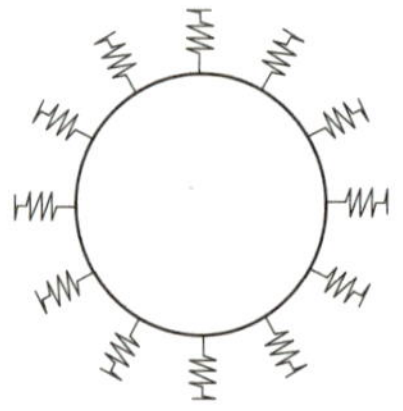

图 5.15 弹簧模型法地基抗力

6. 内部荷载

内部荷载包括施工过程中作用的荷载和隧道完工后作用的荷载。

施工过程中所作用的内部荷载，有盾构的后配套拖车和出渣车等与施工有关的各种机械设备。当这些荷载作用于壁后注浆材料尚未硬化的管片环上时，必须检查管片环的稳定性，但是，在壁后注浆材料充分硬化之后，一般可以认为这些荷载是由周围地基支持。因此，实践中并不对这些内部荷载进行研究，而是采取不将这些设备放置在壁后注浆材料尚未硬化的管片环上的方法。

隧道完工后产生作用的内部荷载，因隧道的使用目的不同而异，例如铁路车辆、公路路基的反力、隧道内的悬挂设施和内水压力等。其中，像铁路车辆作用于隧道底部的荷载，可以认为与施工过程中的内部荷载一样是由隧道地基直接承受；但其他内部荷载对衬砌有影响，所以必须根据实际情况设定荷载和进行适当的研究。

7. 施工荷载

从管片组装开始，到向盾尾空隙中压注的浆液硬化或为改良围岩而压注的化学浆液硬化为止这一期间内，作用在衬砌上的临时荷载统称为施工荷载。施工荷载因围岩条件和施工条件而异，难以确切的计算出具体数值，但应注意，在进行盾构施工时，假定施工荷载、检算管片的使用条件时，均应以有利于隧道施工为原则。

(1)千斤顶推力

千斤顶推力是在盾构向前推进过程中以反力的形式作用于管片上的临时荷载，施工中对管片影响最大。一般按照盾构实际装配的千斤顶的公称推力和对管片作用偏心距的组合来检算管片。当进行曲线施工时，有时在隧道的纵断面方向上将产生使其弯曲变形的荷载，对这一荷载要进行研究。

(2)注浆压力

向盾尾空隙压浆时，在管片注浆孔周围的压浆压力，作为偏载，暂时作用于衬砌结构。设计管片时，要考虑施工实际来确定注浆压力，通常可以选择最为危险的工况进行设计，一般压浆孔处的注浆压力为0.1～0.3 MPa。

(3)装配荷载

螺栓孔和注浆孔等可作为盾构管片的吊装孔，在施工中也用作各种设备的反力座悬吊施工时的皮带运输机、安设防止衬砌变形用的拉杆等。一般将一环衬砌的重量增加50%来检算注浆孔的抗拔承载力。

(4)其他施工荷载

如后援台车的自重、管片矫正器的千斤顶推力、切削头的扭矩。

8. 地震荷载

一般认为隧道位于匀质地层中且覆盖层很厚时，在地震作用下隧道与地层共同振动，对地震力的检算多可省略。在下述条件下，地震对隧道影响较大，应慎重考虑。

(1)围岩条件或衬砌结构突变时；

(2)覆盖层厚度突变时；

(3)软弱地层中；

(4)隧道与竖井的连接部分；

(5)在松散的饱和砂层且覆盖层薄时；

(6)下方的基岩深度变化显著时。

9. 特殊荷载

特殊荷载是根据周围地基条件、施工条件和隧道使用条件等必须特别考虑的荷载，主要包括因并行隧道的影响和在软弱地基中构筑隧道时伴随固结沉降而产生的垂直土压力的增大，以及伴随不均匀沉降而发生的隧道纵向变形，应充分研究以下条件产生的问题。

(1)当在隧道正上方或在附近施工新的建筑物，上部荷载产生很大变化时；

(2)当在隧道正上方、正下方或在附近挖方，垂直土压力及水平土压力等荷载及地基反力系数等土体物理力学性质产生很大变化时；

(3)由于挖方等扰动了隧道的侧向地基，当侧向土压力及地层抗力产生很大变化时。

5.3.2 衬砌结构力学计算

盾构隧道应根据施工过程中的每个阶段和正常使用阶段的受力情况，选择最不利工况，根据不同的荷载组合，按承载能力极限状态和正常使用极限状态，对整体或局部进行受力分析，对结构强度、刚度、抗浮或抗裂性进行验算。

计算工况的选择应根据其工程地质和水文地质条件、覆土厚度、上覆荷载等边界条件加以确定。如果隧道的受力条件沿纵向变化较大，所有区段采用最不利工况进行设计时则经济性较差，可以将隧道进行分段设计。衬砌横断面的设计计算应按照下列各控制断面进行：

(1)上覆地层厚度最大的横断面；

(2)上覆地层厚度最小的横断面；

(3)地下水位最高的横断面；

(4)地下水位最低的横断面；

(5)超载重最大的横断面；

(6)有偏压的横断面；

(7)地表有突变的横断面；

(8)附近现有或将来拟建新隧道的横断面。

盾构隧道衬砌结构的力学计算模型有很多种，常用的经典模型有均质圆环模型、多铰圆环模型、梁—弹簧模型、梁—接头不连续模型，这些模型都使用梁结构模拟管片，将三维问题简化成平面问题进行计算，差别主要是对接头作用的考虑，其计算结果给出的都只是平面上的内力。但是，随着近年来盾构隧道断面的增大和机械设备能力的提高，管片幅宽也逐渐增大，从以往的1 m、1.5 m已经增大到2 m，隧道纵向力学形态变化显著，能够三维力学计算的壳—弹簧模型随之产生。不同模型尽管具有各自的特点，但也有许多共同之处，各个管片衬砌结构力学计算模型如图5.16所示。

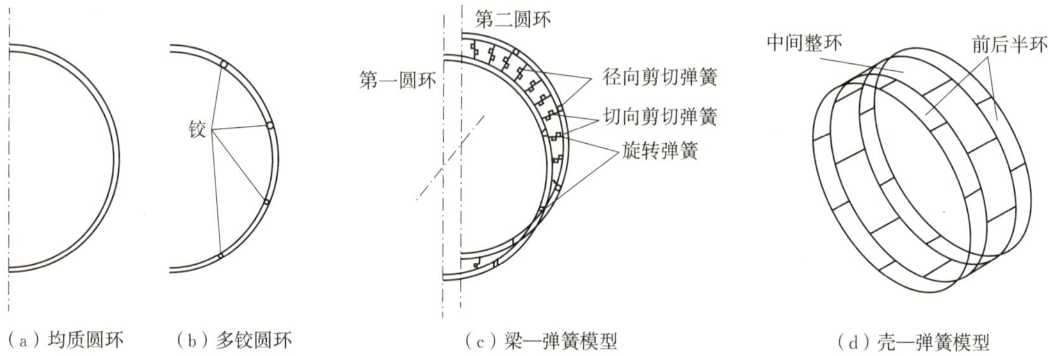

图5.16 管片衬砌结构力学计算模型

1. 均质圆环模型

均质圆环模型是忽略管片接头对衬砌环整环刚度的局部削弱影响，假设管片环是刚度均一的圆环，包含惯用法和修正惯用法这两种模型。

惯用法计算过程中假设管片环是与管片体弯曲刚度相等的圆环，不考虑接头所引起的管片环局部刚度降低。惯用法计算过程中假设垂直方向地层抗力为均布荷载，水平方向地层抗力为自衬砌环顶部向左右45°～135°分布的均变三角形荷载。惯用法最早于1960年提出，并很快就得到广泛应用。

修正惯用法是在惯用法的基础上引入了刚度有效系数η($\eta<1$)，认为管片环是具有ηEI刚度的均质圆环，以衬砌环整环刚度的降低来体现管片接头对衬砌结构受力的影响。当采用错缝拼装方式时，由于环与环间的刚度不一和接头咬合作用，出现了弯矩传递现象，如图5.17所示，混凝土管片处出现了附加弯矩，在设计中采用弯矩增大系数ζ来考虑，即用于管片设计的弯矩为$(1+\zeta)M$(M为计算弯矩值)，用于接头设计的弯矩为$(1-\zeta)M$，而设计的轴力值仍为计算轴力值N，当采用通缝拼装方式时，$\zeta=0$。修正惯用法计算所选用参数η和ζ主要根据试验或经验取定，参考值见表5.7。对于地层抗力，修正惯用法采用局部弹簧抗力取代假设三角形分布的地层抗力。修正惯用法的管片截面内力计算式见表5.8。

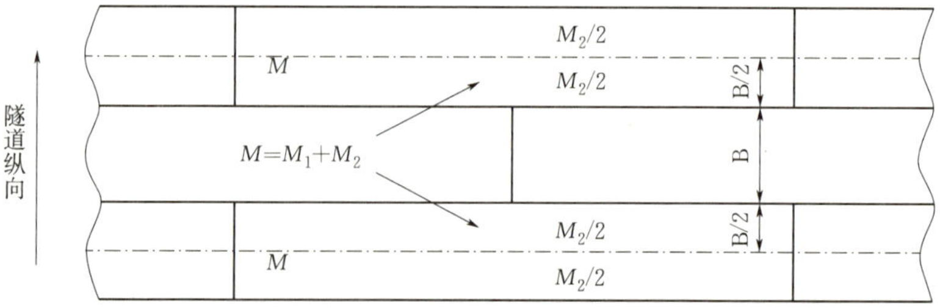

图5.17 修正惯用法中环间接头弯矩传递

表 5.7 关于 η 和 ζ 的建议参考值

管片类型			η/%	ζ/%	备　注
日本土木工程学会和日本下水道协会	平板型管片 钢筋混凝土管片 钢管片		100 (80)	0 (30)	括号内为参考值
盾构工程	平板型管片 钢筋混凝土管片	A	10～30	50～70	A 型:接头位于断面中间
		B	30～50	30～60	B 型:接头位于内外边缘
	中子型管片 钢筋混凝土管片		—	—	接头形式为螺栓
	球墨铸铁管片		50～70	10～30	接头形式为螺栓
地面的错缝拼接试验结果			60～80	30～50	在地层内 $\eta>60\sim80$,$\xi<30\sim50$

表 5.8 修正惯用法的管片截面内力计算式

荷　载	弯矩 M	轴力 N	剪力 Q
竖直荷载	$M=\frac{1}{4}(1-2\sin^2\theta)\times(p_{e1}+p_{w1})R_c^2$	$N=(p_{e1}+p_{w1})R_c\sin^2\theta$	$Q=-(p_{e1}+p_{w1})\times R_c\sin\theta\cos\theta$
水平均布荷载	$M=\frac{1}{4}(1-2\cos^2\theta)\times(q_{e1}+q_{w1})R_c^2$	$N=(q_{e1}+q_{w1})R_c\cos^2\theta$	$Q=(q_{e1}+q_{w1})R_c\sin\theta\cos\theta$
水平三角形荷载	$M=\frac{1}{48}(6-3\cos\theta-12\cos^2\theta+4\cos^3\theta)\times(q_{e2}+q_{w2}-q_{e1}-q_{w1})\times R_c^2$	$N=\frac{1}{16}(\cos\theta+8\cos^2\theta-4\cos^3\theta)\times(q_{e2}+q_{w2}-q_{e1}-q_{w1})\times R_c$	$Q=\frac{1}{16}(\sin\theta+8\sin\theta\cos\theta-4\sin\theta\cos^2\theta)(q_{e2}+q_{w2}-q_{e1}-q_{w1})\times R_c$
水平地基弹性抗力	当 $0\leqslant\theta\leqslant\frac{\pi}{4}$ 时 $M=(0.2346-0.3536\cos\theta)k\partial R_c^2$ 当 $\frac{\pi}{4}\leqslant\theta\leqslant\frac{\pi}{2}$ 时 $M=(-0.3487+0.5\sin^2\theta+0.2357\cos^3\theta)k\delta R_e^2$	当 $0\leqslant\theta\leqslant\frac{\pi}{4}$ 时 $N=0.3536\cos\theta k\delta R_c$ 当 $\frac{\pi}{4}\leqslant\theta\leqslant\frac{\pi}{2}$ 时 $N=(-0.7071\cos\theta+\cos^2\theta+0.7071\sin^2\theta\cos\theta)k\delta R_e$	当 $D\leqslant\theta\leqslant\frac{\pi}{4}$ 时 $Q=0.3536\sin\theta k\delta R_c$ 当 $\frac{\pi}{4}\leqslant\theta\leqslant\frac{\pi}{2}$ 时 $Q=(\sin\theta\cos\theta-0.7071\cos^2\theta\sin\theta)k\delta R_t$
自重	当 $0\leqslant\theta\leqslant\frac{\pi}{2}$ 时 $M=\left(\frac{3}{8}\pi-\theta\sin\theta-\frac{5}{6}\cos\theta\right)gR_c^2$ 当 $\frac{\pi}{2}\leqslant\theta\leqslant\pi$ 时 $M=\left[-\frac{1}{8}\pi+(\pi-\theta)\sin\theta-\frac{5}{6}\cos\theta-\frac{1}{2}\pi\sin^2\theta\right]gR_c^2$	当 $0\leqslant\theta\leqslant\frac{\pi}{2}$ 时 $N=\left(\theta\sin\theta-\frac{1}{6}\cos\theta\right)gR_r$ 当 $\frac{\pi}{2}\leqslant\theta\leqslant\pi$ 时 $N=\left(-\pi\sin\theta+\theta\sin\theta+\pi\sin^2\theta-\frac{1}{6}\cos\theta\right)gR_c$	当 $0\leqslant\theta\leqslant\frac{\pi}{2}$ 时 $Q=\left(\theta\cos\theta+\frac{1}{6}\sin\theta\right)gR_\varepsilon$ 当 $\frac{\pi}{2}\leqslant\theta\leqslant\pi$ 时 $Q=\left[(\pi-\theta)\cos\theta-\pi\sin\theta\cos\theta-\frac{1}{6}\sin\theta\right]\times gR_e$

2. 多铰圆环模型

多铰圆环模型假设管片接头为铰结构，管片环的块与块之间通过自由铰接而连接成一个多铰圆环，管片间接头只能传递轴力，不能传递弯矩。多铰圆环结构自身是一个非静定结构，只有在隧道围岩的围压作用下才能稳定承载，因此，该模型通常用在地层条件较好的岩层，如接头无螺栓连接的欧洲盾构(或 TBM)隧道。

3. 梁—弹簧模型

梁—弹簧模型就是在使用曲梁或直梁单元模拟管片的同时，具体考虑接头的位置和接头刚度的一种计算模型，该模型采用接头抗弯刚度 K_θ 来体现环向接头的实际抗弯刚度。当采用通缝式拼装时，在理想情况下各环的受力情况相同，采用 1 环进行分析即可；当使用错缝式拼装时，因纵向接头将引起衬砌圆环间的相互咬合或位移协调作用，此时根据错缝拼装方式，除考虑计算对象的衬砌圆环外，还需将对其有影响的前后衬砌圆环也作为计算对象，采用空间结构模型进行分析(通常采用中间1 个整环加前后 2 个半幅宽环进行计算)，并用径向抗剪刚度 K_r 和切向抗剪刚度 K_t 来体现纵向接头的环间传力效果。由变形引起的地层被动抗力则通过径向和切向的“地层弹簧”进行模拟，梁—弹簧模型计算方法及荷载系统如图 5.18所示。

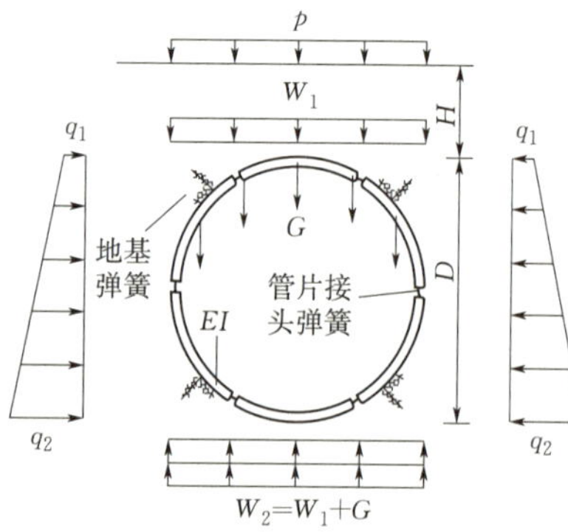

图 5.18　梁—弹簧模型计算方法及荷载系统

4. 梁—接头模型

针对梁—弹簧模型不能模拟相邻管片在接头处发生的相对不连续变形量，引入非连续介质力学 Goodman 单元思想，建立点—点接触为特征的具有转动效应的一维接头单元模拟其连接效应。这种模型可看作是对梁—弹簧模型的一种修正或提升，本质是接近的。

5. 壳—弹簧模型

壳—弹簧模型就是用壳单元来模拟弧形管片，用接头弹簧单元来模拟用于拼装衬砌的螺栓接头，用土弹簧单元来模拟地层对衬砌结构的抗力作用。壳—弹簧模型和梁—弹簧模型相比较，最大差别是可分析管片环衬砌结构在隧道纵向的力学分布变化特征，因此，需要妥善处理沿隧道纵向的位移边界条件。

具体数值计算时，采用由 1 个整环和 2 个半环结构组成的整环衬砌模型，并以中间整环为研究目标。前后 2 个半环既作为错缝拼装受力环结构，也作为中间整环的边界条件，不作为力学分析对象。为确保整环结构沿隧道纵向稳定，对两半环外侧边缘设置了沿隧道纵向的位移限制约束，管片接头弹簧单元沿管片纵缝密布在所有节点对上，每一端面上的所有旋转弹簧抗弯刚度之和等于管片接头抗弯刚度值；环间接头弹簧单元则按照环缝螺栓整环角度位置做相应布置，考虑径向剪切和环向剪切两种；地层抗力弹簧单元同样密布于壳结构的所有节点上。

综上所述，盾构隧道主要衬砌结构力学计算模型比较见表 5.9，各国盾构衬砌设计方法汇总见表 5.10。

表 5.9 盾构隧道主要设计模型特点比较

设计模型	简化方式	特　点
完全刚度均质圆环	未考虑接头	解析解
等效刚度均质圆环	等效考虑接头	参数经验取值
多铰圆环	用铰模拟管片接头； 未考虑环间接头	可由公式编程计算
梁—弹簧模型	模拟管片接头； 模拟环间接头	横向结构模型；能体现结构承载机理
壳—弹簧模型	模拟三维管片接头； 模拟三维环间接头； 模拟三维管片	横向与纵向结构模型完全统一；能体现结构空间力学机理

表 5.10 各国盾构衬砌设计方法汇总

国　家	设计模型	设计水土压	地基抗力系数
澳大利亚	全周弹簧模型， Muir Wood 法，Curtis 法	σ_v＝全覆土重 $\sigma_h=\lambda\sigma_v$＋静水压	平板荷载试验
奥地利	全周弹簧模型	浅埋：σ_v＝全覆土重，$\sigma_h=\lambda\sigma_v$； 深埋：太沙基公式	$k=E_s/r$，仅考虑径向
德国	覆土$\leqslant 2D$，局部弹簧模型； 覆土$\geqslant 2D$，全周弹簧模型	σ_v＝全覆土重， $\sigma_h=\lambda\sigma_v(\lambda=0.5)$	$k=E_s/r$ 或 E_s/R_c 或 $0.5E_s/R_c$
法国	全周弹簧模型，有限元法	σ_v＝全覆土或太沙基， $\sigma_h=\lambda\sigma_v$（λ 取经验值）	$k=E/(1+\mu)r$
中国	均质圆环法，梁—弹簧 模型，壳—弹簧模型	σ_v＝全覆土重或太沙基， $\sigma_h=\lambda\sigma_v$（λ 取试验值）	垂直或平板荷载试验
日本	惯用法和修正惯用法，梁—弹簧模型	σ_v＝全覆土重或太沙基， $\sigma_h=\lambda\sigma_v$（λ 取经验值）	按照 N 值和土性查表
西班牙	考虑地层与结构相互作用的 Buqera 法	不计黏着力的太沙基土压力	只考虑径向
英国	全周弹簧模型法，Muir Wood 法	σ_v＝覆土重，$\sigma_h=(1+\lambda)/2\sigma_v$ $\lambda=K_0$	三轴试验
美国	弹性地基圆环法	σ_v＝全上覆土重，$\sigma_h-\lambda\sigma_v$	室内试验

近年来，国内许多学者对管片设计进行了研究，并得出具有创新性的模型，弥补了简单模型的不足之处。

（1）载荷—结构模式的壳—弹簧—接触模型

在载荷—结构模式的壳—弹簧—接触模型中，地层对管片的抗力作用是通过径向和切向地基弹簧实现的。这种模型考虑了管片间接缝处的挤压作用、管片与螺栓接头之间的咬合作用、地层对管片径向与切向抗力作用、环向接头的正负抗弯刚度差异以及封顶块的插入角等因素，采用壳厚、弹簧、空间实体和接触单元分析盾构隧道管片衬砌的内力状态，能够模拟管片内三维分布状态，弥补了梁—弹簧模型在隧道纵向计算中的不足，同时考虑纵向变形时环缝处螺栓受拉和防水材料受压的力学机理，为纵向变形分析提供了条件。这种方法可模拟目前普遍采用通用环随机拼装方式，计算更准确。

（2）地层—结构模式的壳—弹簧—接触模型

地层—结构模式的实质是考虑在原始应力场开挖后的洞应力释放效应以及围岩与结构共同承担地层压力的作用。从计算好的自重应力场中提取洞周等效节点力并考虑应力释放进行折减，然后施加在洞周实体单元节点上，通过地层单元传递到隧道结构，实现围岩与结构共同承载，过程与采用平面有限元法进行地层—结构模式计算类似。

（3）纵向变形附加应力的壳—弹簧—接触模型

基于有限元构建纵向壳—弹簧—接触模型，采用强制位移法对盾构隧道发生纵向变形后的三维结构附加内力和变形进行分析。沿用盾构隧道横向内力分析的壳—弹簧—接触模型的思路，使用壳单元、抗压弹簧单元、剪切弹簧单元、转动弹簧单元和接触单元建立起隧道纵向壳—弹簧—接触模型。

5.4 盾构法隧道防水设计

5.4.1 防水设计原则

盾构隧道衬砌结构防水设计应根据工程地质、水文地质、地震烈度、结构特点、施工方法和使用要求等因素进行。并遵循“以防为主、多道设防、刚柔结合、因地制宜、综合防治”的原则。“以防为主”体现了管片自防水、接缝防水能力。“多道防线”包含接缝防水、嵌缝防水、螺栓孔防水等。“因地制宜”是根据防水要求及地下水环境条件，做到针对性设防。“综合治理”指在结构设计、管片拼装、盾构掘进等环节上，都应与防水一起综合处理。

5.4.2 防水设计

盾构隧道防水主要包括以下几方面：管片自防水、壁后注浆层防水、接缝密封垫防水、嵌缝槽防水、螺栓孔防水和二次衬砌防水等。管片和接缝防水是主体，壁后注浆和二次衬砌防水是辅助手段。

1. 管片自防水

盾构隧道管片混凝土的强度等级通常不小于C50，抗渗等级达到P10以上，限制裂缝开展宽度不大于 0.2 mm。

混凝土管片宜采用水化热低、抗渗性高的普通硅酸盐水泥，可掺入优质磨细粉煤灰和粒化高炉矿渣微粉等活性粉料，配置以抗裂、耐久为重点的高性能混凝土，减缓碳化速度。当隧道处于侵蚀性介质的地层时，应采用相应的耐侵蚀混凝土或耐侵蚀的防水涂层。处于侵蚀性介质中的防水混凝土的耐侵蚀系数不应小于 0.8，并根据腐蚀程度确定相应的防护等级和相应的措施。运营期间管片的手孔、注浆孔应用微膨胀水泥封堵。

2. 壁后注浆层防水

在衬砌管片与天然土体之间存在环形空隙，通过同步注浆与二次注浆充填空隙，形成一道外围防水层，有利于隧道的防水。同步注浆采用水泥砂浆，在管片拼装完成后进行；二次注浆主要采用水泥浆，但在隧道开挖对地表建筑物或管线影响较大地段，为及时回填空隙，减少地面沉降，可选择速凝型的水泥水玻璃双液浆。

3. 接缝密封垫防水

接缝防水是盾构隧道的防水重点，应在接缝处进行多道设防，确保工程安全，同时还应辅以外侧加防腐涂层，保护管片衬砌结构不受外侧水体的腐蚀，确保结构安全。

(1)防水密封垫

就材质而论，管片接缝防水密封垫材料主要分为沥青系材料、未硫化橡胶系列、硫化橡胶系列、发泡系列和聚氨酯系列等；就构造形式而言，防水密封垫材料主要分为单一材料制品和复合材料制品；就止水功能来分，防水密封垫材料可以分为非膨胀性材料和遇水膨胀性材料等，可以适应管片接缝的变形而保持水密性。

国内外相关工程和材料研究成果表明，管片接缝防水密封垫的设计过程中，应重点考虑以下因素确定防水密封垫的材料和断面形式：①对于止水所需的接触面压力，设计时应考虑接缝的张开量和错台量；②在设计确定的耐水压条件下，接缝处不允许出现渗漏；③在推进油缸推力和管片拼装的作用力下，不致发生管片端面和角部损伤等弊病；④要考虑远期的应力松弛和永久变形量。

三元乙丙橡胶(多孔型 EPDM)弹性密封垫是目前国内外用于拼装式隧道管片密封的最典型的防水，因其材料性质稳定，弹性复原力较好，材料耐久性及耐腐蚀性能较好。其密封的原理是在一定的压力下，通过密封胶条内部孔的变形产生的内应力，使其在两个接触面产生巨大的应力而密封止水。它在特定的接缝张开量范围内，接触面应力几乎不变，并不易长久压缩而造成应力松弛和永久变形。其防水效果与密封垫的压缩应力相关，这包含了密封垫的硬度、密封高度、截面积等指标。密封垫的高度越高，硬度越大，压缩应力变大，其防水效果也会增加。我国广深港高速铁路狮子洋隧道、杭州庆春路过江隧道等实际工程采用了三元乙丙橡胶密封垫。

(2)遇水膨胀橡胶

遇水膨胀橡胶是以天然橡胶、合成橡胶为基本材料，添加高吸水性树脂，按橡胶特定的硫化工艺加工，最终形成一种遇水可以膨胀，增强其在接缝中“防水、止水”能力的防水材料。遇水膨胀弹性密封垫原理是利用膨胀橡胶的遇水膨胀性，在管片与管片之间产生膨胀应力，进而起到密封止水的效果。膨胀体保持橡胶的弹性，膨胀率可调且不受水质的影响，在较宽的温度范围内，均可发挥优良的止水性能。我国广州地铁盾构隧道就使用了遇水膨胀密封衬垫，遇水膨胀橡胶的止水机理如图 5.19 所示，遇水膨胀橡胶膨胀效果如图 5.20 所示。

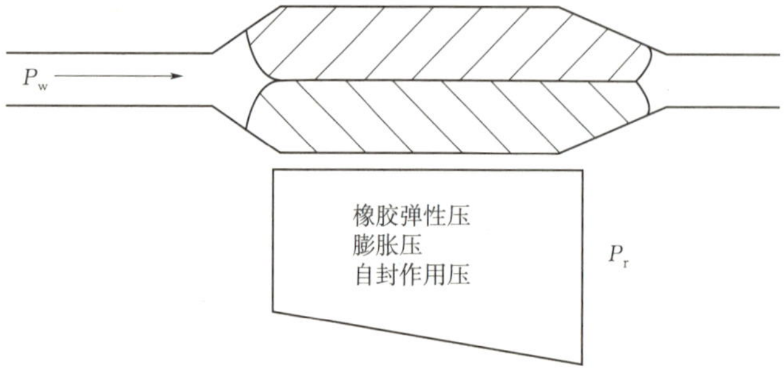

图 5.19 遇水膨胀橡胶的止水机理

图 5.20 遇水膨胀橡胶膨胀效果

遇水膨胀橡胶分为吸水性聚氨酯类（俗称聚醚聚氨酯膨胀弹性体）和高吸水性树脂类两种（俗称制品型膨胀橡胶）。

①吸水性聚氨酯系密封材料

作为橡胶基材的聚氨酯本身就是遇水膨胀成分，具有良好的耐久性，树脂膨胀后在浸渍水里也不会溶出。聚氨酯树脂不具有离子性成分，以亲水成分吸水。因此不易受浸渍水的离子浓度的影响，水质变化后也不会出现吸水力的变化。

②高吸水性树脂系密封材料

除了橡胶基材之外，把高吸水性树脂揉搓进去，易于高吸水性树脂在浸渍水里溶解，但经过一段时间后会出现密封材料的收缩。高吸水性树脂是离子性树脂，以与浸渍水的渗透压吸水，按浸渍水的离子（碱、盐）浓度吸水性会变化。

(3)三元乙丙复合遇水膨胀

结合盾构隧道的两种常用的密封方式，考虑将两种机理进行整合，以 EPDM 多孔型密封垫压缩作为主防水，同时结合遇水膨胀防水的方式作为加强防水，形成复合式多孔型密封垫。在我国以前有部分工程应用过此思路，但只是镶嵌式（将膨胀橡胶利用胶粘剂粘贴在多孔性密封垫上方），这种组合式防水在防水性能上的确可以起到加强防水的作用，但由于连接两者之间的胶粘剂多为瞬干胶，瞬干胶本身不防水，且在遇水后膨胀部分会脱离 EPDM 密封垫主体，防水稳定性较差。

目前以三元乙丙橡胶材料（EPDM）为主的多孔橡胶密封垫主要在欧洲等国家采用，以遇水膨胀橡胶为主的密封垫主要在日本采用，我国的盾构隧道对于三种材料形式的密封垫均有采用，只是由于近年来国内市场的遇水膨胀橡胶材料的质量参差不齐，耐久性不能得到有效保证，导致现如今的盾构隧道越来越倾向于采用单一的三元乙丙橡胶弹性密封垫。

4. 嵌缝防水

应用最广泛的嵌缝防水材料是橡胶、石棉和水泥的复合物等，这比早期嵌缝材料所使用的铅嵌缝便宜得多。复合式嵌缝材料通常以预制条的形式填入嵌缝槽，也可制成疏松的纤维状材料来嵌填不规则缝隙，有时还需要在填嵌材料中添加少量水分。石棉水泥硬化后柔韧性较差，所以要在衬砌适应土体荷载变形稳定后再行嵌缝。在弹性密封垫寿命期满之后，虽然无法更换密封垫，但作为第二道防水线的嵌缝材料容易剔除并重新嵌添新的嵌缝密封胶，保证隧道长期防水效果。

参考国内外相关工程经验，一般采用单组分亲水性聚氨酯密封胶、特殊齿形嵌缝条与遇水膨胀橡胶腻子等材料，施工中先将嵌缝槽洗刷干净，置入 PE 薄膜，最后用遇水膨胀橡胶腻子嵌填密实，如果嵌缝渗漏水，需先进行地下水的堵漏与引排后再嵌缝。对于施工中所出现的裂缝，建议剔除嵌入物重新密封，修补质量要满足隧道承受地层水压的要求。

5. 螺栓孔防水

螺栓孔采用可更换的遇水膨胀橡胶密封圈作为螺栓孔密封圈。垫圈构造设计十分重要，设计过程中要考虑到多余材料在螺栓拧紧后的流失现象。螺栓孔采用可更换的遇水膨胀橡胶密封圈作为螺孔密封圈加强防水。管片开始拼装时，垫圈应紧贴在法兰面上，在压力作用下将材料挤入螺栓孔和螺栓四周，同时还应采用环形间隙注浆体作为隧道防水的加强层，以达到良好的密封效果。螺栓孔防水如图 5.21 示。

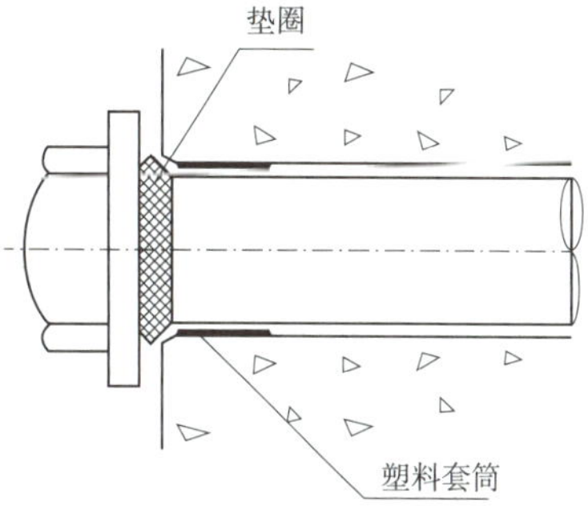

图 5.21 螺栓防水示意图

6. 二次衬砌防水

为了利用二次衬砌防止来自管片接头表面的渗水，必须考虑将二次衬砌本身作为防水层。然而，实际上二次衬砌上仍旧存在裂缝及施工缝处渗水而产生漏水的问题。由于二次衬砌的干缩及隧道完成后因荷载变动而开裂，目前尚无法避免。将二次衬砌作为防止初衬接头及螺栓产生腐蚀作用更为实际。

5.5 盾构法隧道施工

在实际工程中密闭式盾构机最为常见，以土压平衡盾构和泥水平衡盾构为例，阐述盾构施工的基本原理及过程。

5.5.1 土压平衡盾构机工作原理

当土压平衡盾构机（见图 5.22）在推进时，前端刀盘旋转掘削地层、土体，掘削下来的土体涌入土舱（刀盘舱），当掘削土体充满土舱时，由于盾构机的推进作用，致使掘削土体对掘削面加压。当该加压压力（削土土压）与掘削地层的土压＋水压相等，随后若能维持螺旋输送机的排土量与刀盘的掘土量相等，把这种稳定的出土状态称为掘削面平衡，即稳定。

图 5.22 土压平衡式盾构机

为了维持排土量与掘土量相等，掘削土须具备一定的流塑性和抗渗性。有些地层的掘削土仅靠自身的流塑性和抗渗性，即可满足掘削面稳定的要求。这种利用掘削土稳定掘削面的盾构机称为削土盾构机。此外，多数地层土体的流塑性、抗渗性无法满足稳定掘削面的要求，为此需混入提高流塑性和抗渗性的添加材，实现稳定掘削面的目的。通常把注入添加材的掘削土(称为泥土)盾构称为泥土盾构机或加泥式土压平衡盾构机。添加材料有膨润土、CMC、黏土、高吸水树脂、发泡剂等，可根据图纸具体选用。这种盾构机适用范围很广，可用于冲积黏土、洪积黏土、砂质土、砂、砂砾、乱石等土层，以及这些土层的互层。由于泥土加压式盾构机适用的土质范围较广，竖井占地较少，所以近年来应用较多。

土压平衡盾构机隧道施工基本上可以分为以下几个主要过程：

1. 竖井修建

不论是泥水平衡式盾构机还是土压平衡式盾构机，修建隧道之前首先应在隧道某段的一端建造竖井或基坑，以供盾构机安装就位。盾构机从竖井或基坑的墙壁开孔处出发，在地层中沿着设计轴线，向另一竖井或基坑的设计孔洞推进。

2. 掘削面开挖

土压平衡盾构机施工时，由刀盘旋转掘削下来的土体通过刀盘上的开口进入土舱，并由后方的螺旋输送机将土排出，即在挖土量和排土量之间达到一个动态的平衡。由于掘削面处的水土压力由土舱内的泥土压平衡，因而为了确保掘削面的稳定，必须保持土舱内压力适当。一般来说，压力不足易使掘削面坍塌；压力过大易出现地层隆起和发生地下水喷射。土压平衡盾构机常调节螺旋输送机的转数，即控制排土量或调节盾构千斤顶的推进速度，即控制挖土量来调节泥土压。

3. 盾构机推进

盾构机依靠千斤顶的推力向前推进，推进过程中需克服的阻力有刀盘贯入地层时的阻力、掘削面的水土压力、盾构机壳体与周围土体之间的摩阻力、改变推进方向阻力以及后方台车牵引阻力等。除了牵引阻力外，盾构机的推力基本上消耗在周围土体上，因而它将对周围土体产生非常重要的影响。推力过大会使正面土体因挤压而前移，造成前方地表隆起；推力过小又影响掘进速度。因而在施工过程中，盾构推力的准确控制也非常重要。

4. 管片拼装

管片的拼装是在盾尾的保护下进行的，它不与周围土体接触，因而拼装管片不会对周围土体造成直接影响。但拼装管片时，需收缩千斤顶，造成盾构机推力减小，严重时会引起盾构机后退，进而影响掘削面的稳定。

5. 盾尾脱环及壁后注浆

千斤顶推动盾构机前行时，使得本来位于盾壳内部的管片衬砌环从盾尾脱出，从而在衬砌环与周围土体之间形成建筑空隙，空隙厚度应等于盾尾厚度(一般为 30～40 mm)与盾尾间隙(管片拼装的富余空间，一般为 25～40 mm)之和，如图 5.23 所示。该建筑空隙使脱环后衬砌环外围的土体处于临时无支撑的掘削状态，致使土体变形或者局部崩塌，地层松散范围扩大，如不采取相应措施会引起很大的地层变形和地表沉降。

盾构施工中壁后注浆的目的就是对该盾尾空隙进行填充。对于土压平衡盾构工法而言，地层变形的主要因素通常取决于壁后注入的好坏。壁后注浆通常有同步注浆和及时注浆两种方式，其中同步注浆更有利于控制地表沉降。当一次注浆效果不理想时，还需进行二次或三次注浆，如图5.24所示。

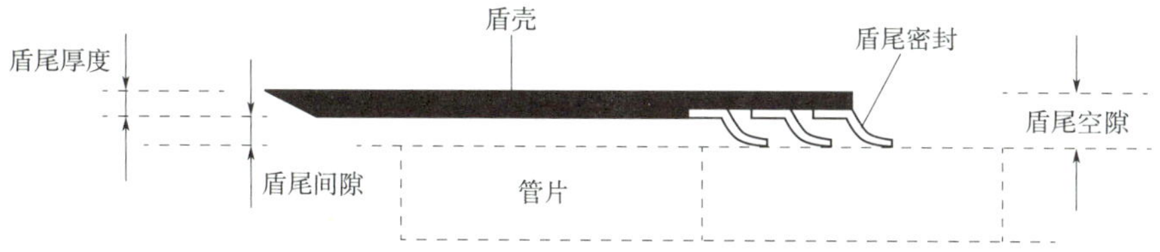

图5.23 盾尾空隙示意图

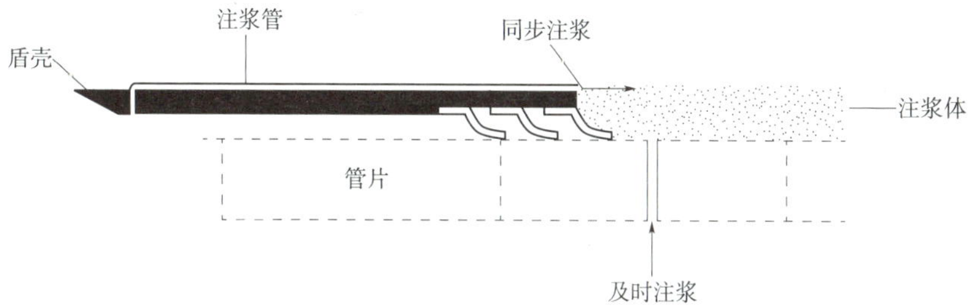

图5.24 盾尾注浆示意图

5.5.2 泥水平衡盾构机工作原理

泥水平衡式盾构机(见图5.25)在机械式盾构机的前部设置隔墙、装备刀盘面板、输送泥浆的送排泥管和推进盾构机的盾构千斤顶。在地面上还配有分离排出泥浆的泥浆处理设备。维持开挖面稳定的方法是将泥浆送入泥水室内，是开挖面上用泥浆形成不透水的泥膜，通过该泥膜保持水压力，以抵抗作用于开挖面的土压力和水压力。盾构机开挖的土砂以混合泥浆形式输送到地面，通过处理设备离析为土粒和泥水，分离后的泥水进行质量调整，再输送到开挖面。

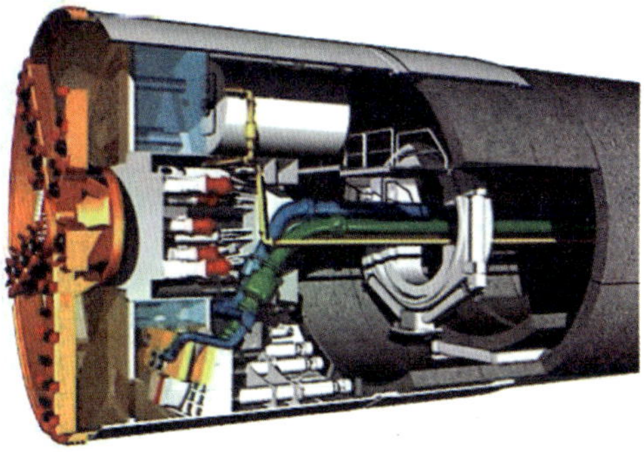

图5.25 泥水平衡式盾构机

泥水式盾构机适用的地质范围很大，从软弱砂质土层到砂砾层都可以使用。以往采用泥水式盾构机的工程比用土压式盾构机要多，但由于难以确保竖井用地和泥水处理系统占地较多，近年来在城市地铁建设中的使用逐渐减少。但由于泥水平衡盾构机具有较强的抵御外水压能力，在大型越江、越海等水下盾构隧道工程中大量采用。

泥水平衡盾构机隧道施工基本上可以分为以下几个主要过程：

1. 掘削面开挖

在开挖掌子面，刀盘在泥浆中旋转，挖掘下的渣土与泥浆混合。盾壳区域内，刀盘旋转进行开挖的部分称为开挖舱，压力舱板将它与盾壳分割开来。开挖舱内的土压和水压被压力泥浆平衡，从而避免了不受控制的土砂掺入并保证了开挖面的稳定。受到压力后的泥浆，其液位刚好达到机器轴线的位置。承压泥浆产生的支持压力传输到整个开挖舱，这时整个开挖舱内完全充满承压的泥浆。开挖舱内泥浆的波动被精确控制以保持平衡状态。

2. 盾构推进

盾构机在完成前 100 m 的试掘进后，根据初始掘进段的施工参数的分析总结，确定正常掘进施工参数选取。当发现掘削量过大时，应立即检查泥水密度、黏度和切口水压。此外，也可以利用探查装置，调查土体坍塌情况，在查明原因后应及时调整有关参数，确保开挖面稳定。

3. 管片拼装、盾尾脱环及壁后注浆

与土压平衡盾构相似。

4. 泥浆循环处理

泥水通过泥浆泵进行循环、加压、流体输送土砂、泥水分离后重新循环到开挖面，这一系统称为泥水循环系统。在掘进过程中，盾构机开挖下来的土砂进入切削仓，经搅拌后的高密度泥水由泥水泵送至泥水处理系统，在泥水场进行处理，通过一次分离设备（一级旋流器）和二次分离设备（二级旋流器）将土砂从泥水中分离排除，必要时使用泥水分离压滤机或离心分离机，分离后的泥水经调整密度、黏度等指标后再泵回开挖面，如此循环以保证泥水平衡盾构机的正常运转。

5.5.3 盾构的始发施工

盾构机掘进施工在始发阶段和到达阶段出现风险的概率很高，始发的好坏对整个工程的质量起决定性作用。高速铁路隧道穿越地层地质条件复杂，大直径、大深度下盾构机的始发与到达是盾构掘进过程中的最关键的一道工序，对开挖面稳定产生不同程度的不利影响，易引发地表变形，甚至坍塌、地表冒浆等事故，尤为值得重视。

始发技术包括洞口端头加固处理、洞门破除、盾构始发基座、反力架设计加工、定位安装、负环管片的安设、入口及密封垫圈的安装、盾构组装、盾构始发方案、其他保证盾构推进用设备、人员、技术准备等，直到始发推进。存在的主要问题：一是地层易出现涌砂涌水，二是在始发过程中保持开挖面不易稳定。主要的始发方法有地层加固方法、拔桩法和直接切削临时墙法等。

1. 始发设备

盾构机始发的设备，包括始发基座、反力架、负环管片、入口及密封垫圈。以下对其功能和构成做简单介绍。

始发基座：组装盾构机的平台、支撑盾构机，确保盾构机始发掘进处于理想的位置以及掘进过程的稳定。可以使用钢结构、钢筋混凝土结构、钢筋混凝土和钢结构组合基座。

反力架：提供盾构机推进时所需的反力。

负环管片：位于千斤顶与盾构机之间，传递盾构机向前推进的作用力。在组装时应特别注意，其组装精度会影响正式管片的真圆度。

入口及密封垫圈：入口是为了控制盾构机始发段轴线精度在进发口处设置一个内径略

大于盾构机外径的筒状物。为了防止盾构始发掘进时泥土、地下水及循环泥浆从筒体和洞门的间隙处流失，以及盾尾通过洞门后背衬注浆浆液的流失，在盾构始发时需安装洞门临时密封装置。

2. 始发工法

常用的始发工法包括掘削地层自稳法、拔桩回填法和直接掘削井壁法。

3. 始发作业流程

始发作业流程如图 5.26 所示。

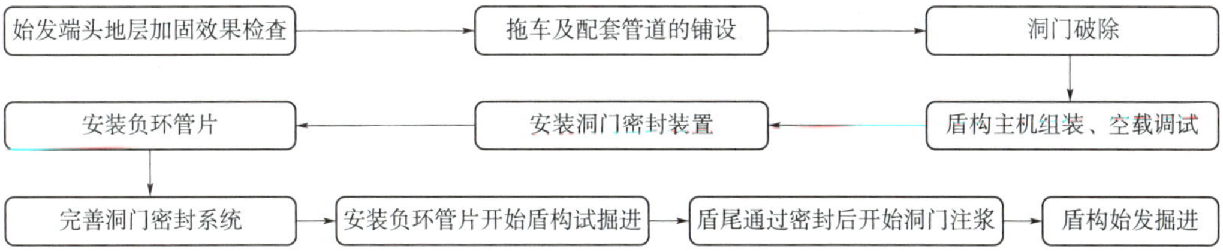

图 5.26 始发作业流程图

4. 盾构始发的注意要点

(1)盾构始发时千斤顶总推力一般在 800～1 200 t，优先选用下部千斤顶，推力增加要循序渐进，应防止超过反力架的设计荷载。

(2)第一环负环管片拼装成圆后，用 4～5 组油缸完成管片的后移。管片在后移过程中，要严格控制每组推进油缸的行程，保证每组推进油缸的行程差小于 10 mm。

(3)当每环负环管片脱出盾尾后，应立即用楔形木塞入管片与始发轨道间的间隙以及管片与保持架横梁间的间隙，并与每环均用钢丝绳及手拉葫芦紧箍管片，防止负环无约束下沉和发生较大的管片变形。

(4)盾构始发时，要密切注意密封装置的压入情况，若洞门密封环板有局部涨开的现象，则停止推进，对其采取加固措施，确保密封效果。

(5)初步注浆时，选取注浆压力要综合考虑地面沉陷要求和洞门密封装置的承压能力。

(6)初始 100 m 是摸索掘进规律、优化掘进参数的试掘进阶段，要注意总结和优化相应的盾构掘进参数(如切口土压、掘进速度、总推力、排土量、刀盘扭矩、注浆压力及注浆量等)，为正常掘进打下基础。

5.5.4 盾构的到达施工

盾构到达是指盾构掘进到竖井的到达面，从事先准备好的洞门推进到达井内。盾构到达最重要的是防止从洞门密封处发生涌水，盾构到达端洞门密封通常很难抵抗很大的水压力，与始发一样完全靠洞门密封止水不是很可靠。为了确保盾构安全到达，应根据工程实际确定盾构到达方法，如果采用地层改良的到达方法，则必须确定合适的加固方法与加固范围。

1. 盾构到达一般工法

(1)水中到达工法

在盾构机推进到竖井之前，在到达口设置临时墙，并将到达竖井充满水用以替代支撑抵抗侧向水、土压力，盾构机直接在水中推进到达后，排除井内存水。由于竖井中充满水，因此对盾构机到达前后的密封要求较严，可以采用事先在盾构外壳和到达墙间隙加压或注入止水管和道口密封圈的方法，以及采用埋入冻结管使间隙的土体冻结止水的方法。

(2)滑块工法

在采用压气沉箱法构筑竖井时，在到达部位的竖井壁处设置钢制圆筒状滑块、导轨以及固定在竖井内侧的圆筒状钢制导口。在盾构机到达时，交替牵引和掘进的同时保持滑块和盾构机的间距，直至盾构机到达预定位置。在盾构机上设置止水装置承担止水作用。此种工法与以往的工法不同，无需人工拆除挡土墙，有效降低了人工操作的危险性。

(3)水下对接法

两台盾构相向掘进至结合地点正面对接后，拆卸盾构外壳内的结构和部件，并在盾壳内进行衬砌作业。采用水下对接法可以缩短工期，解决了在江、河、湖、海底等难于设置竖井的地方设置竖井的问题。对接工法分为土木式对接和机械式对接。

①土木式对接：土木式对接法是在对接区域进行地层加固处理，提高地层强度和渗透性，以达到止水和防止地层失稳的目的，继而完成盾构内部拆卸并施作隧道衬砌。地层加固处理可在盾构到达对接地点前从地面进行，或者从隧道内部进行加固。对于水下隧道限于环境条件，宜选择后者。从隧道内部加固的方法有化学注浆法和冻结法。前者是从盾构内两侧设置超前加固设施的同时对地层进行加固处理；后者是仅从盾构内某一侧设置加固设施时进行超前地层加固处理，另一侧盾构到达后直接进入加固地层中。前者加固范围对称，加固效果较好；后者加固的范围较大，且改良范围的形状不规则，效果不易控制。

②机械式对接：使用经过特殊设计的盾构机进行掘进，在地层中直接进行对接的方法。机械式对接法中相向掘进的两台盾构机一台为贯入盾构机，另一台为接收盾构机。两台盾构机相向掘进至较小距离时，停止推进，使一台盾构机贯入另一台盾构机内进行对接，将对接部位进行密封，即可进行盾构解体并在壳体内施作对接段衬砌。为顺利实现机械式对接要求两台盾构必须有较高的贯通精度，不仅要求竖向和横向位置偏差小，还要求盾构刀盘竖直与水平倾角必须满足要求，另外机械式对接还存在贯入环、刀盘及其外周辐条收缩机构出现故障的风险，但机械式对接一旦实现，其安全性和可靠性很高。

2. 到达作业流程

到达作业流程如图 5.27 所示。

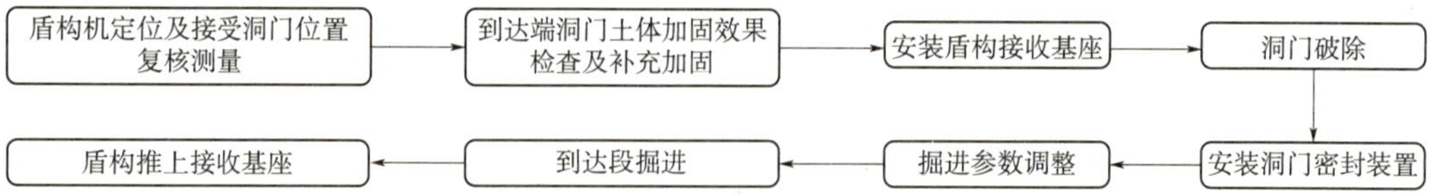

图 5.27　盾构到达流程

3. 盾构机到达的注意要点

(1)到达前测量：盾构到达前，要对洞内所有的测量控制点进行一次整体、系统的控制测量复测，对所有控制点的坐标进行精密、准确的平差计算。并以此为基准，用测量二等控制点的办法精确测量测站、后视点的坐标和高程。加强盾构姿态和隧道线形测量，根据复测结果及时纠正偏差，确保盾构机顺利地从到达洞口进入竖井接收架上。

(2)防水止水：为了防止注浆及地下水在盾构机穿越洞门时泄漏，保证管片拼装质量，应做好洞门端头处理和洞门钢环和预埋件的安装等准备工作。在盾尾隔一定距离钻孔注入水溶性聚氨酯，进行整环封堵，并开仓检查刀盘前方涌水情况。加强同步注浆控制，加大同步注浆量，以早强、高强为目的调整注浆浆液的配比，密实填充尾隙。

(3)接收导轨与接收架的安装：盾构刀盘露出洞口后，应迅速清除洞口渣土，并考虑刀盘与接收架之间的距离与高差情况，安设盾构机到达接收导轨。将导轨靠刀盘段做成楔形，保证盾构机能顺利上导轨。

(4)地下水位高的大直径盾构要重点防止从洞门密封处发生涌水。

5.6 盾构隧道智能建造技术

5.6.1 隧道智能建造概念

智能建造(intelligent building system，IBS)是以 BIM＋GIS 技术为核心，将云计算、大数据、物联网、移动互联网、人工智能等新一代信息技术与先进的工程建造技术相融合，实现建设全过程的精细化和智能化管理。隧道智能建造(tunnel intelligent building system，TIBS)为 IBS 在隧道范畴内的具体延伸与实践，是基于信息化技术，通过对"地—隧—机—信—人"及内外部环境的全面感知、泛在互联、融合处理、主动学习和科学决策，高效综合利用铁路隧道的移动、固定、空间、时间和人力资源，实现隧道建设、运维全生命周期的高度信息化、自动化、智能化，打造更安全可靠、经济高效的新一代隧道建造技术体系。

5.6.2 盾构隧道智能建造总体架构

盾构隧道智能建造是一个系统工程，其体系架构由智能装备、智能感知、数据资源、智能决策和智能管控五个层级构成。其相关关系如下：

(1)智能感知连接智能装备与后台各类服务器，通过多样化、泛在化的采集方式，实现数据的自动读取与快速传输。

(2)数据资源是建造实现智能化的基础，归类归一化的海量数据可为智能决策提供基础支撑。

(3)智能决策是智能建造的大脑，多种人工智能学习方法的综合应用，保障决策结果的准确性和有效性。

(4)智能管控集中体现智能建造的精髓与能动性、互动性，是全生命周期智能建造过程的集中展示与运用。

5.6.3 盾构隧道智能建造技术方案

1. 盾构隧道远程诊断实践

随着市场与技术的不断发展，盾构隧道施工的管理技术应当以数据驱动为基础，着眼标准化、精细化、智能化的管理理念，同时应当注意发挥领域专家的经验和知识，以远程监控的专家诊断系统的建立为契机，不断积累专家诊断信息，形成知识库和模型库。

2. 盾构隧道施工作业人员安全识别

为规范建筑市场用工秩序，加强建筑用工管理，维护建筑施工企业和建筑作业人员的合法权益，保障工程质量和安全生产，促进建筑业健康发展，国家住建部下发了《建筑工人实名制管理办法（试行）》和《全国建筑工人管理服务信息平台数据标准（试行）》，贯彻落实建筑工地实名制。基于盾构智能管理云平台的安全监管系统的建立，可以实现工地人员进出管理、关键人员到岗管理、特殊作业人员管理、工地财产安全管理、工程进度查询管理，集项目视频管理、人员定位考勤、安全监察流程、风险管理、应急预案及指挥等于一体。

3. 地质信息数字化

盾构掘进施工参数的设定与地层信息关系密切，同时在盾构掘进预警系统的构建过程中，涉及到盾构关键参数的理论计算和智能算法预测，尤其需要地层类型、厚度、距离隧道顶部距离、地下水位高度、薄弱层位置等信息。但是，传统人工查询的方式难以满足盾构智能管理以及数据挖掘所要求的大量数据。在此背景下，实现地质信息数字化是精细化的数据管控以及盾构隧道施工智能化的重要环节。

4. 盾构掘进参数预警

盾构隧道施工过程管理中，建立标准化的数据采集、专业化的数据分析、可视化的数据展示、系统化的数据推送，精细化的数据管控，再结合现场巡查的模式，实现对项目技术、精度、质量、风险的管控。聚焦于工程施工参数管控时，需要建立单个项目施工参数预报警管控，即通过理论分析、智能算法预测、统计对比分析功能的实现，为每个项目、每台盾构机设置参数控制预警阈值线，这不仅可以掌握数据超标情况，还可以第一时间收到预报警信息，提升管控效率。

5. 盾构隧道管片衬砌结构内力监测及安全评估

随着国内水下大直径盾构隧道的相继建设，复杂环境下大直径盾构隧道的结构健康问题引起了隧道同仁的重视，并参考结构、桥梁健康监测的经验进行了研究和实施，盾构隧道健康监测系统化、集成化研究已经逐步展开，但仍处于起步阶段。首先需要通过在盾构管片内预埋元器件，并接入采集系统，通过理论计算获得衬砌结构断面的弯矩、轴力；其次将结构内力的空间分布特点和时程变化特征与盾构隧道结构承载特性结合，建立安全评估模块，从而实现施工及运营期盾构隧道衬砌结构内力监测及评估。

5.6.4　盾构隧道智能建造技术应用

随着地下空间开发的迅猛发展，一个大型地下工程施工的企业往往会面临多个工地同时施工，而且工地分布非常分散等诸多困难。因此，如何对这些工程进行有效的管理和全面的技术支持，就成为一个摆在人们面前急需解决的问题。

从 2013 年开始，在中国国家铁路集团有限公司（原中国铁路总公司）领导下，依托铁路 BIM 联盟，中国铁道科学研究院集团有限公司开始铁路工程管理平台的建设与应用。2018 年，中铁十四局大盾构公司为加强在机械设备管理、材料管理、方案与工法管理、劳务管理等方面的管理能力，联合西南交通大学搭建盾构隧道施工远程监控及信息化管理系统，以期能对其散布在国内和海外的工地施工情况进行及时全面的管理，研究成果直接为京张高速铁路清华园隧道、苏通 GIL 综合管廊工程、厦门市轨道 2 号线等项目的隧道施工提供了信息化指导，同时对我国其他城市在类似地质条件下的盾构法设计与施工也将提供重要参考。

1. 系统等级架构

如图 5.28 示，盾构监控系统分为三级，包括地下监控设备、地面站、中心级。

地下监控设备：主要是指隧道内盾构掘进的采集系统及设备，包括盾构机掘进监测模块（包括推进刀盘系统、注浆系统、泥水循环系统、导向监测系统、螺旋机监测系统、盾尾密封系统）、隧道内人员定位设备、施工环境检测设备、摄像机等。

地面站：主要是指项目部的施工监控系统，包括盾构机综合监控系统、项目进度及辅助管理系统、人员考勤定位系统、有害气体监测报警系统、呼叫对讲系统、隧道顶部沉降监测、视频系统等。

中心级：在大盾构公司部署一套综合平台监控软件，管理公司承担的各个项目，包括大屏控制模块、GIS 地图模块、盾构监控数据展示，数据查询分析、视频模块、事件报警模块、设备故障模块等。

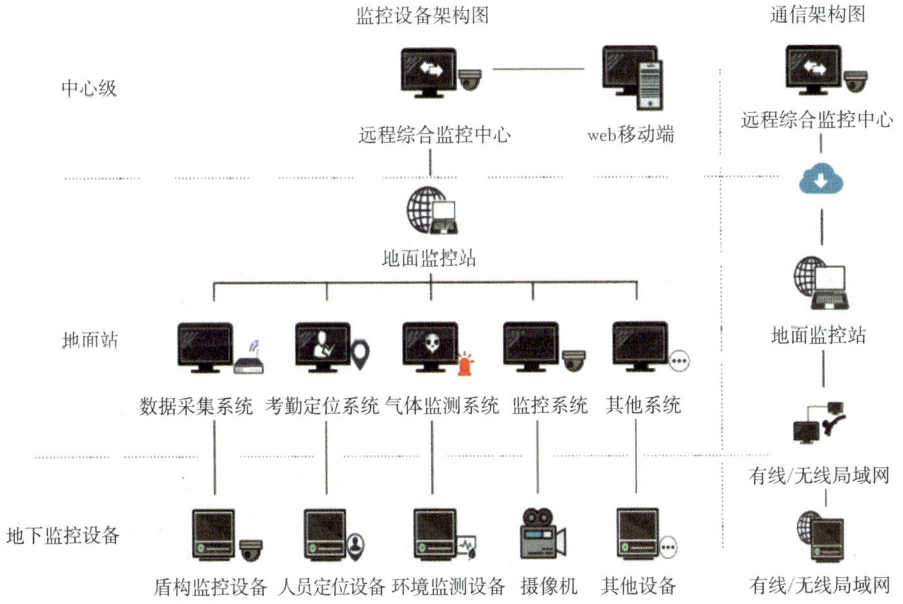

图 5.28 盾构监控系统等级架构图

2. 分布式数据库

分布式数据库是在分布式管理模式下，每个远程分部的数据信息均存放在本地，平时可独立操作使用；同时，定期通过远程通信线路，将本地的所有数据信息或汇总数据信息发送到远程总部；总部接收到数据后再将其恢复到总部的数据库服务器中，以满足总部对整个企业运营数据管理与决策的需要。

每个施工现场数据库的结构都是相同的，主要包括盾构施工参数表、施工进度记录表、施工大事记录表、盾构姿态参数表、管片姿态参数表、沉降情况表、工程基本概况表、地面测点布置表、沿线地质资料表以及沿线重要设施情况表等。

公司总部数据库中除了包括各个工地数据库外，还包括工程汇总表、盾构基本信息一览表以及用户信息表。

3. 数据采集与传输

数据采集是系统最基础、最重要的功能，为保证数据监测及数据分析结果的可信度，数据采集功能必须稳定强大。为此，系统数据采集部分的设计采用“两级缓存＋宽松存储”方案。两级缓存是指现场采集点的数据采集程序和服务器数据接收程序各有一级缓存机制，在断网等异常情况下对数据做缓存；宽松存储是指数据库存储时为提高系统处理效率和稳定性，实时采集所有原始数据，后期检查数据格式，通过数据清洗去处理数据问题。

数据传输采用专网＋公网的互联网技术，地面级数据为内部局域网，通过公网传输至中心。

4. 平台功能页面设计

如图 5.29 所示，盾构监控系统平台分为三级页面。

一级页面以中国地图为背景，系统通过记录所有接入项目位置的经纬度，展示系统项目的总体分布情况、各项目进度情况。

二级页面以项目为主体，主要包含项目的基本信息、盾构机基本信息、日报周报、掘进效率和施工风险等。

三级页面以盾构机掘进为主体，主要有盾构机数据监测、设备物资管理、大数据分析、安全监管系统、盾构机专科医院、科研管理、资料中心、监测系统、盾构 BIM、新闻公告等十大功能模块，可为盾构机掘进的全方位管理提供平台支撑。

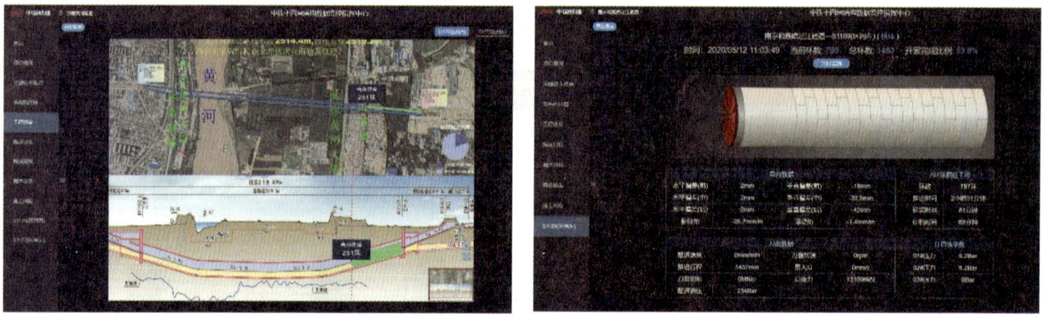

（a）工程进度管理界面　　（b）盾构掘进数据监测界面

图 5.29　盾构监控系统平台

5. 平台数据分析

除了能为技术人员同步提供详尽、准确的施工数据外，施工数据的分析也是一个非常重要的方面。施工数据分析分为两个方面：一方面，在施工现场提供快速有效的地面沉降预测和施工参数设定建议；另一方面，对各工程历史数据进行分析计算，找出规律。

施工现场的数据分析设计是在原有盾构隧道智能辅助决策系统的基础上进行，把原系统中的人工神经网络、模糊控制等人工智能方法结合目前数据库改进后，放入本系统。在用人工神经网络进行系统的数学模型的建立时，扩展了原有输入量，增加了注浆压力、注浆流量、盾构姿态等原来很难及时获取的数据。系统还可根据土力学理论和工程经验公式计算，这些方法对工程技术人员在对一些关键施工进行决策时有很大帮助。

参考文献

[1] 张凤祥，朱合华.盾构隧道[M].北京：人民交通出版社，2004.
[2] 张凤祥，傅德明，杨国祥，等.盾构隧道施工手册道[M].北京：人民交通出版社，2005.
[3] 张庆贺.地下工程[M].上海：同济大学出版社，2005.
[4] 陈馈，洪开荣，焦胜军.盾构施工技术[M].北京：人民交通出版社股份有限公司，2016.
[5] 何川，张志强，肖明清.水下隧道[M].成都：西南交通大学出版社，2011.
[6] 朱合华，丁文其，杨德林.盾构衬砌受力设计的现状与再认识[J].铁道工程学报，1998(S)：355-360.
[7] 孙钧.地下工程设计理论与实践[M].上海：上海科学技术出版社，1996.
[8] 朱祖熹，陆明，柳献.隧道工程防水设计与施工[M].北京：中国建筑工业出版社，2012.
[9] 何川，封坤，方勇.盾构法修建地铁隧道的技术现状与展望[J].西南交通大学学报，2015，50(1)：97-109.
[10] 王梦恕.中国隧道及地下工程修建技术[M].北京：人民交通出版社，2010.
[11] 洪开荣.盾构与掘进关键技术[M].北京：人民交通出版社股份有限公司，2018.

6 高速铁路隧道TBM法修建技术

TBM 由于具有快速、优质、高效、安全、环保、自动化等优点，在工程建设领域得到了快速发展，通常被用于越岭型特长隧道的掘进。本章内容主要包括 TBM 的选型及适应性，TBM 隧道的结构体系设计，TBM 掘进参数和施工工艺，TBM 穿过软岩、坚硬岩、突水突泥、岩溶发育地层、断层破碎带等不良地质的掘进技术，以及 TBM 施工过程中的风险管控及对策。

6.1 TBM 选型及适应性

6.1.1 TBM 的分类

TBM 曾经发展出很多种机型，有些机型应用较少，如扩孔式、摇臂式 TBM 等，目前运用最广的机型为敞开式 TBM 和护盾式 TBM(单护盾、双护盾)，分别适应于不同的地质条件。

1. 敞开式 TBM

又称为支撑式 TBM(见图 6.1)，依靠撑靴撑紧洞壁，为刀盘推进和旋转破岩提供反力，开挖后立即施作初期支护，如在刀盘护盾后面打锚杆、挂网、喷射混凝土(刀盘后面喷射混凝土是在不良地质条件下的处理措施，喷射混凝土的主要工作量在设备桥或者后配套适当位置通过机械手完成)、架设钢拱架等，永久衬砌支护待贯通后施作或者采用同步衬砌技术施工。

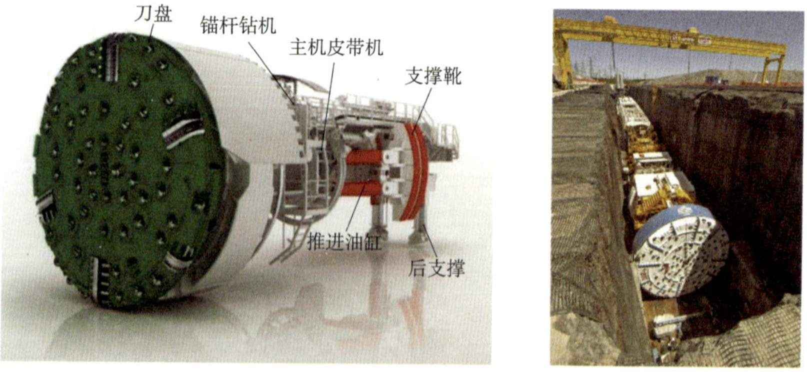

图 6.1 开敞式 TBM

敞开式 TBM 适用于围岩整体较完整、有较好自稳能力的中硬～坚硬地层，采取有效支护手段后，也可适用于软岩隧道。掘进过程中如果遇到局部不稳定的围岩，可以利用 TBM 所附带的辅助设备，安装锚杆、喷射混凝土、架设钢拱架、加挂钢筋网等方式予以加固；当遇到局部软弱围岩及破碎带，则TBM可由附带的超前钻机与注浆设备，预先加固前方围岩，待围岩达到可自稳状态后再掘进通过。掘进过程中可直接观察围岩变化，及时人工干预。

2. 护盾式TBM

护盾式TBM根据其原理不同可以分为单护盾TBM和双护盾TBM。

单护盾TBM(single shield machine)常用于软岩。单护盾TBM推进时，要利用管片作为支撑，其作业原理类似于盾构机，掘进与安装管片两者不能同时进行，施工速度较慢。单护盾TBM(见图6.2)与盾构的区别有两点：一是单护盾TBM采用皮带机出渣，盾构机则采用螺旋输送机出渣或采用泥浆泵通过管道出渣；二是单护盾TBM不具备平衡掌子面的功能，盾构机则采用土舱压力或泥水压力平衡开挖面的水土压力。

双护盾TBM(double shield machine)对地质具有广泛的适应性，既能适应软岩，也能适应硬岩或软硬岩交互的地层。双护盾TBM是在单护盾TBM和敞开式TBM的基础上发展而来，既有与敞开式TBM类似的撑靴，在较好围岩状态下撑紧洞壁为掘进提供反力，又利用了单护盾TBM的衬砌支护方式，且兼有单护盾TBM的所有功能。双护盾TBM(见图6.3)具有两种掘进模式：在围岩稳定性较好的地层中采用双护盾掘进模式，由支撑盾的撑靴紧撑洞壁为刀盘掘进提供反力，主推进油缸负责推进，辅助推进油缸负责拼装管片，掘进与安装管片同时进行；在稳定性较差的地层中采用单护盾掘进模式，洞壁不能提供足够的支撑反力，只能利用辅助推进油缸支撑在管片上推进。

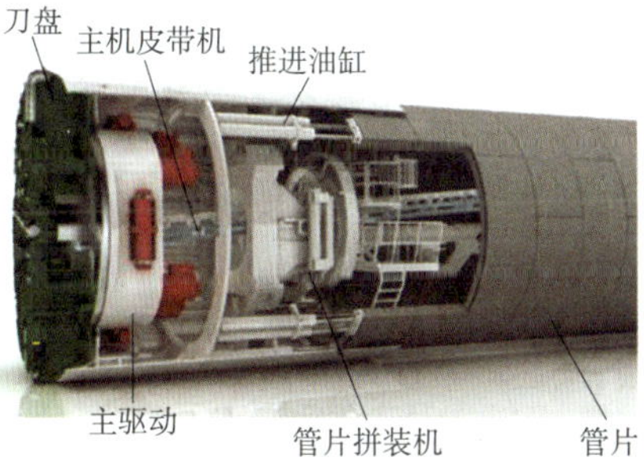

图6.2 单护盾TBM

图6.3 双护盾TBM

6.1.2 TBM选型依据与原则

1. TBM选型依据

隧道施工前，应对TBM进行选型，做到配套合理、充分发挥施工机械的综合效率、提高机械化施工水平。TBM选型依据如下：

(1)隧道工程地质、水文地质条件，包括地层岩性、岩石强度、完整性、节理发育程度、石英含量、地下水发育程度、地下水位、隧道涌水量及不良地质等多项参数。

(2)隧道断面的形状、几何尺寸，隧道长度、坡度、转弯半径、埋深等设计参数。

(3)线路周边环境条件、沿线场地条件、周边管线、建筑物及地下洞室的结构特性、基础形式、现状条件及可能承受的变形。

(4)TBM一次连续掘进隧道的长度以及单个区间的最大长度。

(5)隧道施工总工期、准备工期、开挖工期等隧道施工进度要求。

(6)同一区域类似钻爆法施工隧道的变形监控量测资料。

(7)处理不良地质的灵活性、经济性。

(8)TBM 制造商的业绩与技术服务能力。

(9)施工队伍的专业技术水平和管理水平等。

2. TBM 选型原则

TBM 选型主要遵循下列原则：

(1)安全性、先进性、经济性相统一。

(2)满足环境条件。

(3)满足安全、质量、工期及造价要求。

(4)后配套设备与主机配套。

6.1.3 TBM 选型步骤及影响因素

1. TBM 选型的步骤

TBM 选型一般按下列步骤进行：根据地质条件、施工环境、工期要求、经济性等因素确定 TBM 的类型；进行敞开式 TBM 与护盾式 TBM 之间的选择；根据隧道设计参数及地质条件进行同类 TBM 之间结构、参数的比较选型，确定主机的主要技术参数；根据生产能力与主机掘进速度相匹配原则，确定后配套设备的技术参数与功能配置。

确定了 TBM 类型后，要针对具体隧道工程的设计参数、地质条件、掘进长度，确定主机的主要技术参数，选择对地层适应性强、整机功能可靠、可操作性及安全性较强的主机。敞开式 TBM 还要特别重视钢拱架安装器、喷锚等辅助支护设备的选型和配套，以适应隧道地质的变化。

2. TBM 选型的影响因素

TBM 选型一般综合考虑以下因素：

(1)隧道的几何长度和平、纵断面尺寸等设计参数。

(2)隧道的地质条件：围岩级别、岩性、岩石的坚硬程度(单轴饱和抗压强度 R_c)等。

(3)隧道施工环境：周边环境、进出口施工场地、交通情况、气候条件、水电供应情况等。

(4)隧道施工总工期及节点工期要求。

(5)经济技术性比较。

(6)选型时应重点考虑以下制约 TBM 施工性能的因素：岩石的可掘性、开挖面稳定性、开挖时洞壁稳定性、断层破碎带宽度、挤压地层的存在。

3. TBM 地质适用范围

在发挥掘进速度的前提下，TBM 适用的主要地质范围如下：

(1)敞开式 TBM 主要适用于岩石整体较完整～完整、有较好自稳性的硬岩地层(50～150 MPa)。

(2)双护盾式 TBM 主要适用于较完整、有一定自稳性的软岩～硬岩地层(30～90 MPa)。

(3)单护盾式 TBM 主要适用于有一定自稳性的软岩地层(5～60 MPa)。

6.1.4 TBM 适应性分析

1. 选型控制因素

(1)所选 TBM 必须适应地质状况,满足所穿越地层的施工需要,符合隧道特性,满足隧道用途。

(2)所选 TBM 必须能够满足区间隧道平面曲线转弯半径和纵向坡度的要求,即要求 TBM 掘进方向能够根据线形条件及时调整并有效控制,所配置的导向系统应能保证隧道最后贯通误差的要求。

(3)所选 TBM 必须能够满足安全、质量、工期、造价及环保的要求。

(4)TBM 连续掘进距离长,所选 TBM 应当具有良好的性能、较长的使用寿命、充足的备件和配件。

(5)所选 TBM 需配置超前地质预报、超前钻探、超前钻孔注浆加固等设备,以防止地层坍塌损坏或卡住 TBM,且处理特殊地质的方法要灵活。

2. 地质适应性分析

(1)地质水文条件

地质水文资料必须详细、准确、可靠。隧道施工的根本问题通常是由隧道穿越地层的物理与岩土性质决定的;TBM 掘进为全断面、机械化开挖,开挖方式并不灵活,因此,开挖地层的不均匀性尤为重要。

(2)影响 TBM 掘进的主要地质因素

影响 TBM 掘进的地质因素主要有单轴抗压强度、岩石的硬度和耐磨性、岩体结构面发育程度及方位等。

3. 各类 TBM 施工风险、不利影响因素分析及处理措施

(1)敞开式 TBM 主要施工风险及不利影响因素

①敞开式 TBM 只能在开挖后进行围岩的初期支护,为了不影响掘进速度,避免施工干扰,后续二次衬砌须待 TBM 转场或全部掘进完成后才能施作,这使得隧道的开挖区间长时间处于只有初期支护的状态。

②TBM 在通过围岩破碎带时,或穿过回填土地层时,需要提前采取围岩加固措施,这会增加较多的超前加固措施及辅助处理措施,较大程度影响掘进速度。

③遇洞周软弱破碎带接地比压不足时,会造成 TBM 头部下沉,无法掘进。

(2)护盾式 TBM 主要施工风险点及不利影响因素

①护盾式 TBM 为开胸模式,在通过不稳定地层时施工风险很大,且出渣较困难。

②护盾式 TBM 适应小曲线半径的能力较差。

③管片预制需设置管片场,投资大、占地大、模具较多、管片费用较高。

④单护盾 TBM 的前进动力通过油缸顶推后续管片来实现,要求管片必须紧跟,掘进与管片拼装不能同步进行,对掘进速度造成一定的影响。

⑤双护盾 TBM 由于机体最长,且存在前、后护盾和中间伸缩盾,如遇地层较破碎段、坍塌、可能的变形段时 TBM 容易被卡,施工掉块可能损坏顶推油缸,严重时甚至无法掘进,施工灵活性不强。

⑥若开挖洞室洞周收敛变形较大，双护盾 TBM 开挖通过后会因洞周收敛将机器卡住。

(3)对风险及不利影响因素采取的工程措施

根据以上对各种类型 TBM 可能存在风险及不利影响因素的分析，进而提出规避风险及减少不利影响所采取的工程措施，具体见表 6.1。

表 6.1　TBM 风险及不利因素处理措施

TBM 类型	风险及不利因素	处理措施
开敞式	二次衬砌滞后时间较长，初期支护长时间暴露	尽可能将喷射混凝土机靠近刀盘，必要时在操作室的平台上另增加人工喷射混凝土机，及早进行喷射混凝土支护。围岩较差段较短时可利用 TBM 检修时间提前施作该段二次衬砌；若当段落较长时，风、水、电供应仍走原隧道，出渣利用区间联络通道或设在车站的运输道岔切换到另一管隧道进行，也可以通过就近车站的出入口运出，本段隧道进行二次衬砌施工
	局部通过围岩破碎带，或穿过回填土地层段	利用 TBM 自身的超前钻机施作管棚超前注浆支护，并在随后加强初期支护以保证围岩的稳定
	软弱破碎带接地比压不足造成 TBM 头部下沉，无法掘进	在撑靴位置打锚杆并注浆加固围岩，或加垫枕木及钢模板等辅助措施，增大撑靴受力面积，避免出现反力不足、撑靴深陷的情况
单护盾	难以适应半径小于 500 m 的曲线段	缩短换步距离，减小管片宽度，增设扩挖刀，以“短掘进、大超挖”的方式并以折线代曲线逐渐通过，但会导致 TBM 设备费用增加，隧道施工难度加大，速度变缓，管片类型增多，工程投资增加较大
	掘进与管片拼装不能同步进行，影响掘进速度	—
	机体较长，容易被卡，处理复杂地质地段的措施相对较少，灵活性不大，并影响掘进速度	通过超前地质预报，前方如遇断层破碎带等不良地质地段，提前从后体内进行超前加固
	需设置管片预制场，占地大、模具较多、投资大、费用高	管片场需因地制宜，结合周边具体情况而设置；管片生产模具国产化，以降低管片生产造价
双护盾	机体最长，容易被卡，处理复杂地质地段的措施少，灵活性不足，并影响掘进速度	做好超前加固措施，尽量快速通过，避免伸缩油缸长时间暴露，以免被围岩掉块砸坏，也防止围岩收敛变形卡在伸缩盾的位置
	适应小半径的能力较差	缩短换步距离，减小管片宽度，增设扩挖刀，以“短掘进、大超挖”的方式并以折线代曲线逐渐通过。但会导致 TBM 设备费用增加，隧道施工难度加大，速度变缓，管片类型增多，工程投资增加
	需设置管片预制场，占地大、模具较多、投资大、费用高	管片场需因地制宜，结合周边具体情况而设置；管片生产模具国产化，以降低管片生产成本

6.2 TBM 刀盘刀具设计

6.2.1 刀具破岩机理

TBM 硬岩掘进机使用盘形滚刀，将刀圈的刀刃挤压楔入岩体进行破岩，其破岩形式属于楔入式滚压破碎。刀尖压入岩体，当压力大于岩石的抗压强度时，与刀尖接触部位的岩石被压碎，在刀尖前形成一压碎区，如图 6.4 所示。压碎区向外形成的压力，使压碎区的周边产生裂纹，裂纹随压力增加而扩展，直到渣片形成而剥离，完成一个成渣过程。随刀盘的转动和刀具在岩面上继续向前滚压又开始下一渣片的形成。刀盘上的盘形滚刀在破岩掘进面上形成同心圆的滚动轨迹。刀尖前的岩石被压碎，碾成细小的岩粉，而刀尖两侧的岩体被剥成一块块的渣片。岩渣是一片片形成的，有时在刀圈的内侧形成，有时是在外侧。轨迹之间是鱼鳞状凹坑。刀圈滚压生成的岩渣块形状呈中间厚周边薄的长片形，近似鱼背的形状。渣块的大小与刀间距和切深有关。

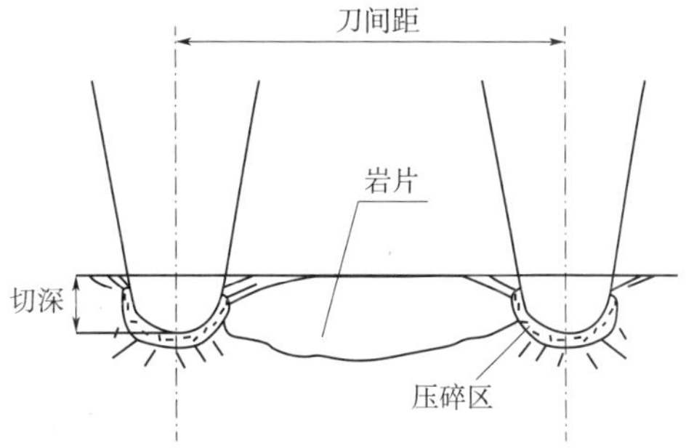

图 6.4 TBM 破岩机理

TBM 滚刀破岩过程分为两个阶段，包括滚刀侵入岩体过程和相邻滚刀之间的岩石碎片形成过程。滚刀侵入岩体加载过程可分为四个阶段，具体为：建立应力场、形成压碎区、岩石碎片的形成以及出现侵入坑。在初始阶段，随着应力的增加，引起岩石中存在的微小裂隙闭合，然后岩石处于线弹性变形阶段，岩石发生很小的破坏。当荷载继续增加，在刀刃的边缘出现圆锥形裂纹，之后在侵入刀刃底部形成压碎区。在这一阶段，岩石碎片的错动及扩张被周围原岩限制，为了破碎岩石，荷载继续增加，以造成岩石碎片的剧烈粉碎。之后，这些粉碎的岩石由于受到滚刀正压力及侧向压力的限制又被重新压实，岩石碎片向内及两侧运动及扩张的趋势造成岩石产生放射状、中部及侧向裂纹，在岩石裂隙形成过程中，滚刀逐渐侵入岩石。当侧边裂隙达到岩石表面时，刀刃底部的部分及周围的岩石迅速脱离形成岩石碎片。

当两相邻滚刀的间距太大或者滚刀作用载荷较小时，裂缝向切割表面发展，到达自由面后产生三角形的小岩片，在两滚刀之间形成未切割的岩石隆起，即岩脊[见图 6.5(a)]。当滚刀的间距太小或荷载太大时，滚刀下方无效的长裂纹向岩石或岩体内发展，裂纹区域大，损失的能量大，在两滚刀间形成凹槽[见图 6.5(b)]。在滚刀最佳刀间距和滚刀推力作用下，滚刀侧向裂纹朝着相邻滚刀方向以大致直线的路径扩展，直线是裂隙扩展距离最短的路线，并且距离大约是滚刀间距的一半，并在两滚刀之间形成平直的岩片[见图 6.5(c)]。

盘形滚刀是在推进液压缸推力作用下，将刀刃压入岩面，同时在刀盘驱动系统的作用下，盘形滚刀沿同心圆轨迹做滚动，如图 6.6 所示；当推力超过岩石的抗压强度时，盘形滚刀刀尖下的岩石直接破碎，刀尖贯入岩石，形成压碎区和放射状裂纹；进一步加压，当滚刀的刀间距 S 满足一定条件时，相邻滚刀间岩石内裂纹延伸并相互贯通而剥落，从而形成岩石碎片，如图 6.7 所示。岩渣在自重的作用下掉入隧道底部，由旋转刀盘的铲斗铲起岩渣，然后通过溜渣槽卸入运渣皮带机。

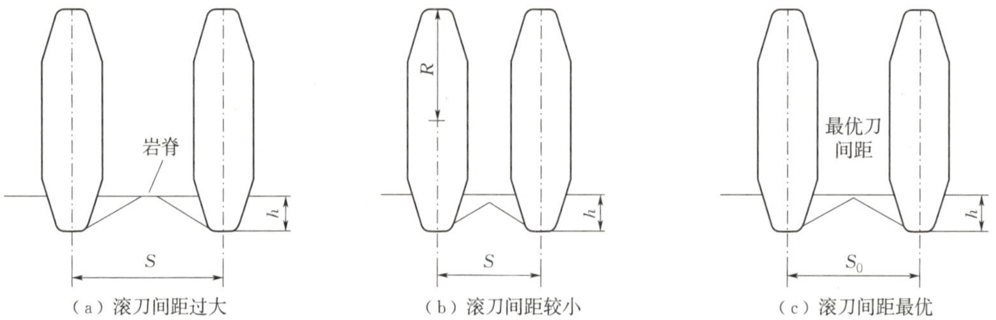

图 6.5 不同刀间距破岩示意图

图 6.6 掌子面 TBM 滚刀破岩轨迹

图 6.7 TBM 破岩石渣

6.2.2 刀盘刀具荷载计算

1. 滚刀荷载计算

滚刀在破碎岩石过程中,刀刃与岩石之间存在三个方向的相互作用,包括:垂直力 F_V,又称法向力或径向力,指向开挖面,由刀盘推力提供;滚动力 F_R,又称切向力或切割力,指向滚刀切向,由刀盘扭矩提供;侧向力指向刀盘中心,由滚刀对岩石的挤压力和刀盘旋转的离心力产生,其数值较小。

许多学者通过试验测试和施工现场测试数据分析建立了盘形滚刀切削力的预测模型。CSM 模型是科罗拉多矿业学院由线性切割实验得出的滚刀受力预测公式。盘形滚刀首先将下方的岩石压碎,并假定楔形刃侧对岩石作用力的横向分量对岩脊(两相邻刀间距间的岩石)产生剪切破碎。CSM 模型公式为

$$F=C\cdot\frac{\varphi R_0 T}{1+\psi}\left(\frac{S\sigma_c^2\sigma_t}{\varphi\sqrt{R_0 T}}\right)^{1/3} \tag{6.1}$$

$$F_V=F\cos\frac{\varphi}{2} \tag{6.2}$$

$$F_R=F\sin\frac{\varphi}{2} \tag{6.3}$$

式中 R_0——滚刀半径,mm;

ψ——刀圈顶刃压力分布系数,一般为−0.2~0.2;

φ——滚刀接触角，rad，$\varphi=\arccos[(R_0-h)/R_0]$；

h——滚刀贯入度，mm；

S——刀间距，mm；

C——无量纲系数，取 2.12；

σ_c——岩石单轴抗压强度，MPa；

σ_t——岩石抗剪强度，MPa。

2. TBM 刀盘荷载计算

TBM 掘进时，刀盘受到推进阻力、旋转阻力矩以及不平衡力作用。

刀盘推进阻力由刀盘上每把滚刀垂直力沿 TBM 轴线的分力组成，并与推进系统提供的推力平衡，则

$$F_P=\sum_{i=1}^{n}(F_{Vi}\times\cos\beta_i) \tag{6.4}$$

式中 F_P——刀盘推进阻力，kN；

F_{Vi}——第 i 把滚刀的垂直力，kN；

β_i——第 i 把滚刀垂直力与 TBM 轴线的夹角，rad；

n——刀盘上滚刀的数量。

刀盘旋转阻力矩由刀盘上每把滚刀滚动力产生的阻力矩组成，并与驱动系统提供的扭矩平衡，则

$$T_P=\sum_{i=1}^{n}(F_{Ri}\times R_i) \tag{6.5}$$

式中 T_P——刀盘旋转阻力矩，N·m；

F_{Ri}——第 i 把滚刀的滚动力，kN；

R_i——第 i 把滚刀的安装半径，m；

n——刀盘上滚刀的数量。

刀盘不平衡力是滚刀载荷在刀盘平面上形成的合力，容易引起刀盘旋转时产生偏心和震动，对主轴承寿命会产生不利影响，越小越好。不平衡力计算如下：

$$F_u=\sqrt{F_x^2+F_y^2} \tag{6.6}$$

$$F_x=\sum_{i=1}^{n}(F_{Vi}\sin\beta_i\sin\theta_i-F_{Ri}\cos\theta_i) \tag{6.7}$$

$$F_y=\sum_{i=1}^{n}(F_{Vi}\sin\beta_i\cos\theta_i-F_{Ri}\sin\theta_i) \tag{6.8}$$

式中 F_u——刀盘的不平衡力，kN；

F_x——x 轴方向的不平衡力，kN；

F_y——y 轴方向的不平衡力，kN。

6.2.3 刀盘结构设计及刀具配置

1. TBM 滚刀布置

TBM 盘形滚刀的布置是 TBM 刀盘设计的关键环节。滚刀布置设计主要分为滚刀径向

布置设计和滚刀周向布置设计。滚刀径向布置设计主要是指刀刃间距的设计；而滚刀轴向布置设计是指在相邻滚刀刀刃间距确定之后，对滚刀的安装极角进行设计。

根据滚刀所处位置不同，滚刀布置可以分为以下 4 个典型区域：中心区域、正面区域、过渡区域和边缘区域。不同区域，滚刀的选择和布置各有特点。

(1)中心区域

该区域位于刀盘中心，滚刀布置受空间限制较大。中心滚刀布置主要有两种布置方式，“一”字形布置和“十”字形布置。刀刃数量一般为六把或八把，可采用单刃滚刀、双联滚刀或多联滚刀。

(2)正面区域

正面区域的滚刀数量最多，是 TBM 刀盘破岩的主体区域。不同的滚刀布置类型主要反映在正滚刀布置上。

(3)过渡区域

在某些刀盘上，正面与边缘区域之间还存在过渡区域，过渡滚刀与正滚刀超出刀盘面板的高度也相等。但是，为了减小磨损，其刀间距小于正面滚刀。

(4)边缘区域

边缘区域的滚刀刀尖包络线为圆弧，由于边缘滚刀切削距离长，为减小磨损，该区域滚刀的刀间距小于或等于过渡区域滚刀的刀间距 S，并逐渐减小。

2. 滚刀平面布置设计

滚刀在刀盘平面上的布置包括三种方式：多螺旋线布置、动态星形布置和随机布置。多螺旋线布置和动态星形布置均属于相对于刀盘旋转轴线的对称布置方式，多螺旋线布置中，若每条螺旋线的螺旋角为 0°，则该螺旋线布置即为星形布置。对于随机布置，盘形滚刀在刀盘上的布置看似随机，其实是考虑了刀盘分块的影响，滚刀相对于刀盘旋转轴线基本为中心对称布置。一般来说，多螺旋线布置模式适合极硬和完整性好的地层；星条式布置模式适合软岩或破碎岩地层；随机布置模式适合两者之间的地层。

3. 刀盘前期设计

刀盘前期方案设计是整个刀盘设计过程中相当重要的阶段，主要是确定刀盘的主要设计参数，包括：刀盘直径、刀盘扩挖、刀盘分块布置、进渣口、中心刀结构形式、正刀数量、刀具直径、刀间距、边刀数量、喷水口数量、人孔数量等参数的确定。

(1)刀盘直径与扩挖设计

刀盘直径应根据工程成洞直径、TBM 机型综合考虑确定；刀盘扩挖应根据地质条件和业主施工要求确定，一般隧道在有小转弯的情况下，为了顺利实现转弯，需要刀盘具备扩挖功能。扩挖形式的选择应根据扩挖掘进距离的长短进行选择。扩挖形式分三种：液压机构扩挖式、垫块式和更换模块式。

(2)刀盘分块设计

刀盘分块主要受施工、运输、加工工艺三方面的影响。施工因素包括工地吊机起重能力；运输主要考虑刀盘尺寸、质量两方面的限制。刀盘分块有 1+1、1+2、1+4、1+8 四种形式，根据刀具布置情况，可对分块形式进行适当调整。

(3)进渣口设计

刀盘进渣口设计包括数量和径向尺寸两方面内容，进渣口数量根据开挖直径大小确定，一般进渣口数量与刀盘直径相对应(1 个/m)，进渣口沿刀盘径向尺寸应根据渣石在隧道底部的堆积高度确定。

(4)中心刀结构形式

中心刀结构形式大概可分成两种，"一字形"中心刀形式、"十字形"中心刀形式。

(5)刀间距、刀具直径的确定

刀间距和刀具直径的确定是刀盘设计的关键参数，合理的刀间距对刀盘的破岩能力起着至关重要的作用。刀间距的选择受到很多地质参数的影响，目前设计主要参考的地质参数是岩石单轴抗压强度、岩石完整系数两个参数。

(6)喷水口、人孔

后配套供水经刀盘喷水系统回转接头进入刀盘，并经分水阀块分配到沿刀盘径向分布的各个喷口。刀盘上设计有人孔，施工过程中可停机从人孔进入刀盘前面，观察掌子面情况。

4. 刀盘细化设计

刀盘细化设计也是整个刀盘设计过程中相当重要的阶段，主要包括确定刀盘的结构形式、装刀形式、刀座形式等问题，确定刀盘装刀形式和刀座形式后，对刀盘前面板和后面板之间的筋板进行布置，并对详细设计进行优化。

(1)刀盘的结构形式

刀盘的结构形式分为曲面刀盘和平面刀盘。曲面刀盘结构增大了刀具布置的空间，可以布置更多的刀具，在与 TBM 推力垂直的平面实现更小的刀间距，但是曲面刀盘刀具所受侧向力会增大，从而影响刀具的使用寿命。平面式刀盘是目前常用的刀盘结构形式，平面刀盘在隧道轴线方向尺寸较小，暴露出盾体的尺寸相应减小，减小了对洞壁围岩的扰动，降低了刀盘被卡的风险。因此，在地质条件不是特别好，可能有塌方出现的地质条件下优先选择平面刀盘。

(2)刀盘装刀形式

刀具的安装形式分为前装式和背装式，前装式刀具安装时需要人员进入刀盘与掌子面之间进行作业，为了保证施工人员的安全，前装刀形式只有在地质条件极好的情况下使用。背装式刀盘结构式较为常见的刀盘结构形式，换刀作业在刀盘内部进行，能够很好地保证作业人员的安全。

(3)刀座形式

刀座是刀盘上受力最为复杂的结构，也是使用过程中刀盘出现问题最多的结构。刀座的强度和硬度指标、刀座的结构形式直接影响其使用效果。各厂家都有各自的刀座结构风格，主要有三种结构形式：内外焊装式、C 形块式和 L 形块式。

(4)耐磨设计

刀盘耐磨对刀盘的使用寿命的影响至关重要，刀盘面板、圆环、进流口位置均需进行耐磨保护设计。刀盘面板表面焊接用耐磨复合钢板，刀盘圆环周向焊接 Harox 耐磨钢板条，进渣口是耐磨设计的关键位置，进流口处需要焊接耐磨钉或耐磨网格，刀盘边刀刀座凸出刀盘本体部分也需要对焊耐磨焊层，以保护刀座不被磨损。

(5)刀盘筋板和溜渣板布置

为了保证刀盘的整体强度和刚度,刀盘前面板与后面板之间需要根据刀座的布置情况,布置适当的筋板,筋板有支撑刀座的作用;并在刀盘后面板和后锥环之间合理布置溜渣板,溜渣板除了具有导渣溜渣的作用,还具有支撑刀盘体,保证其结构刚度的重要作用。筋板的布置与刀具的布置均应考虑刀盘整体质量分布均匀,保证刀盘回转过程中偏载值小。溜渣板的布置要考虑周向均匀分布、进渣口位置和与刀孔之间的干涉(针对刀具背装式刀盘)。

6.3 TBM 隧道支护结构设计

6.3.1 敞开式 TBM 支护结构设计

敞开式 TBM 的支护形式主要参考新奥法原理进行设计,其衬砌根据地质情况和施工条件进行设计,主要采用喷锚支护、预制混凝土管片和整体现浇混凝土 3 种基本类型。其中锚喷支护后再进行整体现浇混凝土的称为复合式衬砌,前者称为初期支护,后者称为二次衬砌。初期支护多采用锚喷网联合支护,必要时架设钢架加强支护,如图 6.8 所示,二次衬砌采用模筑素混凝土或钢筋混凝土,设计中需注意敞开式 TBM 的钢架间距要与撑靴步距综合匹配。

图 6.8 敞开式 TBM 初期支护

1. 敞开式 TBM 支护设计原则

TBM 利用机械能破碎岩体,对围岩的影响相比钻爆法施工要小,但其支护作业只能在顶护盾之后进行,因此应根据选用的 TBM 特点和 TBM 本身的施工特点,选择合适的支护形式和参数;支护的结构布置应合理,并与 TBM 设备配套,便于施工和安装,特别在围岩条件较恶劣的情况下,还应考虑 TBM 支撑靴对洞壁挤压的影响。

敞开式 TBM 的支护设计与新奥法施工的原理相同,要基于事前调查进行预设计,设定支护模式,并在掘进中根据对围岩状况的判断,修正支护形式。

在敞开式 TBM 的支护设计中,应特别注意以下几点:

(1)为确保高速掘进,应尽可能缩短支护施工时间,或在掘进的同时施工。

(2)掘进机开挖后的洞壁是光滑、松弛的,其围岩松动圈比爆破法小,可以采用轻型支护。

(3)支护的施工位置(与掌子面的距离)。

(4)开挖后到支护施工的时间较长。

(5)是永久的或是暂时的。

(6)支护实施时对掘进机设备的影响。

(7)支撑靴挤压对洞壁的影响。

与钻爆法相比,掘进机对围岩的扰动小,而且应力释放也是均匀的,对洞室稳定是有利的。根据弹性波测试和孔内加载试验,与钻爆法比较,松弛区域内的弹性波速度降低40%~60%。

2. 敞开式TBM支护材料的选择

(1)钢支撑

钢支撑是岩石掘进机施工采用最多的一种支护形式,可在短时间内架设,视围岩状况易变更设计,通常采用H100~H150的型钢。与喷射混凝土和锚杆比,可立即发挥支护效果,这对掘进速度快的岩石掘进机施工是很有利的。在松弛荷载较大时,可采用钢背板。

(2)锚喷支护

在敞开式TBM中,最接近掌子面设置支护的位置是在刀盘后。刀盘和支撑靴间有主马达和液压缸装置等,施设支护的空间有限,同时喷射混凝土的粉尘和回弹对设备也有影响。因此,主机部位经常安装锚杆钻机、拱架安装器等,喷射混凝土机械手常布置在主机后的连接桥上。

TBM施工段有别于钻爆法段,虽也采用锚喷支护,但其支护优先采用锚杆和钢制拱架,对于Ⅳ、Ⅴ级围岩段为满足及时支护要求,布设的系统锚杆是紧邻TBM机头进行施工,由护盾后的轨道式锚杆钻机快速安装完成,其锚杆的钻进方向都是按照钻机圆形轨道的切线方向布置,而对于Ⅱ、Ⅲ级围岩,锚杆是随机布置,可以由人工安装完成。敞开式TBM是靠支撑靴顶住围岩提供前进推力的,在Ⅳ、Ⅴ级围岩中架设钢拱架的间距必须考虑撑靴大小和TBM步进尺寸。

采用敞开式TBM施工的隧洞,其衬砌支护设计依然符合现在岩石力学理论,可以按照新奥法的理念进行设计。锚喷支护按永久衬砌设计;模筑混凝土衬砌不考虑蛇形量的影响。

3. 敞开式TBM施工初期支护的特点

TBM施工时,切削岩石对围岩的扰动比钻爆法小,围岩稳定的前提条件相对优越,但由于TBM上支护设备位置限制,初期支护一般不能像钻爆法施工那样及时按1.8 m/h速度掘进,拱部及边墙锚杆分别需开挖后3 h、13 h才能施作;按15 m/d速度掘进,喷射混凝土需在开挖后5 d才能施作。对岩石特别破碎地段,利用手喷(对机器污染特别严重),在开挖后3 h可施作。因此在系统初期支护完成以前,围岩要暴露5 d以上,暴露长度75 m,出现围岩松弛变形、落石的概率极大,对围岩受力和TBM设备的安全非常不利。

4. 敞开式TBM施工初期支护的要求

根据施工支护的特点,对初期支护提出了下列要求:

(1)除满足为围岩提供支护抗力外,必须保证设备安全。

(2)支护速度必须与掘进速度相匹配,确保不出现因支护速度慢而停止掘进。

(3)支护必须一次到位,杜绝进行补强。在判断不清的情况下,必须做到支护超强。

(4)做好初期支护最直接的要求是:在确保围岩和设备安全情况下,尽量减少支护工作量,充分发挥掘进效率,取得最大经济效益。

5. 敞开式TBM初期支护影响因素

TBM施工时初期支护主要受主结构面的产状、岩体初始应力、掘进参数、撑靴设备等四个因素影响。

(1)主结构面的产状影响

主结构面的产状对围岩影响特别大,结构面走向与隧道轴向夹角越小,结构面的倾角越小,越容易发生岩石坍塌剥落现象,根据掘进以来的情况总结,当断层或主结构面走向与隧道轴向夹角小于 45°,倾角小于 45°时,在结构面附近,极易出现坍塌。

(2)岩体初始应力影响

在埋深较大和陡坡地段,岩质坚硬、岩体完整性较好的情况下,受高地应力及偏压应力的影响,常出现岩爆现象,持续时间数日,岩爆部位大部分出现在隧道右拱肩四分之一圆的范围内(与地形有关)。

(3)掘进参数影响

在断层及节理很发育段,围岩受掘进参数影响较大,由于岩石稳定性较差,且机器振动大,在大推力及高转速下,很容易造成围岩在出露护盾前就已失稳,给支护及下部清渣带来困难。可通过降低推力和低转速设备,有可能使岩石保持稳定,并在出露后通过支护手段,达到稳定围岩,防止坍落的目的。

(4)撑靴设备影响

掘进需要的推力由撑靴来提供,当撑靴处岩石破碎,不能满足撑靴压力时,即造成坍塌。当刀盘处于坚硬岩石中,而撑靴处在破碎带(如掘进通过断层后)时,掘进所需推力较大,此时更易因撑靴引起坍塌。

6.3.2 护盾式 TBM 管片结构设计

护盾式 TBM 通常采用管片衬砌结构形式,结构设计参数主要根据边界条件计算及经验类别确定,以下列举一些案例供参考,详见表 6.2。

表 6.2 护盾式 TBM 隧道支护参数统计表

序号	项目名称	开挖直径/m	TBM 类型	管片形式	管片厚度/mm	管片环宽/m
1	南非 Lesotho(莱索托)引水隧洞	4.88	双护盾 TBM	4 片六边形管片	240	1.4
2	青海引大济湟引水隧洞	5.93	双护盾 TBM	每环 6 块	350	1.5
3	新疆八一达坂引水隧洞	6.84	双护盾 TBM	六边形管片	280	1.6
4	山西万家寨引黄工程总干线	6.11	双护盾 TBM	每环由 4 片管片组成	250	1.6
5	青岛地铁 TBM 隧道	6.28	双护盾 TBM	管片分块“3B+2L+1F”	300	1.5
6	西班牙瓜达拉玛铁路隧道	9.44	双护盾 TBM	管片采用“6+1”形式	320	1.6
7	西班牙 Pajares(帕哈雷斯)隧道	9.88(挤压性围岩地段可加大到 10.08)	单护盾 TBM	管片采用“6+1”形式	500	1.5
8	德国 Katzenberg(猫山)隧道	11.12	带土压平衡模式的单护盾 TBM	管片垫片	600	1.5

TBM管片是TBM隧道的永久衬砌结构，管片设计的成功与否直接关系到隧道的质量和寿命，同时管片设计应在保证安全的前提下尽量考虑经济性，因此，研究管片设计优化问题具有现实意义。管片的设计定型是TBM隧道设计的第一个重要环节，管片的形式、尺寸等有关参数的确定，对TBM的外径、总长、装备能力、机型选择、推进方式甚至工期等的确定都有直接影响。TBM隧道的断面形状一般多为圆形，且其衬砌目前使用最多的是单层钢筋混凝土管片，因此针对TBM隧道衬砌中所用的预制管片，结合工程实际经验和国内现有理论，分析其在不同形状、不同厚度、不同接头时的受力情况，对TBM隧道的预制管片进行优化设计有很大意义。

影响管片设计的因素很多，并且这些因素大部分都是客观存在的，很难或不可能改变。可以人为改变的因素只有管片的设计厚度与宽度、管片的分块、拼装方式等，因此管片设计的一般原则是：

(1)在管片衬砌结构施工期间的安全性和使用阶段的安全储备不低于原设计的前提下，通过采用更加合理的分块、整体偏转等手段，保持配筋总量不变。将原来设计的管片厚度降低可以节约材料、减少开挖量，并减小盾构机外径与装备能力，从而降低造价。

(2)结合工程实际情况设计管片的宽度，尽量使同等里程内的隧道环向接缝数减少，进而改善隧道管片的整体防渗效果，使漏水概率变小，这样又可使纵向接头数减少约20%，可减少管片制作费用和安装费用，并可提高功效，加快进度。

(3)根据工程情况选择适当的管片拼装方式，并且可以通过调整管片衬砌圆环分块及环向、纵向接头位置，来改变管片的拼装方式。应根据所在隧道的具体位置，采用通缝拼装与错缝拼装兼用的方法，以改善衬砌结构的受力状况和抗变形的能力。

管片结构设计主要包括两个方面管片的构造设计和结构分析，具体内容见表6.3。

表6.3 管片的结构分析设计

管片设计	结构设计	单层、双层衬砌的选择
		管片内径的确定
		管片结构模式
		管片分块
		管片厚度
		管片宽度
		管片接触面构造
		管片连接方式
		管片拼装方式
		衬砌环组合形式
	结构分析	结构计算模式
		结构配筋设计
		结构检算分析方法

6.4 TBM 隧道施工

6.4.1 TBM 施工的优缺点

1. TBM 施工的优点

(1)快速、高效。

TBM 集机电、液压传感信息技术于一体,同时进行掘进、破岩、出渣、支护等作业,实现了工厂化施工。缩短了工期,降低了劳动强度和材料消耗。其中施工数据采集功能、TBM 姿态管理功能、施工数据管理功能以及施工数据实时远传功能,可实现信息化施工。

(2)优质、安全、环保。

TBM 采用滚刀进行破岩,避免了爆破作业,降低了人员伤亡。而且成洞围岩不会因爆破而破坏,洞壁完整光滑超挖量少,减少了长大隧道的辅助导坑数量。同时因爆破造成的现场污染大幅降低,保护了生态环境;如果使用双护盾 TBM,还可以减少隧道内水的流失,有利于保护环境和减少水土流失。

2. TBM 施工的缺点

TBM 的地质针对性较强,不同的地质条件和隧道断面,需要设计成满足不同施工要求的 TBM,同时配置适应不同要求的辅助设备。

(1)地质适应性较差

TBM 对隧道所处的地层比较敏感,一般的软岩、硬岩、断层破碎带,需采用不同类型的 TBM 并辅以必要的预加固和支护设备进行掘进;通常情况下,以Ⅱ、Ⅲ级围岩为主的隧道较适合采用敞开式 TBM 施工,Ⅲ、Ⅳ级围岩为主的隧道较适合采用双护盾 TBM 施工,对于Ⅴ级围岩为主和地下水位较高的城市浅埋隧道或越江隧道则较适合采用盾构法施工。但在实际工程建设中,目前山岭隧道普遍倾向采用敞开式 TBM 进行施工,这是因为双护盾 TBM、单护盾 TBM 在进行山岭隧道掘进时还存在一些技术问题。

而对于特殊地质条件下的隧道,采用钻爆法更具有优越性。

(2)运输困难、断面适应性差、中短距离隧道施工受限

TBM 属大型专用设备,体积庞大,运输移动困难,且对断面要求高。断面过小时,后配套系统不易布置,施工困难;而断面过大时,又会带来电能不足、运输困难、造价昂贵等问题。通常,宜采用 TBM 施工的隧道断面直径为 3～12 m;另外,变断面隧道也不能采用 TBM 施工。因施工准备和辅助施工的配套系统较复杂,加工制造工期长,对于短隧道和中长隧道很难发挥 TBM 施工的优越性。实践表明,当隧道长度与直径之比大于 600 时,采用 TBM 施工是比较经济的。对于单线隧道,开挖直径通常在 9 m 左右,按此计算,长度大于 5.4 km 的隧道就可以考虑采用 TBM 施工。

(3)施工场地要求高、设备购置及使用成本大

TBM 洞外配套设备对隧道的施工场地提出了很高的要求,有些隧道虽然长度和地质条件较适合 TBM 施工,但现场不具备布置 TBM 施工场地的条件。同时,TBM 施工时需要高负荷的电力保证,并具备高素质的技术人员和管理队伍,且前期购买设备的费用较高,这些

都直接影响到 TBM 施工的适用性。

6.4.2 TBM 的掘进操作

TBM 控制室是完成各项工作的控制核心，其主要特点如下：

1. 操作简便，安全

TBM 的主要设备均在控制室启动、停止，同时室内操作元件和仪表壁布设集中，便于操作、监控，设备运行状态信息提示为操作者及时了解 TBM 状态并准确采取相应措施进行合理控制提供了条件。

2. 反应灵敏，监测完善

故障检测系统能及时准确地将各系统问题显示在监视屏上，完善的 PLC 系统对每步操作实施检测，避免因误操作而导致不良后果。

正确合理的操作是充分发挥 TBM 施工优势、顺利工作、延长设备使用寿命的关键。TBM 主控室的操作主要分为 5 个步骤：启动准备、启动、掘进、换步和调向，详细操作步骤如下：

(1)启动准备

TBM 试运转或经长期停机后，启动前要考虑电、风、水是否已安全正确地输送到机器上；核实洞外中压电源是否输送到机器的变压器以及变压器的一次侧断路器是否已经接通。

(2)启动

确认控制电压接通后，启动净水泵(正常水压应在 0.7 MPa 左右)，启动风机，完成后启动液压动力站；风机和液压动力站启动时，可通过启动按钮成组启动，亦可单独启动。而空气压缩机的启动要到其配电柜处的操作面板启动。

(3)掘进

掘进前，需确认以下工作，风机、泵站、电机、输送带均启动，水系统、刀盘油润滑、脂润滑正常(以上工作在启动时完成)；外机架前移并撑紧，后支承收起并前移，护盾夹紧缸夹紧，后配套系统拖拉完毕(以上工作在换步时完成)，条件具备后，开始掘进。

(4)换步

掘进一个循环后，PLC 系统根据传感器信号自动停止推进。控制刀盘后退 3～5 cm，刀圈离开岩面。刀盘慢慢转动，将余渣运输出去。停止刀盘喷水、旋转，停止电机，待输送带上的余渣基本出完，停止输送机。此时进行后配套的拖拉工作。完成一个掘进循环后转入下一个循环换步，换步方式对刀具及掘进速度有较大影响。另外，在软岩或破碎地质条件下推进时，推力较小，扭矩较大，振动较大，掘进时可将顶护盾及侧护盾撑出至 5 MPa 左右，使之与洞壁保持浮动支撑，减小振动，降低扭矩峰值，保护刀具、电动机及主机。

(5)调向

TBM 方向控制是施工中的重要环节，为保证 TBM 顺利施工，通常会配置激光导向系统随时监测掘进时 TBM 的方向和位置。

6.4.3 掘进模式的选择

TBM 主控室有自动控制推力模式、自动控制扭矩模式和手动控制模式三种，具体模式由操作人员根据岩石状况决定。

均质硬岩条件下应选自动控制推进模式。选择此种工作模式的依据是:若掘进时,推力先达到最大值,而扭矩未达到额定值时,则可判定为硬岩状态。

均质软岩条件下应选自动控制扭矩模式。选择此种工作模式的依据是:若掘进时,扭矩先达到额定值,而推力未达到额定值或同时达到额定值时,则可判定为软岩状态,加之地质较均匀。

若无法判定岩石状态,或岩石硬度变化不均匀、岩石节理发育,存在破碎带、断层时,必须选择手动控制模式,靠操作者来判断岩石的属性。

无论在何种岩石条件下,手动控制模式都能适用。

6.4.4 掘进参数的选择

不同地质条件下,TBM 的推力、刀盘转速和刀盘扭矩等参数是不同的。由于岩石均匀性相对较差,所以在 TBM 掘进作业中,常采用人工操作模式,根据不同地质条件及时调整 TBM 掘进参数,使 TBM 安全、高效地通过不同地质段。

TBM 从硬岩进入软弱破碎围岩时,相应的掘进主参数和皮带输送机的渣量、渣粒变化明显。据此大致判断 TBM 刀盘工作面的围岩状况并采用人工手动调节操作模式,及时调整掘进参数。

(1)推进速度(贯入度)

硬岩情况下贯入度一般为 9～12 mm/r,当进入软弱围岩过渡段时,贯入度有微小上升趋势,考虑到 TBM 胶带输送机出渣能力,现场操作一般不允许有较长的贯入度上升时间,此时贯入度随给定推进速度的下降而降低,当完全进入软弱围岩时,贯入度相对稳定,一般在 3～6 mm/s。

(2)推力(推进压力)

硬岩情况下推进速度一般为额定值的 75%左右,推进压力也成相应比例,当进入软弱围岩过渡段时,推进压力呈反抛物线形态下降,下降时间与过渡段长度成正比,推进速度随推进压力的下降而适当调低,当完全进入软弱围岩时,压力趋于相对平稳,此时推进速度一般维持在额定值的 40%左右。

(3)扭矩

硬岩情况下扭矩一般为额定值的 50%,当进入软弱围岩过渡段时,扭矩有缓慢上升趋势,上升时间与过渡段长度成正比,当完全进入软弱围岩时,由于推进速度的下降扭矩相应降低,一般在额定值的 80%左右为宜。

(4)刀盘转速

硬岩情况下刀盘转速一般为 6.0 r/min 左右,软弱围岩过渡段后期,调整为 3～4 r/min,完全进入软弱围岩,维持在 2.0 r/min 左右。

(5)撑靴支撑力

硬岩情况下撑靴支撑力一般为额定值,当撑靴进入软弱围岩过渡段时,撑靴支撑力调整为额定值的 90%左右,当撑靴进入软弱围岩地段时(现场需要做相应处理),撑靴支撑力一般调整为最低限定值,必要时需要改变 PLC 程序来设定限值,并根据刀盘前部围岩状况随时调整推进速度以确保 TBM 有足够的稳定性。

掌子面围岩硬度不均匀时，即使扭矩和推力均未达到额定值，部分刀具也可能遇到局部硬岩，当过载失效，或对主轴承和内凯产生偏载时，应根据扭矩、推力变化情况、刀盘的振动，判断并采取降低掘进速度的措施。当掌子面局部坍塌时，刀盘振动加剧，应停机进入掌子面确认围岩情况，必要时采用低速掘进模式，将刀盘转速由 5.4 r/min 降为 2.7 r/min，减小对围岩的扰动，但此时掘进速度也应减半，否则贯入度增加一倍，更易导致刀具过载和刀盘偏载。

此外，除合理换步和正确选择掘进参数外，从换步完毕到开始正常掘进的过渡时间内提速过程也是影响时间节约、快速掘进的一个因素。

6.4.5 初期支护施工工艺

硬岩初期支护主要有锚杆施工、喷射混凝土支护、局部挂钢筋网支护；软岩支护主要有挂钢筋网喷锚支护、钢支撑支护；视围岩情况和设计要求采用超前小导管或超前锚杆等超前支护。支护所用材料均在洞外加工，喷射混凝土材料由大型自动搅拌站生产供应。

1. 喷射混凝土工艺

喷射混凝土支护由 TBM 自带的喷射系统完成，混凝土经过运输可在喷射区域纵向和横向移动。若遇软弱破碎围岩，需要在护盾离开岩面之后快速喷射混凝土封闭围岩，采用人工喷射混凝土方式进行初喷作业，之后再借助机械喷射的方式复喷至设计厚度。

2. 锚杆施工

锚杆施工由 TBM 主机上配备的两台凿岩机实现设计范围内的锚杆钻孔施工。钻孔采用凿岩机，按设计要求定出孔位，并且钻孔方向、孔深、孔径应满足要求；然后安装锚杆，在安装前需检查杆体原材料规格、长度、直径是否符合设计要求，锚杆插入孔内长度不得小于设计值的 95%。锚杆安装后，不得随意敲击。

3. 钢筋网施工

钢筋网施工根据设计支护参数要求，在相应围岩地段安装。钢筋在场外人工现场编网运至工作面。通过 TBM 进行安装，人工配合固定。

4. 钢拱架施工

钢拱架采用设计要求的工字钢，由型钢弯曲机进行弯制成环，为便于运输和安装通常进行分段制作，安装时采用螺栓连接，钢拱架采用配置的钢拱架安装器进行安装。加工完成后的钢拱架单体需根据设计要求进行试拼检查，检查合格后集中进行存放并标识清楚。

5. 超前支护

根据敞开式 TBM 在软弱围岩掘进的实际情况，需在进行超前地质预报的基础上采用相应的辅助施工措施。辅助施工措施的方法是先进行超前加固，再掘进通过。尽量减少掘进过程中的坍塌剥落量和围岩出护盾后的收敛量，并通过加强初期支护等手段有效控制围岩收敛和变形。

6.5 不良地层 TBM 快速掘进技术

TBM 设备庞大，对地质条件适应性没有钻爆法那样灵活，在没有预警的情况下遇到不良地质条件时，TBM 掘进受到的影响远大于钻爆法，进而导致掘进速度慢、效率低、工期长。若处理不当，甚至会带来灾难性后果。我国昆明掌鸡河引水供水工程、山西万家寨引黄工程、台湾坪林公路隧道等，在 TBM 通过不良地质地段时均发生了诸如突水、塌方、卡机等工程事故，威及施工人员和机械设备的安全，并造成长时间停机。因此，必须根据 TBM 自身特点和工程地质条件采取相应处理措施，以保证 TBM 安全顺利通过不良地质段。

根据 TBM 重大事故统计数据，引起事故的主要原因为突水涌水和软岩大变形，各种因素所占比例如图 6.9 所示。

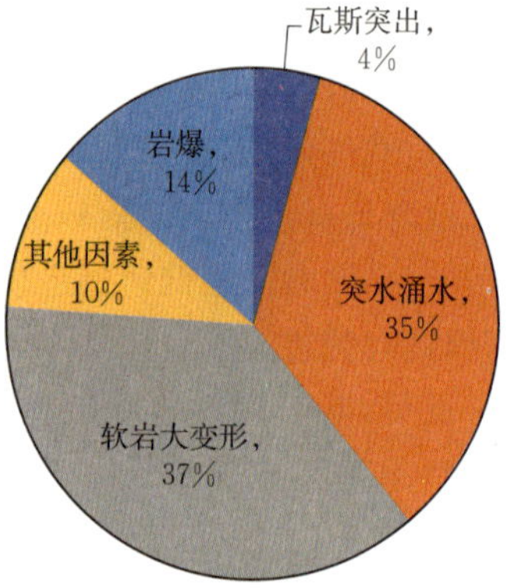

图 6.9　TBM 重大事故统计

因此，借助隧道超前地质预报为进一步施工提供指导，以避免施工及运营过程中发生涌水、瓦斯突出、岩爆、大变形等地质灾害，保证施工的安全和顺利进行是十分必要的。同时，开挖前对地质情况的了解，对隧洞建设有着十分重要的作用。通过超前预报，及时发现异常情况，预报掌子面前方不良地质体的位置、产状及其围岩结构的完整性与含水的可能性，为正确选择开挖断面、支护设计参数和优化施工方案提供依据，并为预防隧洞涌水、突泥、突气等可能形成的灾害性事故及时提供信息，使工程单位提前做好施工准备，保证施工安全，同时还可节约大量资金。所以隧洞超前预报对安全科学施工、提高施工效率、缩短施工周期、减小事故损失、节约投资等具有重大的社会效益和经济效益。

6.5.1　软岩地层 TBM 施工

软岩可分为地质软岩和工程软岩两大类别。通常所说的软岩是指单轴饱和抗压强度小于 30 MPa 的岩石，又称为软质岩。

软岩通常具有抗压、抗剪强度低；变形模量小，易产生较大变形；水理性差，遇水易软化，并可能产生崩解、膨胀；流变效应明显，长期强度低等特性。在 TBM 施工中，常遇软岩施工问题，但由于 TBM 的结构和施工特性，其受困于软岩变形后的处理难度很大，不仅造成工期延误，还可能使价值昂贵的 TBM 设备受损，甚至导致 TBM 施工失败。因此，值得对软岩地层中 TBM 的施工进行研究并不断总结经验，以便保证工期和节省开支。

1. 建立适应 TBM 施工的支护体系

当地质条件较差时，要求支护的强度增加，难度相应加大、耗材增加，掘进时间变长。因此，应按设计文件要求做好掘进中的地质预报，提前提出支护方案。

在Ⅲ级或Ⅳ级但节理发育地段，TBM 施工支护量大，支护时间长，为此要注意以下三点：①提高锚杆作业效率。在循环掘进时间限制下，应加快安装速度、提高固结效果，快速达到锚固要求，缩短掘进时间，加快开挖速度。②正确做好临时支护。在地质条件较差地段，局部危石常使 TBM 无法正常掘进，必要时，采取棚架式支护。③及时喷射混凝土。通过软弱地质、岩爆严重地段，特别是开挖面呈破碎状时应进行手动喷射混凝土，目的是尽快封闭开挖岩面，减少暴露时间。

2. 合理选择掘进参数

地质条件是影响掘进速度的关键，地质条件因素中除岩石抗压强度外，还须考虑岩石的抗剪强度、石英含量和节理发育程度。

TBM掘进呈整体结构时，切削下来的岩石都是通过TBM机械能力来完成。如果岩石抗压强度低、贯入度高、推力不大而平稳，则相对掘进速度快；如果岩石抗压强度高，推力相当大，贯入度小，则相应掘进速度也慢。在均质岩石中掘进，选择合适的掘进参数后，可以不用随时调整，采用小推力为限定值的自动操作系统即可。

TBM在软弱地层掘进时要特别注意掘进参数的选取。在裂隙发育地层掘进时，贯入度的增大容易造成刀具损坏增加。掘进中发现贯入度和扭矩增加时，预示着地质条件的变化，适时降低推力，控制贯入度，这样才能保持均衡的生产效率，降低刀具的耗损。

6.5.2 突水涌泥地层TBM施工

突水涌泥是隧道工程施工中常遇的一种灾害现象，实际工程中突水涌泥往往会给TBM施工造成严重的经济损失和工期的延误。因此，熟悉突水涌泥的特点以及对实际施工案例的分析，是TBM成功通过突水涌泥地层的必要条件。

1. 突水涌泥洞段的特点

突水涌泥属于隧洞施工中遇到的流体地质灾害之一，与其他灾害相比，具有以下特点：①发生频率高。不少隧洞处于地下水富集区及其软土地层，在隧洞施工过程中穿透隔水层或遇到承压水时，只要导水通道存在，就可能发生突水涌泥。②后果严重。一旦发生大规模的隧洞突水涌泥，不仅施工本身会严重受阻，而且可能引起浅层地下水及地表水枯竭，甚至引起地面塌陷等伴生的环境问题。③预测难度较大。根据钻孔抽、压水试验获得的计算参数，其空间代表性有一定局限，故完全依靠水文地质试验的方法来确定渗流计算参数是异常困难的。

2. 突水涌泥的危害

(1)危害人员及设备安全。施工中当突发涌水量及突泥量超过隧洞的排水能力和TBM的清泥能力时，会对洞内人员及设备安全构成威胁。

(2)影响隧洞围岩稳定性。高埋深围岩洞段，地下水压较高，隧洞开挖后，地下水向隧洞集中渗流，形成涌泥，并诱发大量塌方，同时使裂隙的连通性增加，增加了渗透能力，导致涌水量进一步增加。地下水的长期浸泡使岩体强度降低并发生软化，尤其是页岩、黏土岩遇水后发生膨胀，这种膨胀力作用在隧洞围岩或结构上，使围岩或结构产生破坏。另外，水使围岩结构面上的亲水矿物饱和，强度降低，起润滑作用，进而引起洞室软岩变形与坍塌。

3. 突水涌泥洞段的处理措施

根据前期水文地质资料，当掘进至断层及影响带、侵入岩接触带时，利用激发极化等方法初步判断掌子面前方岩层含水情况，再利用超前地质钻机钻探确定刀盘前面30m范围的含水情况，接近含水体时利用超前钻孔进行水量和水压探测，以判断水的涌出方向及突水、涌泥的危险程度，根据涌水量和水压确定灌浆止水方案，并根据现场实际情况，采取灌浆封堵、超前加固地层等处理措施。

(1)一般富水洞段：当隧洞涌水量小于100 m^2/h或单孔出水量小于10 m/h时，TBM可以直接掘进通过。

(2)富水洞段:当隧洞涌水量大于或等于 100 m^2/h 时,按“以堵为主,排堵结合,综合防治”的原则确定处理方案。

(3)高外水压洞段:对于高外水压地段,采取超前注浆堵水的方案,首先考虑开挖轮廓线周边灌浆,水量较大时则加大加长灌浆范围。

6.5.3 坚硬岩地层 TBM 施工

隧洞通过坚硬完整的围岩时,成洞条件好,衬砌厚度薄,甚至可以不衬砌,单位长度的造价比较低。但岩石强度高,也会带来开挖掘进的困难。采用 TBM 施工的隧洞,围岩过于坚硬、耐磨,刀具磨损量大,严重影响工程进度,增加工程造价,甚至会限制 TBM 的使用。

TBM 的适用围岩强度为 30～350 MPa,几乎适用于所有岩类。但工程实践表明,TBM 最适宜使用的围岩强度范围仍为 30～150 MPa 的岩类。已经完成的引黄工程,围岩单轴抗压强度一般在 100 MPa 之内,并取得了较高的掘进速度。而根据青海某隧洞、秦岭铁路隧洞等工程经验,当岩石抗压强度大于 100 MPa,又比较完整时,就会给 TBM 施工带来困难。

通常 TBM 在坚硬岩石中进行开挖时,会采用加厚刀刃、提高刀圈韧性等措施对刀具进行改进,同时,优化 TBM 掘进参数,采取高转速、低贯入度、高推力、低扭矩的“两高两低”模式掘进,同时还应加强设备的维修保养,提高设备利用率。

1. 坚硬岩石对 TBM 掘进效率的影响及原因分析

降低 TBM 的掘进效率。首先,由于掘进推力大,贯入度小,刀具磨损及异常损坏严重,掘进效率低。其次,若刀盘整体强度和刚度不能满足要求,则容易出现刀盘面板开裂,一旦刀盘开裂,在洞内进行焊接修复,由于受条件和环境等限制,修复质量将难以保证,势必造成推力无法充分发挥,从而使掘进效率大幅降低。

影响掘进效率的原因。影响 TBM 在硬岩中掘进速度的原因:一是地质条件的影响,如岩石的完整性、强度、耐磨性等;二是掘进设备状况;三是运行操作人员水平。

2. 坚硬围岩中 TBM 施工要点

必须通过现场取样、试验的方式对围岩石英含量、耐磨值、抗压强度、完整性等物理参数进行详细分析,得出系统的数据库,以此确定施工段围岩的普遍力学指标。

刀具方面主要是刀圈的选择需要结合围岩物理参数进行综合设计,在实际施工过程中,要在基本围岩条件类似的情况下选取多种型号的刀圈进行现场掘进试验,最终通过比较刀具延米消耗量进行选择。

掘进参数的收集应按照每个掘进循环开展,保证数据的连续性,形成数据库,然后筛选去除偏离数据趋势较大的值,以便参数的分析。

3. 具体实施注意事项

(1)岩体物理力学参数的系统收集分析

现场取样:利用 TBM 设备上自带的岩芯钻机在 TBM 停机时进行取样,实现超前取芯。在硬岩地段,取芯速度相对较慢,取芯长度可按照 50 cm 考虑,每 100 m 左右取一组,在 100 m之内,可收集岩体掉块,大约每 10 m 收集一组,岩体掉块直径约 30 cm,通过点荷载测试推算其抗压强度。

试验及分析:需要开展岩体的抗压强度、石英含量、耐磨值及完整性系数等试验,试验结果得出后，做好试验台账，然后分析 1 000 m 左右的数据曲线，取均值或趋势线对 TBM 掘进前方岩体物理力学指标进行初步推断。

(2)刀具选择

影响刀具消耗的因素较多，地质因素是主要原因，刀盘结构、刀间距、刀具数量以及掘进参数控制等方面也在一定程度上影响着刀具的消耗。

(3)掘进过程中选择合理施工参数。

在掘进开挖过程中应合理选择并及时调整 TBM 有关施工参数。如果在掘进过程中遇到的岩石硬度比预期的高，应及时在刀具承载力许可范围内加大 TBM 推力，提高刀盘转速，并适当降低扭矩，避免刀具破坏。

6.5.4 断层破碎带地层 TBM 施工

敞开式 TBM 在通过断层破碎带时的施工步骤为：超前地质预报→超前预加固(需要时)→掘进→支护。

掘进前进行超前地质预报，以确定破碎带边缘、长度、破碎程度以及含水情况等。根据破碎带的不同情况采取不同的处理措施。对于轻微破碎地段，对 TBM 不会造成影响时，可不进行处理；对于一般的破碎地段，采用先掘进，再处理的办法；对于严重破碎地段 TBM 无法施工时，停止掘进，用 TBM 所配的钻孔注浆设备进行超前加固，然后打超前钻孔检查，证明可行时先处理再向前掘进，如破碎段较长，且破碎严重，一般加固仍无法使 TBM 顺利通过时，可用钻爆法开挖成洞，TBM 随后跟进通过。

掘进时合理选用 TBM 掘进参数。在不同的地质条件下，TBM 所需要的推力、掘进速度、刀盘转速、刀盘扭矩和撑靴支撑力等掘进参数是不同的。在 TBM 通过断层破碎带时，可适当减小 TBM 的掘进速度、刀盘转速等掘进参数，这样能有效地减小对围岩的扰动，从而减小或避免发生塌方。

掘进后加强支护。对一般破碎地段，可采用喷射混凝土或喷射纤维混凝土、局部加锚杆的支护措施，对严重破碎地段，可采用架设钢拱架、挂网、喷射混凝土或纤维混凝土的支护措施。

1. 超前预报与预测

由于地质勘探的局限性，TBM 在隧洞掘进中往往会遇到一些地质图上没有反映出来的不良情况。为了进一步探明 TBM 前方断层破碎带的确切情况，需积极开展工程地质超前预报工作，以便详细掌握断层破碎带的真实情况，进而采取合理的措施。常用的措施有：①利用 TBM 上配备的超前钻机；②利用超前预报系统；③利用平导地质情况推断；④利用露出的岩石、出渣的情况以及掘进时的异常情况进行判断等。

2. 预加固

根据前方的地质情况判断是否适合 TBM 掘进，若适合，则继续向前掘进；反之，则需对前方不良地质地段进行加固，或采用其他方法通过。利用 TBM 所配备的超前钻机，结合 TBM 自身配备的注浆设备，对隧道前方断层破碎带的围岩进行超前预注浆和超前管棚注浆加固。

3. 对坍塌的处理

根据坍塌规模的大小采取不同的措施。

（1）小规模坍塌。作业面顶部和面部发生若干坍塌或小范围的剥离，但不扩大；刀盘护盾与岩壁间有小块石头掉下，拱部或侧壁发生小坍塌，但没有继续发展扩大的迹象；掘进正常，推力、扭矩变化不大，机械（尤其主机区域）没有异常的振动和声响，岩渣均匀集中，偶尔混有大块岩渣。采用如下的支护措施：撑靴以上部位挂钢筋网、打系统锚杆，视情况架立钢拱架。

（2）中等规模坍塌。作业面剥落严重，拱顶严重坍塌或局部剥落，但刀具还能运转；撑靴部位坍落严重，垫衬、倒换困难；护盾与岩壁间落下大量石块；掘进时机械振动较大，有异常噪声，推力有减弱的倾向，扭矩增大，并有上下变动的倾向，皮带输送机上大块增多，伴有少量细渣，渣堆忽多忽少，不均匀。采用以下支护措施：利用喷射混凝土系统向坍塌处喷射混凝土，及时封闭围岩，减少岩石暴露时间；安装全圆钢拱架，拱架安装前先在撑靴以上部位挂钢筋网；打注浆锚管，以提高撑靴的承载能力。

（3）大规模坍塌。拱顶及洞壁发生大面积坍塌，且发展很快，常规施工方法无法控制；从护盾边缘观察拱顶坍塌很深，大量石块从护盾与岩壁之间落下，坍塌向后部区域扩大；撑靴撑着的洞壁部位大量坍落，从而不能取得反力，无法换步；掘进时机械振动特别大，在主控室即能听到掌子面发出的巨大声响；推进时，扭矩变得很大，刀具旋转困难或不能旋转；岩渣大量产生，发生堵塞，严重时刀盘被石块卡住，无法旋转，渣中以大块为主，几乎没有细渣。采用如下支护措施：TBM 停止掘进，采取辅助对策，从 TBM 后方打探孔，在坍塌部位注浆；除去坍塌处的土渣，并用细石混凝土等充填并架立钢拱架支护。

另外，断层破碎带的喷射混凝土非常重要。喷射混凝土时必须做好相关设备的防护工作，避免混凝土回弹料污染主机设备。喷射混凝土必须从填充岩面空洞、裂缝开始，在钢拱架地段，钢架与围岩之间空隙必须用喷射混凝土填充密实。

4. TBM 在软弱破碎地层撑靴处的围岩加固技术

对小范围的边墙塌方，通过锁死部分支撑靴，减小对围岩的支撑压力，同时相应地减小 TBM 推力、推进速度，在 TBM 不停机的情况下通过塌方地段；如果边墙相对软弱，则在支撑靴处加垫枕木增大接地面积后通过。当隧道边墙发生较大的塌方或边墙围岩强度不足以承受撑靴压力，而以上措施又不能奏效时，则先停机，在撑靴处打数根注浆锚杆，注浆后提高地层承载力，也可在采用喷锚网＋钢拱＋灌注混凝土的联合支护方式进行处理后再掘进。

5. 软弱地带下沉处理

根据前方地质情况，如判断可能发生下沉并且施工中简单处理后仍可能发生严重下沉时，可采取预注浆加固处理，达到一定强度后再掘进通过。如在掘进中发生 TBM 下沉，则将 TBM 后退到断层软弱区外，后退前应对开挖面及开挖段进行初期支护，以防坍落。然后装上枕木垛，用千斤顶对 TBM 进行姿态校正，之后再浇筑混凝土置换。为使混凝土能承受撑靴的压力，混凝土必须浇筑至起拱线。

6. 断层破碎带涌水的处理

突发涌水处理方案应坚持的原则为“预测先行，预防为主，防微杜渐，确保安全”。

掘进前：打超前钻孔，可结合破碎带探孔，探测钻孔出水量、水压；确定涌水点里程。打超前排水孔进行排水，排水过程中，时刻观察水压及水量变化，如水压减小，在做好排水系统的条件下，TBM 继续掘进。如排水孔水压及水量不减，开挖后会造成工作面及侧壁坍塌或排水设施跟不上，必须采用注浆堵水措施。

掘进后：对工作面的涌水或注浆后的剩余水量及时排离工作面。对侧壁的漏水采用挡遮、引排措施，保证喷射混凝土质量。喷射混凝土后，由于水压升高，有可能使一次支护破坏，则采用引排方法或壁后注浆法封堵。当水压过高，水量过大时，采用围岩注浆，将水填堵在围岩内部。

7. 区域性断层的处理

对于大的区域性断层破碎带，为使 TBM 快速、安全地通过这些地段，确保工期，一般可以先进行预处理，然后 TBM 掘进通过或直接步进通过。预处理的主要技术措施是对围岩进行帷幕注浆，以达到加固围岩和堵水的目的。主要方案有：

(1)中导洞钻爆法开挖＋TBM 扩挖方案。该方案先开挖中导洞，并通过围岩注浆达到加固破碎围岩和堵水的目的。当 TBM 到位后，扩大隧道断面通过。

(2)全断面钻爆法开挖＋TBM 穿行通过方案。该方案以隧道中线为中心进行全断面开挖，根据支护结构形式和 TBM 穿行方式，确定相应开挖断面尺寸。施工中首先对围岩进行注浆加固止水，然后全断面开挖并进行初期支护，待掘进机到位后穿行通过。

中导洞钻爆法开挖＋TBM 扩挖方案具有钻爆开挖量少、能尽量利用 TBM 快速掘进的优点。但是前提是帷幕注浆必须达到能使加固层围岩提高到Ⅳ级以上的效果，而且要求帷幕有足够的厚度，只有这样才能满足中导洞只喷混凝土临时支护的要求，否则将会造成 TBM 扩挖的困难和临时支护费用的增加。另外，中导洞与横通道的衔接部位也需进行处理，以满足支撑靴的受力，并且在与横通道交会位置进行扩挖时，刀盘将受到轴向偏心荷载的作用，对大轴承和外围刀具的工况都将产生不利的影响。后者则是完全应用钻爆法，TBM 仅是步进通过。

6.5.5　岩溶发育地段 TBM 施工

溶洞掘进时可进行永久处理，或只进行临时处理，后期进行永久处理。因施工中可能遇到的溶洞在数量、尺寸、水文地质条件、是否含有充填物、充填物特性等方面都不确定，所以在隧道掘进时宜加强超前钻探，以便尽早了解将要遇到的溶洞特性，制订合理的处理措施。根据 TBM 的施工特点，下面介绍溶洞处理的原则。

1. 停机处理

对正在穿越的已停止发育的小溶洞，TBM 推进 3～5 m 后停机退至溶洞边缘，对原来被护盾支撑着的部分塌落填充物和溶洞充填物进行部分或全部清除(如需要，可打旁洞辅助施工)。若全部清除，则采用砌石、豆砾石或混凝土等可灌性好的材料进行封堵、回填并压浆加固；若部分清除，则先用格栅拱架结合喷射混凝土或其他临时支护，然后进行封堵、回填并压浆加固。TBM 通过后，通过管片回填孔对溶洞段进行高压固结灌浆并施设锚杆加固。

对位于隧道底板以下的局部充填的溶洞，根据超前钻探结果，如其边界与隧道底板的距离小于 1 倍洞径，则可全部(小溶洞)或部分(中等溶洞)清除充填物，以豆砾石或混凝土加固溶洞顶板，或先进行注浆加固，待 TBM 通过后，通过管片回填孔对溶洞段进行高压固结灌浆并施设锚杆。如在隧道 1 倍洞径以外、2 倍洞径以内的溶洞，则在 TBM 通过后进行后期高压固结灌浆加固。

有充填的大型溶洞,可根据 TBM 上的超前钻探设备进行全洞超前注浆处理,以防 TBM 通过时充填物塌落或下沉,待 TBM 通过后,通过管片回填孔对溶洞段进行高压固结灌浆并施设锚杆。

对空的或少量充填的大型溶洞,填塞或加固工程较大,如有建基条件,可采取梁、拱或以桥型基础架设渡槽、箱涵跨越措施;如地质情况复杂,其他方法亦难以处理,可局部改线绕开溶洞。

2. 掘进时先临时处理,待通过后再永久加固

为减少局部下沉量,避免产生其他施工缺陷,可预制带螺栓孔的特型管片,安装时,在接缝处用"香蕉式"螺栓进行连接,也可在整个溶洞段用型钢或其他钢结构在纵缝处进行纵向整体连接,后期通过管片回填孔对溶洞段进行高压固结灌浆并施设锚杆。

3. 溶洞水处理

以排为主,以堵为辅,排堵结合。排水建筑物可采用排水沟、涵洞或泄水洞等;堵可采用超前预灌浆措施,通过溶洞后,采用固结灌浆堵水。

6.5.6 含煤地层与瓦斯突出地段 TBM 施工

因含煤系地层常含 CO、CH_4 等易燃、有害气体,严重危及洞内人员生命健康,所以当 TBM 掘进到煤系等地层时,应加强洞内通风,并安装有害气体检测仪,加强对瓦斯等有害气体的监测,制定严格的防火措施,确保施工安全。

6.6 TBM 施工风险管控

6.6.1 TBM 施工风险分类

TBM 施工的风险,总是利用或寻找"地质的复杂性"、"TBM 的不适应性"、"人认知的局限性"和"方案和措施的不合理性"等薄弱环节作为突破口。因此,TBM 施工的风险主要分为三类:地质风险、设备风险和人为风险。影响 TBM 施工的主要风险因素及其所占比例为:

(1)地质风险——40%。详细、可靠的地质水文资料是 TBM 工程成功的基本条件,直接决定了工程的成败。

(2)设备风险——30%。技术先进、质量可靠的 TBM 和经验丰富、服务专业的 TBM 制造商是 TBM 工程成功的关键因素。

(3)人为风险——30%。经验丰富、管理科学、专业高效的施工队伍是 TBM 工程成功的根本因素。

6.6.2 TBM 施工风险分析

1. 敞开式 TBM 施工风险

敞开式 TBM 施工硬岩时效果较好,具有较快的施工进度。但其缺点是:在软弱围岩中施工效果较差,易发生坍塌、开挖速度慢、进尺短、立拱及混凝土回填量大、清渣时间长,撑靴失效、拱架失效、易造成设备及人员伤害等。

敞开式 TBM 在软弱地层掘进时，软弱围岩无法为撑靴提供足够的反力，造成撑靴破坏支护成果，从而引起二次坍塌。具体体现为：①撑靴与已经拼装好的拱架干涉；②撑靴通过后，拱架已经不起作用且坍落加重；③撑靴位塌方或失稳时要大量回填，严重影响工期。

2. 护盾式 TBM 施工风险

双护盾 TBM 掘进至地应力变化大、破碎、块状围岩时，如不能及时迅速通过，刀盘和护盾有被卡住的危险；一旦出现卡机，则处理起来非常困难，经常会导致长时间停机。在高压涌水时易造成管片断裂，从而引发人员及设备安全事故。

双护盾 TBM 主要施工风险有：①掌子面围岩不能自稳、坍塌时导致的卡刀盘；②围岩大变形或围岩应力作用在盾壳上产生的摩擦力大于主推进油缸最大推力时导致的卡前盾；③变形量大的围岩挤压支撑盾，换步时辅推油缸压力不能有效克服围岩作用在支撑盾上的摩擦力时导致的卡支撑盾；④围岩在地应力作用下持续收敛变形，挤压尾盾向内收缩，尾盾与管片之间间隙过小时导致的卡尾盾；⑤高水压涌水时导致的管片断裂。

6.6.3 TBM 施工风险应对的创新设计

1. 通用紧凑型 TBM

通用紧凑型 TBM(General Compact TBM)改善了开敞式 TBM。解决了开敞式掘进机在软弱围岩条件下无法掘进和双护盾式掘进机在遇到收缩性围岩或经过断层破碎带时容易出现卡机无法通过的问题。敞开式 TBM，主要适用于开挖面不稳定的岩石地层、断层和挤压地层以及采用新奥法支护的岩石隧道。通用紧凑型 TBM 无需进行管片的衬砌安装；允许安装预制钢拱架制成的 NATM 支护系统，紧凑型 TBM 在不稳定围岩中具备较强的掘进能力，能够替代敞开式。由于紧凑型 TBM 采用了将整个掘进系统从外部设备到后配套以及 TBM 本身结合在一起的设计理念，降低了 TBM 现场的运输、安装和运行成本，提高了工作效率。接下来从以下几个方面进行介绍：

(1)功能设计

主推油缸、撑靴在盾体内；撑靴在拱架安装器前边；配置辅助推进油缸系统；不良地质条件下，撑靴无法有效撑紧洞壁时，通过辅助推进方式进行快速通过。

(2)撑靴前置

撑靴前置部分，有效规避了敞开式 TBM 撑靴与支护干扰的问题，既能取代敞开式 TBM，又具备护盾式 TBM 施工安全的优势。

(3)防卡盾设计

紧凑型优化设计，尽量减少护盾长度，主机采用倒锥形设计；尾盾设计成半圆形的指形护盾，有效防止盾尾卡住，恶劣地质段采用钢瓦片支护。由于钢瓦片容许一定的微量变形，能起到效果更佳的蛋壳效应，有效减少和防止卡盾现象。

(4)超前地质探测

通用紧凑型 TBM 在紧随岩石初露位置配有 360°范围的超前双钻机系统，进行地质取芯、排水孔、泄压孔等施工操作，使得超前地质探测变得容易。

(5)湿喷射混凝土系统

紧随尾盾配置设计双湿喷射混凝土系统，必要时在围岩初露的情况下及时进行紧贴初露围岩的喷射支护，避免了敞开式 TBM 湿喷射混凝土需要对工作区核心部件进行防护的工作，快速实施作业，而且较敞开式 TBM 湿喷系统更靠近掌子面，有利于快速安全施工。

2. 双护盾多功能 TBM

双护盾多功能 TBM 的结构、地层处理特点以及分类如下：

(1)设计特点

紧凑的短护盾；锥形盾体(盾尾比盾前小)；多模块设计、组合性强；伸缩铰链；配有主推进和辅助推进系统；超挖量可调节；具有高适应性地层处理系统，虽能用于多种复杂岩石隧道，如从软岩地层到硬岩地层、穿越断层等地层，但也有不能平衡掌子面压力的不足。

(2)地层处理设计

通过刀盘(加固掌子面)、伸缩盾体(填充空洞，稳固洞顶)、盾尾(注浆/超前管棚注浆)。特别适用于涌水裂隙岩层和断层，可以进行岩体加固处理。

(3)常见分类

地层处理型：利用护盾和刀盘处的开口，配有额外的地层处理设备。适用于涌水裂隙岩层和断层，并解决涌水问题。

岩体支护型：配有一套岩体加固装置，可以进行岩体加固。

3. 双模式 TBM

双模式 TBM 最大特点是其本身具备两重或多重掘进模式功能，在遭遇不良地质时及时转换模式施工。双模式 TBM 又分为土压/TBM 和泥水/TBM 两大类，分别可以同时实现土压平衡和 TBM 模式、泥水平衡和 TBM 模式之间的转换。

双模式 TBM(土压/TBM)结合隧道穿越地质条件，选择模式转换；岩体整体性良好，开挖面能够维持自稳，以 TBM 模式为主，辅助以局部软土、极软岩等软弱地层以土压平衡模式掘进。解决了传统土压平衡盾构遭遇复杂地层使用受限及 TBM 在软土地层中不适宜等缺点，兼顾硬岩、软土两种掘进模式，使盾构技术与 TBM 技术相互渗透、融合。

(1)土压—TBM 双模

配有土压平衡复合刀盘，适用于软岩和软土地层中，可以稳定掌子面，且可在 TBM 模式和土压平衡模式两种模式下运行。

双模式 TBM 掘进在单护盾掘进模式时，显著提高掘进效率，土仓渣土基本处于闲置状态，大大降低刀盘、刀具、螺机部件的磨损和驱动扭矩。渣土改良剂使用基本停止，只需在土仓内喷高压水，降温除尘。土仓在常压下工作，主轴承油脂消耗降低，刀盘推力荷载也将显著降低。因此单护盾掘进模式掘进成本相对降低。在土压平衡掘进模式时，土仓为封闭系统，掘进时建立土仓压力与工作面水土压力平衡，实现土压平衡模式掘进。

双模式 TBM(土压/TBM)可满足土压平衡掘进模式下通过螺栓输送机出渣、中心回转接头通道进行渣土改良及单护盾掘进模式下主机皮带机出渣功能；同时具备土压平衡模式下人舱保压功能及敞开模式除尘功能。

刀盘设计上采用复合刀盘设计，是适应于风化岩及软土地层掘进的复合式刀盘。刀盘上布置有用于土压模式的渣土改良通道，同时刀盘结构、刮渣刀具、溜渣板设计均为对称布置，刀盘具备双向旋转及出渣功能，可以有效避免常规单护盾在掘进过程中主机和管片滚转对掘进施工的影响。

(2)泥水—TBM 双模

泥水平衡单护盾 TBM:泥水模式用于高水压裂隙岩层掘进。

双模式 TBM(泥水/TBM)的泥水模式用于高水压裂隙岩层掘进,TBM 模式用于无水或少水层掘进,当地层条件发生变化时,其能够灵活实现泥水和 TBM 两种开挖模式的转换,以满足安全快速施工的需求。

多功能高适应性的通用紧凑型 TBM、双护盾多功能 TBM、双模式 TBM 拥有常规 TBM 所不具有的优势,将其运用于合适的地质条件下,能够有效规避 TBM 施工的地质风险。

参考文献

[1] 陈馈,洪开荣.国内外盾构法隧道施工实例[M].北京:人民交通出版社股份有限公司,2016.
[2] 陈馈,洪开荣.盾构施工技术[M].2 版.北京:人民交通出版社股份有限公司,2016.
[3] 陈馈,周蓓.中国盾构[M].南京:译林出版社,2017.
[4] 王梦恕,李典璜.岩石隧道掘进机(TBM)施工及工程实例[M].北京:中国铁道出版社,2004.
[5] 魏文杰,王明胜,于丽.敞开式 TBM 隧道施工应用技术[M].成都:西南交通大学出版社,2015.
[6] 赵勇,肖明清,肖广智.中国高速铁路隧道[M].北京:中国铁道出版社,2016.
[7] 高波.高速铁路隧道设计[M].北京:中国铁道出版社,2016.
[8] 徐东博,韩佳霖,李业民,等.TBM 刀盘设计研究[J].科技传播,2014,72(1):75-75.
[9] 丁文其,杨林德.隧道工程[M].北京:人民交通出版社,2012.
[10] 关宝树.隧道工程设计要点集[M].北京:人民交通出版社,2003.

7 复杂与特殊环境高速铁路隧道修建技术

随着高速铁路的大范围修建，在复杂与特殊地质环境下修建隧道在所难免。这些隧道由于地质条件及围岩特性的不同，其施工技术各有特色。本章主要介绍在高地应力环境、膨胀土地层、碎屑流地层、岩溶环境、隧道交叉部、侵蚀环境以及城市环境下高速铁路隧道修建中面临的主要问题、施工关键技术及处理措施等内容。

7.1　高地应力隧道修建关键技术

伴随着隧道与地下工程的大量建设，在极大推动我国地下工程技术发展的同时也带来了新的技术挑战，"深、长、险、大"已成为当前隧道主要特点，高地应力环境带来的隧道修建问题大量凸显，典型表现在以下两方面：

1. *硬岩岩爆问题*

随着穿越大埋深、高地应力条件下的特长隧道逐年增多，我国地下工程岩爆呈频发趋势，国内深埋隧道在建设过程中大多发生了不同等级的岩爆事件，如秦岭铁路隧道全长18 km，埋深在500 m以上的洞段达9 km，最大埋深达1 600 m，开挖过程中累计超过1 900 m发生了岩爆；合福高铁北武夷山隧道最大埋深达1 100 m，频发的岩爆给隧道施工带来了诸多困难；苍岭特长公路隧道，最大埋深约780 m，施工中岩爆频发；锦屏水电站引水隧洞最大埋深约2 500 m，施工中发生岩爆700多次，造成了严重经济损失；拉（萨）林（芝）铁路巴玉隧道、桑珠岭隧道最大埋深达1 000多米，在施工期间也发生了极为严重的岩爆灾害。

2. *软岩大变形问题*

在我国西部山区，分布有大范围的软岩地层，其中千枚岩、炭质板岩等的分布极为广泛，如兰新铁路线上的乌鞘岭隧道、兰渝铁路线上的木寨岭隧道、成兰铁路线上的杨家坪隧道、松潘隧道；四川省境内318线上的鹧鸪山隧道及"5·12"强震区内广（元）甘（肃）、汶（川）马（尔康）等多条高速公路隧道等；此外在多座大型水电站的地下硐室建设中也遇到了大量的软弱岩体。由于该类岩体具有强度低、性状差、遇水易软化等特点，地下硐室建设过程中大变形灾害问题凸显，严重危及施工及运营安全。

目前针对铁路、公路工程中出现的大量岩爆及软岩大变形问题虽开展了众多相关研究，但并未形成一套行之有效的技术保障体系。传统的支护方式及工艺在日益复杂多变的工程中受到了极大的挑战，基于支护材料及其工艺更新的新型支护体系亟待提出。

7.1.1　高地应力岩爆隧道支护理论与技术

针对岩爆支护技术的研究，国外起步较早，研究体系也较为系统，如对于岩爆巷道，美国Lucky Friday矿中的支护形式为树脂浆高强度变形筋、链接式网和管缝式锚杆；澳大利亚

Big Bell 矿采用高压充气的摩擦型锚杆，如 Swellex 锚杆；南非 West Driefovten 矿采用锚网加索带形式，并采用高强度的 Shepherd's crook 锚杆；加拿大 Sudbury Strathcona 矿进行了各种喷射混凝土支护方面的研究。对于交通隧道的岩爆支护，以瑞士、挪威等国为代表的欧洲国家在交通隧道岩爆段支护中也基本采用喷射混凝土（或钢纤维混凝土）+锚杆的联合支护，如瑞士在 15.4 km 长的 Furka 隧道（最大埋深 1 520 m）岩爆段采用了喷射混凝土+系统锚杆的支护体系，有效控制了岩爆发生；挪威在 Heggura 公路隧道中岩爆灾害段同样采用了锚杆（未加预应力）+钢纤维混凝土的支护形式。

我国典型地下岩爆工程中对于岩爆的处治措施与国外类似，基本上也是采用喷射混凝土或钢纤维混凝土、锚杆加密加长、挂钢筋网、增加钢支撑等措施，见表 7.1。

表 7.1 岩爆隧道的支护参数统计

隧道名称	岩爆程度	支护措施			
		锚 杆	喷射混凝土	钢筋网	钢支撑
锦屏二级水电站	轻微岩爆（Ⅰ级）	ϕ22 mm 系统锚杆，长 2 m 间距 1.5 m（环）×2 m（纵）	C20，厚 15 cm	—	—
	中等岩爆（Ⅱ级）	ϕ22 mm 系统锚杆，长 3.0～3.5 m，1.2 m，间距 1.2 m×1.2 m	C20，厚 15 cm	—	—
	强烈岩爆（Ⅲ级）	ϕ32 mm 系统锚杆，长 3.5～4.0 m，间距 1.2 m×1.2 m	C20，厚 15 cm	ϕ8 mm，20 cm×20 cm	增设仰拱和钢拱架
秦岭隧道	中等岩爆（Ⅱ级）	ϕ22 mm 系统锚杆，长 3.0 m，间距 1.0 m×1.0 m	C25，厚 23 cm	ϕ8 mm，15 cm×15 cm	I16 型钢钢架
二郎山公路隧道	轻微岩爆（Ⅰ级）	系统锚杆，长 1.5～3.5 m，间距 1.5～2 m	厚 12 cm	ϕ8 mm，20 cm×20 cm	格栅钢架
天生桥二级水电站长隧道	轻微岩爆（Ⅰ级）	ϕ22 锚杆，长度 4 m、6 m，排距 2.5～3 m	厚 7～12 cm		
冬瓜山采准巷道	轻微岩爆（Ⅰ级）	管缝式锚杆，长 1.8～2.0 m，间距 1.0 m×1.0 m	厚 10 cm	ϕ6 mm，10 cm×10 cm	—
二滩水电站 2 号支洞	中等岩爆（Ⅱ级）	ϕ32 mm 系统锚杆，长 6～8 m，间距 1.5 m×1.5 m	厚 10 cm	—	—
鱼子溪水电站引水隧洞	强烈岩爆（Ⅲ级）	ϕ20 mm 系统锚杆，长 3 m，1.2 m（环）×1.2 m（纵）	C18，厚 7 cm	ϕ10 mm，20 cm×20 cm	—
浙江苍岭特长公路隧道	中等岩爆（Ⅱ级）	ϕ25 mm 径向系统锚杆，长 2 m，间距 1.0 m×1.0 m	厚 10 cm	ϕ6 mm，15 cm×15 cm	—
拉林铁路布喀木隧道	轻微岩爆（Ⅰ级）	ϕ22 mm 系统锚杆，长 2 m，岩爆发生部位随机布设	Ⅱ级围岩，厚 5 cm；Ⅲ级围岩，厚 8 cm	ϕ6 mm，25 cm×25 cm	—
	中等岩爆（Ⅱ级）	ϕ25 mm 涨壳式中空注浆锚杆，长 3 m，梅花形布置，间距 1.0 m×1.0 m	初喷钢纤维混凝土 5 cm；复喷射混凝土 5 cm	ϕ6 mm，25 cm×25 cm	—
	强烈岩爆（Ⅲ级）	ϕ25 mm 涨壳式中空注浆锚杆，长 4 m，间距 1.0 m×1.0 m	初喷钢纤维混凝土 5 cm；复喷射混凝土 12 cm	ϕ6 mm，25 cm×25 cm	格栅钢架

对比表 7.1 在不同岩爆程度下支护参数可以看出，除锚杆外，其余参数变化较小，表明在岩爆支护体系中，锚杆作为唯一深入岩体内部改变其力学性态的支护构件，已得到了业界共识。

综合分析现有的国内外针对岩爆段的支护措施来看，当前岩爆支护技术因受静力学因素为主导的岩爆发生机制研究影响甚深，喷锚网支护基本采用传统的喷射混凝土＋钢筋网＋刚性锚杆的支护模式，支护构件基本采用变形性能较小的常规材料，因此，当前岩爆支护存在如下两个明显特点：

①被动支护的特性：所谓被动支护，即依靠围岩产生向洞内的变形或破坏来“诱发”支护结构受力以抵御可能产生的各类灾害。现行的喷锚及拱架组成的支护体系是典型的被动支护系统。

②无法实现支护与能量释放间的协调统一：即现行的岩爆支护体系不能实现在支护过程中提供一定支护力的同时，又能适当释放围岩能量的功能。随着岩爆烈度增高后进一步加大的支护参数将使①中的被动承载特性更加明显，支护过程中能量释放的唯一途径便是支护结构遭到破坏，如喷射混凝土剥落、锚杆拉断或初期支护与隧道洞周岩体间剥离（见图 7.1）等现象。

图 7.1　岩爆作用下初期支护破坏

而对于唯一能从围岩内部改变其应力状态的支护构件——锚杆，目前大多采用的锚杆类型（普通砂浆锚杆）更是被动支护理念的突出体现（见图 7.2）。因砂浆锚杆要发挥作用需围岩与锚杆间产生相对位移，也即砂浆锚杆支护效用性取决于围岩何时向洞内变形以及形变的程度。

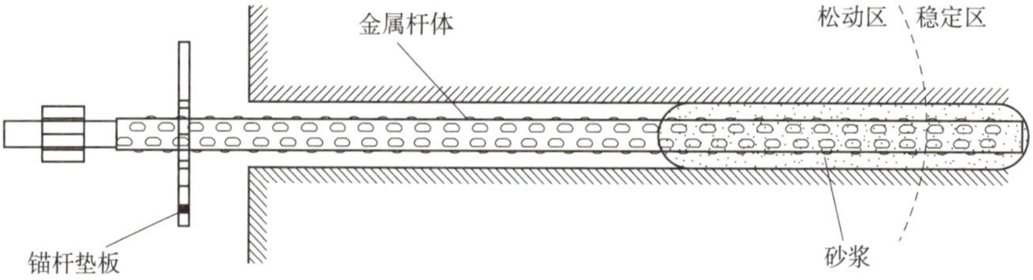

图 7.2　普通砂浆锚杆示意图

大量工程实践表明，对于低烈度岩爆，采用常规相对刚性的高强度支护技术是较为有效的，但常规的锚喷支护在动力弹射型岩爆控制方面的作用十分有限，这是由于岩爆的发生是动—静力耦合作用的结果，正如部分学者指出的那样，“岩爆支护技术应与常规支护不同，岩爆条件下的支护结构不仅要能经受静态条件下的高应力荷载作用，还要抵御岩爆时的动荷载作用，这就要求岩爆支护在性能上，除了具备静荷条件下的一切功能之外，还必须具有抗动荷作用的能力……”。因此，基于动力学研究的针对岩爆支护的“释能”理念被提出，所谓释能，即支护系统在实现支护的同时，达到释放部分岩体能的目的。如冯夏庭等提出了以微震预警和“减少能量聚集—预释放和转移能量—合理支护吸收能量”防控对策为主要基础的岩爆动态调控理论；刘思好等从岩爆发生过程中动—静力耦合效应分析出发，提出了以动静组合为核心的岩爆支护理论；李庶林提出岩爆巷道支护结构在性能上，除了具备静荷条件下的一切功能之外，还必须具有抗动荷作用的能力；王斌等基于动力学理论指出岩爆支护构件应具有让压或屈服特性，进而提出具有让压与吸能作用的岩爆支护单元主要有：金属网与喷射混凝土＋金属可缩支架与柔性吸能垫层＋可伸长锚杆，并对这一支护系统的可行性进行了探讨；杜子建等从岩爆的动力源分析入手，提出了岩爆的支护系统应采用耗能构件，以使支护结构既起到支护作用，也可吸收一部分动能；南非的很多巷道岩爆支护技术中也部分采用了可吸收能量的锚杆以起到“释能”的作用，等。

根据隧道力学可知，岩爆正是由于地下洞室开挖过程中周边约束解除后造成岩石在高应力差条件下发生的一种脆性破坏现象（见图 7.3）。

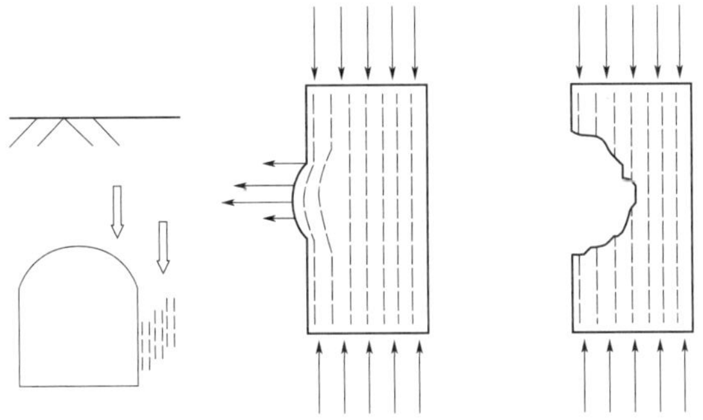

（a）垂直板裂化　（b）屈曲变形　（c）岩爆破坏

图 7.3　基于隧道力学的岩爆发生机理图示

因此，洞室开挖后，为消除因洞壁周边约束解除而造成的高应力差现象，需主动快速地对洞壁施加径向支护力，以恢复部分洞壁径向应力，使洞壁受力状态将由原来的二维逐渐恢复为三维应力状态。此外，从断裂力学角度来看，岩爆是一个包含岩体中稳定的裂纹扩展到失稳破坏及破裂岩块抛出的综合过程，岩爆孕育过程中，伴随着张拉、剪切等不同类型裂纹的产生、扩展与贯通，而径向应力的施加能有效抑制裂隙的扩展、贯通及宏观破裂面的形成，进而抑制岩爆的发生。因此，岩爆支护体系中基于主动支护的理念与释能同样重要，也由此开展了相关研究，如周辉等通过室内试验研究了预应力锚杆对岩体板裂化的控制机制，进而指出了隧道开挖后主动施加径向支护力（即预应力锚杆）对抑制岩爆的重要性；苍岭公路隧道和锦屏 2 级水电站引水隧洞工程实践也证明，洞室开挖后主动施加径向支护力（预应力锚杆）的支护系统能够有效降低和抑制岩爆的发生。

锚杆作为唯一从围岩内部改变其应力状态的支护结构，对岩爆的防治将起到至关重要的作用。岩爆支护中锚杆一旦失效，将可能导致整个支护系统失去作用。如挪威 Heggura 公路隧道强烈岩爆段锚杆端头及混凝土喷层附近的岩石松动并弹射，造成承载板悬空、锚喷系统失效，在总共 15 000 根岩爆控制锚杆中，为保障锚杆作用效果，施工中需来回安装好几次锚杆系统；再如南非埋深 1 000 m 的某采矿巷道采用系统锚杆＋喷射混凝土＋钢筋网的支护形式，在强烈岩爆后造成锚杆裸露，支护系统也出现了失效现象，且这种现象在南非采矿巷道中十分常见。因此，岩爆支护系统实是以“锚杆”为核心的支护体系，而该体系中锚杆类型选择是否合理将是整个岩爆支护系统成败的关键。

最佳的岩爆支护体系应具备主动支护及释能两大功能，即要求支护体系除能快速提供一定的径向支护阻力外，还应具有一定的延伸性以达到释放能量的需要。

国内一些学者开展了以涨壳式预应力中空注浆锚杆为核心支护构件的岩爆主动支护技术研究。考虑到预应力锚杆支护是一种主动支护方式，适宜的预应力和锚杆间距是发挥锚杆支护效能的关键。因此，如何在经济性和有效防岩爆间寻求平衡，岩爆地段锚杆的预应力值的施加及锚杆间距的控制就成为设计中重点关注的问题，为此，苍岭隧道岩爆防治过程中采用有限元方法对岩爆段不同预应力值、不同间距进行组合后深入分析研究，并提出合理的预应力及间距值供设计参考。分析中为简化计，假定预应力锚杆的施作是在隧道周边围岩应力完全释放之后，分析时仅以最大埋深位置处中等岩爆段为主要研究对象。

对苍岭隧道施工中发生岩爆段的预测研究表明：Russense(卢森)判据(见表 7.2)。的预测结果与现场较为一致，故分析时，以其作为岩爆发生与否的判别准则。

表 7.2　Russense 判据

判据类型	无岩爆发生	轻微岩爆	中等岩爆	强烈岩爆
卢森判据 σ_θ/R_c	<0.2	0.2～0.3(含 0.2)	0.3～0.55(含 0.3)	$\geqslant 0.55$

注：R_c 为单轴抗压强度；σ_θ 为洞壁切向应力。

设计阶段预测的中等岩爆主要发生在最大埋深部位的Ⅱ级围岩区域，据初始地应力场反分析可知：中等岩爆段的最大水平及竖向应力分别为 14.21 MPa 和 17.45 MPa：为防治和降低岩爆的发生，原设计中等岩爆段锚杆间距为 0.5 m×0.5 m，设计预应力值为 60 kN，正如前述，对该设计的合理性有待进一步验证。根据岩爆段预应力中空注浆锚杆作用机理分析，同时依据苍岭隧道岩爆段变形监测及预应力锚杆作用机理的公式(7.1)可知：因岩爆段变形很小，锚杆的主要作用体现在第一项预应力施加上。

$$\sigma_r=\frac{P_r}{ab}+\frac{K}{ab}\Delta u_r \tag{7.1}$$

式中　σ_r——预应力锚杆施加在隧道壁上的平均径向压应力，N/m²；

P_r——单根预应力锚杆的张拉荷载，N；

K——预应力锚杆刚度，N/m；

Δu_r——隧道围岩的径向位移，m；

a,b——预应力锚杆的横向、纵向距离，m。

从研究目的出发，在综合分析式(7.1)后，采用二维平面应变进行数值模拟，对于锚杆纵向的三维作用，通过式(7.1)中的第一项将其转化为平面应力施加，分析中兼顾到锚杆间距的变化性，采用间距为 1.0 m×1.0 m 建模和施加预应力(见图 7.4)，其余应力则通过其加以转换即可实现。隧道主要穿越凝灰岩地层，弹性模量 E 为 31.1 GPa，泊松比 ν 为 0.205，黏聚力 c 为 3.5 MPa，内摩擦角 φ 为 55°。具体计算工况见表 7.3，其中预应力的施加在涨壳式(预应力)中空注浆锚杆的允许范围之内。

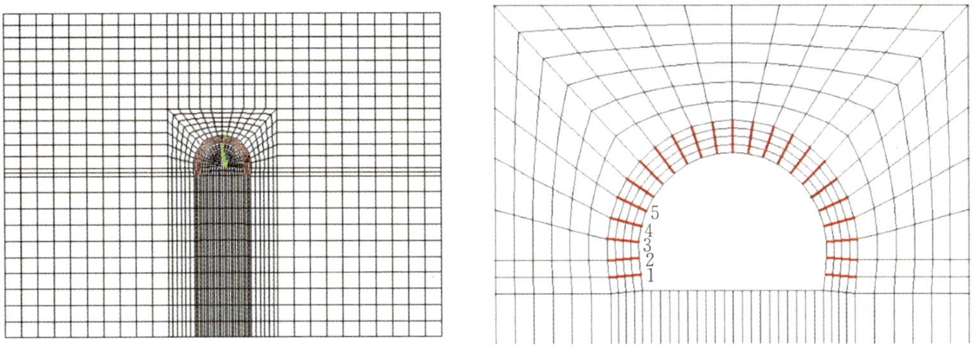

（a）模型整体图　　（b）模型细部图

图 7.4 计算模型图

表 7.3 计算序列

工况	施加预应力/kN	锚杆间距/(m×m)	工况	施加预应力/kN	锚杆间距/(m×m)
1	60	0.5×0.5	1	90	1.0×0.5
2		1.0×0.75	2		1.0×1.0
3		1.0×1.0	3		1.2×1.2
4		1.0×1.2	4		1.0×1.5
5		1.2×1.2	5		1.2×1.5
6		1.0×1.5	6		1.5×1.5

注：施加边界力 σ_x/σ_y＝14.21 MPa/17.45 MPa。

根据采用的 Russense 判据可知，洞壁切向应力 σ_θ 及岩石单轴抗压强度为岩爆判别的主要依据，考虑到苍岭隧道基本为熔结凝灰岩，试验测得岩石单轴抗压强度约 R_c＝160 MPa，故在分析中，只重点研究不同工况下洞壁切向应力的变化规律。

通过计算，获得了施加预应力 60 kN 不同工况下洞壁特征点的切向应力变化趋势图（见图 7.5）。

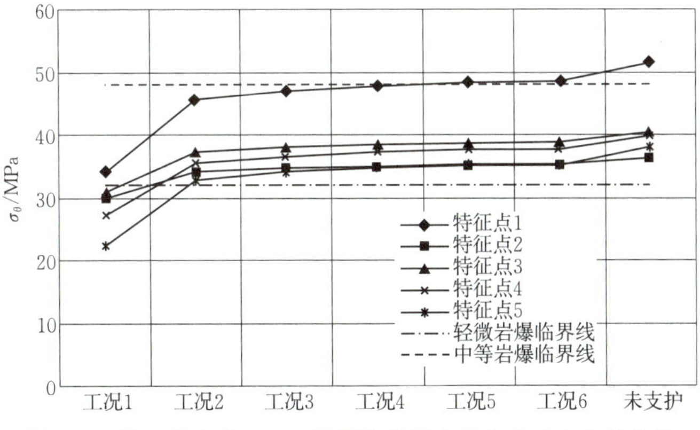

图 7.5 施加预应力 60 kN 下洞壁特征点切向应力变化趋势图

从图 7.5 可以看出：当锚杆间距为 0.5 m×0.5 m 时，预应力锚杆防岩爆效果最为明显，特征点 1 由原先的中等岩爆降低为轻微岩爆，其余各点均降为非岩爆区；工况 2、3 时，随着锚杆间距的加大，预应力锚杆防岩爆的效果逐渐减弱，围岩各特征点基本处于轻微岩爆区，距中等岩爆临界位置有一定的安全储备。比较工况 4～6 与未支护时的岩爆烈度可以看出，虽然工况 4～6 也施作了预应力锚杆，但由于锚杆间距过大，防岩爆效果并不是十分明显，特征点 1 基本处于中等岩爆临界位置。

结合涨壳式(预应力)中空注浆锚杆的主要技术指标可知，施加 60 kN 的预应力没有使其发挥应有的支护作用，在综合考虑本隧道围岩状况及锚杆性能后，认为预应力增加至 90 kN 是较为理想的初应力值，其既能充分发挥预应力锚杆的及时支护作用，又使锚杆材料具有一定的安全储备，基于此，对 90 kN 预应力条件下的防岩爆效果也进行了深入分析研究(见图 7.6)。

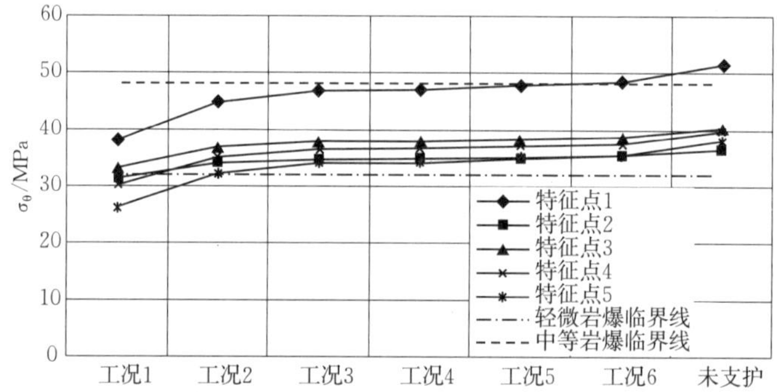

图 7.6 施加预应力 90 kN 下洞壁特征点切向应力变化趋势图

从图 7.6 来看，当间距为 1.0 m×0.5 m 时，预应力锚杆防岩爆效果最为明显；工况 2～4 时，随着锚杆间距的加大，预应力锚杆防岩爆的效果逐渐减弱，围岩各特征点基本处于轻微岩爆区；比较工况 5～6 与未支护时的岩爆烈度可以看出，虽然工况 5～6 也施作了预应力锚杆，但由于锚杆间距过大，防岩爆效果并不是十分明显，特征点 1 基本处于中等岩爆临界位置。

将上述结果与施加 60 kN 时的结果相比较可知，随着初始预应力值的增加，达到相同防岩爆效果时，锚杆间距明显减小，这说明在防治岩爆设计中，初始预应力的选择将决定锚杆间距的设计。

综合分析上述两种预应力值在不同工况下锚杆施作后的岩爆状况可知，锚杆施作后能有效抑制中等岩爆区岩爆的发生，但并不能完全防治，因此，对该岩爆区锚杆设计的原则建议为：降低岩爆发生烈度和区域为主，不能要求完全消除岩爆的发生。结合苍岭隧道选取的涨壳式预应力中空注浆锚杆的性能，综合分析后认为：对于中等岩爆段防岩爆锚杆设计建议初始预应力值为 90 kN，锚杆间距为 1.2 m×1.0 m 或 1.2 m×1.2 m。

基于上述对岩爆区涨壳式预应力中空注浆锚杆的预应力及锚杆合理间距的研究，施工中对可能发生岩爆的地段在原设计的基础上进行了适当的变更设计，具体针对不同的岩爆等级采取的措施如图 7.7 和图 7.8 所示。

①轻微岩爆段：设置挂网喷射混凝土初期支护：设钢筋网 ϕ6-150 mm@150 mm＋厚 6 cm喷射混凝土(扩大断面用 15 cm)，局部断面变化处及打设 ϕ25×5 涨壳式预应力中空注浆锚杆长度 2 m，预应力 50 kN，锚杆强度 180 kN。

②中等岩爆段：设置挂网喷射混凝土初期支护：设钢筋网 ϕ6-150 mm@150 mm＋厚 10 cm喷射混凝土(扩大断面用 20 cm)，在洞壁打设 ϕ25 涨壳式预应力中空注浆锚杆长度 2 m，预应力 90 kN，锚杆间距 1.0 m@1.0 m，锚杆强度 180 kN。安装时，锚杆垫板要将钢筋网压住。

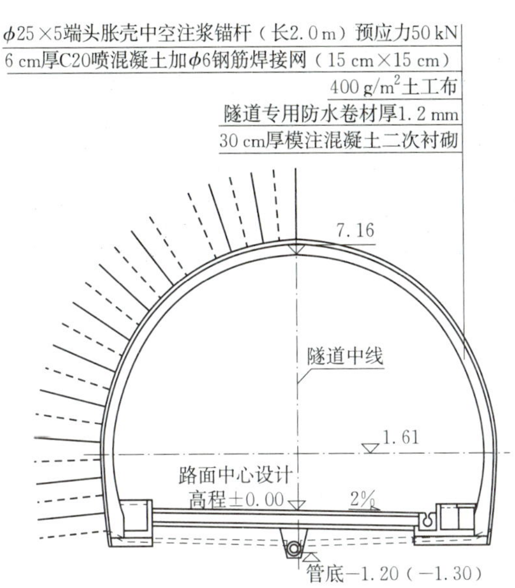

图 7.7　轻微岩爆段隧道支护参数设计图

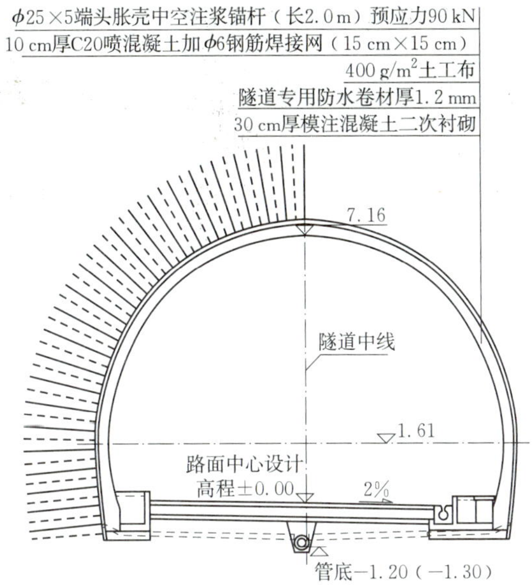

图 7.8　中等岩爆段隧道支护参数设计图

7.1.2　软岩大变形隧道支护理论与技术

为应对大量出现的软岩隧道大变形问题，国内外学者在支护理论与技术方面开展系列探索，但面对复杂多变的软岩地质环境，目前尚未形成有效的变形支护控制系统。国内外现行大变形隧道的支护形式主要分三种，即及时强支护（常规支护）、分层支护、让压支护（可缩式支护）。

1. 及时强支护技术

所谓“及时强支护”包含两层含义：一是隧道开挖后及早地施作支护结构；二是加大支护结构刚度，如采用加厚的喷射混凝土、间距更密的高强度钢拱架及较厚的二次衬砌等。基于上述理念，支护参数的设计往往突破了各行业设计规范中的推荐值，如乌鞘岭铁路隧道的大变形岭脊段断层（F1～F6）内采用 45 cm 厚的初期网筋双层喷射混凝土支护，80～105 cm 厚的二次衬砌等强刚度支护措施；欧洲的辛普伦隧道、阿尔贝格隧道及陶恩等软岩隧道，同样采用了刚性极强的诸多支护参数和手段。该类支护存在如下显著的不足和问题：

采用及时强支护措施虽有效抑制了围岩变形，控制了松动圈范围，预防了隧道坍塌，但随着软岩隧道开挖过程中应力的逐步释放，岩体的持续流变以及遇水后表现出的膨胀等特性，形变荷载将会持续增加，支护体系的受力亦会逐步增大。“及时强支护”体系由于过早地约束了围岩的变形发展，使岩体形变能得不到充分释放，由此诱发了过大的围岩压力，最终造成支护结构处于极高的受力状态，常出现普通刚性锚杆因不能适应围岩的变形而被拉断失效，钢拱架因受荷过大而产生扭曲或剪断，喷射混凝土出现开裂等现象（见图 7.9）。因此，强支护并不适用于所有的挤压型大变形地下硐室。

2. 分层支护技术

所谓分层支护，主要针对初期支护而言，对初期支护分两层甚至多层施作，一般来讲，第一层采用刚度较小的支护措施，以释放部分围岩压力及形变能，待围岩压力及变形释放到一定程度后，再施作二层支护，以保持围岩—结构稳定。

（a）初期支护开裂　（b）钢拱架扭曲变形　（c）锚索拉断

图 7.9 强支护体系结构破坏图

采用分层初期支护对挤压型软岩进行支护时，若第一层喷射混凝土较薄，则容易出现开裂、鼓出或钢拱架扭曲断裂等初支破坏现象，这表示第一层支护刚度不足，在未到达平衡点时结构已发生破坏，即进入图 7.10中的 CC'段，此时应尽快施设第二层初期支护，以加强支护结构的强度和刚度，防止围岩产生过大的松动圈，并部分修补已经发生破坏的第一层初期支护，最终达到结构的平衡状态 D。若第二层初期支护施作不及时，就会出现塌方事故。

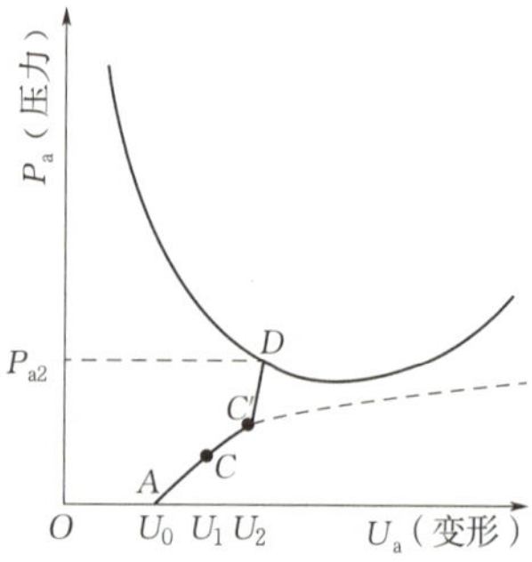

图 7.10 双层初支受力破坏关系曲线

结合国内外研究资料及分层支护的作用机理分析可以看出，软岩大变形地下硐室中使用分层初期支护尚存在以下问题：

（1）第一层支护的厚度难以确定。

（2）第二层初期支护的施作时机难以把握，易引发工程事故。如关角铁路隧道 9 号斜井进洞时，由于第二层初期支护未及时施作，导致出现严重大变形，支护被破坏。

（3）分层初期支护影响施工进度。

（4）分层初期支护在理论和实践方面均不成熟，因此分层初期支护在大变形隧道中仍不是最佳选择。

3. 让压支护技术

随着近年来软岩大变形隧道建设过程中各类灾害问题的大量出现，现行的及时强支护及双层支护设计理念受到国内外越来越多地下工程专家的质疑，并由此引发了关于软岩隧道大变形处治措施的讨论。基于让压的新型支护理念正是这一大背景下提出的，该理念汲取了及时强支护及双层支护的核心思想，即在原有的“及时支护”和“强支护”的基础上增加了“让压支护”的功能。孙钧院士在《地下工程设计理论与实践》一书中指出：对于软岩大变形地下硐室，支护结构应具备“强柔性，高可缩性、边支边让、支护结构后期的增阻性及经济性和施工的便利性”等特点。

所谓让压，是要求在保持支护结构恒定承载力的条件下，允许其产生一定的位移量以释放部分围岩压力及动荷载作用时积聚的能量，待让压量释放完毕后，结构随变形的进一步加大而持续承载直至破坏。以达到充分发挥围岩的自承载能力、优化支护受力，保证隧道稳定、安全的目的。

让压原理的支护技术在大变形隧道中应满足两方面的要求：首先，隧道开挖后应及时施作强支护体系，使支护系统能提供及时的高支护阻力以抑制围岩变形，防止岩体性状恶化，控制松动圈范围；其次，该支护在及时强支护后能实现自动让压功能。依据上述要求，让压支护体系中让压构件应具备一定的承载能力，以满足支护初期的承载要求，待围压达到一定程度后方可产生让压滑移，即支护体系应具有“先抗后让、边抗边让、抗让联合”的特点。其系统概念图如图 7.11 所示。

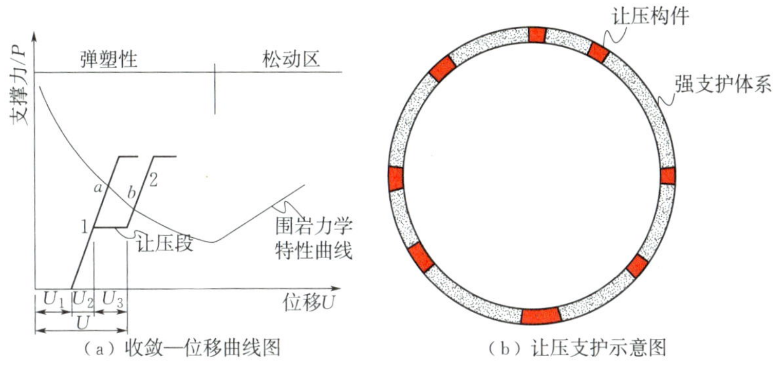

图 7.11 让压支护系统概念图

从图 7.11 可以看出，可供选择支护途径有两种：一是如线 1 所示，加大支护刚度，提高支护阻力以减小软岩隧道围岩变形，具体措施有采用重型密集的钢支撑、加厚喷射混凝土层、加密锚杆间距和增大锚杆长度等；二是如线 2 所示，支护对围岩仍保持较高工作阻力以阻止围岩变形，同时支护本身又具有恒阻让压性，以适应围岩变形。比较两种支护方式可看出，由于第二种支护具有可让性，释放了一定量的位移，保持软岩大变形隧道围岩稳定所需支护阻力且刚度较第一种支护明显减弱，因此比较经济合理。

大变形地下工程中的让压支护体系如图 7.12 所示，让压锚杆＋可缩式钢拱架（U 形钢拱架）＋带让压控制器或变形槽的喷射混凝土，为软岩大变形隧道支护提供了新的思路。

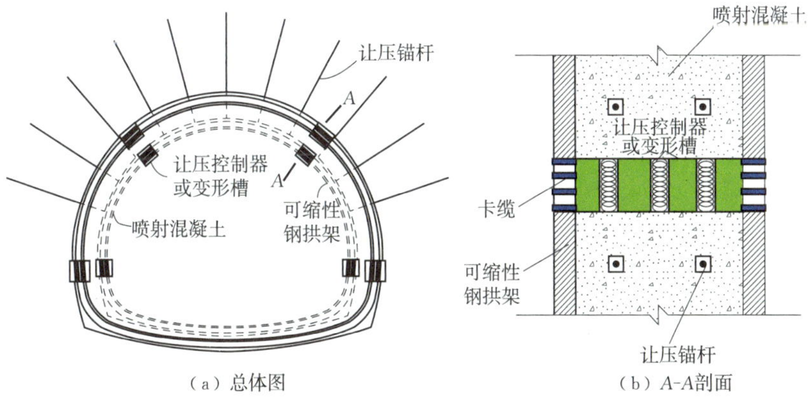

图 7.12 让压支护体系图

7.1.3 高地应力隧道施工技术

1. 高地应力岩爆隧道施工技术

岩爆是洞室围岩一种伴有突然释放大量能量的剧烈的脆性破坏，其形成条件及影响因素众多。目前对岩爆产生条件给出的最为清晰的概括是：高储能体的存在，且其应力接近岩体强度是岩爆产生的内因;某些附加荷载的触发是其产生的外因。而高地应力是岩爆发生的必要条件之一,高地应力释放或者转移,将减少或减弱岩爆的发生。如对隧道掌子面围岩进行超前爆破卸压,使围岩得到适当破坏,增强其变形能力。在隧道开挖后,这些已被一定程度破坏的岩体能够产生较大的塑性变形,使围岩中的能量在塑性变形的过程中得到释放,同时,围岩中的应力集中区域也向深处转移。开展超前爆破卸压的关键是要能合理控制松动的范围和岩体破坏的程度,既要能使岩体在隧道开挖后通过塑性变形释放弹性变形能,又要不致岩体过分破坏而使围岩发生垮塌。因此,对于岩爆隧道施工的控制办法主要有围岩加固、防护措施、完善施工方法、改善围岩应力以及改变围岩性质等,具体阐述如下:

(1)围岩加固措施

对已经开挖洞室周边的加固以及掌子面前方的超前加固,一是可以改善掌子面及 1~2 倍洞径范围内围岩的应力状态,因加固措施的作用改变了应力的大小及分布,而且还使洞室周边岩体从双向应力状态变为三向应力状态;二是具有防护作用,可防止弹射、塌落等。

从工程实例来看,目前采取的加固治理措施大致有以下三种。

①喷射混凝土及喷射钢纤维混凝土

a. 喷射混凝土

在清除拱顶部位由于岩爆产生的松动石块之后,施作喷射混凝土覆盖岩爆坑。喷射混凝土具有减弱岩爆的效果,用来保护施工人员和设备的安全,以防止锚杆之间的岩石碎片飞出。其主要作用是将未清除干净的小块石黏结在一起,以免落下伤人。另外,岩面被覆盖后,若岩爆继续发展,也可以从喷层的开裂、剥落上观察出来。在隧道施工中使用喷射混凝土,只要喷层厚度足够,一般可以防止继续剥落。喷射混凝土比较经济和快速,特别是远距离控制的工业机器人应用于喷射混凝土作业,这种支护方法则更为安全。

b. 喷射钢纤维混凝土

在某些情况下,当喷射混凝土支护不能满足要求时,则需要采用喷射钢纤维混凝土。喷射钢纤维混凝土具有比普通喷射混凝土大得多的柔性与韧性,并且能够承受较大的变形而不使表面开裂。

喷射钢纤维混凝土较喷射混凝土的价格高 50%,在应用这种较高强度,尤其是具有较好变形性质的喷射混凝土之后,有可能降低永久支护的费用。支护体系中诸如锚杆、拱架等相关设计参数有望减弱,进而实现降低工程造价的目的。

②系统锚杆

系统锚杆的作用主要是防止洞室周边及掌子面岩体壁裂、剥落、岩块塌落。施作方法是在拱顶处布置系统锚杆,当掌子面发生岩爆时,须向掘进前方打超前锚杆对掌子面进行加固,锚杆长度一般为两倍的爆破进尺深度。在一个循环的爆破之后仍有一部分锚杆存留在岩体中对掌子面起着加固作用,这就是目前行之有效的系统锚杆加固。

系统锚杆中由于玻璃纤维类及普通钢筋类锚杆要发挥作用,需对砂浆进行时间养护,此外,在爆破开挖后上述类型的系统锚杆易折断或松动,导致残留在岩体中的系统锚杆支护效果欠佳,难以起到很好的岩爆控制效果。膨胀锚杆相对于水泥砂浆而言,其属于摩擦型锚固系统,具有横向主动支护的效用,此外,这种锚杆的优点之一就是不需要时间养护,爆破之后,锚杆外边的部分被切掉,存留在掌子面岩体中部分杆体仍将起到很好的支护作用,进而起到抑制岩爆的效果。

图 7.13 所表示的就是采用膨胀锚杆控制掌子面岩爆的施工过程。24 根 4 m 长的锚杆安设在掌子面上，每一循环钻爆进尺深度为 1.5 m，锚杆在爆破时被截断，但仍有 2/3 的杆体存留以保持掌子面的稳定，这使得下一个循环的钻眼作业不受爆破的影响。掌子面在安设锚杆之后同样也施作喷射混凝土。

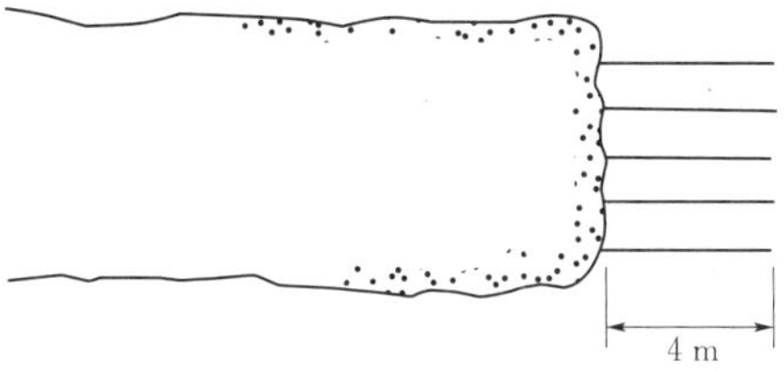

（a）掌子面安设4 m膨胀锚杆

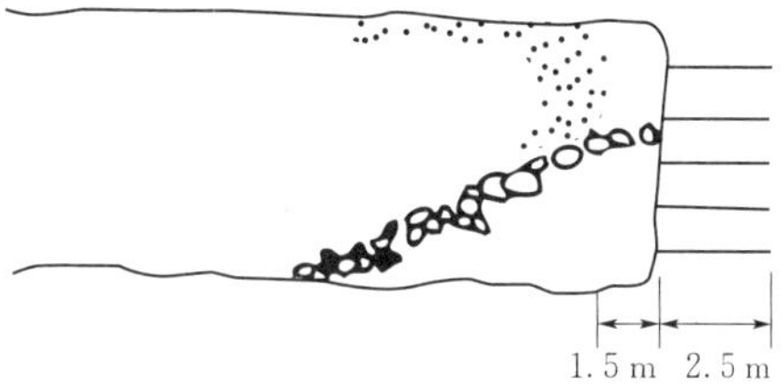

（b）掌子面掘进1.5 m

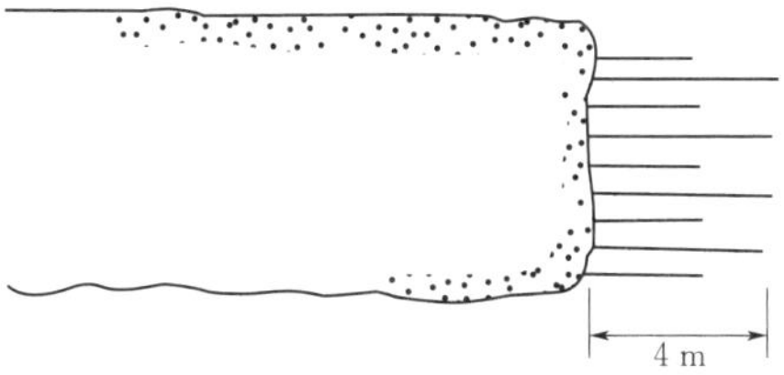

（c）掌子面打锚杆并喷射混凝土

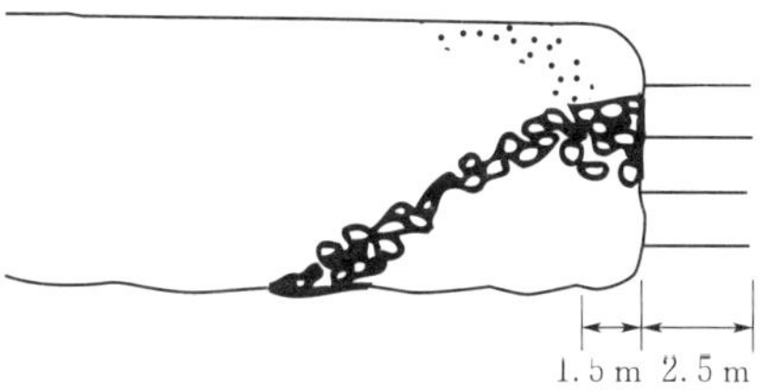

（d）掌子面又掘进一个循环1.5 m

图 7.13　采用膨胀锚杆防止岩爆实施的四个阶段

膨胀锚杆较之岩爆隧道中常用的掌子面前方超前应力解除爆破而言，其具有支护效应快、施作简单等优点，上述优越性已在众多岩爆工程中得到了验证。

③钢丝网、钢支撑

在某些特殊情况下，如岩爆发生频繁且较剧烈，通常采用钢丝或钢支撑配合锚喷支护对围岩进行加固。

钢丝网本身也可以作为一种防护设施单独使用，如在钻孔台车上安装钢丝网防护，保护钻孔、装药工人作业的安全。在我国天生桥水电站引水隧洞及拉林铁路巴玉隧道的施工过程中，在掘进设备上安装了“铁甲”，构成一个“防石棚”，避免了岩爆石块塌落伤人和砸毁机器设备。

按照岩爆的程度不同，一般分为三种情况来处理，见表 7.4。

表 7.4　防止不同程度岩爆加固措施

岩爆程度	加固措施	示意图
轻微岩爆 （岩石剥落）	• 采用遥控手段在掌子面喷射混凝土； • 安设膨胀（或摩擦型）锚杆； • 按要求使用标准垫板，锚杆长度应为两倍的循环进尺深度，对下一个循环所要爆破的岩体进行预先加固	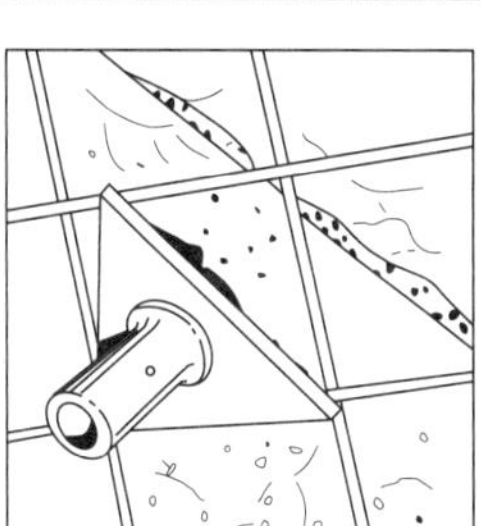

续上表

岩爆程度	加固措施	示意图
中等程度岩爆	• 掌子面喷射混凝土或钢纤维混凝土； • 系统布置膨胀(或摩擦型)锚杆； • 掌子面锚杆长度为两倍的循环进尺长度； • 在锚杆垫板与岩面之间加设木板，木板将吸收岩体急剧的位移，同时还将岩体破裂面两侧的锚杆联系起来	
剧烈岩爆	• 掌子面加钢筋网的喷射混凝土； • 系统布置膨胀锚杆	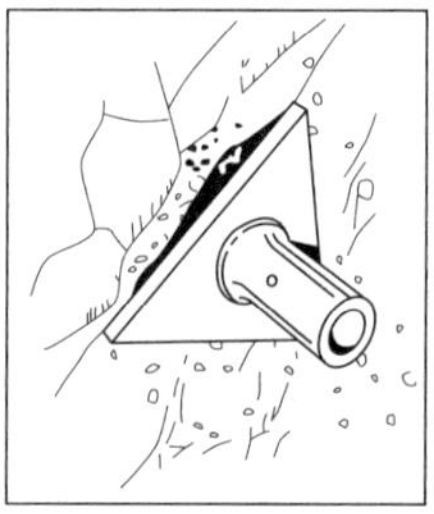

(2)改善围岩应力条件

从强度理论角度看，岩爆是一种破坏，并伴随着破坏释放能量而发生振动、抛突、坍落、堵塞等灾害，因此如果能使围岩应力小于围岩强度就不会发生岩爆。要达到这个目的，可从设计与施工的角度采用下述四种办法。

①在选择隧道及其他地下结构物的位置时，应布置使其长轴方向与最大主应力方向平行，这样做可以减少洞室周边围岩的切向应力。

②在设计时选择合理的开挖断面形状，以改善围岩的应力状态。

③在施工过程中，爆破开挖采用短进尺、多循环，也可以改善围岩应力状态，这一点已被大量的实践所证实。

④应力解除法，即在围岩内部造成一个破碎带，形成一个低弹性区，从而使掌子面及洞室周边应力降低，使高应力转移到围岩深部。为达此目的，可以打超前钻孔或在超前钻孔中进行松动爆破，这种防治岩爆的方法也称为超应力解除法。

超前应力解除法是在施工进程中，一边应力解除，一边掘进，在洞室未开挖之前，使岩体原始应力释放，以便减缓开挖后围岩应力，使之不发生岩爆或削弱岩爆的方法。

岩爆的发生主要取决于洞壁上最大切向应力 σ_{tmax}，而切向应力的大小又取决于与洞轴方向垂直的平面应力内的两个主应力 σ_1、σ_2(或 σ_x、σ_y)，在这两个应力中，σ_1 又起着决定的作用。如能在洞室附近削弱它对切向应力的影响，就可以达到减缓岩爆的作用。

超前应力解除法是在主应力方向离洞壁一定的安全距离 K，用钻孔爆破的方法形成一个宽度为 δ 的人工破碎带，如图 7.14 所示，以达到在洞室 B 点降低切向应力 σ_t 的作用。

从影响应力解除效果的因素看，破碎带安全距离 K 的改变对切向应力没有明显的影响，根据施工情况一般取 $K=0.3D\sim0.5D$ 为宜。

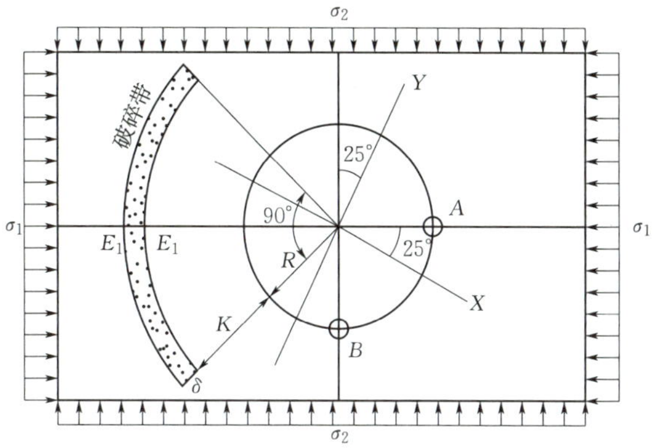

图 7.14 人工破碎带示意图

从破碎带宽度和弹性模量比对切向应力影响较大,计算分析结果表明,应力解除可以明显改善洞室的围岩应力,使隧洞岩爆部位 B 点的应力降低。但是在 B 点应力降低的同时,A 点的应力升高。应力解除只是起到调整围岩应力的作用,而不是消除它的应力。选择参数必须针对具体情况经过计算后确定,选定实施方案,不能盲目进行,否则可能会顾此失彼,防止了 B 点的岩爆,而引起 A 点的岩爆,这样,应力解除并没有消除岩爆,而只是将岩爆换个位置。

理想的应力解除方案,与当地的原始应力状态、破碎带的宽度 δ、原始岩体和破碎带岩体弹性模量之比均有关,可通过优化计算求得,尽量使 A 点和 B 点的应力调整到基本相同的程度。

通过对掌子面附近应力解除前后 A 点径向位移的分析发现,距离掌子面 $0.4D \sim D$ 时,位移发生急剧变化,这个位置恰恰是岩爆发生频率最高的区段。由此可见,岩爆与洞室周边位移有直接关系,也可以说与岩体的能量释放有直接关系,当弹性变形能接近或达到最大值时发生岩爆。

超前应力解除法的措施是从掌子面起,向前方打超前斜孔,如图 7.15 所示,保持离洞壁一定安全距离 K,形成一个厚度为 δ 的人工破碎带。人工破碎带可用炸药爆破形成,破碎带的宽度由药量来控制。由于这种爆破属于坚硬岩石中的内部爆破,除装药孔外,还需要钻些容积补偿孔,即非装药孔,才可形成破碎带。破碎带弹性模量也可以控制,主要由补偿容积和炸药量而定,具体的数值由试验测定。

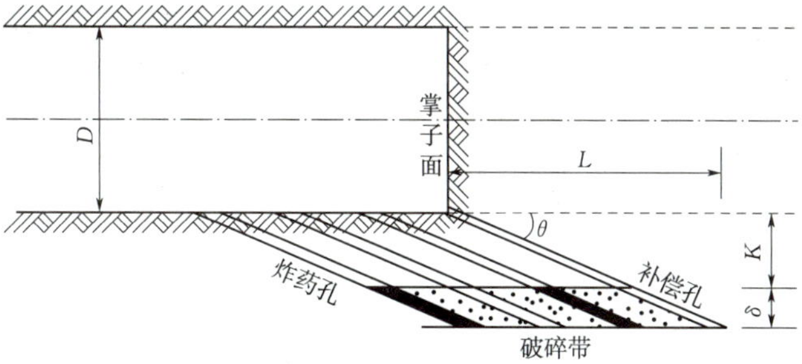

图 7.15 超前应力解除示意图

采用超前应力解除法治理岩爆,在实际工程中得到验证,效果较好。我国西南一水电站引水隧洞工程曾使用过这种方法,该工程隧洞岩爆的临界应力 $\sigma_{cr}=39.3$ MPa,而最大切向应力为 47.85 MPa,超前应力解除可以将应力降低到 40.54 MPa,接近于岩爆的临界应力,因此,可以使岩爆烈度大为缓和,或使岩爆停止。

(3)改变围岩性质

为改善岩体性状,降低岩爆发生,向掌子面及附近洞壁喷洒高压水或利用炮眼及锚杆孔向岩体深部注水,也是常用岩爆防治措施之一。采用超前钻孔向非坚硬岩体高压均匀注水该方法可以通过三个方面作用来防治岩爆:一是可以释放部分弹性应变能并将最大切向应力向围岩深部转移;二是高压注水的劈裂效果可以软化、降低岩体的强度;三是高压注水产生了新的裂隙并使原有裂隙进一步扩展,从而降低了岩体存储应变能的能力。上述措施在以秦岭铁路隧道为代表的高地应力岩爆隧道中被广泛采用,并取得了较好的岩爆抑制效果。

(4)施工安全措施

施工安全措施主要有躲避及清除浮石两种。岩爆一般在爆破后 1 h 左右比较激烈,以后则逐渐趋于缓和,多数发生在 1～2 倍洞室直径的范围以内,所以躲避也是一种行之有效的方法。每次爆破循环之后,施工人员躲避在安全处,待激烈的岩爆平息之后再进行施工。对于在拱顶部位由于岩爆所产生的松动石块必须清除,以保证施工的安全。尤其是破裂松脱型岩爆,弹射危害不大,可采用清除浮石的方法来保证施工安全。

总体来说,岩爆的施工处治措施主要包括防与治,但是在目前的情况下,还无法完全避免岩爆的发生,因此现今的研究重点仍集中在如何减少岩爆发生频率和烈度,在此基础上采用适当的控制措施对其进行治理以保护整个施工过程中人员和机械的安全。

2. 软岩大变形隧道施工技术

针对深埋高地应力软岩隧道的施工主要以矿山法为主,但随着施工工艺与机械化水平的进步,盾构法与 TBM 法会逐渐发展起来。对于强度与稳定性较好的硬质围岩,其具有较高的自稳能力,采用全断面法开挖即可。但是对于高地应力环境下的软弱围岩隧道开挖,则必须遵循“短台阶、弱爆破、浅进尺、强支护、排渗水、紧仰拱、勤量测、早封闭”的 24 字施工开挖原则。隧道施工过程中,应尽可能地降低对隧道周边围岩与前方围岩的扰动与损伤,尽量稳固隧道前方围岩的稳定性。在这样的背景下,山岭隧道的开挖工法逐渐由全断面法发展到台阶法与分部开挖法等,如图 7.16 所示。

(a) 台阶法　(b) 环形开挖预留核心土法　(c) 三台阶七步开挖法

(d) CRD法　(e) 双侧壁导坑法　(f) 铣挖法

图 7.16　大变形隧道开挖常用施工工法

关宝树等研究表明，隧道施工期间围岩—支护结构的稳定与隧址区的围岩特性、水文地质、支护参数体系及施工工序等因素密切相关。大量实践表明，合理的施工工法是软岩隧道顺利掘进与否的关键技术问题，隧道施工中开挖面产生的时空效应在时间和空间的不可逆性，导致不同的开挖方式将带来不同的围岩变形及结构受力结果。在隧道大变形条件下，施工过程中初期支护结构封闭成环时间越及时越好，越有利于其发挥承载力、控制围岩变形。需要采用先柔支后刚支、先释放后承载、多重组合并行的支护理论，以及提高二次衬砌刚度并采用超短台阶开挖等施工技术措施，才能很好地控制围岩变形。总体看来，软岩大变形隧道施工过程中为确保围岩稳定和作业安全，通常采取的技术措施为：

①采用能尽早闭合的短台阶法施工。

②在一般支护结构模式条件下，采用拱脚加强（增喷射混凝土、大长锚杆等）、临时仰拱闭合、缩短开挖进尺等局部措施。

③在基本模式的锚杆中，在拱脚及边墙部位打长锚杆加强。

④修正马蹄形断面为蛋形，甚至圆形断面。

⑤必要时，底部也要打锚杆等。

总之，大变形的处理措施，根据国内外的施工经验，归纳如下：

(1)加强稳定掌子面的辅助措施

①正面喷射混凝土和锚杆。

②打超前锚杆或钢筋。

(2)加强基脚的措施（即首先要把底鼓和侧壁的挤入控制住）

①向底部地层注浆加固。

②向两侧打底部锚杆。

③支撑加底板及加劲肋。

④设底部横撑或临时仰拱。

(3)防止断面挤入的措施

①增打加长锚杆，主要在两侧，锚杆长度一定要超过围岩塑性区范围才有效果。

②设底部横撑，打底部锚杆，修筑仰拱，这是极为重要的工程措施。

③缩短台阶长度，及早闭合；下半断面、仰拱同时施工。

④设纵向伸缩缝，采用可缩性支撑。

(4)防止开裂的措施

①采用湿喷钢纤维混凝土。

②设加强钢筋。

③设纵向伸缩缝。

(5)建立日常量测管理体制及管理标准

①监测初期位移速度。

②最终位移值的预测。

③建立控制标准值。

(6)加强施工地质测试

①预测和预报掌子面前方的地质状态。

②建立地质数据库，及时反馈。

③各种岩类的特性试验数据的测试。

这些措施应综合使用，相互补充，并视具体情况具体采用。同时，这些措施也是一般性的，当条件变化很大时，还要采用一些特殊的辅助施工措施，如压浆加固、改良岩体等。

21 世纪是隧道与地下工程发展的黄金时期，随着隧道建设逐渐向“深”“长”“险”“大”方向发展，未来高地应力下的硬岩岩爆与软岩大变形问题必将更加突出，以能量释放为核心思想的主动与释能(让压)支护形式将成为未来高地应力隧道的重要发展方向，现行常规传统的施工工法也必将随之发展改变，配套工艺技术的发展亟待改进。

7.2 膨胀土隧道修建关键技术

我国是全世界膨胀土覆盖区域面积最大的国家之一，有近 1/3 的陆地面积含有膨胀土，超过 20 个省级行政区域存在膨胀性土，其分布范围极为广泛，特别是西部云贵川地区。随着国民经济迅猛发展，交通流量的需求也日益增大，为了缓解日益紧张的运输能力和加强基础设施建设，我国掀起了大力建设铁路、公路的浪潮。特别是西南地区，随着西部大开发的继续向前推进，由于受到地形和地质条件的影响，高速铁路的修建使得隧道越来越多，其比例达到 50%以上，隧道工程得到迅速发展。

膨胀土是指含有大量亲水矿物，具有吸水膨胀、失水收缩特性的一类土体。膨胀土的胀缩特性给工程建设带来了巨大的危害。膨胀土隧道开挖后，洞周围岩出现松动，裂隙的增大为地下水渗入提供通道，围岩吸水后产生膨胀压力，与松动压力和形变压力等产生叠加效应，作用在支护结构上。如果采用的施工方法或者支护措施不当，则导致围岩松动圈扩大，裂隙进一步增大，为深部围岩吸水膨胀形成条件；而围岩的膨胀会引起初期支护变形侵限、钢架变形扭曲、基脚下沉、拱顶下沉、拱腰开裂、基底鼓起、隧道断面缩小甚至支护结构失稳破坏和坍塌等灾变问题，给隧道施工和后期的运营维护带来严重的安全隐患。

7.2.1 膨胀土工程特点及膨胀特性

1. 膨胀土工程特性

膨胀土是一种对环境变化，尤其是对湿热变化敏感的非饱和土。其黏粒成分主要为强亲水矿物，主要是蒙脱石和伊利石等黏土矿物，具有明显的胀缩特性。每隔四年时间，国际膨胀土专门委员会都会召开一次关于膨胀土的国际研讨会议，虽然在国际上已经对其命名为膨胀土(expansive soil)，但是世界各地的命名却五花八门，主要是根据土的产地、来源、颜色和性质等，都具有地方特色，如英国伦敦的黏土、南非的黑泥、印度的黑棉土等，从而导致膨胀土名称的多样性，我国则统称膨胀土。膨胀土的判别指标见表 7.5 和表 7.6，膨胀土具有以下明显特征：

①膨胀土液限和塑性指数较高，塑限较低，因此膨胀土归属于高塑性黏性土范畴。

②膨胀土含有蒙脱石、伊利石和高岭石等黏性矿物。蒙脱石的亲水性最强，伊利石次之，高岭石最低。矿物含量的高低决定了土对湿度状态变化敏感性的强弱，膨胀土吸水膨

胀—失水收缩的特性与矿物的含量密切相关。

③膨胀土吸水膨胀—失水收缩的变形过程是可逆的，只要膨胀土的内部结构不被破坏，就可以循环往复，在此过程中膨胀土胀缩变形十分明显。膨胀土吸水后，体积出现膨胀，但是强度会降低，还伴随着崩解现象；当失水收缩后变得比较干硬，伴随着裂隙面的产生，但土体强度增大。

通过对以上几个特性的分析了解到，膨胀土是一种特殊的土体，从而决定了它特有的工程地质属性。结合已有的研究成果可知，膨胀土的工程属性主要表现在以下几个方面：超固结性、胀缩特性、多裂隙性和流变性。

表 7.5 膨胀土(岩)的判别指标(国外)

日本	美国	英国	澳大利亚
①小于 2 μm 的颗粒含量≥20% ②塑性指数 I_p≥70 ③阳离子交换量≥20 ml/100 g ④体积膨胀量>2% ⑤浸水崩解度 A～D 表示烘干岩样浸入水中的破坏程度(A—无任何变化；B、C—中间程度；D—完全崩坏) ⑥围岩强度比 $\alpha = q_a/(\gamma H)$	根据胶粒含量、塑性指数、缩限和膨胀土体变综合判定	泰勒建议：蒙脱石含量≥10～15%	膨胀量≥4%；线收缩率≥5%

注：$\alpha \leqslant 2$ 为挤压性～膨胀性；$\alpha = 1 \sim 2$，形成塑性区有轻微变形；$\alpha = 0.7 \sim 1.0$，轻微膨胀，有变形及破损；$\alpha = 0.38 \sim 0.7$，膨胀性显著，破坏非常严重。式中，q_a—单轴抗压强度，γ—容重，H—构筑物上覆埋深度。

表 7.6 膨胀土(岩)的判别指标(国内)

铁道部第一勘测设计院	①黏粒含量：小于 2 μm 占 25%，小于 5 μm 的占 30% ②蒙脱石占全含量的 6%或伊利石占全含量的 15%以上(包括蒙脱石、伊利石含量之和占 15%) ③膨胀量(无荷，有侧限试样高 2 cm)大于 2%，当蒙脱石与伊利石成混层结构时，以膨胀量为主要控制指标
铁道部第二勘测设计院	自由膨胀率 F_s≥40%，干燥饱和含水率≥25% 膨胀性、碎裂程度、岩体强度三个指标综合评判
铁道部第三勘测设计院	①黏粒含量小于 2 μm 的大于 35%，或小于 5 μm 的大于 35% ②围岩强度比 α 参照日本资料 ③自由膨胀率 F_s 大于 30% ④液限 w_L≥40% ⑤膨胀压力 P_r 大于 100 kPa ⑥单轴抗压强度 q_a≤5 000 kPa ⑦蒙脱石含量大于 5%或伊利石含量大于 15% ⑧体膨胀量(无荷竖向有侧限)大于 2%

续上表

中国科学院地质所	干燥饱和吸水率≥25%
全国首届膨胀岩学术会议(1986.7 大连)	材料(岩石粉末)的膨胀性判据:液限,粉末样的干燥饱和吸水率,比表面积,蒙脱石含量,阳离子交换量和交换阴离子组分。岩块的膨胀性判别,不规则岩块的干燥饱和吸水率,崩解耐久性指标,软化系数
浙江省人防办公室康宁	①利用一般常规土工试验指标提供的数据,建立判别膨胀岩膨胀性的判别函数 $R(x)$; ②求判别函数的分解值 R_0; ③解出判别函数中的 $R(x)$值,若 $R(x)<R_0$ 则为膨胀岩; $R(x)=1.4353w+2.4674n-0.6742w_L-0.9074w_p-5.4091I_p$ 式中 w——天然含水率,n——岩样的试验次数。 $R_0=\sum_1^m V_i\left(\frac{\sum_1^m X_{il}+\sum_1^m X_{in}}{n_1+n_2}\right)$ 式中 V_i——判别函数的待定系数,$V_i=C_d/S$;d——每组岩样指标值的矩阵,即 $d=(\overline{X_{il}}-X_{in})$;$S$——各指标组间的变差和;$C$——当取样次数相等时可令 $C=1$,不等时可令 $C=n-G$,G 为样品的组数

2. 基于室内试验的膨胀土膨胀等级划分

为了定性地分析膨胀土特性,提出了膨胀土膨胀潜势等级概念,反映了膨胀土膨胀能力的大小。目前,主要是通过室内试验测定膨胀土的一些指标,然后对潜势等级进行分级。因此,如何选择正确的指标是进行分类的关键,大量研究表明,室内试验中反映膨胀特性的指标较多,如自由膨胀率、颗粒成分、阳离子交换量、界限含水率等。目前,主要采用的判定方法是多重对比、综合判定,而不是仅靠单一的指标。基于既有研究成果及相关规范,将膨胀潜势等级按以下标准进行划分,见表 7.7~表 7.9。

表 7.7 膨胀土膨胀潜势等级判定标准 a

指标	膨胀潜势等级		
	弱膨胀土	中膨胀土	强膨胀土
液限/%	40~50	50~70	>70
塑性指数	18~25	25~35	>35
自由膨胀率/%	40~65	65~90	>90
<0.005 mm 颗粒含量/%	<35	35~50	>50
胀缩总率/%	0.7~2.0	2.0~4.0	>4.0

表 7.8 膨胀土膨胀潜势等级判定标准 b

指标	膨胀潜势等级		
	弱膨胀土	中膨胀土	强膨胀土
塑性指数	$15\leqslant I_p<28$	$28\leqslant I_p<40$	≥40
自由膨胀率/%	$40\leqslant F_s<60$	$60\leqslant F_s<90$	≥90
标准吸湿含水量 w_a/%	$2.5\leqslant w_a<4.8$	$4.8\leqslant w_a<6.8$	≥6.8

表 7.9　膨胀土膨胀潜势等级判定标准 c

指标	膨胀潜势等级		
	弱膨胀土	中膨胀土	强膨胀土
自由膨胀率/%	$40 \leqslant F_s < 60$	$60 \leqslant F_s < 90$	$F_s \geqslant 90$
蒙脱石含量/%	$7 \leqslant M < 17$	$17 \leqslant M < 27$	$M \geqslant 27$
阳离子交换量/(mol·kg^{-1})	$170 \leqslant CEC(NH_4^+) < 260$	$260 \leqslant CEC(NH_4^+) < 360$	$CEC(NH_4^+) \geqslant 360$

在工程中采用较多的另一物理指标是界限含水率(液限、塑限和缩限),在一定程度上反映了土体的亲水能力,塑性指数(液限与塑限之差)能很好地反映粒度组成、分散特性和阳离子与黏土矿物的相互作用。膨胀土由于含有大量亲水矿物,因此具有高塑性等特点。土体液限越高,缩限越低,土体的膨胀力就越大。

自由膨胀率、液限和塑限这三个指标简单易测,且数值较稳定,在工程界广泛采用。本书主要选用自由膨胀率、塑限和液限两个界限含水率三个指标,对现场取样的膨胀土进行潜势等级判别,判定标准见表 7.10。

表 7.10　现场取样的膨胀土膨胀潜势等级判定标准

指标	膨胀潜势等级		
	弱膨胀土	中膨胀土	强膨胀土
自由膨胀率(%)	$40 \leqslant F_s < 60$	$60 \leqslant F_s < 90$	$F_s \geqslant 90$
液限(%)	$40 \leqslant w_L < 50$	$50 \leqslant w_L < 70$	$w_L \geqslant 70$
塑性指数	$15 \leqslant I_p < 28$	$28 \leqslant I_p < 40$	$I_p \geqslant 40$

(1)自由膨胀率试验

自由膨胀率是指扰动膨胀土经过粉碎烘干后,通过在纯水中自由膨胀和在量筒中自由堆积后的体积差值比(%),以此来判定无结构特性的松散土粒在水中充分吸水后的膨胀特性。因此,它能在一定程度上作为反映土体膨胀性的指标之一。

此处所涉及的自由膨胀率不包含膨胀土的结构,并且无任何荷载和约束条件,可见自由膨胀率试验研究的不是实际工程中的土体。虽然不能直接应用到工程实际,但自由膨胀率可以在一定程度上反应黏土矿物成分、粒度成分、化学成分和交换阳离子等基本特性,因此在室内试验中一直被广泛应用。

自由膨胀率的主要作用有以下两点:①粗略衡量土的膨胀潜势,判别土的膨胀类型;②作为膨胀土的极限指标,可用于采用强制位移法进行结构极限情况安全性分析的边界条件。试验共分三组,每组三个试样,按以下标准允许平行差值:当 $F_s < 60\%$ 时为 5%,$F_s \geqslant 60\%$ 时为 8%,取其算术平均值。基于自由膨胀率为指标的膨胀土分级别方法,当自由膨胀率 $60 < F_s < 90$,为中膨胀土。

(2)界限含水量试验

采用塑液限联合测定法来测定试样的界限含水率,通过试验测得液限和塑限参数,作为判定膨胀土的膨胀性的技术指标。《土工试验方法标准》(GB/T 50123—2019)中测定液塑限的方法是采用作图法,以含水率的对数为横坐标,圆锥入土深度对数为纵坐标建立关系曲线。同一土试样的圆锥仪入土深度与其含水率之间在双对数坐标上近似为直线关系(一般做三点数据即可)，国标对三点的选取有如下建议:锥尖入土深度宜采用 3～4 mm、7～9 mm、15～17mm。当三点不在一直线上时通过高含水率的点和其余两点连成两条直线，在下沉为 2 mm 处查得相应的两个含水率，当两个含水率的差值小于 2%时，应以两点含水率的平均值与高含水率的点连一直线，当两个含水率的差值大于等于 2%时，应重做试验。

通过试验测得膨胀土液限、塑限和塑性指数，判定膨胀土的膨胀潜势;结合自由膨胀率评判结果，取最不利组合，综合判定试样膨胀潜势。

3. 有荷侧限条件下膨胀土膨胀特性

当土体所处应力场发生变化，如隧道的开挖引起了周边围岩的松弛，洞周围岩由三向应力状态转化为单向受力状态，围岩进一步破坏，进而导致开裂，为地下水的渗入提供了通道，所以膨胀土隧道支护结构除受到围岩释放荷载外，还受到围岩吸水膨胀后的膨胀压力。一般而言，在隧道开挖过程中，膨胀土发生膨胀所受的上覆荷载要比正常固结下的自重应力要小。

隧道开挖后，通常隧道轴向和环向的变形都不考虑，只考虑径向变形，隧道围岩受力情况可以简化为平面应变问题，如图 7.17 所示，假设环向力和纵向上所受的力很大，限制了环向和纵向两个方向上的变形，只考虑围岩在径向上发生变形。在单独考虑膨胀压力的情况下，只要支护力等于膨胀力，那么围岩表面就不会产生膨胀，并且也不会继续发展。这是因为周边应力差最大，如果周边满足平衡，内部一般都能够满足，因此可以采用室内有荷侧限膨胀试验来分析膨胀土吸水膨胀后的受力变形。

对铁路隧道膨胀土，采用有荷侧限试验，分析了在轴向加压情况下，不同初始干密度、不同初始含水率和不同上覆荷载的膨胀特性。首先通过击实试验，得出膨胀土含水率与干密度的关系曲线，确定出试样的最大干密度和最优含水率。关系曲线上，干密度达到最大值时的土样含水率就是最优含水率，然后根据最大干密度和最优含水率调配出不同的初始状态。

某击实试验记录数据见表 7.11，所得土样干密度与含水率变化曲线如图 7.18 所示，由图可知最大击实干密度为 1.62 g/cm³，最优含水率为 29.09%。当初始含水率高于最佳含水率较多时土样接近饱和，膨胀土样的压实度很难保证，因此配制的初始含水率不能太高，基于试验结果，调配出了 9.87%、15.18%、20.24%、24.76%和 30.21%五种初始含水率，1.47 g/cm³、1.56 g/cm³、1.62 g/cm³ 和 1.70 g/cm³ 四种初始干密度。

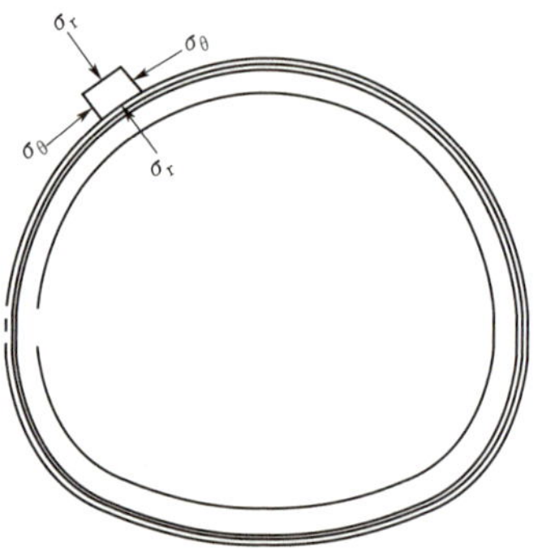

图 7.17 隧道开挖后围岩受力示意图

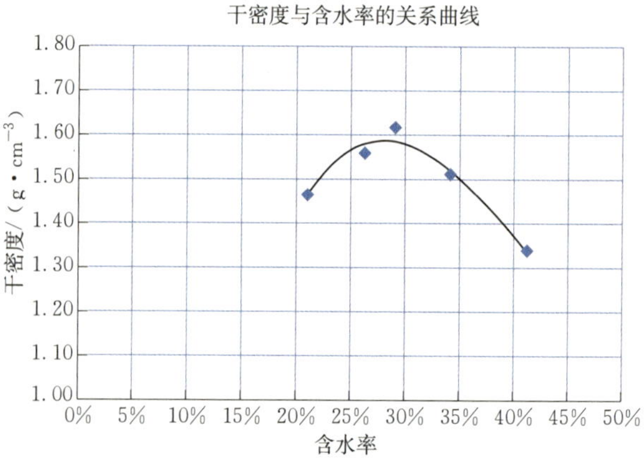

图 7.18 干密度与含水率的关系曲线

表 7.11 击实试验数据记录表格(击实桶体积:1 000 cm^3)

试样编号	目标含水率/%	湿土质量/g	密度/(g·cm^{-3})	盒号	盒质量/g	盒加湿土质量/g	盒加干土质量/g	干土质量/g	含水率/%	平均含水率/%	干密度/(g·cm^{-3})
1	20.00	1 761	1.761	H425	11.71	22.42	20.64	8.93	19.93	20.10	1.466
				H200	7.09	18.48	16.56	9.47	20.27		
2	25.00	1982	1.982	H555	11.71	23.37	20.87	9.16	26.29	26.29	1.557
				H300	11.69	23.21	20.74	9.05	26.29		
3	30.00	2086	2.086	H322	11.72	23.08	20.53	8.81	28.94	29.09	1.616
				H220	11.71	22.94	20.40	8.69	29.23		
4	35.00	2025	2.025	H500	11.73	27.34	23.36	11.63	34.22	34.04	1.511
				H342	11.73	27.23	23.31	11.58	33.85		
5	40.00	1891	1.891	H185	7.15	19.43	15.85	8.70	41.15	41.18	1.339
				H186	6.64	18.91	15.33	8.69	41.20		

膨胀力指膨胀土在吸水膨胀过程中由于变形受到限制而在土体与结构接触面上产生的一种内应力。通过室内试验,得出膨胀力随初始含水率和干密度的变化规律,用于反映隧道工程中由于含水率变化而施加在支护结构上的附加膨胀压力,采用试验得到的膨胀力又称最大膨胀力,要大于现实情况。虽然偏于保守,但能为隧道支护结构的设计和施工提供一定的依据。

在具体的试验操作过程中,按照杠杆平衡原理,利用石英砂少量多加的优点作为砝码来平衡膨胀土试样产生的膨胀力。膨胀稳定后,称取石英砂重量,便可以计算出膨胀土试样吸水后产生的膨胀力。为了同时考虑初始含水率和干密度对膨胀力的影响,得到同时受初始含水率和干密度控制的膨胀力拟合公式,本次试验共选用了 $\rho_d=1.47\ g/cm^3$、$\rho_d=1.56\ g/cm^3$、$\rho_d=1.62\ g/cm^3$、$\rho_d=1.70\ g/cm^3$ 四个初始干密度以及 $w_0=9.87\%$、$w_0=15.18\%$、$w_0=20.24\%$、$w_0=24.76\%$、$w_0=30.21\%$ 五个初始含水率,分析讨论膨胀力与初始状态的关系。试验结果见表 7.12。

表 7.12 膨胀力试验结果 单位:kPa

干密度/(g·cm^{-3})	初始含水率/%				
	9.87	15.18	20.24	24.76	30.21
1.47	73.77	63.13	55.28	48.56	40.80
1.56	164.31	131.52	99.63	86.43	60.58
1.62	283.42	229.44	187.76	147.76	101.23
1.70	434.63	336.21	272.11	220.04	161.56

(1)不同干密度下膨胀力与初始含水率关系研究

不同干密度条件下,膨胀土膨胀力与含水率的关系,如图 7.19 所示。

从图 7.19 可以看出,当干密度一定时,随着初始含水率的增加,膨胀力逐渐减小。当初

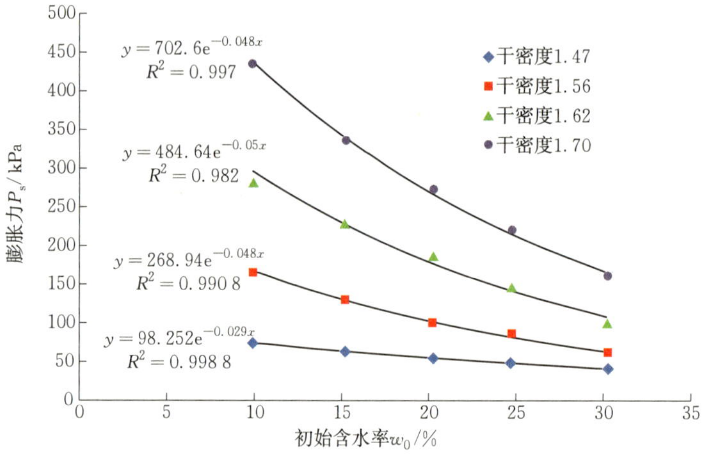

图 7.19　不同干密度条件下膨胀力与含水率的关系图

始含水率相对较低时，衰减较快；反之当初始含水率比较高时，衰减相对较慢。通过对散点数值拟合回归可知，膨胀力与初始含水率之间呈现良好的负指数关系，得到的通用公式为

$$P_p = a e^{-bw_0} \tag{7.2}$$

式中　P_p——膨胀力，kPa；

w_0——试样的初始含水率同，%；

a，b——拟合系数。

拟合系数 a、b 及相关系数见表 7.13。

表 7.13　不同干密度条件下拟合系数及相关系数表

干密度/(g·cm⁻³)	a	b	R^2
1.47	98.25	0.03	0.999
1.56	268.94	0.05	0.990
1.62	484.64	0.05	0.982
1.70	702.60	0.05	0.997

由表 7.13 可知，拟合系数 a、b 都与干密度有关，a 随干密度的增大而增大，b 随干密度的增大先增大后趋于稳定。

将干密度和 a、b 之间的关系通过线性拟合可知，a 与干密度之间存在良好的线性关系，b 与干密度之间关系可用二次抛物线来描述(见图 7.20 和图 7.21)，其回归方程分别为

$$a = 2\,683\rho_d - 3\,870 (R^2 = 0.986) \tag{7.3}$$

$$b = -0.826\rho_d^2 + 2.698\rho_d - 2.152 (R^2 = 0.990) \tag{7.4}$$

将式(7.3)和式(7.4)代入到式(7.2)中，可以得出膨胀力跟初始含水量和干密度之间的方程为

$$P_s = (2\,683\rho_d - 3\,870) e^{(0.826\rho_d^2 - 2.689\rho_d - 2.512) w_0} \tag{7.5}$$

式中　P_s——膨胀力，kPa；

ρ_d——试样的干密度，g/cm³；

w_0——试样的初始含水率，%。

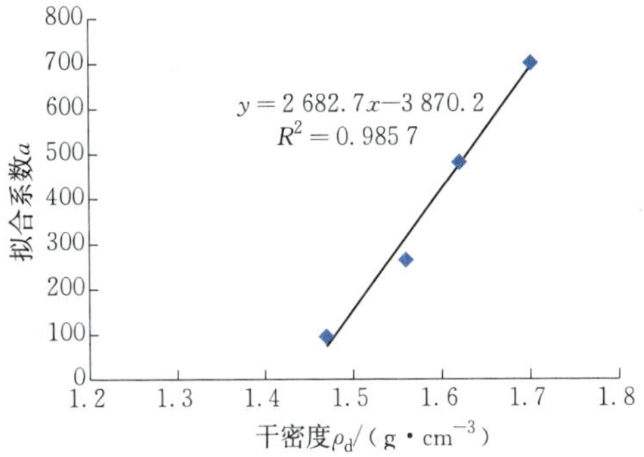

图 7.20　拟合系数 *a* 与干密度关系图

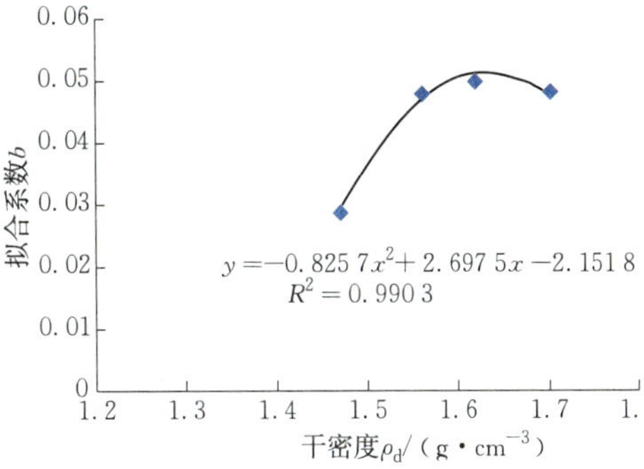

图 7.21　拟合系数 *b* 与干密度关系图

(2)不同初始含水率下膨胀力与干密度关系研究

不同初始含水率条件下,膨胀力与干密度的关系如图 7.22 所示。

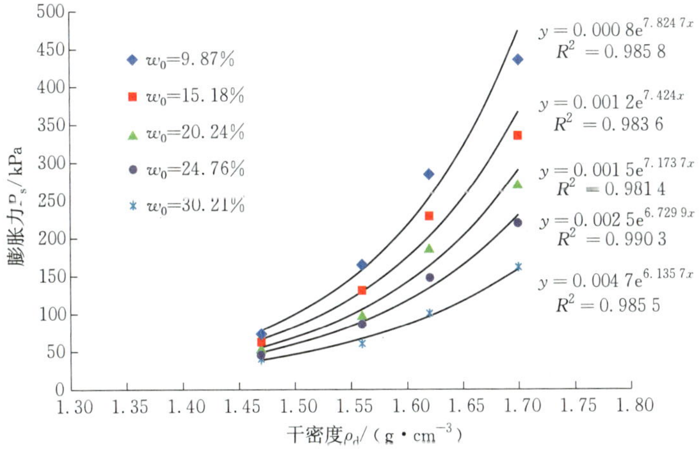

图 7.22　不同初始含水率下膨胀力与干密度关系图

通过图 7.22 可知,当初始含水率一定时,随着干密度的增大,膨胀力的增加幅度越大,说明膨胀力随干密度增加的速率越来越快。通过对散点数值拟合回归可知,膨胀力与干密度之间呈现良好的指数关系,得到的回归方程为

$$P_s = a e^{b\rho_d} \tag{7.6}$$

不同初始含水量下的拟合系数及相应的相关系数见表 7.14。

表 7.14　不同初始含水率下拟合系数及相关系数表

初始含水量/(g·cm⁻³)	a	b	R^2
9.87	0.001	7.825	0.986
15.18	0.001	7.424	0.984
20.24	0.002	7.174	0.981
24.76	0.003	6.730	0.990
30.21	0.005	6.136	0.986

由表 7.14 可知,拟合系数 a、b 都与初始含水率有关,a 随初始含水率的增大而增大,b

随初始含水率的增大而减小。将干密度和 a、b 之间的关系通过拟合可知，a 与初始含水率之间关系可用二次抛物线来描述，b 与初始含水率之间呈良好的线性关系（见图 7.23 和图 7.24），其回归方程分别为

$$a=10^{-5}w_0^2-2\times10^{-4}w_0+0.0023(R^2=0.9969) \tag{7.7}$$

$$b=-0.081w_0+8.6822(R^2=0.9969) \tag{7.8}$$

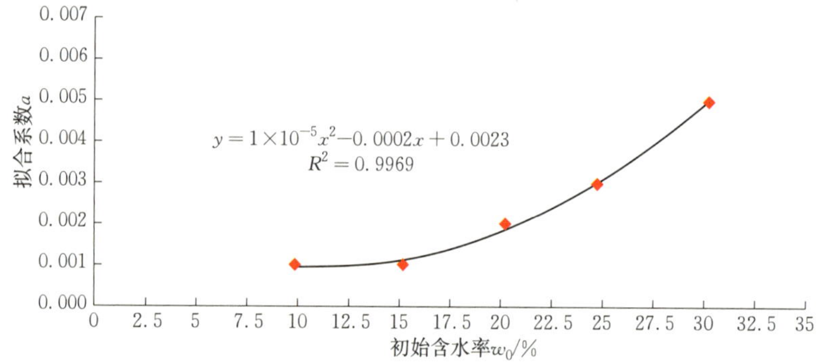

图 7.23 拟合系数 a 与干密度关系图

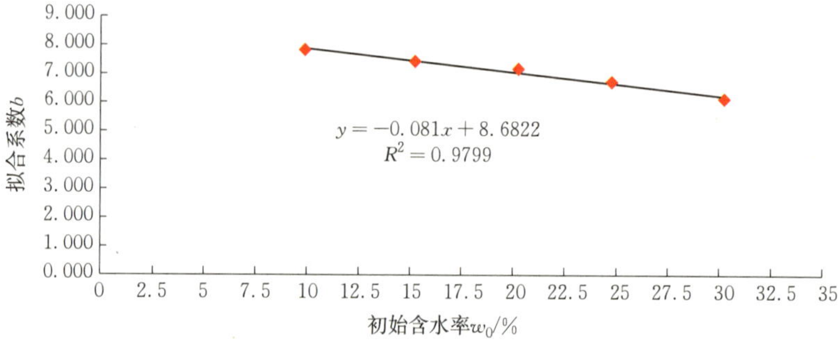

图 7.24 拟合系数 b 与干密度关系图

将式(7.7)和式(7.8)代入到式(7.6)中，同样也得出了膨胀力跟初始含水量和干密度之间的方程为

$$P_s=(10^{-5}w_0^2-2\times10^{-4}w_0+0.0023)e^{(-0.081w_0+8.6822)\rho_d} \tag{7.9}$$

通过现场取样、室内试验及数据回归处理，建立了某隧道膨胀土在不同初始含水率和干密度下膨胀力与初始含水率、干密度的关系，解决了以往公式中膨胀力与干密度、初始含水量的单一数学关系。基于公式，根据室内试验测试得到的膨胀土初始含水率及干密度方便地计算出可能出现的最大膨胀力，为隧道的支护结构设计及施工提供一定的参考价值。

7.2.2 膨胀土隧道膨压效应及支护结构体系

膨胀土具有吸水膨胀特性，致使隧道支护结构受力和变形不仅显著表现在施工阶段，其“后荷效应”还长期呈现在运营阶段，从而有别于一般的隧道。

采用弹性力学原理，研究推导了隧道围岩在不同膨胀条件下，隧道支护结构所受压力及变形的解析解。从理论上，分析判明了随围岩膨胀率、结构支护刚度和围岩膨胀压力变化下的隧道支护结构受力与变形关系及分布规律。

1. 膨胀土隧道膨压效应理论分析

(1)基本假设

主要讨论图 7.25 深埋膨胀性围岩隧道在自重应力场作用下发生吸水膨胀后支护结构应力和位移的弹性解析解问题,图中 a 表示支护结构的内径,b 表示支护结构的外径,l 表示膨胀范围的外半径,m 为计算范围的外半径($m \geqslant 3b$),p_1、p_2 分别为膨胀范围内、外侧膨胀压力,q 为地应力,k 为侧压力系数,支护及围岩参数见表 7.15。

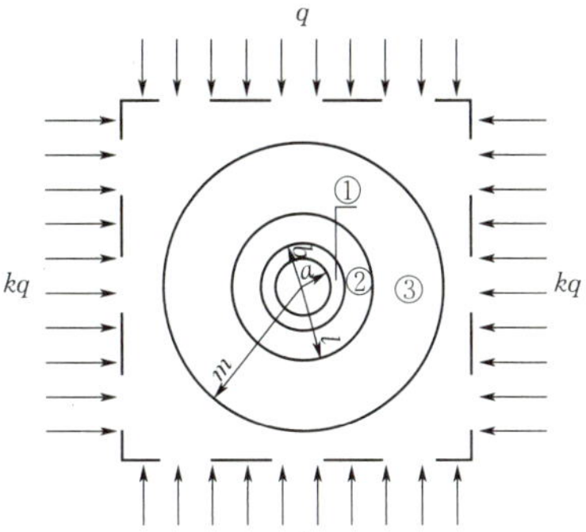

图 7.25　深埋隧道计算模型

表 7.15　支护结构及围岩参数

项　目		范围	弹性模量	泊松比
①	支护结构	$a \sim b$	E_1	ν_1
②	膨胀部分围岩	$b \sim l$	E_2	ν_2
③	未膨胀部分围岩	$l \sim m$	E_3	ν_3

在公式推导过程中做了以下几点假设:

①地下洞室为圆形结构,支护结构、围岩视为各向同性的连续弹性介质。

②围岩吸水膨胀视为膨胀率为一线性变量的膨胀,该膨胀率是在有一定压力下的膨胀率,膨胀范围内侧的膨胀率为 α_1,膨胀范围外侧的膨胀率为 α_2。

③书中在仅考虑地应力作用情况下作了简化,令膨胀部分围岩的弹性模量 E_2 与未膨胀部分围岩的弹模 E_3 相等。

(2)推导分析

①仅考虑膨胀压力情况

仅考虑膨胀压力的情况时,计算模型如图 7.26 所示。该模型属于位移轴对称问题,可以等效为等号右侧三个问题的叠加。

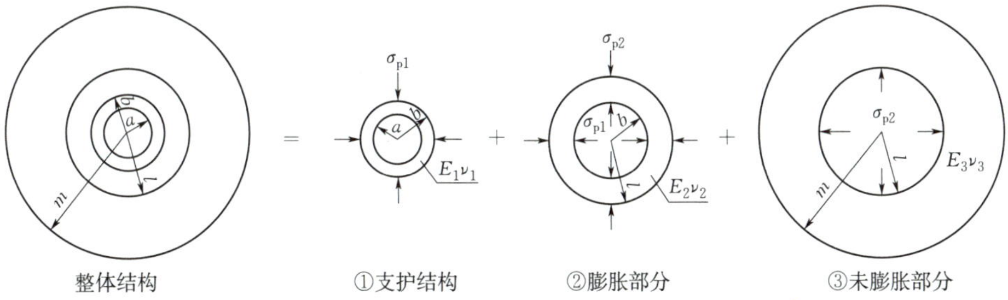

图 7.26　仅考虑膨胀压力计算模型

$$
\begin{cases}
\sigma_{p1}=\dfrac{\alpha_1(b^2m_2+l^2n_2+m^2m_3+l^2n_3)+\alpha_2 l^2(m_2+n_2)}{-b^2l^2(m_2+n_2)^2+(b^2m_2+l^2n_2+m^2m_3+l^2n_3)(a^2m_1+b^2n_1+l^2m_2+b^2n_2)} \\
\sigma_{p2}=\dfrac{\alpha_2(a^2m_1+b^2n_1+l^2m_2+b^2n_2)+\alpha_1 b^2(m_2+n_2)}{-b^2l^2(m_2+n_2)^2+(b^2m_2+l^2n_2+m^2m_3+l^2n_3)(a^2m_1+b^2n_1+l^2m_2+b^2n_2)}
\end{cases}
$$

(7.10)

其中 $m_1=\dfrac{(1+\nu_1')}{E_1'(b^2-a^2)}, m_2=\dfrac{(1+\nu_2')}{E_2'(l^2-b^2)}, m_3=\dfrac{(1+\nu_3')}{E_3'(m^2-l^2)}$

$n_1=\dfrac{(1-\nu_1')}{E_1'(b^2-a^2)}, n_2=\dfrac{(1-\nu_2')}{E_2'(l^2-b^2)}, n_3=\dfrac{(1-\nu_3')}{E_3'(m^2-l^2)}$

式中 σ_{p1}, σ_{p2}——膨胀范围内、外侧膨胀应力,Pa;

α_1, α_2——膨胀范围内、外侧的膨胀率;

a——支护结构的内径,m;

b——支护结构的外径(隧道开挖半径),m;

l——膨胀范围的外半径,m;

m——计算范围的外半径 m,根据圣维南原理,$m \gg b$;

E——弹性模量,Pa;

E_1——支护结构弹性模量,Pa;

E_2——膨胀部分围岩的弹性模量,Pa;

E_3——未膨胀部分围岩的弹性模量,Pa;

ν——泊松比。

②仅考虑地应力情况

仅考虑地应力计算模型如图 7.27 所示,为了简化推导过程,可将该模型分解成受水平力作用和受竖向力作用两部分来讨论。

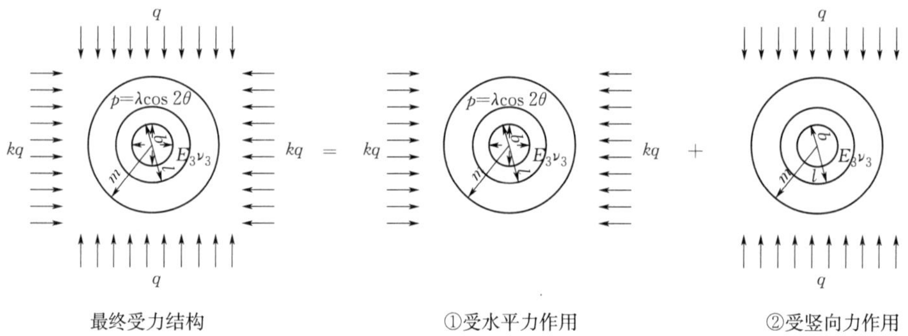

图 7.27 仅考虑地应力计算模型

$$\begin{cases} \sigma_r=\sigma_{rh}+\sigma_{rv}=\dfrac{q}{2}(\alpha^2-1)(1+k)+ \\ \quad\left[\dfrac{q}{2}(1-k)+2\alpha^2(\lambda_2-\lambda_1+kq-q)+\alpha^4\left(\dfrac{3q}{2}-\dfrac{3kq}{2}+\lambda_1-\lambda_2\right)\right]\cos 2\theta \\ u_r=u_{rh}+u_{rv}=\dfrac{r\cos 2\theta}{E_3'}\left\{\left[\dfrac{q}{2}(1-k)+\left(\dfrac{kq}{2}-\dfrac{\lambda_1}{3}-\dfrac{q}{2}+\dfrac{\lambda_2}{3}\right)\alpha^4\right](1+v_3')+\right. \\ \quad\left.2\alpha^2(\lambda_1-\lambda_2-kq+q)\right\}-\dfrac{qr}{2E_3'}[(1+v_3')\alpha^2+(1-v_3')](1+k) \end{cases}$$

(7.11)

其中 $\alpha=\dfrac{b}{r}$， $\lambda_1=3kq\left(2+\dfrac{1}{\cos2\theta}\right)[3E_3't+5-\nu_3']^{-1}$， $\lambda_2=3q\left(2-\dfrac{1}{\cos2\theta}\right)[3E_3't+5-\nu_3']^{-1}$

膨胀压力和地应力共同作用下支护结构周边($r=b$)应力及位移为

$$\begin{cases}\sigma_{r=b}^{f}=(\lambda_2-\lambda_1)\cos2\theta-\sigma_{\mathrm{p1}}\\[2ex] u_{r=b}^{f}=\dfrac{b\cos2\theta}{E_3'}\left\{\left[\dfrac{q}{2}(1-k)+\left(\dfrac{kq}{2}-\dfrac{\lambda_1}{3}-\dfrac{q}{2}+\dfrac{\lambda_2}{3}\right)\right](1+\nu_3')+2(\lambda_1-\lambda_2-kq+q)\right\}-\\[2ex] \qquad\dfrac{qb}{E_3'}(1+k)+\dfrac{\sigma_{\mathrm{p1}}b^2}{E_1'(b^2-a^2)}\left[-(1+\nu_1')\dfrac{a^2}{\mathrm{b}}-2(1-\nu_1')b\right]\end{cases}\tag{7.12}$$

2. 膨胀土隧道支护结构体系

在膨胀土地层中修建隧道时，由于隧道开挖引起应力重分布，隧道周边围岩产生塑性区和松动区，引起围岩中裂隙的增加，从而为地下水的渗透提供了过水通道。当膨胀土地层中富含地下水或受地表季节性降雨影响时，地下水会通过围岩中裂隙向隧道周边渗流，引起隧道周边围岩的含水率增加，引起膨胀土吸湿膨胀，导致围岩变形增加，同时在吸湿膨胀过程中膨胀土的抗剪强度会发生衰减，进而加剧围岩的变形。如果支护结构施作不及时或刚度不合适，会引起隧道的变形过大，支护结构变形破坏，甚至出现隧道坍塌的危险，严重影响施工安全。一旦发生事故，会严重影响后续的施工，提高了工程造价并延长了隧道施工工期。因此，有必要对膨压效应下支护结构内力特征进行分析，为隧道支护结构的安全设计与施工提供理论依据。

以铁路大跨膨胀土隧道为研究对象，采用现场试验方法分析膨胀土隧道支护结构受力特征，并确定合理支护结构体系。研究成果如下：

(1)围岩吸水膨胀后，初期支护结构内力比膨胀前出现了一定的增加。其中，洞周各处轴力增幅相当，且增量要大于自重作用下支护结构轴力；弯矩在拱腰处增加比较小，而在墙脚处增加比较大，其增量大于自重情况下的数值。在浅埋情况下，围岩吸水产生的膨压效应对初期支护结构受力的影响要大于隧道开挖后松动压力对支护结构受力的影响。

(2)围岩吸水膨胀前，初期支护结构安全系数最小值分布在拱腰附近；围岩吸水膨胀后，初期支护的安全系数出现了明显的减小，最小值出现在墙脚，说明膨胀土吸水膨胀后，产生的膨胀力较大，对支护结构造成较大的不利影响，在施工过程中，要做好安全控制措施。

(3)探明了初期支护和二次衬砌支护结构荷载分担比，见表 7.16，初期支护承担 70%左右的荷载，二次衬砌承担 30%左右的荷载。提出适用于浅埋大跨膨胀土隧道的多层控制形变的“刚性”支护结构体系，见表 7.17，膨胀土隧道支护结构体系如图 7.28 所示。

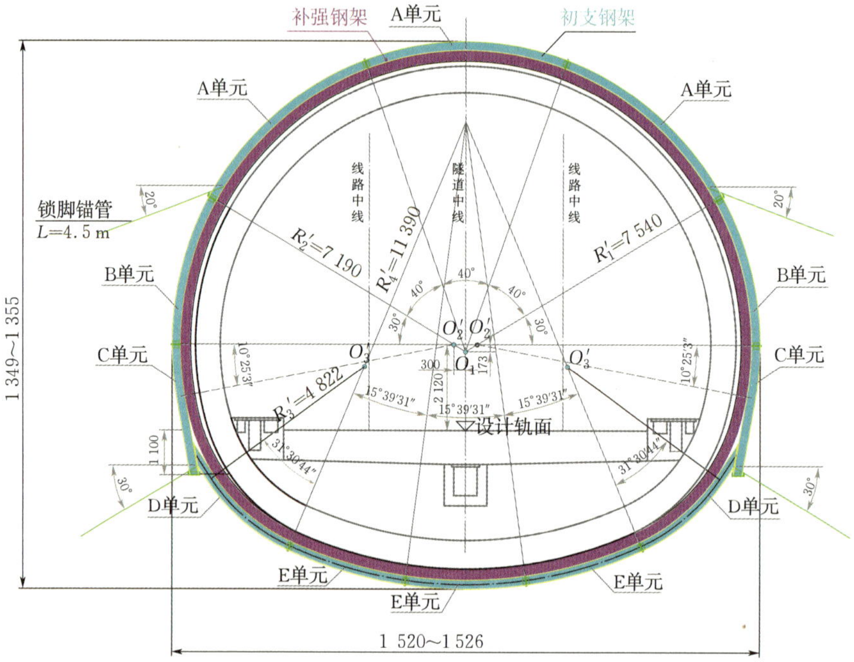

（a）支护结构体系横断面图（单位：cm）

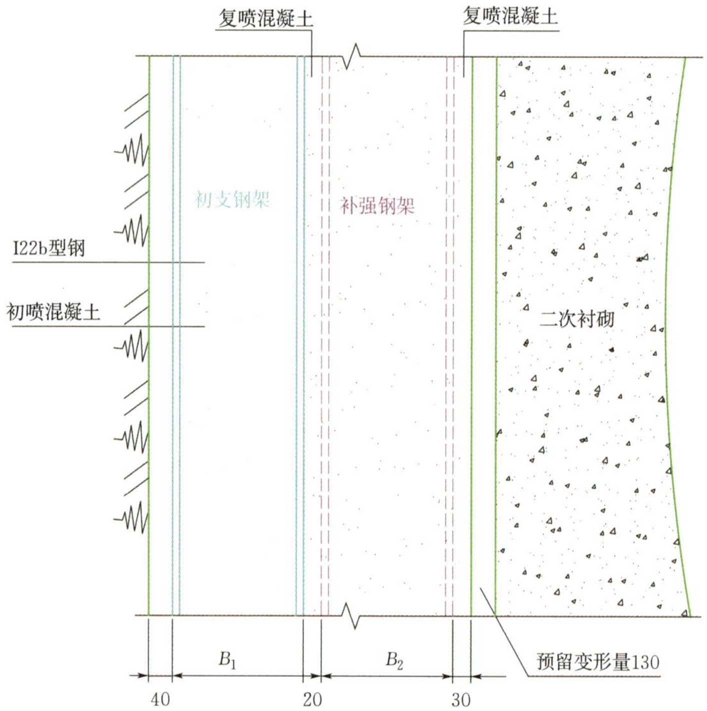

（b）支护结构体系剖面图（单位：mm）

图 7.28　膨胀土隧道支护结构体系示意图

表 7.16 支护结构荷载分担比例表

断面编号	支护结构荷载分配				
	部位		分配比例（占初期支护）/%	分配比例（占总荷载）/%	分配比例/%
断面 1	二次衬砌		—	—	31.92
	初期支护	外层钢拱架	60.06	40.89	68.08
		内层钢拱架	39.94	27.19	
断面 2	二次衬砌		—	—	—
	初期支护	外层钢拱架	62.93	42.69	67.83
		内层钢拱架	37.07	25.14	
断面 3	二次衬砌		—	—	34.28
	初期支护	外层钢拱架	61.79	40.46	65.72
		内层钢拱架	38.56	25.26	

表 7.17 多层控制形变的“刚性”支护结构体系

多层支护	钢架				超前支护				衬砌厚度/cm
	规格	位置	厚度/mm	间距/m	支护形式	纵向间距/m	环向间距/m	长度/m	
组合 1	I22b	全环	—	0.5	ϕ42 小导管	2	0.3	4	65（仰拱 70）
	I18b	全环	—	1.0					
组合 2	I22b	全环	220	0.5	ϕ60 中管棚	5	0.3	8	65（仰拱 70）
	I22b	全环	270	0.5					
组合 3	I25b	全环	250	0.5	ϕ89 大管棚+ϕ42 斜插小导管	10	0.3	15	65（仰拱 70）
	I22b	全环	270	0.5					
组合 4	I25b	全环	250	0.5	ϕ108 大管棚+ϕ42 斜插小导管	20	0.4	30	65（仰拱 70）
	I20b	全环	250	0.5					

7.2.3 膨胀土隧道变形控制基准

膨胀土隧道施工具有变形大、变形速率高、围岩扰动范围大、来压快、支护结构破坏性多等特点，在制定施工变形控制基准时主要以洞周（边墙、拱顶）应变突变对应的可量测位移为基本出发点，综合分析制定。膨胀性围岩属于软弱围岩的一种，本书主要建立浅埋大跨膨胀土隧道变形控制基准。

《铁路隧道设计规范》（TB 10003—2016）、新奥法指南及衬砌标准设计等均根据经验，对各级围岩及各种支护结构都制订有不同的预留变形量（见表 7.18）以容纳正常变形。对一般条件下的围岩，隧道施工变形原则上应控制在规定的预留变形量以内，对有可能发生大变形的隧道，其变形允许值应根据具体情况研究确定。

表 7.18 隧道预留变形量　　单位:mm

围岩级别	小跨(5～8.5 m)	中跨(8.5～12 m)	大跨(12～14 m)	特大跨(>14 m)
Ⅱ	—	0～30	30～50	根据量测数据反馈分析确定
Ⅲ	10～30	30～50	50～80	
Ⅳ	30～50	50～80	80～120	
Ⅴ	50～80	80～120	120～170	

注:①浅埋、软岩、跨度较大隧道取大值;深埋、硬岩、跨度较小隧道取小值。
②有明显流变、原岩应力较大和膨胀岩(土),应根据量测数据反馈分析确定预留变形量。

表 7.18 中各预留变形量都是根据经验值,没有严格的力学依据。并且针对不同的地应力(即使考虑构造应力场)也没有区别判定指标,因此,值得进一步研究。

1. 不同膨胀应力环境下控制基准研究

共设置了 9 种计算方案对变形基准进行了研究。断面尺寸以云南某铁路隧道断面为基准,采用三台阶法开挖,台阶长度为 6 m,开挖进尺 2 m。计算模型如图 7.29 所示。计算中,围岩参数依据《铁路隧道设计规范》(TB 10003—2016),考虑了Ⅵ级围岩情况。针对不同膨胀应力(0.2 MPa、0.6 MPa、1.0 MPa)、Ⅵ围岩以及水平不同应力场(自重;$\lambda_1=0.7$、$\lambda_2=1.3$;$\lambda_1=1.3$、$\lambda_2=0.7$;其中 λ_1 为横向水平应力的侧压力系数,λ_2 为开挖方向水平应力的侧压力系数),围岩计算具体参数见表 7.19。

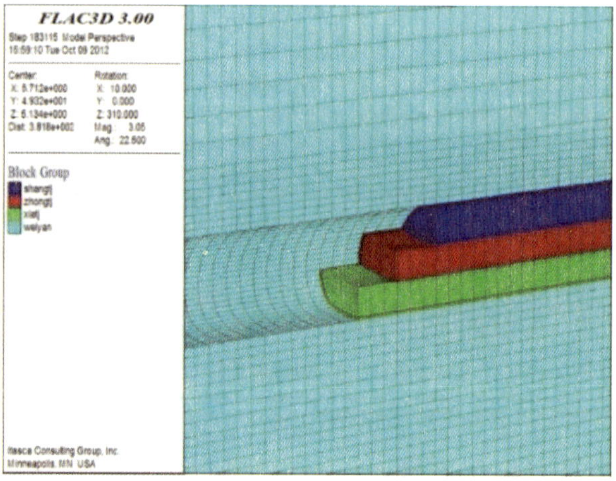

图 7.29 三维计算模型

表 7.19 围岩及支护结构计算参数

围岩级别	容重/(kN·m^{-3})	变形模量/GPa	泊松比	内摩擦角/(°)	黏聚力/kPa	抗拉强度/kPa
Ⅵ围岩	18.0	1.0	0.45	31	200	168

(1)膨胀应力为 1.0 MPa 工况

①剪应变增量演化过程。

掌子面推进过程中,在不同地应力场条件下,目标面(Y=0 m,即模型中间截面)拱顶和边墙内部围岩剪应变增量变化过程如图 7.30 和图 7.31 所示。

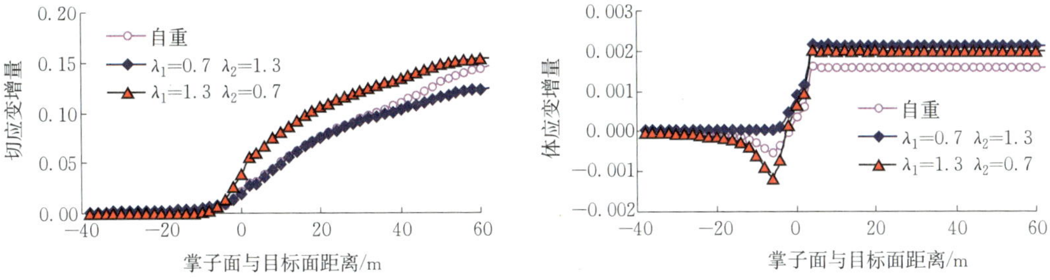

（a）切应变　　（b）体应变

图 7.30　拱顶应变增量(膨胀应力=1.0 MPa)

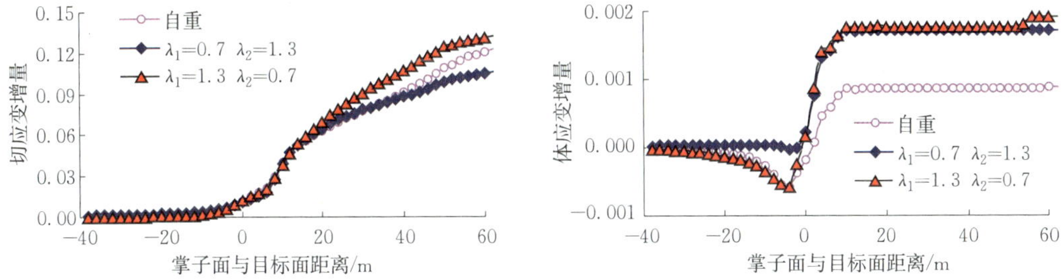

（a）切应变　　（b）体应变

图 7.31　边墙应变增量(膨胀应力=1.0 MPa)

由图 7.30 看出，拱顶剪应变一直增大，结构是不稳定的。从体应变突变点来看，距离掌子面 4 m 位置处必须支护，可认为此处是该隧道的极限位移。

由图 7.31 看出，边墙剪应变一直增大，结构是不稳定的。从体应变突变点来看，距离掌了面 10 m 位置处必须支护，可认为此处是该隧道的极限位移。

②洞周位移特性

为研究洞周极限位移，分析无支护条件下的洞周变形过程，确定稳定性极限状态(对应的塑性突变)时的变形量。在确保施工进度条件下，提出合理的支护时机。掌子面推进过程中，在不同地应力场条件下，目标面($Y=0$ m，即模型中间截面)洞周位移时程曲线如图 7.32 所示。

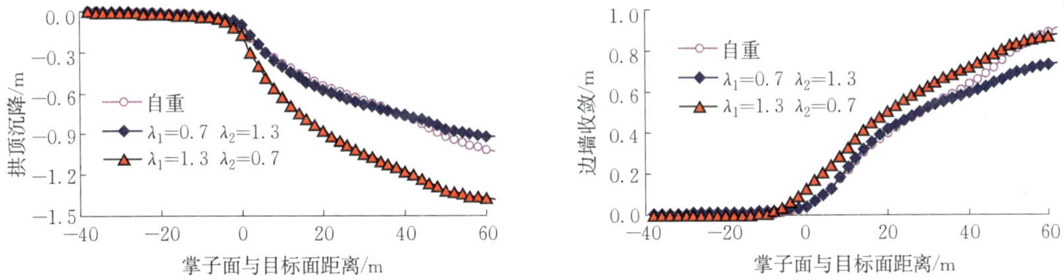

（a）拱顶下沉　　（b）边墙收敛

图 7.32　洞周位移时程曲线(膨胀应力=1.0 MPa)

③洞周变形控制基准的确定

膨胀应力 1.0 MPa，Ⅵ级围岩洞周变形特性统计见表 7.20，由于拱顶、边墙应变均发生转变，可以认为应变突变时候的位移为隧道洞周的极限位移。

表 7.20 膨胀应力 1.0 MPa，Ⅵ级围岩洞周变形基准统计表

模拟工况	λ_1、λ_2 取值	拱顶			边墙		
		切应变突变	体应变突变	沉降/m	切应变突变	体应变突变	收敛/m
自重应力场	$\lambda_1=\lambda_2=0.43$	有	距离掌子面 4 m	−0.258	有	距离掌子面 10 m	0.218
水平大主应力平行于轴线	$\lambda_1=0.7,\lambda_2=1.3$	有	距离掌子面 4 m	−0.251	有	距离掌子面 10 m	0.226
水平大主应力垂直于轴线	$\lambda_1=1.3,\lambda_2=0.7$	有	距离掌子面 4 m	−0.396	有	距离掌子面 10 m	0.331
极限位移		(1.65%～2.60%)D			(1.43%～2.18%)D		

(2)膨胀应力为 0.6 MPa 工况

①剪应变增量演化过程

掌子面推进过程中，在不同地应力场条件下，目标面($Y=0$ m，即模型中间截面)拱顶和边墙内部围岩剪应变增量变化过程如图 7.33 和图 7.34 所示。

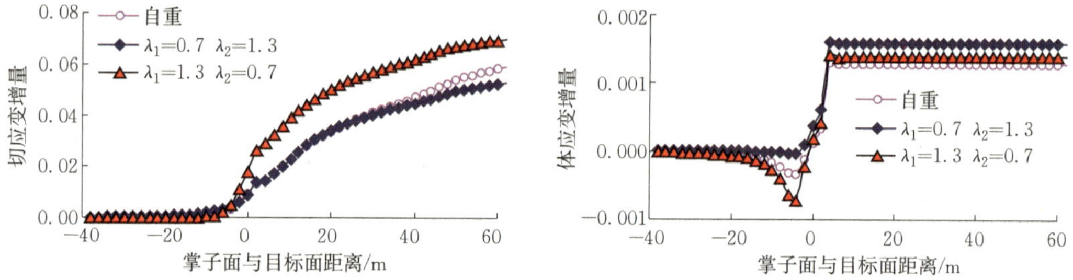

(a) 切应变　　(b) 体应变

图 7.33 拱顶应变增量(膨胀应力=0.6 MPa)

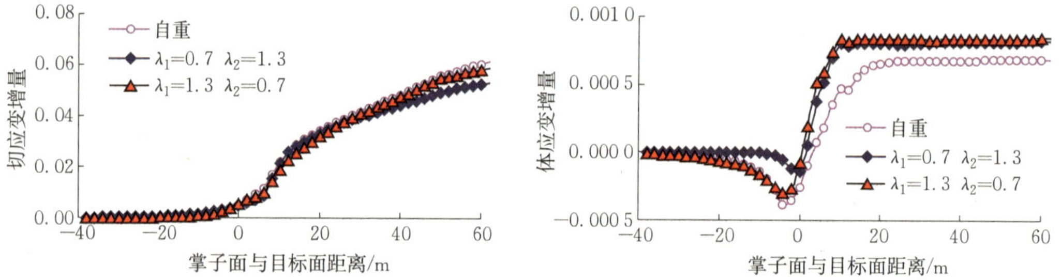

(a) 切应变　　(b) 体应变

图 7.34 边墙应变增量(膨胀应力=0.6 MPa)

由图 7.33 可以看出，拱顶剪应变一直增大，结构是不稳定的。从体应变突变点来看，距离掌子面 6 m 位置处必须支护，可认为此处是该隧道的极限位移。

由图 7.34 可以看出，边墙剪应变一直增大，结构是不稳定的。从体应变突变点来看，距离掌子面 12 m(自重时为 22 m)位置处必须支护，可认为此处是该隧道的极限位移。

②洞周位移特性

为研究洞周极限位移，分析无支护条件下的洞周变形过程，确定稳定性极限状态(对应的塑性突变)时的变形量。在确保施工进度条件下，提出合理的支护时机。掌子面推进过程中，在不同地应力场条件下，目标面(Y=0 m，即模型中间截面)洞周位移时程曲线如图 7.35 所示。

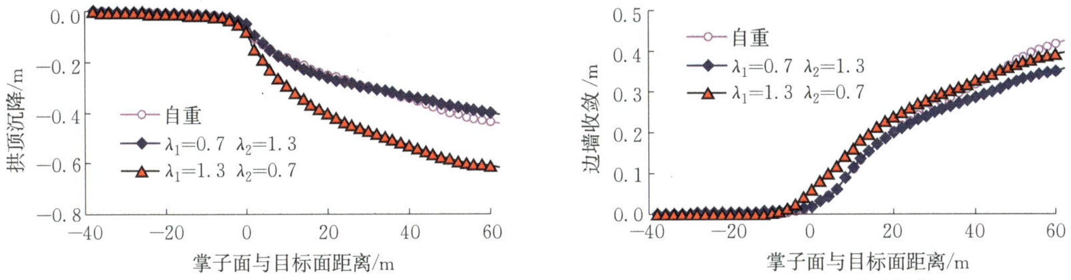

(a) 拱顶下沉　　(b) 边墙收敛

图 7.35　洞周位移时程曲线(膨胀应力=0.6 MPa)

③洞周变形控制基准的确定

膨胀应力 0.6 MPa，Ⅵ级围岩洞周变形特性统计见表 7.21，由于拱顶、边墙应变均发生转变，可以认为应变突变时候的位移为隧道洞周的极限位移。

表 7.21　膨胀应力 0.6 MPa，Ⅵ级围岩洞周变形基准统计表

模拟工况	λ_1、λ_2 取值	拱顶			边墙		
		切应变突变	体应变突变	沉降/m	切应变突变	体应变突变	收敛/m
自重应力场	$\lambda_1=\lambda_2=0.43$	有	距离掌子面 6 m	0.152	有	距离掌子面 22 m	0.216
水平大主应力平行于轴线	$\lambda_1=0.7,\lambda_2=1.3$	有	距离掌子面 6 m	0.154	有	距离掌子面 12 m	0.135
水平大主应力垂直于轴线	$\lambda_1=1.3,\lambda_2=0.7$	有	距离掌子面 6 m	0.229	有	距离掌子面 12 m	0.181
极限位移		(1.00%～1.51%)D			(0.88%～1.42%)D		

(3)膨胀应力为 0.2 MPa 工况

①剪应变增量演化过程

掌子面推进过程中，在不同地应力场条件下，目标面(Y=0 m，即模型中间截面)拱顶和边墙内部围岩剪应变增量变化过程如图 7.36 和图 7.37 所示。

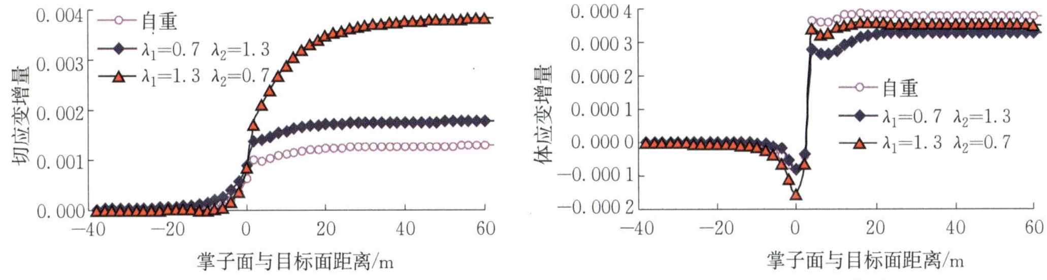

(a) 切应变　　(b) 体应变

图 7.36　拱顶应变增量(膨胀应力=0.2 MPa)

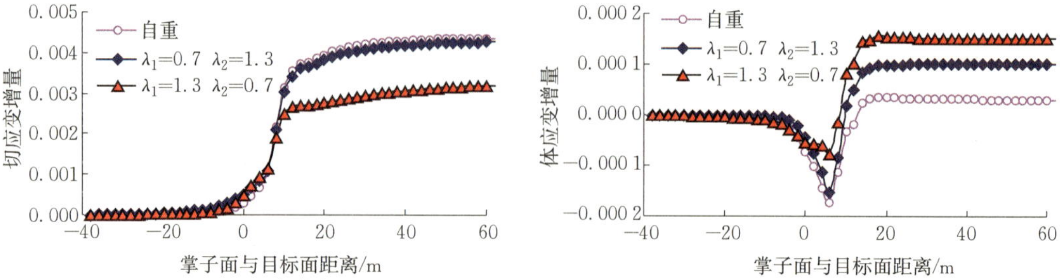

（a）切应变　（b）体应变

图 7.37　边墙应变增量（膨胀应力＝0.2 MPa）

由图 7.36 可以看出，拱顶剪应变一直增大，尤其是刚开挖的前期，结构是不稳定的。从体应变突变点来看，必须进行支护。

由图 7.37 可以看出，边墙剪应变一直增大，结构是不稳定的。从体应变突变点来看，必须支护才能保持围岩稳定性。

②洞周位移特性

为研究洞周极限位移，分析无支护条件下的洞周变形过程，确定稳定性极限状态（对应的塑性突变）时的变形量。在确保施工进度条件下，提出合理的支护时机。掌子面推进过程中，在不同地应力场条件下，目标面（Y＝0 m，即模型中间截面）洞周位移时程曲线如图 7.38 所示。

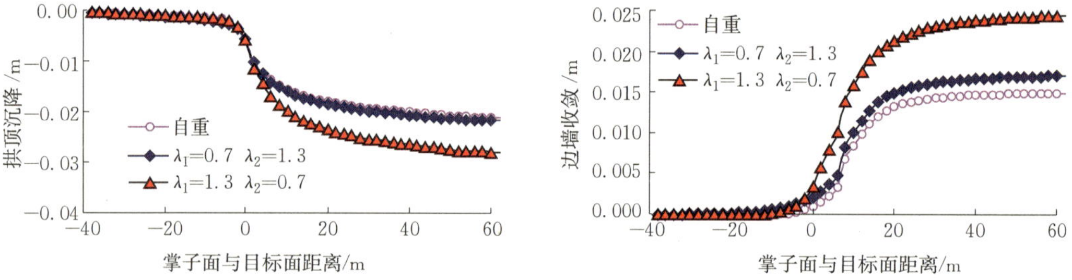

（a）拱顶下沉　（b）边墙收敛

图 7.38　洞周位移时程曲线（膨胀应力＝0.2 MPa）

膨胀应力 0.2 MPa，Ⅵ级围岩洞周变形特性统计见表 7.22，由于拱顶、边墙应变均发生转变，可以认为应变突变时候的位移为隧道洞周的极限位移。

表 7.22　膨胀应力 0.2 MPa，Ⅵ级围岩洞周变形基准统计表

模拟工况	λ_1、λ_2 取值	拱顶			边墙		
		切应变突变	体应变突变	沉降/m	切应变突变	体应变突变	收敛/m
自重应力场	$\lambda_1=\lambda_2=0.43$	有	距离掌子面 12 m	0.016	有	距离掌子面 16 m	0.012
水平大主应力平行于轴线	$\lambda_1=0.7$，$\lambda_2=1.3$	有	距离掌子面 16 m	0.018	有	距离掌子面 18 m	0.015
水平大主应力垂直于轴线	$\lambda_1=1.3$，$\lambda_2=0.7$	有	距离掌子面 14 m	0.022	有	距离掌子面 18 m	0.021
极限位移		(0.11%～0.14%)D			(0.08%～0.14%)D		

2. 建立膨胀土隧道变形控制基准

针对Ⅵ级围岩不同膨胀应力（0.2 MPa、0.6 MPa、1.0 MPa）、不同水平应力场（自重；$\lambda_1=0.7$、$\lambda_2=1.3$；$\lambda_1=1.3$、$\lambda_2=0.7$），设置了 9 种计算方案对膨胀土隧道变形控制基准进行了研究。采用切应变、体应变和变形的关系，确定了浅埋大跨膨胀（岩）土隧道的变形基准，见表 7.23。研究结果表明，剪应变通过剪胀和剪缩作用于体应变，体应变通过改变抗剪能力作用于剪应变。抗剪能力的升降完全由塑性体应变直接控制。剪缩和剪胀是塑性剪应变对塑性体应变作用的两种表现方式。由于围压对剪胀有抑制作用，剪缩或剪胀的发生条件是由孔隙比和围压共同决定。体应变和切应变的相互关系是通过摩尔—库仑的不等边六边形来实现的，完全不同与 Von—Mises 屈服准则（圆柱形导致无剪胀和剪缩），也不同于 $D—P$ 屈服准则，因此，可利用基于摩尔—库仑的切应变和体应变的关系来判断围岩稳定性。

表 7.23 浅埋大跨膨胀土隧道变形基准

围岩级别	膨胀应力	拱顶下沉	边墙收敛
Ⅵ	膨胀应力 0.2 MPa	(0.11%～0.14%)D	(0.08%～0.14%)D
	膨胀应力 0.6 MPa	(1.00%～1.51%)D	(0.88%～1.42%)D
	膨胀应力 1.0 MPa	(1.65%～2.60%)D	(1.43%～2.18%)D

7.2.5 膨胀土隧道施工控制措施

实践证明，在膨胀土地区进行隧道施工时，首先应该及时封闭断面，尽量减少围岩的裸露时间；严控地下水及施工用水，阻断水源，减小围岩含水率变化；减少对围岩的扰动，施加支护时需适应围岩变形特性，使围岩在施工过程中不因松软而破坏，并且较大限度地减少支护所能承受的围岩膨胀压力，达到经济、安全的目的。归纳来看，在膨胀性围岩施工过程中可采取以下几点措施：

(1)合理断面形式。从力学上说，圆形是最好的，如日本的新登川隧道、鬼岭隧道等。但圆形断面的施工性差，特别是在大断面隧道中，会产生不必要的断面增大。因此，根据围压分布特征，也可采用蛋形和马蹄形的断面，双线隧道一般采用带仰拱的马蹄形断面，如日本的神居和惠那山隧道。并根据断面变形情况，设定合适的变形富余量。根据目前的基础资料，对马蹄形和圆形断面形式进行现场试验，通过数值模拟及现场量测，最终提出针对膨胀性围岩地层全段内隧道的合理断面形式。

(2)大断面膨胀性围岩隧道仰拱形式。大断面使隧道承载拱难以形成，加上膨胀压力，使开挖后应力重分布变差，墙脚处应力集中过大，因而要求具有较大地基承载力，拱顶范围不稳定，会形成较大松弛地压，支护结构的承载力相对较小等；由于膨胀土具有超固结性，随隧道开挖后荷载释放，使膨胀性围岩隧道底板鼓起，运营后膨胀土隧道病害频发、处理困难。在地层承载力不足的围岩中，伴随拱脚部下沉会使拱顶周边松弛加大而影响掌子面拱顶的稳定。针对隧道基底实际情况，结合地下水情况和施工可操作性等，采用合理的大仰拱方案，确定仰拱的曲率、厚度、合理支护时机等。

(3)初期支护结构可用钢纤维混凝土代替一般的混凝土，具有提高其整体抗拉强度，在保证初期支护安全的同时，增加初期支护的柔性，以适应膨胀性围岩初期变形大的特点。二次衬砌早闭合，同时在初期支护跟二次衬砌之间填充柔性材料，允许其产生一定的变形，达到卸压的效果;使围岩稳定的同时,让二次衬砌具有较低的荷载承担比。

(4)膨胀性围岩锚杆适应性及其支护要点。研究产生大变形预计有强大膨胀压力作用时,日本铁道公团研究得出锚杆长度超过塑性区域2倍后,支护效果几乎没有差异。并且由于膨胀压力作用,拱顶锚杆不产生拉力,需要进一步研究膨胀性围岩隧道施工过程中拱顶锚杆的作用效果及判别准则。而且锚杆头部螺丝部分的承载力也会出现问题,在能够产生大变形的膨胀性围岩中,因为作用在垫板上的应力很大,因此要根据螺母和螺母组装的锚杆强度来决定垫板的形状和尺寸,确保在膨胀轴力下锚杆不发生破坏。针对目前锚固在松弛区域以外的长锚杆或打设短而多的锚杆情况,研究锚杆的适应范围、适用条件,进而确定相应围岩条件下锚杆支护技术的要点。

(5)在隧道施工过程中,及时封闭断面和掌子面,减少围岩裸露时间的同时,严控地下水及施工用水,可以通过向围岩中注浆的方式,形成止水帷幕,阻断水源,防止地下水渗入到围岩中,必要时在邻近交界处的透水层中设置排水孔,尽量减小围岩含水率变化。

(6)施加可以适应围岩变形的特殊支护措施。通常采用的特殊支护形式为锚喷支护、可拆换支护、可增补支护、可压缩支护、双层衬砌等几大类。可拆换支护是指在隧道施工中隔一定间距设置一榀钢拱架,并在钢拱架外侧设置可拆换背板。可压缩支护是指在膨胀土吸水膨胀过程中允许支护结构有相当大的压缩变形,但仍具有一定强度以支护围岩;通常有可压缩支架或钢拱架、可压缩预制构件衬砌、留槽喷射混凝土和设置缓冲层等。在锚喷支护中,可配有可压缩式锚杆。

(7)采用合理的施工技术。欧洲的膨胀性围岩隧道以提倡机械(TBM)开挖和强力支护为特征;在日本则通常采用以新奥法为指导思想的台阶法施工,特点在于:①尽量采用机械开挖或光面爆破,以减少开挖对围岩的扰动,并快速闭合断面;②以喷锚支护为主要支护体系的初期支护形式;③更具有针对性的灵活多样的辅助工法。

膨胀性围岩作为特殊不良地质,在设计之前应该做好其物理力学性能参数的测试和分析,明确膨胀成因及关键技术指标,通过计算公式可以方便地对其膨胀特性进行合理判断,并对其结构安全影响进行评价;在施工中加强监测及工程应对,通过信息化分析,提出合理支护时机,优化支护措施,保证隧道施工安全,并对膨胀性围岩隧道建成后受地下水影响引起的结构长期安全提出应对措施。

7.3 碎屑流地层隧道修建关键技术

隧道碎屑流灾害是指在隧道施工中,遇到碎屑流地层(断层破碎带、饱和软弱围岩、充填岩溶洞穴、侵入岩接触破碎带)时,受水压破坏的松散破碎围岩、流塑或高灵敏度饱和软黏土及液化砂土所形成的泥、砂、石混合物突然大规模涌出,是一种具有极强破坏力的隧道地质灾害。掌子面前方的碎屑流地层对隧道施工构成严重威胁,但目前对此尚缺乏系统深入的研究,掌子面灾变行为、碎屑流运动发展规律、围岩稳定控制是碎屑流隧道修建过程中的关键技术问题。

从碎屑流物质组成和结构特征入手,建立水—岩耦合作用的碎屑体(碎裂、散体)结构模型,标定碎屑体宏观参数与颗粒离散元细观参数对应关系;结合模拟试验,研究其孕育、演化、发展规律和成灾机理。采用水—岩耦合理论,探明水持续性作用下掌子面失稳模式及掌子面失稳判据;围绕掌子面稳定,形成高位排水工法,提出碎屑流灾害环境下围岩状态转变控制原理和方法，形成碎屑流隧道灾害控制及修建技术。

7.3.1 碎屑流发生条件及成灾机理研究

以祁连山铁路隧道穿越碎屑流地层为依托工程，针对隧道碎屑流灾变发生全过程，捕捉各阶段的宏细观现象。根据现场勘察与监测资料，分析祁连山隧道碎屑流发生的基本条件，结合隧道工程地质条件，建立基于颗粒流理论的三维离散元力学模型和碎屑流发生的室内物理模型，深入研究碎屑流地层隧道地质体的变形和破坏规律，揭示碎屑流地层隧道不同阶段的时效力学特性、灾害发生条件以及成灾机理。

1. 资料收集与分析

结合祁连山隧道中碎屑流发生现象，通过资料收集与分析，归纳出碎屑流的赋存环境及地质工程作用。碎屑流地层隧道掌子面失稳表现为泥水混合物突然大规模涌出，但实际上是围岩体由于多种因素综合影响而引起的突发性失稳破坏。主要影响因素是：断层破碎带构造、压力水、地层条件和施工方法。断层破碎带构造越复杂，范围越大，越容易引发碎屑流，碎屑流规模越大；水压越大，水量越大，越能促发碎屑流，使碎屑流越早发生；松动区岩体强度越低，越容易发生碎屑流；施工方法可以促进碎屑流形成，也可以阻碍其形成。

祁连山隧道碎屑流涌出情况如图 7.39 所示，隧道现场取芯及涌突水情况如图 7.40 和图 7.41 所示。结合祁连山隧道施工现场的碎屑流特征，并对比地表泥石流、坡面碎屑流及既有隧道碎屑流研究资料，可以得出祁连山隧道碎屑流发生的基本条件为丰富的松散破碎物质、地下水的影响、开挖断面提供临空面等。

图 7.39 祁连山隧道碎屑流涌出图

图 7.40 祁连山隧道破碎岩芯

图 7.41 祁连山隧道涌突水情况

2. 室内模拟试验

水头高度能够为碎屑流发生提供持续的水压力，是碎屑流发生与否的一个关键因素。建立祁连山隧道地下水渗流场，并对隧道施工过程中的涌水量进行预测。但由于仅根据现场监测及勘察资料分析并不能量化各个影响因素对碎屑流发生的影响和再现碎屑流发生的整个过程，因此针对祁连山的碎屑流地层构造特点，自主研制碎屑流发生的试验装置，成功实现了不同工况（隧道埋深、水头高度、开挖断面大小隧道、开挖方式和开挖断面大小）条件下碎屑流从孕育到发生全过程的室内模拟试验，对碎屑流发生条件进行了试验验证，揭示了碎屑流的成灾机理。为保证该试验的正确性及可靠性。按照不同颗粒级配为试验对象，经正交试验反复调配比选，选用中砂（粒径 0.25～0.50 mm）、粗砂（粒径 0.75～1.50 mm）、石英砂（粒径 1.5～4.0 mm）、碎石（粒径 4～25 mm）等混合材料作为围岩的相似材料。

将碎屑流地层模型进一步概化，得到碎屑流发生试验模型。为了能观察碎屑流发生的变化情况，用透明材料有机玻璃（聚甲基丙烯酸甲酯）作为试验装置壁面。将碎屑流地层模型中的碎屑流地层及其边界和隧道抽象出来，用有机玻璃代替碎屑流地层的边界，马蹄形隧道简化成当量直径的圆形隧道，概化后的试验装置如图 7.42 所示。

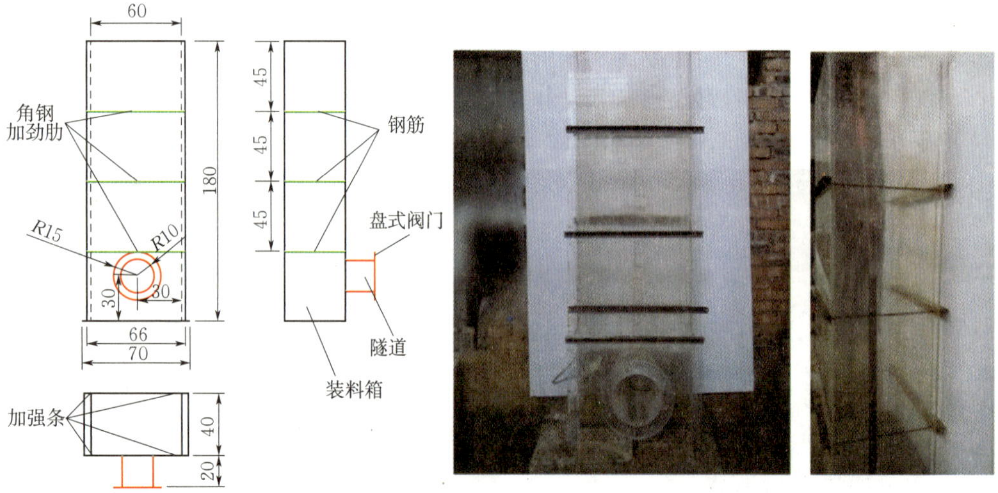

图 7.42　碎屑流发生试验装置（单位：cm）

为研究碎屑流发生的发展规律和碎屑流地层的形成条件，拟定碎屑流发生的 12 种试验工况，见表 7.24。其中工况 1～工况 9 试验时采用中粗砂封堵隧道，研究水头高度、碎屑物质容重、埋深等对碎屑流发生的影响；工况 10～工况 12 试验时采用黏土封堵隧道，研究在不排水条件下不同物质组成对碎屑流发生的影响。

表 7.24　碎屑流试验工况

试验工况	有无黏土封堵隧道	材　料	埋深高度/cm	容重/($kN \cdot m^{-3}$)
1	无	中粗砂	60	18
2				19
3				20
4			80	18

续上表

试验工况	有无黏土封堵隧道	材　料	埋深高度/cm	容重/(kN· m^{-3})
5	无	中粗砂	80	19
6				20
7			100	18
8				19
9				20
10	有	中粗砂	80	19
11		石英砂	80	16.5
12		碎石	80	16

采用模型试验模拟再现了碎屑流的发生过程，论证了碎屑流发生的部分影响因素，分析碎屑流的形成条件和揭示碎屑流发生的发展规律，碎屑流发生过程如图 7.43 所示。不同工况下碎屑流孕育时间曲线如图 7.44 所示。

图 7.43　碎屑流发生演变过程

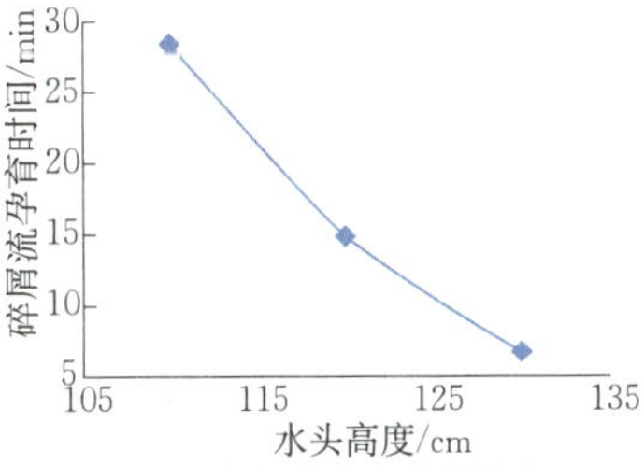

(a) 水头高度的影响

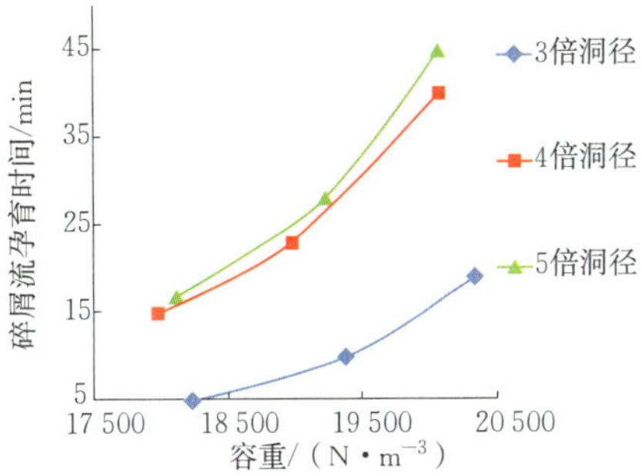

(b) 容重的影响

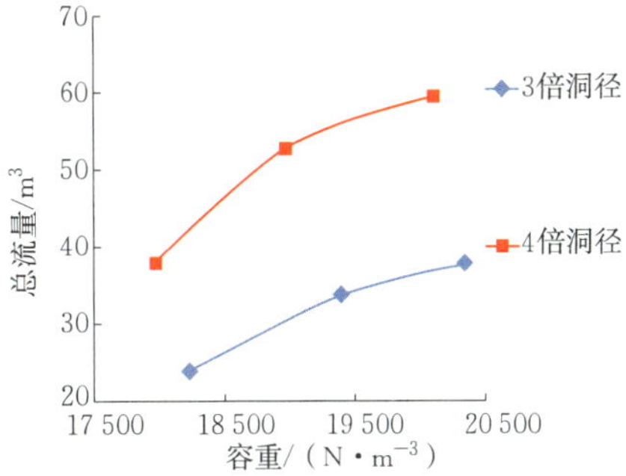

(c) 隧道埋深的影响

图 7.44　多因素影响下的碎屑流孕育时间的关系曲线

通过试验研究发现:

(1)碎屑流发生可分为孕育和发生等两个阶段。孕育阶段为隧道开挖至掌子面阶段,随着压力水的渗流和潜蚀,逐渐形成管涌,掌子面前方不断塌方,直至形成一个较大的塌落拱并存在大范围的松动区。碎屑流发生状态不一,有饱水的碎屑物质整体涌出,有碎屑物质夹着水突涌而出,有碎屑物质大范围松动后垮塌致使碎屑物质整体下沉并夹带少量的水整体涌出。

(2)碎屑流的孕育时间与水头高度、容重及埋深相关。水压力为碎屑流发生提供启动压力;碎屑物质越松散,孔隙率相对越大,渗流速度越快,潜蚀、管涌更容易发生,从而碎屑流发生的也更快;碎屑流孕育时间随着埋深的增加而增加。

(3)碎屑流物质组成不同,在持续水压力和上覆荷载作用下,碎屑流通过隧道临空面发生至结束的过程,其碎屑流发生持续时间不同、水头高度不同、安全距离不同,表明物质组成是碎屑流发生的重要影响因素。

基于碎屑流发生模型试验,洞室碎屑流发生的基本条件为物质结构组成、地下水、隧道开挖断面等。碎屑物质结构由碎屑流容重和物质组成两个指标控制;地下水不仅是碎屑物质的重要组成成分,而且是碎屑流发生的关键条件和搬运介质,为碎屑流的发生提供启动压力;隧道开挖为碎屑流发生的外在条件,为碎屑流的发生提供了一个临空断面。

7.3.2 碎屑流地层隧道掌子面灾变失稳行为研究

隧道碎屑流灾害虽然具有突发性,但仍有一定的规律性,其形成必须同时具备三个条件:①大量的松散破碎物质;②丰富的地下水;③隧道开挖扰动的影响。工程实践表明,掌子面前方的碎屑流地层对隧道施工构成严重威胁,而隧道碎屑流灾害掌子面灾变失稳行为尚不明确。

根据隧道碎屑流灾害区域地质特征,采用三维颗粒离散元流固耦合方法,建立隧道碎屑流灾害数值分析模型,从细观尺度对隧道碎屑流灾害掌子面灾变失稳行为进行研究,为建立隧道碎屑流灾害掌子面稳定控制方法提供理论基础。

1. 隧道碎屑流灾害计算模型

碎屑流灾害现场如图 7.45 所示,为了探明隧道碎屑流掌子面实效力学特性,将地质纵断面(见图 7.46)概化为由一般地层(隔水)和碎屑流地层(饱水)组成的地质模型(见图 7.47)。由于碎屑流地层宽度较大,只考虑掌子面一侧的一般地层,并将掌子面与碎屑流地层之间的一般地层称为“掌子面前方岩盘”,地下水采用 PFC^{3D} 中的流体单元来模拟。

2. 模型尺寸

以兰新高速铁路祁连山隧道为研究对象,选取计算模型尺寸为横向 $X=25$ m,纵向 $Y=35$ m,竖向 $Z=55$ m,隧道轴线位于竖向 $Z=20$ m 处。数值计算模型如图 7.48 所示,图中红线左侧为一般地层(隔水),右侧为碎屑流地层(饱水),深色部分为掌子面前方岩盘。同时,为了直观地了解地层变形规律,采用不同颜色的颗粒对地层进行网格划分,网格尺寸为 5 m×5 m。

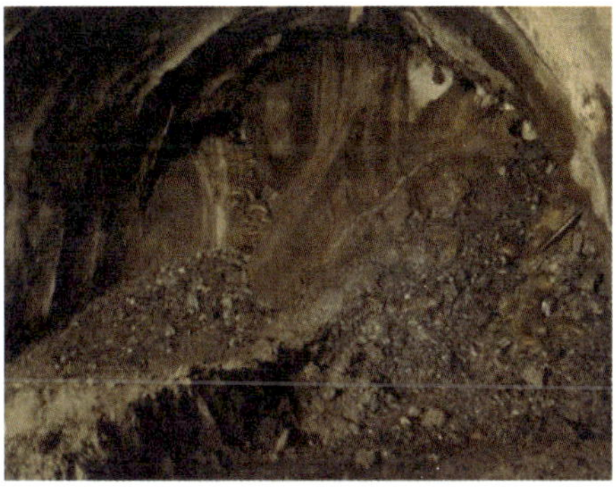

图 7.45　隧道碎屑流灾害现场

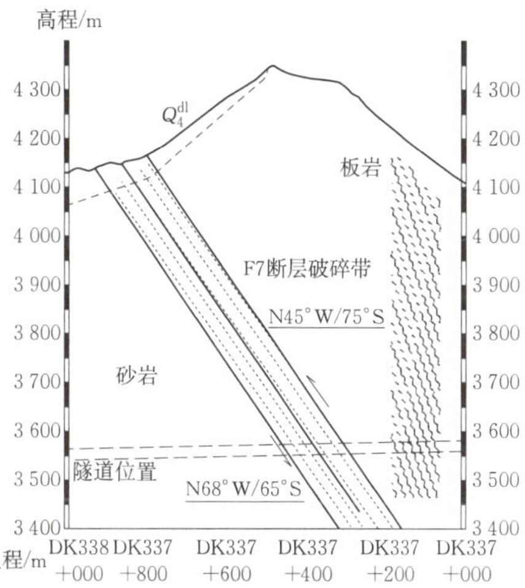

图 7.46　隧道碎屑流灾害区域地质纵断面图

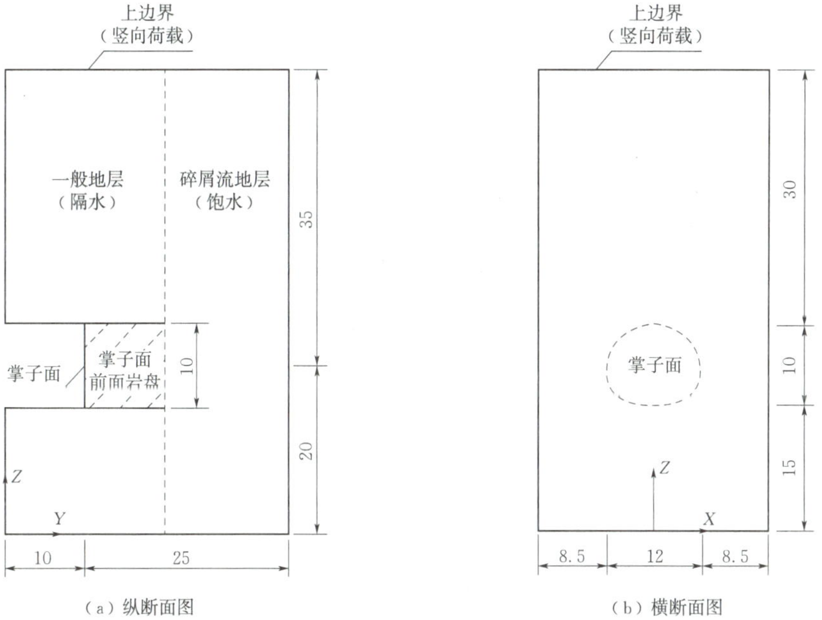

图 7.47　隧道碎屑流灾害区域地质模型示意图（单位：m）

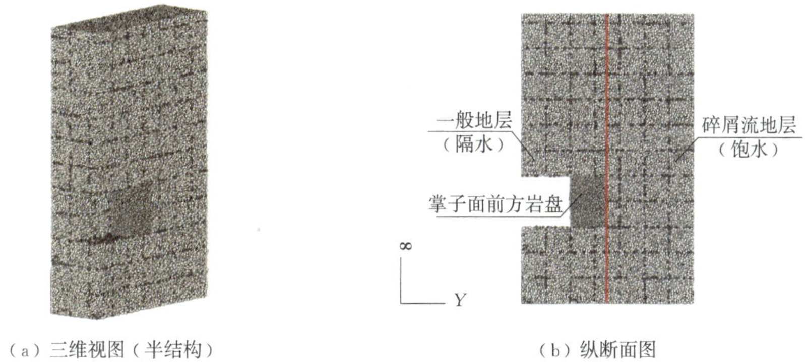

图 7.48　数值计算模型图

在计算中，采用刚性墙体模拟模型边界。上边界（$Z=55$ m）为荷载边界，用于施加竖向荷载；其余边界为位移边界，用于约束法向位移。假定含水体具有稳定的补给源，将上边界（$Z=55$ m）设置为定水头压力边界。隧道开挖前，除上边界外其余流场边界设置为不透水边界，以模拟地层初始渗流场。隧道开挖后，将掌子面设置为零水头压力边界，以模拟掌子面自由出流；除上边界和掌子面外其余流场边界设置为不透水边界。

3. 隧道碎屑流灾害演化过程

隧道碎屑流灾害演化过程如图 7.49 所示。掌子面的破坏位置主要发生前方拱部，近似为抛物线曲面，底部的破坏形式为与水平面呈一定斜角向上的曲面。掌子面破坏模式总体为楔形状，在破坏区域顶部为烟囱状。

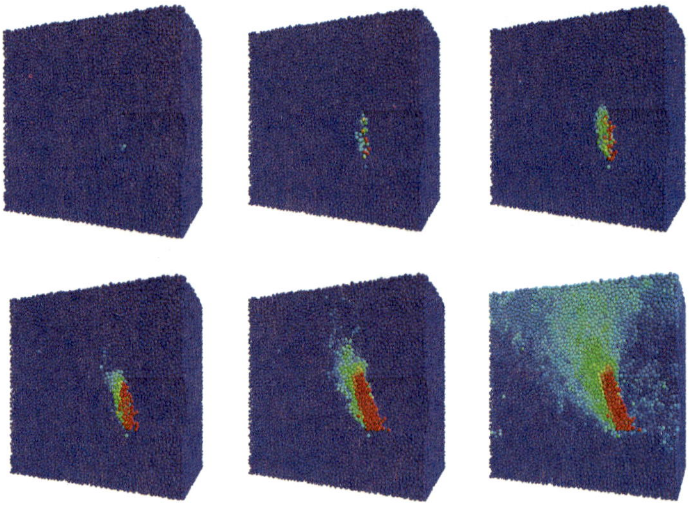

图 7.49　隧道碎屑流灾害演化过程

发生隧道碎屑流灾害，其涌水量和动能随渗流时间变化会出现突变，具有明显的阶段性，据此可将隧道碎屑流灾害演化过程分为以下三个阶段：

（1）孕育阶段

在孕育阶段，掌子面前方岩盘未发生失稳破坏，由掌子面变形引起的动能随渗流时间缓慢增大；涌水通道为岩盘的裂隙，随着裂隙数量增多，渗透系数增大，涌水量随渗流时间缓慢增大。

（2）潜伏阶段

在潜伏阶段，由于水流持续冲刷，掌子面前方岩盘塌方范围逐渐扩大，使得由掌子面塌方引起的动能随渗流时间逐渐增大；由于涌水通道逐渐扩大，并被塌方物质堵塞，使得涌水量随渗流时间波动增大。

（3）发生阶段

将整体出现突变后阶段称为隧道碎屑流灾害的“发生阶段”。在发生阶段，涌水量和动能随渗流时间迅速增大，可见隧道碎屑流灾害具有巨大的动能和破坏能力。

7.3.3　碎屑流地层掌子面失稳判据研究

以祁连山隧道为工程依托，基于数值分析手段和流固耦合原理，对碎屑流地层掌子面稳定性进行研究，探明掌子面变形及受力特征，并建立失稳判据，为后期掌子面预加固措施的研究提供参考。祁连山隧道三维流固耦合计算模型如图 7.50 所示。

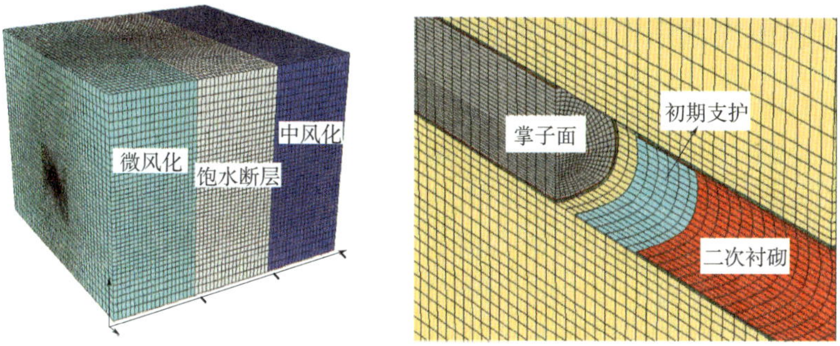

(a) 整体网格　　(b) 开挖局部网格

图 7.50　三维流固耦合计算模型

1. 能量判据

基于能量原理，采用能量积聚分布特征对富水碎屑流地层隧道开挖过程中掌子面稳定性进行分析评价，并建立相关判据。饱水碎屑流地层围岩损伤程度与单元储存能量密切相关，根据力学原理，应变能密度为

$$u=\frac{1}{2E}[\sigma_1^2+\sigma_2^2+\sigma_3^2-2v(\sigma_1\sigma_2+\sigma_1\sigma_3+\sigma_2\sigma_3)] \tag{7.13}$$

掌子面推进到关键部位，待开挖核心土能量密度分布云图及曲线如图 7.51 所示。

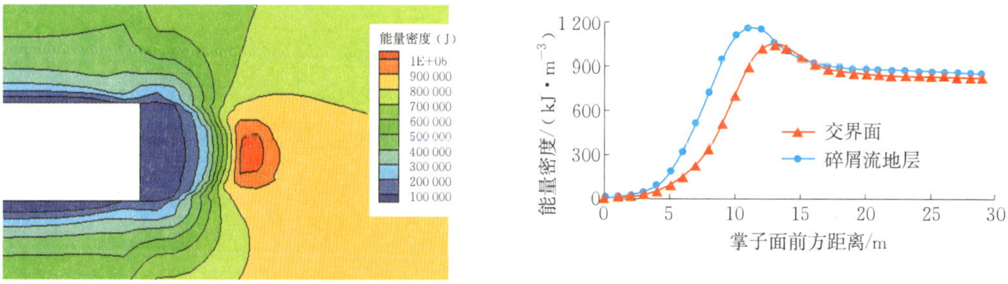

(a) 待开挖核心土能量密度分布云图　　(b) 掌子面到达不同地层核心土能量密度曲线

图 7.51　施工过程中掌子面前方深部围岩能量密度

由图 7.51 中可以看出，隧道穿越碎屑流地层时，掌子面前方深部岩体能量密度均出现不同程度的积聚现象，呈先增大再减小趋势，峰值位置为掌子面潜在失稳区域，孕育岩体失稳潜在要素。掌子面到分界面时，前方能量密度峰值为 1 150 kJ/m^3，位于核心土前方11 m。掌子面到达碎屑流地层中间位置，前方能量密度峰值为 1 050 kJ/m^3，位于前方 13 m。因此，为防止掌子面坍塌，应进行掌子面超前预加固，有效范围为前方 13 m(约 0.8D)。

2. 碎屑流地层掌子面灾害判识及稳定性判据

隧道碎屑流灾害表现为掌子面前方岩盘整体失稳破坏后，松散破碎岩体在水压力作用下迅速持续涌出。期间，涌水量和动能随渗流时间变化曲线具有明显的阶段性。因此，可以根据涌水量和动能对隧道碎屑流灾害进行判识。

基于能量判据方法：掌子面前方深部岩体能量密度均出现不同程度的积聚现象，呈先增大再减小趋势，峰值位置为掌子面潜在失稳区域，应进行掌子面超前预加固，降低峰值和减小“压力拱”高度，有效预加固范围为前方 0.8 倍洞跨。

7.3.4 碎屑流地层掌子面极限支护压力计算方法

国内外学者根据掌子面失稳破坏模式提出了许多掌子面极限支护压力的理论计算方法，主要可分为两类：①基于上、下限定理的极限分析方法；②基于滑动面上力或力矩平衡的极限平衡方法。极限平衡方法中的三维楔形体模型因直观简单，在实际工程中被广泛应用。本节基于考虑渗流的三维楔形体模型，结合既有研究成果，从掌子面失稳破坏模式出发对该模型进行修正，建立排水条件下饱水碎屑流地层隧道掌子面极限支护压力的计算方法。

考虑渗流的三维楔形体模型如图 7.52 所示，其在计算中有如下假设：①掌子面失稳破坏区域由掌子面前方的楔形体和上方的棱柱体组成；②地层为均匀各向同性的刚塑性材料，满足摩尔—库仑强度理论。其中，D 为隧道直径；H 为埋深；H_w 为水深（水位面至掌子面中心的距离）；α 为楔形体倾角；L 为楔形体长度；B 为楔形体宽度。

通过对极限平衡状态的掌子面前方楔形体进行受力分析，可以得到掌子面极限支护压力。极限平衡状态时楔形体受力情况如图 7.53 所示，楔形体所受的作用力如下所述。

（1）掌子面有效支护力 S'；

（2）楔形体自重 W'：

$$W' = \frac{1}{2}DBL\gamma' \tag{7.14}$$

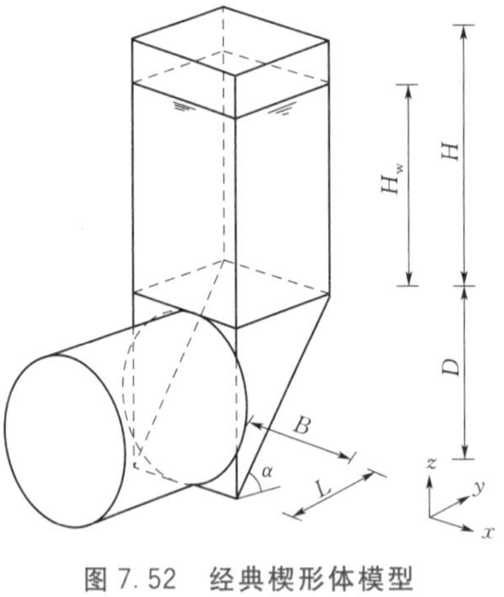

图 7.52 经典楔形体模型

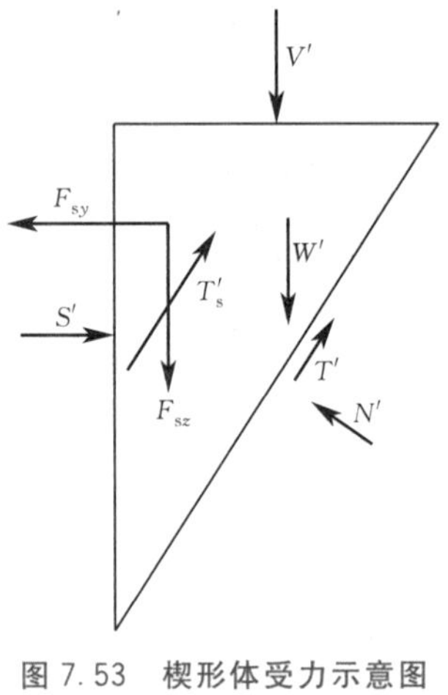

图 7.53 楔形体受力示意图

式中 γ'—有效容重，N/m³。

（3）楔形体上方竖向力 V'：

$$V' = BL\sigma_v' \tag{7.15}$$

式中 σ_v'—楔形体上方有效竖向压力，N/m²。

（4）楔形体前方滑动面的法向力 N'（方向垂直前方滑动面）及摩擦力 T'（方向平行前方滑动面）：

$$T' = C' + N'\tan\varphi' \tag{7.16}$$

$$C'=\frac{DB}{\sin\alpha}c'$$

式中 c'—有效黏聚力,Pa;

φ'—有效内摩擦角,(°)。

(5)楔形体侧向滑动面的法向力 N_s'(方向垂直侧向滑动面)及摩擦力 T_s'(方向平行前方滑动面):

$$T_s'=\frac{1}{2}DL(c'+K_s\overline{\sigma_v'}\tan\varphi') \tag{7.17}$$

式中 $\overline{\sigma_v'}$—侧向平均有效竖向压力,N/m²,积分可得$\overline{\sigma_v'}=\sigma_v'+D\cdot\gamma'/3$;

K_s—楔形体侧压力系数。

(6)作用于楔形体的水平渗透力 F_{sy} 及竖向渗透力 F_{sz}:

$$F_{sy}=\int_0^D\int_0^{z/\tan\alpha}\int_{-B/2}^{B/2}\gamma_w\frac{\partial h(x,y,z)}{\partial y}\mathrm{d}x\mathrm{d}y\mathrm{d}z \tag{7.18}$$

$$F_{sz}=\int_0^D\int_0^{z/\tan\alpha}\int_{-B/2}^{B/2}\gamma_w\frac{\partial h(x,y,z)}{\partial z}\mathrm{d}x\mathrm{d}y\mathrm{d}z \tag{7.19}$$

式中 $h(x,y,z)$——总水头,m。

基于竖向和水平向力学平衡分析,得到考虑渗流的掌子面有效支护力 S' 为

$$S'=\frac{V'+W'-(C'+2T_s')(\sin\alpha+\varepsilon\cos\alpha)}{\varepsilon\cdot(BD)}+\frac{\bar{\sigma}_{sz}}{\varepsilon}+\bar{\sigma}_{sy} \tag{7.20}$$

式中 系数 $\varepsilon=\dfrac{\cos\alpha+\sin\alpha\tan\varphi'}{\sin\alpha-\cos\alpha\tan\varphi'}$;

$\bar{\sigma}_{sz}=\dfrac{F_{sz}}{BD}$——平均竖向渗透压力,N/m²;

$\bar{\sigma}_{sy}=\dfrac{F_{sy}}{BD}$——平均水平渗透压力,N/m²,以下简称“水平渗透压力”。

若无渗流发生(渗透力 $F_{sy}=F_{sz}=0$),则掌子面有效支护压力 S' 为

$$S'=\frac{V'+W'-(C'+2T_s')(\sin\alpha+\varepsilon\cos\alpha)}{\varepsilon\cdot(BD)} \tag{7.21}$$

根据式(7.20)和式(7.21),可以得到不同楔形体倾角 α 所对应的掌子面有效支护压力,其中的最大值即为掌子面极限有效支护压力。由式(7.20)可知,考虑渗流的掌子面极限有效支护压力由两部分组成:①不考虑渗流时的掌子面极限有效支护压力(通过三维楔形体模型计算获得);②渗流时的掌子面渗透压力(通过稳态渗流数值计算获得)。作用于楔形体的水平渗透压力一般为初始静水压力的30%左右。通过上述分析可知,采用考虑渗流的三维楔形体模型计算掌子面极限支护压力的关键是准确获取楔形体上方的竖向力和作用于楔形体的渗透力。研究表明,楔形体上方的竖向力取决于掌子面失稳破坏模式及极限平衡时的土拱效应;作用于楔形体的渗透力取决于掌子面失稳破坏模式及掌子面附近总水头的分布情况。

7.3.5 碎屑流地层掌子面前方安全距离研究

隧道掘进过程中,掌子面和临界掌子面之间的距离小于某个距离时,在高水压和高地应力的共同作用下,掌子面会由于承受不住前方水土压力而发生碎屑流,而这个距离就是安全

距离，安全距离计算模型可简化为图 7.54。碎屑流发生的力学平衡条件是作用在临界掌子面上的侧向压力 F_H 不大于岩盘阻力 F_s，即

$$F_H \leqslant F_s \tag{7.22}$$

根据力学平衡条件便可求出隧道碎屑流安全距离。

1. 作用下临界掌子面上的岩盘阻力 F_s

在深埋情况下，考虑到对称性，可将力学分析模型简化为图 7.55。

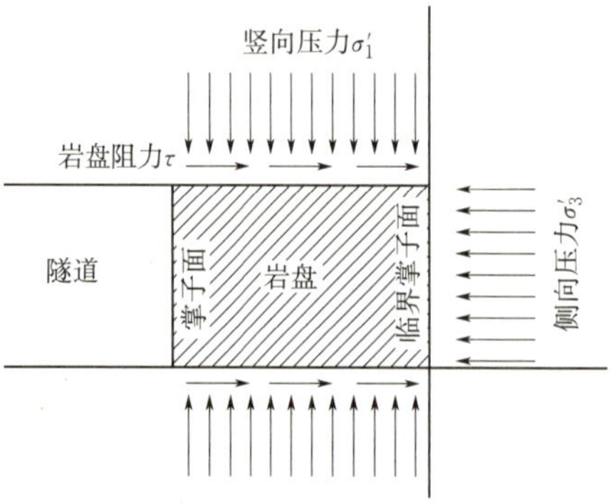

图 7.54 安全距离计算模型

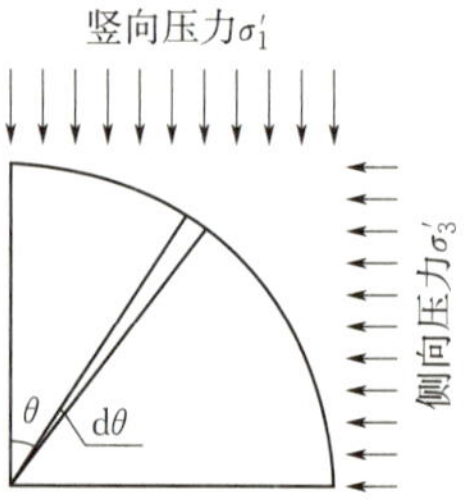

图 7.55 岩盘阻力力学分析模型

dθ 段对应的圆弧长度为 $0.5D\cdot d\theta$（D 为洞径），作用在圆弧段的合应力 σ_r 为

$$\sigma_r = \sigma_1' \cos^2\theta + \sigma_3' \sin^2\theta \tag{7.23}$$

式中 σ_1'，σ_3'——岩盘处竖向土压力和侧向土压力，N/m^2。

根据太沙基理论可得岩盘处竖向土压力 σ_1' 为

$$\sigma_1' = \frac{\gamma' B' - c'}{K_0 \tan\varphi'}\left[1 - \exp\left(-\frac{K_0 H \tan\varphi'}{B'}\right)\right] \tag{7.24}$$

式中 $B' = D\left[1 + \tan\left(\frac{\pi}{4} - \frac{\varphi'}{2}\right)\right]/2$；

γ'——岩盘处岩体容重，N/m^3；

H——隧道埋深，m；

K_0——静止侧压力系数，取 1.0～1.5。

侧向土压力 σ_3' 为

$$\sigma_3' = \lambda' \sigma_1' \tag{7.25}$$

式中 λ'——岩盘处侧压力系数。

圆弧段岩盘的阻力 F_{si} 为

$$F_{si} = 0.5D\tau L\,d\theta \tag{7.26}$$

式中 L——岩盘长度，m，即安全距离；

D——隧道洞径，m；

τ——切应力，Pa。

对式(7.26)积分可得岩盘阻力：

$$F_s = 4\int_0^{\frac{\pi}{2}} 0.5D\tau L\,d\theta = \frac{\pi DL}{2}\tan\varphi'\sigma'_1(1+\lambda') + \pi DLc' \tag{7.27}$$

2. 作用在临界掌子面上的侧向压力 F_H

侧向压力计算如图 7.56 所示，σ_3 为在极限平衡状态下碎屑流地层对岩盘的侧向压力。

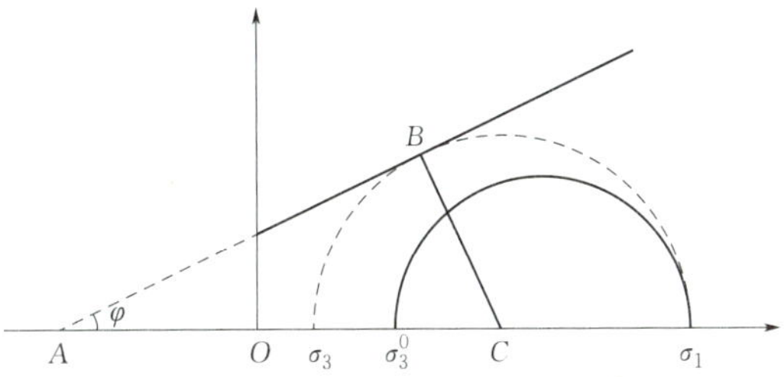

图 7.56 侧向压力计算示意图

$$\sigma_3 = \sigma_1 \tan^2\left(\frac{\pi}{4} - \frac{\varphi}{2}\right) - 2c\tan\left(\frac{\pi}{4} - \frac{\varphi}{2}\right) \tag{7.28}$$

则作用在临界掌子面上的侧向压力 F_H 为

$$F_H = \frac{\pi D^2}{4}\left[\sigma_1 \tan^2\left(\frac{\pi}{4} - \frac{\varphi}{2}\right) - 2c\tan\left(\frac{\pi}{4} - \frac{\varphi}{2}\right)\right] \tag{7.29}$$

3. 隧道碎屑流安全距离计算公式

根据力学平衡条件可得安全距离 L 为

$$L \geqslant \frac{\left[\sigma_1 \tan^2\left(\frac{\pi}{4} - \frac{\varphi}{2}\right) - 2c\tan\left(\frac{\pi}{4} - \frac{\varphi}{2}\right)\right]D}{2\tan\varphi'\sigma_1'(1+\lambda') + 4c'} \tag{7.30}$$

7.3.6 碎屑流地层隧道高位排水施工技术

隧道开挖后，在隧道的集水作用下，地下水带出了地层中的碎屑填充物质，围岩松动区增大，而地下水却不能得到适量的排放。当松动区和蓄积的水压达到一定的极限时，碎屑伴随着水流、破碎围岩等物质一同涌入隧道而发生事故。采用常规的掌子面导坑排水，会使地层中岩体裂隙间的填充质产生大量的流失，从而严重破坏围岩的结构性使其自稳能力严重下降，特别是在未固结的高水压断层破碎带断层中，因为细粒流失是造成围岩松弛的重要原因，这也是隧道发生掌子面失效、坍塌的主要原因之一。因此提出超前高位排水工法，主要目的是为注浆圈的施作创造环境条件，在排水的同时，不使地层中的填充物质发生流失。图 7.57为高位排水工法概念图。

1. 高位排水工法下最优方案研究

建立流固耦合模型，研究不同的排水管数量和注浆圈范围内岩体渗流规律、掌子面稳定性、排水管排水量之间的关系，得到不同水头条件下高位排水管位置布置情况和排水生效的指标。

为了获得在断层破碎带围岩中高位排水的有效性指标以及排水时地层水渗流规律，建立如图 7.58 和图 7.59 所示的高位排水模型。将地层模型纵向分为三层：第一层和第三层为正常围岩（Ⅴ级围岩），中间高水压破碎带参数取Ⅵ级围岩参数；采用圆形断面形式，直径 $D=13$ m，喷射混凝土厚 0.30 m。计算时取隧道轴线方向为 Y 轴，水平面内垂直隧道轴线

方向为 X 轴，竖直向上为 Z 轴。计算范围：$-50\ \text{m} \leqslant x \leqslant 50\ \text{m}$，$0\ \text{m} \leqslant y \leqslant 27\ \text{m}$，$-40\ \text{m} \leqslant z \leqslant 60\ \text{m}$；$Z$ 方向零平面选在隧道中心位置。对于隧道初始应力场设置：断面中心处 $\sigma_z = 3.8\ \text{MPa}$，$\sigma_x = \sigma_y = 2.66\ \text{MPa}$。

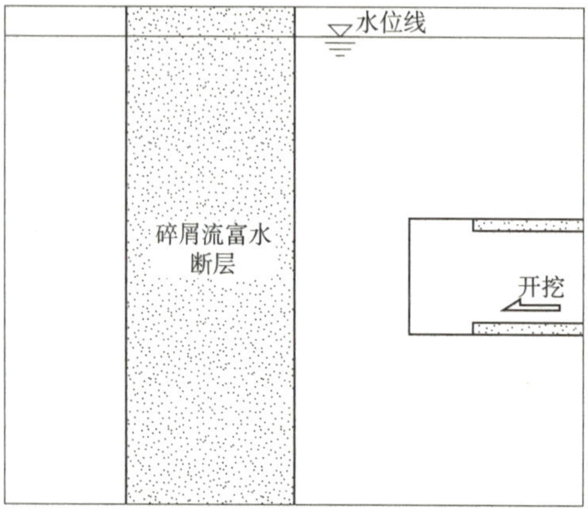

（a）远离断层

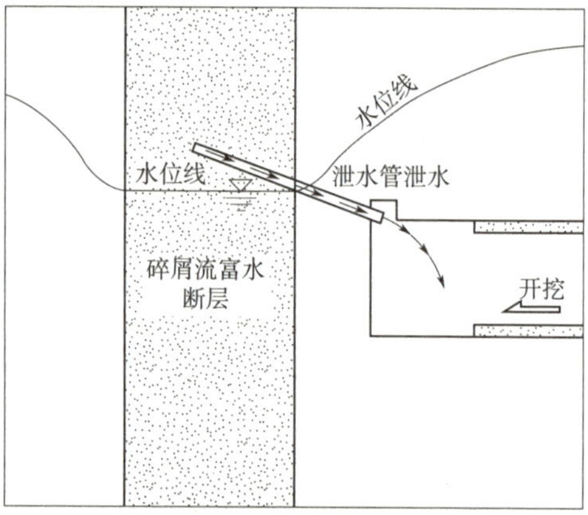

（b）靠近断层打设泄水管

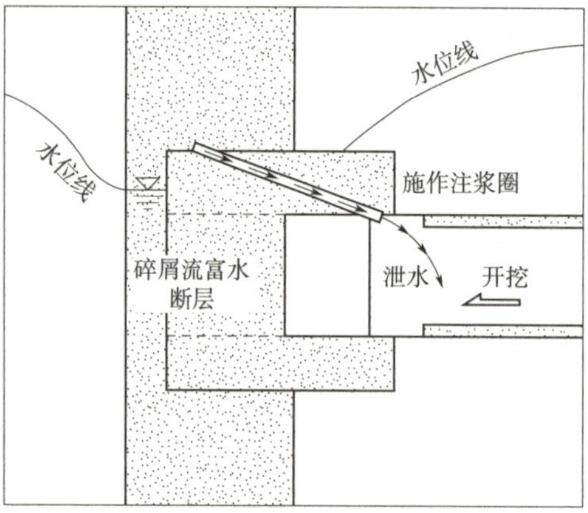

（c）施作注浆圈和止浆墙

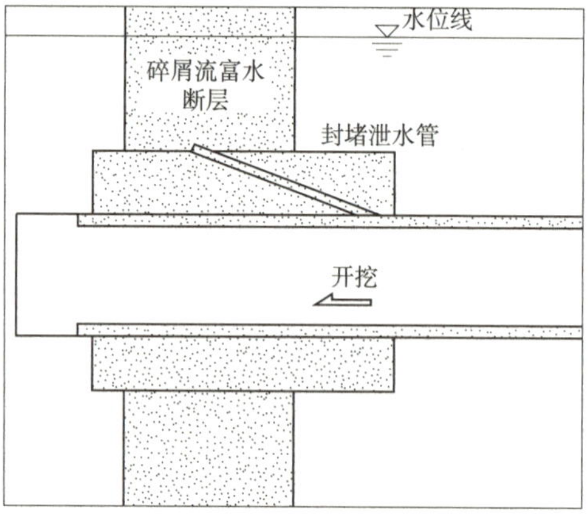

（d）穿越断层，封闭泄水管

图 7.57　高位排水工法概念图

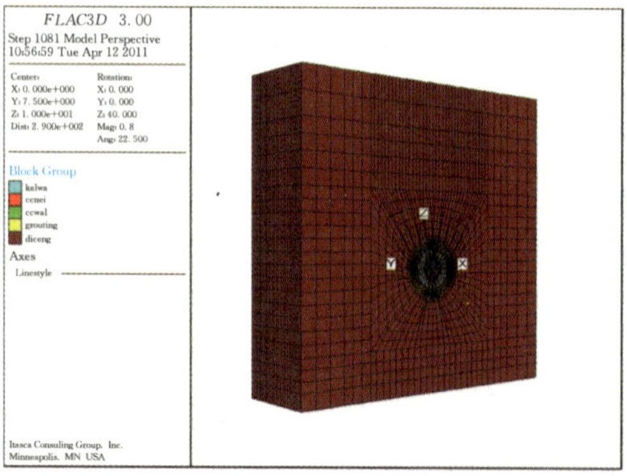

图 7.58　有限差分模型整体图

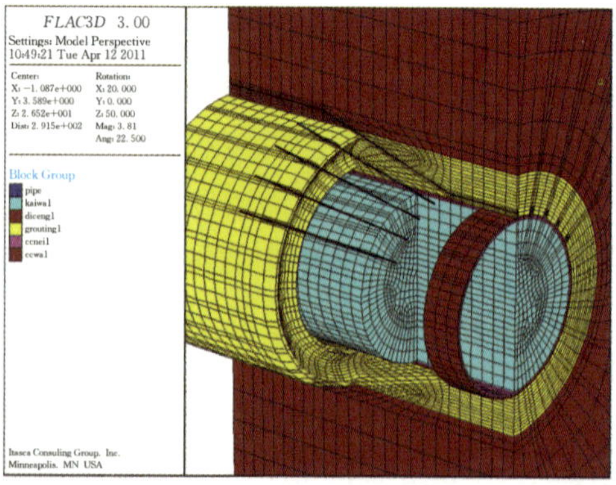

图 7.59　有限差分模型局部放大图

高位排水管的设置参数如下：排水管纵向（投影）长度 12 m，实际长度 12.42 m，出水口位置 $Y=12$ m 处，入水口位置 $Y=24$ m 处；分布于拱顶 120°范围内，环向每 15°打设一个钻孔，共 9 孔；钻孔与纵向轴线倾角为 15°；排水孔出水口中点与隧道外缘垂直距离为 0.285 m，排水孔入水口中点与隧道外缘垂直距离为 3.5 m。

本模型采用 3 m 注浆圈，注浆圈的外缘包络在高位排水管排水能力范围内。

图 7.60 为排水管在不同工况中的布置情况。

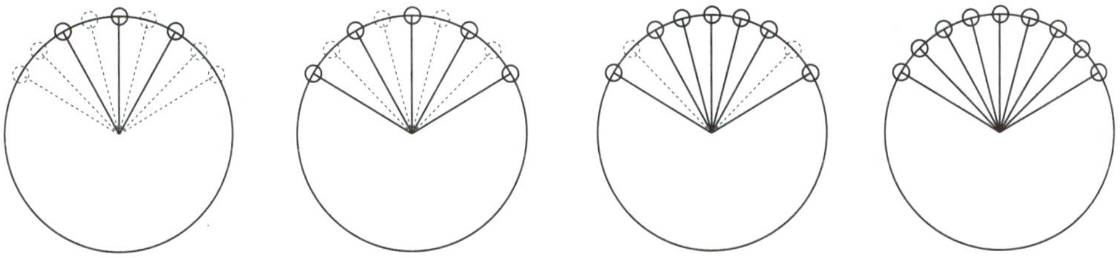

（a）3根排水管　（b）5根排水管　（c）7根排水管　（d）9根排水管

图 7.60　排水管设置图

2. 高位排水工法模拟分析

（1）高位排水对地下水影响规律分析

无论排水管根数为多少，排水管都有一定的排水功能，此处仅列出打设 3 根排水管时掌子面附近围岩孔隙水压力云图。图 7.61 为掌子面附近围岩孔隙水压力云图，图中（a）～（e）分别是第一步到第四步开挖时孔隙水压力变化情况，每一开挖循环 3 m，第二步开挖完之后打设排水管。

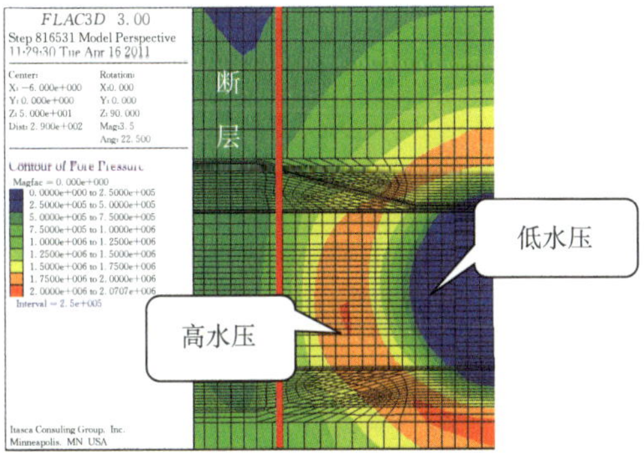

（a）第一步开挖

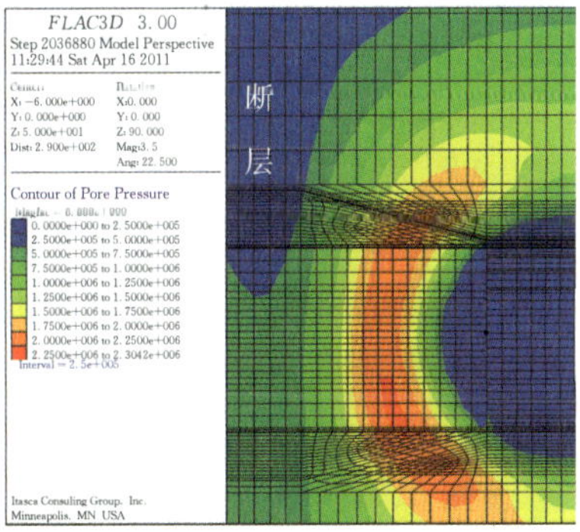

（b）第二步开挖

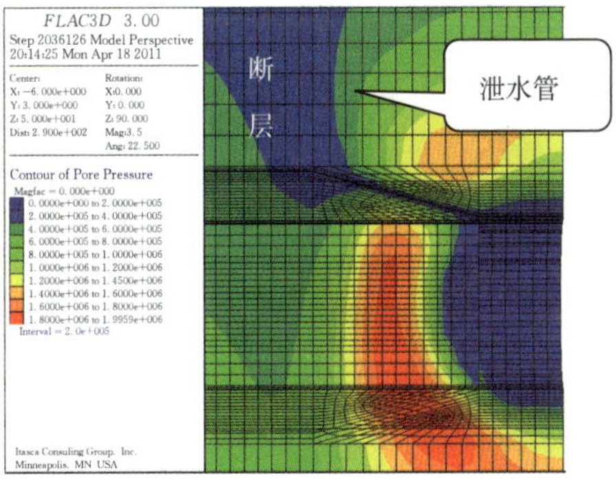

（c）打设3根排水管

图　7.61

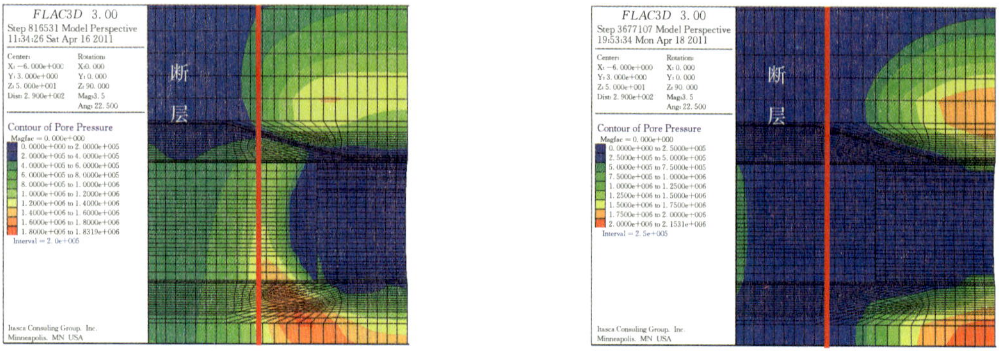

（d）第三步开挖　　（e）第四步开挖

图 7.61　掌子面附近围岩孔隙水压力云图(单位:Pa)

在不采用超前排水措施的情况下开挖隧道,开挖面为一个自由透水面,地下水得到释放,在隧道开挖面周围产生低水压区域;在隧道掌子面前方会产生一个高水压聚集区;由于隧道泄水功能,断层水压也产生较大的下降。在第二步开挖之后,在掌子面上方打设泄水管,泄水管末端深入到断层带 3 m。在泄水管尾部可以看到明显的水压下降,随时间推移,泄水管末端产生的低水压区域逐渐增大;泄水管穿越了掌子面前方的高水压区,将高水压区分割开来,高水压渐渐向掌子面拱顶和仰拱部位移动。当挖到靠近断层 3 m 时,断层水已经几乎被泄光,产生泄水漏斗。

(2)排水管对注浆圈范围内岩体渗流影响分析

模拟计算中,注浆圈厚度取为 3 m,着重分析不同根数排水管时 3 m 注浆圈范围内围岩中地下水渗流规律。图 7.62 为 200 m 水头情况下掌子面附近围岩孔隙水压力云图,第三步开挖之后(距离断层 9 m 处),隧道洞壁内 3 m 围岩处的孔隙水压力值。

为避免局部的高水压现象,将模型中各排水管相同位置连线上水压相同的情况,视为最佳排水效果,即均匀降水。从图中看出,每一根排水管附近都会产生一片低水压区域,不同位置的排水管产生的降水效果却不同,因此通过分析图 7.62 得到不同排水管分布产生的排水效果,从而获得最优排水管分布方案。

对于图 7.62(a)和(b)中,排水管之间都夹带一个很大的高水压区,因此这两种排水管分布不符合上述描述的“均匀降水”条件。对比图(a)和图(b),图(a)的排水管集中在拱腰以上,图(b)较图(a)增设了两个拱脚的排水管。而拱顶两两排水管之间会夹带一个较高的水压区域;相对于拱顶两两排水管之间的高水压区,拱脚排水管之间的高水压区非常小,因此排水效果比较明显。由此可以看出,此时拱顶排水管布置较疏,拱顶的排水效果有限。

对于图 7.62(c),加密了拱顶排水管。拱顶附近两两排水管之间高水压区域较图(b)明显减小。从图(c)中可以看出,各排水管产生的低水压区范围较均匀,基本呈一条直线。图(d)较图(c)加密了拱脚部位的排水管,结果显示拱脚部位低水压区增大,而拱顶部位水压几乎没有变化,低水压区呈 C 形分布。因此,图(c)是这 4 种分布中最符合“均匀降水”效果的。从最优排水方案看,7 根排水管高位方案可取得“理想”的降水效果。

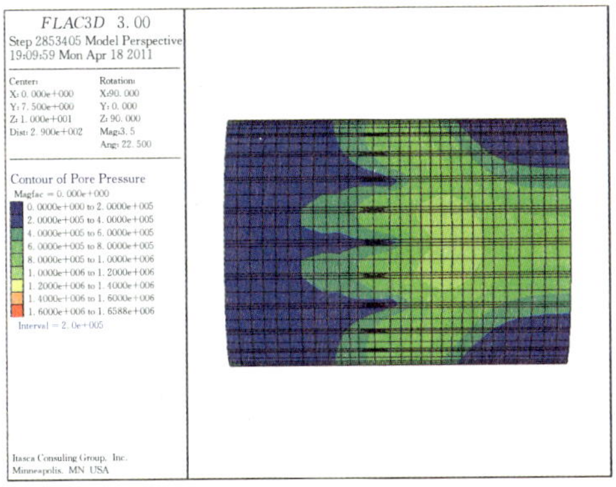

（a）3根导管3 m围岩孔隙水压力云图

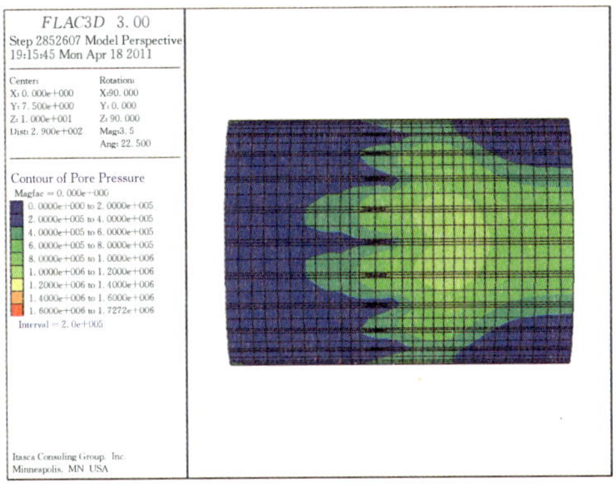

（b）5根导管3 m围岩孔隙水压力云图

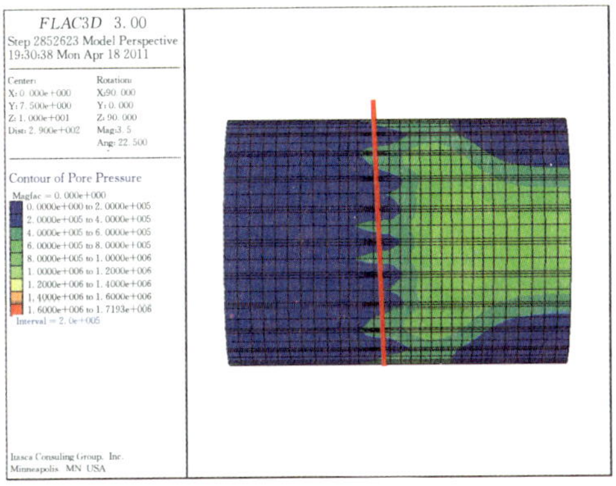

（c）7根导管3 m围岩孔隙水压力云图

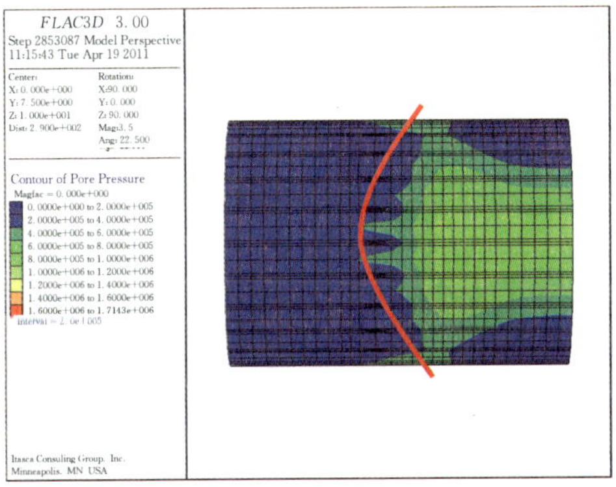

（d）9根导管3 m围岩孔隙水压力云图

图 7.62　掌子面附近围岩孔隙水压力云图(单位:Pa)

(3)排水管数量和掌子面稳定性关系分析

掌子面挤出位移可作为掌子面稳定性的判据之一,通过高位排水管排水,降低了掌子面周围孔隙水压力,减小了掌子面最大挤出位移(见图 7.63),促进了掌子面稳定性提高。表 7.25为在开挖至掌子面距断层还有 9 m 距离时,采用不同数量排水管方案,掌子面最大挤出位移及其增量百分比。

表 7.25　高位排水下掌子面最大挤出变形

管数	200 m 水头		150 m 水头		100 m 水头	
	位移/cm	增量百分比	位移/cm	增量百分比	位移/cm	增量百分比
3	9.79	—	8.12	—	6.50	—
5	9.66	1.328%	7.92	2.463%	6.38	1.846%
7	8.35	14.709%	6.10	24.877%	5.06	22.154%
9	7.64	21.961%	5.73	29.433%	4.41	32.154%

由图 7.63 中可看出,在不同水头下,排水管对掌子面最大挤出变形的影响规律基本一致。随着排水管数量增加,掌子面最大挤出变形整体呈下降趋势。与 3 根排水管相比,采用 5 根排水管时,掌子面最大挤出变形下降很少,减小量百分比平均为 1.9%;采用 7 根排水管时,曲线斜率明显增大,最大挤出变形减小量百分比平均为 20.6%;采用 9 根排水管时,最大

挤出变形减小量百分比平均为27.8%。由此可见，采用高位排水工法时，应选择7根或以上排水管作为对掌子面最大挤出变形影响的一个临界值。

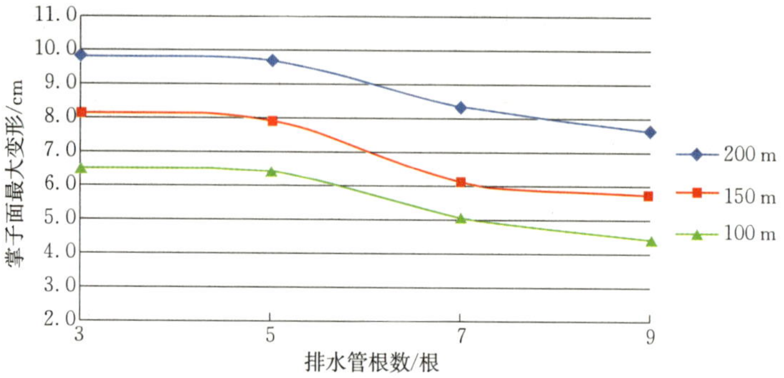

图7.63 掌子面最大挤出变形与排水管数量之间关系

(4)排水管数量和排水量关系分析

排水管排水量的监测对实际施工有一定的预示和指导作用，图7.64为9根排水管时各管分布及其管号布置。处理计算结果得到各个排水管的排水量，以此获得不同位置排水管的排水能力，从而对不同位置排水管的重要性进行判定。各管排水量数据列于表7.26中，图7.65为9根排水管的排水量曲线图。

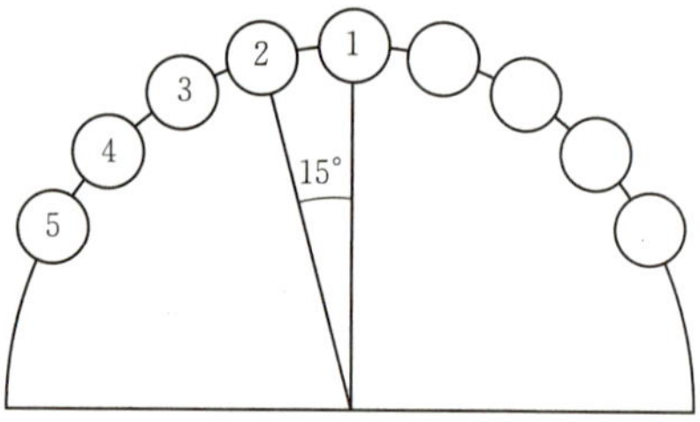

图7.64 排水管分布图

表7.26 高位排水下各管排水量情况 单位：m^3/d

管号	200 m 水头	150 m 水头	100 m 水头
1	66.082 18	56.169 85	39.649 31
2	65.967 26	54.422 99	37.931 18
3	56.357 86	45.086 28	30.996 82
4	47.134 66	36.529 36	24.745 69
5	44.474 40	33.355 80	22.237 20

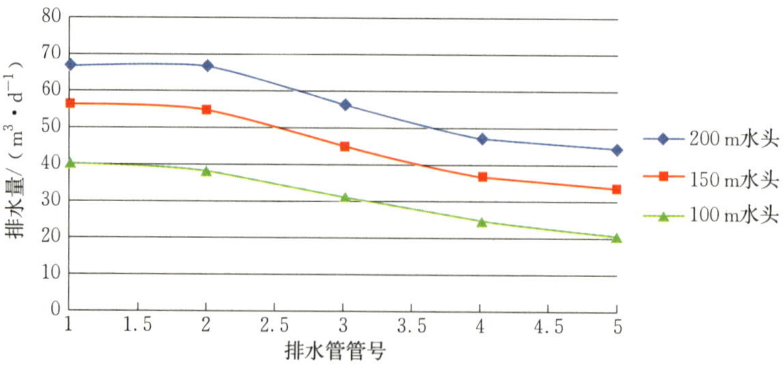

图7.65 高位排水下各管排水量情况

由表 7.26 可以看出，拱顶排水管的排水量最大，拱脚排水管的排水量最小，从拱顶到拱脚呈下降趋势。在高位排水工法施工中，应依次沿拱顶到拱脚打设排水管，可以更快地达到降水效果。

高位排水不同排水管数产生的总排水量见表 7.27 和图 7.66。

表 7.27 高位排水下不同排水管数产生的总排水量

排水管数	200 m 水头		150 m 水头		100 m 水头	
	排水量/($m^3 \cdot d^{-1}$)	增量百分比	排水量/($m^3 \cdot d^{-1}$)	增量百分比	排水量/($m^3 \cdot d^{-1}$)	增量百分比
3	265.0	—	217.0	—	185.0	—
5	398.0	50.19%	323.0	48.85%	261.0	41.08%
7	480.0	81.13%	384.0	76.96%	303.0	63.78%
9	496.0	87.17%	391.0	80.18%	311.0	68.11%

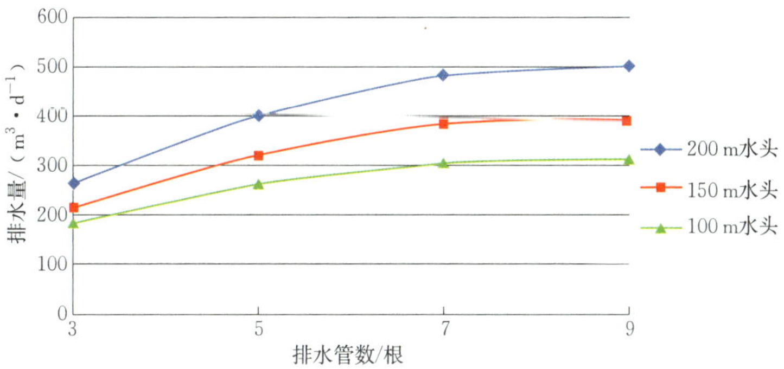

图 7.66 高位排水下不同排水管数产生的总排水量

由表 7.27 可以看出，随排水管数增多，排水量也逐渐增大，但排水量增大的速率并不相同。随着排水管数的增大，排水量增长速率逐渐降低：以 200 m 水头为例，相对于采用 3 根排水管，采用 5 根排水管时排水量增大了 50.19%，采用 7 根排水管时增大了 81.13%，采用 9 根排水管时增大了 87.17%。由此可见，排水管由 3 根增加到 7 根的过程中，排水效果明显，但是由 7 根增多到 9 根时，排水效果仅增加 6%。

由图 7.66 可知，当排水管达到 7 根之后，总排水量曲线逐渐趋于一条水平直线。由此可知，虽然排水管越多，排水能力越大，但当排水管数达到一定数量以后，排水量逐渐趋于一个稳定值。在工程方案实施中，存在一个达到合理排水效果时的最优排水管数。

从总体上说，高位排水工法是碎屑流地层隧道安全施工的一个重要辅助工法，一方面，通过采用高位排水促进掌子面稳定，另一方面利用“疏水降压”为后续注浆创造条件，避免了在地下水作用下掌子面发生持续性破坏，极大地提高了隧道作业安全性。

7.4 岩溶隧道施工技术

岩溶又称喀斯特，是地表水和地下水对可溶性岩层（碳酸岩类、硫酸岩类、卤盐类等）进行化学侵蚀、崩解和机械破坏，通过搬运、沉积作用所形成的各种地表和地下溶蚀现象的总称。可溶性岩石是岩溶产生的物质基础，地表水和地下水补给、径流、渗透和循环是岩溶形成和发育的必要条件。

我国岩溶地区分布广泛，可溶岩层分布面积约占我国国土总面积的1/3，尤以西南地区较为集中。岩溶对铁路工程的危害很大，诸如岩溶水的侵袭、溶洞顶板坍塌及大规模地面塌陷等，是铁路建设中的一个重要工程地质问题。在西南山区修建的高速铁路中有大量的岩溶隧道，由于岩溶发育复杂多变、形态各异、分布位置不确定，限于目前地质勘探技术与探测水平，很难在勘察设计阶段查清岩溶的形态、大小、规模等，因此，需要在施工阶段加强探测、综合处理。

7.4.1 岩溶水文系统及主要岩溶形态

地质构造与地层结构的千差万别决定了岩溶类型的多样性，隧道工程通常遇到的岩溶形态主要有溶蚀裂隙、溶槽、溶管、溶洞及暗河等。

1. 溶蚀裂隙

溶蚀裂隙由具有侵蚀性的水沿碳酸岩节理裂隙流动形成，其宽度一般不足50 mm，长度可达几米至几十米不等，延伸程度随着节理、裂隙发育情况而变化。裂隙越发育，水动力条件越好，溶蚀裂隙就越发育。由于搬运、沉积作用，部分裂隙被黏土、砂砾、碎石等充填，充填物多呈流塑状。

2. 溶槽和溶管

溶槽是溶缝在长期水动力或水化学作用下进一步加宽所形成的，宽度大于溶隙；溶管是由溶隙或溶槽侵蚀所形成的管状岩溶，在形态上多呈不规则的圆柱形状，管径可大可小，但延伸较长，通常具有多次分支结构，在浅部地下水垂直渗入区域较为发育。

3. 溶　洞

溶洞是早期暗河的遗迹，是垂直渗流带中的地下通道。受地质构造和洞内坍塌的共同作用，大部分溶洞的通道都很曲折、支洞很多、其断面形态极不规则。

根据溶蚀洞穴的发育规模，总体可分为“小型溶洞”和“大型溶洞”。“小型溶洞”一般指出露于隧道拱顶上方、边墙侧部及底板下方，且发育有限(溶洞洞径小于1/2隧道开挖洞径或溶洞洞径小于6 m)。“大型溶洞”一般指洞穴深浚(溶洞洞径不小于1/2隧道开挖洞径或溶洞洞径不小于6 m)，难以回填或不宜填塞的溶蚀洞穴。根据溶洞充填物特征，可将溶洞分为充填型、半充填型和无充填型三类。

4. 暗河(地下河)

暗河是岩溶地下水的主要排泄通道，它是在地壳运动相对稳定的情况下，地下水沿溶隙进一步溶蚀扩大并相互连通而形成，是岩溶演化处于水平阶段的产物，处于常水位或季节变动水位中。由于大多暗河与地表分布的一系列落水洞、漏斗及洼地等存在联系，因此，可以通过调查地表落水洞、漏斗、洼地的排列分布方向，预测暗河的分布发育情况。

7.4.2 岩溶隧道施工技术及基本原则

1. 岩溶隧道施工技术及特点

(1)岩溶隧道施工特点

①岩溶发育的不确定性。由于岩溶水的渗透性和流动性，造成岩溶侵蚀位置和形态的

不确定性。

②岩溶形式的复杂多样性。可溶岩地区岩溶发育，各种形式的溶洞、溶槽、落水洞、断层破碎带、暗河等可能大量出现在隧道修建区域附近，且位置不固定、形态复杂多变，增大了施工难度。

③施工的高风险性。隧道施工中的涌水突泥事故，特别是突发性涌水、突泥会淹没坑道、冲毁机具，造成重大人员伤亡和财产损失，严重影响工程进度；同时，岩溶涌水还会引起地面塌陷，造成水资源减少甚至枯竭，破坏周边生态环境。

(2)岩溶隧道施工重难点

①岩溶预报的准确性。由于岩溶地区受岩性、地层组合、构造、地貌等因素的影响，岩溶发育复杂多变、形态各异、分布位置不固定，限于目前地质勘探技术与探测水平，施工中准确预测可能引发地质灾害不良地质体的位置、规模和性质还存在较大困难。

②岩溶探测的定量分析。对于大多数不良地质体，通过合理的地质探测或物探技术能确定大致的异常区，但鉴于目前认知水平和技术手段的局限性，对不良地质的分布范围难以进行定量分析。如红外探测遇到水能反映出异常，但难以对水量、水压进行定量描述；物探技术能够探测出岩溶的大概位置，但对溶腔的形态、充填物的性状与数量，以及溶腔的水力状态均难以进行定量描述，需要在施工中根据实际情况进行判断。

③注浆效果的可靠性。注浆效果的可靠性最根本的判断依据是注浆能否满足设计要求以及确保隧道的开挖安全。虽然目前注浆工艺已比较成熟，但在实施中，受注浆方案(如钻孔布置、注浆控制)、注浆材料、工程造价、注浆设备、施工人员熟练程度等因素的影响，注浆质量难以保证。注浆是否存在盲区，注浆止水、加固效果是否达到预期目标，通常还需要采取钻芯等手段进行验证。

针对岩溶隧道的特点与施工重难点，主要从动态施工设计、综合超前地质预报、信息化施工以及防灾报警系统设置等方面制定安全可靠、切实可行、经济实用的施工方案。因岩溶发育的不确定性，隧道施工过程中应坚持采用动态设计、动态施工的原则，及时优化调整施工方案，必要时需加强施工措施，确保施工安全。岩溶隧道主要施工技术对策如图 7.67 所示。

(3)岩溶隧道开挖

岩溶隧道应按快挖、快支、快封闭和抢时间的原则进行施工。为保证隧道的施工安全，根据岩溶的发育情况，单线隧道Ⅰ～Ⅲ级围岩宜采用全断面开挖，Ⅳ级围岩宜采用台阶法开挖，Ⅴ、Ⅵ级围岩宜采用微台阶法或预留核心土法开挖。双线隧道根据地质条件宜采用台阶法、CD 法及环形开挖预留核心土法等方法开挖。开挖施工时，应严格按照新奥法原理进行施工，采用分部开挖，化大断面为小断面，步步封闭成环，以达到缩小开挖跨度、减少围岩扰动的目的，同时及时施作喷锚等初期支护，使断面及早闭合形成封闭结构。

(4)岩溶隧道超前支护

根据设计要求和超前地质预报信息，针对不良地质应采取合理可靠的超前支护体系。对于普通软弱破碎围岩地段，应采用超前小导管注浆支护；针对较大规模的断层破碎带或充填型溶洞，应采用大管棚超前注浆支护；若断层破碎带较发育，应根据地质情况，采用大、中管棚结合注浆，超前注浆等方式保证施工安全。

2. 岩溶隧道施工基本原则

岩溶隧道处治应遵循“先探测、后处治”的原则。为避免在隧道开挖中突然遇到岩溶，采

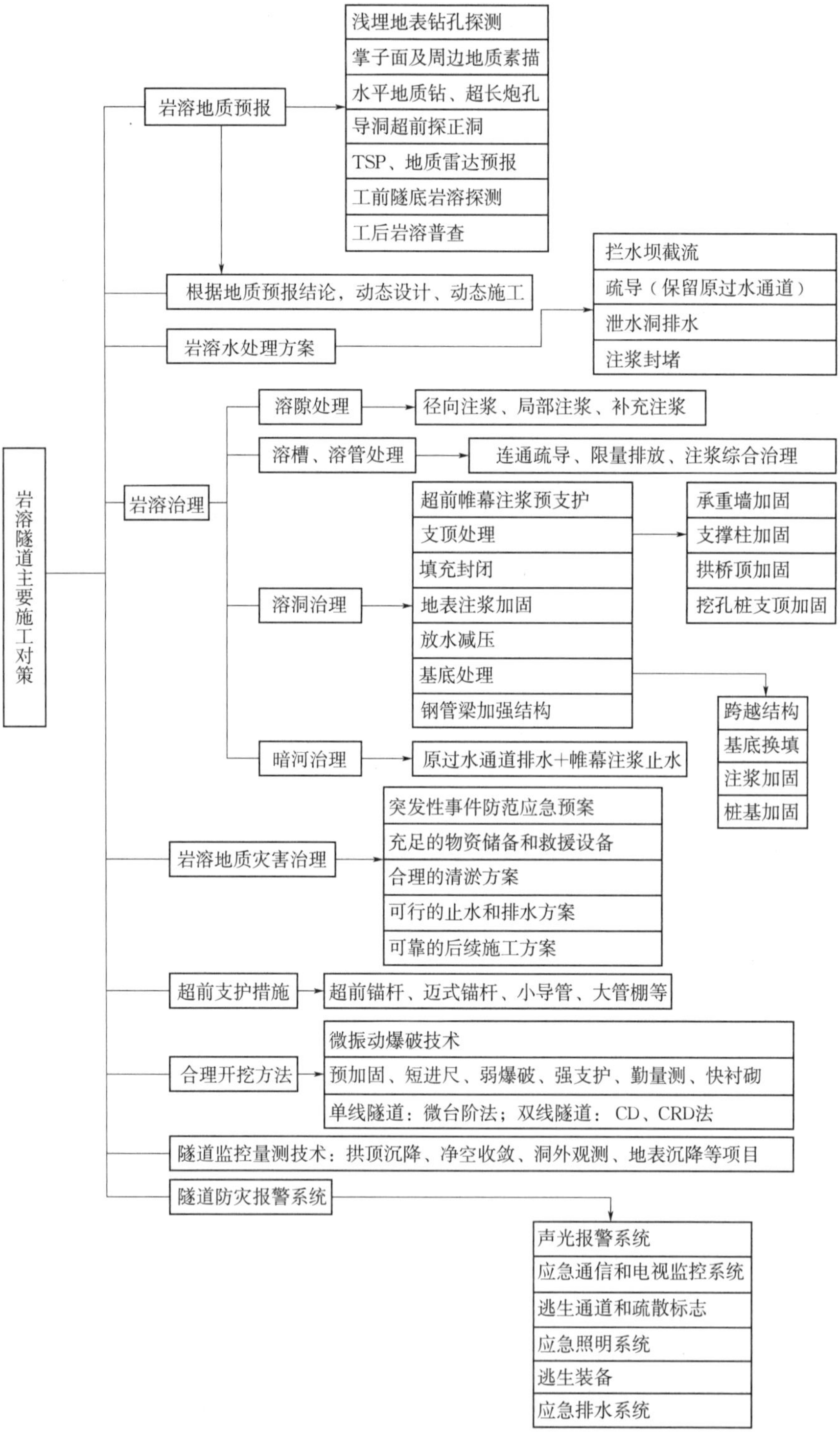

图 7.67 岩溶隧道主要施工技术对策

用超前地质预报对掌子面前方的岩溶发育情况进行探测，提前制定处治方案。

岩溶隧道处治应严格遵从“保证施工安全、确保结构稳定、保障安全运营”为主导的基本宗旨。岩溶隧道处治大致可归纳为围岩及支护结构变形、岩溶水的处治、洞穴堆积物和坍塌的处治几大类。由于岩溶发育的规模各异，施工措施应结合工程实际，采取不同的综合整治措施。

(1)保证溶洞洞壁的稳定和衬砌结构的安全

隧道内溶洞处理首要问题是保证溶洞洞壁的稳定，从而保证支护结构的安全，保证在施工和运营期间不会因为溶洞的坍塌而危及隧道的安全。

(2)妥善处理岩溶水

隧道的修筑切断了原有的过水通道，改变了原来的地下径流。如果对这部分岩溶水处理不当，在隧道修筑过程中可能由于涌水恶化施工条件、危及施工人员和机械的安全、破坏支护结构、造成工期滞后等；在运营期间出现衬砌漏水，甚至会因为岩溶水的大量排放而造成隧道所在区域水井干涸，植被枯萎，严重影响当地的生态环境和人民的生活。因此岩溶水处理妥当与否直接影响到隧道的运营安全与场区的生态环境。

(3)岩溶塌陷物的处理

隧道在开挖过程中，有时会穿越岩溶塌陷物地段，塌陷物常为碎石土及软塑、流塑状黏性土，这类堆积物常呈松散状，易塌陷，自稳性极差，不但增加了隧道的开挖支护难度，而且会造成日后隧道衬砌整体下沉，给隧道的运营安全带来隐患。隧道通过岩溶富水段接触带时，施工中有可能产生突水、突泥灾害。

7.4.3 岩溶治理措施

施工前应根据设计资料、岩溶及地下水等综合超前地质预报结果，制定岩溶隧道施工技术方案与岩溶治理方案，岩溶治理可采取避、引、堵、越等措施。

(1)避

在勘测设计阶段，尽量让线路避开岩溶特别发育的地区。实在无法避开时，也应以尽量大的角度穿过岩溶发育区，最好垂直穿过。

(2)引

遇到暗河宜引排不宜堵。首先应查明水源流向与隧道位置的关系，当岩溶水位于隧道底部时可通过设置暗管、涵洞、小桥等设施疏导水流，或开凿引水洞将水排出；当岩溶水流位置在隧道顶部以上时，应在适当距离处开凿引水斜洞将水位降低至隧道底板高程以下，再进行引排。

(3)堵

对已经停止发育、跨径较小且无水的溶洞，可根据其与隧道相交的位置及充填情况，采用混凝土回填，并根据地质情况决定是否加深边墙或加固隧道底部；当隧道拱顶存在溶洞时，可视溶洞的岩石破碎程度在溶洞顶部采用锚杆或钢筋网加固，必要时可考虑注浆加固，并加设混凝土护拱，最后再进行回填处理。

(4)越

当隧道一侧遇到狭长而较深的溶洞时，可先加深该侧的边墙基础，然后再对边墙进行回填；当隧道底部遇到较大溶洞并有水流时，可在隧道底部以下砌筑梁跨支墙支撑隧道结构，并在支墙内设置涵管引排水；当隧道边墙部位遇到较大、较深溶洞，不宜加深边墙基础时，可在边墙部位或隧底以下筑拱跨过。

7.4.4 隧道穿越突水、突泥高风险段施工技术

1. 突水高风险地段施工

(1)突水高风险地段施工原则

洞内突水对隧道施工的危害很大，施工中必须采取相应的超前预报措施和防水、排水降压措施。根据预测突水量的大小，提前疏排或封堵，同时做好应急准备，一旦发生突涌水，迅速排出，以防淹井造成危害。

(2)施工方案

施工中应加强地质调查，进行超前钻孔探测，采用综合物探手段预测预报，判明水源补给、涌水量和突出水压等情况，有针对性地采取帷幕注浆、周边注浆或管道引排等方案。并按顺序分部开挖隧道断面，全断面模筑防水钢筋混凝土。根据渗漏水的情况，在各渗漏水处钻眼引水，设置排水管。

2. 突泥高风险地段施工

较厚断层泥或溶洞充填物在高水压作用下往往导致突泥或塌方，而且使隧道周围岩体产生空隙以至大体积的空洞。

施工中，首先要根据地质超前预报探明断层或溶洞规模及填充物的性质，提前采用超前帷幕注浆或超前小导管预注浆进行封绪，以加固地层并堵水。出现突泥时，必须尽快将口堵住，喷射混凝土封闭，并将周围洞身加固；然后沿开挖面周边设超前长钢管支护，必要时两层、三层重叠，以增大其抵抗松散地层压力的能力。同时在此断面附近设置监控量测点，监测围岩和结构的变形情况。

7.4.5 隧道穿越溶洞施工技术

应根据不同类型的溶洞特征，制定不同的处治措施。溶洞中通常含有岩溶水，因此，在溶洞处治设计时均应考虑岩溶水的处理。设计的基本原则是：确保隧道的衬砌结构有足够的安全保证，在可预见期内洞穴的稳定性有保证，原有水流通道不会被阻断，经济适用。

1. 溶隙溶槽的处治

受地质构造影响，在断层或不同岩性交界面处，经地下水溶蚀会形成不同程度和不同特性的溶隙溶槽，宽度一般为 1～100 cm，平面延续性好。溶隙溶槽有的以充填黏土为主，有的无充填，有的则以充水为主。施工中应根据填充物的类型涌水量采取钢架支撑、注浆回填等措施。

2. 岩溶管道的处治

在岩溶隧道垂直循环带和水平循环带内，多发育岩溶管道，岩溶管道的处理应按充填物特征、水文地质特征以及岩溶所处隧道的部位确定方案。

(1)无充填型岩溶管道

①对于拱部、拱腰部发育的无充填型岩溶管道,经水文地质判断,将来不会有较大过水时,采取溶腔防护层、结构防护层、初期支护加强层、结构保护层、缓冲层和结构排水系统等综合措施治理,如图 7.68 所示。

②对于隧道边墙位置发育的无充填型岩溶管道,经过对水文地质判断,将来不可能会有较大的过水时,原则上采用浆砌片石回填,回填厚度为 3～5 m。

③对于隧道基底发育的竖直向无充填型岩溶管道,当发育深度小于5 m时,采用 C25 混凝土回填;当发育深度大于 5 m 时,采用隧道弃渣回填基底5 m 范围以下部分,隧道基底以下 5 m范围采用 C25 混凝土回填。

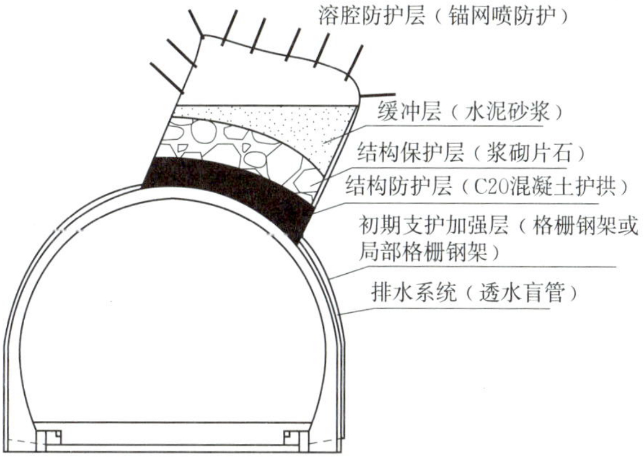

图 7.68　岩溶管道回填处理方案

(2)充填型岩溶管道

对于充填泥砂(水)型岩溶管道,应采取加强探测工作,对涌水量监测和涌出物观察,判断岩溶管道是以静储量为主,还是以动储量为主,确定岩溶管道的危害度,进而采取适宜的处理措施。

(3)充填块石型岩溶管道

当超前预测预报表明隧道前方为充填块石型岩溶管道时,岩溶管道内充填的块石为上部大型溶腔脱落堆积,因而,上部会存在较大规模的岩溶大厅,施工中若采取爆破揭示,可能会造成大规模的块石滑塌,甚至会造成大规模的塌方事故,因此,为确保安全,应采取超前大管棚并注浆措施进行超前预处理。

(4)过水型岩溶管道

当超前预测预报到隧道前方为充水型岩溶管道时,应对岩溶管道进行放水试验,根据涌水量大小及变化特征,并结合施工方法确定处理方案。充水型岩溶管道的治理原则上应维持原排水体系不得随意进行堵塞,以免造成水害。

3. 小型溶洞的处治

对于无充填或半充填型岩溶洞穴,首先应清除溶洞表面浮土或洞穴内的充填物,然后对岩溶洞穴采取回填处理;对于充填型小型溶洞,应根据溶洞所处位置及现场施工条件,采取相应的换填或加强防护措施。

4. 大型溶洞的处治

对于发育于隧道周边不同部位的大型溶洞,原则上应因地制宜,利用“梁、柱、墙、桩”等结构,采用“引、堵、越、绕”等措施进行处理。

对洞体充填丰满或难于回填或不宜填塞的大型干溶洞,应因地制宜进行处理。对大型充填型溶洞应根据充填物的性质,采取针对性的处治技术,如图 7.69～图 7.71 所示。

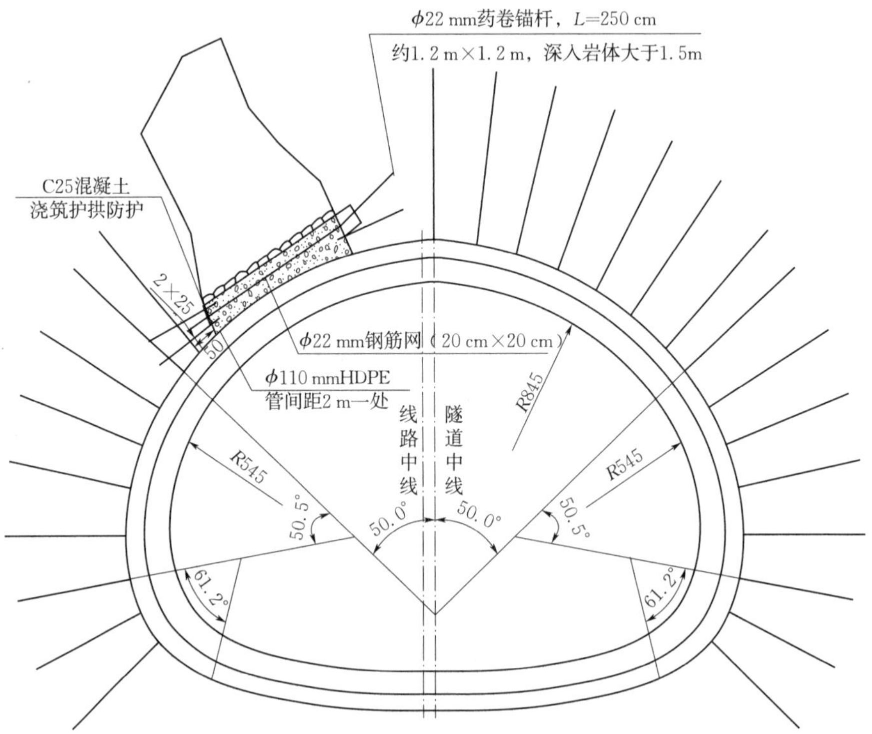

图 7.69 拱腰以上大型溶洞处治(无充填物或可清除)(单位:cm)

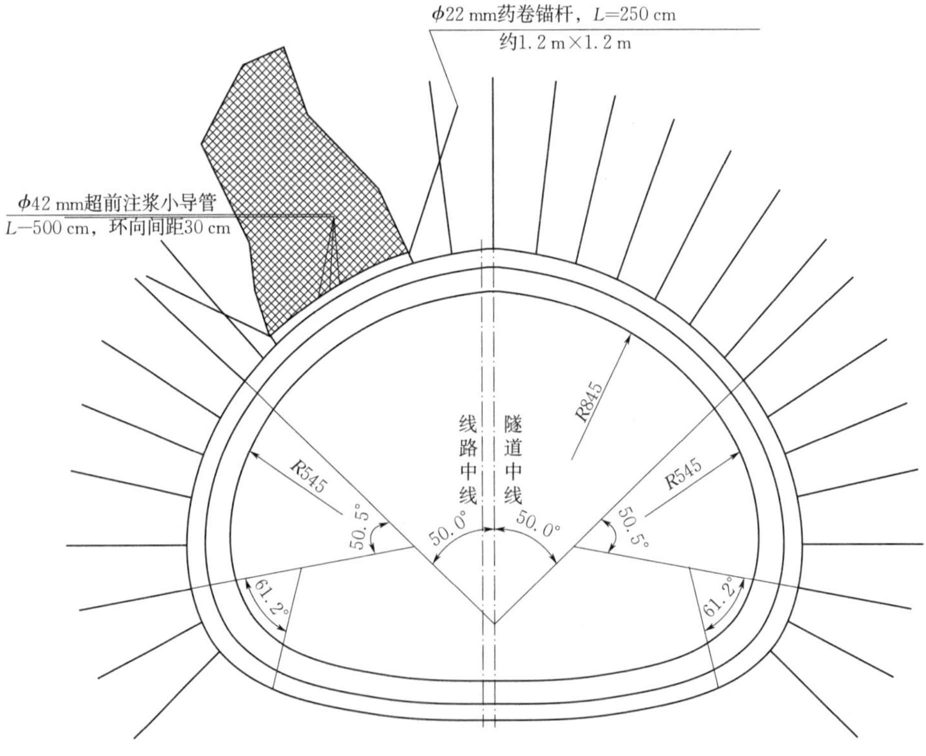

图 7.70 拱腰以上大型充填型溶洞处治(单位:cm)

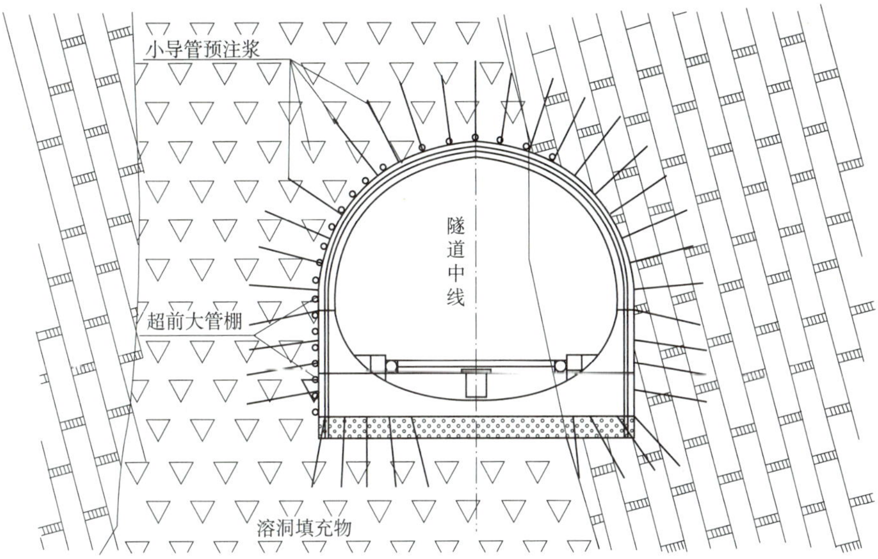

图 7.71　基底大型充填型溶洞处治

7.5　高速铁路交叉隧道建造技术

在城市繁华地区或一些特定地段，受城市建筑物和地下空间综合开发的限制，隧道间距变得越来越近，出现了大量在既有隧道旁近距离新建隧道和一次性建成小净距平行及交叉隧道的许多工程实例。例如，渝利铁路引入重庆综合交通枢纽火风山隧道全长 9 315 m，上跨渝怀铁路(新)人和场隧道，交叉部位的最小距离仅为 5.47 m；皖赣双线铁路与九景衢铁路在景德镇市出现隧道交叉，其最小交叉距离仅为 4.5 m；温(州)福(州)铁路琯头岭隧道下穿同温福高速公路琯头岭隧道左右线，铁路隧道拱顶距公路隧道基底约为 2.91 m；湘黔铁路增建Ⅱ线坪口隧道和流潭隧道、贵昆铁路六(盘水)沾(益)复线的乌蒙山隧道与新梅花山隧道也出现了多处交叉情形。可以预见，随着我国大规模高速铁路网络的不断完善，必将出现越来越多的高速铁路交叉隧道。

新建隧道邻近既有隧道施工对既有隧道产生不利影响的工程称为近接隧道工程，近接隧道工程的施工称为隧道工程近接施工。通常情况下，新建隧道对既有隧道的影响决定于以下几个条件：①两隧道间净距大小；②交叉隧道的相对位置关系和交叉角度；③新建隧道的断面尺寸和施工方法；④既有隧道衬砌结构；⑤两隧道所处地形和地质条件等。交叉隧道形式如图 7.72 所示。

7.5.1　交叉隧道施工过程面临的问题

隧道工程所处环境复杂，隧道在施工过程中隐蔽工程较多，设计与施工都会面临很多技术问题。交叉隧道施工步骤较多，相互间的干扰较大。交叉隧道的近接施工存在诸多风险，例如，新建隧道的开挖，必然会扰动周围岩体并引起其应力重分布，进而使邻近的既有隧道

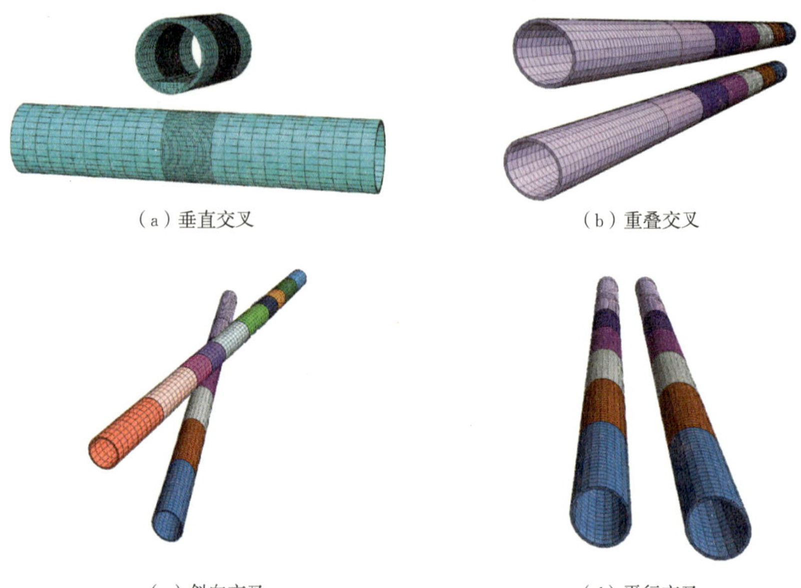

(a) 垂直交叉　(b) 重叠交叉　(c) 斜向交叉　(d) 平行交叉

图 7.72　交叉隧道形式

衬砌产生形变和内力的变化。如果形变和内力超出允许范围,就会对既有隧道的正常运营带来潜在的威胁。而对于城市交叉隧道,对变形标准的控制更加严格,一旦施工不当,不仅会耽误工程进度,而且会威及施工人员的人身安全。若采用钻爆法施工,新建隧道爆破会对既有隧道产生不利影响,例如,隧道爆破振动会产生应力重分布,导致既有隧道变形进而影响路面或轨道的平整性,因此,既有隧道沉降及爆破振动控制也是交叉隧道施工控制的又一难点。交叉隧道近接施工中的影响因素主要包括:

1. 交叉隧道近接施工中隧道间距对既有隧道影响

新建隧道的施工会对既有交叉隧道周边围岩产生连续、多次的扰动,会对既有隧道产生不利影响,隧道间距越小,既有隧道受新建隧道的施工影响就越大,甚至可能导致既有隧道围岩产生过大变形,从而引起既有隧道形变开裂甚至坍塌破坏。

2. 交叉隧道中交叉角度的影响

交叉隧道的夹角越小,隧道在平面上投影的重叠区域愈大,围岩应力变化越快,隧道变形越大,新建隧道施工对既有隧道的影响也愈大。

3. 交叉隧道中新建隧道跨度对既有隧道影响

大跨度隧道施工更易引起围岩力学行为的改变,进而引起既有隧道变形受力的变化,新建隧道跨度越大,对既有隧道变形受力的影响也越大。

4. 其他因素的影响

新建隧道的类型,隧道的开挖方法,隧道之间的间距、围岩级别、开挖及施工的形式以及施工顺序均对交叉隧道的施工有较大影响。交叉隧道近接的形式不同,施工过程中的受力过程不同,所引发的问题也不同。当新建隧道位于既有隧道下方时,新建隧道对既有隧道有卸荷作用,新建隧道对既有隧道拱顶沉降和既有隧道纵向的应力分布影响显著。交叉隧道不同位置关系的受力特征如下：

(1)隧道左右并列

若为新旧隧道，既有隧道向新建隧道方向产生拉伸变形，并列隧道施工会产生既有隧道周边围岩应力损失，可能会产生偏压现象。若为两新建隧道，则会出现两隧道先挖后挖和同时开挖的优化问题。

(2)隧道上下重叠

若为新旧隧道，新建隧道在既有隧道上方，围岩成拱效应受到削弱，衬砌所受到的荷载增加。新建隧道在既有隧道下方时，随着新建隧道的开挖，既有隧道不断受到下沉形变的影响。若两隧道同时修建，存在先上后下、先下后上及同时施工的优化问题。

(3)隧道斜向交错

若为新旧隧道，既有隧道向接近的新建隧道方向发生拉伸变形，原因是新建隧道开挖会使围岩应力松弛，作用在衬砌上的荷载增加。若为新建隧道，存在两隧道先后开挖及同时开挖的优化问题，也视两洞室的大小比例情况而定。

(4)隧道交叉、扭转

若为新旧隧道，新建隧道在既有隧道上方施工时，由于卸载作用，既有隧道会产生向上变形，新建隧道在既有隧道下方通过时，既有隧道会产生下沉。若两隧道同时修建则存在隧道先修后修的问题。

在交叉隧道施工中应重视的问题主要包括以下几个方面：工程及水文地质情况、新建隧道在既有隧道影响区范围内的整个穿越施工过程、隧道影响区范围内地层的加固及加固效果评价、既有隧道变形控制与既有隧道的加固措施等。交叉隧道施工诱发的既有隧道变形控制关键问题主要有：新建隧道穿越既有隧道的过程控制；既有隧道影响区范围内地层的加固；既有隧道的控制变形标准和加固措施。

7.5.2 交叉隧道近接工程近接度的划分

隧道近接工程中近接度的划分，首先要对许多条件作出判断，这些条件是近接施工的种类、近接工程的规模、近接施工的设计、施工方法、与既有隧道的位置关系、原地形、地质条件、既有隧道衬砌的力学健全度、对策的可能性等。关于隧道近接施工中近接程度的判断，日本公布了《既有铁路隧道近接施工指南》，该指南按照结构物的位置关系对其产生的相互影响进行了分类，提出了须采取措施的限制范围、要引起注意的影响范围和无影响范围三种情况，并针对结构物的不同空间位置、不同净距情况规定了划分标准和相应的对策措施。平交隧道及交叉隧道近接度的划分见表 7.28 和表 7.29。

表 7.28 近接度的划分(并列隧道)

两隧道的位置关系	隧道间距	近接度的划分
新建隧道在既有隧道的上方	$<1D'$	限制范围
	$1D'\sim2.5D'$	要注意范围
	$>2.5D'$	无影响范围

续上表

两隧道的位置关系	隧道间距	近接度的划分
新建隧道在既有隧道的下方	<1.5D'	限制范围
	1.5D'～2.5D'	要注意范围
	>2.5D'	无影响范围

表 7.29　近接度的划分(交叉隧道)

两隧道的位置关系	隧道间距	近接度的划分
新建隧道在既有隧道的上方	<1.5D'	限制范围
	1.5D'～3.0D'	要注意范围
	>3.0D'	无影响范围
新建隧道在既有隧道的下方	<2.0D'	限制范围
	2.0D'～3.5D'	要注意范围
	>3.5D'	无影响范围

其中，D'是隧道外径值，指既有隧道或新建隧道衬砌外轮廓的垂直高度和水平宽度中的较大值。表 7.28 适用于新建隧道在既有隧道左右并列的情况。即从既有隧道断面中央向上下方向引线 45°的范围内并列的情况。在此线的上方或下方新建隧道时，应按隧道交叉的情况处理。隧道间隔小于 0.5D'时，预计对隧道结构有重大影响，应慎重处理。新建隧道采用爆破法施工时，应另外研究爆破振动的影响。

根据隧道间的相互影响范围确定出其需要采取的措施，并列于表 7.30。

表 7.30　交叉隧道近接施工影响范围分类及应采取的措施

影响范围	划分原则	措施
无影响范围	不考虑相互影响，一般不需要采取措施	一般不需要采取措施
要注意范围	通常不会产生有害的影响，但影响是存在的	一般采取合适的施工方法，根据结构物的位移、变形量等容许值，决定应采取的措施，要求进行量测管理
限制范围	产生有害的影响	必须从施工方法上采取措施，根据结构物的位移、变形来研究影响程度并采取措施，并进行充分的量测管理

目前对交叉隧道近接施工的研究虽较多，但缺乏系统的理论分析，对分区指标的统一表达式，不同空间位置的影响以及限制范围内影响程度预测和对策优化等，亟待开展进一步研究。

西南交通大学提出按近接施工引起的力学行为变化特征，即按受力特征进行分类。按工程修建的时间先后关系、空间位置关系及其施工方法的不同，采取按时间、空间、工法三要素下受力特征属性进行分类。近接工程分区标准分成强影响区、弱影响区和无影响区(见

表 7.31),并提出了近接分区的统一表达式。

表 7.31 近接工程分区标准

近接分区	特征	对策
强影响区	新建工程对既有结构物有影响,且影响较强,通常会产生危害	必须从施工方法上采取措施并根据既有结构物的强度、变形量等来研究影响程度,而后采取相应措施,同时对既有结构物和新建结构物进行量侧管理
弱影响区	新建工程对既有结构物有影响,但影响较弱,通常不会产生危害,但需注意	一般以选用合适的施工方法为对策,并根据既有结构物的强度、变形量等来推定容许值,再决定是否采取其他措施。为施工安全,要对既有结构物和新建结构物进行量测管理
无影响区	一般不需要考虑新建工程对既有结构物的影响	一般不需要采取措施

7.5.3 交叉隧道施工处理措施

交叉隧道施工的对策措施根据既有结构、新建结构和中间地层可分为以下三类。

1. 既有结构对策——对既有隧道或工程采取加强措施

对策的种类有基本对策、加强对策和维修对策。

(1)基本对策:回填压浆、防止衬砌掉块措施,如设金属网、挡板、压注砂浆和树脂等。

(2)加强对策:拱架加强、内衬加强、锚固加强、横撑加强、托换基础、改建等。

(3)维修对策:剥离可能掉落的浮块表面、清扫整理排水沟防止漏水、修复劣化的开裂衬砌等。

2. 新建结构对策——对新建隧道或工程预先采取措施

在强影响区和弱影响区进行施工时,为减轻对既有隧道的影响,要研究改变新建工程的计划或增加新的对策。对于新建隧道开挖,应着眼于控制开挖引起的围岩应力重分布及位移,具体措施有加强超前支护,如采用超前管棚、锚杆和注浆加固等方式;如采用跳槽开挖,预留核心土改变分部尺寸及步序;如采用 CD、CRD、双侧壁导坑或更多的分部开挖方法改变衬砌、支护的结构;如增加锚杆长度和密度,加密拱架和加大截面高度,加厚衬砌,提高强度等级等。对于盾构法修建隧道来说,为了防止对近接既有结构物的影响,首先要关注的是产生影响的盾构侧,即能够把地层变异控制在最小限度的施工技术。具体措施包括减少超挖、防止蛇行以及防止盾尾空隙等。除了地层加固外,最重要的还是使盾构掘进对正面及周围土体的扰动最小化和控制出土量,从而最大限度减少地层损失。因此必须准确设定正面土压力,控制掘进速度,严格控制轴线偏差。根据后期沉降情况,及时进行二次注浆,对刀盘和盾构机盾壳和土层之间加注泡沫或泥浆,以减少对土体的扰动。

3. 中间地层对策——对既有工程和新建工程之间的围岩采取加固措施

预测近接施工有不良影响时,而且隧道的防护、近接工程侧的对策不充分时,为减轻、消除影响,应对中间地层采取对策。

一般采取强化、改良地层的方法如压浆法、冻结法等,也可采取隔断影响的方法,如地下连续壁、管棚、钢管桩等。

上述有些对策不能截然分开，如加固改良地层，可能既属于新建结构的对策，又可能属于中间地层的对策，甚至是既有结构的对策。所有对策根据受力时效可相应地将对策分为临时对策和永久对策。临时对策只为针对近接施工中的临时荷载而设，永久对策则可针对临时荷载和永久的残留荷载而设置。实际近接施工中，在采取对策时一般均选择以上一种或几种手段的组合。

7.5.4 交叉隧道施工案例

1. 空间垂直交叉隧道的相互影响特征

本案例为福州绕城新建浦口公路隧道上部跨越既有鸡面山高速铁路隧道，在建分离式公路隧道与既有铁路隧道垂直交叉，铁路左线与既有鸡面山高速铁路隧道的净距为15.2 m，铁路右线与既有鸡面山高速铁路隧道的净距为 16.5 m。空间垂直交叉隧道模型如图 7.73 所示。

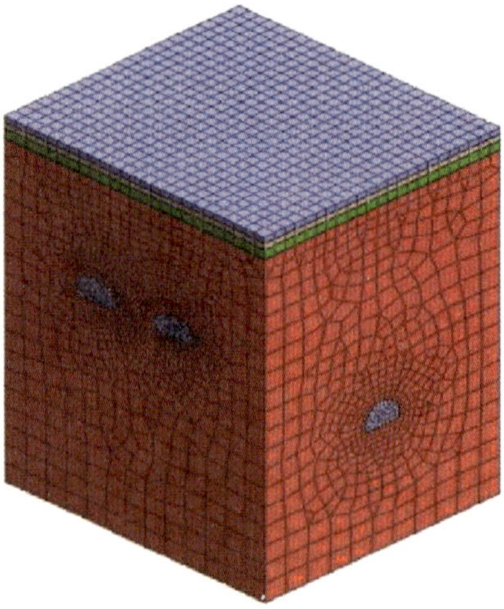

（a）整体示意图

（b）两隧道空间位置示意图

图 7.73 空间垂直交叉隧道模型

该交叉隧道施工具有以下特征：

(1)新建隧道与既有隧道的间距越大，新建隧道的施工对既有隧道的影响越低，但影响范围增大。

(2)新建隧道的开挖对下方既有隧道变形影响主要表现为隆起，且随着间距的增大，变形峰值逐渐减小并转移到两既有隧道中心处。

(3)在两隧道夹角增大时，既有隧道的变形峰值减小。夹角主要影响的是既有隧道受影响的范围与形式，在小于 45°时既有隧道出现扭转趋势，在大于 45°之后扭转趋势越来越弱，直到 90°时受力对称。

(4)新建隧道的跨度越大，下方既有隧道变形与受力所受的影响也越大。

2. 运营期交叉隧道的相互影响特征

对于水平交叉隧道，如图 7.74 所示。高速列车在交叉隧道结构的 A 隧道中行驶时，A 隧道的振动较为剧烈，且振动对 B 隧道的影响较小，并且，距离列车越远的地方其响应越小，列车所在的A隧道响应的衰减比联络横通道响应的衰减更快，而临近的B隧道的振动响应主要是由横通道的振动响应和土体振动的振动响应共同影响。

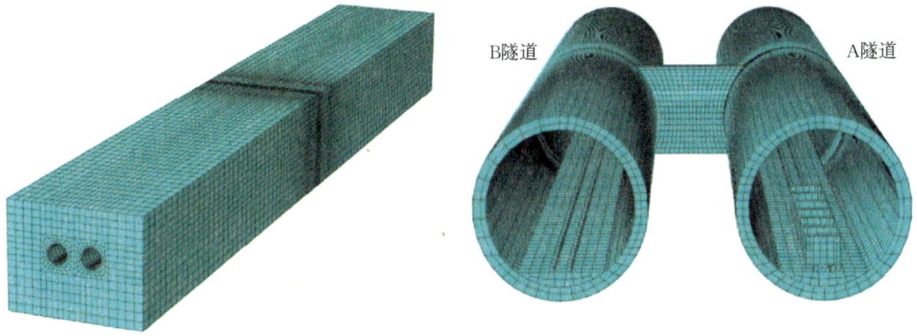

图7.74　结构水平交叉隧道

列车振动荷载在交叉隧道结构以及上覆土体中传递过程中，加速度峰值存在衰减现象，应力响应表现出相似的特征，列车所在的A隧道的最大主应力和加速度约为邻近B隧道对应参数的数倍。加速度响应在交叉隧道传递过程中频率较高时衰减较快，而频率较低时衰减较慢。

对于空间垂直交叉隧道，如图7.75所示。列车在空间交叉盾构隧道上部隧道行驶过程中，应力主要集中在有列车行驶的上部隧道仰拱位置，且当列车行驶至隧道中部位置时，隧道结构的振动最为剧烈。从加速度和应力角度来看，振动对邻近下部隧道的影响较小。当高速列车在上部隧道行驶时，空间交叉盾构隧道的损伤主要分布在有列车行驶的上部隧道中部仰拱附近，尤其是管片外侧区域，而邻近的下部隧道则几乎没有损伤。

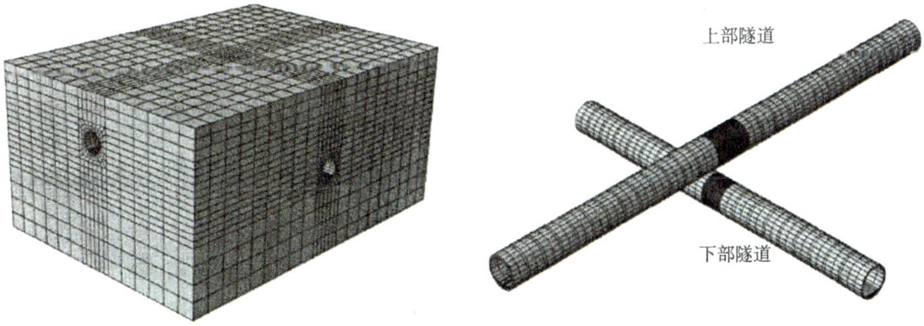

图7.75　空间垂直交叉隧道

当高速列车在上部隧道行驶时，上部隧道仰拱的动态应变和应力时程随列车荷载变化均表现出明显的周期性，应变主要为负值；在拱腰部位，应变和应力时程不再具有明显的周期性，动态应变时程幅值较仰拱处略有降低，在正负值波动，且正值的幅值略大于负值幅值，应力幅值较仰拱显著降低；对拱顶部位，应变和应力时程较拱腰更不具备周期性，应变时程在正负值波动，且正值幅值明显大于负值幅值，此处的应力、应变幅值较仰拱、拱腰处有明显降低。总体来说，上部隧道动态应变幅值从仰拱到拱顶沿隧道环向逐步减小，离仰拱越远减小越快，且由负应变为主变为以正应变为主；动态应力幅值从仰拱到拱顶沿隧道环向逐渐减小，离仰拱越远减小越慢。下部隧道的应力和应变值较上部隧道总体上有明显的减小，对下部隧道拱顶，应变和应力时程周期性明显，动态应变主要为负值；在拱腰部位，动态应变和应力的时程曲线的周期性也较为明显，动态应变主要为负值。对仰拱，动态应变和应力时程曲线的周期性不明显，应变出现正负值波动，但仍以负值为主，此处的幅值较下隧道仰拱、拱腰处有显著降低。总体来说，下部隧道内表面的动态应变和应力幅值在拱腰处最大，拱顶次之，仰拱最小。

7.6 侵蚀环境高速铁路隧道修建技术

世界范围内，有很多较早修建的隧道工程至今仍在使用，然而，由于混凝土是水泥、砂石骨料、水与外加剂浇筑而成的多孔混合物，在混凝土养护阶段，孔隙中会不断发生水化反应，生成的 $Ca(OH)_2$ 溶液会使混凝土呈高碱性环境，pH 值一般介于 12.5～13.5 之间，此时钢筋表面会形成致密的氧化膜使其处于钝化状态以免受腐蚀。在氯化物、硫酸盐等酸性条件下，钢筋表面的钝化膜将被溶解破坏，使钢筋失去保护屏障进而发生腐蚀。由侵蚀产生的大量后期加固和养护费用的支出使人们深刻认识到钢筋混凝土结构耐久性的重要性。侵蚀环境下钢筋腐蚀引起的混凝土衬砌过早破坏等问题，已受到世界范围内研究人员的普遍关注。因此隧道衬砌的耐久性成为目前隧道技术研究的一个重要方向。

7.6.1 侵蚀环境概述及分类

侵蚀环境主要是指氯盐侵蚀环境和化学侵蚀环境。氯盐侵蚀是指氯盐深入混凝土内部导致钢筋的锈蚀，化学侵蚀是指硫酸盐等化学物质与水泥水化产物发生化学反应导致混凝土的损伤。

复杂海洋环境通常具有气温高、湿度大、海水含盐量大的特征，海蚀环境下水下盾构隧道衬砌外侧与含 Cl^- 的地下水相接触，内侧与空气相接触，是典型的干湿交替环境，钢筋混凝土衬砌结构将长期受到侵蚀作用。侵蚀环境中混凝土工程的安全性将随时间而显著降低，最终会危及工程的安全。一方面，海洋环境特有的 Cl^-、Mg^{2+} 等腐蚀性离子将随着海水、海风、海雾缓慢侵入隧道中，同时由于通风问题，隧道内 CO_2 浓度往往是大气的 3～5 倍以上，高浓度的 CO_2 将加快混凝土的碳化速度，且破坏钢筋表面的钝化膜，使钢筋产生锈蚀。大量试验表明，钢筋在锈蚀后的体积是锈蚀前的 6 倍，锈蚀后的钢筋将进一步扩展疲劳裂纹导致钢筋与接头螺栓过早锈蚀，并将进一步扩展疲劳裂纹，使结构裂损或局部破坏；另一方面，水下衬砌结构长期承受岩体围压和水压的作用，处于高压渗透状态，海水和侵蚀性地下水经由纵横交错的接缝渗漏加剧了腐蚀的发展，进而引起材料、构件和管片结构性能的衰退。一般而言，对于普通混凝土结构的设计寿命要求为 40～50 年，地下工程结构及跨江越海工程要求设计寿命为 100 年，但在现实中，处于腐蚀环境中的混凝土结构远远达不到设计寿命要求，有的在 15～20 年就出现了钢筋锈蚀破坏，甚至不足 5 年就要开始修复。

一般将隧道侵蚀分为隧道外部环境和内部环境两大类，如图 7.76 所示。与地层接触的隧道外部环境中，主要有 Cl^-、SO_4^{2-}、Mg^{2+} 等盐类或酸类物质的侵蚀引起的钢筋锈蚀，微生物等介质的侵蚀，以及 HCO_3^- 及游离的 CO_2 的侵入；隧道内部通常较为潮湿且通风不畅，在正常列车运营和通风条件下，隧道内是一个充满高浓度酸性气体（CO_2）的潮湿空间。

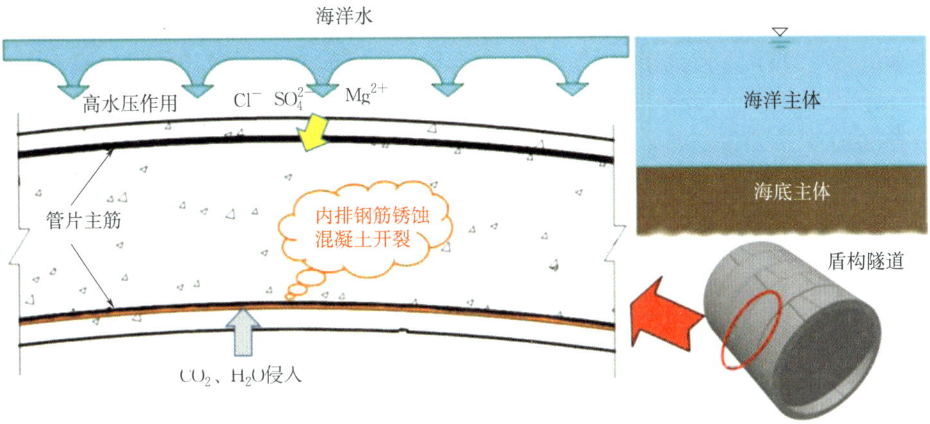

图 7.76　隧道内外侵蚀环境

7.6.2　侵蚀环境等级划分

在化学侵蚀为主的环境条件下，混凝土腐蚀程度与环境水和土中侵蚀物质种类、浓度，以及环境温度、土的渗透性、混凝土表面干湿交替程度等有关。参考《混凝土结构耐久性设计标准》(GB/T 50476—2019)，根据水和土环境中化学物质的不同浓度范围，将酸类物质环境作用等级分为三个作用等级；根据水土环境条件，将氯盐环境等级划分为四个作用等级。水、土中的硫酸盐和酸类物质对混凝土结构构件的环境作用等级可按表 7.32 确定。

表 7.32　水、土中硫酸盐和酸类物质环境作用等级

作用等级	作用因素				
	水中硫酸根离子浓度 SO_4^{2-}/(mg·L⁻¹)	土中硫酸根离子浓度（水溶值）SO_4^{2-}/(mg·kg⁻¹)	水中镁离子浓度 Mg^{2+}/(mg·L⁻¹)	水中酸碱度（pH 值）	水中侵蚀性二氧化碳浓度/(mg·L⁻¹)
V-C	200～1 000	300～1 500	300～1 000	6.5～5.5	15～30
V-D	1 000～4 000	1 500～6 000	1 000～3 000	5.5～4.5	30～60
V-E	4 000～10 000	6 000～15 000	≥3 000	<4.5	60～100

注：①表中与环境作用等级相应的硫酸根浓度，所对应的环境条件为非干旱高寒地区的干湿交替环境。当无干湿交替（长期浸没于地表或地下水中）时，可按表中的等级降低一级，但不得低于 V-C 级。

②当混凝土结构构件处于弱透水土体中时，土中硫酸根离子、水中镁离子、水中侵蚀性二氧化碳及水的 pH 值的作用等级可按相应的等级降低一级，但不低于 V-C 级。

③高水压流动水条件下，应提高相应的环境作用等级。

④表中硫酸根等含量的测定方法应符合《混凝土结构耐久性设计标准》(GB/T 50476—2019)附录 E 的规定。

氯盐环境作用等级取决于环境水、土中的氯离子含量，而这一点又与环境条件有很大关系。海洋氯化物环境对配筋混凝土结构构件的环境作用等级，应按表 7.33 确定。

表 7.33 海洋氯化物环境的作用等级

环境作用等级	环境条件
Ⅲ-C	水下区和土中区：周边永久浸没于海水或埋于土中
Ⅲ-D	大气区（轻度盐雾）： 距平均水位 15 m 高度以上的海上大气区；涨潮岸线以外 100～300 m 内的陆上室外环境
Ⅲ-E	大气区（重度盐雾）： 距平均水位上方 15 m 高度以内的海上大气区；离涨潮岸线 100 m 以内、低于海平面以上 15 m 的陆上室外环境
Ⅲ-E	潮汐区和浪溅区，非炎热地区
Ⅲ-F	潮汐区和浪溅区，炎热地区

注：①近海或海洋环境中的水下区、潮汐区、浪溅区和大气区的划分，按现行行业标准《海港工程混凝土结构防腐蚀技术规范》JTJ 275 的规定确定。近海或海洋环境的土中区指海底以下或近海的陆区地下，其地下水中的盐类成分与海水相近。

②轻度盐雾区与重度盐雾区界限的划分，宜根据当地的具体环境和既有工程调查确定。靠近海岸的陆上建筑物，盐雾对室外混凝土构件的作用尚应考虑风向、地貌等因素。密集建筑群，除直接面海和迎风的建筑物外，其他建筑物可适当降低作用等级。

③炎热地区指年平均温度高于 20 ℃的地区。

地下工程的混凝土结构，一旦破坏其修复困难性极大，且需耗费大量的人力物力，所以一般在确定环境等级时会根据最不利条件采用较高级别。

7.6.3 侵蚀环境对隧道的影响

1. 侵蚀环境对隧道整体的影响

长期处于侵蚀环境中的钢筋混凝土结构，其自身的钢筋和混凝土会受到一定的腐蚀和损伤，导致结构承载力的下降和衰减，造成结构过早失效，大大缩短基础建设的寿命周期，降低结构的耐久性。

由于地下水的作用，自由水渗透进隧道混凝土，不仅损伤和破坏衬砌，使混凝土中裂缝的数量大量地增加，同时又会将一些侵蚀性离子带入到这些裂缝中，使衬砌混凝土的劣化进一步加剧。衬砌的外侧环境中，Cl^- 渗入混凝土保护层并扩散至钢筋表面破坏钝化膜，同时 HCO_3^-、CO_2 也会使混凝土保护层碳化，造成钢筋产生锈蚀，而杂散电流的存在又加快了钢筋锈蚀的速度，SO_4^{2-}、Mg^{2+}、微生物等介质的侵蚀都会使混凝土产生腐蚀性破坏，加快隧道衬砌结构的劣化以及其承载能力的丧失。隧道内部通常较为潮湿且通风不畅，在正常列车运营和通风条件下，随着隧道中的 CO_2 浓度不断累积，混凝土碳化速度远比地面混凝土构件的侵蚀速度大很多，混凝土易发生碳化从而导致钢筋与接头螺栓过早锈蚀，加快隧道衬砌结构的劣化以及其承载能力的丧失。

随着隧道服役时间的延长和周围腐蚀离子的侵蚀作用使内侧钢筋锈蚀。同时，隧道结构需长期承受岩体围压和水压的作用，处于高压渗透状态，海水和侵蚀性地下水经接缝渗漏可能引起更为严重的腐蚀。进一步来说，高水压作用使隧道混凝土微裂纹和宏观裂缝将进一步发展成新的宏观裂缝或体现为原有宏观裂缝的延伸并形成破裂溃损区，进而引起隧道结构性能的衰退甚至破坏。

同时,生物侵蚀也会影响地下环境中的隧道结构。海洋中微生物的生命活动会对混凝土产生如磨损、裂缝扩张等损伤,造成混凝土结构退化,同时,混凝土会与海洋中的微生物排出的化学物质产生化学作用,造成混凝土结构的退化,如隧道结构混凝土磨蚀劣化,接头螺栓锈蚀,以及接缝嵌缝材料剥离及防水密封衬垫的老化等,从而影响混凝土结构的耐久性。

对于跨江跨海隧道结构,由于长期处于与海水相关的地下水侵蚀环境中,将不可避免遭遇耐久性问题。如:侵蚀性钠盐在隧道衬砌混凝土外周表面的吸附和沉积,使其局部结构因有害化学离子的浓度集中而产生腐蚀;混凝土自身碱骨料反应造成的材料"劣化"作用,使混凝土材料历时老化而逐渐随时间不断丧失其固有强度,这些都将导致衬砌混凝土局部或大部分形成严重侵蚀而导致混凝土保护层裂缝、剥落和掉块。尤其对于海(江)水环境中的 Cl^- 子和其他有害化学离子,对混凝土孔隙与裂缝有极强的穿透力,最终导致混凝土保护层开裂、起皮、剥落和裂缝持续开展,进而使内部钢筋因脱钝作用造成钢筋钝化膜破坏,进而引起钢筋锈胀开裂。

2. 氯盐对隧道的影响机理

研究发现,在所有的腐蚀性能中,Cl^- 引起钢筋锈蚀的影响较为突出。Cl^- 的一些离子特征如离子半径较小、活性较大等使得 Cl^- 在竞争吸附过程中可优先达到钢筋表面。当 Cl^- 含量达到一定程度时,可通过钢筋钝化膜的孔隙或暴露出的缺陷穿透钝化膜迅速降低此处的 pH 值,逐渐溶解并破坏掉钝化膜。随着氧气和水分的侵入,钢筋开始发生腐蚀。因此由 Cl^- 引起的钢筋腐蚀破坏其实质是离子对钢筋表面的两个竞争吸附作用的结果。

Cl^- 的竞争吸附引起钝化膜的逐渐溶解,钢筋首先在钝化膜薄弱的部位露出铁基作为小阳极并与未破坏的阴极在电解质下形成腐蚀电池。Cl^- 不仅促成原电池,且通过阳极去极化作用加速了腐蚀电池作用过程。若是电化学腐蚀阳极区生成的 Fe^{2+} 逐渐积累,则阳极反应会因此受阻,腐蚀速率会减慢;反之,阳极反应会顺利进行甚至加速进行。Fe^{2+} 和 Cl^- 反应生成可溶性 $FeCl_2$ 并随溶液向外运输扩散,阻止 Fe^{2+} 的积累保证了阳极反应的顺利进行。当 $FeCl_2$ 到达混凝土孔隙液时与阴极 OH^- 反应生成 $Fe(OH)_2$,Cl^- 被又被释放参与阳极反应,加速腐蚀的进行。$Fe(OH)_2$ 在水和氧气作用下形成 $Fe(OH)_3$;和 Fe_3O_4,在钢筋表面形成锈层。Cl^- 发挥着阳极去极化作用,其本身并未被消耗而是起到"搬运工"的作用,只要有少量的 Cl^- 存在,钢筋腐蚀反应就会一直进行下去。

3. 硫酸对隧道的影响机理

在我国西北、沿海和西南地区修建的隧道结构常常会面临硫酸盐的侵蚀。硫酸盐环境对隧道结构会产生较大的破坏作用,会降低结构混凝土的强度、使混凝土变得酥松、成层剥落,从而使隧道结构的整体承载能力下降,同时影响混凝土结构的耐久性。

硫酸盐侵蚀病害,主要表现为两种形式:其一是溶出性侵蚀(见图 7.77),侵蚀介质与水泥固体成分反应生成可溶性物质,在动水作用下不断溶出损失,造成混凝土侵蚀;其二是膨胀性侵蚀(见图 7.78),侵蚀介质硫酸根离子与水泥固体成分反应,生成不可溶性盐类,盐类结晶体积膨胀,造成混凝土侵蚀破坏。

图 7.77 隧道衬砌溶蚀结晶病害

图 7.78 隧道衬砌硫酸盐侵蚀病害

混凝土硫酸盐侵蚀的物理化学过程相对比较复杂，其侵蚀破坏的实质是含有 SO_4^{2-} 的地下水透过裂缝或孔隙侵入混凝土中，与混凝土内部的水化产物氢氧化钙等发生反应生成石膏、钙矾石或碳硫硅钙石等有害产物，对混凝土结构造成损害。石膏型硫酸盐侵蚀的混凝土多形成龟裂纹状裂缝，出现遍体溃散的现象，一般不出现粗大裂纹；发生钙矾石型硫酸盐侵蚀后，混凝土产生膨胀，表面出现较粗大的裂缝，最终导致混凝土开裂、剥落；而碳硫硅钙石型硫酸盐侵蚀的主要劣化形式为胶凝材料转变为松散、无胶结能力、可轻易剥离的灰白色泥状物质，从而使水泥基材料失去胶凝性。石膏或钙矾石这些物质具有膨胀性，在受到周围介质约束作用时产生很大的膨胀力，当膨胀应力大于混凝土的极限抗拉强度时，会进一步扩展混凝土自身的裂缝，致使混凝土内部发生膨胀性开裂破坏。

7.6.4 侵蚀环境下盾构隧道衬砌结构加固与耐久性保障措施

目前，提高隧道抗腐蚀性能的方法主要分为基本防护和附加防护两种。基本防护指的是改善混凝土自身的组成成分以提高其抗腐蚀性能，比如在混凝土中掺入纤维，或掺入粉煤灰、硅灰、矿渣粉等掺合料。附加防护为采用防护涂层对混凝土进行防护以及采用阻锈剂对钢筋进行防护，可有效防止由水带入的各种 Cl^-、SO_4^{2-} 等侵蚀介质渗入混凝土中造成混凝土和钢筋耐久性能的下降。

1. 纤维混凝土

(1)纤维类型及应用

纤维混凝土，是纤维和水泥基料(水泥石、砂浆或混凝土)组成的复合材料的统称。目前用于混凝土的纤维种类繁多，总的来说，按弹性模量可将纤维分为两大类：弹性模量小于水泥基体的纤维被称为柔性纤维，如聚丙烯纤维(见图 7.79)、尼龙纤维、纤维素纤维；弹性模量大于基体的纤维被称为刚性纤维，如钢纤维(见图 7.80)、玻璃纤维(见图 7.81)、碳纤维(见图 7.82)等。柔性纤维易发生较大的徐变，这表明对于有裂缝的复合材料承受持久的较高应力，在一段时间内将产生显著伸长或很大挠度。因此，此纤维多用于要求基体不裂或有瞬时应力的场所。柔性纤维主要是提高复合材料的韧性、应变能力、抗冲击性能等与韧性有关的性能。刚性纤维主要是提高复合材料的抗冲击性、抗拉强度、刚性、阻裂性能等。

(2)纤维增强混凝土抗侵蚀性能的机理

纤维混凝土是一种在水泥基混凝土中掺入均匀分布的纤维形成的复合材料，虽然纤维种类繁杂，但其增强混凝土耐久性的机理主要分为三个方面：①纤维的掺入限制了微裂缝的产生及发展，阻止了氯离子的运移；②纤维在混凝土内部形成空间网格结构，增大了混凝土硬化后内部孔隙的曲折性，提高了抗渗性；③随机分布的纤维具有较大的表面积，抑制了腐蚀反应。

图 7.79　聚丙烯纤维

图 7.80　钢纤维

图 7.81　玻璃纤维

图 7.82　碳纤维

结合纤维混凝土衬砌构件与普通混凝土衬砌构件试验结束后的状态可以发现无论是从内力、变形性能方面，还是从裂缝开展、破坏形态方面，纤维混凝土都展现出比较优越的性能。试验结果如图 7.83 和图 7.84 所示。

图 7.83　普通衬砌试件试验结果

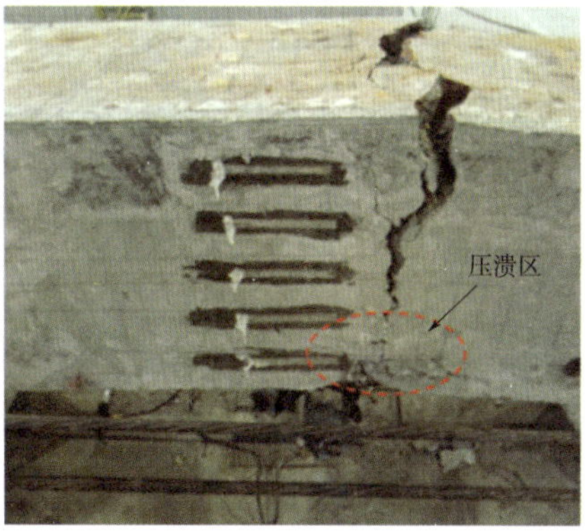

图 7.84　纤维衬砌试件实验结果

在内力方面，可以发现：①相同锈蚀时间下，普通混凝土衬砌构件应变较纤维混凝土衬砌构件大，分析其原因是当锈胀应力超过混凝土极限拉应力后，由于纤维与混凝土之间的黏结作用，纤维通过拉伸作用承担部分锈胀应力所致；②普通混凝土衬砌构件纵向受拉钢筋应变突变位置大约在通电锈蚀 2.5 天，而双掺纤维混凝土衬砌构件纵向受拉钢筋应变突变位置大约在通电锈蚀 3 d，这是由于纤维的桥接作用，在混凝土保护层开裂后，通过拉伸、拔出以及断裂等作用延缓了锈胀裂缝的开展，减慢了中性轴下移的速度，表现为混凝土表面的锈胀裂缝出现后一段时间，拉应力才全部转为由钢筋承担。

在形变方面，发现纤维混凝土衬砌构件挠度变化的锈蚀初期及锈蚀中期均比普通混凝土衬砌构件延后，仅从试件形变角度分析，混凝土中掺入纤维对构件的形变是有利的。对比两组混凝土衬砌构件跨中挠度变化可以看出：①混凝土中掺入纤维不仅可以提高屈服阶段的塑性形变能力，还可提高其极限承载力；②由于纤维与混凝土之间的粘结作用，纤维混凝土衬砌构件在达到极限承载力之后不会迅速破坏，具有良好的延性。

在裂缝开展方面：①两组混凝土衬砌构件在试验期间裂缝开展过程大致为沿顺筋方向的纵向锈胀裂缝→纵向锈胀裂缝扩展，横向受拉裂缝萌生→纵向锈胀裂缝贯通，横向受拉裂缝延伸至试件两侧→横向受拉裂缝宽度不断变大，延伸至混凝土衬砌构件两侧裂缝高度增加；②普通混凝土衬砌构件产生的纵向锈胀裂缝主要分布在钢筋附近，而双掺纤维混凝土衬砌构件产生的纵向锈胀裂缝表现为不规则形态，杂乱的分布在混凝土表面。

在破坏形态发面：①钢筋锈蚀产物会对周边混凝土，特别是 Cl^- 聚集方向的混凝土产生锈蚀应力，导致钢筋周边混凝土存在环向拉应力，较未锈蚀构件受拉区混凝土的拉应力大，更容易破坏，同时若钢筋锈蚀程度较严重，不利于钢筋延性发挥，导致形变能力下降，承载能力降低，进而出现脆性破坏，如本试验工况下的普通混凝土衬砌构件极限承载力测试中，受拉纵筋被拉断，为脆性破坏；②相比普通混凝土衬砌构件而言，混凝土中掺入纤维可在裂纹扩展及破坏的过程中由于纤维自身强度较高而不会发生断裂，尽管受氯盐侵蚀后混凝土的环向应力较大以及钢筋截面积减小，但由于纤维与混凝土之间存在较强的黏结力，只能从混凝土中拔出，从而消耗大量的能量，改善了混凝土腐蚀后的变形能力，在破坏过程中具有裂而不断的特征，如本试验工况下的双掺纤维混凝土衬砌构件，在达到极限承载力后仍能产生较大的形变，表现出良好的延性。

2. 防护涂层

混凝土的防护涂层是指在混凝土表面涂刷涂层，在表面形成物理阻挡或者渗入混凝土中形成疏水膜。防护涂层具有良好的各方面性能，如隔绝水从而阻止水分渗透、阻止 Cl^- 渗透、阻止硫酸盐侵蚀、隔绝二氧化碳从而防止混凝土碳化、防止钢筋锈蚀、对不良的保护层提供附加保护、提高混凝土抗裂能力、提高延伸率、最终使钢筋的服役寿命得到延长，混凝土的耐久性提高。与此同时，混凝土可作为修补材料，即便混凝土腐蚀已较严重，采用防护涂层仍具有较好的防护作用，以延长混凝土的寿命。

目前有较多研究表明，防护涂层对混凝土的耐久性具有非常好的改善效果。Uomotol 等人对分别来自 26 个公司的易受侵蚀的钢筋混凝土表面刷涂防护涂层，进行 18 个月的侵蚀环境浸泡试验，结果表明进行了刷涂表面涂层的混凝土试件没有裂纹和腐蚀情况，混凝土的寿命得到延长。所以目前表面刷涂防护涂层的防腐蚀方法应用范围比较广泛，不管是对新建还是老旧混凝土工程都具有良好的防护效果，防护涂层已经成为混凝土防护必不可少的一项附加措施。

目前国内外对混凝土的防水涂层主要分成三种类型，分别为：

①渗透型。如有机硅疏水剂这些类型的产品可以渗透进入混凝土内部，形成疏水性涂层，使混凝土变成疏水性，阻止水带入的各种 Cl^-、SO_4^{2-} 等侵蚀介质。

②表面成膜型。即混凝土表面涂覆一层致密的有机涂层或者无机隔离涂层，比如丙烯酸涂层，这种涂层形成物理屏障保护混凝土，有效防止水带入的各种 Cl^-、SO_4^{2-} 等侵蚀介质渗入混凝土。

③封闭型涂层。即在表面既可形成致密涂层，又可在渗入混凝土后形成憎水性涂层，由于这种涂层既有物理屏障且有疏水涂层的双重保护作用，对阻止水和其带入的腐蚀性介质等的进入具有优异的效果。

相对渗透涂层和表面涂层，封闭型涂层的防护作用更为优异，具有疏水和物理阻隔，所以具有更广泛的应用，目前更多研究致力于此方面的探究。常用的封闭型涂层主要有环氧树脂、氯化橡胶、乙烯基和沥青涂层，其中环氧树脂应用较多、效果优异。环氧树脂可以有效降低混凝土的氯离子扩散深度，提高混凝土的抗氯离子渗透能力，对混凝土起到优异的防水作用和抗氯离子渗透性。

目前封闭型涂层大部分属于有机类型涂层，防护效果较好，但有机材料虽然韧性优异，却存在着对环境有污染、成本高、耐碱性差和附着力较小等缺点，并且不利于混凝土中水汽等的散发，易造成混凝土局部破坏。而无机材料防护效果虽然更差，但相对有机材料具有更优异的附着力，更好的透气性等。因此结合它们的优缺点，有机—无机复合材料得到广泛研究。并且可在制备过程中扩展它们的功能，提高了有机—无机复合材料的应用范围和防护效果。

3. 阻 锈 剂

针对钢筋腐蚀的防治方法中，添加阻锈剂是最经济有效的方法之一，它不仅可以作用在钢筋表面形成保护膜，而且可以使混凝土结构更加密实。

(1)阻锈剂定义

阻锈剂，顾名思义，是一种可以改变金属表面状态，通过成膜和与有害离子形成竞相吸附，从而防止或减缓金属腐蚀的化学添加剂。阻锈剂的种类多种多样，不同阻锈剂的化学成分也不同，不同化学成分的作用机理又有不同，而不同的官能团和分子结构也具有不同的作用机理。在实际工程应用上，阻锈剂的使用通常是在混凝土制作过程中掺入或者是在混凝土试块成型后涂抹在混凝土表面，一方面通过到达钢筋表面形成保护膜，另一方面则是通过阻塞混凝土中的孔隙以阻止有害离子到达钢筋表面造成钢筋腐蚀。阻锈剂技术有其他金属防护技术无法比拟的优越性，不仅作用效果优异，不会对被保护金属基体和外观产生影响，而且阻锈剂的制备较为简单，而且多种成分之间会产生协同作用，通过复配得到的阻锈剂能在不同层面对金属进行保护，而且使用十分便捷。近年来，阻锈剂也凭借其使用便捷、成本低廉、适用性广等优点被广泛应用于建筑行业，并且备受各行各业的关注。

(2)阻锈剂的分类

随着人们对阻锈剂研究的更加深入，越来越多的阻锈剂种类被人们研发出来，其中常见的，根据其化学成分、作用机理、成膜机理不同，大致可以分为以下几种阻锈剂。

①按化学成分分类

a. 有机型阻锈剂。主要由有机化学物质组成,常见的有机型阻锈剂有胺类、醇类、磷酸类和硫脲类化合物,通过吸附于金属表面并且形成一层阻隔膜来防止金属腐蚀。

b. 无机型阻锈剂。主要由无机化学物质组成,常见的无机型阻锈剂有亚硝酸盐、钼酸盐、铬酸盐、硼酸盐和磷酸盐等。20 世纪 90 年代,亚硝酸盐类阻锈剂开始被人们熟知并以其作用效果明显而广泛应用于建筑施工当中,如今环境友好型阻锈剂已成为人们研究的主要方向,钼酸盐类阻锈剂得到了开发和应用。

②根据成膜机理分类

a. 氧化膜型阻锈剂。阳极型阻锈剂大多为氧化膜型阻锈剂,其中的有效成分往往具有很强的氧化性,通过氧化作用在金属表面形一层致密的氧化膜,这种膜与金属基体结合力较强,可以使金属达到钝化状态。

b. 沉淀膜型阻锈剂。阴极型阻锈剂大多为沉淀膜型阻锈剂,它通过与介质中的阳离子反应生产沉淀附着在金属表面,形成一层沉淀膜,沉淀膜与金属基体的结合力相对较小,所以这种阻锈剂的作用效果不太明显,需要和其他成分复配使用。

c. 吸附膜型阻锈剂。吸附膜型阻锈剂成分大多为有机物,它可以在金属基体表面形成一层单分子膜,它不仅可以与有害离子形成竞相吸附作用,而且其有效成分分子内存在憎水非极性基团,从而阻碍电化学反应的进行。

③按照作用机理分类

a. 阳极型阻锈剂。金属的腐蚀是一个电化学过程,这个过程分为阳极反应和阴极反应。其中,阳极阻锈剂可以在金属表面形成一层钝化膜,从而抑制或者减缓阳极反应的进行,常见的阳极型阻锈剂有亚硝酸盐、钼酸盐类阻锈剂。在阻锈剂研究初期,阳极型阻锈剂应用较广,但随着科技的进步,人们发现阳极阻锈剂在金属表面作用形成的钝化膜并不能完全覆盖整个金属表层。

b. 阴极型阻锈剂。阴极型阻锈剂是指作用在阴极反应上的,通过在金属表面吸附成膜以防止或减缓金属腐蚀的化学物质,磷酸盐、锌酸盐和其他一系列有机化合物都是常见的阴极型阻锈剂。阴极型阻锈剂在单独使用的情况下作用效果不如阳极型阻锈剂,但是作用时间比阳极型阻锈剂更长,效果也更加稳定。

c. 混合型阻锈剂。混合型阻锈剂是指通过设计复配方案,把阳极型阻锈剂成分和阴极阻锈剂成分按照一定比例混合、综合性能较好的一类阻锈剂,其中的有效成分可以发挥协同作用,既可以通过氧化作用形成一层钝化膜,又可以通过吸附作用在金属表面形成分子膜,共同作用在金属表面从而达到防止金属腐蚀的理想效果。

7.7 城市环境隧道

随着我国经济的快速发展,城市化进程空前加速,城市化范围日益扩大,随之而来的城市用地紧张、交通堵塞以及环境恶化等问题日益突出。城市地下空间的开发、地铁及城际高速铁路的修建逐渐成为解决这一问题的重要途径。当高速铁路穿越建筑物密集的城市环境时,为了节约用地,大多以隧道的方式穿越,如京广高速铁路石家庄城区段、深港高速铁路深圳城区段及京张高速铁路北京城区段等。

我国城市环境建筑物密集，人流量及车流量巨大，隧道的修建将不得不面临来自地面交通及环境影响的压力。城市隧道工程具有规模大、风险高、专业复杂、涉及主体多、与工程周边环境相互影响大等特点。在隧道的施工工法中，盾构法由于具有诸多优点，因此，逐渐成为城市环境下交通隧道的主流施工方法。

7.7.1　城市环境隧道施工面临的主要问题

对于隧道施工而言，城市环境主要有以下几个方面的特点：

(1)城市环境条件下，隧道埋深普遍较小，大多埋设在地面以下 20 m 范围内的中浅层空间，一般不超过 30 m，多属于浅埋情况，具备浅埋隧道的地质特点。所穿越的地层多为软弱围岩，甚至是回填土、饱和粉细砂层等，地层物理力学参数较差，受开挖扰动影响极易引起地面下沉或塌陷。

(2)地下水对施工影响非常大，许多地段位处河海沉积带，地下水与江河、湖泊有水力联系，容易随气候及地表降水发生变化，极易引发施工事故。

(3)城市繁华区浅层经过人类工程行为的多次破坏，已非原状土，有许多水囊、气囊、球形风化的较弱带或孤石、杂物等，难以探测，其力学性能与土力学的基本原则相去甚远，易瞬间发生重大事故。

(4)城市地下管线密布，纵横交错，给地铁施工带来许多意料不到的问题，比如，上下水管渗漏，形成水囊或软弱带，引起坍塌；地下管线埋设施工时，回填不密实，导致地面长期下沉甚至坍塌；施工中对管线保护不足，引起管线破坏甚至爆炸大事故。因此，为有效减小施工对周围地层的扰动，保证施工安全，城市环境隧道的施工通常优选盾构工法。

1. 隧道施工扰动土体分区与应力状态定性变化

盾构法施工过程中，盾构机开挖会对土体造成扰动。所谓土的扰动主要指土体的应力状态在外荷载的作用下发生变化，在应力状态发生变化的同时，伴随着土体的体积、孔隙水压力、含水率等的变化，另外还可能存在土体的微观结构或组构的变化。在盾构施工过程中，扰动主要包括设备对土体的挤压和松动、加载与卸载、孔隙水压力的上升和下降引起的土体性质变异、地表的隆起与下沉等。特别是在软土地区，盾构机对土的扰动会引起其力学参数的变化，并造成土体长期的固结和次固结沉降。因此，有必要对盾构施工的扰动区域进行研究。

盾构法施工引起地层移动的主要原因是在原来处于稳定状态的地层中开挖，土体原有的自然平衡状态受到破坏，使周围的土体出现卸载或加载等复杂力学行为，土体的极限平衡状态受到破坏，从而对土体产生扰动，引起地层变形。盾构施工扰动使土体的应力状态或应力路径发生变化，对于浅覆土隧道，土体受扰动程度将明显加大。

盾构前进过程中需要克服盾构外壳与周围土体的摩擦力 F_1、切口切入土层阻力 F_2、盾构机和配套车架设备产生的摩擦力 F_3、管片与盾尾间的摩擦力 F_4、开挖面的主动土压力 F_5。当千斤顶推力 $T \geqslant F_1+F_2+F_3+F_4+F_5$ 时，盾构机前方土体经历加载阶段，产生如图 7.85所示的挤压扰动区 1，开挖面受挤压作用引起土体压缩并使土体前移和隆起，盾构机正常工作时为此状况；当 $T<F_1+F_2+F_3+F_4+F_5$ 时，盾构机处于静止状态，该状态对应于千斤顶漏油失控和土体严重超挖，盾构机前方土体则要经历卸载阶段，产生土体向内临空面移动的现象，地

表出现下沉。为减少开挖面土体的扰动，应尽量保持密封舱内压力 P_i 稍大于主动侧压力 P_h 和水压力 P_w 之和。值得一提的是，开挖面正前方区域内土体由于刀盘的挤压搅削作用将受到强烈的扰动而发生破坏，含水率降低，其力学参数将发生很大的变化。

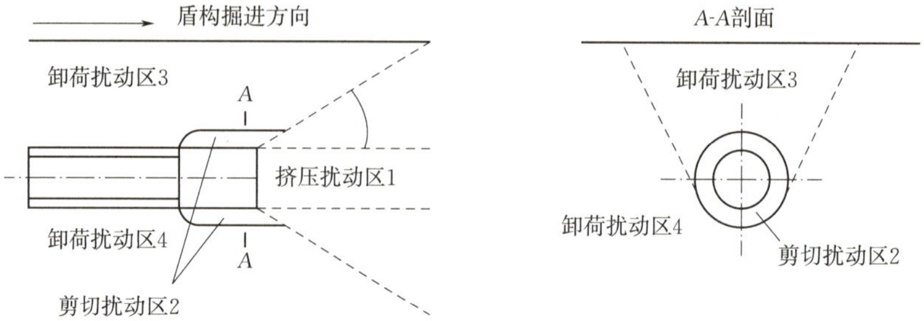

图 7.85 盾构施工扰动分区

如图 7.85 所示，盾构机推进过程中盾壳与周围土体之间产生摩擦阻力，该力作用的结果是在盾壳周围土体中产生剪切扰动区 2，该区的特点是范围较其他区小。在剪切扰动区 2 以外，由于盾尾建筑间隙的存在，土体向间隙内移动，引起土体松动、塌落而导致地表下沉。当有地面超载时，盾构上方土体往下移动而形成卸荷扰动区 3，该区内土体力学参数先降低，而后随土体的固结将有所增加。而盾构机下方土体可能出现微量隆起，但由于衬砌、盾构机的重力压载作用，其移动大小可能表现不出来，该区则称为卸荷扰动区 4，同样随着时间的延长，土体强度将有所回升。

2. 隧道施工引起的地层变位

通常在城市隧道中采用盾构法施工时，利用前舱的工作压力可以有效控制地层变形。然而在盾构机推进后期，由于种种原因引起的地表沉降仍占有相当大的比例，这对地表构筑物的安全存在着一定程度的隐患。这一问题在已修建完好的国内地铁运营中已经出现，因此如何解决好城市隧道施工对环境的影响，直接影响到城市环境的发展。

隧道推进施工过程中引起地表纵向沉降可分为五个阶段：①盾构机未到达先期沉降；②刀盘开挖面前部的下沉或隆起；③盾构机机身通过时的下沉或隆起；④盾构机尾部间隙引起的下沉或隆起；⑤长期后续沉降。盾构施工导致地层变形如图 7.86 所示。

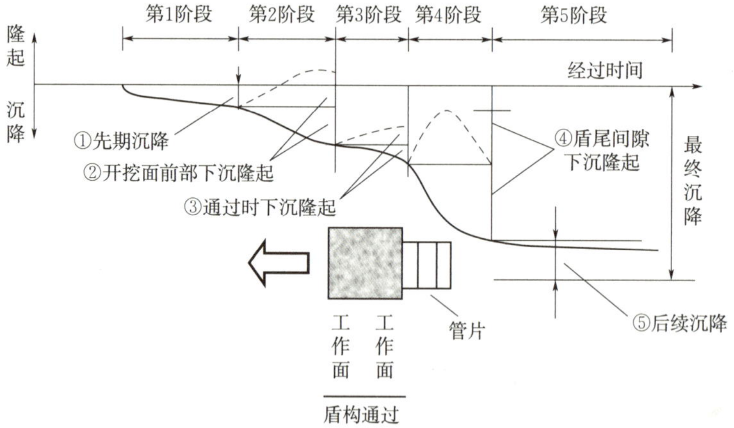

图 7.86 盾构施工导致地层变形

(1)盾构机未到达先期沉降，由于力的传递效应、泥水的渗入、管片拼装不良等原因，开挖面前方土体会受到一定的预扰动，其扰动程度相对微弱，且扰动随距离的增加而减弱。盾构尚未到达该点时的变位，表现为地表略微下沉。对于砂质土情况，其可能是由地下水下降引起，对于软黏性土，则沉降可能是由于开挖面过量取土超挖引起。

(2)刀盘开挖面前方地基变位，盾构机前方刀盘即将到达之前发生的变位，表现地表隆起或下沉。其主要是由于盾构机对开挖面土层施加的支护压力过大或过小，致使开挖面失去平衡状态，从而引发地基变位。

(3)盾构继续向前推进，当盾构切口到达时，开挖面的平衡状态彻底被破坏，需要土仓压力或泥水压力来平衡，但它始终不可能代替被开挖的土体，土仓压力或泥水压力的波动将引起开挖面的应力释放和对土体的挤压作用。当正面压力偏离静止土压力一定范围内时，地层的变形处于线弹性阶段，而且变化的斜率较小；如果偏离较大，则土体发展为弹塑性变形。当盾体通过时，为减弱周围土体受到盾壳移动所带来的摩擦和剪切作用，刀盘的开挖半径要略大于盾体，这破坏了土体的结构强度，另外超挖及盾构姿态的非水平向也加剧了地基变位，这就造成了盾体与土层之间存在一定的空隙。盾构机的通过破坏了原来的土体状态，造成土体的扰动，这期间对土体的扰动程度最大。

(4)盾构机尾部间隙引起的下沉或隆起时的变位，指盾尾空隙形成至注浆结束为止的那段时间内的下沉或隆起。管片从盾尾脱离之前，盾壳对土体有一约束力，方向指向上体，盾构机壳与土体之间产生空隙。由于盾构掘进机的外径大于管片外径，盾尾通过测点后，在地层中遗留下来的建筑空隙就需及时壁后注浆充填。但是，往往因盾尾壁后注浆没有能够及时充填建筑空隙，或是注浆量、注浆压力、注浆部位、浆液配比和材料方面不适当，除此之外，在注浆过程中会有大量的浆液渗入地层之中，使建筑空隙中的浆液不能及时形成环箍。盾尾脱出后，无支撑能力的软土再不能自稳，则空洞断面就会向内缩小，自行充填入建筑空隙，引起应力释放力，产生地表沉降；相反，如果注浆压力过大，则会导致地表隆起。这期间是控制扰动程度的重要阶段。

(5)长期的后期沉降，指从注浆结束开始，直到下沉停止的那部分沉降，引起这部分沉降的原因，主要是管片的变形、土体的蠕变变形与固结变形，在软黏土地基中表现尤为明显。

一般来说，上面的变形并非同时发生，地基条件和施工措施的不同，也会影响到变形情况。但是随着施工技术的提高基本可以将正面压力控制在静止土压力附近，日渐成熟的同步注浆技术也使地层变位大为减少。

3. 盾构施工对邻近建筑物的影响

城市环境下，隧道通常需要长距离穿行于城市交通要道和人员密集区域，建(构)筑物、轨道交通设施、桥梁、隧道、道路、管线、地表水体等周边工程环境复杂，不可预见因素较多。隧道采用盾构法施工时常面临着如下的问题：

(1)同一地铁区间内，上、下行线盾构通向或对向掘进施工；

(2)上、下行线地铁，上下位近距离交叠盾构掘进施工；

(3)盾构紧贴城市高架(立交)或紧邻深大基坑掘进施工；

(4)盾构在地下管网交叉、密集区段掘进施工；

(5)盾构穿越大楼桩群;

(6)盾构在浅覆土下进、出洞施工;

(7)浅埋、大直径盾构沿弯道呈曲线形掘进,且曲率半径较小。

隧道下穿既有构筑物施工引起的地面沉降、地面倾斜、地面曲率、地面水平变形等将改变地面建筑物基础的受力形式,进而可能使既有建筑物倾斜甚至产生破坏,如图 7.87所示。盾构法在面临上述问题进行施工时对周围环境造成的影响是多方面的,主要包括:

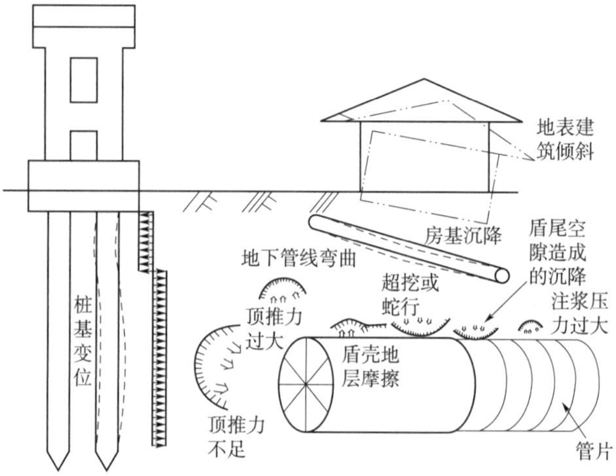

图 7.87　盾构法施工对邻近结构物的影响示意图

(1)影响道路的平整度甚至对道路造成损坏,对路面行车造成影响;

(2)引起地表建筑物的挤压、拉伸、弯曲等变形、开裂甚至破坏、倒塌,造成人员伤亡;

(3)引起地下各种管线的变形,造成煤气泄漏、电缆断裂、水管爆裂等;

(4)引起地下构筑物的变形、开裂,例如引起既有地铁轨道的不均匀变形,严重的会造成列车出轨;

(5)影响某些精密仪器设备的正常使用;

(6)影响建筑物变形或破坏的因素主要有建筑物与隧道中轴线的距离与位置、建筑物的结构形式以及修建年代、基础形式、地基土的性质等。

7.7.2　城市环境隧道施工环境影响的控制标准

目前,我国确定了城市地面变形为“＋10 mm～－30 mm”沉降(隆起)基准来确保地面建筑物的安全,并且规定当最大沉降大于 15 mm 时,邻近建筑物的不均匀沉降应限制在1/500的基础倾斜之内。

其中关于沉降引起的地表建筑物破坏的规定都不是针对盾构法施工的,但由于目前国内没有关于盾构法施工对邻近建筑物破坏影响的规定,往往盾构施工中产生的地面沉降所引起的地表建筑物破坏的准则都是参照其他规范执行的。

根据《建筑地基基础设计规范》(GB 50007—2011),建筑物的地基变形允许值见表 7.34。

表 7.34 建筑物的地基变形允许值

建筑物结构类型	地基土类型	
	中、低压缩性土	高压缩性土
砌体承重结构基础的局部倾斜	0.002	0.003
工业与民用建筑物相邻桩基的沉降差		
(1)框架结构	0.002L	0.003L
(2)砖体墙填充的边排桩	0.000 7L	0.001L
(3)当基础不均匀沉降时不产生附加应力的结构	0.005L	0.005L
单层排架结构(柱距 6 m)柱基的沉降量/mm	(120)	200
桥式吊车轨面的倾斜(按不调整轨道考虑)		
(1)纵向	0.004	
(2)横向	0.003	
多层或高层建筑物的整体倾斜		
(1)$H \leqslant 24$ m	0.004	
(2)24 m$<H\leqslant$60 m	0.003	
(3)60 m$<H\leqslant$100 m	0.002 5	
(4)$H>100$ m	0.002	
体形简单的高层建筑基础的平均沉降量/mm	200	
高耸结构基础的倾斜		
(1)$H \leqslant 20$ m	0.008	
(2)20 m$<H\leqslant$50 m	0.006	
(3)50 m$<H\leqslant$100 m	0.005	
(4)100 m$<H\leqslant$150 m	0.004	
(5)150 m$<H\leqslant$200 m	0.003	
(6)200 m$<H\leqslant$250 m	0.002	
高耸结构基础沉降量/mm		
(1)$H \leqslant 100$ m	400	
(2)100 m$<H\leqslant$200 m	300	
(3)200 m$<H\leqslant$250 m	200	

注:①本表数值为建筑物地基实际最终变形允许值;②有括号者仅适用于中压缩性土;③L 指相邻柱基的中心距离(mm),H 指自室外地面算起的建筑物高度(m);④倾斜是指基础倾斜方向两端点的沉降差与其距离的比值;⑤局部倾斜指砌体承重结构沿纵向 6～8 m 内基础两点的沉降差与距离的比值;⑥各类建筑物以表 7.34 的 50%～80%作为警戒值或控制值。

美国出版的《基础工程设计手册》综合有关资料,提出建筑物能够承受的地表沉降值用角变位 δ/L 表示(L 为二点之间的距离,如相邻柱距;δ 为沉降差),建筑物的角变位允许值见表 7.35。

表 7.35 建筑物的角变位允许值

建筑物结构类型	允许值
筏板基础(厚约 1.2 m)上的钢筋混凝土多层刚性框架	1/750
带斜撑框架的危险限值	1/600
不允许开裂的房屋安全限值	1/500(抹灰开裂 1/600)
吊车故障	1/300
圆(环形)筏基础上的高耸结构	1/500
墙板发生初裂限值	1/300
高层刚性房屋倾斜,目测可见	1 /250
一般房屋建筑的结构危险损害	1/150
柔性砖墙的安全极限($L/H>4$)	1/150

此外,对于邻近桩基,地铁盾构隧道工程使其产生侧向变形,变形控制指标为 2～3 cm,对于较规则的沉降和承受不均匀沉降能力较高的建筑物取较高的限值,相反情况则取较低的限值。

根据《公路桥涵地基与基础设计规范》(JTG 3363—2019),墩台的沉降应符合下列规定:

(1)相邻墩台间不均匀沉降差值(不包括施工中的沉降),不应使桥面形成大于 2‰的附加纵坡(折角)。

(2)超静定结构桥梁墩台间不均匀沉降差值,还应满足结构的受力要求。

进行相互影响预测或进行相互影响的安全监控时,应根据结构物稳定、建筑限界的要求等设定容许值,确保既有隧道衬砌结构的安全。从建(构)筑物稳定性的角度出发,新建隧道对既有隧道的影响以安全系数符合《地铁保护技术标准》要求为基准,控制指标应满足下列规定:

(1)隧道结构绝对沉降量及水平位移量<20 mm(包括一种加载和卸载的最终位移量)。

(2)隧道纵向变形曲线的曲率半径 $R\geqslant 15\ 000$ m。

(3)隧道的相对变曲≤1/2 500(在地铁区间隧道上方实施大面积的加卸载工程中,该指标是极其关键的一个指导性技术指标)。

(4)由于建筑物垂直荷载(包括基础地下室)及降水、注浆等施工因素而引起的隧道外壁附加荷载≤20 kPa(≤2 t/m^2)。

(5)由于打桩振动、爆炸产生的震动隧道引起的峰值速度≤2.50 cm/s(对连续性的震动控制指标应按 50%甚至更为严格控制)。

(6)如既有隧道有不影响隧道功能的损伤时,拉应力的容许增加值为 0.5 MPa,压应力的容许增加值为 2 MPa。

(7)如既有隧道是健全时,拉应力的容许增加值为 1 MPa,压应力的容许增加值为 5 MPa。

7.7.3 城市环境隧道施工控制措施

为了有效降低隧道施工对周围敏感建(构)筑物的扰动,严格控制地层及建(构)筑物的变形,施工过程中通常结合具体工程情况采取一定的控制措施。

1. 穿越前进行模拟掘进

在模拟掘进区,设置好能准确掌握类似变形的监测仪器,即相应深度的土体垂直及水平位移监测点、地下水位及水压监测点,自始至终监测模拟建筑物及其基础的沉降状况,并与施工管理标准值、允许值比较,并将比较结果反馈给工程师。同时将同步记录的盾构机土仓压力、盾构机掘进速度、刀盘转速、同步注浆等数据反馈给工程师。经过对比研究和分析后,找出上述参数之间的关系,从而进行穿越段土压力设定、掘进速度和同步注浆等关键参数的初步设定。本项工作宜在盾构始发阶段完成。

2. 做好管线迁改与保护

在施工前,必须详细查清沿线受施工影响范围内的各种地下管线的分布、管线类型、允许变形值等情况,分析预测地层隆陷对管线的影响,并在施工中加强监测。针对不同的管线及其与隧道的不同位置关系,采取合理的保护措施。对重要管线和施工中难以控制的管线施工前应根据不同情况采用迁移、加固措施。当施工前预测和施工中监测分析确认某些重要管线可能受到损害时,将根据地面条件、管线埋深条件等采用临时加固、悬吊或管下地基注浆等保护方案。同时,加强与有关管线单位的协同合作,顺利完成对管线的调查与保护工作。

3. 处理好地下障碍物

提前查明障碍物具体位置和实物,地下障碍物的处理一般遵循提前从地面采取措施处理的原则,从地面拆除地中障碍物时,可选择合适的辅助工法,拆除后要妥当地进行回填。如确需在洞内盾构机掘进过程中进行处理时,必须充分研究可行性与对策,可选择带压作业法或地层加固法。在开挖面的狭窄空间内,安全地进行障碍物的切断、破碎、拆除、运出作业时,尽量控制地层的开挖量以保障开挖面的稳定。

4. 盾构掘进参数优化

在施工前,首先根据经验选取施工参数,然后通过预测地面变形和对建筑物的影响,优化选取和本工程相适宜的施工参数;施工时,通过信息化施工,进一步优化施工参数,精确控制地层变形,使其不影响周围建筑物的正常使用和安全。根据已有的施工经验及研究成果,盾构施工参数中对周围环境影响比较明显的是正面支护压力、盾构千斤顶推力、掘进速度、开挖排土量、超欠挖量,背后注浆的浆压、浆量、浆液性质和注浆时间,以及盾构姿态等。

土仓压力的设定应随上覆土厚度的不同而变化,根据实践,一般设定为理论值(静止土压+水压)的105%～115%。推进速度的选取应尽量使土体受到的是切削而不是挤压。不同的地质条件推进速度不同。对于土压平衡盾构,施工中要注意调整掘进速度和排土量,使土仓压力的波动控制在最小幅度。

同步注浆是控制地层变形及建(构)筑物沉降的重要措施,注浆的要点为同步、足量和及时,以便及时填充空隙,减少土体变形。同步注浆量一般为建筑空隙的130%～180%,但除了依据理论计算外，还须根据地面构筑物的隆陷状况和出土情况，及时加以调整。注浆压力在理论上只需使浆液压入口的压力大于该处水土压力之和，即能使建筑空隙得以充盈。但因实际注浆量大于计算注浆量，所以超体积浆液注浆压力必须适当高于理论注浆压力方可压入建筑空隙。但压力也不能过大，因为压力过大会使周围土层产生劈裂，这样管片外的土层将会被浆液扰动而造成较大的后期沉降及隧道本身的沉降。实践中，注浆压力多采用1.1～1.2倍的静止水土压力。在同步注浆效果不佳的情况下，还需及时进行二次补浆，通常在盾构通过3～5环后进行，以弥补同步注浆的不足。

5. 做好建(构)筑物加固保护措施

对于对地面变形比较敏感且影响后果比较严重的结构物，仅通过盾构各施工参数的优化可能不能满足安全控制标准，则还需要采取有效的工程保护措施。常见的措施主要有五种：

(1)地层注浆加固

跟踪注浆法是一种治理土体移动的常用方法，利用土体损失影响地面沉降的滞后现象，在隧道开挖影响范围与被控制的基础之间设置补偿注浆层，即在土层沉降处注入适量的水泥或化学浆，以起到补偿土体的作用，然后通过施工过程中的监测数据，不断控制各注浆管的注浆量，实现隧道开挖与基础沉降的同步控制，从而减小土体的沉降。跟踪注浆是指根据隧道可能发生过大位移或在已经发生了部分位移后，通过注浆局部增大隧道外侧的荷载和改善土质，使其停止移动甚至产生反向位移。这种方法能够非常有效地弥补土体损失，提高结构物承载强度和刚度，将其受隧道开挖的影响降到最低限度，因此在隧道开挖支护无法满足地表沉降要求时，注浆加固无疑是一种十分可行的方法。

为了控制建筑物的不均匀沉降，需要从建筑物侧面进行注浆来加固底部土体，加固区域为基础底部至盾构顶部，盾构边线和楼基础之间的范围内。根据施工经验，被加固土体强度应达到28天单轴无侧限抗压强度0.8～1.2 MPa，同时在建筑物与盾构隧道间预埋注浆管，根据对地表及建筑物的实时监测结果，必要时需及时进行二次注浆加固。

当地面具备施工条件时，可采用从地面进行注浆或喷射搅拌的方式进行施工；当地面不具备施工条件或不便从地面施工时，可以采用洞内处理的方式，主要是洞内注浆。

(2)桩基托换

一般在下列情况下需要进行桩基托换：①盾构开挖通过桩基附近，从而削弱了桩的侧向约束，降低了桩的承载能力；②盾构开挖从距离桩端很近的地方穿过，使桩端承载力受到严重损失；③盾构开挖穿过桩体本身，导致桩的承载力大幅下降或消失。

桩基托换是以特定的桩取代原桩作为建筑物的传力杆件，与原有地基形成多元化桩基并共同分担上部荷载，缓解和改善原有地基的应力应变状态，进而取得控制沉降与差异沉降的预期效果。在隧道开挖过程中，往往会遇到建筑物桩基侵入隧道净空的情况，当隧道从建筑物底部穿越时，建筑物底部的地基土被开挖，洞体四周土体应力状态将发生变化，且伴随着土体的变形，一直延伸到地表面，并对建筑物的基础产生影响。此时必须对桩基进行托换处理，将建筑物原来的基础托承到不受施工影响的新的桩基上，同时建筑物上部荷载通过托换结构也得到了可靠的转移，从而减少了隧道开挖中地层变形对建筑物的影响，解决了隧道穿越既有建筑物的安全问题。托换处理主要有门式桩梁、片筏基础、顶升及树根桩等方法。

桩基托换技术经济合理，效果较好，而且通过改变力的传播途径控制了建筑物变形的发生，同时施工期间不会影响到建筑物的使用功能。但是桩基托换的机理比较复杂，托换技术难度大，综合性强，施工周期长，而且大部分基础托换工程工作在建筑物的室内进行，作业空间受到限制。

(3)隔断法

在建筑物附近进行地下工程施工时，通过在盾构隧道和建筑物间设置隔断墙等措施，阻止盾构机掘进造成的土体变形，以减少对建筑物的影响。避免建筑物产生破坏的工程保护法称为隔断法。该法需要建筑物基础和隧道之间有一定的施工空间。

隔断墙墙体可由密排钻孔灌注桩、高压旋喷桩和树根桩等构成，主要用于承受由隧道施工引起的侧向土压力和由土体差异沉降产生的负摩阻力，从而减小建筑物靠盾构隧道侧的土体变形。为防止隔断墙侧向位移，还可在墙顶部构筑联系梁并以地锚支承。

设置隔断墙可以有效地减少隧道开挖对建筑物基础的影响，效果较好。其中采用钻孔灌注桩的优点是桩的强度和刚度高，比较安全可靠，同时钻孔桩施工以后桩身强度增长快，施工过程中对原有建筑物影响很小，缺点是由于场地限制只能选用较小的设备作业，速度较慢。高压旋喷桩的优点是施工设备灵巧，速度快，施工中对建筑物影响小，成本比钻孔灌注桩低，但其强度较低，施工后桩身强度增长慢。树根桩优点是成本低，施工设备较小，施工时对原有建筑物影响小，但由于桩小，隔断效果较差。不过还需注意，隔断墙本身的施工也是邻近施工，故施工中要注意控制对周围土体的影响。

(4)建筑物本体加固措施

建筑物本体加固即对建筑物结构补强，提高结构刚度，以抵抗或适应由地表沉降引起的变形和附加内力。具体的加固措施有：

①增大截面法。该方法通过外包混凝土或增设混凝土面层加固混凝土梁、板、柱，通过增设砖扶壁柱加固砖墙：增大截面法可增大构件刚度，提高构件的承载能力，从而提高构件的抗变形能力。

②外包钢法。该方法通过在混凝土构件或砌体构件四周包以型钢、钢板从而提高构件性能。该方法可在基本不增大构件截面尺寸的情况下提高构件的承载力，提高结构的刚度和延度。

③外包混凝土法。该方法通过外包钢筋混凝土加固独立柱和壁柱，增设钢筋混凝土扶壁柱加固砖墙，增设钢筋网混凝土或钢筋网水泥砂浆(俗称夹板墙)加固砖墙；与外包钢法相比，这种方法可更好地实现新旧材料的共同工作。

④粘钢法和粘贴碳纤维法。该方法通过黏结剂将钢板或碳纤维粘贴于构件表面从而提高构件性能。该方法可在不改变构件外形和不影响建筑物使用空间的条件下提高构件的承载力和适用性能。

6. 加强施工监测

在盾构掘进至距建筑物 50 m 左右时布置沉降监测点，开始记录建筑物的沉降值并随时观察建筑物总体沉降、不均匀沉降及附近地面的情况。沉降监测点布置在建筑物的外墙角、门窗边角、建筑物突出部位及地下室地面上。在盾构穿越期间进行 24 h 监测，一般为每 2 h 监测 1 次，利用监测结果及时调整施工参数，指导施工，提高掘进水平。如测得变形速率超过警戒值，应立即采取相应措施保证建筑物安全。加强对施工土压力、出土量、推进姿态、推进速度及同步注浆等参数的管理，找出上述参数之间的关联，进一步优化土压力值及相宜的推进速度等参数，最大程度减少地层损失，将沉降控制在最小范围内，满足沉降要求，使得盾构施工顺利穿越该建筑物。

参考文献

[1] 冯夏庭.岩爆孕育过程的机制，预警与动态调控[M].北京：科学出版社，2013.

[2] 吴德兴，杨健.苍岭特长公路隧道岩爆预测和工程对策[J].岩石力学与工程学报，2005，24(21)：3965-3971.

[3] 张文东，马天辉，唐春安，等.锦屏二级水电站引水隧洞岩爆特征及微震监测规律研究[J].岩石力学与工程学报，2014，33(2)：339-348.

[4] 李国良，朱永全.乌鞘岭隧道高地应力软弱围岩大变形控制技术[J]，铁道工程学报，2008，3(114)：54-59.

[5] 刘高，张帆宇，李新召，等.木寨岭隧道大变形特征及机理分析[J]，岩石力学与工程学报，2005，24(增2)：5521-5526.

[6] 汪波，李天斌，何川，等.强震区软岩隧道大变形破坏特征及其成因机制分析[J]，岩石力学与工程学报，2012，31(5)：928-936.

[7] MCCREATH D R，KAISER P K. Evaluation of current support practices in burst-prone ground and preliminary guidelines for Canadian hardrock mines[C]// Rock Support in Mining and Underground Construction. Rotterdam：[s. n.]，1992：611-619.

[8]中华人民共和国交通运输部.公路隧道设计规范 第一册 土建工程：JTG 3370.1—2018[S].北京：人民交通出版社股份有限公司，2019.

[9] 刘思妤，徐则民.基于动-静应力耦合的深埋隧道岩爆灾害控制[J].自然灾害学报，2010，19(1)：177-183.

[10] 王斌，李夕兵，马春德，等.岩爆灾害控制的动静组合支护原理及初步应用[J].岩石力学与工程学报，2014，33(6)：1169-1178.

[11] 杜子建，许梦国，刘振平.岩爆动力源分析及岩爆防治原则探讨[J].矿业研究与开发，2007，27(3)：8-9.

[12] 孙钧.地下工程设计理论与实践[M].上海：上海科学技术出版社，1996.

[13] 明华军，冯夏庭，陈炳瑞，等.基于矩张量的深埋隧洞岩爆机制分析[J].岩土力学，2013，34(1)：163-172.

[14] 周辉，徐荣超，张传庆，等.预应力锚杆对岩体板裂化的控制机制研究[J].岩石力学与工程学报，2015，36(8)：2129-2136.

[15] 汪波，何川.预应力中空注浆锚杆在苍岭隧道防岩爆设计中的应用[J].公路，2011(10)：206-210.

[16] WILLIAM D O.The behavior of tunnels at great depth under large static and dynamic pressures[J].Tunnelling and Underground Space Technology，2001，16：41-48.

[17] 赵勇,隧道软弱围岩变形机制与控制技术研究[D].北京:北京交通大学,2012.
[18] 关宝树,赵勇.软弱围岩隧道施工技术[M].北京:人民交通出版社,2011.
[19] 周艺,何川,汪波,等.基于支护参数优化的强震区软岩隧道变形控制技术研究[J],岩土力学,2013,34(4):1147-1155.
[20] 夏才初,唐颖,朱合华,等.大断面岩石隧道双层初期支护系统设计方法[CN],中华人民共和国国家知识产权局,2011(6).
[21] 何川.盾构/TBM 施工煤矿长距离斜井的技术挑战与展望[J].隧道建设,2014,34(4):287-297.
[22] 周艺.破碎千枚岩隧道开挖方法及支护结构体系研究[D].成都:西南交通大学,2014.
[23] 汪波,李天斌,何川,等.强震区软岩隧道大变形破坏特征及其成因机制探讨[J].岩石力学与工程学报,2012,31(5):928-936.
[24] 师晓权,张志强,李化云.软弱围岩隧道超前预加固技术试验研究[J].岩石力学与工程学报,2011,30(9):1803-1809.
[25] 钱家欢,殷宗泽.土工原理与计算[M].北京:中国水利水电出版社,2006.
[26] 徐永福,殷宗泽.我国膨胀土的分形结构的研究[J].河海大学学报,1997,25(1):18-23.
[27] TERZAGHI K. Stability of slopes of natural clay[C]. Proceedings of the First International Conference on Soil Mechanics and Foundation Engineering.Cambridge: Harvard University,1936:161-165.
[28] GREGORY C H.On railway cutting and embankments:with an account of some slips in the London clay,on the line of the London and Croydon railway[J].Minutes of the Proceedings,1944,3(1):135-145.
[29] SKEMPTON A W.Long-term stability of clay slopes[J].Geotechnique,1964,14(2):77-102.
[30] 中华人民共和国铁道部.铁路工程土工试验规程:TB 10102—2010[S].北京:中国铁道出版社,2010.
[31] 郑健龙,杨和平.公路膨胀土工程[M].北京:人民交通出版社,2009.
[32] 栾茂田,鹈飼惠三.关于岩土工程研究中若干基本力学问题的思考[J].大连理工大学学报,1999,39(2):309-317.
[33] Fredlund D G,Rahardjo H.非饱和土力学[M].陈仲颐,等译.北京:建筑工业出版社,1997.
[34] SHEN Z J.Reduction suction and simplified consolidation theory for expansive soils [J].,Unsaturated Soils,1995,3:1321-1326.
[35] 杨庆,焦建奎,栾茂田.膨胀岩土侧限试验新方法与膨胀本构关系[J].岩土工程学报,2001,23(1):49-52.
[36] 李化云,张志强,张洋,等.山岭隧道膨胀压力解析解基本问题研究[J].现代隧道技术,2014,51(1):54-61.
[37] 孙学毅.膨胀岩特性研究及其在工程中的应用[J].岩土工程学报.1985,3(5):46-55.
[38] 陈宗基,闻萱梅.膨胀岩与隧洞稳定[J].岩石力学与工程学报,1983(1):1-10.

[39] 陈宗基,康文法.岩石的封闭应力,蠕变和扩容及本构方程[J].岩石力学与工程学报,1991,10(4):299-312.

[40] 李化云.浅埋大跨膨胀土隧道变形机理及支护力学行为研究[D].成都:西南交通大学,2014.

[41] 孙钧,张德兴,李成江.渗水膨胀粘弹塑性围岩压力隧洞的耦合蠕变效应[J].上海:同济大学学报,1984,12(2):81-87.

[42] LECA E,DORMIEUX L.Upper and lower bound solutions for the face stability of shallow circular tunnels in frictional material[J].Geotechnique,1990,40(4):581-606.

[43] CHAMBON P,CPRTE J F.Shallow tunnels in cohesionless soil:Stability of tunnel face[J].Journal of Geotechnical Engineering,1994,120(7):1148-1165.

[44] DAVIS E H,GUNN M J,MAIR R J,et al.The stability of shallow tunnels and underground openings in cohesive materials[J].Geotechnique,1980,30(4):397-416.

[45] CHEN W F.Limit analysis and soil mechanics[M].New York:Elsevier Scientific Publishing Company,1975.

[46] PELIZZA S,PEILA D.Soil and rock reinforcement in tunneling[J],Tunnelling and Underground Space Technology,1993,8(3).357-372.

[47] CHEN R P,TANG L J,LING D S,et al.Face stability analysis of shallow shield tunnels in dry sandy ground using the discrete element method[J].Computers & Geotechnics,2011,38(2):187-195.

[48] 池永.土的工程力学性质的细观研究——应力应变关系剪切带的颗粒流模拟[D].上海:同济大学,2002.

[49] 曾远.土体破坏细观机理及颗粒流数值模拟[D].上海:同济大学,2006.

[50] 罗勇.土工问题的颗粒流数值模拟及应用研究[D].杭州:浙江大学,2007.

[51] 张志强,阚呈,孙飞,等.碎屑流地层隧道发生灾变的模型试验研究[J].岩石力学与工程学报,2014(12):2451-2457.

[52] 徐小敏,凌道盛,陈云敏,等.基于线性接触模型的颗粒材料细—宏观弹性常数相关关系研究[J].岩土工程学报,2010(7):991-998.

[53] 周博,汪华斌,赵文锋,等.黏性材料细观与宏观力学参数相关性研究[J].岩土力学,2012,33(10):3171-3178.

[54] 关宝树.隧道工程设计要点集[M].北京:人民交通出版社,2003.

[55] POTYONDY D O,CUNDALL P A.A bonded-particle model for rock[J].International Journal of Rock Mechanics & Mining Sciences,2004,41(8):1329-1364.

[56] 宋建波.岩体经验强度准则及其在地质工程中的应用[M].地质出版社,2002.

[57] 周凯敏.降雨诱发砂土泥石流的宏细观机理研究[D].上海:同济大学,2010.

[58] 薛禹群.地下水动力学原理[M].北京:地质出版社,1986.

[59] 于立茗.隧道掘进掌子面与前方碎屑流区域安全距离的计算[J].铁道建筑,2016(4):47-50.

[60] 张志强,何本国,王志杰,等.富水断层隧道高位排水工法及其作用效果研究[J].岩土力

学,2012,33(11):3359-3366.
[61] 陈进,袁文伯.巷道围岩渐进破坏的粘弹塑性软化分析[J].中国矿业学院学报,1988(3):41-48.
[62] 水利电力部东北勘测设计院.水下岩塞爆破[M].北京:水利水电出版社,1983.
[63] 郭佳奇.岩溶隧道防突厚度及突水机制研究[D].北京:北京交通大学,2011.
[64] 黄克智.板壳理论[M].北京:清华大学出版社,1987.
[65] 王建宇.隧道工程的技术进步[M].北京:中国铁道出版社,2004.
[66] 孙钧.地下工程设计理论与实践[M].上海:上海科学技术出版社,1996.
[67] CARRANZA T C, FAIRHURST C. Application of the Convergence-Confinement method of tunnel design to rock masses that satisfy the Hoek-Brown failure criterion [J].Tunnelling & Underground Space Technology,2000,15(2):187-213.
[68] 张有天.岩石水力学与工程[M].北京:中国水利水电出版社,2005.
[69] 铁道部第二勘测设计院.岩溶工程地质[M].北京:中国铁道出版社,1984.
[70] 卿三惠.高速铁路建造技术(施工卷)[M].北京:中国铁道出版社,2013.
[71] 吕康成.特殊隧道工程[M].北京:人民交通出版社,2013.
[72] 张金才.岩体渗流与煤层底板突水[M].北京:地质出版社,1997.
[73] 李术才,王康,李利平,等.岩溶隧道突水灾害形成机理及发展趋势[J].力学学报,2017,49(1):22-30.
[74] 刘人太,李术才,张庆松,等.岩溶裂隙水探查方法优化与工程治理研究[J].岩土力学,2011,32(4):1095-1100,1107.
[75] 王树仁,何满潮,刘招伟.岩溶隧道突水灾变过程分析及控制技术[J].北京科技大学学报,2006(7):613-618.
[76] 刘招伟,何满潮,王树仁.圆梁山隧道岩溶突水机理及防治对策研究[J].岩土力学,2006(2):228-232,246.
[77] 魏龙海.基于颗粒离散元法的卵石层中成都地铁施工力学研究[D].成都:西南交通大学,2009.
[78] 仇文革.地下工程近接施工力学远离与对策研究[D].成都:西南交通大学,2003.
[79] 日本土木学会编.隧道标准规范(盾构篇)及解说[M].朱伟,译.北京:中国建筑工业出版社,2001.
[80] 铁道綜合技術研究所,既設トンネル(隧道)近接施工対策マンユアル(M).日本:铁道綜合技術研究所.平成 8,9.
[81] 上原精治,土原洋一.近接トンネルの補助工法における研究.住友建設株式会社技術研究所所報,1991(18).
[82] 郑余朝.三孔并行盾构隧道近接施工的影响度研究[D].成都:西南交通大学,2007.
[83] 厉广广.双线隧道同向开挖纵向合理间距研究[D].西安:西安工业大学,2017.
[84] 马海良.先上后下施工方式对近接重叠隧道的影响及控制研究[D].淮南:安徽理工大学,2019.
[85] YAN Q,ZHANG J,CHEN W,et al.Dynamic Characteristics of Intersection Structure

consisting of Twin Shield Tunnels and a Transverse Passage[J]. KSCE Journal of Civil Engineering,2019,23(11):4824-4835.

[86] 中华人民共和国铁道部.铁路混凝土结构耐久性设计规范:TB 10005—2010[S].北京:中国铁道出版社,2010.

[87] 孙齐.双掺聚丙烯及钢纤维管片结构的耐久性研究[D].成都:西南交通大学,2018.

[88] 中华人民共和国住房和城乡建设部.混凝土结构耐久性设计标准:GB/T 50476—2019[S].北京:中国建筑工业出版社,2019.

[89] 何川,封坤,孙齐,等.盾构隧道结构耐久性问题思考[J].隧道建设(中英文),2017,37(11):1351-1365.

[90] GARCES P,SAURA P,ZORNOZA E,et al.Influence of pH on the nitrite corrosion inhibition of reinforcing steel in simulated concrete pore solution [J]. Corrosion Science,2011,53(12):3991-4000.

[91] WEI J,DONG JH,KE W.Corrosion resistant performance of a chemical quenched rebar in concrete[J].Construction and Building Materials,2011,25(3):1243-1247.

[92] 杨建森.氯盐对混凝土中钢筋的腐蚀机理与防腐技术[J].混凝土,2001,141(7):52-53.

[93] 马世豪.海洋钢筋混凝土结构内掺型阻锈剂阻锈性能研究[D].青岛:青岛理工大学,2016.

[94] 张志强,李永珑,王海彦,等.钢筋锈蚀劣化对隧道衬砌结构性能的影响[J].中国公路学报,2014,27(8):73-81.

[95] 王海彦,仇文革,杜立峰,等.隧道衬砌混凝土抗硫酸盐侵蚀耐久寿命预测模型研究[J].现代隧道技术,2014(3):1009-6582.

[96] 金雁南,周双喜.混凝土硫酸盐侵蚀的类型及作用机理[J].华东交通大学学报,2006,23(10):4-8.

[97] THOMAS M D A,BAMFORTH P B.Modelling chloride diffusion in concrete:effect of fly ash and slag[J].Cement and Concrete Research,1999,29(4):487-495.

[98] 赵军,高丹盈.纤维混凝土研究与应用的探讨[J].混凝土,2006(1):82-85.

[99] 沈荣熹,王璋水,崔玉忠.纤维增强水泥与纤维增强混凝土[M].北京:化学工业出版社,2006.

[100] 巫般伟.有机无机复合防护涂层的制备及其对混凝土防护效果的研究[D].广州:华南理工大学,2018.

[101] 黄洁,张松.钢筋阻锈剂综述[J].工业建筑,2008(Z1):826-829.

[102] 陈明实.钢筋阻锈剂作用机理及效果研究[D].内蒙古:内蒙古科技大学,2015.

[103] 张开宇.杂散电流下新型阻锈剂对混凝土钢筋耐蚀性的影响[D].济南:山东建筑大学,2019.

[104] 许贤敏.钢筋混凝土的有机阻锈剂[J].工业建筑,1995,25(9):63-63.

[105] 冯辉红,魏晶晶,谭琳,等.混凝土钢筋迁移型阻锈剂的研究新进展[J].材料保护 2016,49(11):67-70,83.

[106] WANG X,LIU L,WANG P,et al.How the Inhibition Performance Is Affected by

Inhibitor Concentration:A Perspective from Microscopic Adsorption Behavior[J].Industrial & Engineering Chemistry Research,2014,53(43):16785-16792.

[107] YANSON Y I, YANSON A I. Cathodic corrosion. I. Mechanism of corrosion via formation of metal anions in aqueous medium[J].Low Temperature Physics,2013,39(3):304-311.

[108] ALIGIZAKID K K.Corrosion Inhibitors for Steel in Concrete-State of the Aut Report[J]. Construction & Building Materials,2008,22(4):609-622.

8 高速铁路隧道抗震设计

我国位于世界两大地震带——环太平洋地震带与欧亚地震带之间，受太平洋板块、印度板块和菲律宾海板块的相互挤压作用，加之欧亚板块深部地球动力作用的影响，巨大的晚第四纪活动断裂十分发育，导致这些断裂成为产生大地震的能量源泉。20 世纪以来，我国共发生 6 级以上地震 800 余次，遍布除贵州、浙江和香港特别行政区以外所有的省、自治区、直辖市，包括 1920 年 8.5 级的宁夏海原地震，1933 年 7.5 级的四川叠溪地震，1950 年 8.5 级的西藏察隅地震，1976 年 7.8 级的河北唐山地震，2008 年 8.0 级的四川汶川地震，2010 年 7.2 级的青海玉树地震，2013 年 7.0 级的四川雅安地震和 2017 年 7.0 级的四川九寨沟地震等一系列大地震。我国地震活动频度高、强度大、震源浅、分布广，是世界上最大的大陆浅源强震活动区，占全球土地 7%的国土上承受了全球 33%的大陆强震，地震灾害的严重性一直是我国的基本国情之一。

随着“一带一路”倡议和党的十九大做出交通强国的战略决策，基础设施建设必将以更加迅猛的姿态在全国大地铺开，隧道在交通工程中数量将会越来越多，规模将会越来越大，地位将会越来越重要，大量建成和拟建的隧道工程将不可避免地位于我国地震活动频繁的西南、西北、华北和东南沿海地区。

我国汶川地震和台湾集集地震、日本关东大地震、阪神大地震等强震造成隧道结构严重破坏的事实，警示我们不能忽视当前大量交通隧道工程的震害问题，尤其是等级更高、行车速度更快、线型要求更严格的高速铁路隧道，同时也促使我们必须从既有隧道震害中吸取经验教训，采取切实有效的措施，把隧道抗减震设防理念和相应的设计方法贯穿到各类隧道选线、设计、施工和维护等各阶段。

8.1 国内外典型隧道震害

隧道工程通常被认为是抗震性能优越的工程建筑，但在强震条件及不良地质条件下，隧道工程的震害依然十分明显。震害作为最真实的“原型试验”结果，一直受到人们的重视。目前铁路隧道设计相关规范中所收集和依据的隧道震害主要以低速(＜140 km/h)的单线铁路小断面隧道震害为基础，且主要是 1970 年之前的震害资料。随着世界范围内隧道震害的不断出现，公路隧道、高速铁路隧道等断面较大的隧道震害的资料也逐渐增多，下面主要对“5·12”汶川大地震、1999 年我国台湾地区集集地震和 1995 年日本兵库县南部地震等的隧道震害资料进行了收集分析，以期发现其破坏规律及震害机理，为隧道工程抗震设计提供参考。

1. 汶川大地震隧道震害

2008 年 5 月 12 日 14 时 28 分，四川汶川县境内(N30.99°，E103.36°)发生了 8.0 级特大地震，震中地区烈度高达Ⅺ度，地震破裂持续时间 120 s，短短瞬间释放 $10^{23.1}$ erg 的地震波能量，相当于上千颗“二战”时美国在广岛扔的原子弹能量，破坏性之大实属罕见。此次地震是由于印度板块与欧亚板块碰撞，导致青藏高原地壳缩短、隆升，同时伴随地壳物质向东流动，受到华南地块的强烈阻挡，应力在龙门山逆冲推覆构造带映秀—北川断裂和灌县—江油断裂上积累，同时产生叠瓦状破裂的强烈地震。

我国大量隧道处于此次地震的高烈度震区，烈度Ⅶ～Ⅸ度，如宝成线、成昆线等铁路干线上的铁路隧道，都江堰—汶川、剑阁—青川等公路上的隧道，共 110 余座隧道受到不同程度的损害。图 8.1～图 8.4 为汶川地震中部分铁路、公路隧道震害图。

图 8.1 宝成线朝阳隧道震后出现衬砌裂缝

图 8.2 广岳线擦耳岩隧道洞门边仰坡坍塌

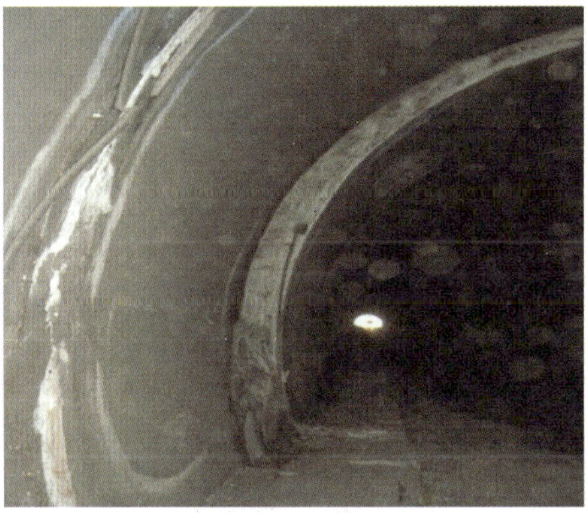

图 8.3 都汶公路龙溪隧道洞口二次衬砌错台

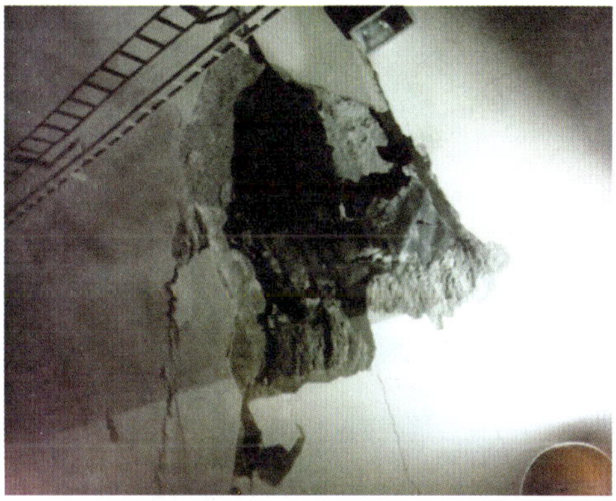

图 8.4 都汶公路龙洞子隧道边墙上部衬砌塌落

2. 我国台湾地区集集地震隧道震害

1999 年 9 月 21 日台湾南投县集集镇发生 7.3 级地震，震源深度 8 km，该次大地震至少造成 2 300 人死亡，近万人无家可归，地表发生了长达近百公里的地表断层。

集集地震为台湾中部地区车笼埔断层错动所引发的内陆极浅层地震。车笼埔断层略呈南北向分布于台中盆地的东缘，南以古坑断层为界，略以南北走向向北延伸 83km，主要为中新世地层（锦水页岩）逆冲至台中盆地的冲积层之上，因此断层的东侧为上盘，主要为中新世的锦水页岩，断层的西侧为下盘，主要为台中盆地第四纪的冲积层与头嵙山层，断层面往东倾斜，角度 25°～45°不等。

通过对台湾中部距离发震断层 25 km 范围内的 44 座受损隧道进行调查表明，受损严重者占 25%，受损中等者占 20%，受损轻微者占 55%。由于车笼埔断层造成的隧道震害统计见表 8.1。图 8.5～图 8.8 为地震中部分隧道震害图。

表 8.1 集集大地震车笼铺断层东侧(上盘)地区山岳隧道受损数量统计

受损等级	受损程度	受损数量/座	洞口受损数量/座	洞身受损数量/座
A 级	轻微	24	28	33
B 级	中等	9	7	7
C 级	严重	11	9	4
合计		44	44	44

图 8.5 石岗坝引水隧道错动破坏

图 8.6 隧道衬砌开裂

图 8.7 洞门处仰坡滑坡

图 8.8 隧道洞口掩埋

3. 日本兵库县南部地震隧道震害

1995 年日本时间 1 月 17 日 5 点 45 分，日本兵库县南部发生里氏 7.3 级地震，震中在距离神户市西南方 23 km 的淡路岛，属于日本关西地区的兵库县。该地震由神户到淡路岛地区的六甲断层的活动引起，属于上下震动型的强烈地震。

此次地震由六甲断层活动引起，地震造成了隧道衬砌开裂，如图 8.9 所示，穿越该断层的六甲隧道是此次地震的“重灾区”，图 8.10 为六甲隧道震害沿纵向的分布图，图 8.11 为此次地震造成的神户地铁大开车站的破坏情况。

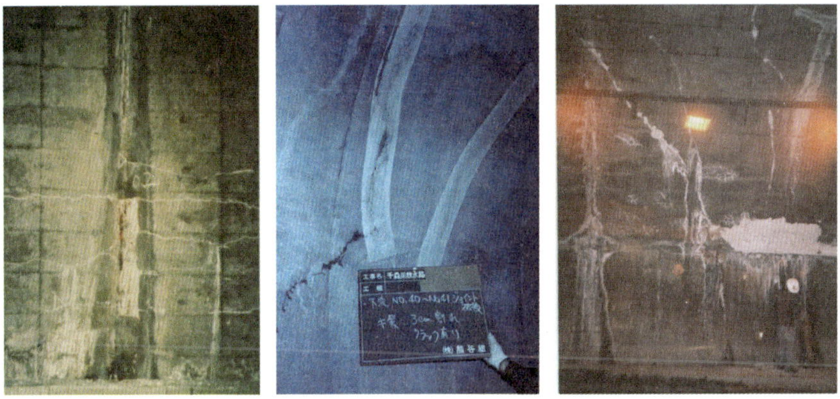

（a）纵向开裂　　（b）环向开裂　　（c）斜向开裂

图 8.9　六甲隧道衬砌开裂

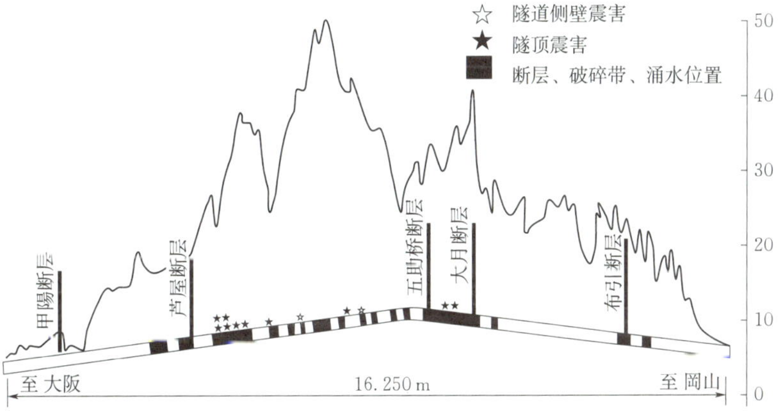

图 8.10　六甲隧道震害沿纵向分布图

图 8.11　大开车站中柱柱端压溃破坏

4. 隧道震害类型汇总

根据对国内外隧道及地下结构的震害分析，可将震害类型总结为表 8.2。

表 8.2 隧道及地下结构震害类型

隧道位置或类型	震害类型
隧道洞口及浅埋段	• 洞口坡面坍滑、岩崩，甚至出现滑坡或者是引起滑坡复活； • 洞口洞顶出现危岩落石或围岩落石危害加剧； • 洞门端墙、挡翼墙出现开裂、错台、垮塌； • 洞口浅埋段、偏压段、洞身浅埋段衬砌结构出现变形开裂、错台、剥落甚至垮塌，隧道底板及仰拱出现开裂、上鼓、错台等现象
隧道洞身段（尤其是穿越断层带）	• 衬砌开裂变形、渗水； • 衬砌掉块、错台，局部垮塌； • 钢筋扭曲变形甚至断裂； • 路面、电缆沟开裂、错台，路面仰拱隆起； • 盾构隧道接头错台、张开、渗水
地下建筑（车站）	• 框架柱柱端混凝土沿 45°方向断裂或者压溃，钢筋扭曲； • 联排框架柱整体破坏，地面沉陷； • 墙面出现交错裂缝并引发渗水

8.2 隧道震害机理及响应特性

8.2.1 隧道震害机理

隧道在地震作用下的破坏是地震波特征、围岩地质条件、隧道埋深、衬砌类型、形状、刚度等诸多因素综合作用的结果，其破坏机理非常复杂。在调查分析大量震害资料的基础上，对地震作用下的隧道破坏机理进行分类和探讨可知，地震造成的隧道破坏作用机制可大致分为如下三类：

1. 断层错动

穿过断层带的隧道，因地层错动造成隧道主体破坏。断层错动使围岩直接产生剪切位移，它可以穿过覆盖层直达地表。这种剪切变形通常被限制在断层周围一个狭小的范围内，但这种突然的变位方式引起的隧道破坏是灾难性的，往往导致隧道整体坍塌破坏。

2. 地震引起地表破坏(洞口部位坍塌破坏或液化)

在隧道进出口部位地层松散或隧道一侧临空且地表地质状况差的情况下，地震可能直接导致边坡失稳，造成洞口坍塌或隧道结构局部向临空侧塌落，这属于边坡动力稳定问题的范畴。

3. 地震波引起隧道结构的振动或摆动

地震波引起隧道本身出现剧烈振动或摆动，产生循环交替的压应变和拉应变，这些应变叠加在隧道衬砌和围岩原有的压应变之上。当叠加压应变时，导致原有压应变进一步增大，衬砌可能局部弯曲，出现剥落；如果叠加拉应变且大于原有压应变，则因此产生的拉应变状态可能导致某个部位的衬砌开裂。若隧道未设置衬砌，则洞内围岩岩石块体可能因此松动，产生掉块。地震波引起的隧道结构的振动或摆动变形可以细分为三类：轴向变形、弯曲变形(下沉)和环向变形(呈椭圆形)。轴向变形和弯曲变形是地震波平行或斜交于隧道轴线传播所引起的。隧道轴向变形主要表现为地震波沿隧道轴线传播时，在衬砌中产生循环交替的压应变和拉应变区；弯曲变形则表现为沿隧道方向的正、负弯曲交替区。

事实上，某个隧道因地震作用而损坏时，其破坏机制往往为以上一种或数种类型的组合。图 8.12 为隧道横断面方向的震害机理图，图 8.13 为纵向隧道洞身易出现震害的地段。

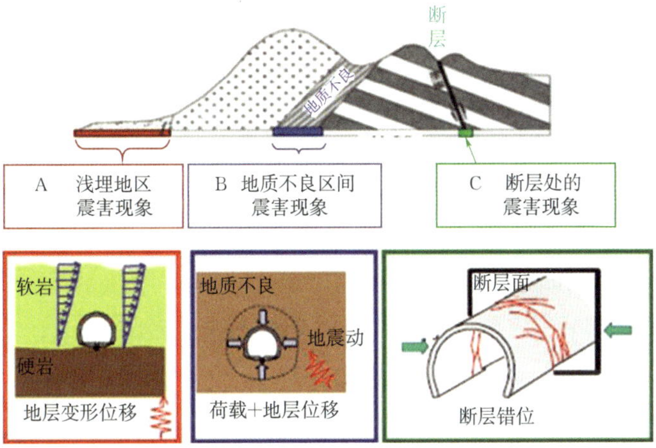

图 8.12　隧道横断面方向的震害机理

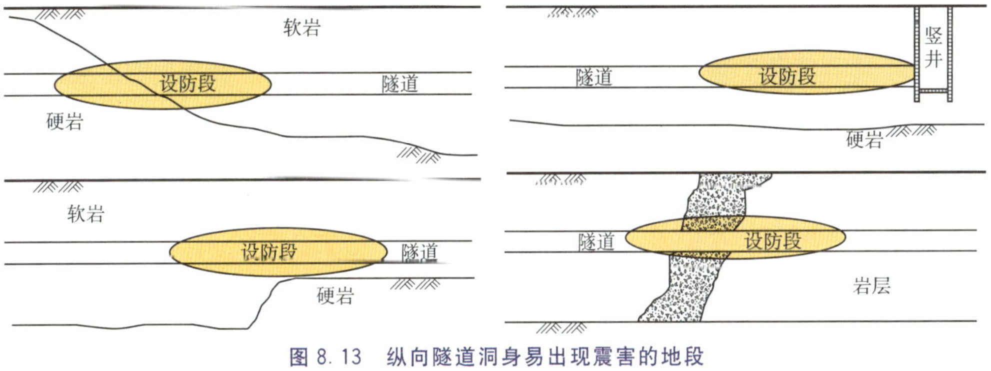

图 8.13　纵向隧道洞身易出现震害的地段

8.2.2　隧道地震响应特性

通过资料调研、理论分析和数值模拟等手段对隧道地震响应特征进行研究，得到隧道在地震荷载作用下具有如下振动特征：

1. 隧道结构振动对地层振动具有依赖性和追随性

一般而言，地下结构的视比重(包括结构物和内净空断面的平均比重)比周围土体小得多，例如：盾构隧道的视比重约为 1 200 kg/m³，周围土体比重为 1 600～1 700 kg/m³；因此其自身受惯性力影响较小，周围岩土介质对隧道结构具有约束作用，导致其振动衰减速度快，隧道的地震响应由其周边地层的地震响应决定而并非由其自身的惯性力决定，衬砌在地震作用下产生的应力增量主要由地层的相对位移引起。

2. 地层中是否存在隧道对地层本身地震响应影响很小

何川等通过盾构隧道振动台试验(见图 8.14)和动力响应分析(见图 8.15)得出地层中是否存在隧道对地层本身地震响应影响很小，而衬砌结构的地震响应很大程度上取决于地层响应的结论；同时，地层加速度与衬砌结构应变时程曲线的吻合程度低于地层相对位移与衬砌结构应变时程曲线的吻合程度，印证了隧道结构振动对地层振动具有追随性的结论。

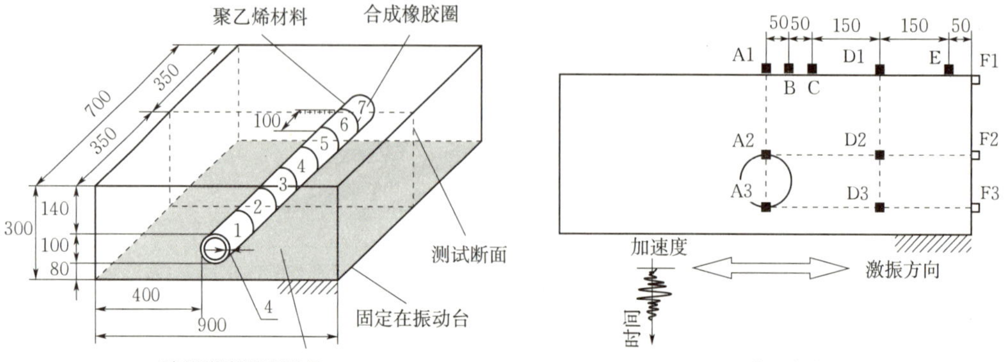

（a）硅树脂模拟淤积地层　（b）测试断面各位置点

图 8.14　盾构隧道振动台模型试验

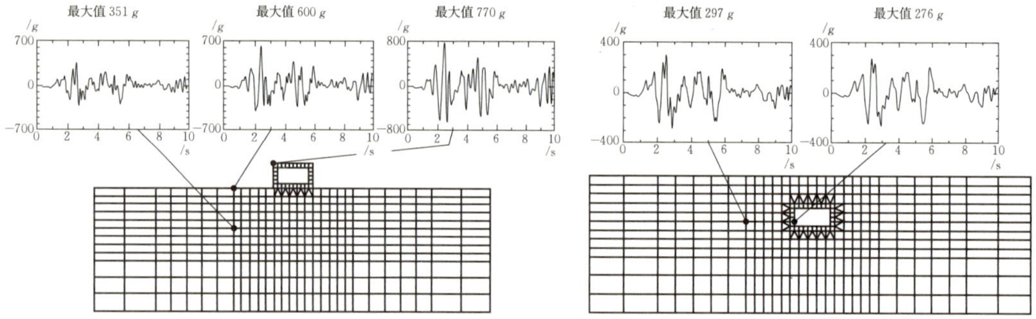

（a）地面结构　（b）地下结构

图 8.15　地面结构与地下结构的地震响应对比

8.3　隧道抗震计算方法

在我国现行隧道与地下结构相关的抗震设计规范中，如《地下结构抗震设计标准》(GB/T 51336—2018)、《公路隧道抗震设计规范》(JTG 2232—2019)、《铁路工程抗震设计规范》(GB 50111—2006)等，隧道工程抗震计算方法大体可分为：静力法、反应位移法和动力时程法。从工程设计的方便可行和实用化角度出发，一般情况下，隧道分别从横向和纵向进行抗震计算。

8.3.1　隧道横断面方向抗震计算方法

1. 静力法

地震发生时，建筑物受到一种惯性力的作用，这种由地震引起的惯性力称为地震力。“静力法”是根据地震力理论提出的静力抗震计算方法。该方法中，将结构的惯性加速度通过一个系数乘以结构自重作为地震荷载，故又称“地震系数法”，该方法最早应用于桥梁、房屋等地面结构的抗震计算。由于地下结构均埋置于一定的围岩环境中，考虑侧向土压力增量和上覆土柱地震作用后，静力法可应用于地下结构的抗震计算，该方法仅需场地峰值加速度即可完成计算，参数容易获取，计算简便，至今仍被广泛采用。

(1)静力法原理

采用静力法计算时,结构承受的地震作用主要由衬砌自重地震惯性力、上覆土柱地震惯性力、地震侧向土压力增量三部分组成,可按图 8.16 所示的计算简图计算隧道结构横断面方向的地震反应。

①衬砌自重地震惯性力

衬砌自重地震惯性力是地震时加速度所引起的结构本身惯性力,其水平向和竖向的地震作用分别按式(8.1)和式(8.2)计算:

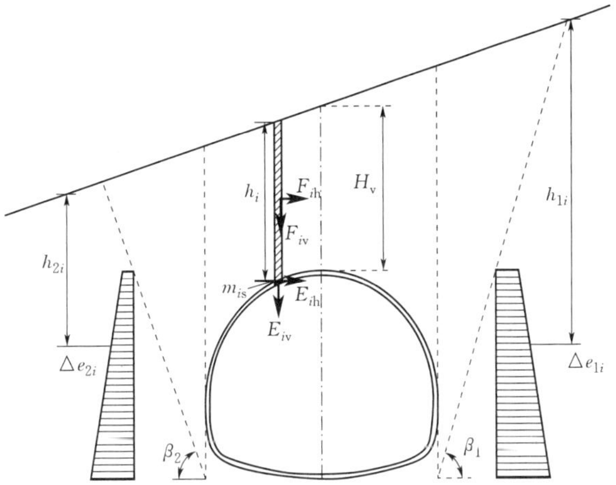

图 8.16 静力法计算简图

$$E_{ih}=A_h m_{is}=C_s A m_{is} \tag{8.1}$$

$$E_{iv}=K_v A_h m_{is}=K_v C_s A m_{is} \tag{8.2}$$

式中 A_h——水平设计地震动加速度峰值,m/s²;

A——水平基本地震动加速度峰值,m/s²;

m_{is}——隧道衬砌计算点的质量,kg;

K_v——竖向地震动峰值加速度与水平向峰值加速度的比值;

C_s——场地调整系数。

②上覆土柱地震惯性力

计算中假定上覆土柱地震荷载作用于土柱单元质心,其值采用式(8.3)和式(8.4)计算,计算结构内力时,采用力的平移定理,将地震力简化为作用于衬砌上半部的各节点力和节点弯矩。

上覆土柱水平地震作用:

$$F_{ih}=A_h Q_i \tag{8.3}$$

上覆土柱竖向地震作用:

$$F_{iv}=K_v A_h Q_i \tag{8.4}$$

上覆土柱垂直土压力:

$$Q_i=\frac{\gamma}{2}\left[2h_i B-(\lambda_1 h_i^2+\lambda_2 h_i^2)\tan\theta_0\right] \tag{8.5}$$

③地震时侧向土压力增量

内侧土压力增量:

$$e_{1i}=\gamma h_i(\lambda_1-\lambda)\Delta e_{1i}=C_i C_s \gamma h_{1i}(\lambda_1-\lambda) \tag{8.6}$$

外侧土压力增量:

$$e_{2i}=\gamma h_i(\lambda_2-\lambda)\Delta e_{2i}=C_i C_s \gamma h_{2i}(\lambda_2-\lambda') \tag{8.7}$$

式中 γ——围岩容重,N/m³;

h_i——上覆土柱的高度,m;

B_i——上覆土柱宽度,m;

θ_0——土柱两侧摩擦角,(°);

γ_1,γ_2——内、外侧地震时的侧压力系数,此处内、外侧针对偏压隧道而言,内侧为靠山一侧，当地表水平时，两侧均取 λ_1；

λ，λ'——内、外侧常时侧压力系数；

h_{1i}，h_{2i}——衬砌内、外侧任一点 i 至地表面的距离，m。

(2)修正静力法

经过工程实践和震害调查统计，发现了“静力法”存在的问题，主要表现在：浅埋较小时计算内力(主要是弯矩)要低于实际值，且埋深越小，偏离越严重，因低估了地震反应，导致设计不安全；另一方面，当隧道埋深增加到一定程度后，计算内力又高于实际值(且埋深越大，偏离越严重)，因高估了地震反应，导致设计过于保守。2008 年汶川地震后，针对原铁道部重点科技项目“铁路工程结构物抗震设计标准与方法研究——铁路隧道工程抗震设计标准与方法研究”，中铁二院工程集团有限责任公司和西南交通大学组成的联合研究团队通过动力计算、反应位移法、振动台试验等多种方法进行系统研究，获得了静力法隧道拱顶处上覆土柱的等效高度，提出采用“修正的静力法”进行抗震计算，对于隧道中量大面广的位于岩质围岩中的山岭隧道而言，该方法提高了静力法的适应性，其计算结果基本能综合反映隧道工程的地震响应特性，且参数容易获取、计算简洁，安全实用。

①静力法的修正必要性

鉴于上文提到的静力法计算结果的不尽合理之处，采用振动台模型试验，并据此对理论分析和数值模拟结果进行验证，在揭示隧道地震响应规律的同时对静力法中误差来源——隧道拱顶上覆土柱计算高度进行修正。图 8.17 和图 8.18 分别给出Ⅴ级围岩条件下振动台模型试验和时程分析方法得到的马蹄形断面拱脚处弯矩时程曲线，从图中可以看出：试验结果和计算结果的频谱特性和峰值都比较接近，表明时程分析法与振动台试验结果能较好地吻合，时程分析法可以作为静力法修正的依据。

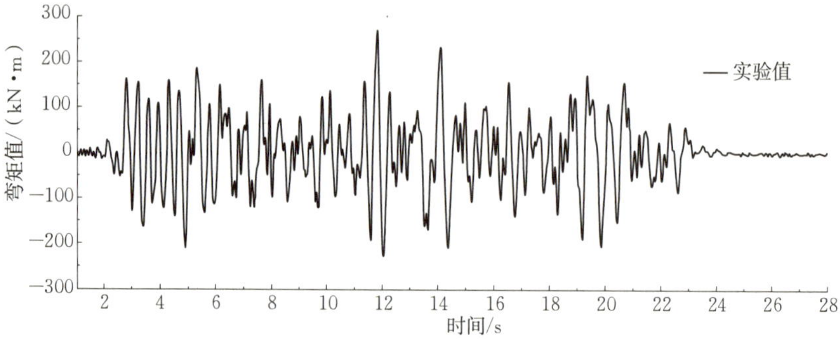

图 8.17 Ⅴ级围岩衬砌墙脚弯矩时程(振动台试验结果)

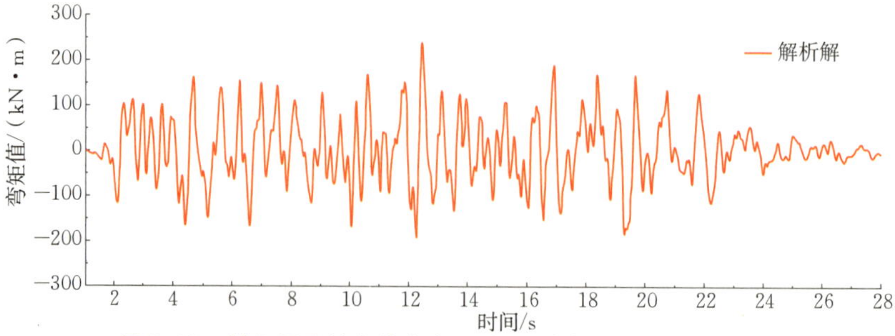

图 8.18 Ⅴ级围岩衬砌墙脚弯矩时程(动力时程法计算结果)

高速铁路隧道最常用的断面为马蹄形断面和圆形断面，针对不同围岩条件，不同断面形式分别采用静力法、反应位移法和时程分析法计算其内力，结果如图 8.19 所示。由图可知，反应位移法与动力时程的计算结果吻合度非常高，在埋深较小时，静力法计算结果较其他两种方法偏小，此时按照静力法进行抗震设计将使衬砌设计偏于不安全；而当埋深超过一定值后，反应位移法与动力时程分析法计算得到的衬砌在地震作用下的弯矩均有不再增大的趋势，而静力法计算结果则急剧增大。

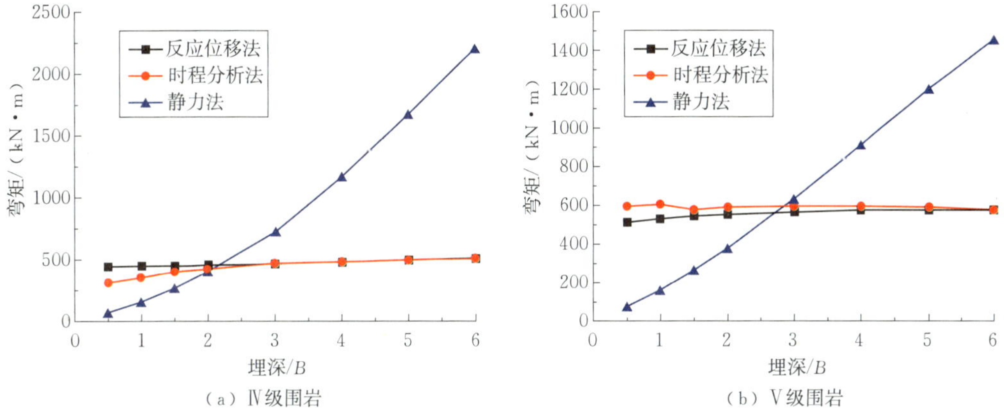

图 8.19　不同抗震计算方法弯矩峰值随埋深关系（PGA=0.3g）

分析这一现象得出隧道上覆土柱高度对静力法的计算结果影响巨大，并且存在一个合理的上覆土柱等效高度，可以使静力法得出较可靠的计算结果。通过振动台试验及数值计算等手段将不同围岩级别、不同地震动峰值加速度、不同断面形式、不同跨度等工况下合理上覆土柱等效高度统计后得出以下结论：

a. 隧道跨度相同而地震动峰值加速度不同时，上覆土柱等效高度基本相同，峰值加速度的影响只反映在土柱地震惯性力上；

b. 隧道跨度与地震动峰值加速度均相同时，不同级别围岩条件下，隧道上覆土柱等效高度差异较大，上覆土柱等效高度与围岩级别相关；

c. 地震动峰值加速度与围岩级别均相同时，不同跨度隧道对应的上覆土柱等效高度不同，上覆土柱等效高度与隧道跨度相关。

考虑到目前一般单线铁路隧道洞径在 6 m 左右、双线铁路隧道跨度 12 m 左右、跨江（海）隧道、高速铁路隧道等大断面或超大断面隧道洞径 10～15 m 的实际情况，为方便设计人员选取，同时使结构具有合理的安全系数，得出Ⅳ、Ⅴ级围岩中不同跨度隧道的拱顶处等效埋深，见表 8.3。

表 8.3　拱顶处等效埋深（H_v）取值

跨度	6～8 m	8～10 m	10～12 m	12～14 m	>14 m
Ⅳ级围岩	3.5B	3.0B	2.5B	2.0B	1.8B
Ⅴ级围岩	4.0B	3.5B	3.0B	2.5B	2.0B

注：B 为隧道跨度。

②修正静力法的应用

反应位移法、时程分析法及振动台试验等抗震分析表明地震时隧道拱圈共轭 45°方向交替出现内力峰值，图 8.20 为修正静力法计算得到的衬砌在地震作用下的弯矩和轴力，其内力包络图如图 8.21 所示，可以看出修正静力法计算结果能综合反映隧道结构在地震时的受力特性，计算精度与动力计算相近，计算简便，安全实用。

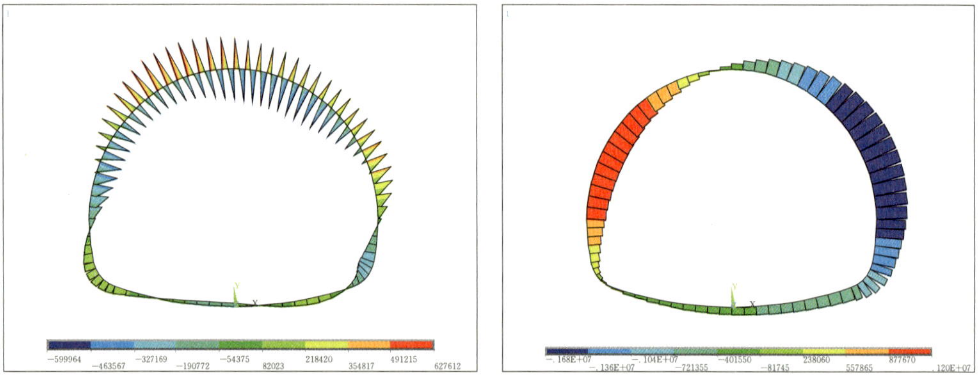

（a）弯矩/（N·m）　　（b）轴力/N

图 8.20　衬砌横断面有限元计算结果（修正静力法）

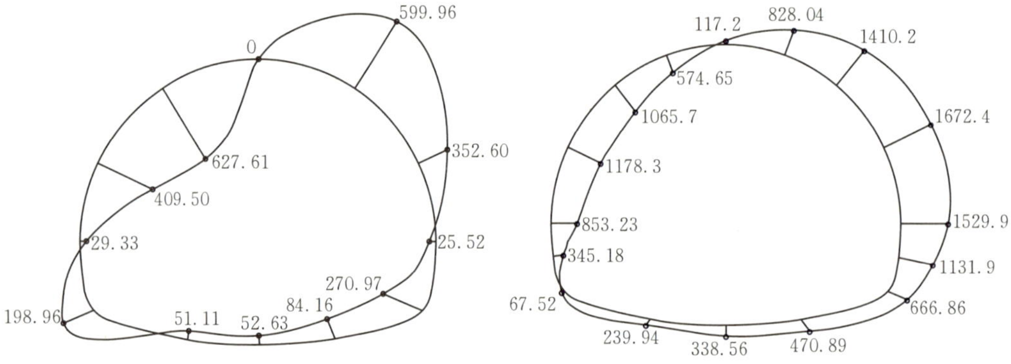

（a）弯矩/（kN·m）　　（b）轴力/kN

图 8.21　衬砌横断面内力包络图（修正静力法）

2. 反应位移法

随着对地下结构振动特性的深入研究，研究人员认识到地下结构对周围地层的振动具有追随性。基于这一理念，以竖直向上传播的剪切波使结构产生横断面内的剪切变形为基础，由此产生了将形变作为地震荷载的分析方法，此方法适用于地震反应主要受地层相对位移控制的场地条件。由于这种方法考虑到了地下结构地震响应的特点，能够较真实地反映隧道在地震荷载作用下的受力特征，是一种有效的抗震计算方法，广泛应用于盾构、明挖和沉管隧道等地下结构的抗震分析。

（1）横向反应位移法原理

横向反应位移法基本方程来自地下结构与周围土体的整体运动微分方程，可表示为

$$\begin{bmatrix}[K_{SS}] & [K_{SI}] \\ [K_{IS}] & [k]+[K_{II}]\end{bmatrix}\begin{Bmatrix}\{u_S\} \\ \{u_I\}\end{Bmatrix}=\begin{Bmatrix}\{0\} \\ [k]\{u_{II}\}\end{Bmatrix}-\begin{bmatrix}[M_S] & [0] \\ [0] & [M_I]\end{bmatrix}\begin{Bmatrix}\{\ddot{u}_S\} \\ \{\ddot{u}_I\}\end{Bmatrix} \tag{8.8}$$

式中 $\{u_I\}$——结构物与地层接触面的位移向量；

$\{u_S\}$——结构物与地层接触面以外的结构的位移向量；

$[U_{II}]$——空洞地层条件下接触面的位移向量；

$[K_{SS}]$,$[K_{SI}]$,$[K_{IS}]$,$[K_{II}]$——结构物的刚度矩阵；

$[k]$——空洞地层刚度矩阵；

$[M_I]$,$[M_S]$——接触面和接触面以外节点质量矩阵。

下标 I 为结构与地层接触面的节点总称，S 为结构物与地层接触面以外的结构的节点总称。方程左端表示地震时地层变形作用下由结构自身刚度和地层的约束作用产生的力，右端第一项为理想空洞地层条件下地震引起的位移$\{u_{II}\}$与地层约束刚度的乘积，第二项为结构自身惯性力。横向反应位移法隧道抗震计算模型如图 8.22 所示。

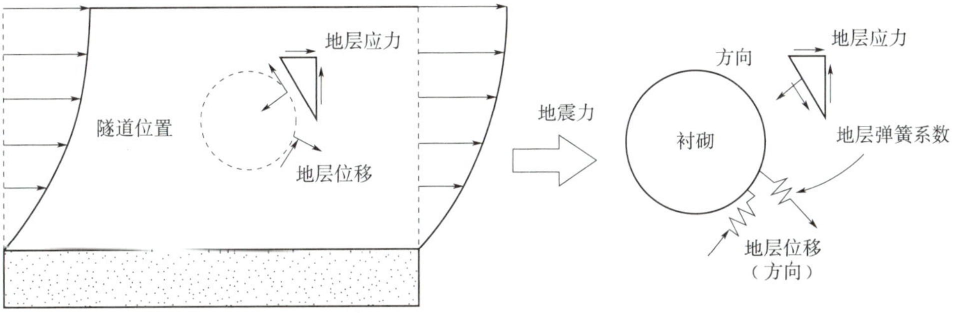

图 8.22 横向反应位移法计算模型

由图 8.22 可以看出，反应位移法中地震作用主要分为三个部分：地层位移差、地层剪应力以及结构自身的惯性力，其中地层位移差及地层剪应力的影响是最主要的，结构自身的惯性力的影响较小，因此如何求解地层位移差与地层剪应力成为横向反应位移法的关键，根据地层的特性，有三种方法可采用：均质半无限体地层解析法、成层地层重复反射理论法、自由场地层反应分析法。

①均质半无限体地层

均匀半无限体运动微分方程如式(8.9)，其地震位移如图 8.23 所示。

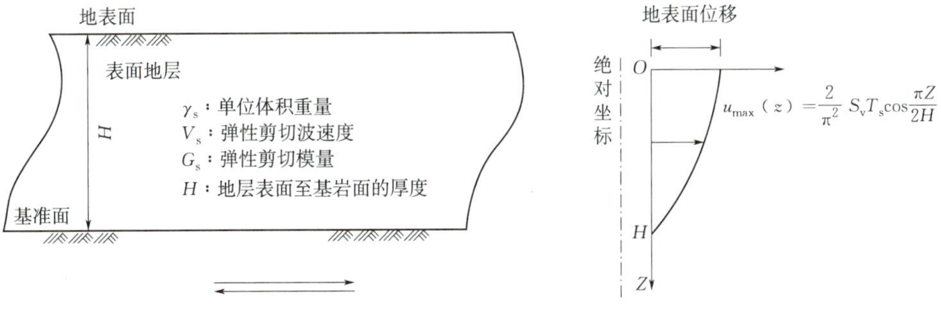

图 8.23 均质半无限地层地震位移

$$\frac{\gamma_s}{g}\frac{\partial^2 u}{\partial t^2}+C_s\frac{\partial u}{\partial t}+\frac{\partial}{\partial z}\left(G_s\frac{\partial u}{\partial z}\right)=\frac{\gamma_s}{g}\ddot{u}_B \tag{8.9}$$

式中 u——地层水平位移，m；

γ_s——地层容重，kN/m^3；

g——重力加速度，m/s^2；

C_s——地层黏滞阻尼系数；

G_s——地层动剪切模量，kPa；

$\ddot{u}_B$——基准面地震动加速度，m/s^2。

求解运动微分方程，并带入边界条件，得出最大位移 $u_{max}(z)$的近似解为

$$u_{max}(z)=\frac{2}{\pi^2}S_v T_s \cos\left(\frac{\pi z}{2H}\right) \tag{8.10}$$

由此第 i 节点的地层变形 $u[z(i)]$及地层剪力 $\tau(i)$可由式(8.11)和式(8.12)求出：

$$u[z(i)]=\frac{2}{\pi^2}S_v T_s \cos\frac{\pi z(i)}{2H} \tag{8.11}$$

$$\tau(i)=\frac{G_d}{\pi H}S_v T_s \sin\frac{\pi z(i)}{2H} \tag{8.12}$$

式中 $z(i)$——i 节点的等效埋深，m；

H——地表面至基准面的厚度，m；

S_v——地层的速度反应谱；

T_s——地层固有周期，s；

G_d——地层动剪切模量，kPa。

在具有工程场地地层速度反应谱的条件下，可以直接通过式(8.11)和式(8.12)计算出各相应位置的位移和剪应力，再作用于图 8.22 所示模型并计算出地震附加内力。我国工程场地地层速度反应谱资料不足，直接利用上式求解有困难，根据地震工作者给出的工程场地地表峰值位移结合式(8.10)可得

$$S_v T_s=\frac{u_{max}\pi^2}{2} \tag{8.13}$$

将式(8.13)带入式(8.12)可得：

$$\tau(i)=\frac{\pi G_d}{2H}u_{max}\sin\frac{\pi z(i)}{2H} \tag{8.14}$$

此外，对式(8.11)同样用 u_{max}代替 $S_v T_s$，并改变一种拟合形式，可得

$$u[z(i)]=\frac{1}{2}u_{max}\cos\frac{\pi z}{2H} \tag{8.15}$$

当具有工程场地地表峰值位移时，利用式(8.14)和式(8.15)即可求出地层不同深度处位移和剪应力，作用于计算模型即可求出隧道横断面地震附加内力。假设隧道为圆形，地层均质并以其固有振动模式振动、地层及隧道响应均为线性，可以得出横断面内力的近似解析解，如式(8.16)所示。

$$M(\theta)=1.3\times\frac{3\pi E_s I_s}{2RH}U\sin\left(\frac{\pi H_c}{2H}\right)C\sin 2\theta$$

$$Q(\theta)=-1.3\times\frac{3\pi E_s I_s}{R^2 H}U\sin\left(\frac{\pi H_c}{2H}\right)C\cos 2\theta$$

$$N(\theta)=-1.3\times\frac{3\pi E_s I_s}{R^2 H}U\sin\left(\frac{\pi H_c}{2H}\right)\left(1+\frac{G_G R^3}{6E_s I_s}\right)C\sin2\theta$$

$$C=\frac{4(1-\nu_G)G_G R^3}{(3-2\nu_G)G_G R^3+6(3-4\nu_G)E_s I_s} \tag{8.16}$$

式中 U——地表最大相对位移，m，可根据式(8.10)或式(8.15)，取 $z=0$ 时确定；

H_c——地表至隧道中心的距离，m；

R——隧道横断面衬砌中轴线半径，m；

E_s——衬砌弹性模量，kPa；

I_s——衬砌环断面惯性矩，m^4；

ν_G——地层的泊松比；

G_d——地层动剪切模量，kPa；

θ——极坐标系下计算点角坐标，rad。

②成层地层的重复反射理论

对于成层分布的地层，采用重复反射理论计算出工程场地的地震响应，在获得地层的实际地震响应的基础上，利用反应位移法对该隧道典型地段的横断面进行抗震计算分析。具体方法是考虑图 8.24 所示的地层中的土柱，其运动平衡方程式为

$$\frac{\partial\tau}{\partial z}=\rho\frac{\partial^2 u}{\partial^2 t} \tag{8.17}$$

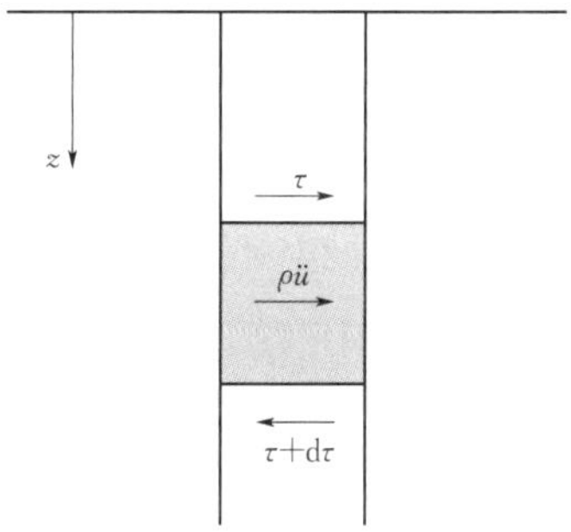

图 8.24 土柱地层应力示意图

该方法的核心是采用黏弹性 Maxwell 地层衰减模型，得到用位移表示的波动方程：

$$\frac{\partial^3 u}{\partial t^3}+2h\omega\frac{\partial^2 u}{\partial t^2}-\frac{G}{\rho}\frac{\partial^3 u}{\partial t\partial z^2}=0 \tag{8.18}$$

式中 h——衰减系数；

ω——振动圆频率，Hz；

G——剪切弹性模量，Pa；

ρ——地层密度，kg/m^3。

在已知地震波的情况下，将地震波分为入射波和反射波，利用连续条件，通过递推公式求解相邻地层的波动从而求出整个区域地层的地震响应的方法即为层层重复反射理论。1972 年美国加利福尼亚伯克利分校研究开发的 SHAKE 程序就是利用重复反射理论的等效线性计算软件，在求解成层地层的地震响应中得到广泛应用，并一直沿用至今。

③自由场地层反应分析

上述两种方法是建立在假设地层为均质或成层分布，且仅考虑地层及结构的线性力学行为，当地层条件复杂时其计算结果将出现较大的误差。总结起来，利用传统的反应位移法计算时存在以下几点问题：首先，传统的反应位移法对复杂地层条件下的隧道抗震计算精度不高；其次，计算模型中的地层弹簧刚度取值困难，常常需要利用有限元法单独求解；此外，当隧道结构的横断面并非矩形、圆形等规则几何图形时，计算结构周边施加地层剪应力将会变得极其烦琐。鉴于上述问题，何川等提出了反应位移法基于“地层—结构模型”的改进形

式，基于“地层—结构模型”的反应位移法计算模型如图 8.25 所示，该方法首先计算自由场地层的地震反应，将地层地震时的位移以强制位移的形式作为地震动在模型边界输入，在考虑了地层与结构相互作用的同时省略了地层弹簧刚度求解和结构周边剪应力的施加问题，地层位移可通过精度较高的时程分析法计算求出，何川等通过一系列振动台模型试验及数值计算证明了该方法的适应性和精度。

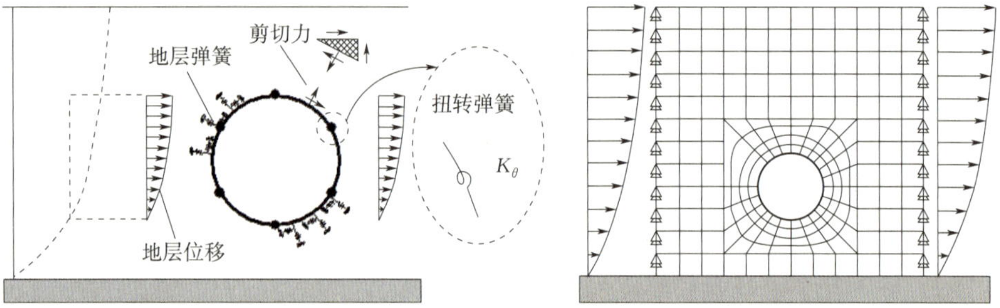

（a）隧道横向梁—弹簧反应位移法　　（b）基于“地层—结构模型”的反应位移法

图 8.25　反应位移法及其改进方法的计算模型图

（2）横向广义反应位移法

反应位移法取地震时隧道断面所在天然地层的最大位移差通过强制位移的方式施加在地基弹簧的固定端，同时将该时刻的地层剪应力直接施加在结构上进行地震内力计算。如果隧道置于均匀地层中，容易求得地层的最大位移差，因为此时隧道横截面地层振动按其一阶振型，沿深度方向地层位移符合余弦分布（见图 8.22）。而当大断面隧道横跨复杂地层时（见图 8.26），不能再采用沿深度方向地层位移余弦分布的假定；对于异形断面结构（见图 8.27），地层位移差和地层剪切力也不能简单采用圆形结构法线和切线方向分解的方法。在这些复杂条件下，获取地震时最不利时刻的地层位移差和地层剪应力实际上是一个寻求最优解的过程。

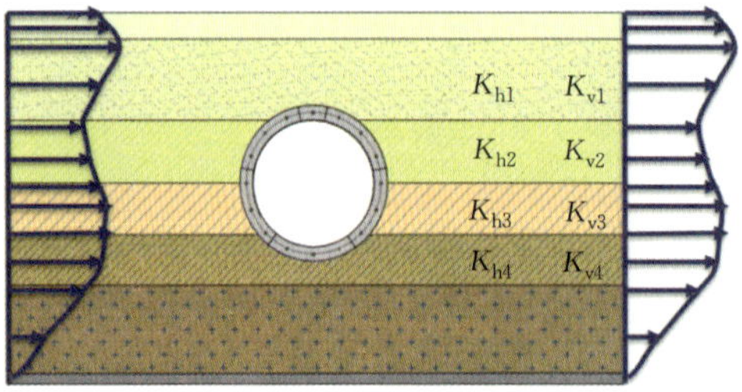

图 8.26　复杂成层地层

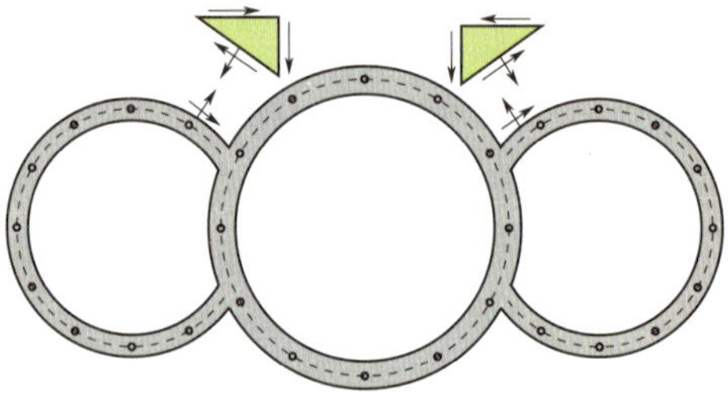

图 8.27　异形断面

何川等提出了横向广义反应位移法，先根据工程场地的加速度时程获取自由场地层中隧道所在位置的实际位移及剪应力响应，再将各时刻隧道所在位置的地层位移和剪应力以及结构惯性力作用于结构，进行隧道横向地震内力计算。

（3）整体式反应位移法

传统的反应位移法在地下结构抗震设计计算中得到了大量的运用，而其本身也能够较准确地反映地震作用下地下结构的振动特性，当运用于地下结构横断面抗震计算时，地震作用主要考虑三个部分：土层变形作用、结构四周土层的剪切应力以及结构自身的惯性力。但是传统的反应位移法在实际操作过程中，地基弹簧（包括剪切弹簧和压缩弹簧）系数的取值较为粗略且难以获得，这就导致时间成本增加和计算精度的降低。因此，基于传统反应位移法思想，将梁—弹簧模型替换为地层—结构相互作用模型，提出了整体式反应位移法。

整体式反应位移法采用地层—结构相互作用模型进行计算，可以准确地体现出地下结构受地层的约束作用，对于传统的反应位移法，在建模时引入地基弹簧，而地层弹簧系数是采用地层有限元模型计算得到，不仅增加了计算的步骤，还容易产生不确定性误差，而整体式反应位移法则有效规避了需要计算地层弹簧系数这一“中间步骤”，一方面减少计算步骤，节约了计算成本，另一方面则提高了计算的准确性。

反应位移法是基于严密的理论推导且具有明确的物理概念，因此整体式反应位移法是基于此进行部分改进，除了用地层—结构相互作用模型来替代梁—弹簧结构之外，地震作用的考虑方式和传统反应位移法一致，即土层变形作用、结构四周土层的剪切应力以及结构自身的惯性力，计算模型如图 8.28 所示。

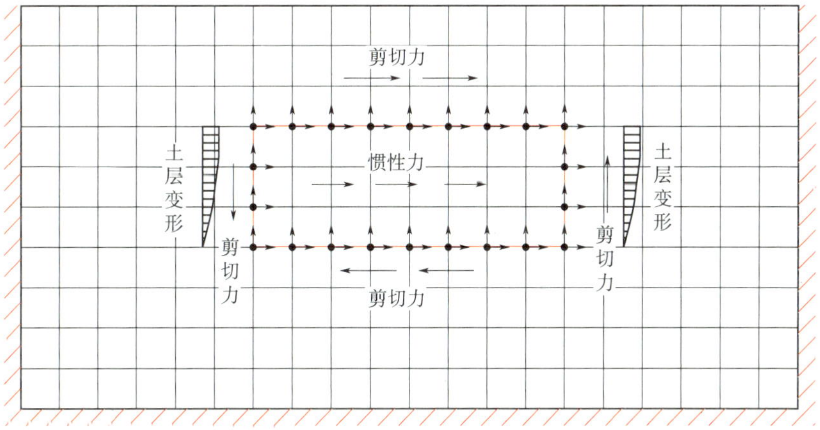

图 8.28　整体式反应位移法计算模型

首先是土层变形对结构的作用，传统式反应位移法采取的是在远离地下结构一侧的地基弹簧上施加土层的变形，将地基弹簧拉伸到自由场变形大小时所产生的力等效施加在地下结构上；而整体式反应位移法则采用土层有限元模型来代替地基弹簧的作用，直接将土层的变形作用施加在地下结构上，以此作为土层变形而产生的地震作用；地下结构四周的剪切力计算方法与传统反应位移法完全一致，其数值等于在自由场在地震荷载作用下所产生的剪切力；地下结构自身的惯性力计算方法也与传统反应位移法完全一致，其数值等于自由场在地震荷载作用下对应位置所产生的惯性力。

3. 反应加速度法

从计算原理上来说，反应加速度法是反应位移法的一种变化形式，该方法认为土—地下结构系统在地震作用下受力以体积力为主，土层与地下结构之间存在着动力相互作用，土层对地下结构的约束作用不可忽略，这种相互作用一般采用地层弹簧进行模拟，而反应位移法中地层弹簧刚度与地层条件、结构形状等有关，需具有详细的地勘资料并通过数值计算才能确定，计算比较复杂。采用反应加速度法不需要求解地层弹簧刚度，是一种比较方便的隧道横向抗震计算方法。

反应加速度法中地震作用为地层的水平有效惯性加速度 a_i（见图 8.29），并将其以体积力的形式作用在地层—结构模型(见图 8.30)中,从而求解结构在地震作用下的内力,反应加速度法的重点在于求出土层的水平有效惯性加速度,求解的要点有:

(1)地层中是否存在隧道对地层本身地震响应影响很小,因此地层水平有效惯性加速度可以使用自由地层的加速度响应。均质半无限体地层的地震响应可以通过解地层运动微分方程,采用振型叠加法求出;成层地层则可以通过位移波动方程,按照重复反射理论运用递推公式数值解法求出。最常用的程序为一维等效线性化程序 SHAKE。对于非均匀地层可以对自由地层进行时程分析,获得其各层土的加速度动力响应,并以此作为反应加速度法的地震作用。

(2)水平有效惯性加速度应取地下结构顶、底处地层发生最大相对位移时刻,此时土层处于最大剪应变状态,由此造成的结构上的剪应变也处于最大状态,地震造成的结构内力最大。振动台试验证实了上述原理的正确性,如图 8.31 和图 8.32 所示,从图中可以看出衬砌结构的弯曲应变响应对地层位移响应的追随性好于对加速度响应的追随性,因此反应加速度法中结构内力最大时刻取顶底处最大位移差时刻而不是结构加速度响应最大时刻。

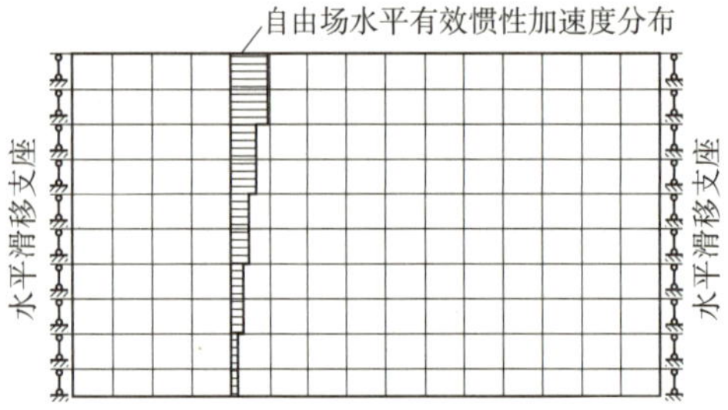

图 8.29 自由场水平有效惯性加速度分布

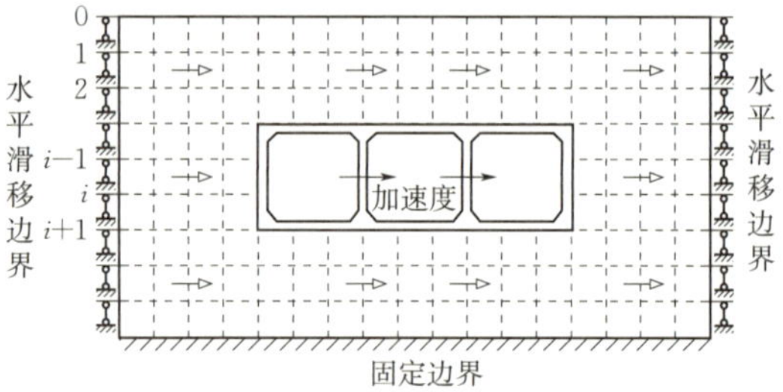

图 8.30 横向地震反应计算的反应加速度法

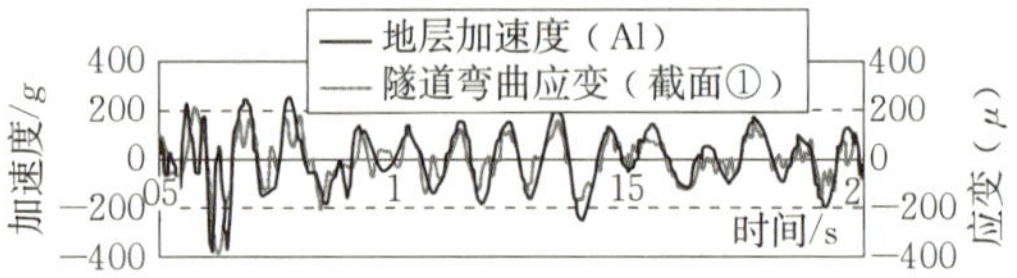

图 8.31 隧道弯曲应变响应与地层加速度响应对比

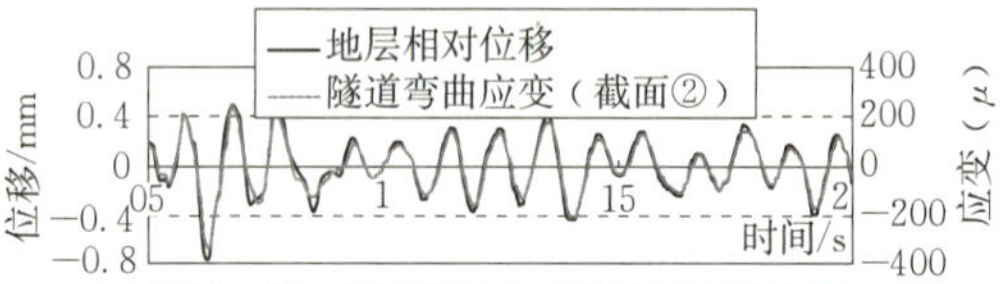

图 8.32 隧道弯曲应变响应与地层位移响应对比

8.3.2 隧道纵向抗震计算方法

1. 纵向反应位移法

地震波沿隧道纵向传播时,地震波对隧道产生的影响有如图 8.33 所示两类:当地震波沿隧道轴向的垂向产生相对运动,即地层位移方向与隧道轴线垂直时,地层位移对隧道的作用体现为纵向的弯曲和剪切;当地震波沿轴向产生相对运动时,地层位移对隧道的作用体现为隧道轴向的拉伸和压缩。

纵向反应位移法中,一般假设隧道所处地层为均匀地层,认为地层位移分布按正弦规律变化,图 8.34 为纵向反应位移法地层位移示意图;实际地震作用方向是任意的,因此可根据隧道轴线与地震波传播方向的夹角将地层位移分解在隧道轴向的垂向及轴向,如图 8.35 所示。

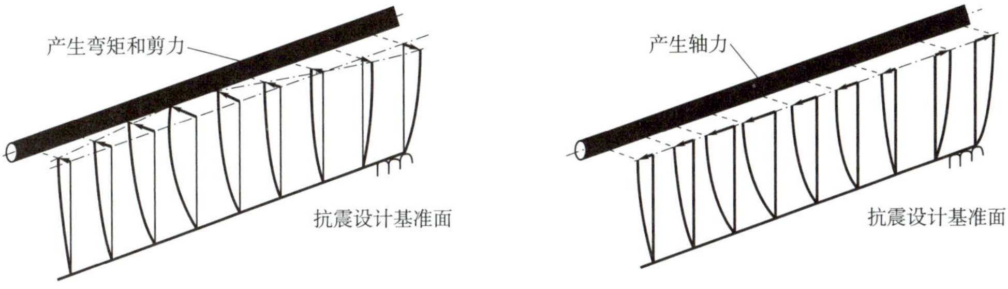

（a）弯曲变形　　　　（b）拉压变形

图 8.33　地层位移对隧道的作用示意图

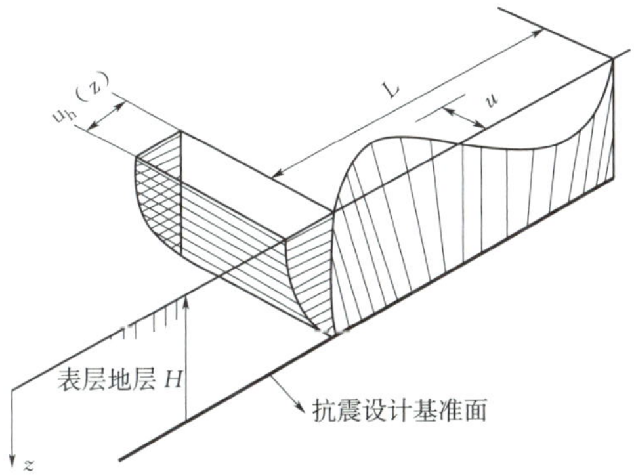

图 8.34　纵向反应位移法地层位移示意图

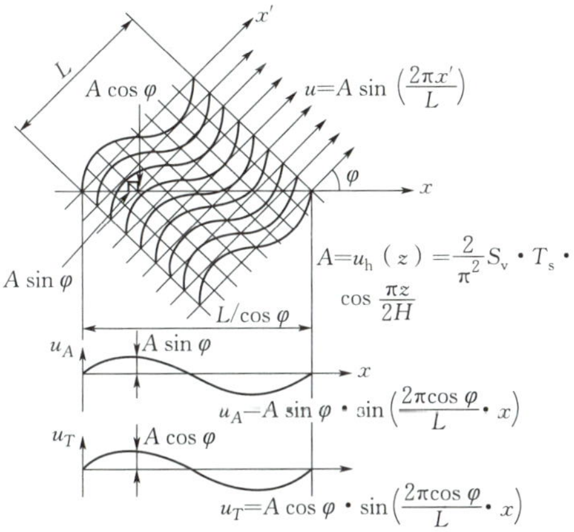

图 8.35　隧道纵向反应位移法位移分解模型

图 8.35 中，重要的参数有地震波表观波长和地表峰值位移，地表峰值位移可按 8.3.1 节横向反应位移法相应方法确定，地震波表观波长 L 可由地层厚度和地层的剪切波速度确定，具体计算如下。

地震波在表层地层传播的波长 L_1：

$$L_1=V_s\cdot T_s \tag{8.19}$$

地震波在抗震设计基准面传播的波长 L_2：

$$L_2=V_{BS}\cdot T_s \tag{8.20}$$

表观波长 L 取上述两波长的调和平均数：

$$L=2L_1L_2/(L_1+L_2) \tag{8.21}$$

式中　T_s——表层地层的固有周期，s；

V_s——表层地层的剪切波速，m/s；

V_{BS}——抗震设计基准面的剪切波速度，m/s。

2. 纵向广义反应位移法

纵向反应位移法中，假设地震作用下地层位移分布按正弦规律变化，根据隧道轴线与地震波传播方向的夹角将地层位移分解在隧道轴线方向和与轴线垂直方向，然后将地层位移施加到隧道结构上进行计算。但当地质条件复杂，地层非均匀时，上述假设不再适用。何川等通过振动台试验及数值计算提出广义的反应位移法，使非均匀地层中盾构隧道纵向抗震计算问题得以解决，其计算流程如图 8.36 所示，该方法的核心是：针对自由地层建立三维模型开展动力时程分析，得到实际地层的位移响应(见图 8.37)，通过纵向梁—弹簧模型(见图 8.38)或纵向等效刚度梁模型(见图 8.39)，将实际地层的位移作为盾构隧道纵向荷载—结构模型中的地震动输入，从而求解非均匀场地中盾构隧道纵向地震响应。此方法可以真实地反映出地层的非均匀性，具有较高的计算精度，适用于穿越复杂地层及浅埋段地形突变等情况下的隧道纵向抗震计算。

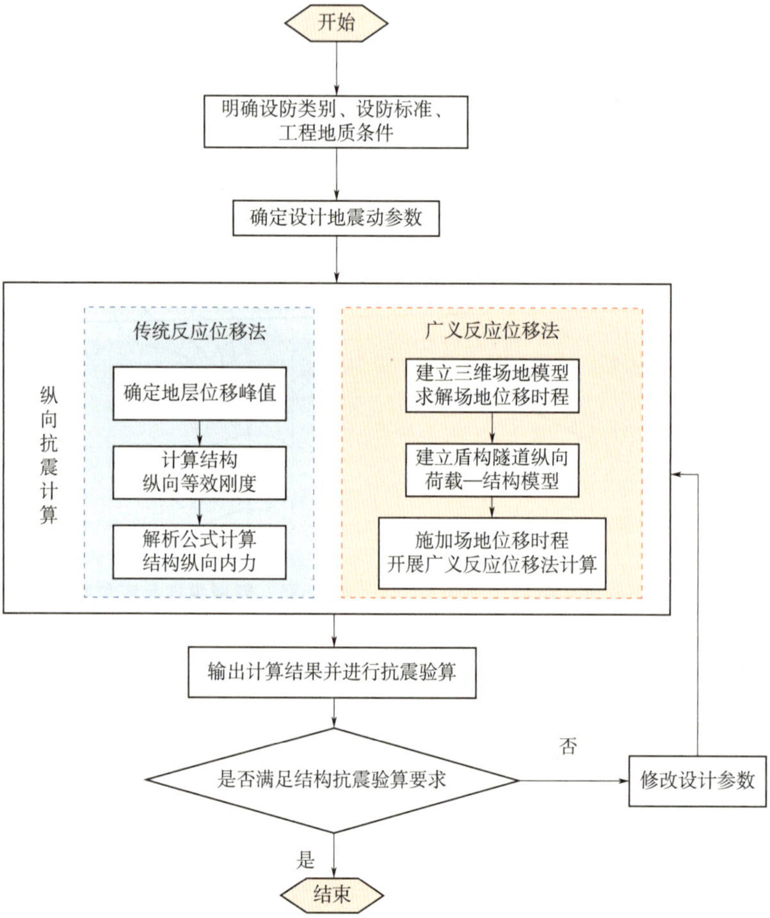

图 8.36 传统/广义纵向反应位移法计算流程

基于盾构隧道环间接头非线性力学行为，可推导出环间接头弯曲刚度、拉压刚度与结构纵向弯矩、轴力之间的非线性解析表达式，获取环间接头抗弯刚度 K_θ、拉压刚度(K_t/K_c)、纵向弯矩 M、纵向轴力 N 在三维空间内的非线性曲面(见图 8.40)。基于纵向内力水平的环间接头刚度迭代算法，将盾构隧道环间接头非线性刚度整合至纵向广义反应位移法中，使盾构隧道纵向梁—弹簧模型中每个环间接头的抗弯、拉压刚度均可根据该时步结构内力进行实时更新计算管片及接头的实际变形及应力。非线性接头广义反应位移法整合了基于结构纵向内力水平的接头非线性刚度迭代算法，考虑了环间接头抗弯、拉压刚度非线性特性，体现出盾构隧道非连续、非线性的构造特点，适用于大型与复杂盾构隧道在纵向抗震的精细化计算分析，其计算流程如图 8.41 所示。

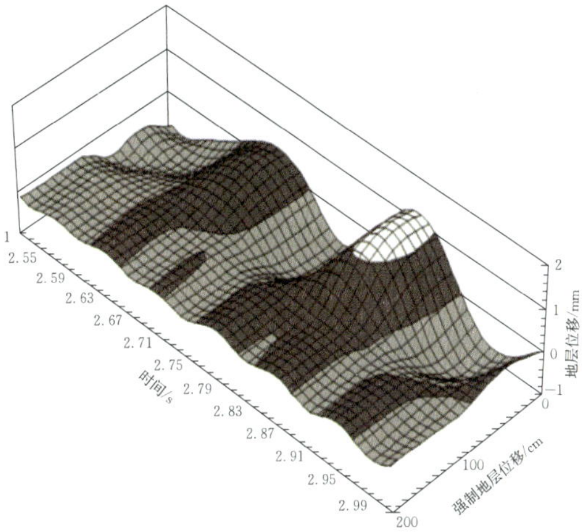

图 8.37 纵向广义反应位移法地层位移示意图

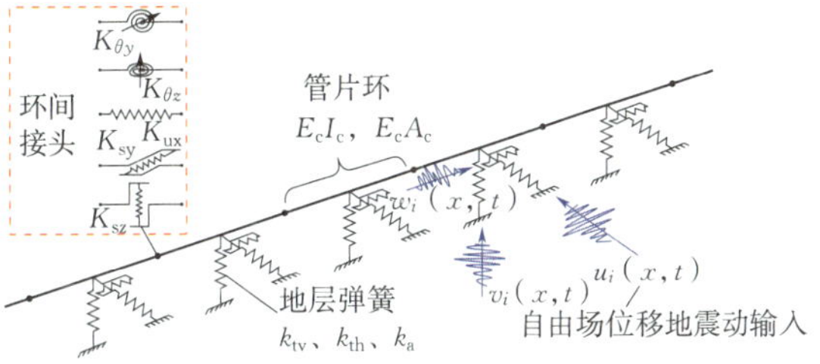

图 8.38 纵向广义反应位移法(梁—弹簧模型)

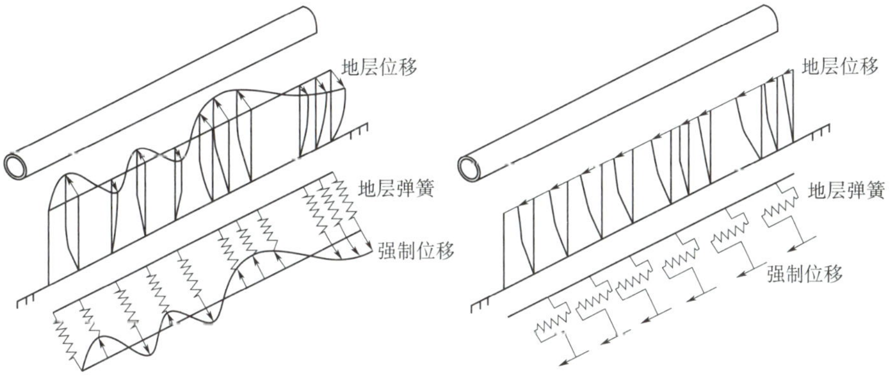

图 8.39 纵向广义反应位移法(等效刚度梁模型)

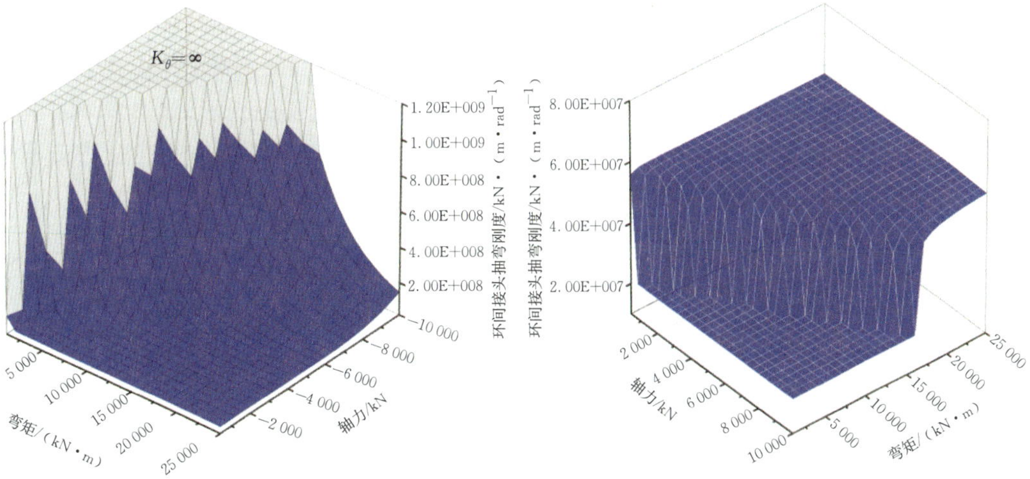

(a) 压弯状态下环间接头抗弯刚度曲面

(b) 拉弯状态下环间接头抗弯刚度曲面

图 8.40 盾构隧道环间接头非线性抗弯刚度曲面图

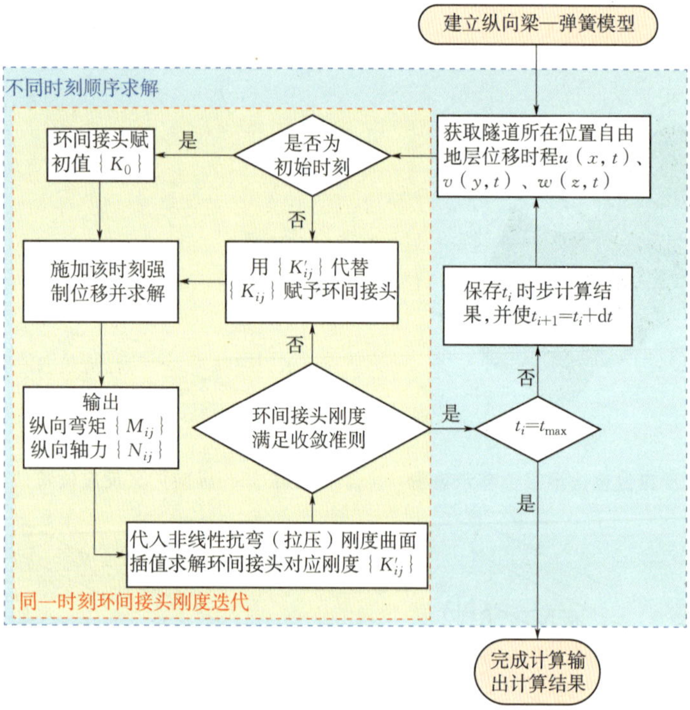

图 8.41　非线性接头纵向广义反应位移法计算流程

8.3.3　时程分析法

时程分析法是20世纪60年代逐步发展起来的抗震分析方法，至20世纪80年代，已成为多数国家抗震设计规范或规程的分析方法之一。时程分析法是对结构物的运动微分方程直接进行逐步积分求解的一种动力分析方法。采用时程分析方法可得到计算对象各个质点随时间变化的位移、速度和加速度动力反应，进而计算构件内力和变形的时程变化。

时程分析法能够较好地处理介质中各种非均匀、非线性问题，可以全面考虑地震动的峰值、频谱特性和持续时间，计算结果能够反映出结构体系较为真实的变形、应力发展过程和结构土体的相互作用效果，被称为真正的动力反应分析法。对地震时程分析中动力方程的求解，一般需要采用数值的方法，最常用的是有限元法(FEM)和有限差分法(FDM)。

1. 时程分析法的适用条件

采用时程分析法时，应根据土体及其边界进行合理的建模和处理。原则上，时程分析法适用于各种不同情况的隧道抗震计算，尤其适用于地形与地质条件复杂、地层发生急剧变化、隧道联络横通道与主隧道相交处和盾构隧道与竖井、通风井相交处，以及异型断面等复杂情况的抗震计算。

2. 时程分析法的建模计算原则

当隧道沿纵向结构形式连续、规则、横向断面构造不变，周围围岩或土层沿纵向分布一致时，可只进行横断面方向抗震计算，计算可按平面应变问题处理。当结构形式变化较大，围岩或土层条件不均匀，如地形与地质条件复杂、地层发生急剧变化、结构交叉处等时，可按空间问题进行三维建模求解。

建模求解过程中，不可避免地要面临无限地基的模拟问题，考虑到计算效率和计算成本等因素，不可能将模型建得太大，因此合理设置动力人工边界尽量减小地震波边界反射作用是时程分析中关键问题之一。目前主要采用的动力人工边界主要是基于单侧波动理论的局部人工边界，如黏性边界、黏弹性边界、透射边界等。常用动力人工边界中，黏性边界概念清楚、简单方便，因而应用最为广泛，但黏性边界精度难于保证，且存在低频失稳问题；黏弹性边界可以约束动力问题中的零频分量，能够模拟人工边界外半无限介质的弹性恢复性能，且具有良好的稳定性和较高的精度。现有的计算软件，如 ANSYS 和 FLAC 等均有各自的动力人工边界方便用户使用，如 ANSYS 中的无反射边界和 FLAC 中的自由场边界等。

地层模型的选取范围遵循以下原则：水平方向两侧边界为结构侧壁至边界的距离至少为 3 倍结构宽度；竖直方向边界选取时，一般顶面取地表面，底面取至设计地震作用基准面，同时需要考虑以下两种特殊情况（见图 8.42）：当地下结构埋深较深，结构与基岩的距离小于 3 倍地下结构竖向高度时，计算模型底面边界取至基岩面即可（见图 8.43）；当地下结构埋深嵌入基岩，此时计算模型底面边界需取至基岩面以下（见图 8.44）。

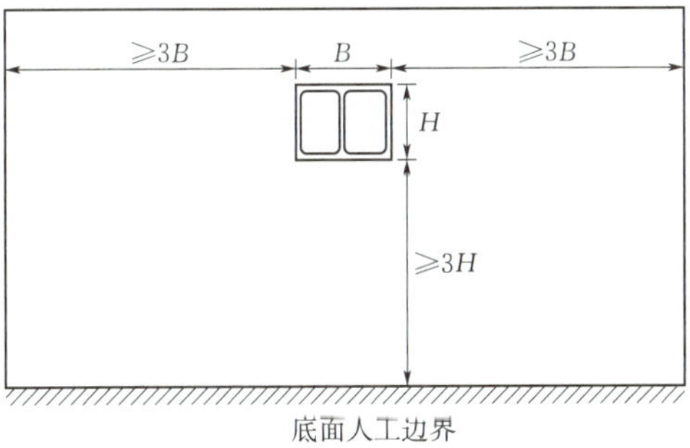

图 8.42　一般的人工边界条件

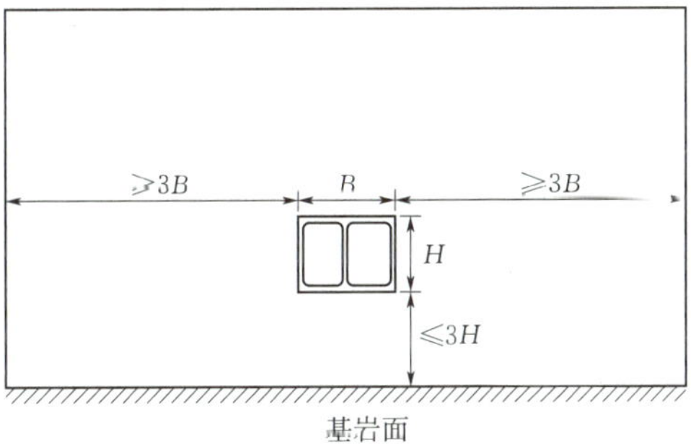

图 8.43　埋深较深时计算模型

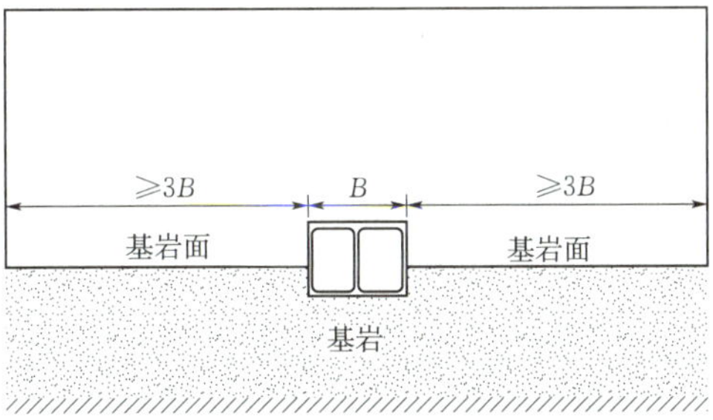

图 8.44　地下结构嵌入基岩时计算模型

采用时程分析法计算时，输入地震动一般取加速度时程，加速度时程选取参照相关规范规定进行。进行结构地震反应时程分析时，鉴于各条地震动输入的结构反应结果有较大的差异，选用的地震波数量一般不少于 3 条，有条件时，应按工程场地类别和设计地震分组选用不少于两组的实际强震记录和一组由地震安全性评价提供的加速度时程曲线。当地震波的样本数量较少时，如 3 条时，计算结果具有较大的随机性，因此选择计算结果包络值进行抗震设计；当地震波的数量较多，一般大于 7 条时，则认为计算结果具有较好的统计特征，因此可以取平均值进行抗震设计。

结构地震反应，特别是位移反应需要一定的持续时间才能达到最大值，尤其是考虑结构的非线性和累计损伤反应时，因此需要合理地确定地震动输入的持续时间，不论采用实际的强震记录或是人工合成的地震动时程，一般均要求地震动加速度的持续时间取结构基本自振周期的 5～10 倍。

3. 时程分析法应用

时程分析法可以全面考虑地震动峰值、频谱特性和持续时间的特性，使其具有较高的计算精度，且其计算结果的可靠性经过振动台试验结果的验证，图 8.45 为多组地震波的振动台试验和动力时程分析计算结果对比，试验表明隧道断面内力结果吻合性较好，时程分析法具有较高的精度，可用于指导设计及对其他抗震计算方法进行验证或校核。

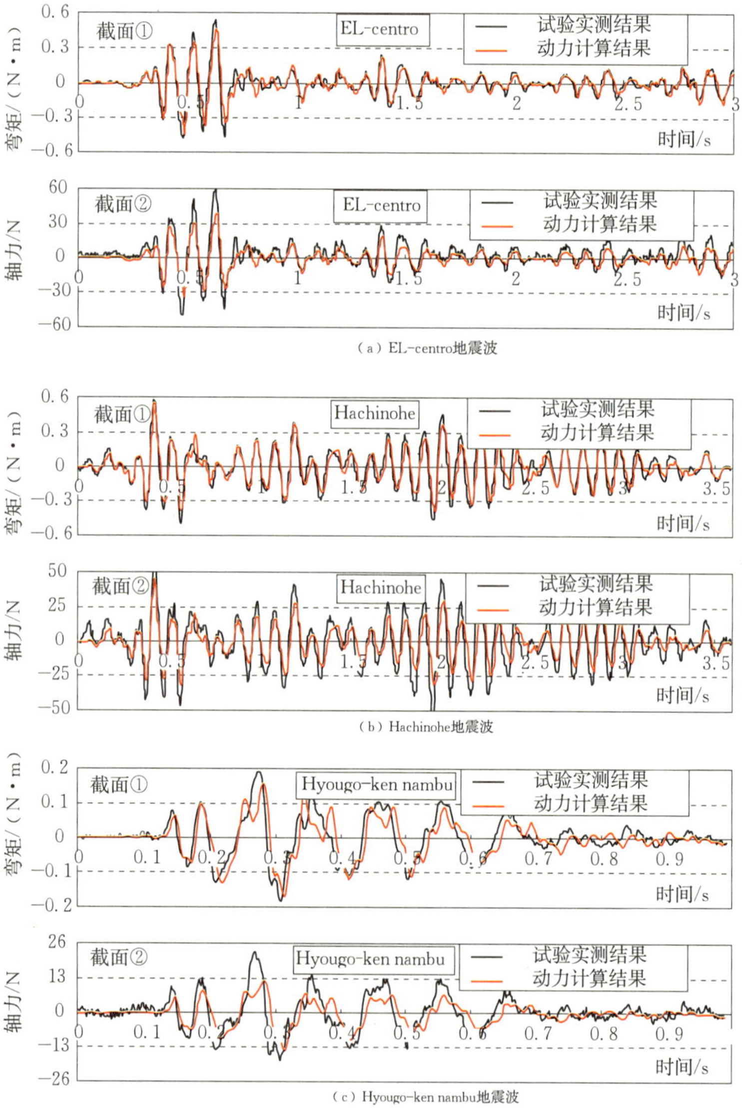

图 8.45　振动台试验与时程分析法隧道断面内力对比

地形与地质条件复杂、地层发生急剧变化、隧道联络横通道与主隧道相交处和盾构隧道与竖井、通风井相交处等复杂情况采用其他抗震计算无法实施时，时程分析法是一个较好的解决方法。图 8.46 和图 8.47 为偏压隧道、联络横通道隧道抗震分析模型；图 8.48 和图 8.49 为偏压隧道动力时程分析和振动台试验结构内力响应，可以看出时程分析法计算结果与振动台试验结果吻合较好，时程分析法对非对称地应力场条件下的抗震分析也具有较高的精度；图 8.50 和图 8.51 为隧道及其联络横通道时程分析所得到的某时刻主应力云图，可以看出时程分析法可以得到地震过程中任一时刻的结构内力或计算模型中各单元任一时刻的应力，分析非常精细。

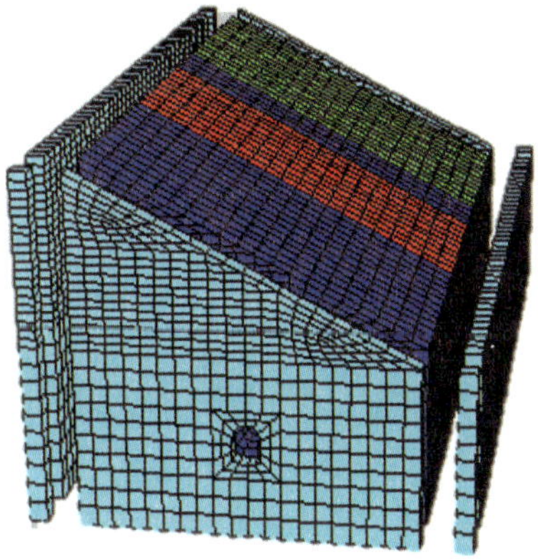

图 8.46 偏压隧道计算模型及边界条件

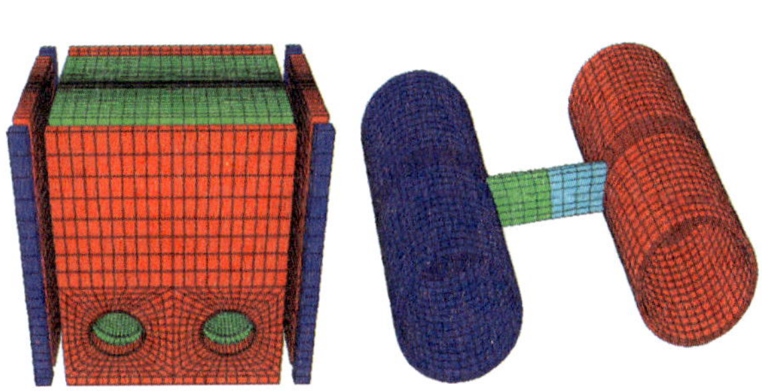

图 8.47 盾构隧道与联络通道结构图

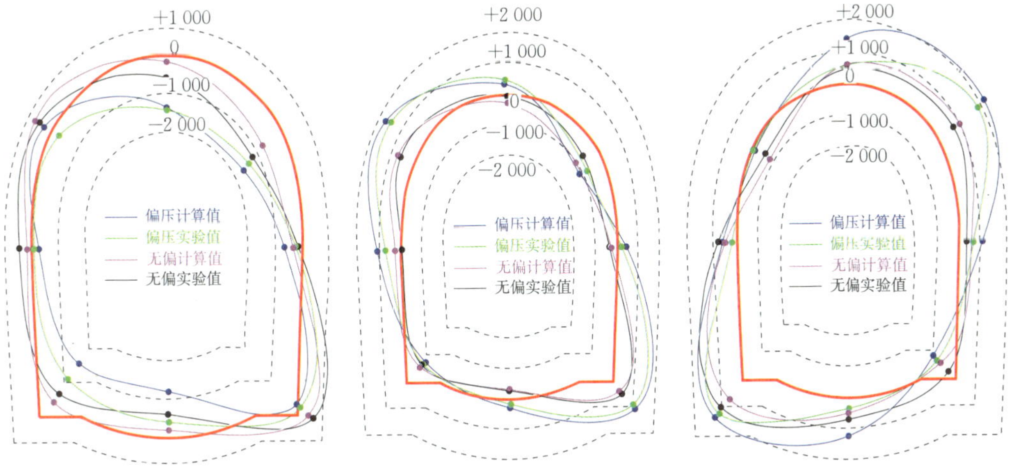

图 8.48 Ⅴ级围岩 4.68 s(左)、10.68 s(中)、19.34 s(右)轴力图(动力时程法)

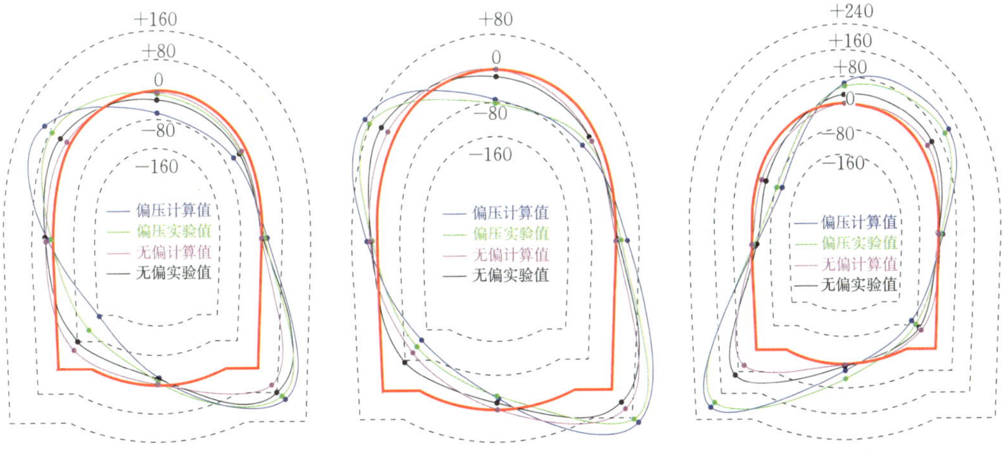

图 8.49 Ⅴ级围岩 4.68 s(左)、10.68 s(中)、19.34 s(右)弯矩图(振动台试验)

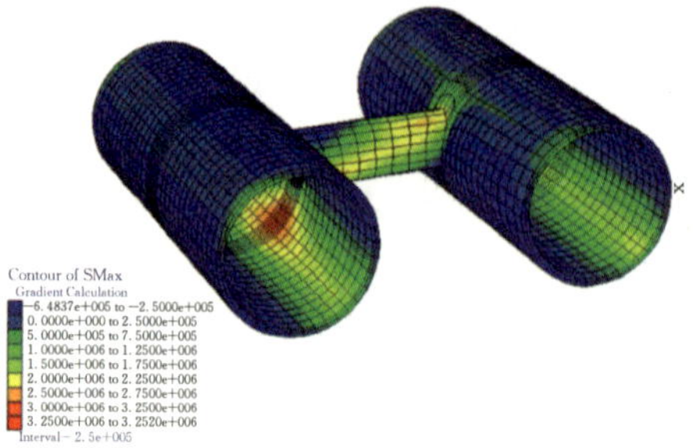

图 8.50 横向激振工况 8 s 时刻结构最大主应力云图/Pa

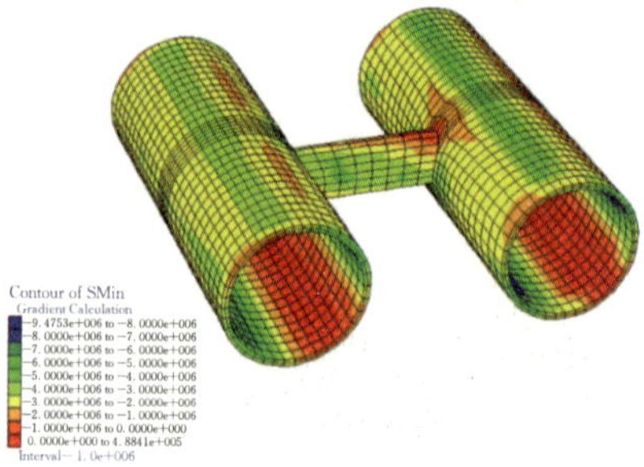

图 8.51 横向激振工况 8 s 时刻结构最小主应力云图/Pa

8.4 隧道抗减震措施

隧道作为岩土体所包围的一种特殊结构物，与地面结构不同，其振动变形受到周围岩土体的约束作用明显，隧道的地震响应不由自身的惯性力决定，而且隧道结构的动力响应不能明显表现出结构的自振特性的影响，而是对地层振动具有依赖性和追随性。目前，隧道抗震研究向精细化、复杂化、大型化发展，纯理论分析已经不能满足现实隧道抗震的需要。近年来的数次大地震灾害以及国际研究动态表明，地震性态远没有被充分认识，这也是许多工程上亟待解决的问题。

在隧道抗减震方面，从整体上来看可以分为两个部分：①提高隧道结构自身抗震性能的抗震措施；②减少地层传递至隧道结构地震能量的减震措施。常使用的方法有注浆加固围岩、设置减震层(见图 8.52)、断面扩挖设计(见图 8.53)、结构铰接设计(见图 8.54)等。

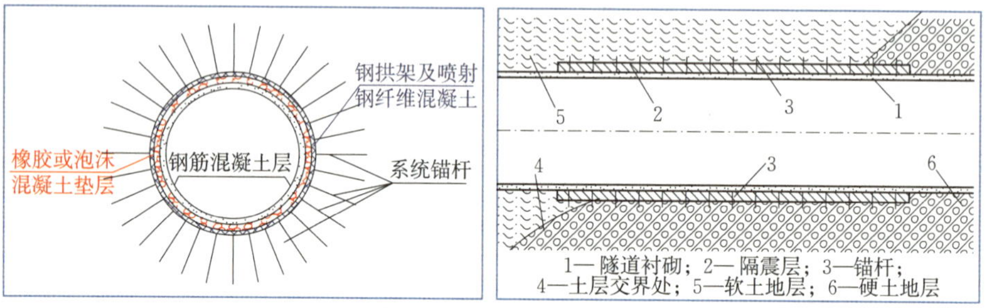

图 8.52 设置减震层

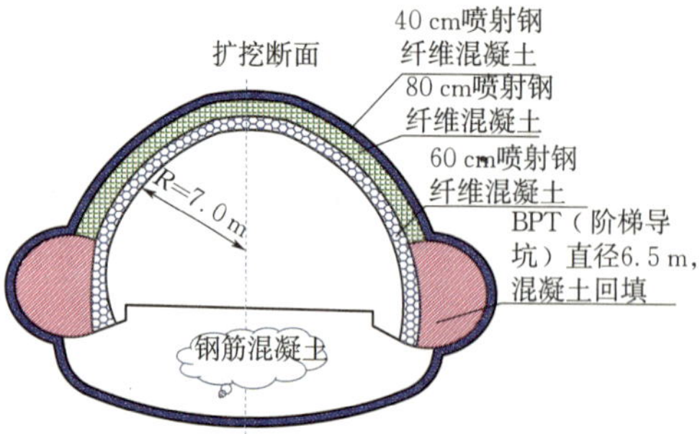

图 8.53 隧道扩挖横断面图

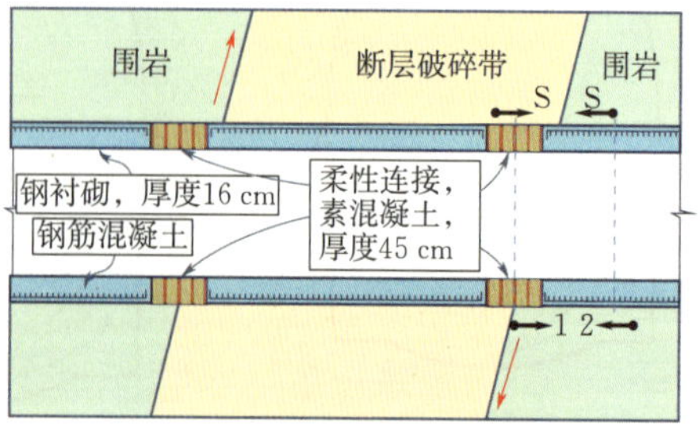

图 8.54 隧道铰接设计图

8.4.1 拼装式隧道抗减震措施

拼装式隧道抗震构造措施包含所使用的材料与结构形式两方面。

从材料方面来说，使用柔性接头的拼装式隧道可通过自身弯曲变形吸收地震动带来的隧道周边地层位移，减少管片的内力，但以往震害调查中发现地震中拼装式隧道接缝处常出现渗漏水，例如日本兵库县南部地震中隧道与竖井连接处、管片接缝处均出现漏水；汶川地震中，成都地铁是距离震中最近的盾构隧道，横断面45°方向出现了明显由地震导致的漏水，如图8.55所示。

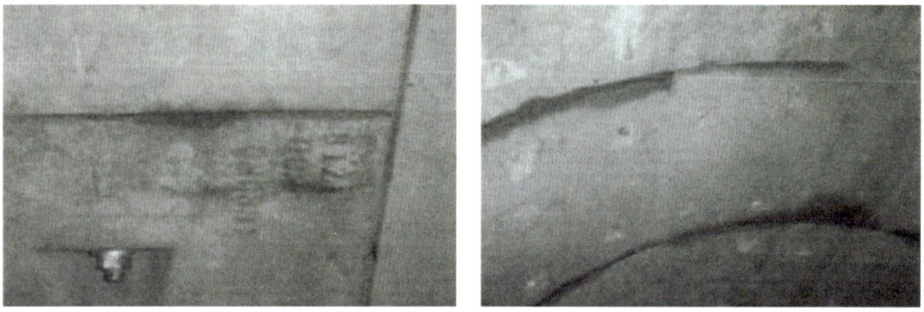

图8.55　成都地铁地震作用下衬砌渗漏水

因此，在利用拼装式隧道本身的柔性进行抗震的同时要对接头产生的转角和张开量做足防水措施，行之有效的方法是在管片连接处设置橡胶止水带，可以使用由聚氨酯、环氧树脂以及纤维加固橡胶制成的弹性垫圈。在拼装式隧道接头处采用回弹能力强的止水弹性胶片，且适当增加胶片的厚度，施加预应力紧固，可达到地震时有效止水的目的，以保证隧道的正常使用，如图8.56所示。此外，拼装式隧道和竖井的连接处设置橡胶止水带可防止此处变形过大而发生漏水。采用可更换的遇水膨胀橡胶密封圈作为螺栓孔密封垫圈不仅可止水，还可以减小地震引起的结构内力，如图8.57所示。

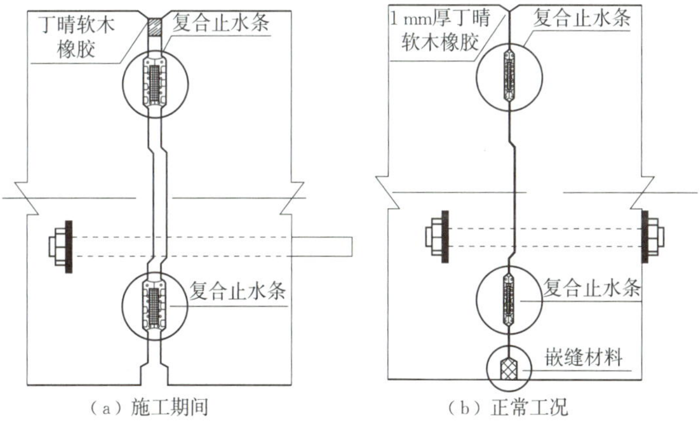

图8.56　止水弹性胶片示意图

拼装式隧道分为管片主体和接头两部分，柔性管片的设计可从这两方面着手减小拼装式隧道的刚度，增强变形能力。一般说来，管片刚度按照由高到低的顺序为复合管片、混凝土管片、球墨铸铁管片、钢管片，特别是钢管片主体接头板变形能力强，因此钢管片经常用于

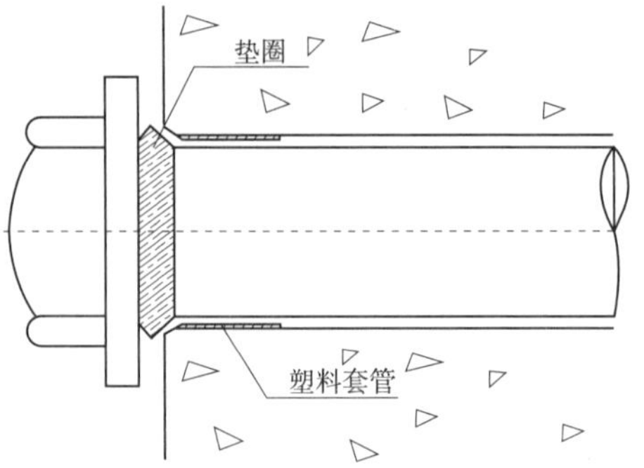

图 8.57 螺栓孔密封垫圈示意图

抗震设计中。此外，柔性接头具有较好的变形性能，能够有效减小拼装式隧道竖井连接处或地层急剧变化处的应力集中，是一种有效的抗震构造措施，在日本拼装式隧道中采用不同柔性接头的柔性管片环在抗震设计中得到广泛应用，图 8.58 为日本采用的柔性管片环示意图。

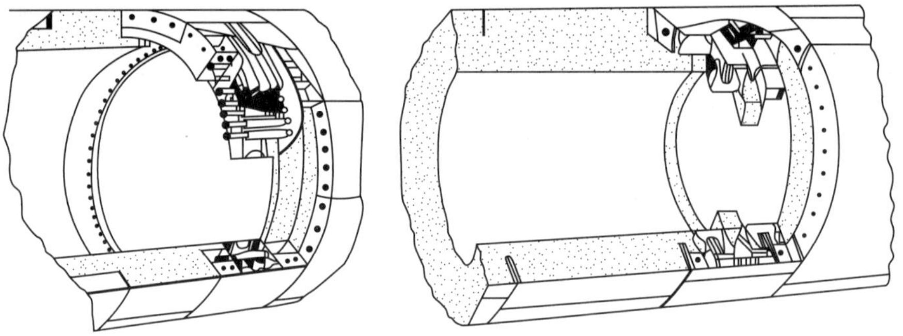

图 8.58 柔性管片环示意图

从结构形式方面来说，拼装式隧道衬砌结构的最大特征就是存在很多接头，其刚度比管片主体低了一个数量级，因此可以采用在纵向上适当减小幅宽、横向上增加管片环分割数，从而增加管片接头数量，减小隧道整体的等效刚度来适应地层变形，同时做好防水处理。

采用纵向直螺栓、加长螺栓长度等措施来增大管片结构的变形性能，在拼装式隧道抗震设计中也经常采用。图 8.59 为弯螺栓和直螺栓的示意图，直螺栓更容易适应地震变形，且变形时对隧道管片结构的损害相对较小，从抗震角度推荐采用直螺栓连接形式。

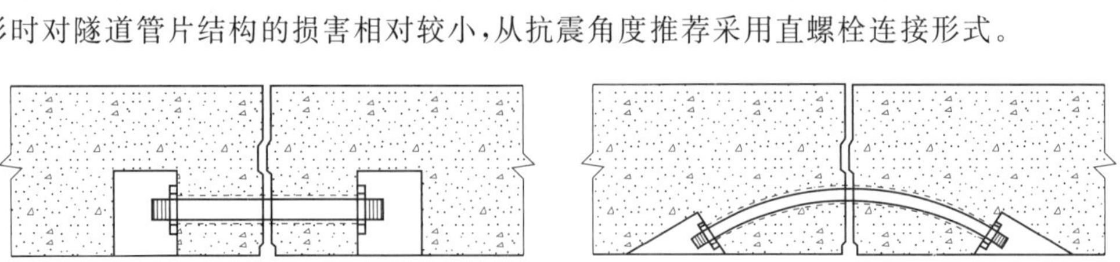

(a) 直螺栓连接　　(b) 弯螺栓连接

图 8.59 螺栓连接方式对比

提高拼装式隧道自身变形能力一定程度上能使其适应地震引起的隧道周边地层位移，减少管片内力。但同时应该注意到，如果拼装式隧道结构刚度太小，结构产生过大的变形会发生破坏或影响其正常使用，由此需要综合考虑，选择合理刚度。震害调查及振动台试验均说明拼装式隧道设置二次衬砌在一定条件下能够起到加固衬砌管片、减小震害的作用。所以也可根据条件在隧道局部或全长设置二次衬砌，以增大结构刚度的方式进行抗震。

8.4.2 矿山法隧道

大量震害调研资料显示，矿山法隧道震害主要发生在洞口浅埋、偏压段，围岩地质条件较差处以及断层破碎带处，严重时可能发生隧道整体垮塌的极端情况。何川等对隧道穿越断层带的地震响应特征及破坏机理、隧道穿越断层破碎带的措施和设防范围进行了振动台模型试验研究和数值模拟分析，如图 8.60 和图 8.61 所示。

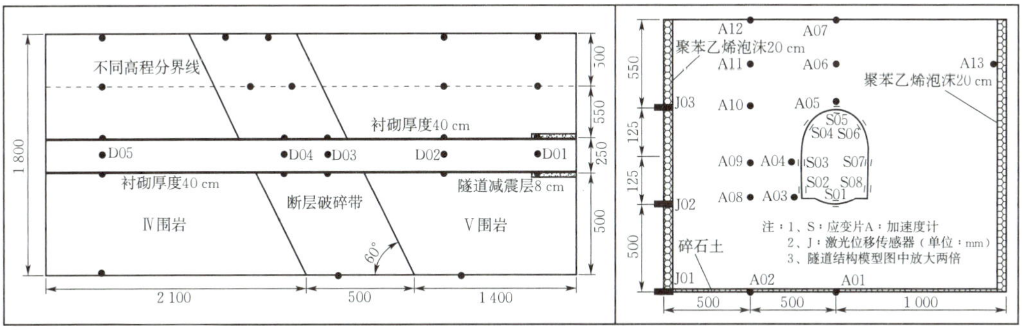

图 8.60 隧道穿越断层破碎带模型试验监测点布置图

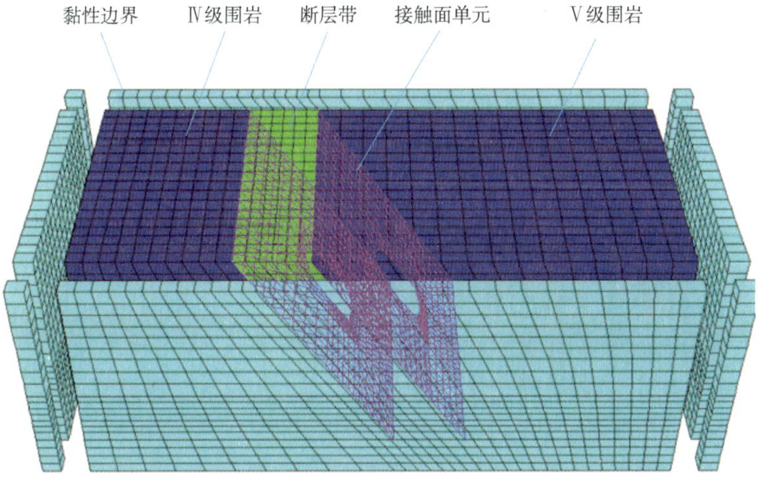

图 8.61 隧道穿越断层破碎带数值计算模型图

图 8.62 所示为穿越断层带衬砌地震内力与距断层距离关系曲线，由图可知：振动台试验监测的数据与数值模拟结果接近，且采用两种方法得到的沿隧道纵向衬砌轴力及弯矩的变化规律大致相符，证明数值模拟与振动台试验结果有较好的吻合性；同时可以看出，当距断层距离＞3.5D 时，衬砌内力的计算值和试验值都趋于稳定，据此提出穿越断层破碎带隧道抗震设防除了应包括全部断层破碎带范围外，还应考虑过渡段的影响，向两端较好围岩延伸 3.5 倍隧道洞径的设防范围。

利用振动台试验对隧道设置抗震缝措施进行了研究，隧道在断层破碎带处设置抗震缝，通过振动台试验得到了设置抗震缝和无抗震缝隧道结构的弯矩与轴力值，如图 8.63 和图 8.64所示(以内力响应最大的衬砌墙角处为例)。

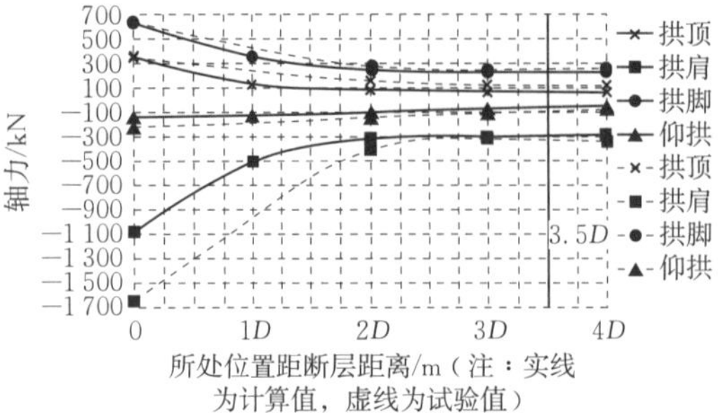

（a）轴力

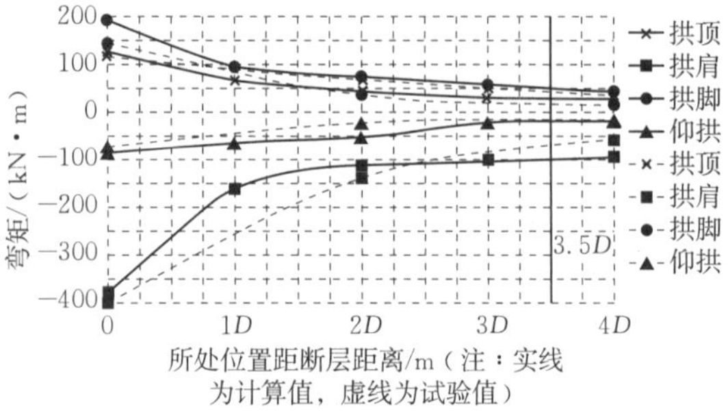

（b）弯矩

图 8.62　衬砌地震内力与距断层距离关系曲线（振动台试验与时程计算结果）

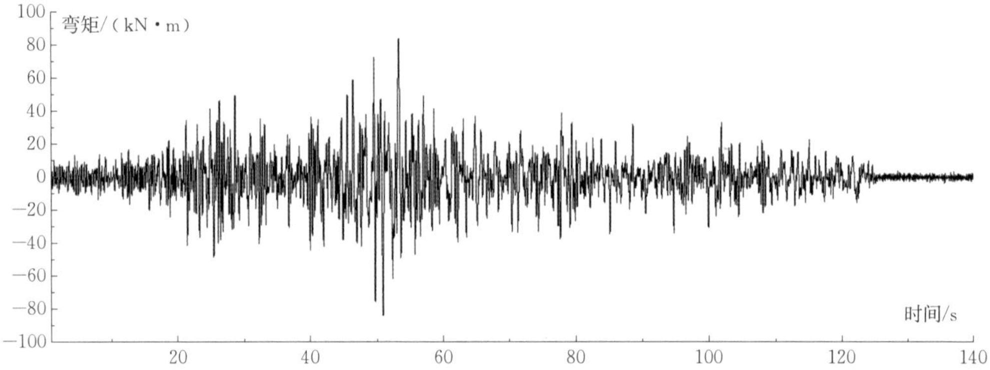

图 8.63　设置抗震缝墙脚弯矩值

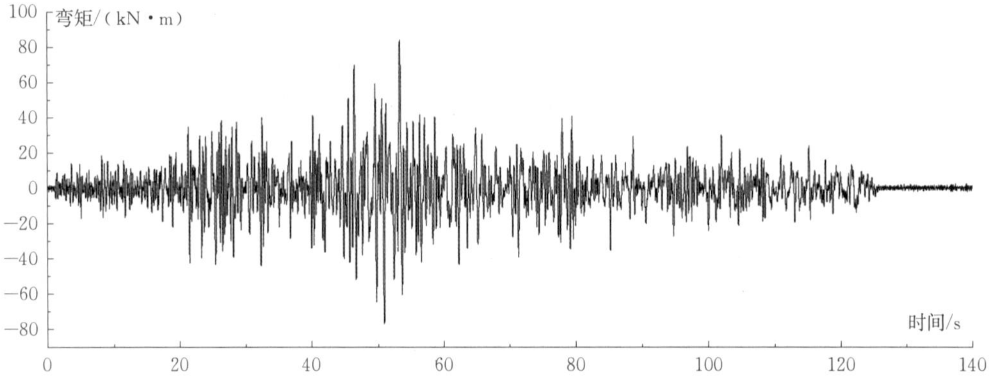

图 8.64　未设置抗震缝墙脚弯矩值

试验表明：设置抗震缝后隧道结构的内力值比未设置抗震缝时有一定程度的减小，隧道设置抗震缝是一种有效的抗震构造措施。

8.4.3　设置隔震层

在衬砌的外周边和围岩之间设置隔震装置，使原有衬砌—围岩系统变为衬砌—隔震层—围岩系统，其目的是通过隔震层将衬砌与围岩介质隔开，从而减小或改变地震对结构的作用强度和方式，以达到减小结构振动的目的。隔震层不仅要求能吸收衬砌与地层之间反复循环的动应变或相对动位移，还应具有足够的弹性，保证在一次地震塑性化后，下一次地震时能再发挥作用。常用隔震装置包括隔震器、板式隔震层、压注式隔震层等。板式隔震层，是将隔震材料制成板材，以便现场施工；压注式隔震层包括沥青系、氨基甲酸乙酯系、橡胶系、硅树脂系等，这些材料平时是液状，与硬化添加剂一同压注到围岩与衬砌之间的间隙内，硬化后就形成隔震层，该类型隔震材料具有剪切变形性能高、耐久性好、施工性好等特性，不易产生有害物质。研究发现：设置隔震层并未改变隧道结构在地震波激励下的受力规律，衬砌承受拉压循环荷载，在左右拱肩和墙脚处出现最大的弯矩响应，而在隧道顶部、底部弯矩值较小，即在地震荷载作用下，衬砌在共轭 45°方向容易出现震害；同时施加隔震层后，隧道结构的内力峰值有明显的减小，特别是内力值较大的墙脚部位，减少幅度约 45%，说明设置隔震层效果显著。

对于盾构隧道，由于掘进中地层和管片环之间在盾尾会出现空隙，施工中需要在尾部空隙中注浆来填充，其厚度一般为十几厘米，从设置减震层的难易程度而言，盾构工法比其他工法更具便利性。在施工中进行壁后注浆时注入硅胶类的隔震材料已经在日本得到应用，隔震层的工作原理示意如图 8.65 所示。

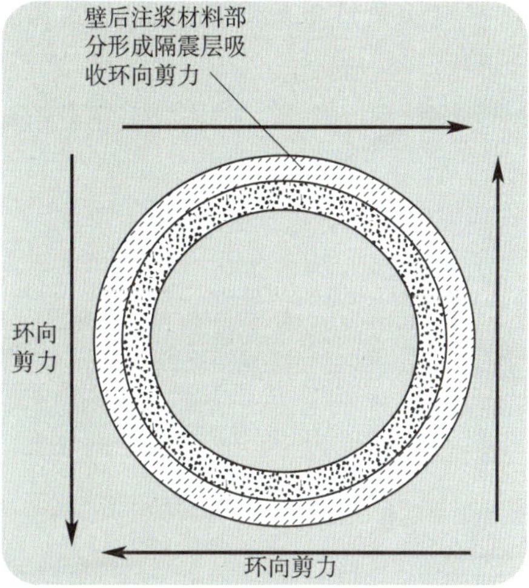

图 8.65 隔震层工作原理示意图

8.4.4 改良地层

通过振动台试验测试了不同围岩级别下，地层加速度响应放大效应及位移放大效应，证实了地层条件较差时地层加速度响应明显大于地层条件较好时地层加速度响应，较差地层中的地下结构所受地震荷载也更大，于抗震不利，因此改良地层条件是隧道的另一有效的抗减震措施。

8.5 强震区软岩隧道群建设安全控制

随着高烈度山区交通基础设施大量涌现，隧道作为抗震性能及抵御次生灾害较好的交通构筑物已成为各类线路设计规划中的首选方案，穿越震区各类复杂地层条件下的隧道工程也大量涌现。最为典型的如四川省境内出现了大规模穿越 5·12 汶川地震发震断裂带——龙门山断裂带及其影响区内的公路、铁路隧道群，如图 8.66 所示。分布有大范围的软岩地层是这一地区交通隧道的最大特征之一，其中千枚岩、炭质板岩等软弱岩体的分布范围极为广泛，如川藏铁路雅安至林芝段正线长度 1 008.45 km，新建正线隧道 72 座，总长 851.48 km，隧线比达 84.43%，沿线地震活动强烈、大地震频发。川藏线雅安—林芝段隧道工程受到强烈的水平构造挤压和极高地应力赋存环境影响，将全面受到大变形灾害的威胁，预测大变形灾害段总长 169.88 km，其中强烈大变形段长达 21.7 km；在建的成(都)兰(州)高速铁路穿越龙门山断裂带及其影响区，全长 457 km，其中隧道长度约为 332 km，而以千枚岩为主的软岩隧道长达 200 余千米；已建的西(安)成(都)全长 658 km，隧线比高达 54.0%，沿线穿越地层的地质地貌十分复杂，具有隧线比高、特长隧道多、软岩分布广泛、环境敏感性高等特征；已建的兰渝铁路穿越 10 条区域性大断裂、87 条大断层，以板岩、炭质板岩及千枚岩等为代表的软岩地层分布范围广，是我国近年来建设的地质条件最复杂的强震山区长大干线铁路，大量隧道建设过程中频繁遭遇挤压性大变形灾害。

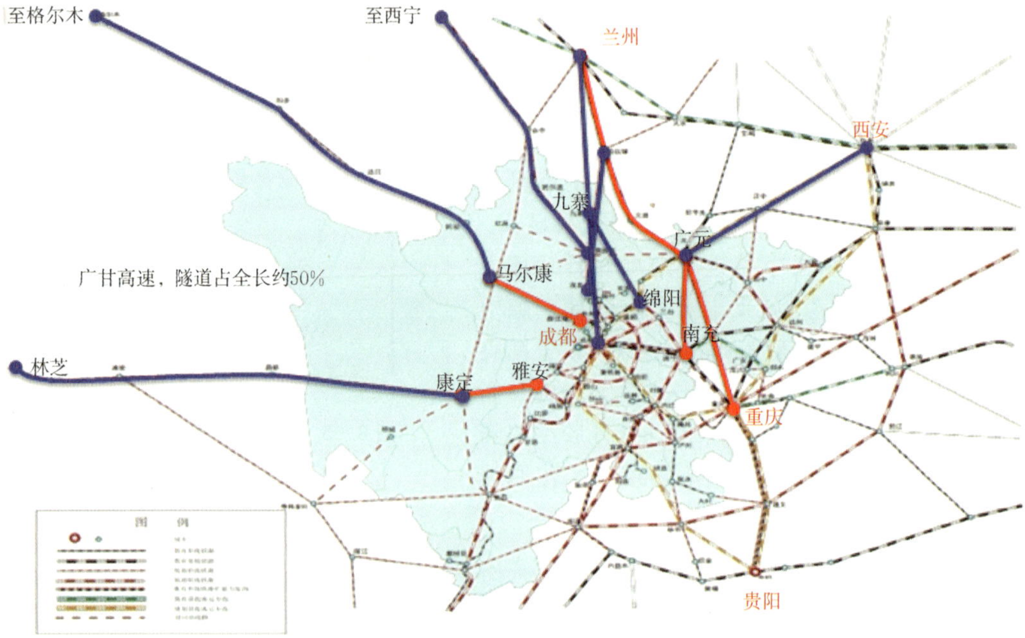

图 8.66 西部多条在建及拟建的铁路、公路线路

相比强震漫长的重现期而言，隧道工程的建设期是比较短的，因此隧道工程的抗震研究大多针对营运期隧道而言，施工期的隧道抗震研究甚少。处于高烈度震区尤其是穿越 5·12 地震发震断裂带——龙门山断裂带软岩隧道建设过程中面临的两个关键问题也是一般山区难以遇到的：首先，软岩易受到强震动力的揉搓损伤，形成大量新近震裂岩体，使本身强度低、性状差的软弱围岩条件变得更加恶劣，隧道大变形、失稳、塌方等灾害频发；其次，频繁且不定期的余震作用将进一步恶化岩体性状及隧道围岩稳定性，使处于极高应力状态下的软岩隧道支护结构体系更易破坏。鉴于此，以大量在建的穿越 5·12 汶川地震发震断裂带——龙门山断裂带的铁路软岩隧道群为工程背景，开展地震作用下隧道施工期安全控制对策研究具有重要的理论意义与应用价值。

8.5.1 震裂软岩隧道变形破坏规律

1. 震裂软岩基本特性

通过现场实测、室内试验等手段解释了震裂软弱围岩具有以下基本特征：岩体强度低、破碎、松散、胶结差、架空现象明显；渗透性强、遇水易软化、泥化；弹性波速低；较震前初始地应力有所减小等。

2. 震裂软岩隧道变形破坏规律

通过对汶川地震影响区域内在建多座隧道调研，总结出震裂软岩隧道变形破坏形式主要有大变形、失稳塌方等，其中隧道大变形具有量值大、来压快、持续时间长等特征；隧道失稳塌方的模式有涌出型、滑塌型、侧塌型等。图 8.67 所示为隧道拱顶累计下沉量监测值，可看出短时间内拱顶累计下沉值已超过规范限值。

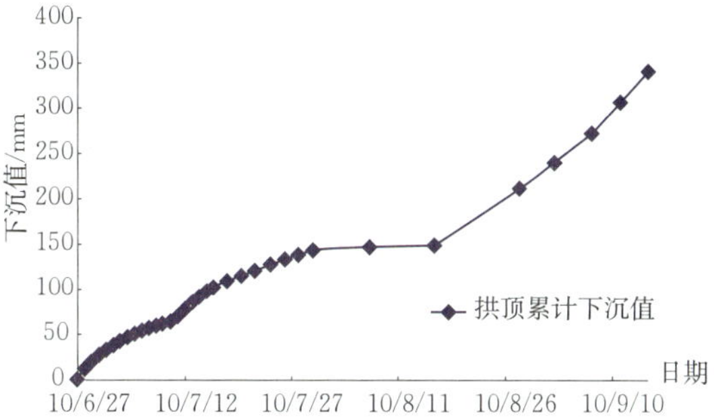

图 8.67 隧道拱顶累计下沉量监测值

3. 余震作用下施工期隧道动力响应

据统计，自 5·12 地震发生以来，后期发生的余震多达数万次(见图 8.68)，在上万次的余震作用下，许多正在建设的高速公路、铁路软岩隧道受到余震影响出现初期支护破坏、塌方等震害[见图 8.69(a)]，在塌方已修复区或还未修复完成区出现二次塌方事故，还有刚建成不久的隧道尚未通车，二次衬砌已出现开裂等现象[见图 8.69(b)]，余震地震动力作用对软岩隧道修建安全造成了严重的影响。

(a) 余震分布图　　(b) 余震时山体崩塌图

图 8.68 汶川地震余震发生图

(a) 初期支护塌方　　(b) 二次衬砌破坏

图 8.69 余震作用下隧道初期支护塌方、二次衬砌破坏图

通过数值模拟等手段剖析了不同支护结构刚度和不同地震波入射方向条件下，围岩-支护结构的动力响应规律，得出不同刚度初期支护结构的内力的动力响应规律基本一致的结论，对于只施作初期支护的隧道而言，拱腰和拱脚更易受地震作用产生受拉破坏；地震作用

并不会使空洞对衬砌的影响范围明显扩大，但会使空洞附近产生应力集中、支护结构承载能力降低，易出现拉剪或压剪开裂等失稳破坏。

8.5.2 震裂软岩隧道施工安全控制

1. 震裂软岩隧道施工优化

采用现场试验和室内模型试验针对震裂软岩隧道施工工法、开挖循环进尺、初期支护体系等施工期的关键设计参数进行研究，优化了震裂软岩隧道施工工法，推荐采用“三台阶＋预留核心土”，循环进尺不大于 2 m 的施工参数，并给出了喷射混凝土、锚杆、刚拱架等初期支护体系具体的设计参数，对震裂软岩隧道施工有一定的指导意义。

2. 震裂软岩隧道施工期防治失稳对策

结合震裂软岩隧道在静、动力作用下失稳破坏的影响因素及破坏机制，提出了以超前加固、塌腔回填、地下水引排及加强支护为主的处治加固原则，并结合现场失稳破坏实例，依据上述处治原则，成功实施了试验段的整治加固，通过现场监测，进一步验证了处治效果的可靠性，有效地控制了围岩—支护失稳段的围岩稳定性，保证了施工安全性和工程进度。

参考文献

[1] HE C，KOIZUMI A.A Study on Seismic Behavior of Shield Tunnels in Longitudinal Direction[C].Proceedings of the Fourth World Congress on Railway Research.Tokyo，Japan，1999：1256-1266.

[2] HE C，KOIZUMI A.Study on Seismic Behavior and Seismic Design Methods in Transverse Direction of Shield Tunnels[J].Journal of Structural Engineering and Mechanics，2001，11(6)，651-662.

[3] 中华人民共和国建设部.铁路工程抗震设计规范：GB 50111—2006[S].北京：中国计划出版社，2006.

[4] 中华人民共和国住房和城乡建设部.地下结构抗震设计标准：GB/T 51336—2018[S].北京：中国建筑工业出版社，2019.

[5] 陈湘生，徐志豪，包小华，等.中国隧道建设面临的若干挑战与技术突破[J].中国公路学报，2020，33(12)：1-14.

[6] 何川，耿萍，晏启祥.Ⅳ级围岩铁路隧道抗震计算上覆土柱合理计算高度[J].土木工程学报，2013，5：144-150.

[7] HE C，GENG P，YAN Q X，et al.Status of Seismic Analysis Methods for Traffic Tunnel and Their Applicability suggestions in China [J].Journal of Earthquake and Tsunami，2013，7(3)：1350026.

[8] 钱七虎，何川，晏启祥.隧道工程动力响应特性与汶川地震隧道震害分析及启示[C].汶川大地震工程震害调查分析与研究，2009：702-706.

[9] 何川.シールドトンネル縦断方向の地震時挙動に関する研究[D].東京：早稲田大学博士学位論文，1999.

[10] 耿萍.铁路隧道抗震计算方法研究[D].成都:西南交通大学,2011.

[11] HE C,KOIZUMI A.Seismic Behavior in Longitudinal Direction of Shield Tunnel Located at Irregular Ground [J].First International Conference on Advances in Structural Engineering and Mechanics,Seoul,Korea,August 23-25,1999:1493-1498.

[12]赵国臣,徐龙军,谢礼立.一种有效的地震动速度时程时域特性分析方法[J].地理物理学报,2016,59(16):2138-2147.

[13] KOIZUMI A,HE C.Dynamic Behavior in Longitudinal Direction of Shield Tunnel Located at Irregular Ground With Considering Effect of Secondary Lining [C]. Proceedings of 12th World Conference on Earthquake Engineering,Auckland,New Zealand,January 30-February 4,2000:985-994.

[14] 耿萍,张景,何川,等.隧道横断面反应位移法基本原理及其应用[J].岩石力学与工程学报,2013,32(Z2):3478-3485.

[15] ZHANG J,HE C,GENG P,et al.Improved longitudinal seismic deformation method of shield tunnels based on the iteration of the nonlinear stiffness of ring joints[J].Sustainable Cities & Society,2019,45(2):105-116.

[16] 张景.考虑环间接头非线性刚度的盾构隧道纵向抗震分析方法[D].成都:西南交通大学,2019.

[17] GENG P,MEI S,ZHANG J,et al.Study on seismic performance of shield tunnels under combined effcet of axial force and bending moment in the longitudinal direction [J].Tunneling and Underground Space Technology,2019,91:103004.

[18] 耿萍,何川,晏启祥.水下盾构隧道抗震设计分析方法的适应性研究[J].岩石力学与工程学报.2007(s2):3625-3630.

[19] HE C,KOIZUMI A.Study on Seismic Behavior and Seismic Design Methods in Transverse Direction of Shield Tunnels [J]. Journal of Structural Engineering and Mechanics,2001,11(6):651-662.

[20] 耿萍,何悦,何川,等.穿越断层破碎带隧道合理抗震设防长度研究[J].岩石力学与工程学报.2014,33(2):358-365.

[21] 何川,李林,张景,等.隧道穿越断层破碎带震害机理研究[J].岩土工程学报.2014,36(3):427-434.

[22] 耿萍,唐金良,权乾龙,等.穿越断层破碎带隧道设置减震层的振动台模型试验[J].中南大学学报(自然科学版).2013,44(6):2520-2526.

[23] 汪波,李天斌,何川,等.强震区软岩隧道大变形破坏特征及其成因机制分析[J].岩石力学与工程学报,2012,31(5):928-936.

[24] 周艺,何川,汪波,等.基于支护参数优化的强震区软岩隧道变形控制技术研究[J].岩土力学,2013,34(4):1147-1155.

[25] 邹育麟,何川,周艺,等.强震区软弱破碎千枚岩隧道系统锚杆支护作用效果分析[J].岩土力学,2013,34(7):2000-2008.

9 高速铁路隧道防灾救援与运营通风

高速铁路通行列车速度高、运量大，对运营安全要求高，在隧道中发生灾害，应满足快速疏散和救援的要求。本章重点介绍高速铁路隧道防灾疏散救援及运营通风设计的主要内容，主要包括隧道火灾烟流特性、隧道防灾疏散救援与结构形式和运营通风设计等。

9.1 隧道火灾烟流特性

9.1.1 隧道火灾原因及危害

铁路隧道是管状结构物，相对闭塞，一旦发生火灾，烟流蔓延快，人员疏散困难，极易造成大量的人员伤亡、财产损失和严重的衬砌结构受损，其危害大大高于地面火灾。表 9.1 为 20 世纪以来国内外铁路隧道火灾事故统计，结果表明：在铁路隧道中，旅客列车发生火灾数量比货运列车多，且旅客列车火灾引起的人员伤亡更大。

表 9.1 国内外铁路隧道火灾事故统计

序号	隧道名称	国家/线路	年份	车型	火灾原因	人员伤亡	损失情况
1	Welwyn 隧道	英国	1866	货物列车	信号指挥错误导致 3 车碰撞	2 人死亡，2 人受伤	列车损毁
2	Couronnes 隧道	法国	1903	旅客列车	电气设备故障	超过 84 人死亡	
3	Batignolles 隧道	法国	1921	旅客列车	一车停车，与另一车碰撞	28 人死亡，74 人受伤	
4	Rieken 隧道	瑞士	1926	货物列车	不详	9 人死亡	
5	Gütsch 隧道	瑞士	1932	旅客列车/货物列车	司机疏忽信号导致追尾	6 人死亡，15 人受伤	
6	20 号隧道	西班牙	1944	旅客列车/货物列车	制动缺陷导致追尾及碰撞	78 人死亡	
7	生驹山隧道	日本	1947	旅客列车	主变电器起火	28 人死亡，73 人重伤	车辆烧毁

续上表

序号	隧道名称	国家/线路	年份	车型	火灾原因	人员伤亡	损失情况
8	18号隧道	日本	1956	旅客列车	断路器故障，主变电器起火	1人死亡，42人受伤	车辆烧毁
9	石北隧道	日本	1961	旅客列车	电动机起火	不详	
10	Simplon隧道	瑞士、意大利	1969	旅客列车	机械装置起火	无人员伤亡	
11	Wranduk隧道	南斯拉夫	1971	旅客列车	发电机车起火	33人死亡，57人受伤	
12	Crozet隧道	法国	1971	货物列车/油罐列车	一车脱轨，与另一车碰撞	2人死亡	部分隧道坍塌
13	Vierzy隧道	法国	1972	旅客列车	隧道结构及围岩塌方砸中列车	108人死亡，240人受伤	
14	北陆隧道	日本	1972	旅客列车	餐车电气取暖器漏电	30人死亡，715人受伤	餐车烧毁
15	46号隧道	中国/丰沙线	1976	货物列车	违章作业导致脱轨	无人员伤亡	3节罐车报废，1节守车中破
16	140号隧道	中国/宝成线	1976	货物列车	减速过猛发生脱轨，颠覆	75人死亡，14人受伤	25节车厢报废或破损
17	凯格奇纳斯隧道	西班牙	1978	油罐列车/救援列车	接触网故障	7人死亡	车辆烧坏
18	SanFransisco隧道	美国	1979	旅客列车	电流短路	1人死亡，58人受伤	
19	Summit隧道	英国	1984	油罐列车	列车脱轨	无人员伤亡	烧损汽油620t，烧毁10节油罐车
20	新生驹山隧道	日本	1987	旅客列车	高压线电缆发生火灾	1人死亡，48人受伤	部分电缆烧毁
21	斯普罗乌尔隧道	美国	1987	—	洞口火灾引起隧道内火灾	无人员伤亡	木质护墙板烧毁
22	十里山2号隧道	中国/陇海线	1987	货物列车	钢轨断裂引起油罐车颠覆	3人死亡	隧道损坏

续上表

序号	隧道名称	国家/线路	年份	车型	火灾原因	人员伤亡	损失情况
23	后湾车站曲线隧道	美国	1990	旅客列车	超速引发脱轨、碰撞	453人受伤	列车、轨道及设备损坏
24	梨子园隧道	中国/襄渝线	1990	货物列车	汽油爆炸	4人死亡，14人受伤	28节车厢损毁，隧道衬砌破坏150m
25	Hirschengraben隧道	瑞士	1991	旅客列车	不详	无人员伤亡	
26	Standedge隧道	英国	1991	货物列车	不详	不详	
27	大瑶山隧道	中国/衡广复线	1991	旅客列车	烟头	12人死亡，20人受伤	
28	18号隧道	中国/青藏线	1992	货物列车	路基不均匀下沉导致脱轨	无人员伤亡	18节车厢报废
29	蔺家川隧道	中国/西延线	1993	货物列车	汽油爆炸	8人死亡，10人受伤	16节车厢报废，1辆机车报废，烧毁原油343t
30	英法海底隧道	英国、法国	1996	货物列车	不详，卡车上载有聚苯乙烯等化工产品	34人受伤	6辆卡车烧毁，11辆卡车与火车头烧坏，隧道损坏500m
31	Exilles隧道	意大利	1997	货物列车	车门拖住输电线	2人受伤	1辆机车、13节车厢及156辆汽车烧损
32	朝阳坝二号隧道	中国/湘黔线	1998	货物列车	列车脱轨，油汽泄漏	6人死亡，50余人受伤	衬砌损失严重
33	Saleeno隧道	意大利	1999	旅客列车	故意纵火或是烟雾弹造成	4人死亡，9人受伤	
34	Funicular隧道	奥地利	2000	旅客列车	油泄漏	155人死亡	列车完全损毁
35	Howard Street隧道	美国	2001	货物列车	脱轨	无人员伤亡	10节车厢脱轨，部分烧损
36	Jungangno隧道	韩国	2003	旅客列车	纵火	198人死亡，146人受伤	
37	Mornay隧道	法国	2003	Autorail列车	不详	无人员伤亡	

续上表

序号	隧道名称	国家/线路	年份	车型	火灾原因	人员伤亡	损失情况
38	太行山隧道	中国	2006	—	施工不当	4人死亡,2人受伤	
39	英法海底隧道	英国、法国	2006	货物列车	估计卡车内货物“闷烧”	无人员伤亡	列车及卡车、输电线、隧道衬砌部分烧损
40	英法海底隧道	英国、法国	2008	货物列车	疑是卡车刹车系统过热	14人受伤	列车、卡车及隧道衬砌部分烧损
41	109号隧道	中国/宝成线	2008	货物列车	地震引起山体坍塌,列车脱轨	1人受伤	17节车厢脱轨,21节车厢爆炸燃烧,部分线路损坏
42	乌鞘岭隧道	中国/兰新线	2009	旅客列车	主变压器油箱泄漏	1人晕倒	机车损坏
43	泥牛隧道	日本	2011	旅客列车	车厢脱轨,油箱漏油	39人受伤	6节车厢完全烧损
44	Simplon隧道	瑞士、意大利	2011	货物列车	不详	无人员伤亡	10节货车及货物烧毁,隧道衬砌损毁300m
45	Snow隧道	挪威	2011	旅客列车	隧道为木质结构,焊接火花引起火灾	无人员伤亡	隧道和列车烧损
46	小米溪隧道	中国/襄渝线	2013	旅客列车	发电车故障	无人员伤亡	
47	英法海底隧道	英国、法国	2015	货物列车	卡车内货物“闷烧”	无人员伤亡	

1. 火灾原因

对致灾原因进行分析可知,引起火灾的原因比较复杂,概括起来,可以分为以下几类,如图9.1所示。

①电气线路故障。此类原因引起的列车火灾事故约占统计事故的38%。

②操作失误、机械故障。此类因素导致的列车火灾约占统计事故的22%。

③人为纵火。因人为纵火而引起的列车火灾事故约占统计事故的9%。

④车上人员无意识行为引发火灾。因列车上人员无意识行为(如吸烟、电路使用不当、

明火等)导致的列车火灾约占统计事故 11%。

⑤其他因素(如车厢内座位起火、摩擦起火、钢轨断裂等)引起的列车火灾约占统计事故的 13%。

⑥不明因素。由于统计资料残缺,有些列车火灾事故未能探究原因,此类事故约占 7%。

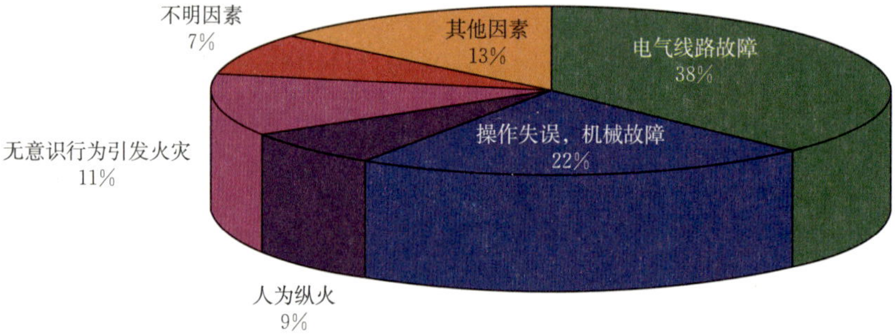

图 9.1 各火灾引发原因所占百分比

隧道火灾事故是由多种因素造成的,而这些因素则是由于人的行为、隧道环境和列车的不安全状态产生的。

(1)人的行为

主要表现在司机的违章操作、工务维护人员的失职。如 1976 年宝成线白水江 140 号隧道货物列车起火,是由于电力机车司机违章超速、制动过猛,使列车脱轨、颠覆而造成的油罐列车爆炸事故。1987 年陇海线兰州十里山 2 号隧道火灾事故的主要原因是工务段人员工作严重失职,对已经在轨检车检查并提醒 2 号隧道内"曲线钢轨磨损、判断不准,请工区立即检查整修"的情况下,未立即检查采取措施并及时更换磨损钢轨。

(2)环境方面

一是隧道因接触导线保养不良产生电弧,电缆配置不合理或超负荷供电产生电火,通信、信号故障造成列车冲撞,引起火灾。特别是电缆敷设不当引起火灾。二是轨道状态不良或线路维修保养不当,会使列车颠覆引起火灾。1987 年陇海线兰州十里山 2 号隧道火灾事故的直接原因就是隧道内钢轨疲劳断裂,而引发的火灾事故。

(3)列车方面

①机车。电力机车因电网或电气系统故障产生电弧或火花,被润滑油或变压器油污染的部分碰到点燃,整流器的触头在油中断路、动力电短路等。

②货物列车。货物列车因车辆整备不良,如罐车破坏造成的油管漏泄与火引燃;货物装卸、调车不符合规定,如货物超限触及接触网,造成接触网损伤短路起火;装易燃货物的车辆门、窗、货口盖板密封不良,火种进入导致起火;热轴高温起火;铸铁闸瓦摩擦火花点燃可燃物等。特别是运输危险货物,违反了危险品运输规程,如押运人员用火不慎,采暖、照明不符合规定,调车作业速度过高以及其他事故,如列车相撞、颠覆等造成火灾。

③旅客列车。旅客列车因电气故障、采暖设备状态不良、旅客违章携带危险品以及旅客吸烟不慎等引起火灾。这种火灾又因车体、车内装饰、家具、卧具以及旅客携带行李物品易燃、车内空间狭小、人员高度密集、列车运行产生活塞风,风助火势,若未能及时发现,早期扑灭,往往造成很严重的后果。所以,旅客列车的防火安全尤为重要。

铁路隧道内的火灾可能出现在列车和隧道内运营维修设备两个方面。就运营维修设备自身而言，可能出现设备老化后不能承受负荷而发生爆炸起火、电缆短路起火等，这些都是局部发生的灾害，没有扩散的介质，灾害时间有限，一般不会造成人员伤亡，但可能会引起短时间的行车中断，通过更换设备即可恢复使用。

列车火灾灾害源主体是列车本身，列车又分为机车牵引的列车和动车组。任何列车均有可能发生火灾，其灾害原因集中在列车本身起火和列车与隧道内设备物理接触时产生的不良变化。

所以，目前各国的防灾救援的重点主要是隧道内的列车火灾救援。根据列车火灾事故的统计可知，列车火灾的起火位置可以分为车厢外部和车厢内部。车厢内部发生的火灾一般容易被发现并能得到及时控制，而且一般情况下，不会影响列车继续运行至邻近车站；而车厢外部发生火灾则不易得到控制，而且如果供电系统或者列车底部的牵引系统因火灾失效时，列车将不能继续行驶。

综合分析统计资料可知，车厢外部发生火灾的主要类型有：①列车制动不当导致摩擦起火；②列车脱轨、撞击等发生火灾；③隧道内的供电网、风机及其他辅助设备发生火灾；④列车底部的牵引动力系统、控制系统因接触不良或短路发生火灾。

车厢内部产生的火灾主要类型有：①列车内部的电气线路、照明、空调器等因短路发生火灾；②列车上人员无意识行为引起火灾；③人为纵火。

因此，隧道火灾的预防必须从多个方面入手，着力解决导致火灾事故的隐患才能保证隧道行车的安全。

2. 火灾类型

铁路隧道火灾可以按照起火类型分为危险货物列车火灾、普通货物列车火灾、旅客列车火灾和隧道设备火灾四种。

危险货物列车火灾主要指运输腐蚀性溶液和油品的罐车所引起的火灾，这种火灾破坏性大，火势发展迅速且扑救困难，危险品起火后容易发生爆炸，使火灾的危险性进一步加剧。

普通货物列车起火的主要原因是货物装载不符合规定、易燃货物的封装不达标、押车人员用火、外来火种、牵引电网打火等。

旅客列车车厢内人员集中，火灾后人员无法及时逃生，往往导致重大人员伤亡，造成更加严重的社会影响。

隧道设备火灾的原因主要有电气设备老化或短路起火、隧道内垃圾清理不彻底且有外来火种引起火灾、列车在隧道内颠覆并引燃其他设备起火等。

3. 火灾特点

铁路隧道火灾的特性如下：

(1)燃烧速度快，温度高，火势蔓延快

隧道内起火 10 s 后，火源强度(热燃烧释放速率)迅速发展，5～10 min 顶板升温到 1 200 ℃。隧道的狭长形管状结构既阻止了热量的散失，又容易形成烟囱效应，高温烟流流经途中把热量传递到易燃的材料上，火势迅速蔓延。

(2)烟雾扩散快，烟流毒性大，人员疏散困难

隧道火灾不完全燃烧，产生大量烟雾和 CO 有毒气体；隧道近似于封闭空间，火焰和烟

雾无法向上发展，迫使其往纵向扩散；当隧道内有较大的纵向风流时，烟雾在隧道内迅速扩散，使得隧道内的能见度急速下降，造成人员心理恐慌加剧，一旦出现有毒烟流流向救援安全通道，将导致疏散混乱，使人员迷失方向并可能中毒死亡。

(3)火灾消防救援难度大

长隧道火灾中，由于能见度低，救援面窄，火灾扑救路线单一，且可能与人员疏散路线、烟气流动方向发生冲突，消防人员很难接近火源扑救。加之火灾发展蔓延规律不确定，消防水源有限，火场温度过高时，隧道拱顶混凝土有烧塌崩落的危险，这些都使灭火救援的难度无法估量。

(4)火灾损失大

火灾常常造成重大人员伤亡，烧毁车辆、货物、隧道内各种固定设施甚至破坏隧道结构，使铁路运输在长时间中断，直接和间接经济损失巨大，并且造成极其不良的社会影响。

总之，铁路隧道发生火灾时排烟与散热条件差，烟雾浓度大、能见度低，人员疏散难，消防救援难度大。高速铁路旅客列车载客人员较多，一旦火灾失控，极易发展成为灾难性事故。

4. 火灾的危害

铁路隧道是一个半封闭的空间，一旦着火，烟流迅速向两端漫延，旅客也只能从两个方向疏散，其危害性比地面大得多。主要危害表现如下：

①烟雾的危害。隧道发生火灾时，由于不完全燃烧，将产生大量的浓烟。火灾时产生的大量烟雾，不仅降低隧道内的能见度，而且会刺激人的眼睛、鼻、喉，使人视力下降且呼吸困难，不易辨别方向和路线，同时浓烟能给人在精神和体力上造成巨大的压力，使人处于极为紧张的心理状态下，降低人的思考、分析能力，影响人员逃生和救援工作；同时烟雾也是造成人员伤亡的主要原因，烟雾中的有毒有害物质，如一氧化碳(CO)、二氧化碳(CO_2)、氯化氢(HCl)、光气($COCl_2$)等，会造成人员中毒伤亡。据统计，在火灾中75%～80%的死亡人员是因烟气致死。

②高温的危害。火灾时产生的高温，不仅烧坏隧道内部的设施，对衬砌产生巨大的损坏，致使结构的承载力降低或完全丧失，而且对隧道防水体系的破坏，会造成隧道不同程度的渗漏水，以致影响隧道的正常运营功能的发挥。隧道大多数用混凝土或钢筋混凝土修建而成，尽管这些材料属于非燃烧材料，但混凝土温度达到800～900 ℃时，强度几乎完全丧失。在钢筋混凝土中，钢筋因透过混凝土保护层传来的热量而膨胀，当温度达到300～400 ℃时，钢筋与混凝土的黏着力基本丧失，钢筋的抗拉强度显著下降，致使钢筋混凝土结构的承载力降低。烟流的高温也对人体构成极大威胁，扎波(Zapp)指出，在空气温度高达100 ℃极特殊的条件下(如静止的空气)，一般人只能忍受几分钟；一些人无法呼吸温度高于65 ℃的空气。

③对洞内设备的影响。火灾使隧道内的电气设备与元器件及线路损坏，导致动力、照明用电失供，通信、通风及排水设备无法运转，同时高温烟气会引燃沿途的可燃物，造成火势扩大，加之隧道空间有限，这些都将使逃生和救援难度增大。

④火风压的影响。火灾时产生的火风压会极大地影响整个通风系统正常运转，导致隧道内正常的通风系统发生紊乱，致使灾害扩大。如果火灾生成的火风压是正值，则在风机停

止运转后，在火风压作用下，火烟仍继续向各个区域蔓延。

⑤长时间阻断交通。火灾往往造成数小时的交通中断，若隧道结构毁坏严重，短期难以修复时将使运输陷于瘫痪。

9.1.2 隧道火灾热释放速率

1. 列车火灾热释放速率

热释放速率(heat release rate)是指在规定的试验条件下，单位时间内材料燃烧所释放的热量。热释放速率越大，燃烧反馈给材料表面的热量就越多，造成材料热解速度加快和挥发性可燃物生成量的增多，从而加速了火焰的传播。因此，列车的火灾热释放速率是反映铁路隧道火灾规模和评价火灾危险程度最重要的指标，也是设计防排烟体系和疏散救援工程的基础和依据。

火灾热释放速率与火灾中列车种类、材料、内部可燃物数量和种类以及外界环境等条件有关。火灾场景不同，火灾的热释放速率也不相同。目前，列车火灾全尺寸试验的开展非常困难，有关客运列车火灾热释放速率的公开数据也很少，已调研到的不同国家的地铁和铁路的热释放速率峰值见表 9.2。各国在研究时的取值有差异，多集中在 5～30 MW 之间。

表 9.2 国内外列车火灾热释放率峰值

国家	地铁/铁路线路	热释放速率峰值/MW
新加坡	南北线(NSL)	24(2 节车厢)
	东西线(EWL)	24(2 节车厢)
	东北线(NEL)	15(2 节车厢)
	环线(CCL)	10(2 节车厢)
中国	香港东涌线	5
	香港机场快线	10
澳大利亚	新南线	10
泰国	曼谷地铁线(MRT)	7
希腊	雅典地铁	10
英国	伦敦圣保罗线	16
美国	匹兹堡黎巴嫩山轻轨隧道	13.2
	特拉克纽约城市隧道	31.1
	对于华盛顿 WMATA 系统的系统升级研究	23.1
美国国家防火协会	条文规定	20
瑞士及挪威	条文规定	15～20

考虑到火灾热释放速率与列车材料、尺寸等有着较密切的关系，因此对常用的三种类型列车进行对比，见表 9.3。

表 9.3 三种类型列车参数

列车类型	高速列车	城际列车	地铁列车
长×宽×高/(m×m×m)	26.4×2.96×4.05(车厢内高 2.4 m)	26.4×2.96×4.05(车厢内高 2.4 m)	18×2.9×3.55(车厢内高 2.35 m)
材料	不锈钢	不锈钢	铝
内装类型	较为现代	符合 IC 标准	座椅的可燃性和燃烧特性属于较为现代的设计,其他内装则较为老式
总火灾荷载	62 480 MJ	76 890 MJ	41 360 M
可燃物	包括聚氨酯泡沫等座椅材料、芯板材地板、地毯、PVC 线缆等	包括 ezing 纤维、起绒织物等座椅材料、芯板材地板、地毯、PVC 线缆等	包括聚氨酯泡沫等座椅材料、喷涂款木地板和侧境、芯板材侧墙材料、PVC 线缆等
最大热释放速率	19 MW	13 MW	25 MW
达到最大热释放速率的时间	80 min	25 min	5 min

对高速铁路 CRH1 型列车车厢内可燃物类别的统计结果见表 9.4。从表中可以看出高速铁路旅客列车内使用了阻燃材料,减小了火灾发生概率及热释放速率。

表 9.4 CRH1 型动车内可燃物类别

位置	种类	材料	防火标准
车厢内	座椅	坐垫:聚氨酯 发泡蒙面:涤纶	阻燃性能:难燃级
	地毯	聚酯	阻燃性能:难燃级
	地板布	氯乙烯树脂地板布	阻燃性能:难燃级
	窗年	涤纶	阻燃性能;难燃级
	门胶条、门板芯材、内部门上窗户、内装垫板、前灯罩等	各种橡胶材料、纸蜂窝材料、PVC 垫板、尼龙、聚碳酸酯	阻燃性能;难燃级

2. 列车火灾增长速率

隧道内发生火灾时,燃烧从一个点或面开始,随着时间的推延,火焰向周围蔓延,火区燃烧成一个区域,随着参与燃烧的可燃物数量逐渐增多,热量集聚增加,火灾烟流的温度也随之升高。火灾的发展过程按时间先后顺序分为发火、增长阶段、稳定燃烧、衰减熄灭阶段(见图 9.2)。

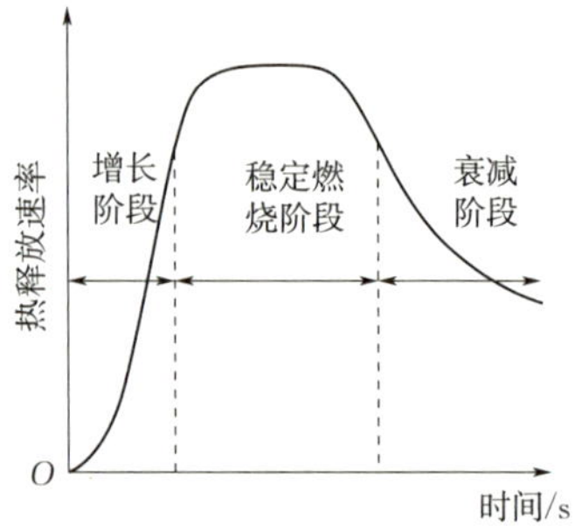

图 9.2 火灾的发展阶段

第一阶段为发火阶段,燃烧在局部地方进行,火灾的面积不大,火势不稳定,温度也不高,烟流和气体的流动速度比较缓慢,为扑灭的有利时机;第二阶段为火势发展阶段;燃烧强度增大、温度升高、气体对流增强、燃烧速度加快、燃烧面积扩大，为控制火势发展和扑灭火灾，需一定灭火力量才能有效扑灭；第三阶段燃烧发展达到高潮，火势蔓延到整个车厢，辐射热最强，列车温升到 1 000 ℃以上，燃烧稳定，扑灭困难；第四阶段为衰减熄灭阶段，随着可燃物燃烧殆尽或者燃烧氧气不足或者灭火措施（洒水或者化学灭火）的作用，火势开始衰减；当可燃物烧完或者燃烧场地氧气不足或者灭火工作起效，火势最终熄灭。

火灾的初始发展阶段是火灾防治中需要特别关注的重要阶段，对于大多数火灾的初始增长阶段，可以使用经验公式（9.1）来进行描述：

$$Q = at^2 \tag{9.1}$$

式中 Q——火灾的热释放速率，kW；

a——火灾的增长系数，kW/s；

t——火灾持续的时间，s。

按照 a 的大小，可将火灾分为慢速、中速、快速和超快速增长 4 种类型。不同火灾发展级别的火灾发展速率，与典型可燃材料的对应关系见表 9.5。

表 9.5 火灾增长系数 α 参考值

火灾发展等级	典型可燃材料	$\alpha/(\mathrm{kW\cdot s^{-2}})$
慢速	粗木条、厚木板制成的家具	0.002 931
中速	无棉制品聚酯床垫	0.01 127
快速	塑料泡沫、堆积的木板、装满邮件的邮袋	0.04 689
超快速	油池火、轻质窗帘、快速燃烧的软垫座	0.1 876

通过试验分析可以发现，发生火灾时，铁路隧道内温度的变化并不是按照标准温度—时间曲线逐渐上升，而是有一个急剧增加的过程，如图 9.3 所示。

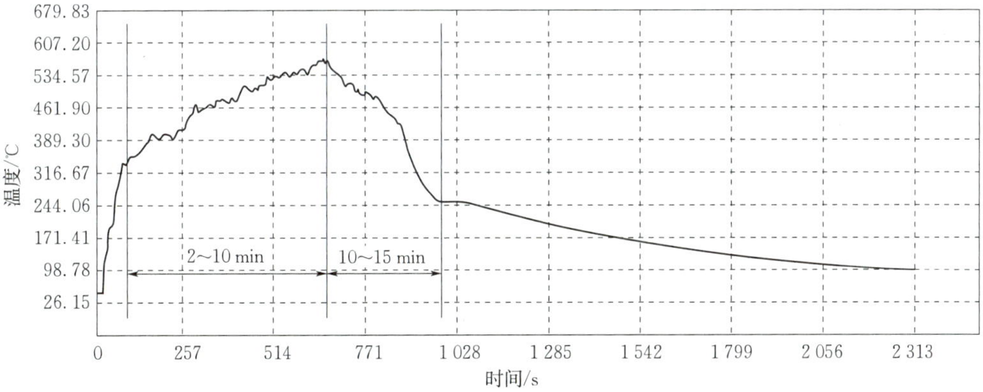

图 9.3 铁路隧道火区温升曲线

由图 9.3 可见，铁路隧道内的温度一般在起火后的 2～10 min 内即达到最高。其中，温度的最高值与燃烧物种类、数量、燃烧延续时间、燃烧速度以及隧道本身的特征有关。

火灾进入稳定燃烧阶段后，其持续时间随火灾规模、通风风速及燃料自由表面积的大小而变化。在同等条件下，火灾规模越大，火灾的持续时间越长；燃料的自由表面积越大，燃烧速度越快，火灾的持续时间越短。同时，在同等条件下，随着通风风速的增大，火灾的持续时间缩短。

对于高速铁路旅客列车来说，主要燃烧物是旅客行李及衣物，因此燃烧达到最高温度的时间较长。天津消防所曾对旅客所带行李数量及重量进行了调研，并开展了试验研究，获得旅客携带行李的燃烧发展速度曲线。经比对，行李的燃烧速率为慢速，如图 9.4 所示。

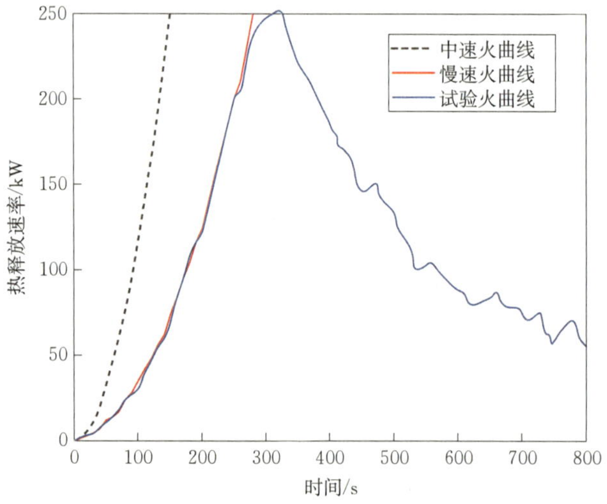

图 9.4　旅客行李燃烧发展速率

3. 火灾热释放速率与最高温度的关系

对于隧道火灾拱顶最高温度的研究，以日本的 Kurioka 等人的研究最具代表性。Kurioka 等人通过不同尺寸模型对不同纵向通风速率下隧道火灾时火源区域附近的温度进行研究，通过对试验数据的拟合分析，得到预测隧道火源上方拱顶处最高温度的理论模型，即

$$\frac{\Delta T_{\max}}{T_a}=\gamma\left(\frac{Q^{*2/3}}{F_r^{1/3}}\right)^{\varepsilon} \tag{9.2}$$

式中　Q^*——无量纲的火源热释放速率；

$\Delta T_{\max}$——隧道拱顶处的烟气最高温度，K；

T_a——发生火灾前隧道内空气的温度，K；

F_r——无量纲的弗劳德数；

γ,ε——系数，$\frac{Q^{*2/3}}{F_r^{1/3}}<1.35$ 时，$\gamma=1.77$，$\varepsilon=6/5$；$\frac{Q^{*2/3}}{F_r^{1/3}}\geqslant 1.35$ 时，$r=2.54$，$\varepsilon=0$。

9.1.3　火灾烟流特性

1. 火灾时隧道纵向温度分布特征及变化规律

由于燃烧引起的冷热空气对流和隧道壁面对于流经的高温烟流的冷却作用，使高温烟流的热量被空气及非燃烧物质（主要是隧道壁面）所吸收而使其温度沿程下降。因此，温度场在隧道纵断面方向的分布规律是随着距火源点距离的增加，温度降低，如图 9.5 所示。

通风风速和火灾规模对温度的纵向分布有很大影响。在同等条件下，随着通风风速的

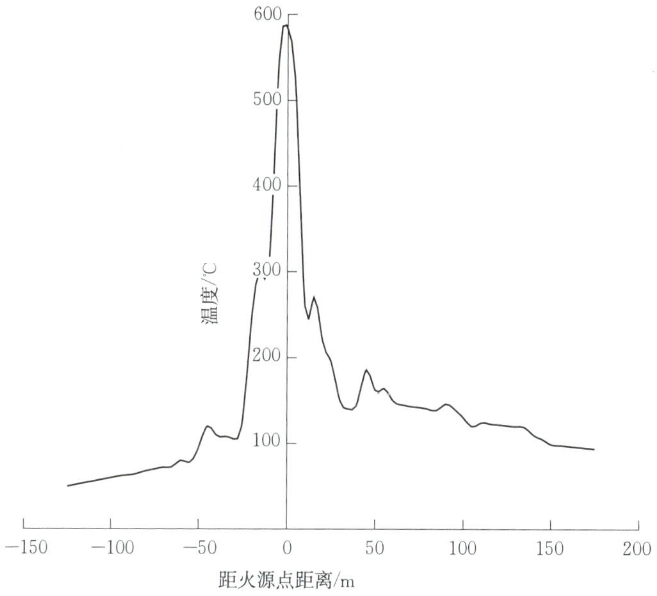

图 9.5 隧道纵向温度分布曲线

增大，火灾区附近的温度下降，沿程温度上升。同等条件下，随着火灾规模的增大，温度场纵向影响范围也增大；随着距火区距离的增加，火灾规模对温度场分布的影响减弱。

火灾是一个动态变化的过程，因此其纵向温度分布也随时间的变化而不断变化。发生火灾后，随着时间的推移，隧道内各个断面的温度都在逐渐上升。当火源点温度达到最高时，隧道内各点的温度也基本达到最高。之后，随着时间的持续，温度逐步下降。整个变化过程中，火源点的温度梯度较火区下游大，且随着远离火区，温度梯度有逐渐减小的趋势。

2. 火灾时横向温度分布规律

不通风状态下发生火灾时，隧道断面上部为高温烟流，向两端洞口移动，断面下部为外界新鲜空气，向洞内流入补充，断面中部则为高低温气流进行热传导和对流的紊流层。由于高温烟流较轻而上升，隧道底部有相对较冷的空气补充。因此，在流动过程中，温度的横向分布规律是拱部最高，拱腰、边墙次之，底部最低，如图 9.6 所示。

（a）横断面分布

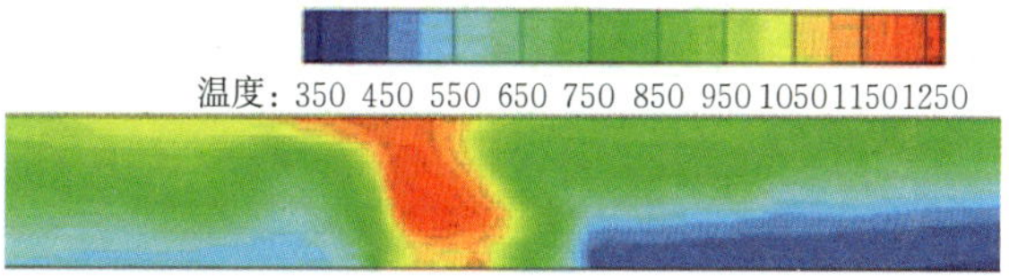

（b）纵断面分布

图 9.6 隧道横断面温度分布（单位：K）

在机械通风状态下，当通风风速不小于 2.0 m/s 时，由于火焰被吹倾斜，火区下游附近一段距离内断面底部受火焰的烧烤，温度急剧上升，断面温度横向分布呈底部高、拱顶最低的规律。随着远离火区，由于高温烟气逐渐上升，断面温度的横向分布变为拱部最高、拱腰及边墙次之、底部最低。同时，随着到火区距离的增加，横断面上温度的分布渐趋均匀。

在火区，随着通风风速的增加，断面底部温度逐渐增高，断面温度分布呈底部最高、拱部最低的规律；火区下游，不论通风风速大小，温度分布都呈拱顶高、底部低的规律。随着火灾规模的增大，沿隧道纵向各断面的温度均有升高，但温度横向分布规律不变。

3. 火灾烟流压力变化规律

(1)不通风时烟流压力变化规律

隧道火灾的燃烧过程极不稳定，旅客列车燃烧时产生的高温火焰，使得液体燃料被蒸发，同时固体燃料分解释放出挥发性易燃气体。这些易燃气体在上升过程中会与空气混合而成为火焰，而火焰在升腾时又与周围空气发生剧烈的混合。因此，由于燃烧时火焰的升腾和紊动，隧道内的压力分布也呈现出一种紊动的状态。可以发现，隧道内压力紊动的强弱与火灾规模及火焰燃烧的剧烈程度有关。火灾规模越大、火焰燃烧越强烈，压力紊动越强烈。火灾初期，随着火势的逐渐增大，压力紊动逐渐增大；稳定阶段，压力紊动也趋于稳定。当燃料逐渐燃完，随着火势逐渐减小，压力的紊动渐趋平缓。

同时，随着火势的增大，隧道内火区及火区下游的相对全压和动压较火灾前明显增大，而静压变化相对较小。随着火势的减弱，压力的增幅渐渐变小。图 9.7 为火灾试验中火区下游相对全压及动压随时间的变化规律。

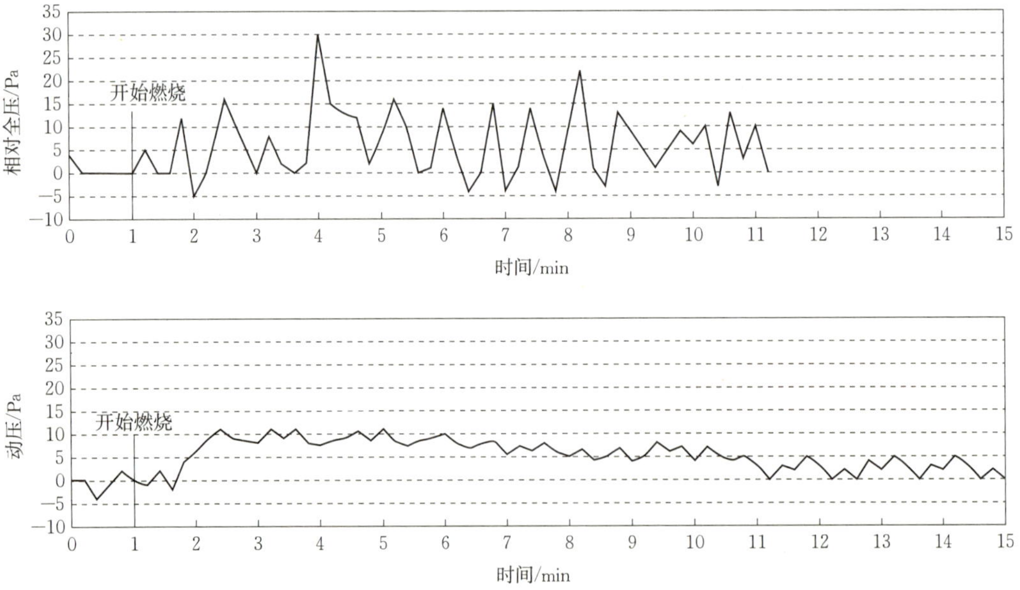

图 9.7 火区下游相对全压、动压随时间的变化

(2)通风时烟流压力变化规律

火灾烟流在纵向有坡度的隧道中流动时，由于流动过程中烟流温度不断下降，密度不断增大，烟流位压也较火灾前风流位压发生很大的变化，因而产生浮力效应，形成对烟流的作

用力。这种发生在有纵向坡度的隧道火灾，由于火灾前的风流密度与火灾时期的烟流密度不同而引起的对火灾烟流的附加作用，称为火灾烟流的浮力效应。由于浮力效应所引起的烟流阻力习惯上称为火风压。

火风压是隧道坡度变化的一个单值递增函数，火风压随着隧道坡度的增大而增大。发生火灾时隧道两端的高程差是影响火风压大小的一个关键因素，对于平坡隧道，火风压为零。而对于长大隧道，即使坡度很小，如果不能很好地控制烟流的蔓延，则火灾产生时的火风压也是相当大的。

火风压随着隧道中烟流蔓延长度的增加而增加。当烟流蔓延到一定距离后，由于烟流温度下降到接近常温，此时火风压基本为一定值，不再随蔓延长度的增长而增加。因此，发生火灾时，控制烟气的蔓延长度，对于减弱火风压对通风系统的影响是很关键的。

火灾试验的结果验证了以上关于火风压的论述。图 9.8 为火灾试验中，当通风风速为 3.0 m/s 时，沿上坡方向火区下游 6 m 和火区下游 80 m 全压差 ΔP 随时间的变化规律。其中，全压差 $\Delta P = P_{下游6\ m} - P_{下游80\ m}$。

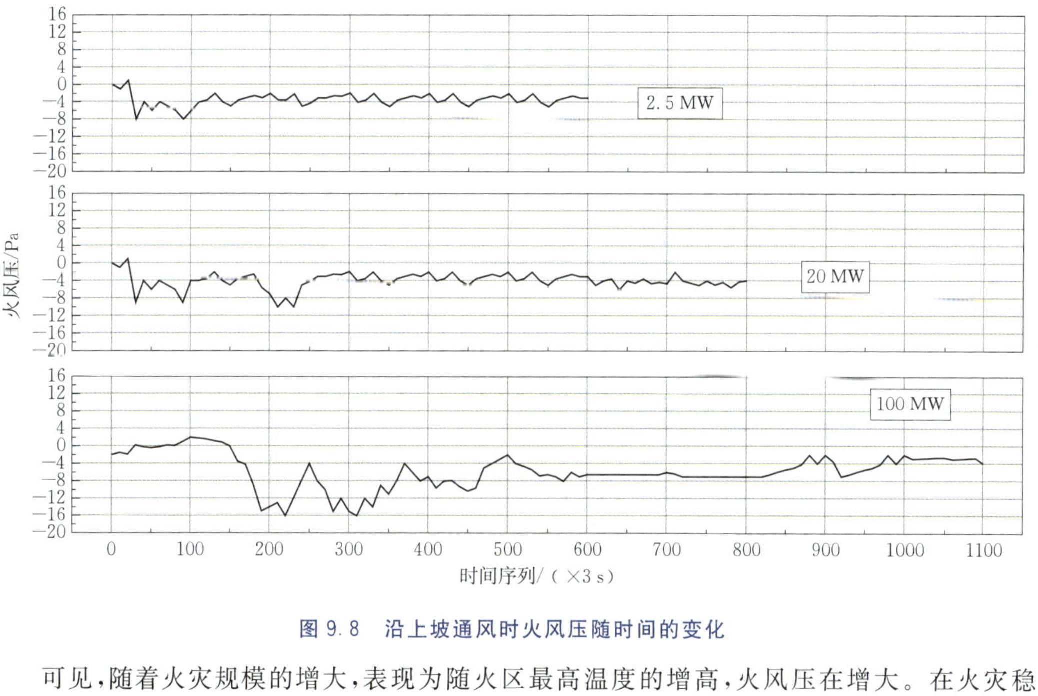

图 9.8 沿上坡通风时火风压随时间的变化

可见，随着火灾规模的增大，表现为随火区最高温度的增高，火风压在增大。在火灾稳定段，火源规模 2.5 MW 时，火风压值约为 4 Pa；火源规模 20 MW 时，火风压值约为 6 Pa；火源规模 100 MW 时，火风压值约为 10 Pa。

图 9.9 为下坡试验中，当通风风速为 5.0 m/s 时，火区下游 10 m 和火区下游 26 m 全压差 ΔP 随时间的变化规律。其中，全压差 $\Delta P = P_{下游10\ m} - P_{下游26\ m}$。

沿上坡方向通风时，在火区下游，火风压的作用是推动烟流流动，而当沿下坡方向通风时，在火区下游，火风压作为阻力出现，会阻碍烟流的流动。

由此，火灾烟流压力场分布规律是：在同一隧道断面中，顶部的压力最大，拱腰和拱脚次之，边墙和底部则较低。对于隧道纵向来说，越靠近火区温度越高，压力变化越大，反之越远离火区越靠近隧道洞口则温度越低，压力变化越小。

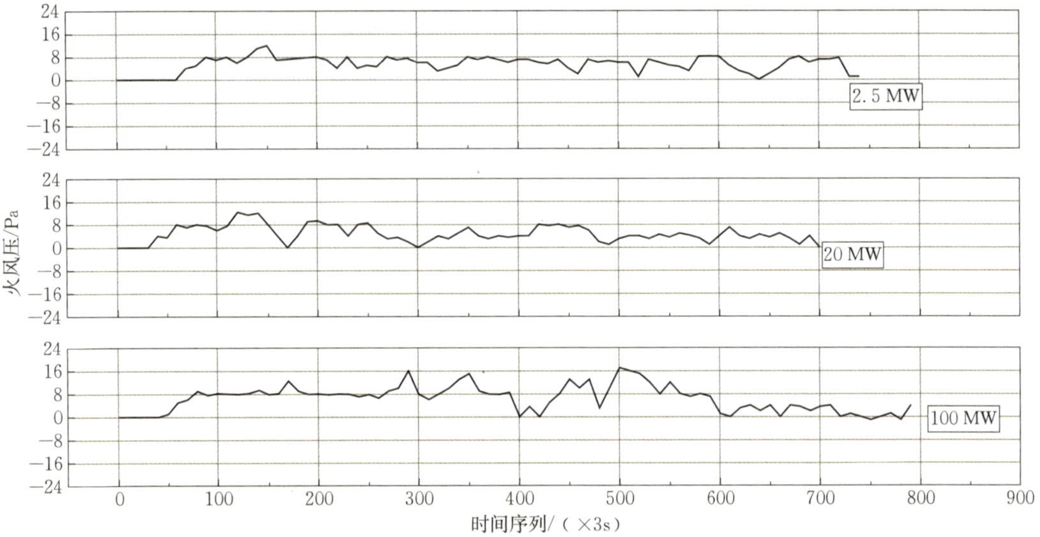

图 9.9 沿下坡通风时火风压随时间的变化

4. 火灾烟流扩散规律

(1)发展阶段烟流状态

在火灾发展阶段，烟流中含有大量的有毒有害气体，随着时间的增加，烟流最高温度逐渐升高，烟流中的氧气浓度下降，二氧化碳、一氧化碳、氢气、甲烷等有毒有害气体的浓度增大。

在火区下风侧沿程断面上，烟流的平均温度随着时间的增加而升高。发展阶段的燃烧状态不稳定，风流流动状态为非稳定状态，所以沿程烟流温度随烟流最高温度的变化规律不明显。由于火区烟流的节流效应、浮力效应等作用，火区的烟流阻力增大。当外部通风条件不变时，火区入风端的风速较火灾前低。火灾过程中，燃烧生成的气体进入流过火区的风流，风流经火区后受热膨胀，所以火区回风端的烟流速度大于入风端的风速，火区两端的静压差也随之增大。

(2)稳定阶段烟流状态

火灾稳定阶段，烟流最高温度不变，烟流在流动中的热交换便决定了火区下风侧烟流温度的变化，其变化规律为：①随着距火区距离的增加，火区下风侧断面上的烟流温度下降。②距火区较近的一段，随着火灾时间的增加，沿程烟流的温度梯度增大；距火区较远处，随着火灾时间的增加，沿程烟流的温度梯度减小。

由于节流效应、浮力效应等对烟流的作用，火区的烟流阻力比火灾前相同段内的风流阻力大，因此，当向火区的供风动力不变时，火区入风端的风速较火灾前低。风流流过火区时受热膨胀，所以当火区入、回风端的断面面积不变时，火区回风端的烟流速度大于入风端的风流速度。在火灾过程中，由于风流流过火区的温度变化量恒定，因此烟流热膨胀系数基本不随时间的变化而变化。随着时间的增加，火区两端的静压差下降。

(3)衰减阶段烟流状态

在衰减阶段，烟流的最高温度不断下降。由于火焰的热辐射效应和烟流与其周围物质间的不稳定换热系数随时间不断变化，火区下风侧沿程烟流温度的变化规律为：随着与火区距离的增加或火灾时间的增加，烟流的温度和沿程烟流的温度梯度减小。由于火区的节流效应和浮力效应对风流作用的减弱，火区两端的静压差和烟流的热膨胀系数都随时间的增加而下降。

隧道发生火灾时，在火灾区域形成高温烟气火场。如果氧气供给不足，物质燃烧不充分，将产生大量的固体微粒，同时，热空气比重较周围空气低，所以形成明显的上升气流，尤其在隧道的区间隧道内，随着气流移动，使高温高热烟流快速在隧道内扩散和蔓延。

影响隧道火灾中烟气流动的主要因素是烟气层本身的流动性和隧道内的空气流动。一般情况下，靠近火场的地方烟气层本身的流动性占支配地位，而远离火场的地方，隧道内空气流动的影响大。

所以，隧道火灾烟气一般会受节流效应、浮力效应、热膨胀效应及通风的影响。在火灾工况下，机械通风会影响烟气本身的流动特性，有效通风能够组织火灾烟气的流动，控制烟气蔓延。

9.1.4 隧道火灾烟流阻力

1. 隧道火灾沿程温度分布

发生火灾时，从火区流出的烟流在机械通风动力、自然风压和火灾动力效应的作用下，向火区下风侧流动。随着时间的增加，烟流前沿到火区的距离增大，污染区域的范围不断扩大。由于烟流温度高于隧道围岩与衬砌的温度，所以烟流流动过程中不断与隧道围岩与衬砌进行热交换，热能从烟流流向围岩与衬砌，烟流失去热能，内能减少，温度下降；隧道围岩与衬砌不断接受烟流热能，其温度随时间的增加而升高。

沿程烟流温度的计算方法主要来源于试验数据的回归分析或由控制体的能量平衡计算，采用烟流能量平衡微分方程建立了隧道沿程烟流温度计算模型。

在稳定流动状态下，引入表达摩擦力系数和传热系数之间关系的斯坦顿数 S_t，通过调整 S_t 的大小，可改变隧道沿程的温度分布，其计算公式为

$$T=T_0+(T_1-T_0)\cdot\exp\left[-\frac{S_t x}{D_n}\left(1-\frac{T_a}{T_1}\right)\right] \tag{9.3}$$

式中 T——距离隧道入风端 x 处烟流的平均温度，K；

T_1——隧道入风端烟流的温度，K；

T_0——火区入风端的风流温度，K；

T_a——隧道围岩的原始温度，K；

D_n——隧道断面面积与周长之比，m。

2. 隧道火灾烟流阻力

隧道发生火灾时，燃烧火焰在浮力作用下，从底部向顶部运动，破坏了火区及其附近的烟流结构。同时，由于火焰的存在，减小了火区段隧道的有效过流断面面积。风流在火区受热膨胀，烟流体积流量比风流密度小，流过火区的烟流温度逐渐下降，体积流量减小。因此，对于同一段隧道，火灾前的风流阻力与火灾时期的烟流阻力不同。火区烟流阻力由节流效应烟流阻力、隧道摩擦阻力和浮力效应烟流阻力三部分组成，火灾时产生了推动（或阻止）烟

流流动的火风压，且烟流阻力的大小与火风压的大小及燃烧的规模密切相关。

火灾过程中，由于火焰的存在减小了火区段隧道的有效过流断面面积，且风流在火区受热膨胀，使得流过火区的风流阻力较火灾前明显增加，在火区附近形成一个局部阻力，这个局部阻力就像一个节流阀作用于流过火区的烟流。这种由于燃烧火焰阻碍烟流在隧道内的流动，以及由于烟流体积流量变化而产生的阻碍烟流流动的现象，称为火灾烟流的节流效应。由节流效应产生的阻力，称为火灾的节流效应烟流阻力。在高速铁路隧道中，火灾烟流节流效应烟流阻力除受燃烧火焰的影响外，阻塞比对烟流的流动也会产生节流效应阻力。

由于烟流与隧道壁面的摩擦，在靠近壁面的流体中形成边界层，引起内外摩擦，造成风流流动过程中动量损失。由流体与隧道壁面的摩擦和流体内部的湍流团相互摩擦产生的阻力称为摩擦阻力。烟流的摩擦阻力与密度成正比，与烟流速度的平方成正比。

风流在流经火区后，由于受热膨胀，烟流密度比风流密度小，同时，火灾产生的高温烟流在流动过程中，其温度沿纵向不断下降，密度不断增大。当隧道具有坡度时，由于火区上游风流密度与火区下游烟流密度的明显差异，会形成推动或阻碍烟流流动的作用力。这种由于隧道沿程烟流密度与标高不同，使烟流本身产生推动或阻止其流动的附加力，称为火灾烟流的浮力效应烟流阻力。

上述火灾烟流阻力中，烟流摩擦阻力和浮力效应可通过公式进行计算。而节流效应阻力既受火灾燃烧火焰的影响，也受阻塞比的影响，其计算方法不同于矿井烟流的节流效应阻力的计算，尚需研究获得。

(1)烟流摩擦阻力

隧道中的烟流密度、速度是距离的函数。长度为 L 的隧道的烟流摩擦阻力为

$$h_{\mathrm{f}}=\int \frac{R_{\mathrm{a}} S^{2} \rho v^{2}}{\rho_{\mathrm{a}}} \cdot \mathrm{d} x \tag{9.4}$$

式中 h_{f}——烟流摩擦阻力，Pa；

S——隧道断面积，m^2；

ρ——烟流密度，$\mathrm{kg/m^3}$；

v——烟流速度，m/s；

ρ_{a}——火灾前风流的密度，$\mathrm{kg/m^3}$；

R_{a}——火灾前单位长度隧道的摩擦风阻，$\mathrm{kg/m^8}$，其值可由式(9.5)给出。

$$R_{\mathrm{a}}=\frac{\lambda \rho_{\mathrm{a}} U}{8 S^{3}} \tag{9.5}$$

式中 λ——摩擦阻力系数；

U——隧道断面周长，m。

可以看出，火灾前的隧道摩擦阻力不等于火灾时期的隧道摩擦阻力。烟流摩擦阻力与火灾前隧道摩擦风阻 R_{a}、烟流体积流量 $(Sv)^2$、风流密度和烟流密度之比 ρ/ρ_{a} 成正比。当隧道的断面结构和面积不变时，温度越高，速度越大，烟流摩擦阻力也越大。

在污染区域内，当隧道入风端的烟流体积流量等于火灾前的风流体积流量时，火灾时期的烟流摩擦风阻小于火灾前的风流摩擦风阻。为安全起见，火灾时期烟流的摩擦风阻仍然

采用火灾前隧道内摩擦摩擦风阻，摩擦阻力按式(9.6)计算：

$$h_f = \frac{\lambda \rho_a U}{8S^3} L Q^2 = R_\lambda Q^2 \tag{9.6}$$

式中 R_λ——摩擦风阻，kg/m^8。

h_f 总是对通风气流起阻碍作用，即与风流的方向相反。

(2)浮力效应烟流阻力

浮力效应烟流阻力是由烟流密度变化引起的作用于烟流的附加力，也就是说，浮力效应烟流阻力是针对火灾前相同隧道段的风流位压而言的，由此给出火灾时期浮力效应烟流阻力的理论计算式：

$$h_b = \int_0^L (\rho - \rho_a) g \sin \beta \mathrm{d}x \tag{9.7}$$

式中 ρ_a——火灾前风流的密度，kg/m^2。

对上式积分，结合式(9.3)火灾烟流的沿程温度分布，可得污染区域内的隧道浮力效应烟流阻力：

$$h_b = \frac{\rho_1 T_1 g \sin \beta}{A_k B_k} \cdot \ln\left[\frac{A_k + (T_1 - A_k) \cdot \exp(-B_k L)}{T_1 \cdot \exp(-B_k L)}\right] - \rho_a g L \sin \beta$$
$$A_k = T_0 - \frac{mJg}{a_b U},\ B_k = \frac{a_b U}{m c_p} \tag{9.8}$$

式中 T_0——火区入风端的风流温度，K；

m——烟流质量流量，kg/s；

J——隧道坡度，m；

a_b——烟流与隧道壁面的不稳定传热系数，$W/(m^2 \cdot K)$；

U——隧道断面长度，m；

c_p——烟流定压比热，$kJ/(kg \cdot K)$。

由式(9.8)可以看出，污染区域内隧道的浮力效应烟流阻力由两部分组成。计算式的后半部分为 $\rho_a g L \sin \beta$，这是火灾前隧道入风端与回风端的位压差，其大小与燃烧状态和烟流状态无关，只与隧道特性和风流状态有关。

对于式(9.8)，若忽略火灾后隧道内的绝对大气压变化，并假定火灾前后气体的成分不变，浮力效应烟流阻力计算公式可简化为

$$h_b = \rho_a g \Delta Z \frac{\Delta t}{T} \tag{9.9}$$

式中 h_b——浮力效应烟层阻力，Pa；

ΔZ——高温气体流经隧道的标高差，m；

Δt——高温气体流经隧道内空气平均温度增量，K；

T——高温气体流经隧道内火灾后空气的平均温度，K。

9.2 隧道防灾疏散及排烟通风

高速铁路具有技术标准高、线路曲线半径大，受复杂地形条件影响，隧道占比大、特长隧

道及隧道群分布密集的特点。当旅客列车在隧道内发生火灾事故时，热烟气难以及时排出洞外，造成隧道内温度高、烟雾大、能见度极低，极易导致受困旅客恐慌或盲目逃生相互踩踏，烟流若流向疏散口或救援通道，将引起人员中毒，丧失逃生能力，可能引发重大的群死群伤事故，因此，长大隧道或隧道群防灾疏散及排烟控制尤为重要。

9.2.1 防灾疏散救援总体原则及管理模式

1. 防灾疏散救援总体原则

结合我国高速铁路隧道运营管理现状，制定隧道防灾疏散救援工程设计的总体原则。

(1)铁路隧道防灾疏散救援的对象为旅客列车在隧道内发生的火灾事故和列车故障事故。

(2)隧道防灾疏散救援应设置必要的监控系统、防灾报警系统、消防灭火系统、防排烟系统等。

(3)隧道防灾救援应贯彻“以人为本、安全疏散、自救为主、方便救援”的总体原则。健全防灾消防系统，预防灾害发生；建立完善的疏散设施及救援系统，提供人员快速、安全、有效的疏散途径和避难场所，为人员疏散自救和外部救援提供有利条件。

(4)列车发生火灾时应尽量拉出洞外，并将失火车厢完全停靠于明线露天地段的有利位置开展人员疏散及消防扑救。

2. 防灾疏散救援管理模式

根据隧道防灾疏散救援总体原则，制订铁路隧道防灾救援管理模式的基本思路为“统一指挥、分级管理、综合救援”。

(1)建立以铁路局集团公司为防灾救援指挥中心，实现疏散、救援的联动及统一指挥。

(2)对隧道防灾疏散救援设备实行分级管理与监控，即采取路局防灾救援指挥中心、综合维修车间、隧道现场三级管理模式。

(3)铁路局集团公司防灾救援指挥中心能协调各系统进行信息化救援疏散，并建立与铁路局集团公司各部门及地方政府畅通的应急通信联系，实现多方参与救灾及信息化救援疏散的综合救援模式。

9.2.2 铁路隧道的安全疏散标准

1. 防灾疏散的基本原则

(1)当列车在隧道内发生火灾时，凡能继续运行时，均应遵循“先将列车拉出洞外再进行列车解体及火灾事故处理”的基本原则。若列车一旦失去动力不能运行或因隧道太长无法及时拉出洞外时，必须考虑在洞内实施快速疏散和消防救援。

(2)应结合隧道及隧道群的特点，因地制宜，设置疏散通道、紧急出口、横通道、避难所和紧急救援站等进行，实现紧急情况下隧道内人员的安全疏散。

2. 火灾模式下人员的安全疏散时间

针对运营期间铁路隧道的灾害类型，隧道内列车火灾对旅客生命安全造成极大威胁，需在可用安全时间内尽快将人员疏散到安全地带，人员逃生在时间上具有紧迫性。

(1)人员疏散安全控制标准

火灾发展与人员疏散可认为同时沿着一条时间不可逆进行。从 9.1.2 节可知，火灾过程大体分为起火、火灾增大、稳定燃烧、火势减弱熄灭等阶段，从人员安全疏散的角度出发主要关心前两个阶段。人员疏散一般要经历察觉到火灾、行动准备、疏散行为、疏散到安全场所等阶段。在此过程中，人员能否安全疏散主要取决于两个特征时间：一是火灾发展到对人员构成危险所需的时间，即可用安全疏散时间 ASET；另一个是人员疏散到安全区域的时间，即必需安全疏散时间 RSET。如果人员能在火灾达到危险状态之前全部疏散到安全区域，便可认为该隧道结构的防火安全设计对于火灾中的人员疏散是安全的。

铁路隧道由于其狭长的管状空间有别于一般的建筑物，人员疏散时间的计算也存在显著差异。铁路隧道内人员疏散时，可用时间 ASET 是关于位置的函数，因此人员安全疏散必需时间 RSET 的确定必须结合不同位置来考虑。此时，RSET(x)不是单值，应是位置 x 处最后一个人离开该位置的时间，而安全疏散可用时间 ASET(x)也是位置 x 处达到危险状态的时间。因此，人员安全疏散救援时间标准为

$$\mathrm{RSET}(x)<\mathrm{ASET}(x) \tag{9.10}$$

式中 x——位置参数。

(2)必需安全疏散时间(RSET)

目前，铁路隧道内发生火灾时的疏散模式有两种：随机停车疏散模式和救援站疏散模式。由于隧道内列车发生火灾的位置具有随机性，若采用随机停车疏散人员，需增设大量的土建疏散设施及防灾救援配套设施，经济性差、运营维护工作量大，且隧道内随机停车的排烟难度大，疏散安全性差。结合铁路隧道的运营特点，特长隧道内列车火灾工况适宜采用救援站"定点"疏散的模式。随机停车疏散模式仅在隧道中火灾使机车失去动力而无法继续向前行驶出隧道或救援站时采用。

对于救援站疏散模式的人员疏散的必需安全疏散时间 RSET 包括火灾的发现时间 t_1、列车的行驶进入救援站时间 t_2 和停车后人员的下车及疏散时间 t_3。其中在列车的行驶进入救援站时间段内，旅客将从车内危险车厢向其他车厢内疏散，等待车辆进入救援站下车撤离。该疏散模式下火灾的发展时间和人员的疏散时间图如图 9.10 所示。

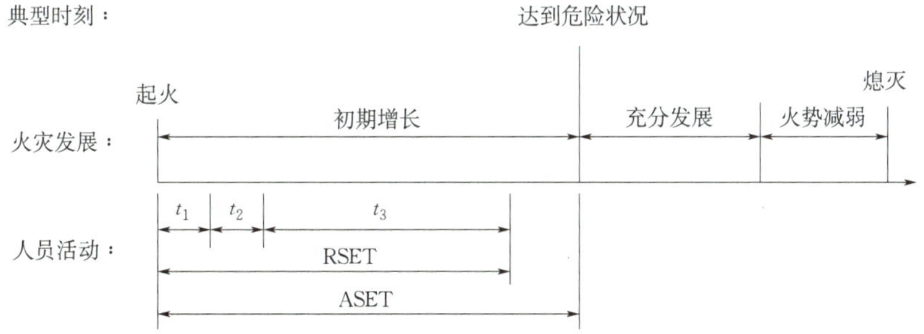

图 9.10 救援站疏散火灾发展及人员疏散时间

随机停车疏散模式人员疏散的必需安全疏散时间 RSET 包括火灾的发现时间 t_1、停车后人员的下车及疏散时间 t_2。该疏散模式下火灾的发展时间和人员的疏散时间图如图 9.11 所示。

影响人员疏散必需安全疏散时间的主要因素有火灾的探测及发现、起火位置距离救援站距离、人员密度、人员移动速度、疏散通道及横通道宽度等。

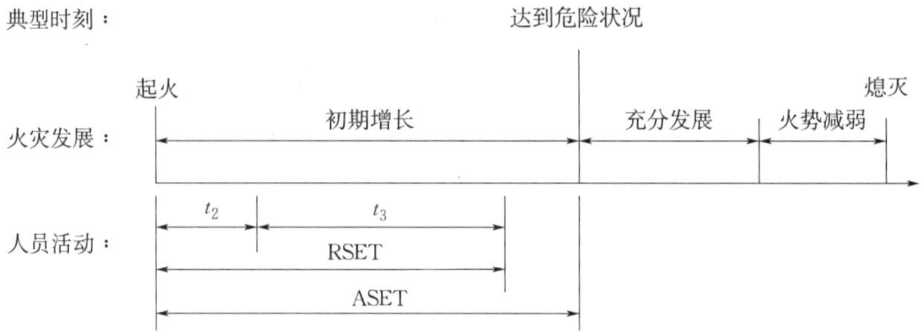

图 9.11 随机停车火灾发展及人员疏散时间线

(3)可用安全疏散时间(ASET)

ASET 为可用安全疏散时间，即从着火列车停车开始至火灾发展到对人员安全构成危险所需的时间。影响可用安全疏散时间的主要因素有辐射热、对流热、能见度、毒性及通风排烟方式等。

(4)人员疏散时间计算方法

根据相关研究可知，水力模型计算方法适用于铁路隧道内火灾的人员疏散情况。因此，针对铁路隧道内人员的紧急疏散情况，对水力模型给予一定的修改，从而形成针对铁路隧道紧急救援站、紧急出口、避难所处的人员紧急疏散时间计算公式。

由于铁路隧道人员进行疏散时，人员首先需要从列车内疏散到列车外，因此，铁路隧道人员疏散的时间需要增加人员全部疏散至列车外部的时间，即下车的时间。由于隧道狭长，疏散人员时，要求在紧急救援站处主要沿单侧的紧急救援站站台进行疏散撤离，在紧急出口、避难所处主要沿隧道两侧的纵向人行通道进行疏散撤离，疏散队伍狭长且有序分布。保守估计，在紧急救援站的出口处宽度为对应站台宽度的 2 倍，在紧急出口、避难所的出口处宽度为纵向人行通道宽度的 2 倍，即可以保证人员在出口处不发生聚集等待的情况。一般在进行出口处结构设计时，将人员在出口处的聚集时间取为 0 或是短暂作为判断标准。因此，在铁路隧道中，人员疏散的出口通过时间，即出口等待时间为 0。

综上所述，停车后人员疏散时间计算公式为

$$t_{\text{action}}=t_{\text{train}}+t_{\text{travel}} \tag{9.11}$$

式中 t_{train}——下车时间，为数量最多车厢内人员全部疏散至车外的时间，min；

t_{travel}——步行时间，距离出口最远一点至出口所需的时间，min。

$$t_{\text{train}}=\frac{Q_{\text{车厢}}}{60V_{\text{下车}}} \tag{9.12}$$

式中 $Q_{\text{车厢}}$——车厢仅有一端门供疏散时，每个车门需下车的人员数重，人；

$V_{\text{下车}}$——人员下车速度，人/s(根据不同站台高度查表 9.6)。

表 9.6 人员在不同站台高度情况下的下车速度

车厢地板到站台的处置距离/m	人员速度/(人·s^{-1})	车厢地板到站台的处置距离/m	人员速度/(人·s^{-1})
0	1.59	0.7	0.73
0.3	0.8	1.2	0.5

确定人员的行进速度对于分析疏散时间格外重要。人的行进速度与人员的密度、年龄和灵活性有关。当人员密度小于 0.5 人/m^2时，人群在水平地面上的行进速度可达到 70 m/min，且不会发生拥挤，下楼梯的速度可达 51～63 m/min。相反，当人员密度大于 3.5 人/m^2时，人群将非常拥挤，基本上无法移动。研究表明，人员密度和行进速度之间存在一定关系，如图 9.12所示，用数学表达式可表示为

$$V=K(1-0.266D) \tag{9.13}$$

式中 V——步行速度，m/min；

D——人员密度，人/m^2，不小于 0.5 人/m^2；

K——系数，对于水平通道 $K=84.0$，对于楼梯台阶 $K=51.8(G/R)^{1/2}$，G 与 R 分别表示踏步的宽度和高度。

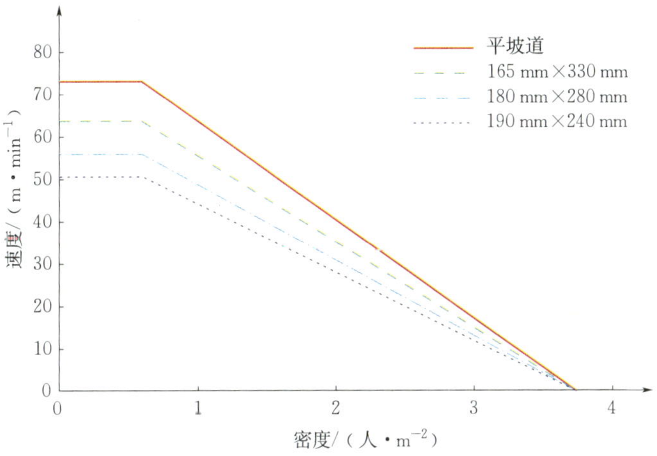

图 9.12 人员密度与速度关系

进行人员的密度计算时，假定所计算疏散人员均站在列车外的隧道内站台或通道上，则人员密度为

$$D=\frac{Q}{A} \tag{9.14}$$

式中 Q——需疏散的人员数量，人；

A——需疏散人员所占站台或通道的面积，m^2。

紧急救援站人员疏散时间计算公式为

$$T=\frac{Q_1}{80V_1}+\eta\frac{L_s}{10-\dfrac{Q_1}{B_1}} \tag{9.15}$$

式中 Q_1——定员数量最多车厢内的人员数量，人；

V_1——人员下车速度，人/s，根据不同站台高度查表 9.6；

L_s——紧急救援站横通道间距，m；

η——安全修正系数，取值为 1.0～1.3，横通道间距越大，紧急救援站站台宽度越宽，安全修正系数越大；

B_1——紧急救援站站台宽度，m。

横通道宽度即为出口宽度，根据数值模拟的结果，当其选取为紧急救援站站台宽度的1.5倍进行人员在疏散时，出口处无聚集排队等候现象。因此，横通道宽度 $B_{横}$ 为 $1.5B_1$。

铁路隧道紧急救援站人员疏散理论计算公式主要通过人员疏散模型试验进行验证。由于试验中受测人员均为年轻人，且男性占到88%，疏散环境光线好，地面平整，因此，对试验所测得的疏散时间及速度需进行折减。根据PIARC中的相关规定，隧道中火灾烟气对人员疏散的影响可以用消光系数来表示，若取消光系数临界值0.4，则人员疏散速度大约折减40%。根据《建筑设计防火规范》(GB 50016—2014)规定，人在不平的地面或铁轨上行走的速度比在平地上行走的速度大约下降14%，则人员疏散的速度大约折减55%，由此得到理论计算结果和模型试验结果的对比情况如图9.13所示，人员疏散时间的理论计算结果与试验结果较吻合较好。

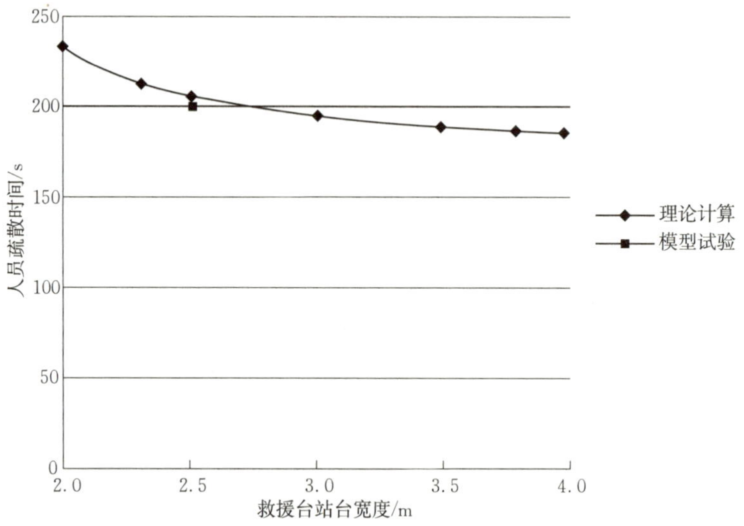

图9.13　人员疏散时间理论计算与模型试验结果对比

9.2.3　铁路隧道防灾疏散救援设施

隧道的防灾疏散救援设施主要包括紧急救援站、紧急出口、避难所、疏散通道、横通道等。紧急救援站应满足火灾和非火灾事故列车停车后人员疏散要求；紧急出口、避难所及横通道应满足非火灾事故列车人员疏散要求。疏散救援设施的结构形式各不相同，确定其结构形式是进行合理结构设计的前提。

1. 隧道内紧急救援站

结合铁路隧道的运营特点，特长隧道内列车火灾工况适宜采用"定点"救援站疏散的模式。"定点"疏散一般通过设置紧急救援站进行疏散，其间距设置主要取决于列车发生火灾事故后的残余运行能力。根据瑞士圣哥达隧道对着火列车残余运行能力模拟分析，绝大多数情况下，着火列车残余运行时间可达15～20 min，保守的按火灾列车运行速度80 km/h考虑，则列车的残余运行距离不小于20 km。经分析，按20 km间距设置紧急救援站，着火客车不能到达救援站的可能性为 0.01%。因此，铁路隧道及隧道群适宜按间距不大于 20 km设置紧急救援站进行“定点”救援疏散。

(1)隧道内紧急救援站类型

“定点”救援站宜结合施工期间的辅助坑道设置，并利用辅助坑道作为运营期间的排烟井，实现及时排烟，救援站类型有如下四种：

①双洞单线隧道紧急救援站

对于双洞单线隧道紧急救援站，救援站范围两线相邻侧设置宽度不小于 2.3 m 宽的疏散站台，并按间距不大于 60 m 设置疏散联络通道，其布置形式如图 9.14 所示。如成兰铁路平安隧道(28.426 km)采用该救援站形式，于左、右线隧道救援站拱部按间距 100 m 设置竖向联络烟道，并设置排烟道分别与竖井式联络烟道和横洞相接，利用横洞作为运营期间排烟井，以实现救援站半横向排烟。

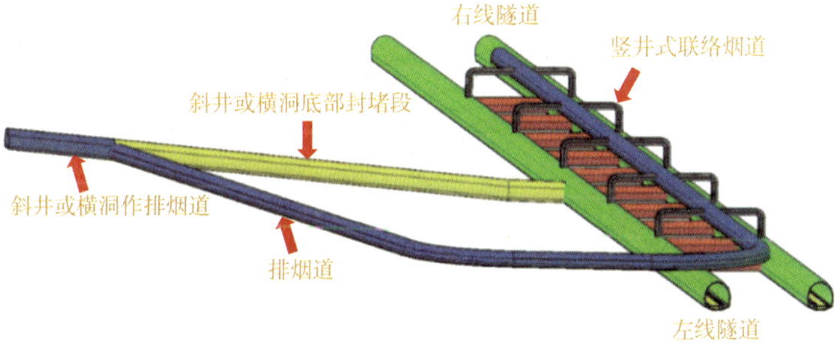

图 9.14 双洞单线隧道紧急救援站布置形式

②双洞单线隧道＋服务隧道紧急救援站

针对双洞单线隧道，若两隧道之间设置服务隧道或平导，可充分利用服务隧道作为人员的避难空间，双洞单线隧道＋服务隧道(避难所)紧急救援站布置形式如图 9.15 所示。如成兰铁路跃龙门隧道(右线 20.042 km)首创该救援站布置形式，救援站地段中部平导采用隔板分隔为上下两层，下层作为人员的疏散通道和避难所，左、右线隧道与平导下部通道每隔 50 m 设一处疏散横通道，以实现互联互通；平导拱部分隔出独立的排烟道，排烟道与左、右线隧道拱肩部位设置横向联络烟道，可将救援站的火灾烟气及时通过排烟道排出洞外。

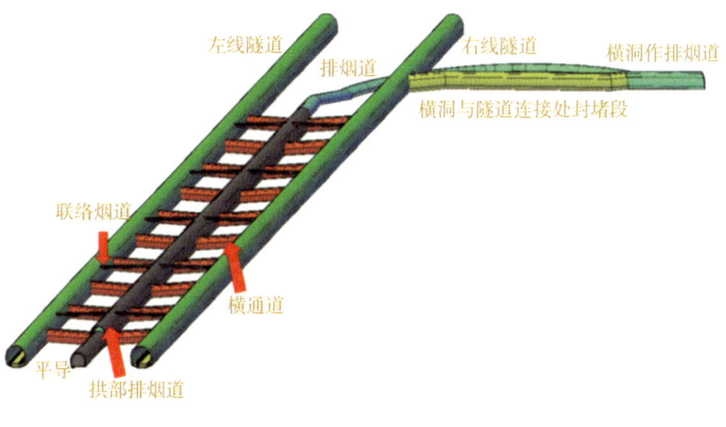

图 9.15 双洞单线隧道＋服务隧道(避难所)紧急救援站布置形式

③单洞双线隧道紧急救援站

单洞双线隧道的紧急救援站，为避免跨线疏散引发重大安全事故，需在隧道救援站地段两侧设置局部平导作为人员的疏散通道和避难空间，其布置形式如图 9.16 所示。如成兰铁路云屯堡隧道(22.923 km)是我国目前最长的双线合修隧道，首创合修隧道救援站布置形式，其救援站两侧均设置疏散站台，左、右侧平导与救援站相邻侧疏散站台之间每隔 50 m 设置一处疏散联络通道，并于右侧平导设置下穿隧底的疏散联络通道与 4 号横洞竖向分隔的右侧疏散通道互联互通；为实现救援站半横向排烟，于隧道拱部设置竖井式联络烟道、排烟道与 4 号横洞竖向分隔的左侧排烟道相接。

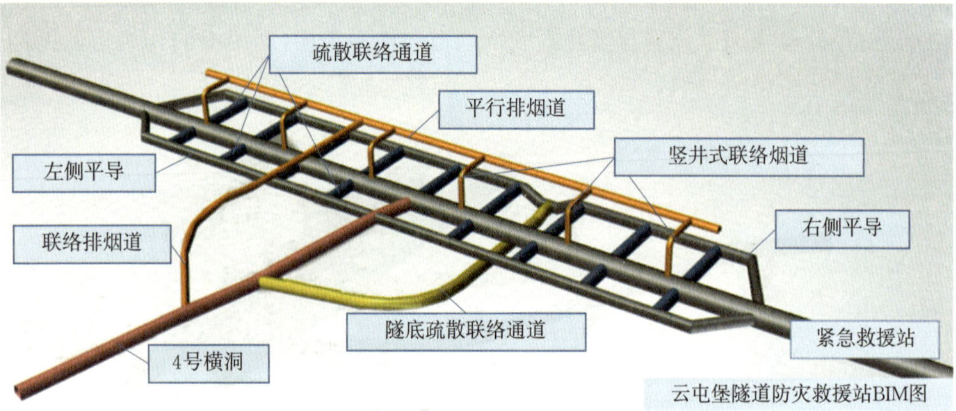

图 9.16　单洞双线隧道横洞模式下紧急救援站布置形式

④单洞隧道＋服务隧道紧急救援站

大瑞铁路高黎贡山隧道(34.538 km)是目前亚洲最长的越岭隧道，采用复线分期建设模式，初期采用单洞＋服务隧道，远期将服务隧道扩建为复线隧道，布置形式如图 9.17 所示。为充分发挥深大竖井排烟的“烟囱”效应，紧急救援站结合 2 号竖井主、副井设置，救援站地段两线相邻侧设置疏散站台，并按间距 50 m 设置疏散联络通道实现互通，竣工后利用施工期间的 2 号竖井主、副井作为救援站的排烟通风井，并将竖井施工期间的井底车场改造为排烟道和联络烟道抽排火灾烟气，实现“人烟分离”。

(2)紧急救援站结构设计

①紧急救援站站台高度

瑞典隆德大学的 Anders J. Noren 和 Joel Winer 对地铁车辆人员在不同台阶高度情况下人员下车速度的测试结果见表 9.6。

站台具体高度设计应根据具体线路运输特点确定。站台面高于轨面一定高度才能满足快速疏散要求。当站台面高于轨面 30 cm 时，即可满足普通客车、CRH1、CRH5 等带车门台阶的列车疏散人员的快速疏散要求。当站台面高于轨面 95 cm 时，CRH2、CRH3 动车组人员可方便疏散。

考虑各线通行列车标准不同，《铁路隧道防灾疏散救援工程设计规范》(TB 10020—2012)要求，救援站站台面高于轨面应不小于 30 cm。

②紧急救援站站台宽度

紧急救援站站台宽度值与必需安全疏散时间有关。隧道口紧急救援站的疏散方式，主

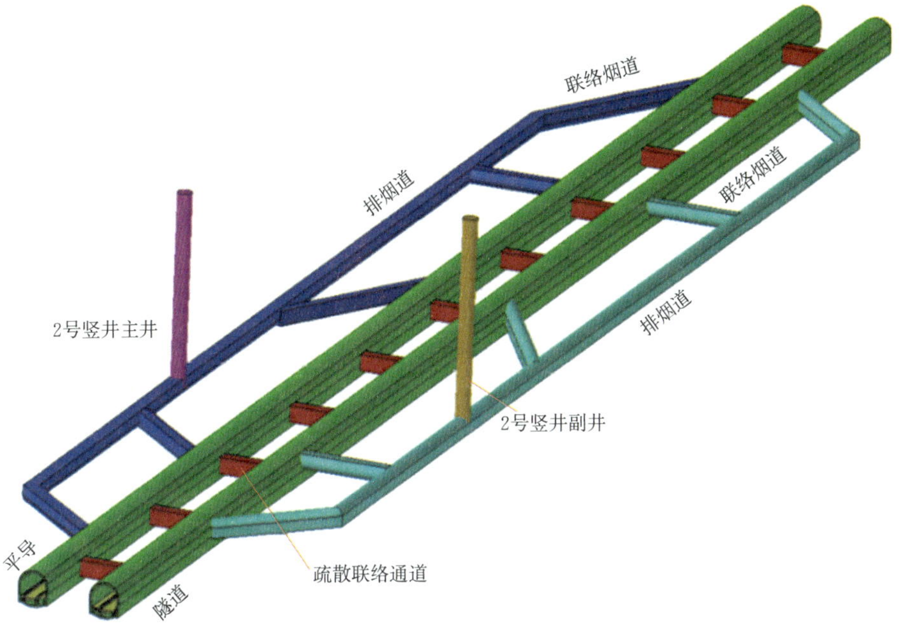

图9.17 单洞隧道+服务隧道在竖井模式下的紧急救援站布置形式

要考虑控制着火车厢停靠在隧道口的明线上，只要控制烟气不侵入隧道内，对于必需疏散的时间就没有具体要求，所以，对隧道口紧急救援站站台的宽度也不需作具体要求，利用隧道内设置的疏散通道，能够满足乘客从列车上下到隧道的疏散通道上即可，一般不小于0.75 m。

③隧道内紧急救援站结构设计参数

隧道内紧急救援站的结构是在紧急救援站范围内加宽站台，并加密横通道，其结构设计参数见表9.7。

表9.7 计算参数选取

防灾疏散救援设施	结构形式	设计参数	
		数量	具体设计内容
隧道内紧急救援站	加宽紧急救援站站台+加密横通道	6个	容量
			横通道间距
			横通道宽度
			站台长度
			站台高度
			站台宽度

a. 紧急救援站容量

当采用加密横通道设置紧急救援站时，应根据具体横通道的数量及宽度进行设计，原则上应保证 0.5 人/m^2。

b. 紧急救援站疏散横通道间距和宽度

当横通道间距为 50 m 时，横通道的宽度最小为 3 m；当横通道间距为 60 m、70 m 和 80 m 时，横通道的宽度最小为 3.5 m。

c. 紧急救援站站台长度、高度和宽度

隧道内紧急救援站的站台长度应为旅客列车编组长度加一定余量，高速铁路一般可取 450 m。

紧急救援站的站台高度与隧道口救援站一致，站台高度为 0.3 m。

单体隧道的紧急救援站横通道间距应不大于 60 m，横通道宽度应不小于 3.5 m，紧急救援站站台的宽度为 2.3 m。

2. 隧道群洞口紧急救援站

列车在长大隧道内发生火灾，应控制列车驶出隧道至明线露天地段，以便开展人员疏散和消防扑救，尽可能地降低火灾造成的后果、损失。

若相邻隧道洞口间距较小时，由于缺乏明确的停车标识及减速预告信息，通过列车司机眼睛观察的方式控制列车，火灾列车从上游隧道出洞后可能无法停靠在明线段，又驶入下游隧道。即便列车失火车厢停靠在两隧道洞口之间的明线段，若明线长度过短，火灾烟气可能从明线段蔓延至隧道内，危及停靠在隧道内车厢的旅客安全。

因此，当隧道间洞口间距过小，不具备火灾事故列车停靠后安全疏散要求时，则需按连续毗邻的一个长大隧道群开展防灾疏散救援工程设计。铁路隧道群分布如图 9.18 所示。

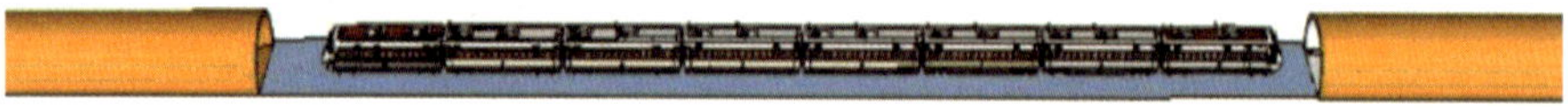

图 9.18 铁路隧道群分布示意图

从铁路隧道防灾疏散救援角度，我国将相邻隧道洞口间距小于一列旅客列车长度的一组隧道划分为隧道群进行统筹考虑。针对运行动车组的高速铁路，一般按重联动车组编组长度 420 m 划分隧道群，即将洞口间明线长度小于 420 m 的一组隧道划分为隧道群。

为充分利用明线段疏散条件好、可实现自然排烟的优势，隧道群紧急救援站需尽可能结合隧道洞口明线段设置，其救援站长度应包括明线段长度与两端洞口段长度之和，且明线段与任意一端隧道洞口段长度之和不小于旅客列车编组长度。

根据隧道工程特点及洞口间距，隧道群洞口紧急救援站可分为三种形式：洞口疏散型、洞口辅助坑道型、洞口横通道加密型。

(1)洞口疏散型

如图 9.19 所示，该救援站适用于明线段长度大于 250 m 的隧道群，并需确保洞内外疏散站台顺接。如成兰铁路新民—金瓶岩隧道群(23.68 km)，为双线合修隧道，洞口间出露明线长度为 372 m，首次采用洞口疏散型。

(2)洞口辅助坑道型

如图 9.20 所示，洞口辅助坑道型紧急救援站适用于明线段长度不大于 250 m 的单、双洞隧道群，其中辅助坑道包括平导、横洞、斜井等，列车火灾紧急情况下可利用隧道洞口辅助通道进行疏散。

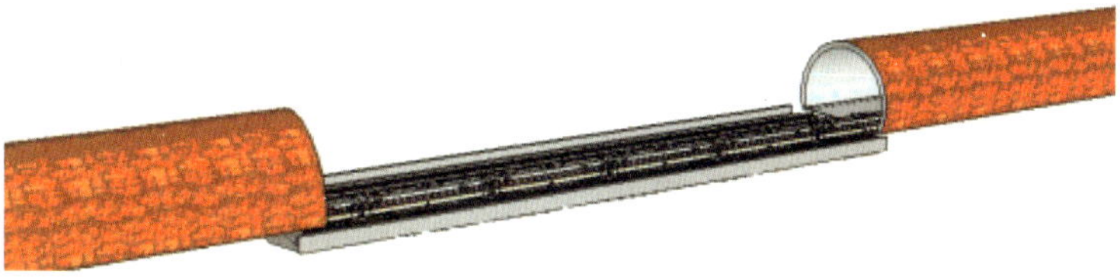

图 9.19 隧道洞口疏散型紧急救援站示意图

图 9.20 隧道洞口辅助坑道型紧急救援站示意图

(3)洞口横通道加密型

如图 9.21 所示，洞口横通道加密型紧急救援站适用于明线段长度不大于 250 m 的双洞隧道群，通过在双洞隧道之间加密设置联络横通道，以实现两洞间互为疏散。如成兰铁路茂县—榴桐寨隧道群(26.348 km)洞口间明线段长 173 m，为双洞分修隧道，首次采用该救援站形式。

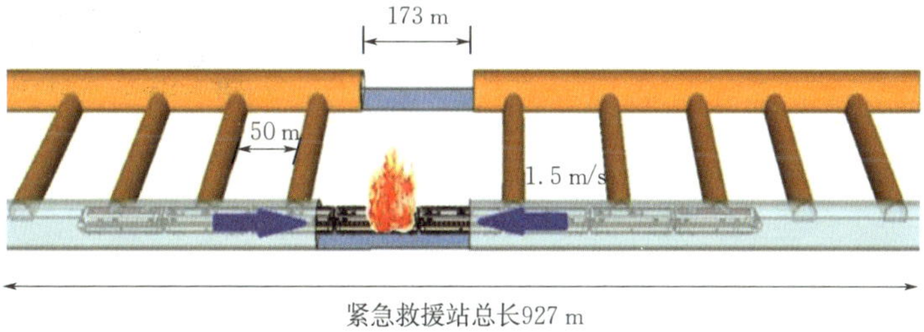

图 9.21 隧道洞口横通道加密型紧急救援站示意图

3. 紧急出口及避难所

为便于非火灾事故的故障列车在隧道内疏散人员，可利用隧道施工辅助坑道设置紧急出口或避难所(见图 9.22)。结合我国铁路隧道工程的实际情况，长度 10 km 及以上的单洞隧道，应在洞身段设置不少于 1 处紧急出口或避难所；长度 5～10 km 的单洞隧道，宜结合施工辅助坑道，在隧道洞身段设置 1 处紧急出口或避难所。

隧道紧急出口适宜优先选择平导或横洞；当选择斜井作为紧急出口时，其坡度不宜大于 12%，水平长度不宜大于 500 m。当选择竖井作为紧急出口时，其垂直高度宜小于 30 m，楼梯总宽度不应小于 1.8 m。

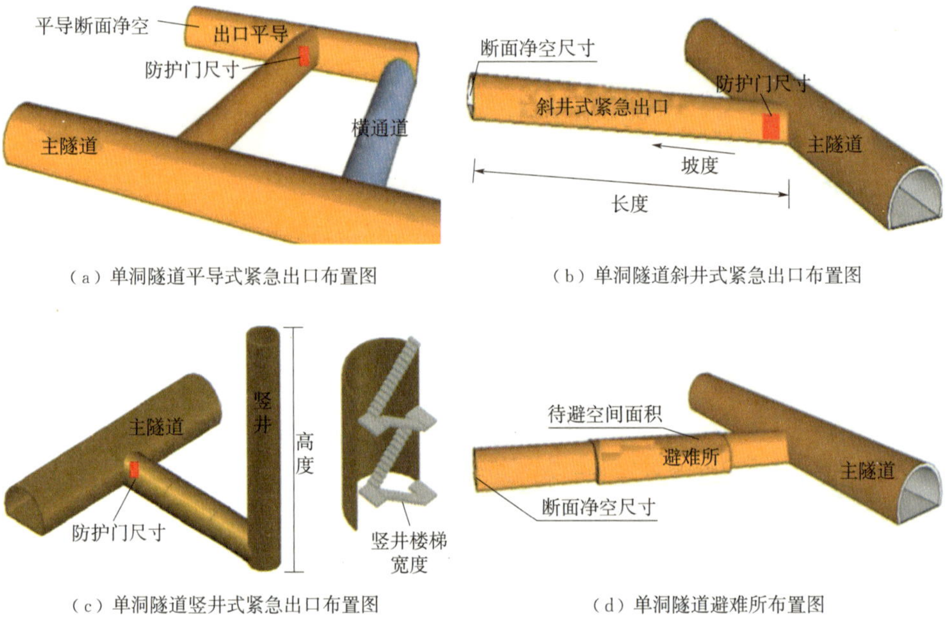

图 9.22 单洞隧道紧急出口及避难所布置示意图

4. 疏散通道

如图 9.23 所示，疏散通道利用隧道靠两侧边墙的水沟、电缆槽盖板面设置，其走行面高度不低于轨顶面，宽度不应小于 0.75 m，疏散通道处的净空高度不应小于 2.2 m。

图 9.23 隧道内两侧疏散通道布置图

9.2.4 铁路隧道排烟通风

1. 隧道内紧急救援站防灾通风

列车发生火灾并紧急停靠于隧道内救援站时，对人员疏散危害最大的是火灾烟气。为改善人员疏散环境，增长人员有效逃生时间，隧道救援站火灾模式下适宜采用半横向通风、排烟方案，以实现“人烟分离”。即通过安全隧道或疏散通道向救援站火灾隧道供送新鲜风，人员下车后面迎新鲜风向疏散横通道、安全隧道或避难所逃生，火灾烟气通过联络烟道、排烟道及排烟井及时抽排出洞外。隧道内不同形式紧急救援站防灾通风及人员疏散如图 9.24 所示。

2. 隧道群洞口紧急救援站防灾通风

列车发生火灾并紧急停靠于隧道群洞口紧急救援站时，应将火灾车厢停靠于明线段有利位置，以实现自然排烟；对于隧道洞口间明线段长度小于 250 m 的地段，尚需开启两端隧道内风机防止烟气窜入洞内，其防烟风速为 1.5～2 m/s。人员下车后，应向远离火区的明线安全地带疏散，并等待外部救援。隧道群洞口紧急救援站防灾通风及人员疏散示意图如图 9.25 所示。

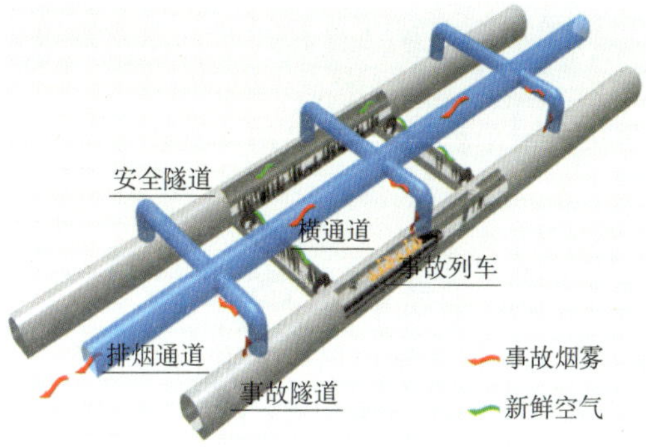

（a）双洞隧道紧急救援站工况

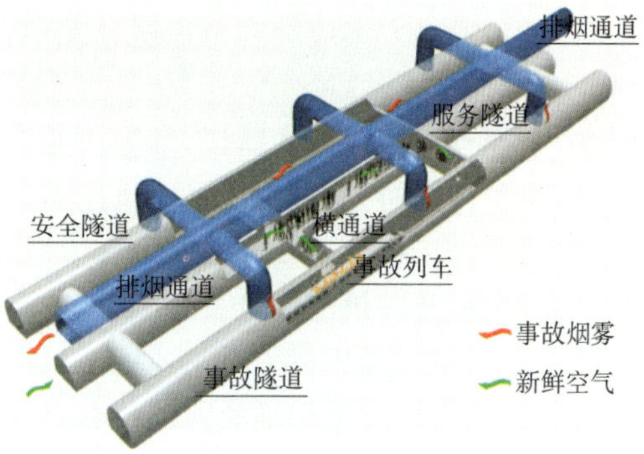

（b）双洞隧道+服务隧道紧急救援站工况

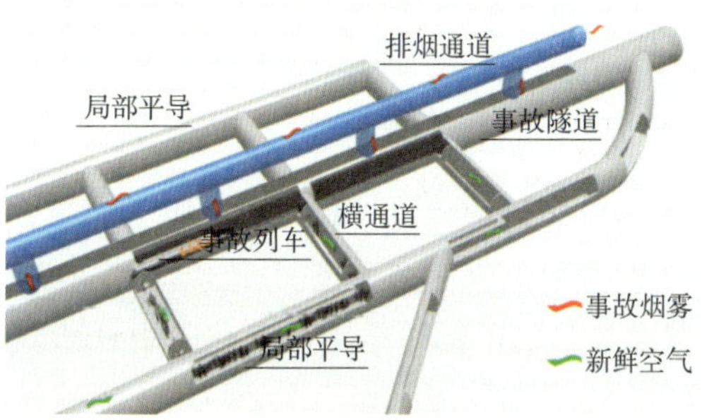

（c）单洞隧道紧急救援站工况

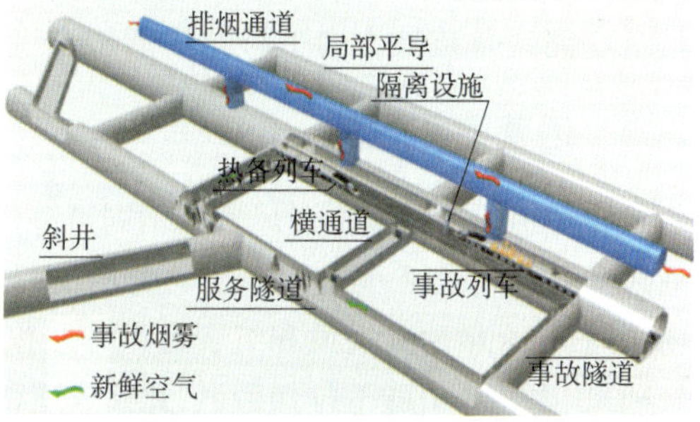

（d）单洞隧道+服务隧道紧急救援站工况

图 9.24　隧道内不同形式紧急救援站防灾通风及人员疏散示意图

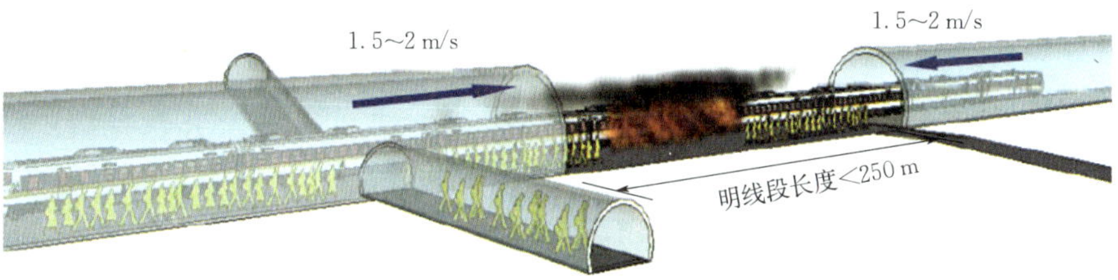

图 9.25　隧道群洞口紧急救援站防灾通风及人员疏散示意图

9.3　运营通风设计

9.3.1　运营通风和防灾通风设计原则

（1）隧道运营通风方式应根据技术、经济条件，考虑维修、防灾救援等因素综合比选确定。

（2）隧道防灾通风应与运营通风统筹考虑，采用可靠的防火安全措施。

（3）隧道内温度、湿度、粉尘及有害气体最高允许值应满足运营隧道空气卫生及温湿度环境标准要求。

（4）隧道通风应在天窗时间进行，正常运营通风的需风量应按以挤压为主的理论计算，并考虑列车通过隧道的活塞作用和自然风影响。

(5)隧道通风方案应综合考虑隧道洞口高差、自然风风向风速以及辅助坑道设置、洞口环境等条件。

(6)未设置机械通风的隧道，维护作业环境不满足卫生标准时，可采用移动式通风。

(7)维护工况时，隧道内的最大风速不宜大于 8 m/s。

(8)隧道内风机设备及其安装设施应考虑列车风作用影响。

(9)通风机及其供配电设备、控制设备应作为一个统一的系统集成设计。

(10)通风机可采用射流风机或轴流风机，或者射流风机和轴流风机的组合。

(11)射流风机宜采用堆放式或壁龛式，正洞内不应采用拱顶吊装式；采用多台轴流风机时，宜并联设置。

(12)隧道防灾通风应与防灾疏散救援工程及应急疏散方案紧密结合，根据疏散点位置、人员疏散路线及疏散方向进行防排烟气流组织设计。

9.3.2 运营通风方案

铁路隧道运营通风按通风方式不同可分为自然通风和机械通风。其中机械通风可分为固定通风和移动式通风，固定通风又可分为洞口风道式、全射流纵向式通风、分段纵向式通风、半横向式通风、全横向式通风和组合通风等。按运营通风目的不同可分为电气化牵引铁路隧道换气通风、内燃牵引隧道排烟通风、瓦斯隧道稀释瓦斯通风和隧道维修工况通风等。高速铁路隧道采用电气化牵引，一般采用全纵向射流通风或结合救援站排烟采用分段纵向式通风。

1. 自然通风

隧道自然通风，是指不利用风机设备、完全靠列车的活塞作用及自然风共同作用，把有害气体和热量排出隧道，使隧道内卫生条件满足卫生标准。当隧道内的自然风向与列车运行方向相同时，自然风是助力作用；当自然风向与列车运行方向相反时，列车出洞后，活塞风逐渐衰减到零，然后隧道内空气反向流动，趋向恢复原始自然风的状态。

(1)隧道内自然风

根据现有的认识和研究，一般认为自然风压由三部分构成：①隧道洞口处的大气水平压梯度所产生的超静压差；②隧道内外气温差及洞口的高差引起的热位差；③外界自然风吹入洞口时产生的压力差。

隧道内自然风压的主要影响因素有隧道长度、隧道坡度情况、斜(竖)井位置及高度、围岩的温度，以及隧道外大气温度、大气压力及风向风速等。

过去很少有工程为取得自然风而进行实测，加之自然风有风向的不确定性和风速的不稳定性的特点，在设计中自然风多按阻力计算而风速取值多参照规范规定。当缺乏实测资料时，单线隧道自然风速可取 1.5 m/s，双线隧道自然风速可取 2 m/s。近年来，一些长大隧道在动工前建立了专用气象观测站(见图 9.26)，通

图 9.26 某隧道洞口建立的自动气象观测站

过长期的观测取得隧址区气象资料，预测隧道贯通后的自然风速，为自然风的利用提供了新思路。

(2)隧道内列车活塞风

列车在隧道中运行时，由于车头对前方空气的推动以及车尾负压区域对后方空气的影响，使隧道内列车前后的空气向列车行驶方向流动，形成了活塞风，如图 9.27 所示。对于在隧道中行驶的列车，可以将其视为具有一定长度的柱体在隧道轴向方向做定向运动。运动列车在克服气流阻力的同时，也对隧道内气流完成了做功，由列车做功而使气流增加的能量，即为列车活塞效应增压力。因此，隧道内活塞风的产生是运动列车压源直接作用的结果。

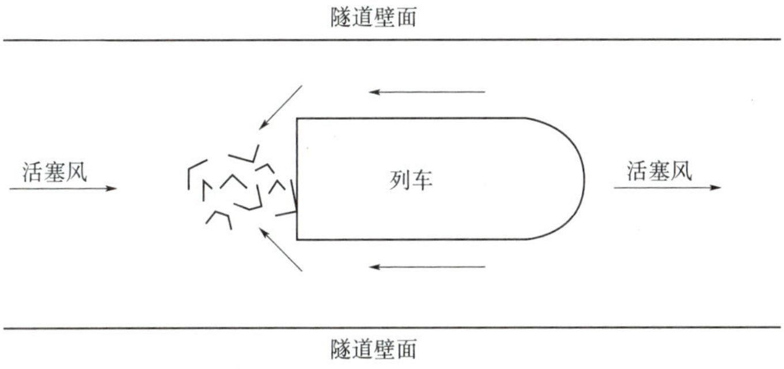

图 9.27 列车活塞风示意图

根据紊流阻力理论，单线隧道列车活塞风压力 P 与列车活塞风作用系数 K_m、平均相对速度 V_T-V_m成正比。列车行驶中隧道内气流受到的活塞效应分为三个阶段：发展阶段、稳定阶段、衰减阶段。图 9.28 为某隧道活塞风在列车进入隧道后 1 min 内迅速增至较大值 7.24 m/s，在列车通过隧道的 14 min 内，活塞风速一致稳定在 7.0～8.5 m/s 之间，列车驶出隧道后 2 min 内，由于壁面摩擦等因素，隧道内风速迅速降至 2 m/s 以下。根据该图可以看出，在该隧道中，列车通过的活塞风有效作用时间约 15 min，其余 31 min 受自然风影响，隧道内的风速则处于一个较低的水平。

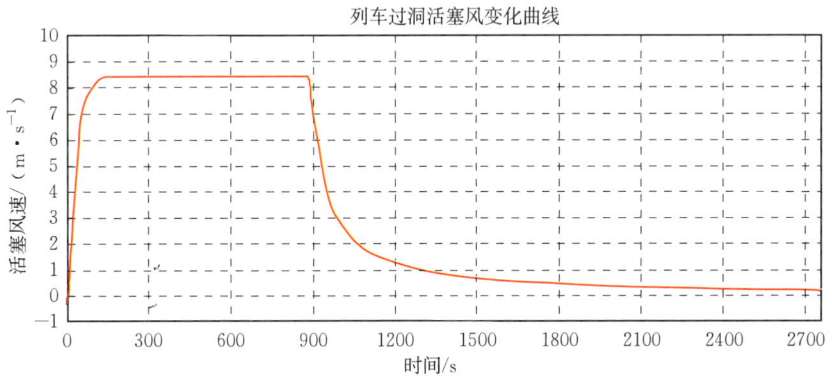

图 9.28 列车通过隧道时活塞风随时间变化情况

当隧道内无斜井及横洞时，由于双线隧道内列车阻塞比远小于单线隧道，列车又在隧道中偏离中线较大等原因，双线隧道内活塞风最大值及均值较单线隧道小。根据新龙门隧道现场测试结果，单列车引入新鲜空气长度为隧道长度的0.25～0.3倍。交会列车隧道内活塞风风流方向总是变化的，其大小与上下行列车进出洞时间、列车速度和长度、自然风等因素有关。考虑到双线隧道内列车活塞风的上述特点，为偏于安全，在运营通风设计中不计活塞风的影响。因此，《铁路隧道运营通风设计规范》(TB 10068—2010)规定：双线隧道可不计活塞风影响。长度小于15 km的单线隧道宜按非恒定流计算；长度不小于15 km的单线隧道宜按恒定流计算。

(3)通风井对隧道活塞风的影响

①单线隧道

在高速铁路特长隧道中，为保证隧道的施工工期，需增设斜井、横洞等增加施工作业面，施工完成后，这些斜井或横洞可作为通风井为隧道运营通风服务。

在单线特长铁路隧道中，通风井对隧道起到分段作用，隧道内活塞风流动规律及大小随行车位置的变化而变化，图9.29是某特长铁路隧道(设两通风横洞，括弧内数据是自然风相反时计算结果)中列车行驶在不同位置隧道内风流流动情况。受横洞分段作用的影响，在列车的行驶段活塞风远大于不设通风井情况，而在其余段落活塞风则明显减小。

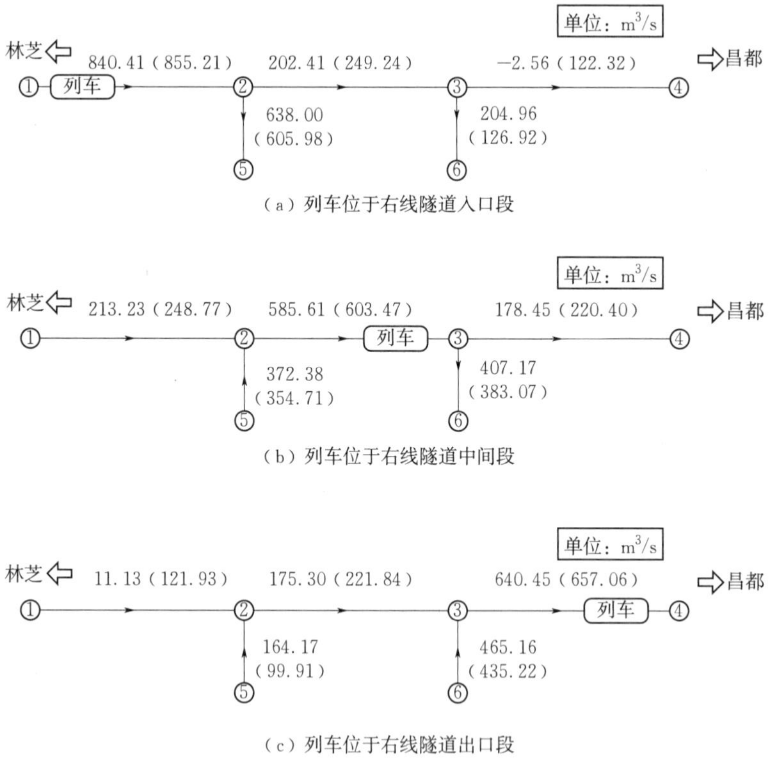

图9.29　单线隧道活塞风流动随行车位置变化图

在隧道入口段，行车作用从洞口引入风流，大部分通过前方距离较近的通风横洞排出，其余风流则被推进至中部隧道；风流流过中部隧道后受自然风作用的影响，部分或全部通过出口端横洞排出。当列车行至中部隧道后，受行车作用影响，从隧道入口及附近横洞吸入风量，其中横洞进入风量占绝大部分；活塞风流从前方横洞和隧道出口排出，大部分风流从前方横洞排出，仅有少部分从隧道出口排出。当列车行至隧道出口段时，大部分风流从附近横洞吸入，其余部分从隧道入口或入口端横洞流入，流入比例与自然风的作用有关，前方所有气流通过隧道出口排出。

高速铁路采用电气化牵引，污染物排放极少，运营通风的目的是通风换气。通过对比，特长隧道开启横洞后，列车在隧道内行驶时，活塞风的作用下各分段中换气通风通过的列车对数明显小于不开启横洞情况，说明单线特长铁路隧道中开启横洞或斜井对运营通风的作用是明显有利的。

②双线合修隧道

对于上述同一隧道，当采用双线合修方案，仍然开启两个横洞，单侧线路有车情况下，列车行至不同位置隧道内的活塞风变化如图 9.30 所示。结果表明，双线合修时，若隧道内仅单侧线路有车，行车作用引起隧道内风流流动与方案一采用两隧道独立通风方案的规律是一致的。尽管隧道断面增大了约 30 m^2，阻塞比减小，但隧道内风速减小也明显，通风阻力小，使得列车行至各段隧道时产生的活塞风量均比单线隧道内要大。

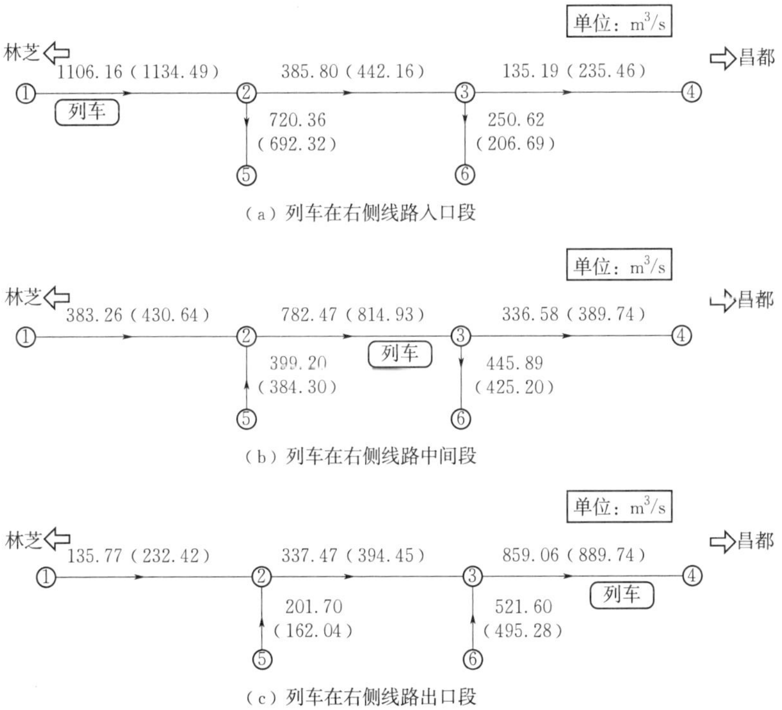

图 9.30 双线合修隧道活塞风流动随行车位置变化图

同样开启两条横洞，当合修隧道两侧线路上均有车时，列车在任何一段隧道内会车，其活塞风作用均会抵消；而在会车前后，列车分别位于隧道中不同隧道段时，受横洞分段的影响，活塞风作用将不会抵消。图 9.31 为双线合修隧道内两侧线路的列车行至不同位置时，隧道内的活塞风流动情况。

在双线合修特长铁路隧道中，由于横洞或通风井的分段作用，当列车分别行至左右侧线路不同位置时，两车在其行驶段仍然有非常明显的活塞风作用，该作用仅在隧道的中间段相

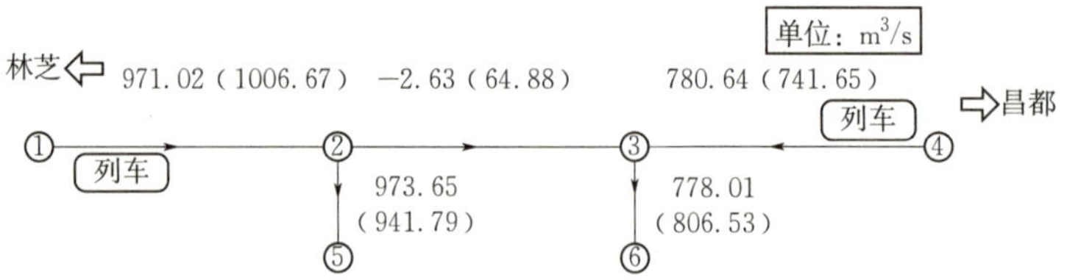

（a）列车分别在左右侧线路入口段

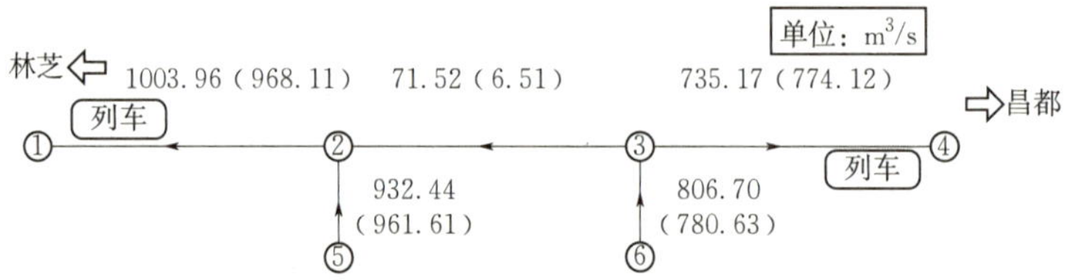

（b）列车分别在左右侧线路出口段

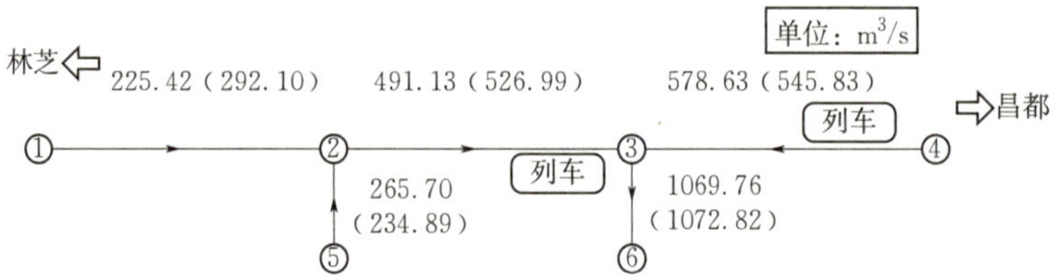

（c）列车在左侧线路中间段和右侧线路入口段

图 9.31 双线合修隧道活塞风流动随行车位置变化图

互抵消。列车在两端隧道产生的活塞作用风通过列车前方侧的横洞排出，中间段隧道几乎无风流流动。当两侧线路的列车行至隧道出口段时，隧道两端的活塞风流大小与列车行至隧道出口段时基本相同，但两横洞则从排风变成了进风。而当右侧线路列车在中间段、左侧线路列车位于入口段时，在列车行驶段落，行驶产生的活塞风明显小于一侧线路中有车时，这是由于两侧线路产生的活塞风压力相互作用而致；受两车活塞风影响的叠加，从两侧线路列车行驶前方横洞流出的风量超过了 1 000 m^3/s。而合修隧道两端及另一横洞的风流均呈流入状态。

由此，双线合修特长铁路隧道中，受横洞及斜井分段作用的影响，两线隧道中均有车时，仅列车在某一区段会车时，隧道内活塞风作用会相互抵消，其余列车位于两侧线路不同区段行驶时，该区段中仍然有活塞风作用，受行车影响活塞风有一定程度减小。该现象是完全不同于无通风井合修隧道的，鉴于高速铁路特长隧道中的污染物排放极少，若有多条辅助施工通风井为运营通风服务，为节省土建工程投资，可考虑双线合修方案。

2. 机械通风

高速铁路隧道的机械通风可采用全纵向射流通风和分段纵向通风方案。

(1)全纵向射流通风

该通风方式是在隧道内安装一定数量的射流风机，以其出口高速气流的推力来推动隧道空气流动，以满足通风要求。由于射流风机可集中设置于隧道洞口附近，无须设置风道和风机房，且可实现正反转，其经济性较好。

我国于 1987 年开展了铁路隧道射流通风研究，1988—1989 年，以枝柳线牙已隧道为对象进行射流通风技术的应用，获得了成功。由于射流通风具有不可比拟的优越性，20 世纪 80 年代中期以后我国修建的铁路隧道，运营通风设计几乎全部采用了射流通风技术。例如京九线五指山隧道和金温线石笕岭隧道、焦枝铁路新龙门双线隧道（全长 2 540 m）、西康线秦岭特长隧道（18.46 km，采用电力牵引）。

隧道内宜在洞口附近及中部设置扩大断面段（简称风机段），集中布置风机，如图 9.32 所示。风机段设置如下：

①风机段应尽量避开平面曲线段，机段与风机段之间以及至隧道洞口距离一般不小于 150 m。

②风机应摆放在风机段两侧，一般采用 4～6 台一组（左右两侧每侧 2～3 台），风机段断面大小应根据所布置的风机确定，并考虑维修养护空间的需要。

③风机外周距衬砌混凝土以及疏散通道的距离 d 不小于 0.5 m，与疏散通道之间应采用铁丝网分隔。

④风机段包括扩大段和两端渐变段，扩大段及渐变段长度根据风机大小设置，分别不小于 30 m 和 15 m。

⑤隧道通风方向应根据列车活塞风方向和当地自然风方向确定。当大气压差形成的洞内自然风速大于 3 m/s 且与活塞风方向不同时，宜按自然风方向通风，否则按活塞风方向通风。

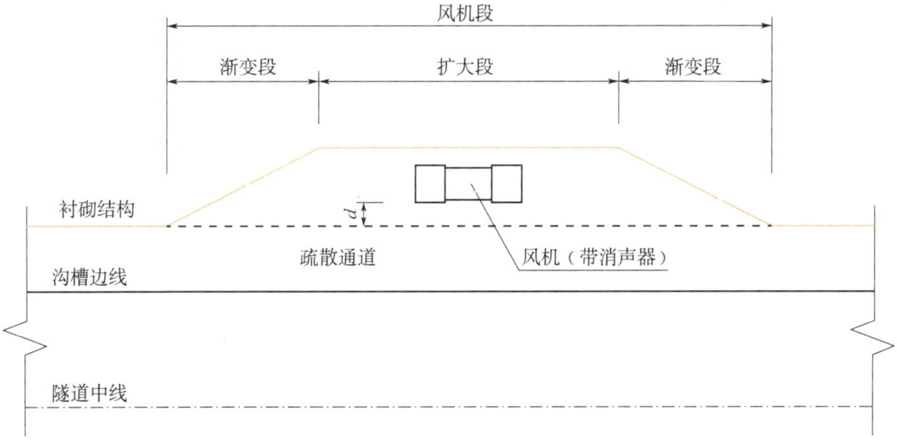

图 9.32 风机段布置

(2)分段纵向式通风

当隧道中部附近具备设置通风井条件时，特长隧道宜采用分段纵向式通风方式。分段纵向式通风结合救援站在中部设置排风井进行排风。

根据射流通风技术的应用情况，分段纵向通风分为竖斜井分段纵向通风方式和射流通风与竖斜井通风组合的通风方式。

①通风井分段纵向通风

该通风方式应用于 20 世纪 80 年代以前，曾利用隧道中部设置的斜井或竖井，将隧道通风区段划分为 2 段，在斜、竖井中设置大型轴流风机，为有效利用活塞风作用及发挥斜、竖井的烟囱效应，往往采用斜、竖井集中排出式通风，其通风方案示意图如图 9.33 所示。

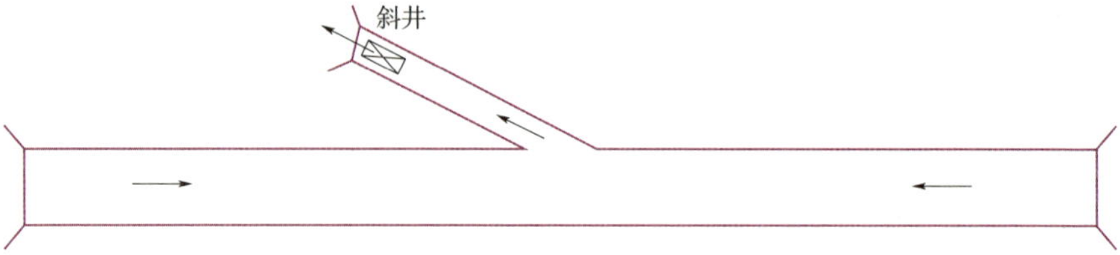

图 9.33 斜井分段纵向式通风方案示意图

限于当时的技术水平，当时还未出现射流通风技术，斜、竖井两端隧道只能实现自然分风。为满足两端的需风量要求，对竖斜井位置的选择极为严格，致使不能有效利用既有的施工辅助坑道，需要另行增设专门的通风井。也有部分隧道利用施工斜、竖井实施分段纵向通风方案后，其通风效果差，利用率很低，如长林线枫叶岭隧道、湘黔线新牌隧道、襄渝线旬阳隧道、京承线夹马石隧道等。

②射流通风＋通风井分段纵向组合通风

由于采用施工斜、竖井分段纵向通风达不到设计通风效果，主要原因是隧道两端缺乏风压调节设施，隧道两端风流分配不合理。当射流通风技术出现后，可以通过在隧道两端设置射流风机，调节两端的压力分配，以实现风流按需分配，其通风方案示意图如图 9.34 所示。

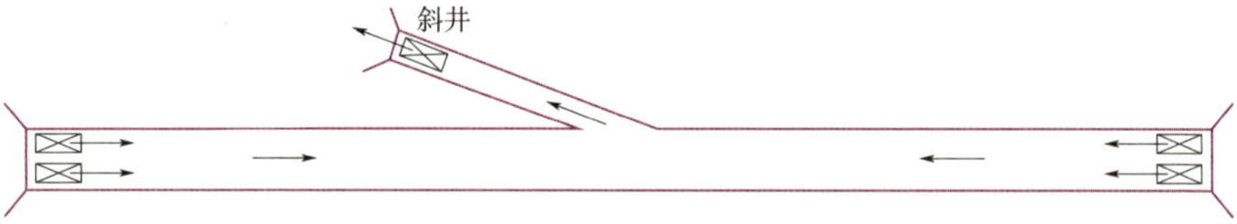

图 9.34 射流通风＋通风井分段纵向通风方案示意图

因此，当隧道长度超过纵向通风的极限长度或适用长度，隧道内的风流速度超过规范规定，或因通风风速太大经济性较差时，利用施工阶段的辅助坑道或单独设置通风井将特长隧道划分为几个合理的区段，在隧道内适当位置设置射流风机，采取射流通风与斜、竖井分段纵向通风的方式，可以取得良好的通风效果，并能获得良好的技术经济效应。因此，射流通风＋通风井分段纵向组合通风方式在长大隧道及特长隧道中应用较为广泛。

9.3.3 运营通风计算

隧道通风计算需要结合通风方式，计算隧道所需的通风量以及通风压力，根据隧道所需风量以及风压来选择合适的风机。因此运营通风设计可分为通风方式的选择、需风量的确定、通风阻力的计算及风机选型四个方面。

铁路隧道运营通风计算以挤压理论为主。单通道隧道运营通风采用简算法，多通道隧道运营通风采用网络法，局部流场采用仿真模拟法计算。下面以最为常见的全射流纵向式通风为例，介绍通风计算的具体流程，如图 9.35 所示。

1. 隧道通风阻力计算

若采用纵向式通风时，主要考虑射流风机需要提供隧道的最小的通风压力，具体计算如下：

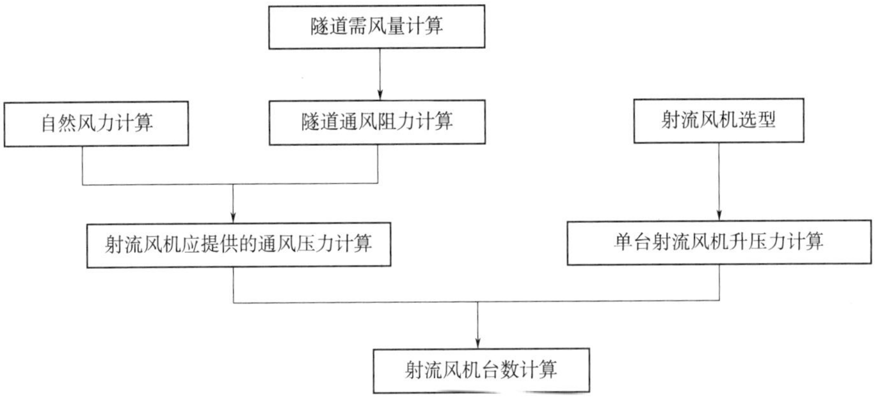

图 9.35 全射流纵向通风计算流程图

(1)自然风压力

$$P_{\mathrm{n}}=\left(\sum\xi+\lambda\frac{L_{\mathrm{T}}}{d}\right)\frac{\rho}{2}v_{\mathrm{n}}^{2} \tag{9.16}$$

式中 P_{n}——隧道两洞口间自然风压力,Pa;

λ——隧道内沿程阻力系数;

$\sum\xi$——隧道进、出口局部阻力系数之和;

L——隧道长度,m;

d——隧道断面当量直径,m;

ρ——空气密度,kg/m^3;

v_{n}——隧道内自然风速,m/s;自然风压力的作用方向与自然风 v_{n} 方向相同,设计计算时将自然风压力作为阻力考虑。

(2)沿程阻力

$$P_{\lambda}=\lambda\frac{L_{\mathrm{T}}}{d}\cdot\frac{\rho}{2}v_{\mathrm{e}}^{2}=R_{\lambda}Q^{2} \tag{9.17}$$

$$R_{\lambda}=\lambda\frac{L_{\mathrm{T}}}{d}\cdot\frac{\rho}{2}\cdot\frac{1}{F^{2}} \tag{9.18}$$

式中 P_{λ}——沿程阻力,Pa;

v_{e}——隧道断面平均风速,m/s;

R_{λ}——摩擦风阻,kg/m^7;

Q——隧道通风量,m^2/s;

F——隧道断面积,m^2。

(3)局部阻力

$$P_{\xi}=\xi\frac{\rho}{2}\cdot v_{\mathrm{e}}^{2}=R_{\xi}Q^{2} \tag{9.19}$$

$$R_{\xi}=\xi\frac{\rho}{2}\cdot\frac{1}{F^{2}} \tag{9.20}$$

式中 P_{ξ}——局部阻力,Pa;

ξ——局部阻力系数；

R_{ξ}——局部风阻，kg/m^7。

(4)活塞风

目前规范规定双线隧道可不计活塞风影响，单线隧道活塞风压为

$$P_m = K_m \frac{\rho}{2}(v_T - v_m)^2 \tag{9.21}$$

$$K_m = \frac{N l_T}{(1-\alpha)^2} \tag{9.22}$$

$$N = \frac{1}{l_T\left(0.807\alpha^2 - 1.322\alpha + 1.008 + \lambda_h \dfrac{l_T}{d_h}\right)} \tag{9.23}$$

$$d_h = \frac{4(F - f_T)}{S + S_T - 2a} \tag{9.24}$$

15 km 以下隧道按非恒定流理论计算，15 km 及以上的隧道计算活塞风宜采用恒定流理论，按式(9.25)计算：

$$v_m = v_T \frac{-1+\sqrt{1+\left(\dfrac{\xi_m}{K_m}-1\right)\left(1\pm\dfrac{\xi_n v_n^2}{K_m v_T^2}\right)}}{\dfrac{\xi_m}{K_m}-1} \tag{9.25}$$

式中 P_m——列车活塞风压力，Pa；

K_m——活塞风作用系数；

N——列车阻力系数，1/m；

l_T——列车长度，m；

α——阻塞比，列车断面积/与隧道断面积 F 的比值；

λ_h——环状空间气流的沿程阻力系数；

d_h——环状空间的当量直径，m；

F——隧道断面积，m^2；

S——隧道断面湿周，m；

f_T——列车断面积，m^2；

S_T——列车断面周长，m；

a——列车宽度，m；

v_T——列车速度，m/s；

v_m——活塞风速度，m/s；

ξ_m——隧道段除环状空间外的阻力系数，$\xi_m = 1 + \lambda \dfrac{L_T - l_T}{d} + \xi$；

ξ——隧道入口阻力系数；

ξ_n——提道的总阻力系数，$\xi_n = 1 + \lambda \dfrac{L_T}{d} + \xi$。

当隧道中自然风与列车运行方向相同时，取正号，反之取负号。

2. 风机配置

对于全射流纵向式通风,需要根据隧道所需最小风压以及不同射流风机的升压力来选择射流风机的台数。

射流风机的压力计算为

$$P_j = n p_j \tag{9.26}$$

$$p_j = \rho v_j^2 \varphi (1-\psi) \frac{1}{K_j} \tag{9.27}$$

$$\varphi = \frac{f}{F}, \quad \psi = \frac{v_e}{v_j} \tag{9.28}$$

式中 P_j——射流风机压力,Pa;

n——射流风机台数;

p_j——单台射流风机压力,Pa;

v_j——射流风机出口风速,m/s;

f——射流风机出口面积,m^2;

K_j——考虑隧道壁面摩擦影响的射流损失系数,与风机距壁面的距离有关。

正常运营情况下,射流风机压力应满足:

$$P_j + P_m = P_n + P_\lambda + P_\xi \tag{9.29}$$

式中 P_j——射流风机压力,Pa;

P_m——列车活塞风压力,Pa;

P_n——隧道两洞口间自然风压力,Pa;

P_λ——沿程阻力,Pa;

P_ξ——局部阻力,Pa。

对于通风井抽出式通风计算可参见《铁路隧道运营通风设计规范》(TB 10068—2010),也可采用网络通风方法。网络通风理论是将主隧道与辅助坑道所形成的多进口、多出口的复杂通风体系,抽象成由节点和分支构成的通风网络,赋予每个分支相应的风阻和通风动力,根据风量平衡定律和回路风压平衡定律,形成通风网络的非线性方程组的数学解析模型,计算各分支的风量、风压。

9.4 隧道结构抗火设计

9.4.1 隧道结构防火目标

1. 隧道火灾对结构的破坏

隧道一旦发生火灾,除在极大程度上影响人员的安全问题外,对隧道衬砌结构造也会造成严重的损坏。在火荷载作用下,高温会大大降低结构的承载能力和可靠性,从而威胁隧道的安全使用性能。同时,灾后隧道结构的修复也需花费大量的人力、物力和财力。因此,在隧道大规模建设的背景下,如何保障隧道的安全性,提高隧道火灾情况下衬砌结构的抗火性能,值得国内外学者进行深入研究。

隧道火灾除了对人员造成巨大威胁外，产生的高温还会导致混凝土爆裂和力学性能劣化，对衬砌结构产生不同程度的损坏，大大降低结构的承载力和安全性。如 1979 年日本大阪公路隧道火灾中隧道拱部 100 m 衬砌被烧损崩落；1996 年英法海峡隧道火灾中，大火对隧道衬砌造成了严重的损坏，损害最严重的地方，原有的 45 cm 厚的混凝土衬砌，只剩下 4 cm厚。1998 年我国盘陀岭第二公路隧道火灾中 50 m 范围的拱部和边墙受到严重破坏，混凝土大面积剥落或者掉块，深度达到 0.1～0.18 m，衬砌出现纵向和环向裂缝，表面出现白色物质，并大面积漏水，防火层遭到完全破坏。1999 年法国—意大利间的勃朗峰公路隧道火灾中隧道结构受到严重损坏，2001 年瑞士圣哥达公路隧道火灾造成事故地段顶部结构大面临损坏。

2. 隧道结构防火标准

(1)总体目标

隧道发生火灾，针对隧道结构的保护应满足以下两个总体目标：

①不致因结构破坏影响隧道内人员的逃生及消防人员灭火。

②不致因结构破坏使火灾损失更大。

(2)功能目标

为满足总体目标的要求，隧道结构抗火设计的功能目标包括：

隧道某些部位的结构构件或子结构构件及结构整体在火灾发生后的一定时间内不能坍塌，以保证隧道内的人员有足够的时间逃生，并使消防人员有足够的时间灭火。

隧道内某些部位的结构构件或整体结构在火灾下不能产生影响继续使用的变形或倒塌，以使火灾后结构的功能尽快回复，以减少隧道火灾的间接经济损失，使隧道火灾总的损失最小。

(3)美国消防协会标准 NFPA 502—2014《高速公路隧道、桥梁和其他限制性通道规范》中第 7.3 条文对隧道结构构件防护做了规定

①无论隧道的长度如何，所有主要结构混凝土和钢构件防护应遵循以下原则：

a. 减轻结构破坏并防止结构连续倒塌；

b. 最大限度减少封闭隧道造成的经济损失。

②结构应能够满足 Rijk-swaterstaat(RWS)时间-温度曲线或者其他标准时间-温度曲线。

③结构构件在暴露于火中的 120 min 内，应满足以下标准：

a. 混凝土结构应防止爆炸性剥落；

b. 钢、铸铁衬砌温度不超过 300 ℃(572 °F)。

④结构防火材料，采用现浇混凝土结构构件的隧道应进行以下保护：

a. 混凝土表面温度不超过 380 ℃(716 °F)；

b. 钢筋的温度不超过 250 ℃(716 °F)；

c. 材料不燃性应符合 ASTM E 136 或等效的国际公认标准；

d. 材料的最低熔化温度应为 1 350 ℃(2 462 °F)。

e. 基于标准时间-温度曲线，材料在湿度低于重量的 5% 及水饱和状态下应满足防火要求。

(4)我国《建筑防火设计规范》(GB 50016—2014)中第 12.1 条文对城市交通隧道结构的防火设计做了规定

①隧道承重结构体的耐火极限应符合下列规定：

一、二类隧道和通行机动车的三类隧道，其承重结构体耐火极限的测定应符合规范附录 C 的规定；对于一、二类隧道，火灾升温曲线应采用规范附录 C 第 C.0.1 条规定的 RABT 标准升温曲线，耐火极限分别不应低于 2.00 h 和 1.50 h；对于通行机动车的三类隧道，火灾升温曲线应采用本规范附录 C 第 C.0.1 条规定的 HC 标准升温曲线，耐火极限不应低于 2.00 h。

其他类别隧道承重结构体耐火极限的测定应符合现行国家标准《建筑构件耐火试验方法 第 1 部分：通用要求》GB/T 9978.1 的规定；对于三类隧道，耐火极限不应低于 2.00 h；对于四类，耐火极限不限。

②隧道内的地下设备用房、风井和消防救援出入口的耐火等级应为一级，地面的重要设备用房、运营管理中心及其他地面附属用房的耐火等级不应低于二级。

③除嵌缝材料外，隧道的内部装修应采用不燃材料。

9.4.2 隧道火灾升温曲线设置

火灾导致的隧道结构变形、破坏和坍塌事故，主要是由于火灾发展到了全面燃烧阶段，隧道结构由于受到高温火的热辐射、火灾烟气对热对流以及相应的热传导，致使结构受到长时间高温火的作用而发生破坏。

为了定量的评定隧道衬砌结构的耐火性能，基于火灾试验成果，国外建立了一系列不同类型的火灾曲线，用来反应隧道火灾时温度随时间的变化历程，如 ISO834 标准升温曲线、RWS 曲线、RABT 曲线、Runehamar 曲线、HC 曲线等。

1. ISO834 标准升温曲线

由于历史原因，标准升温曲线一直作为理想的室内火灾升温曲线，已经使用了许多年。到目前为止，绝大多数实际建筑设计还用它来代替实际火灾，同时 ISO834 曲线可以被用来描述隧道的小型火灾。

$$T=345\lg(8t+1)+20 \tag{9.30}$$

式中 t——时间，min；

T——t 时刻炉内平均温度，℃。

利用标准升温曲线进行构件耐火实验已经有多年的历史，这主要是因为一些保险公司为了能评估不同类型的建筑结构耐火性能，并用它来规范无计划和不正规的实验行为，故用它来代表建筑火灾温度演变过程。

2. RWS 曲线及修正 RWS 曲线

RWS 曲线由荷兰 Ministry of Public Works，the Rijswaterstaat (RWS)及 TNO 火灾研究中心于 1979 年共同建立。RWS 曲线主要用于模拟油罐车(热值 300 MW)在隧道中的燃烧情况：最初温度迅速上升，5 min 后升温到 1 140 ℃，1 h 后达到1 350 ℃，并随着燃料的减少最高温度逐步下降；同时假设 120 min 后消防人员已将火势控制，接近火源并开始扑灭火源。RWS 曲线中温度随时间的变化见表 9.8。

表 9.8 RWS 曲线温度随时间的变化

时间/min	温度/℃	时间/min	温度/℃
3	890	60	1 350
5	1 140	90	1 300
10	1 200	120	1 200
30	1 300	>120	1 200

3. HC 曲线

HC 曲线建立于 20 世纪 80 年代，起初用于石化工程和海洋工程，后被应用到隧道工程中。HC 曲线用来描述发生小型石油火灾（如汽油箱、汽油罐以及某些化学品运输罐）的燃烧特征。HC 曲线的数学表达式为

$$T=20+1\ 080(1-0.325e^{-0.167t}-0.675e^{-2.5t}) \tag{9.31}$$

式中 t——时间，min；

T——t 时刻隧道内最高温度，℃。

4. HC_{inc} 曲线

HC_{inc}曲线是在 HC 曲线的基础上，乘以系数 $a=1\ 300/1\ 100$ 得到，该曲线在法国使用。

5. RABT/ZTV 曲线

RABT/ZTV 曲线是德国在一系列火灾试验的成果上发展而来的，表现了在封闭环境内一辆汽车燃烧时的特性：

(1)假设火场温度在 5 min 之内快速升高到 1 200 ℃；

(2)在持续 35 min(60 min 或者更长)后经过 110 min 冷却到常温。

6. Runehamar 曲线

2003 年在挪威 Runehamar 隧道中进行了四次重型卡车（HGV，不包括危险物品）火灾试验，在此基础上建立了 Runehamar 曲线。Runehamar 曲线可近似认为是将 HC 和 RWS 组合而成的一种标准曲线[升温速度与 HC 曲线相等，最高温度等于（局部超过）RWS 曲线]。Runehamar 曲线的数学表达式为

$$T=20+\sum_{1}^{N}n_i r_i\ (1-e^{-k_i t})^{n_i-1}e^{-k_i t} \tag{9.32}$$

式中 N,n_i,r_i,k_i (1/min)——参数，根据实验结果，当 $N=1$ 时，$n_1=1.207\ 9$，$r_1=1\ 932.8$，$k_1=0.004\ 033\ 5$；当 $N=2$ 时，$n_1=1.2$，$r_1=1\ 920$，$k_1=0.003\ 85$；$n_2=30$，$r_2=300$，$k_2=0.65$。

总结图 9.36 中隧道常用火灾升温曲线应用情况可知：ISO834 火灾升温曲线主要用于地上建筑火灾，RWS 曲线主要用于模拟油罐车（热值 300 MW）在隧道中的燃烧情况；Runehamar 曲线和 RABT/ZTV 曲线主要模拟公路隧道重型货车火灾的情况；HC 曲线模拟小型石油火灾（如汽油箱、汽油罐以及某些化学品运输罐）的燃烧特征。针对高速铁路隧道防火分析，应结合隧道断面大小、车辆类型等因素考虑升温曲线的选择，同时也可以结合模拟和试验得出真实场景的火灾升温曲线。

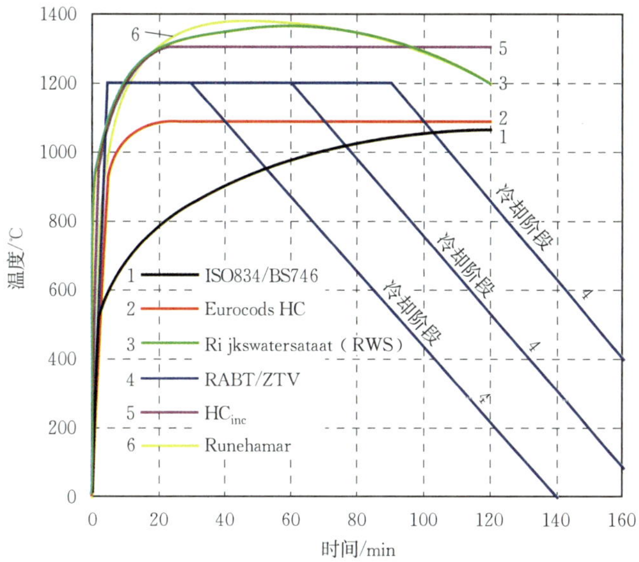

图 9.36 几种常用隧道火灾升温曲线

9.4.3 高温下的隧道结构材料特性

与常温下的材料特性不同，高温下结构材料的热工参数和力学参数都会随着其内部温度的升高而不断改变，因此，分析高温火作用下的隧道结构力学行为之前，首先要确定这些热工参数和物理力学参数随时间的变化情况。

1. 材料的热工参数

材料的热工参数决定了衬砌结构内部的温度分布情况，钢筋混凝土结构是由两种不同材料组合而成，混凝土和钢筋的热工参数相差很大，但是钢筋在混凝土结构中所占的体积相对较小，以下介绍衬砌混凝土材料的导热系数、混凝土的比热容、热膨胀系数、衬砌表面和热烟气流的对流换热系数等。

(1)导热系数

导热系数为单位时间(h)内、在单位温度梯度下(K/m 或℃/m)，通过材料单位等温面积(m^2)的热量(J)，单位为 W(m·K)或 W/(m·℃)。衬砌混凝土的导热系数跟骨料的种类、配合比、含水率、混凝土的强度等级有着密切的关系，导热系数 λ_c 计算式可采用如下：

$$\lambda_c = 1.6 - 0.16\frac{T}{120} + 0.008\left(\frac{T}{120}\right)^2 \tag{9.33}$$

式中 T——温度，℃。

(2)比热容

比热容为单位质量(kg)的材料，当温度升高 1K(1 ℃)所需吸入的热量，单位为 J/(kg·K)或 J/(kg·℃)。骨料种类的不同对混凝土比热容值有影响，但差别不大，硅质骨料混凝土比钙质骨料混凝土的比热容大，而各种轻质骨料混凝土比普通混凝土的比热容稍小。其他因素如配合比、含水率和龄期等比热容的影响不大。欧洲混凝土协会建议对各种混凝土的比热容 C_c 采用统一的计算式：

$$C_c = 900 + 60\left(\frac{T}{120}\right) - 4\left(\frac{T}{120}\right)^2 \tag{9.34}$$

(3)热膨胀系数

混凝土是一种复合材料，各组分热膨胀性不同，即使在没有约束的情况下，其内部组分受热膨胀性不同而导致相互约束，不可能发生严格的自由膨胀变形，且混凝土在高温下有脱水、组分的物理化学作用等，也对膨胀性造成影响，因而其热膨胀系数随温度的变化较大。热膨胀系数 α_c 计算公式可用以式(9.35)表示。

$$\alpha_c = (0.008T + 6) \times 10^{-6} \tag{9.35}$$

(4)对流系数

衬砌混凝土对流换热系数与热烟气流之间的对流换热系数的影响因素主要有热烟气流的流动速度、热烟气流的温度、混凝土材料及表面形状等，计算公式可考虑为

$$h = 7.05 \times e^{\left(\frac{T}{372.55}\right)} + 0.84 \tag{9.36}$$

2. 隧道衬砌力学参数

混凝土的物理力学参数会随温度的增加出现劣化，已有研究成果显示，混凝土高温下的抗压强度与弹性模量为影响混凝土结构火灾高温下承载力的主要因素。

目前，国内外主要依靠试验来获得混凝土高温下的弹性模量随温度的变化规律。过镇海等根据试验并为了简化计算，将混凝土的弹性模量随温度的变化关系以直线关系表示。目前试验获取的高温下混凝土的性能变化规律，主要有同济大学、清华大学等提出混凝土强度与弹性模量随温度变化的函数关系，虽然其提出的函数关系式不尽相同，但呈现出的规律却一致，即混凝土的抗压抗拉强度在温度为 300 ℃时几乎没有下降，大于 300 ℃时随着温度的升高而迅速降低。

3. 锈蚀对隧道钢筋混凝土热工特性的影响

隧道衬砌长期接触含 Cl^-、SO_4^{2-}、Mg^{2+} 等腐蚀离子的地下水，将导致衬砌内钢筋锈蚀，降低混凝土与钢筋的黏结性能，同时产生锈胀，使隧道结构产生裂纹，裂纹的扩展将使热量、水汽传递、热应力和结构内力重分布，影响整个力学性能和高温灾变过程。

对高强钢筋混凝土、聚丙烯高强钢筋混凝土、锈蚀后高强钢筋混凝土和锈蚀后的聚丙烯高强钢筋混凝土四种类型试块进行热特性分析。混凝土试块尺寸为 150 mm×150 mm×150 mm，其中钢筋处于混凝土正中央，保护层厚度 15 mm，钢筋长度 120 mm，如图 9.37 所示。为使聚丙烯纤维中的纤维在基体混凝土中均匀分散，采用搅拌机按先干拌后湿拌的投料顺序拌合，先将水泥、砂和石料搅拌均匀，再边分散加入聚丙烯纤维边搅拌，然后加水进行湿拌，搅拌时间不少于3 min。试件成型 24 h 后拆模，之后洒水养护 28 d。

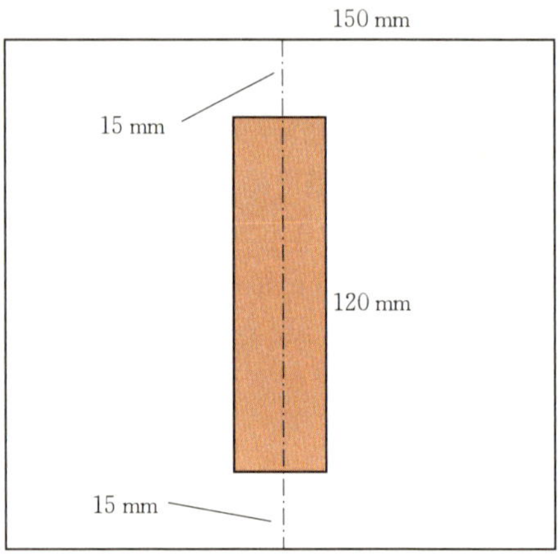

图 9.37　钢筋混凝土试块示意图

试验采用全淹式外加电源法，将培养好的试块放入到装有 NaCl 浓度为 5%溶液的水桶

里浸泡5 d时间，并在下方放置一个塑料垫，以防试块底部通电后因电压而碎裂。待 Cl^- 充分渗透入混凝土中，然后进行通电加速锈蚀，每两个试块串联到一个直流电源上，钢筋与电源正极连接，电源负极与铜棒连接，目标锈蚀率为 5%。在加速锈蚀试验时，为了使钢筋尽量均匀锈蚀，通电的电流密度不应大于 30 A/ m^2，电压不应大于 30 V。

试验中，将四种不同类型的钢筋混凝土放置于不同温度的箱式电阻箱中加热，研究其高温后的各项性能，其中混凝土类型包括高强钢筋混凝土、聚丙烯高强钢筋混凝土、锈蚀后高强钢筋混凝土和锈蚀后的聚丙烯高强钢筋混凝土，温度梯度分别为常温、100 ℃、200 ℃、300 ℃、400 ℃、500 ℃、600 ℃、700 ℃和 800 ℃。

(1)表观特征

①高强钢筋混凝土表观特征随温度的变化，如图 9.38 所示。高强钢筋混凝土在 100～300 ℃时，试块的表面与高温作用前没有明显的变化。当温度达到 400 ℃时，高强钢筋混凝土表面已产生裂纹，最大裂纹宽度为 0.2 mm。当温度为 500 ℃时，高强钢筋混凝土表面裂纹明显变大，最大裂纹宽度增加 0.6 mm，达到 0.8 mm。当温度到达 600 ℃时，高强钢筋混凝土在箱式电阻箱炉中加热时伴有爆炸的声响，取出后发现高强钢筋混凝土表面发生剥落和缺角，并且表面开始变得疏松，表面裂纹开始明显增多并相互连贯起来变成网状结构，此时高强钢筋混凝土最大裂纹宽度达到 1.2 mm。当温度为 700～800 ℃时，高强钢筋混凝土表面疏松并发生剥落，锈蚀后的高强钢筋混凝土剥落程度更加严重。

(a) 常温　(b) 200 ℃　(c) 400 ℃　(d) 600 ℃　(e) 800 ℃

图 9.38　高强钢筋混凝土表观特征随温度的变化

②聚丙烯高强钢筋混凝土表观特征随温度的变化，如图 9.39 所示。聚丙烯高强钢筋混凝土在 100～300 ℃时，试块的表面与高温作用前没有明显的变化。当温度达到 400 ℃时，聚丙烯高强钢筋混凝土产生少量细微的裂纹，但相比高强钢筋混凝土裂纹数量更少且宽度更小，最大裂纹宽度不足 0.1 mm。当温度为 500 ℃时，聚丙烯高强钢筋混凝土最大裂纹宽度仅为 0.2 mm。当温度到达 600 ℃时，聚丙烯高强钢筋混凝土并没有发生爆裂，表面也没有发生剥落且没有变得疏松，但是随着裂纹的增多，表面裂纹也形成网状结构，但是其最大裂纹宽度小于 0.3 mm。当温度为 700～800 ℃时，聚丙烯高强钢筋混凝土表面开始变得疏松，但是没有剥落现象产生，同时也没有发生爆裂现象。

③锈蚀后高强钢筋混凝土表观特征随温度的变化，如图 9.40 所示。锈蚀后高强钢筋混凝土在 100～300 ℃时，较常温下开裂缝隙宽度变大，最大裂纹宽度达到 0.6 mm，但是裂纹长度无明显变化。当温度达到 400 ℃时，锈蚀后高强钢筋混凝土的裂纹进一步扩大，最大裂纹宽度达到 0.7 mm。当温度为 500 ℃时，锈蚀后高强钢筋混凝土的裂纹增长迅速，最大裂纹宽度已达 2.0 mm。当温度到达 600 ℃时，锈蚀后高强钢筋混凝土，其表面已开始疏松并出现剥落，表面裂纹形成网状结构，其最大裂纹宽度达 3 mm。当温度为 700～800 ℃时，锈

蚀后的高强钢筋混凝土剥落程度比高强钢筋混凝土更加严重。

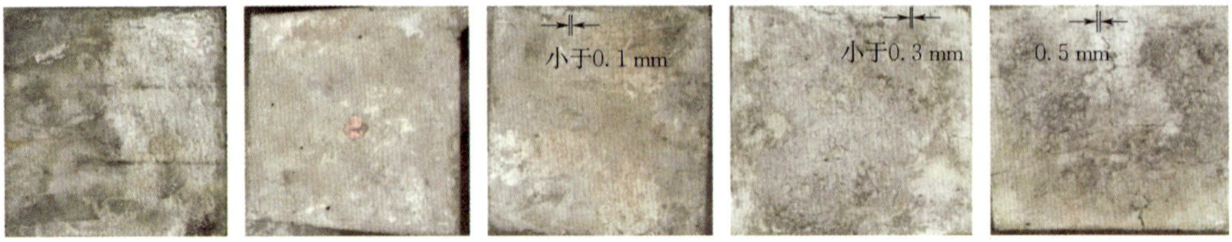

（a）常温 （b）200 ℃ （c）400 ℃ （d）600 ℃ （e）800 ℃

图 9.39 聚丙烯高强钢筋混凝土表观特征随温度的变化

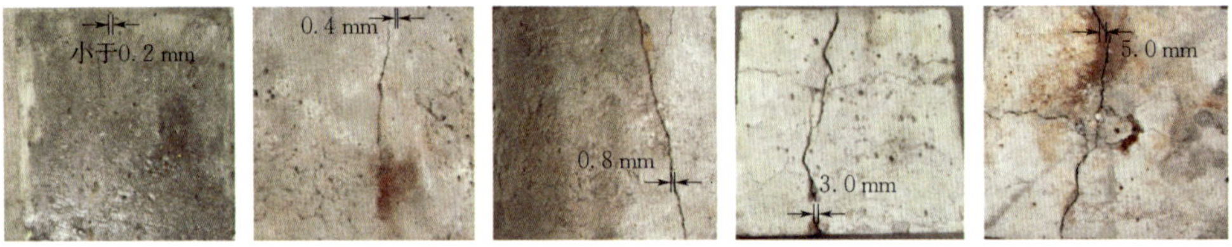

（a）常温 （b）200 ℃ （c）400 ℃ （d）600 ℃ （e）800 ℃

图 9.40 锈蚀后高强钢筋混凝土表观特征随温度的变化

④锈蚀后聚丙烯高强钢筋混凝土表观特征随温度的变化，如图 9.41 所示。锈蚀后聚丙烯高强钢筋混凝土在 100～300 ℃时，较常温下开裂缝隙宽度变大，大裂纹宽度达到 0.4 mm，但是裂纹长度无明显变化。当温度达到 400 ℃时，锈蚀后聚丙烯高强钢筋混凝土的最大裂纹宽度没有发生变化。当温度为 500 ℃时，锈蚀后聚丙烯高强钢筋混凝土的最大宽度仅为 0.5 mm，相比锈蚀后高强钢筋混凝土裂纹宽度明显要小很多。当温度到达 600 ℃时，锈蚀后聚丙烯高强钢筋混凝土同样没有发生爆裂和剥落，表面也没有变得疏松，同时表面裂纹也逐渐形成网状，最大裂纹达到 0.6 mm。当温度为 700～800 ℃时，锈蚀后聚丙烯高强钢筋混凝土表面开始变得疏松，但是没有剥落现象产生，同时也没有发生爆裂现象。

（a）常温 （b）200 ℃ （c）400 ℃ （d）600 ℃ （e）800 ℃

图 9.41 聚丙烯高强钢筋混凝土表观特征随温度的变化

（2）质量变化

混凝土高温后的质量损失分为四个阶段。第一阶段：当温度在 200 ℃以下时，混凝土内部的毛细水和胶凝水开始蒸发，质量损失主要为水的蒸发，而锈蚀后的高强钢筋混凝土和聚丙烯高强钢筋混凝土由于缝隙开裂使水分蒸发得更快，所以质量损失率更大；第二阶段：温度在 200～400 ℃时，此阶段在毛细水和胶凝水蒸发的同时，水泥砂浆中的结晶水也开始脱水，在此之前锈蚀后的高强钢筋混凝土和聚丙烯高强钢筋混凝土中的毛细水和胶凝水几乎已经蒸发完全，在此期间质量的损失主要源于结晶水的脱水反应，而开裂的裂缝对于结晶水的脱水反应影响不大，所以锈蚀后的高强钢筋混凝土和聚丙烯高强钢筋混凝土的质量损失逐渐接近于未经锈蚀的钢筋混凝土，并且添加聚丙烯纤维对高温后混凝土的质量损失影响不大；第三阶段：400～600 ℃，化学上的质量损失主要因为混凝土中的氢氧化钙会分解为成石灰和水蒸气，而未添加聚丙烯纤维的钢筋混凝土在 500 ℃以上时，由于发生剥落现象，混凝土缺块较大，导致其质量损失陡然增长；第四阶段：600～800 ℃时，混凝土中的方解石（$CaCO_3$）也有开始分解成 CaO 和 CO_2，CO_2 从混凝土中溢出造成质量损失，并且随着温度的上升未添加聚丙烯纤维的钢筋混凝土剥落程度也逐渐增大，锈蚀后的高强钢筋混凝土比未锈蚀的钢筋混凝土剥落更严重，图 9.42 为钢筋混凝土质量损失率随温度变化关系。

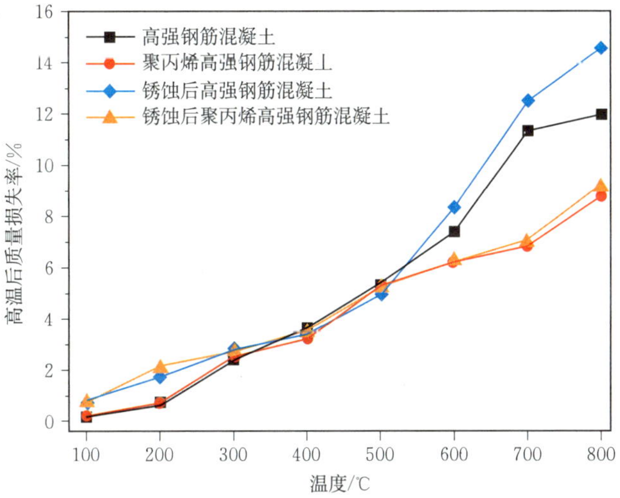

图 9.42 钢筋混凝土质量损失率随温度变化关系

综上所述，混凝土高温后的质量损失主要来自内部水分的蒸发和内部物质的分解，而未添加聚丙烯纤维的高强钢筋混凝土会在 500 ℃以上时发生剥落，造成质量的极大损失，剥落程度随温度的升高而增大，而锈蚀后的钢筋混凝土剥落更为严重。添加聚丙烯纤维并不能影响混凝土内部的化学变化，对混凝土高温后在化学上的质量损失影响不大，但有极好的防爆裂和抑制剥落发生的功能。

(3)纵波速度变化和损伤特性

密度、含水率、结构特征、孔隙率等参数的变化会引起混凝土纵波速度的变化，因此纵波波速能密切地反映混凝土的物理和力学性能，所以确定高温后纵波速度的变化可以为评价混凝土高温后的破坏程度提供一种有效方法。图 9.43 给出了外部温度环境作用下钢筋混凝土纵波波速的变化关系。

由图 9.43 可见，所有类型的钢筋混凝土的纵波波速随着温度的升高而减小。当温度低于 200 ℃时，所有类型的钢筋混凝土的纵波波速变化幅度很小（锈蚀后的钢筋混凝土的纵波波速减小是由锈蚀锈胀产生的裂缝造成，与加热前的情况相比其纵波波速变化很小），而在 200～700 ℃时，所有类型的钢筋混凝土的纵波波速变化变化幅度较大，在 700 ℃以上时纵波波速变化幅度又逐渐变小。添加聚丙烯纤维后，温度超过 200 ℃时，高强钢筋混凝土的纵波波速变化明显小于未添加聚丙烯纤维的高强钢筋混凝土，这也表明聚丙烯纤维能有效抑

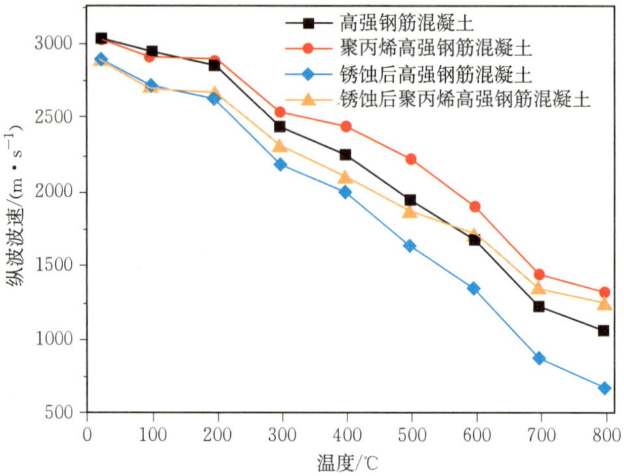

图 9.43 混凝土质量损失率随温度变化关系

制高温后混凝土内部裂纹的产生。对于锈蚀后的钢筋混凝土,在高温作用后,其纵波波速变化明显大于未经锈蚀的钢筋混凝土,说明钢筋混凝土锈蚀后再经过高温作用,高温对其结构破坏更大,而在锈蚀后的钢筋混凝土添加聚丙烯能明显缓解高温对其结构的破坏。

混凝土的热损伤程度随着温度的升高而增大。纵波波速和损伤指数之间的关系可以用方程来表示,即 $D \approx 1-(v_{\mathrm{p}}/v_0)^2$,式中 D 为损伤指数,v_{p} 为高温作用前的初始纵波波速,v_0 为高温作用后纵波波速。钢筋混凝土损伤指数随温度变化关系如图 9.44 所示。

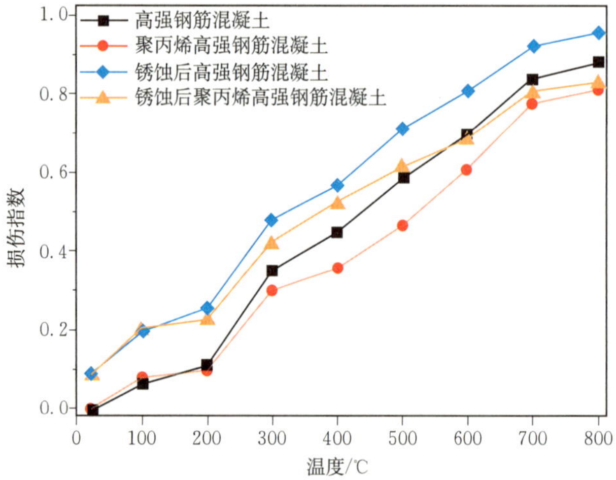

图 9.44 钢筋混凝土损伤指数随温度变化

在添加聚丙烯纤维后的高强钢筋混凝土损伤指数随温度变化趋势有所变缓,结构破坏程度减小。在锈蚀后的高强钢筋混凝土中添加聚丙烯纤维后,损伤指数随温度变化趋势有所变缓,结构破坏程度减小。而高强钢筋混凝土在锈蚀之后,损伤指数随温度变化趋势增大,结构破坏程度加重。对于锈蚀后的聚丙烯高强钢筋混凝土,损伤指数随温度变化趋势增大,结构破坏程度加重。

9.4.4 隧道真实火灾下结构衬砌特性

大尺寸火灾试验，具有真实模拟火灾场景、仿真结果精度高等特点，但有试验费用高、重复性差、试验周期长等缺点。而缩尺模型的规模相对较小，资金耗费少，限制较少，操作性更强，更容易受到研究人员的青睐。本节采用缩尺模型试验，研究隧道真实火灾下结构衬砌特性。

1. 隧道试验平台

搭建 1/10 的缩尺寸隧道试验平台，隧道的尺寸设置为 10 m×10 m×0.6 m。试验平台主要由 4 部分组成。第一部分为两侧的砖墙，外侧的砖墙长 10 m，宽 0.24 m，高 0.6 m；右侧的砖墙由两段构成，分别长 4.5 m，宽 0.24 m，高 0.6 m，中间相距 1 m。第二部分为长 1 m，宽 0.1 m，高 0.6 m 的混凝土墙，位于右侧两段砖墙的中间，由 60 块尺寸为 0.1 m×0.1 m×0.1 m、强度为 C20 的混凝土块构成，考虑到试验过程中会有热量散失，这样会影响试验结果的准确性，所以为了减少热量损失的影响并提高绝热性，利用耐火土将立方体之间的缺口密封住，并且混凝土衬砌的外侧用砖围砌。第三部分为隧道中央的顶棚，由两块长 0.5 m，宽 1.2 m，厚度为 0.05 m 的混凝土板构成。第四部分为隧道除中央部位以外的顶棚，由防火板构成，并在防火板下方架设了钢筋以防防火板受热后下塌。混凝土块、混凝土板以及防火板之间的缝隙均用防火泥进行填堵，防止烟气从缝隙中散出造成热量的流失，影响试验的准确性。隧道试验平台如图 9.45 所示。

（a）混凝土衬砌布置

（b）混凝土衬砌外的砖墙

图 9.45 隧道试验平台

2. 混凝土试件

试验的混凝土试件共制作混凝土试块 90 个，尺寸都为 100 mm×100 mm×100 mm（长×宽×高）。其中，63 个立方块用于混凝土烧蚀试验，研究强度变化和色度变化，27 个用于研究高温后普通混凝土质量损失和波速变化。做好试件之后，静置在(20±2)℃的温度环境中，拆模之后再送往养护室。本次试验中，采用标准养护，也就是在具备(20±2)℃的温度环境、95%的相对湿度的条件的标准养护室，共计养护 28 d。

试验共设计了 60 个立方体试块，垒成砖墙的形式(6×10)，每一列 6 个试块(例如，第一列第一排为 1-1，第一列第二排为 1-2，第二列第一排为 2-1，第二列第二排为 2-2)，如图 9.46 所示。

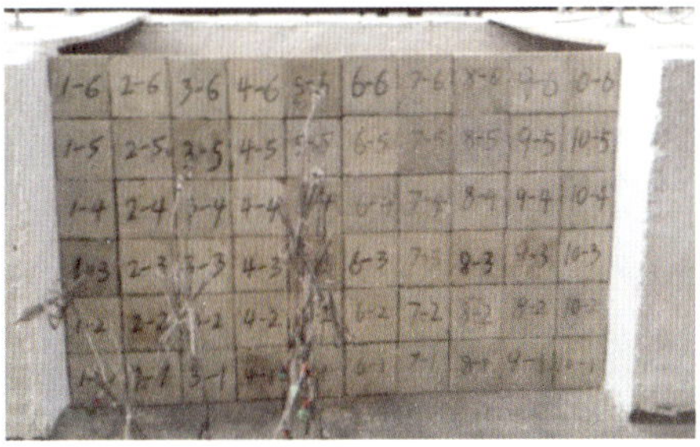

图 9.46 烧蚀试验混凝土试块砖墙

3. 衬砌温度场分布

(1)衬砌表面温度

火源为 45 cm×45 cm 的油盆燃烧 30 L 汽油，燃烧时间为 1 455 s，如图 9.47 所示分别为 0.05 m、0.15 m、0.25 m、0.35 m、0.45 m 高度处的混凝土表面温度。

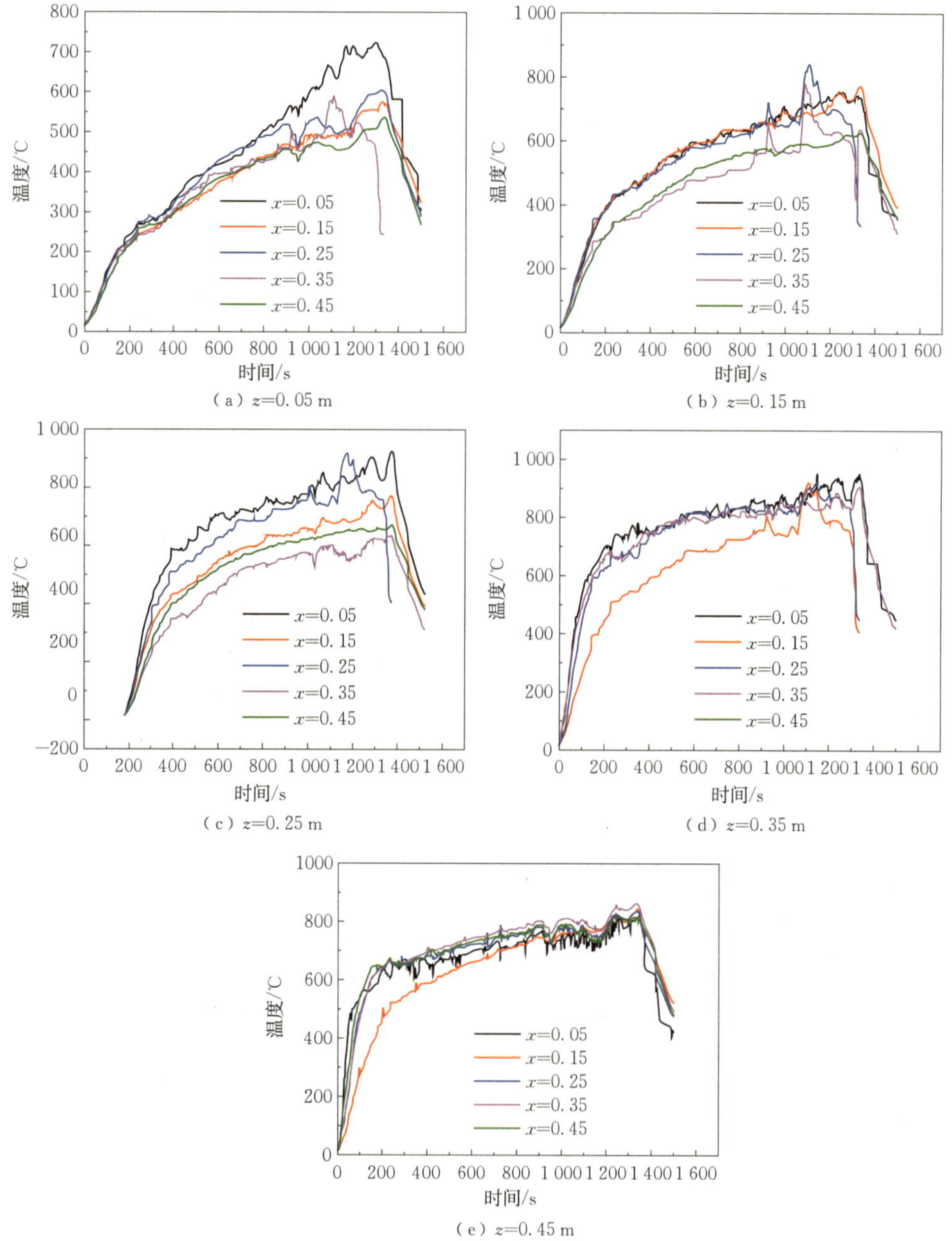

(a) z=0.05 m　(b) z=0.15 m　(c) z=0.25 m　(d) z=0.35 m　(e) z=0.45 m

图 9.47　混凝土衬砌表面温度分布

由图 9.47 可以看出，在同一高度处的混凝土表面温度基本相同，并没有随着与火源距离的变化而有明显的变化趋势。而随着高度的增加，混凝土的表面温度逐渐升高，在 0.45 m

和 0.55 m 的高度处最高温度都达到了 900 ℃左右，并且有一段温度在 800 ℃左右的持续高温出现。分析可能的原因为：在隧道的上层空间存在着高温烟气，因此混凝土墙的上层不仅仅受到火源的热辐射影响，还与高温烟气存在着强烈的热交换，而下半部分的混凝土墙受到高温烟气的热对流影响较小，主要存在的是火源对它的热辐射，因此温度较低并且没有持续的高温出现。在隧道上层空间，这样的持续高温会对混凝土的衬砌结构产生巨大的破坏作用，在高温的持续作用下，衬砌混凝土的表面将会出现裂缝，强度将会出现大幅度的下降，同时衬砌的弹性模量也会出现大幅度的降低。

(2)衬砌内部温度

对混凝土内部的温度情况进行分析，如图 9.48 所示。图中 5-1、5-3、5-5、5-6 分别是第五列混凝土块从下往上数的第 1、3、5、6 块，该温度曲线是混凝土衬砌内部距离隧道内表面 2 cm处的温度，观察图中曲线可以发现，4 条曲线的温度变化趋势基本相同，然而最高温度并没有出现在高度最高的 5-6，而是出现在 5-5，5-5 的温度比 5-6 的温度大约高 50 ℃，分析可能的原因为：5-5 和 5-6 同时受到高温烟气层的热对流和热传导的影响，但是同时 5-5 较 5-6而言距离火源的距离更近，因此 5-5 受到火源热辐射的影响更强烈一些，所以温度会更高一些。

如图 9.49 所示为 3-5 号混凝土块内距离隧道内表面 2 cm、5 cm、8 cm 的温度分布曲线图，从图中可以看出，与衬砌表面的温度相比较可知，衬砌内部各测点的温度明显偏低很多，并且温度的变化表现出一定的滞后性。在火源熄灭之后，当空气温度迅速下降后，衬砌内部的温度依旧在上升，并且在随后较长时间内依旧保持在 100 ℃左右，由此可以发现混凝土衬砌具有良好的热惰性。

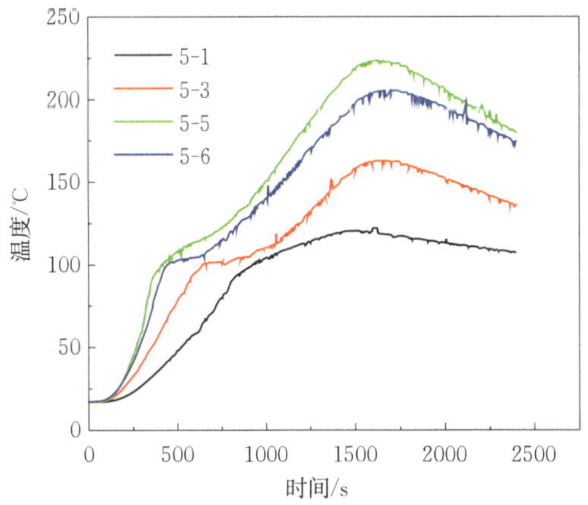

图 9.48　混凝土试块距离内表面 2 cm 处温度分布

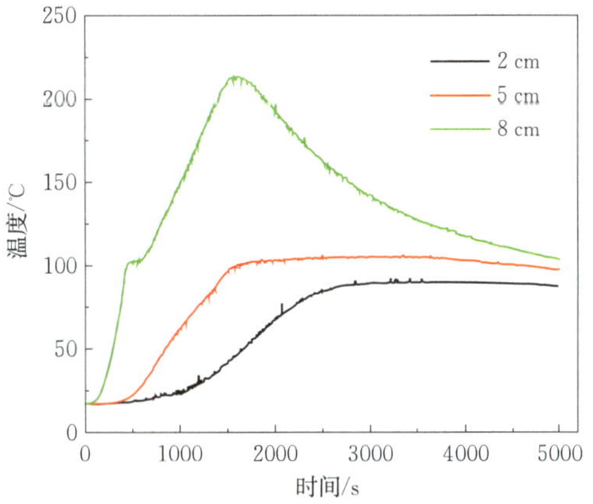

图 9.49　3-5 号混凝土试块内部温度分布

同时比较隧道衬砌内部各测点的温度变化过程可以发现，在 60 s 时，距离衬砌内表面 2 cm处的测点温度开始升高，在 1 562 s 时达到最高温度 213 ℃并开始下降；在 230 s 时，距离衬砌内表面 5 cm 处的测点温度开始升高，在 1 600 s 时温度上升趋势趋于平缓，最高温度为 106 ℃；在 300 s 时，距离衬砌内表面 8 cm 处的测点温度开始升高，在 2 800 s 时温度上升趋势趋于平缓，最高温度为 91 ℃。由此可知，衬砌内部的最高温度呈现出向深部逐渐变小的规律，并且由于混凝土衬砌的热惰性以及不良的导热性能，衬砌内部的温度变化存在显著的滞后性，且滞后的时间随着从受火面向衬砌内部深度的增加而增加。

9.4.5 隧道热力耦合模拟分析

盾构隧道双层衬砌结构由管片衬砌环之外现浇一层模筑混凝土构成，如图 9.50 所示。由于管片环为预制混凝土管片通过螺栓拼装而成，结构形式较为薄弱，单块管片的损毁可能造成整个隧道的失稳坍塌。因此，施作二次衬砌主要对管片进行加固与防腐，从长期使用的角度来看，施作二次衬砌可有效防止管片衬砌变形与老化、平整隧道内表面、减小震动，更为重要的是二次衬砌可以作为衬砌结构防火之用。

图 9.50 盾构隧道双层衬砌结构

针对铁路盾构隧道，分析管片及二次衬砌受内部不均匀温度场作用下的应力、结构整体变形、混凝土劣化深度以及裂缝的产生与发展等情况，来判断结构的安全性，并与单层管片衬砌结构的计算结果进行对比。

1. 计算模型设置

隧道盾构段内径为 11 m，外径为 12.5 m，管片厚度为 0.5 m，幅宽为 2 m，二次衬砌厚度为 0.25 m，数值计算为温度场和应力场的耦合，在隧道已经承受水土压力的情况下施加温度场，研究火灾高温下结构的耐火性能。取隧道内火源点所在的断面进行平面应力分析。对于铁路列车，隧道内温度的横向分布模式为均匀分布，因此假定火源位置为机车中心，隧道发生火灾时列车轨道板以下的混凝土温度恒定不受火灾影响，轨道板以上的混凝土表面分为使用和不使用防火涂料两种情况。

模拟计算工况见表 9.9，数值计算采用大型通用有限元分析软件 ANSYS 进行，结构物和地层均采用 PLANE55 单元进行模拟。管片结构为刚度折减的均质圆环，折减系数取 0.8。

表 9.9 模拟计算工况表

	工况 1	工况 2	工况 3	工况 4	工况 5	工况 6	工况 7	工况 8
耐火曲线	RABT	RABT	RABT	RABT	RWS	RWS	RWS	RWS
是否使用防火涂料	是	是	否	否	是	是	否	否
是否施作二次衬砌	是	否	是	否	是	否	是	否

2. 模拟结果分析

(1)衬砌温度

火灾发生 120 min 时列车轨道板以上的区域内各个角度的断面温度梯度大致相同，隧道内表面温度均匀分布。火灾发生 120 min 后，管片衬砌 50 mm 深度处的温度情况见表 9.10。

表 9.10 管片 50 mm 处温度

		工况 1	工况 2	工况 3	工况 4	工况 5	工况 6	工况 7	工况 8
温度/℃	火灾前	20	20	20	20	20	20	20	20
	火灾后	20.44	278.01	21.36	458.29	20.45	304.25	21.39	513.48

由表 9.10 可知：火灾发生 120 min 后，单层衬砌（工况 2、4、6、8）无论是否使用防火涂料，均不能达到设计耐火标准。双层衬砌（工况 1、3、5、7）则均能达标，有无防火涂料对其影响甚微，管片均处于常温状态，且仅较火灾前的温度略微有所上升。二次衬砌的施作阻挡了高温的传递，对管片起到了很好的保护作用，使管片能够在不受火灾的影响下维持应有的承载力。虽然火源曲线在 90 min 以后温度相差较大，但双层衬砌（工况 1、3、5、7）时，火灾发生 120 min 后，两种曲线下管片温度的计算结果大致相同，管片受火灾类型和火源温度的影响较小。

（2）衬砌应力

混凝土最大主应力随火灾持续时间的变化规律见表 9.11。

表 9.11 管片最大主应力

		工况 1	工况 2	工况 3	工况 4	工况 5	工况 6	工况 7	工况 8
最大主拉应力/MPa	火灾前	0.13	1.44	0.14	1.41	0.13	1.44	0.14	1.41
	火灾后	0.14	1.45	0.33	1.43	0.24	1.46	0.38	1.44
最大主压应力/MPa	火灾前	8.11	14.82	8.00	14.60	8.11	14.82	8.00	14.60
	火灾后	8.47	12.80	9.06	13.26	8.82	13.26	9.41	13.85

由表 9.11 可知：二次衬砌的施作大大减小了火灾时管片上的温度应力，提高了盾构隧道的安全性。火灾发生以后，双层衬砌（工况 1、3、5、7）时，管片最大主拉应力和主压应力均增大；单层衬砌（工况 2、4、6、8）时，管片最大主拉应力增大，最大主压应力减小，但是仍大于双层衬砌的计算结果。双层衬砌时，管片上的应力变化与温度类似，受火灾类型和火源温度的影响较小。

（3）结构整体变形

结构整体变形观测取垂直方向收敛值和水平方向收敛值。垂直方向收敛值为拱顶位移与拱底位移差值的绝对值，即$|D_1-D_2|$，水平方向的收敛值为左右拱腰位移差值的绝对值，即$|D_3-D_4|$，如图 9.51 所示。

由图 9.51 可知，随着火灾的发生，垂直和水平方向的位移收敛值稍有增大，最终趋于稳定。在耐火标准设定的 120 min 内，双层衬砌时的垂直方向收敛值和水平方向收敛值分别为单层衬砌时的 81％和 91％。说明施作二次衬砌可以增大结构的整体刚度，减小结构变形，同时，施作二次衬砌对垂直方向结构变形的抵抗作用更大。

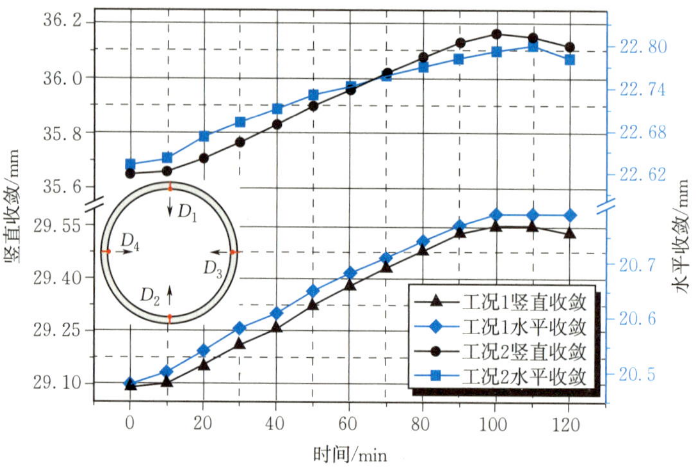

图 9.51 结构整体变形

参考文献

[1] 李奎,王志强. 基于统计原理的铁路隧道运营期灾害类型及防灾对策研究[J]. 隧道建设,2017,37(2):150-159.

[2] 李智国,厉志强,刘伟明.高速列车火灾热释放速率计算方法研究[J]. 铁道机车车辆,2018,38(1):15-18.

[3] 程远平,陈亮,张孟君. 火灾过程中火源热释放速率模型及其实验测试方法[J]. 火灾科学,2002(2):70-125,71-74,62.

[4] 赵勇,唐国荣,倪光斌,等. 我国高速铁路隧道主要技术标准和关键技术[J].铁道经济研究,2006(6):25-29,38.

[5] 王明年,于丽,李琦,等. 高速铁路隧道防灾疏散救援技术研究综述[J]. 隧道与地下工程灾害防治,2019,1(2):13-23.

[6] 赵东平,王峰,余颜丽,等. 铁路隧道火灾事故及其规模研究综述[J]. 隧道建设,2015,35(3):227-231.

[7] 李国良,陈绍华. 关角特长隧道防灾救援技术研究[J]. 现代隧道技术,2015,52(6):14-19.

[8] 曹正卯,杨其新,郭春. 高海拔特长铁路隧道定点防灾救援研究[J]. 铁道标准设计,2014,58(10):83-88.

[9] 田峰,王海桥,朱祝龙. 单洞特长铁路隧道防灾通风研究[J]. 地下空间与工程学报,2012,8(S1):1550-1552.

[10] 张念,毛军,谭忠盛,等. 特长隧道定点安全疏散问题研究[J]. 北京交通大学学报,2010,34(1):20-24.

[11] 王立暖,马志富,杨贵生. 铁路隧道防灾救援技术研究[J]. 铁道标准设计,2007(S1):

50-55.

[12] 范磊，杨昌宇．特长铁路隧道超深竖井模式下防灾疏散及救援技术研究[J/OL]．现代隧道技术：2020：1-7.

[13] 赵东平，蒋尧，李老三，等．郑万高铁隧道口紧急救援站防灾通风方案及参数敏感性研究[J]．隧道建设（中英文），2019，39(7)：1097-1103.

[14] 赵鹏，马伟斌，王志伟，等．铁路隧道紧急救援站火灾烟气运动特性研究[J]．现代隧道技术，2019，56(S2)：112-117.

[15] 王峰，赵东平，罗飞宇，等．单洞单线隧道平导救援站防灾通风优化研究[J]．铁道工程学报，2018，35(5)：83-87.

[16] 曾艳华，白赟，周小涵，等．列车停靠隧道内救援站过程中活塞风变化的数值模拟分析[J]．中国铁道科学，2016，37(4)：128-133.

[17] 陈俊敏，姚小林，阎刚，等．CRH-1 型动车组一等座车厢火源热释放速率研究[J]．中国安全生产科学技术，2014，10(1)：5-10.

[18] 曾满元，赵海东．瑞士圣哥达山底隧道的通风防灾技术[J]．高速铁路技术，2010，1(3)：42-46.

[19] 范磊，曾艳华，何川．设排烟道的隧道中火灾烟气控制效果的模拟研究[J]．防灾减灾工程学报，2009，29(2)：206-212.

[20] 郭树棠．英法海峡隧道的安全措施[J]．铁道工程学报，1996(1)：82-86.

[21] 李法昶．日本青函隧道的防灾调度及防灾设施：赴日研修报告[J]．铁道工程学报，1993(2)：109-114.

[22] 中华人民共和国铁道部．铁路隧道运营通风设计规范：TB 10068—2010[S]．北京：中国铁道出版社，2010.

[23] 中华人民共和国国家铁路局．铁路隧道防灾疏散救援工程设计规范：TB 10020—2017[S]．北京：中国铁道出版社，2017.

[24] 滕兆民，徐宝贤，张开鑫．铁路隧道运营通风[M]．北京：中国铁道出版社，1983.

[25] 孙三祥，张云霞．高海拔内燃牵引铁路隧道运营通风技术研究[M]．北京：中国铁道出版社，2015.

[26] DU S，ZHANG Y C，SUN Q，et al. Experimental study on color change and compression strength of concrete tunnel lining in a fire [J]. Tunnelling and Underground Space Technology，2017，71：106-114.

[27] 张玉春，肖晗，李硕雨，等.水雾作用下隧道火灾竖向温度分布试验研究[J].中国安全科学学报，2014，24(9)：58-63.

[28] 闫治国.隧道衬砌结构火灾高温力学行为及耐火方法研究[D].上海：同济大学，2007.

[29] 李国强，韩林海，楼国彪，等.钢结构及钢—混凝土组合结构抗火设计[M].北京：中国建筑工业出版社，2006.

10 高速铁路隧道服役状态评估与维护

由于需要跨越山岭、江河等险峻地形，高速铁路隧道工程常常修建于复杂地质与特殊环境中。隧道结构在长期运营中除受到地应力、水压、围岩蠕变效应、偏压、断层等不良地质因素影响外，还需长期承受列车振动和气动循环荷载。在多因素耦合作用下，隧道结构不可避免地会出现一些病害。因此，高速铁路隧道在运营过程中需要经常体检以评价其结构状况是否健康，也就是通常所说的服役状态评估。如果发现问题，应及时整治，进行养护维修。本章重点介绍高速铁路运营隧道的状态分类、检测与评估以及维护技术。

10.1 高速铁路隧道运营状态检测与评估

运营高速铁路隧道具有维护时间短、操作空间有限、干扰因素多、检测精度要求高等特点，所以其对检测方法提出了更高的要求，除采用常规的检测方法（地质雷达法、回弹法、冲击回拨法、超声回弹法、瞬变电磁法、瑞雷波法、高密度电法等）外，随着检测技术的进一步发展，一些高效、高精度新型检测技术及方法被逐步应用于隧道状态的检测，譬如衬砌表面数码摄像、三维激光扫描、3D雷达探测及三维体积扫描等检测技术。

10.1.1 常规检测方法

1. 断面净空检测

隧道断面净空检测主要是检测隧道实际轮廓的几何尺寸。从目前的检测技术来看，使用激光断面检测仪是一种实用且可靠的方法，故高速铁路隧道在运营及其他各个阶段的净空尺寸均主要采用激光断面仪或全站仪进行检测。

高速铁路隧道在长期运营期间，衬砌结构受到荷载的持续作用，加之与围岩变形的相互影响，其可能发生各种变形。故需通过激光断面检测仪来确定衬砌变形后内轮廓是否侵入建筑限界。

2. 衬砌质量检测

(1)衬砌混凝土强度检测技术

衬砌混凝土强度的检测方法很多，如钻芯法、拔出法、压痕法、射击法、回弹法、超声法、超声回弹综合法、超声衰减综合法、射线法和落球法等。其中回弹法、超声回弹综合法是应用最为广泛的无损检测方法。

①回弹法检测技术

回弹法即利用回弹仪检测普通混凝土结构构件抗压强度的方法。原理是当回弹仪的弹击锤被一定的弹力击打在混凝土表面时，读取回弹值，通过回弹高度与混凝土表面硬度的比例关系以及混凝土抗压强度与其表面硬度之间的相关关系，推算出混凝土的抗压强度。

回弹法检测混凝土抗压强度的检测精度不高，但设备简单、操作方便、测试迅速、费用低，且不破坏混凝土的正常使用，故在现场直接测定中广泛使用。回弹法对硬度的变化很敏感，骨料的种类对回弹值有很大的影响，并且回弹值还受配合比和碳化深度的影响。尽管如此，回弹法因其工作量少，测试迅速方便的优点，仍具有很高的实用价值。

②超声回弹综合法检测技术

超声回弹综合法是指采用超声仪和回弹仪，在构件混凝土同一测区分别测量声时值及回弹值 R，然后利用已建立起来的测强公式推算该测区混凝土强度 f_{cu} 的一种方法。与单一回弹或超声法相比，综合法可弥补相互间的不足。回弹值 R 主要以表层砂浆的弹性性能来反映混凝土强度，当混凝土强度较低、塑性变形较大时，这种反映就不太敏感。当构件截面尺寸较大或内外质量有较大差异时，就很难反映混凝土的实际强度，弹性指标变化幅度较小，相应其声速 v 随强度变化的幅度也不大，其微小变化往往被测试误差所掩盖，所以对于强度大于 35 MPa 的混凝土，其 f_{cu}—v 相关性较差。

采用回弹法和超声法综合测定混凝土强度，既可内外结合，又能在较低或较高的强度区间相互弥补各自的不足，能够较全面地反映结构混凝土的实际质量。

(2)衬砌混凝土厚度及缺陷检测

地质雷达法是检测衬砌混凝土厚度和背后缺陷的常用手段。利用地质雷达法对高速铁路隧道二次衬砌进行检测，可以达到以下目的：检测隧道衬砌厚度；检测隧道衬砌背后的空洞和密实情况；检测隧道基底(仰拱)部分的密实情况；检测隧道初期支护钢架和二次衬砌钢筋的分布情况。

①测线布置

沿隧道纵向布置 7 条测线。具中，拱顶 1 条，左、右侧拱腰各 1 条，左、右侧边墙各 1 条，仰拱左线和右线各 1 条。边墙测线布置在内轨顶面 1.5 m 以上。此外，根据现场情况，每隔一段距离要布置一定数量的环向测线加以补充。纵向测线布置如图 10.1所示。

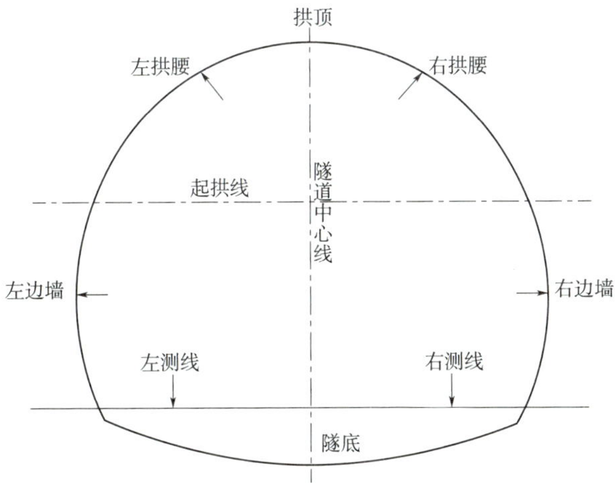

图 10.1 地质雷达测线布置图示

②检测前期准备工作

a. 施工单位需提供资料。施工单位按测线布置位置准备受检隧道设计衬砌厚度(其中边墙衬砌设计厚度按内轨顶面以上 1.0 m 计),格栅、拱架设计区段及间距,围岩类型等资料,供现场数据采集参数设置和后期资料处理使用。

b. 隧道里程标记线标志。提前准确标记检测位置里程。标记确定采用每 10 m 打双标,每 2 m 打单标的里程标记方式。记录标记里程与现场标记里程允许误差为±10 cm。

c. 检测台车的搭建。未铺轨隧道采用 5 t 以上车体,已铺轨隧道采用轨道车或平板车搭建平台。工作平台搭在车厢上方,平台顶面与地面平行,既要保证检测平台在工作中能方便地检测到拱顶和拱腰位置,同时要保证检测平台不与隧道衬砌面发生摩擦碰撞。

③现场检测工作

现场检测人员要保证雷达天线密贴衬砌表面行进。现场检测人员密切配合,保证天线实际检测位置与标记线位置吻合。检测天线应移动平稳、速度均匀、考虑仪器扫描速度与实测条件,天线移动速度宜为 3～5 km/h 匀速前进。现场记录要保证记录测线号、方向、标记间隔及天线类型等,随时记录现场产生电磁波干扰的物体(如电缆、铁架等)及其位置。

④数据处理与解译工作

数据与资料的处理基本可以分为两个阶段:一是将记录数据处理成图像,从图像上进行巡视,确定标志层与异常,分析异常处的相位特征、频率特征等参数;二是用专用软件包对所确定的异常进行处理。

在数据资料分析中应主要包括:结合衬砌结构资料和现场记录,准确区分有效异常和干扰异常;根据反射信号强弱、频率变化等情况确定衬砌界面;根据信号反射波幅强弱等特征,判定衬砌背后是否存在脱空或不密实;根据反射信号的形状判定初期支护钢架和二次衬砌内钢筋位置分布。

10.1.2 新型检测方法

1. 衬砌表面数码摄像技术

衬砌表面数码摄像技术原理主要是利用摄像设备快速获取被测物体表面的特征信息,然后采用图像处理技术对数据进行处理,从中提取有关物体表面的数据特征,并依据提取的特征,进行衬砌状态的评判。依据系统功能的要求,系统硬件由摄像设备、主机、输入输出设备三部分组成,软件部分由图像处理及评估分析两部分组成。其中,摄像设备用于图像采集,主机用于控制系统的执行,输入输出设备用于图像输入和图形输出,如图 10.2 所示。整个系统的实现过程,即从摄像设备采集图像→A/D 转换→主计算机能够处理和识别数字图像,并存储在存储设备→采用图像处理技术对图像进行处理,从中提取有关病害数据→根据所提取的数据,对病害进行评估分析→D/A 转换、输出文件。

数码摄像技术可对隧道衬砌形变、挤出、开裂、移动、错位、腐蚀、炭化、剥落、剥离、压溃、渗水、漏水等异常现象的位置、长度、宽度、范围及状态进行记录。

2. 三维激光扫描技术

三维激光扫描技术的原理是利用激光扫描大量测量点,根据点坐标对其扫描环境生成精准的 3D 图像、产生复杂环境和几何结构的详细三维信息。三维激光扫描技术弥补了传统测量技术的缺陷,使测量领域向前跨出一大步。三维激光扫描技术主要应用于新建隧道超欠挖测量,运营隧道限界、渗漏水等病害的检测。典型三维激光扫描图像如图 10.3 所示。

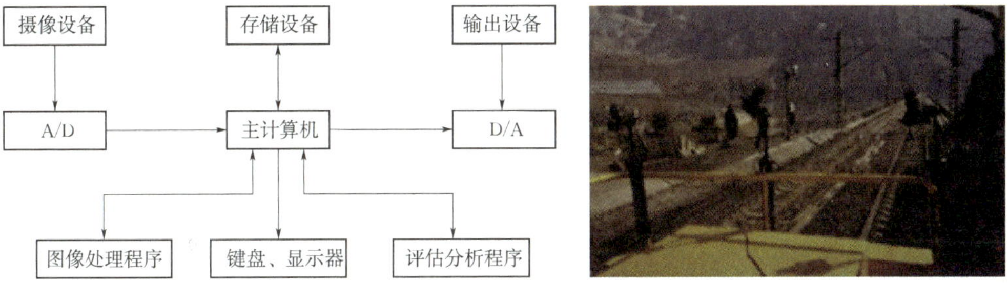

图 10.2　系统组成结构

图 10.3　典型三维激光扫描图像

3."3D 雷达"检测技术

目前,"3D 雷达"技术逐步被应用于隧道检测中,由于其显示的是三维图像,故对衬砌背后不同状态的检测具有更大的实用性。"3D 雷达"检测技术如图 10.4 所示。

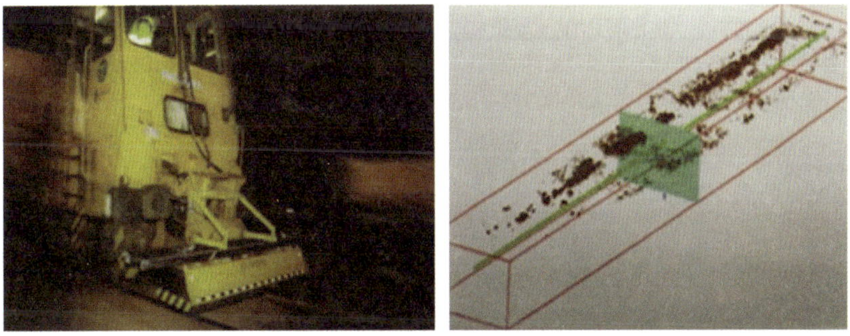

图 10.4　"3D 雷达"检测技术

4. 三维空洞扫描技术

三维空洞扫描技术的原理是将激光探头沿钻孔深入到难以接近的空穴、地下空间及空腔内,激光头便向外打开,开始扫描空洞的三维形态。三维体积扫描设备多采用马达驱动双轴扫描探头,可以保证仪器能做球形 360°扫描,以覆盖整个空洞,部分产品的最大扫描距离可达 150 m。在对隧道衬砌背后空洞进行测量时,可利用轻便探测杆使仪器能够沿钻孔向上或水平探测。另外,部分产品内置的钻探摄像头上装有指示灯,以便清楚地看到钻孔内部以及测量过程中遇到的各种障碍物。扫描过程中,可将测量数据传回地面的控制单元,并利用相关控制软件及电脑，在屏幕上显示出摄像头捕获的画面，并实时获取激光扫描生成的三维空洞图像。

10.1.3 高速铁路隧道状态评定标准

与普速铁路和重载铁路的隧道不同，高速铁路隧道结构状态的安全等级划分标准要求更加严格，对于普速铁路或重载铁路隧道来说较小的隧道缺陷或病害，在高速铁路隧道中可能会造成影响行车安全的灾难性后果，对高速铁路安全运营是极大的考验。普通铁路隧道可以在衬砌开裂、破损、下陷、渗漏水甚至道床出现翻浆、冒泥等病害时短暂地带病运行，而高速铁路安全运营不允许隧道出现该类病害现象。因此，对高速铁路隧道进行安全评估尤为重要。

高速铁路隧道衬砌存在缺陷及病害时，为了病害整治与工程质量评定的需要，可按隧道衬砌缺陷与病害项目以及严重程度将其划分为轻微、较严重、严重、极严重四个等级。轻微代表病害影响较少，需加强检查，正常维修；较严重代表劣化可能继续发展至严重等级，需加强监视，必要时采取措施；严重代表结构功能严重劣化，进一步发展将危及行车安全，需尽快采取措施；极严重代表结构功能严重劣化，已经危及行车安全，需立即采取措施。

1. 衬砌厚度评价指标

高速铁路隧道衬砌厚度缺陷评价指标见表 10.1。

表 10.1 高速铁路隧道衬砌厚度缺陷评价指标

缺陷项目		缺陷等级			
		1	2	3	4
		轻微	较严重	严重	极严重
衬砌厚度不足	$1 > h_1/h \geqslant 0.90$	L_c不限	—	—	—
	$0.90 > h_1/h \geqslant 0.75$	$L_c < 3$	$L_c \geqslant 3$	—	—
	$0.75 > h_1/h \geqslant 0.60$	—	$L_c < 3$	$L_c \geqslant 3$	—
	$h_1/h < 0.60$	—	—	$L_c < 3$	$L_c \geqslant 3$

注：①检测衬砌厚度当相邻测线三条及以上均连续不足时，其缺陷等级应提高一级；②表中数据用于双线及多线铁路隧道时，应适当修正测线连续长度；③L_c 为检测衬砌厚度不足地段的测线连续长度(m)。

2. 衬砌混凝土强度评价指标

高速铁路隧道衬砌混凝土强度缺陷评价指标见表 10.2。

表 10.2 高速铁路隧道衬砌混凝土强度缺陷评价指标

缺陷项目		缺陷等级			
		1	2	3	4
		轻微	较严重	严重	极严重
衬砌混凝土强度不足	$1 > q_1/q \geqslant 0.85$	L_q不限	—	—	—
	$0.85 > q_1/q \geqslant 0.75$	$L_q < 3$	$L_q \geqslant 3$	—	—
	$0.75 > q_1/q \geqslant 0.65$	—	$L_q < 3$	$L_q \geqslant 3$	—
	$q_1/q < 0.65$	—	—	$L_q < 3$	$L_q \geqslant 3$

注：①检测断面衬砌混凝土的最低强度当低于平均值的 0.85 时，其缺陷等级应提高一级；②表中数据用于双线及多线铁路隧道时，应适当修正测线连续长度；③L_q 为检测衬砌混凝土强度不足地段的连续长度(m)。

3. 衬砌脱空或基底不密实缺陷评价指标

高速铁路隧道衬砌脱空或基底不密实缺陷评价指标见表 10.3。

表 10.3 高速铁路隧道衬砌背后有空洞或回填不密实及基底不密实的量化指标

缺陷项目	缺陷等级			
	1	2	3	4
	轻微	较严重	严重	极严重
衬砌背后有空洞	$kL_c \leqslant 1$	$1 < kL_c \leqslant 3$	$3 < kL_c \leqslant 5$	$kL_c > 5$
回填不密实	$sL_c \leqslant 3$	$3 < sL_c \leqslant 9$	$9 < sL_c \leqslant 15$	$sL_c > 15$
基底不密实	$dL_c \leqslant 3$	$3 < dL_c \leqslant 9$	$9 < dL_c \leqslant 15$	$dL_c > 15$

注：①kL_c 为衬砌背后有空洞地段测线连续长度(m)；②sL_c 为衬砌背后回填不密实地段的测线连续长度(m)；③dL_c 为基底不密实地段的测线连续长度(m)。

4. 衬砌渗漏水病害评价指标

高速铁路隧道衬砌渗漏水病害评价指标见表 10.4。

表 10.4 高速铁路隧道衬砌渗漏水病害的量化指标

病害项目	病害等级		
	2	3	4
	较严重	严重	极严重
衬砌漏水	滴水使基床状态恶化，钢轨腐蚀	隧道滴水、淌水、渗水及排水不良引起道床翻浆冒泥	隧底冒水、拱部滴水成线、严寒地区边墙淌水，翻浆冒泥严重，道床下沉、上拱，不能保持轨道几何尺寸，影响正常运营

5. 衬砌开裂及错动病害评价指标

高速铁路隧道衬砌开裂及错动病害评价指标见表 10.5。

表 10.5 高速铁路隧道衬砌开裂及错动病害的评价指标

病害项目	病害等级		
	2	3	4
	较严重	严重	极严重
衬砌裂纹	开裂、错台长度 $L \leqslant 3$ m，且宽度 < 3 mm 或一般龟裂或无发展	开裂、错台长度 $L \leqslant 3$ m，且宽度 5 mm $\geqslant \delta \geqslant$ 3 mm	开裂、错台长度 $L \geqslant 3$ m，宽度 $\delta > 5$ mm；开裂、错台使衬砌呈块状，且有发展

注：①衬砌裂纹均指尚在发展中的裂纹。当裂纹已稳定，其病害程度应降低一级；当裂纹发展较快，其病害程度应提高一级。②衬砌裂纹呈密集状态、平行裂纹多于三条或出现大量环向非施工缝裂纹时，其病害程度应提高一级。衬砌裂纹如以斜向受力裂纹为主，其病害等级应提高一级。

10.2 高速铁路隧道维修

10.2.1 隧道维修的原则、流程及效果评定

1. 一般规定及基本原则

隧道是高速铁路的重要组成部分，结构复杂，修建困难，故必须做好高速铁路隧道建筑

物的维修工作，保证运输安全畅通。在一般情况下，隧道维修工作应遵循“预防为主，防治结合”的原则，强化设备检查，采取周期性保养和综合维修相结合的方式，预防病害的发生，保持隧道建筑物使用状态均衡完好，使列车能以规定的速度安全、平稳和不间断地运行。

隧道维修工作必须认真执行检查、计划、作业、验收等基本工作制度，依靠科技手段，强化基础建设，大力发展机械化作业，不断提高工作效率和经济效益，全面实行科学化管理。

隧道结构维修加固工作可按下列程序进行：维修加固工程可行性研究→维修加固方案初步设计→维修加固施工图设计→施工→验收。隧道结构维修加固工作应按照先缺陷修补和病害处治、后结构补强的顺序进行，且在维修加固工作中应采取必要措施保护生态环境。

2. 维修对策设计流程

隧道结构维修加固的对策设计，应进行多方案的技术经济比较，充分考虑各种维修加固对策的适用性以及组合对策的适用性，使维修加固对策安全、经济、高效。

在设计隧道维修加固具体方案时，应根据隧道设计图、竣工图及健康评价报告，综合考虑病害现象、水文、地质等环境条件、衬砌结构以及由此诊断的病害原因和等级等，选择经济、合理的维修加固对策。综合治理措施应以稳固围岩为主、以稳固围岩与加固衬砌相结合为基本原则，包括但不限于嵌缝加固、局部断面加固、回填压注、锚杆加固、拱架加固、内表面补强、内衬补强等。

衬砌病害的维修加固方法有很多，但在不同阶段、不同隧道、不同地质条件、不同的病害形式采取的维修加固方法都是不同的。隧道病害整治对策设计是一个动态的过程，应该遵循如图 10.5 所示的设计流程。

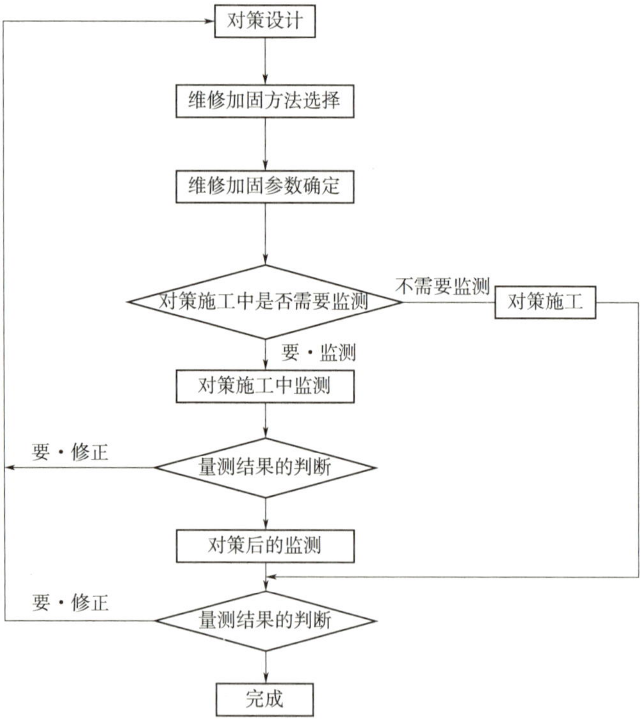

图 10.5 隧道病害整治对策设计流程

3. 整治对策效果评定

隧道结构整治对策工程质量的鉴定由该整治对策工程项目的质量监督机构或鉴定单位指定的质量监督机构负责组织。鉴定方法包括分部工程质量鉴定方法,单位工程、合同段、加固工程质量鉴定方法和加固质量等级鉴定方法。

当隧道结构整治对策工程外观存在严重缺陷和安全隐患或未达到整治对策所需服务水平时不予以进行质量评定,经整修达到设计要求后方可组织进行质量评定。整治对策实施后衬砌不出现裂缝或者单位面积出现极少的、稳定的微裂缝则说明加固是成功的,对于涉及隧道安全运营的重要工程部位要进行详细检查。

10.2.2 隧道维修与整治技术

1. 衬砌渗漏水整治技术

(1)凿槽引排法

凿槽引排法的主要原理是根据边墙裂缝渗漏水程度、衬砌背后空洞积水以及围岩富水情况,依次在渗漏水裂缝的拱脚、边墙中部、边墙下部以不同角度钻设 1～3 排集水孔。盲管外裹无纺布,外缠细铁丝固定,管两头以麻筋、破布塞紧,沿渗水裂缝处自上而下开凿倒梯形引水槽,向内植入半圆形排水管并固定,防水砂浆填充管外槽体。用水泥基渗透结晶型防水涂料封槽,引排水流统一通过引排管进入隧道内侧沟,排出洞外。该法适用于运营隧道边墙部竖向施工缝、变形缝及其他竖向裂缝出现"淌水"等严重渗漏水病害的部位。

(2)锚固灌注法

锚固灌注法的基本原理是在裂缝两侧倾斜钻孔至结构体厚度的 1/2 深,孔距以 20～30 cm为宜,钻至最高处后再埋设止水针头。止水针头设置完成后,以高压灌注机注入单组分油溶性聚氨酯灌浆材料至发泡剂自结构表面渗出。灌注完成后,即可去除止水针头。该法适用于隧道拱顶、拱腰及边墙渗漏水裂缝。

(3)钻孔降压法

钻孔降压法的基本原理是通过降压孔把隧道底板下的水压力释放出来达到降压的效果,从而防止水压过大造成隧道底板渗水或湿积。该法主要适用于隧道内道床板渗水,尤其对高压富水区隧道道床板渗水整治效果十分明显。同时,通过钻孔降压亦能缓解隧道整体结构承受的水压力,对隧道上部渗漏水的整治也能起到一定效果。

2. 衬砌裂损整治技术

(1)衬砌干裂缝整治技术

①普通干裂缝整治技术

针对衬砌受温度应力等较小应力作用导致开裂的普通干裂缝,可采用注胶粘合法进行维修,注胶材料一般选择环氧类材料。

②受力型干裂缝掉块整治技术

针对由围岩压力引起的衬砌混凝土纵向张拉裂缝,可采用"裂缝修补＋自进式注浆锚杆＋粘贴碳纤维布"综合处理措施。

(2)衬砌掉块整治技术

衬砌小范围掉块可采用"聚合物改性水泥基修补砂浆＋挂网修补＋高强纤维布"综合处

理措施进行处理。

由地层压力引起的局部拱顶掉块、剥落等病害可采用“内嵌格栅拱架＋锚杆”支护系统进行加固。由地层压力引起的大范围纵向贯通性裂缝，且衬砌背后存在的空洞，可采用“内嵌型钢拱架＋锚杆”支护结构对隧道衬砌进行加固。由于型钢拱架刚度较大，适用于承受较大地层压力的情况。

由地层压力引起的大范围网状交叉裂缝病害可采用“高强波纹板＋锚杆”支护结构对隧道衬砌进行加固。波纹板是将不同材质的板面压成波纹（正弦、三角、矩形等）后，其抗弯刚度和抗压强度较圆管大幅增加，具有较强的抗震能力，而且能适应较大的沉降与变形，建成后与隧道衬砌结构形成一种组合结构，共同受力，改善了隧道结构的受力特性。

由混凝土养护、局部地压引起的小范围剥落病害，可采用“W 钢带＋锚杆”联合支护系统对隧道衬砌进行加固。“W 钢带＋钢丝网＋平钢带＋锚杆”联合支护系统是将钢带与分散的多根锚杆连接起来，形成一个整体承载结构，显著提高整体支护效果，对处理不稳定围岩效果显著。同时，采用该技术加固隧道衬砌，可有效地提高衬砌结构的抗弯、抗剪性能。

3. 衬砌背后空洞整治技术

(1)轻型膨胀聚氨酯材料填充技术

轻型膨胀聚氨酯材料是一种低黏度、双组分合成高分子，采用高压灌注进行封堵时，当树脂和催化剂掺在一起时反应或遇水产生膨胀，本身反应或发泡生成多元网状密弹性体，当其被高压推挤，注入岩层或混凝土裂缝（在高压作用下可以使岩层的闭合裂隙张开），可沿岩层或混凝土裂缝延展直到将所有裂隙（包括肉眼难以觉察的裂隙及在高压作用下重新张开的裂隙）充填。在封堵裂隙加固岩层时，岩层不含水时产品膨胀率也相应变小（膨胀倍数为8～10 倍），高压推力将材料压入并充满所有缝隙，达到止漏目的，成品抗压介于 25～38 MPa；在遇水后（掺水）产生关联反应，发生膨胀，在膨胀压力的作用下产生二次渗压（膨胀倍数为 20～25 倍），高压推力与二次渗压将材料压入并充满所有缝隙，从而达到填充空洞的目的。该类轻质发泡材料适宜于隧道拱顶大面积空洞的填充。

(2)泡沫混凝土填充技术

泡沫混凝土是在普通水泥浆液中加入一定比例的发泡剂搅拌均匀，浇筑成型，常被用于隧道空洞填充、车站顶板覆盖层以及其他工程项目。泡沫混凝土的容重在 2～16 kN/m^3 之间，是普通混凝土的 1/8～1/5，属于轻质产品。根据不同的材料组成用量、不同的气泡率，可按工程需要调整容重和强度。泡沫混凝土容重与强度的相关性如图 10.6所示。

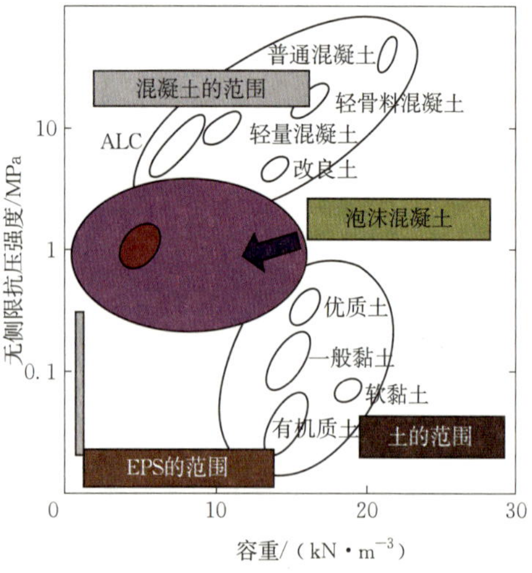

图 10.6 泡沫混凝土容重与强度的相关性

由于泡沫混凝土内部有大量独立的气泡，对于外力作用表现出软垫性，提高了抗震以及抗冲击性能，并将压力分散至其他部位。泡沫混凝土强度较好，可随施工要求的强度按配合比进行配置。另外，泡沫混凝土抗裂性能较好，是普通混凝土的8倍;属于水泥类材料,具有更好的耐久性,同时对环境无污染,且可利用粉煤灰等工业废渣,具有优越的环保特性。该技术适用于隧道衬砌背后存在的较大空洞的填充。

4. 衬砌腐蚀整治技术

衬砌背后的腐蚀性环境水容易沿衬砌的毛细孔、施工缝、变形缝及其他缝隙渗流到衬砌内侧,成为隧道渗漏水,对衬砌混凝土和砌石、灰缝产生物理性或化学性的侵蚀作用造成衬砌腐蚀。隧道衬砌腐蚀分为物理性和化学性腐蚀两类。隧道衬砌腐蚀使混凝土变疏松,强度下降,降低隧道衬砌的承载能力,还会导致钢轨及扣件腐蚀,缩短使用寿命,危及行车安全。产生腐蚀的三个要素是:①腐蚀介质的存在;②易腐蚀物质的存在;③地下水的存在具有活动性。

针对腐蚀产生的原因和条件,对隧道腐蚀采取的防治措施主要有:提高混凝土的密实性和衬砌的整体性,如采用防腐蚀混凝土,或以防水砂浆砌筑不受腐蚀的石料作衬砌。针对环境水腐蚀性介质不同,合理选用相应的抗腐蚀性较好的水泥(采用低碱高抗硫酸盐水泥、双快水泥最为合适)。改善加强隧道防排水系统及设备,增、改建洞内排水沟、槽,钻孔降排衬砌背后地下水,或使用密实且与混凝土不起化学反应的材料在衬砌外表面做隔离防水层。提高衬砌的防水防腐蚀能力,综合考虑衬砌加固(如拱背压浆等)。

5. 衬砌冻害整治技术

(1)隧道上部衬砌挂冰——电伴热整治技术

针对寒区隧道上部衬砌冬季挂冰问题,可采用电伴热半管排水技术进行处理(见图10.7)。由于电伴热半管集排水、保温为一体,不但可以很好地解决隧道上部衬砌挂冰的问题,而且可以降低冬季隧道因打冰所增加的费用。

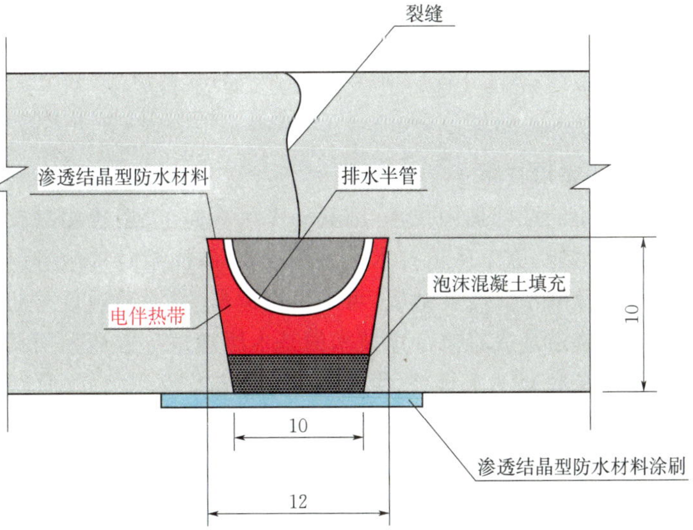

图10.7　隧道上部衬砌挂冰电伴热整治图示(单位:cm)

(2)水沟结冰——"电伴热面板+水沟保温"整治技术

针对寒区隧道水沟结冰问题,可采用"电伴热面板加热+水沟保温"的综合整治技术(见图10.8)。电伴热面板低压供电安全可靠,发热面积大、效率高,抗腐蚀能力强,施工安装方便,同时通过温度及融冰传感系统能做到恒温自动控制。另外,水沟保温通过铺设聚氨酯保温材料及新型保温橡胶水沟盖板来实现，能很好地解决水沟冰害问题。

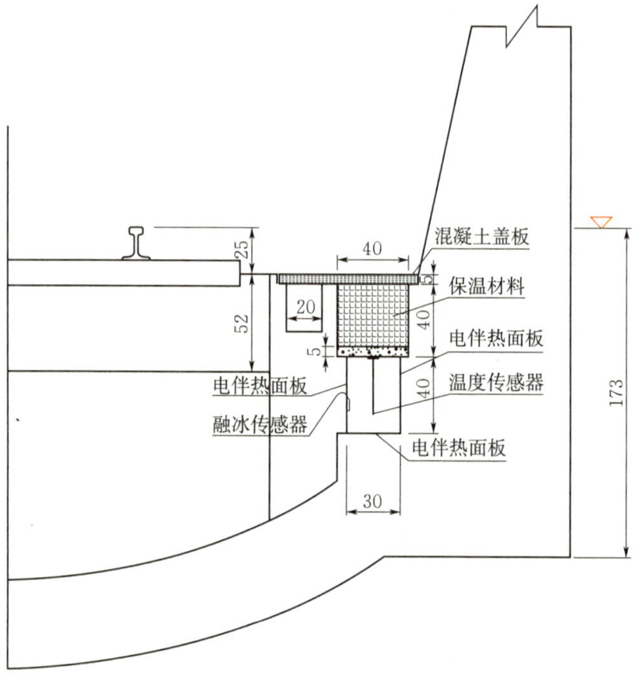

图 10.8 水沟电伴热面板系统布置图示(单位:cm)

(3)衬砌冻胀——喷射聚氨酯保温整治技术

针对寒区隧道衬砌冻胀破坏问题，可采用衬砌表面喷射聚氨酯保温技术，其施工工艺简单可行，保温效果明显。

6. 基底下沉及翻浆冒泥整治技术

(1)锚注一体化通用整治技术

注浆作为隧道最常用的维修加固技术，因其施工工艺简单、造价相对较低而受到施工人员的青睐。但由于材料性能、施工队伍技术参差不齐，导致注浆时常达不到预期的效果。

针对隧道基底下沉及翻浆冒泥等情况，可采用快速高效、不影响行车的隧道基底锚注一体化通用整治技术进行隧道基底维修。该技术的基本原理是一方面采用具有憎水、速凝、高强的高分子胶凝材料将基底地下水排挤、填充空洞、固结虚渣；另一方面，采用集锚固、注胶为一体的新型加固型锚杆将铺底结构、注胶填充层及围岩连成一体，增强隧道基底整体性，提高隧道基底承载能力。基底锚注一体化与其他整治措施相比，施工工艺更为简单，在既有隧道基底强化及病害整治中具有极强的实施性。基底锚固布置如图 10.9 所示。

(2)“轻型井点降水＋注浆”复合式整治技术

“轻型井点降水＋注浆”是一种人工降低地下水的方法，基本原理是将井点管插入基底含水层内，井点管上部与总集水管连接，通过总集水管利用抽水设备将地下水从井点管内不断抽出，使原有地下水位降到基底仰拱或底板以下深度，保证基底干燥无水。同时注浆能填充基底空隙，提高基底的完整性，能有效提高基底承载能力。通过有针对性的降水及注浆复合式整治，能有效控制病害的发展。该技术适用于隧道基底翻浆冒泥整治。

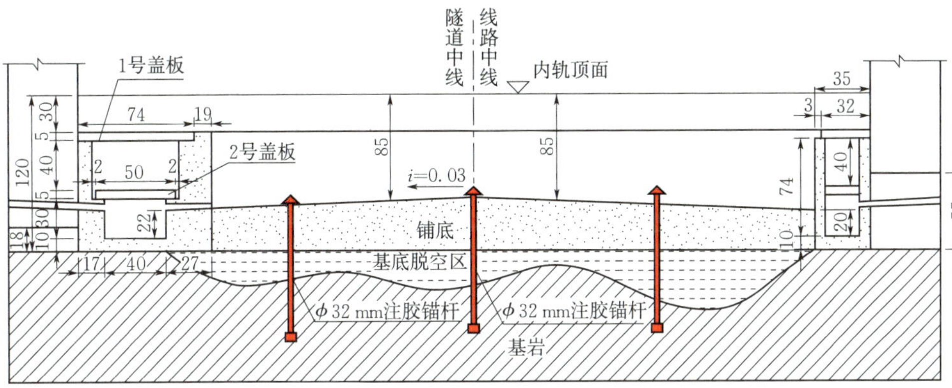

图 10.9　基底锚固布置图示(单位:cm)

井点降水系统的设置需综合考虑病害情况、施工工期、工程造价及现场环境等因素,一般在隧道两侧均设置井点降水系统,如图 10.10 所示。

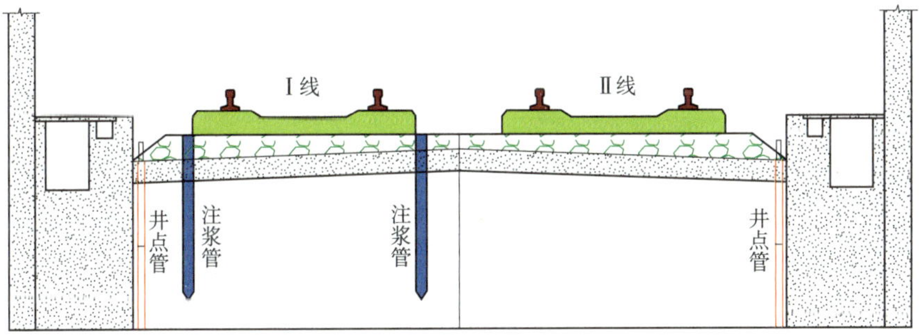

图 10.10　轻型井点降水设置图示

(3)"密井暗管降水+注浆"复合式整治技术

"密井暗管降水+注浆"也是一种有效整治既有隧道基底翻浆冒泥和基底下沉的复合式整治技术。暗管排水降低了基底地下水水位,改善了全隧道的疏导排水系统,从而消除地下水引起的病害。注浆能起到填充基底空洞,提高基底承载能力的作用。基本做法是加深两侧既有水沟至基底结构底部以下,并布设排水暗管,间隔一定距离设置检查井,同时对隧道基底脱空区域进行注浆处理。

与轻型井点的点降水相比,密井暗管降水是线降水,降水效果较轻型井点明显,但是其破坏了隧道结构的整体性,使隧道上部受力变得不利。因此在密井暗管法施工时,必须对隧道边墙脚进行锁脚处理,防止上部衬砌结构整体沉降。

此外,密井暗管法施工工艺复杂,工程量大,在运营铁路隧道中施工难度大,工期长,特别是在高速铁路隧道病害整治中应慎重选择。

7. 隧道底鼓整治技术

针对隧道底鼓,目前常采用的整治技术主要有基底换拱、底板锚固及泄压降水等方法。

(1)基底换拱

一般产生隧道底鼓区段,仰拱常发生结构性破坏,修复的难度较大。采用仰拱拆换,拆换后需加深仰拱，增大仰拱矢跨比，增强仰拱材料设计参数，提高仰拱抵抗底部围岩隆起变形的能力。这种技术需要中断行车，对高速铁路运营影响最大。基底换拱如图 10.11 所示。

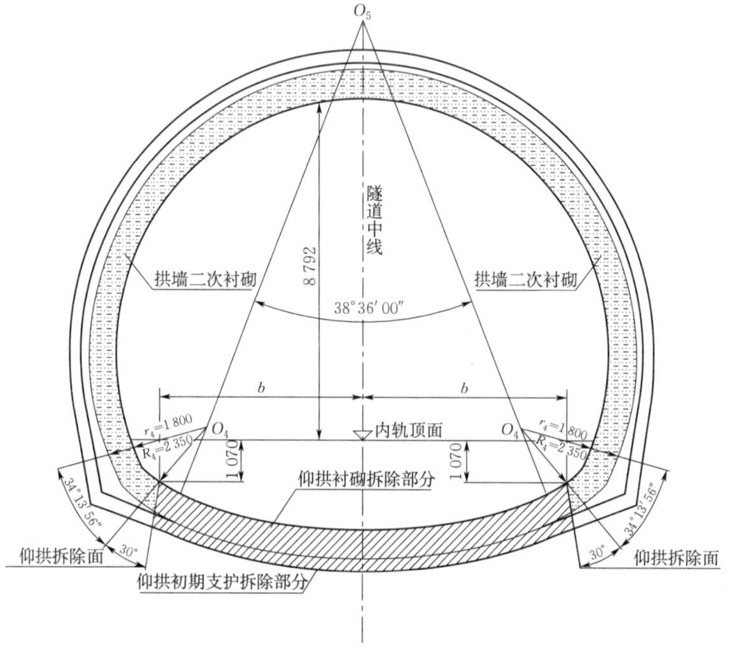

图 10.11 基底换拱图示(单位:mm)

(2)底板锚固

底板锚固能改善隧道基底结构受力，较好地解决隧道底鼓问题，锚杆布置应与注浆孔间隔布置。底板锚固如图 10.12 所示。

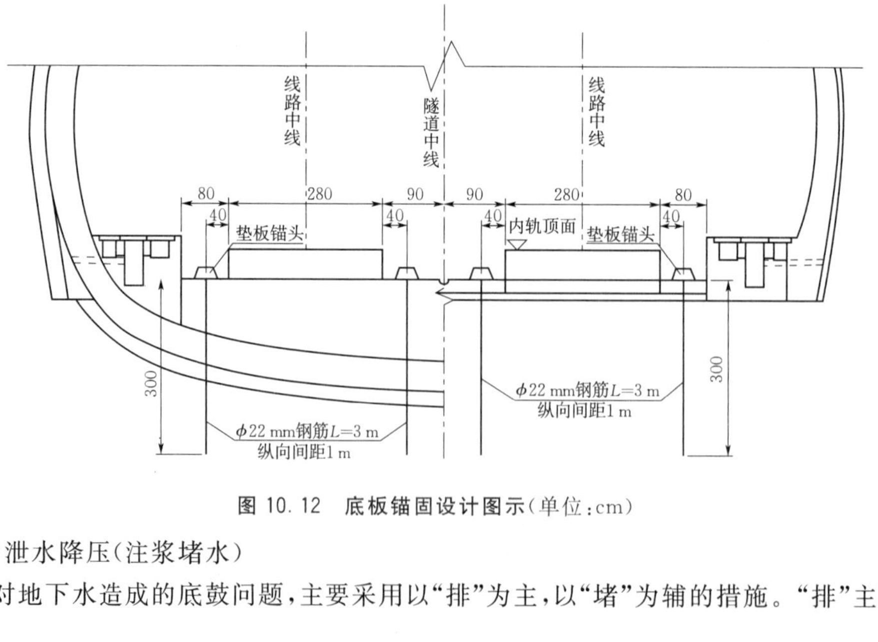

图 10.12 底板锚固设计图示(单位:cm)

(3)泄水降压(注浆堵水)

针对地下水造成的底鼓问题，主要采用以“排”为主，以“堵”为辅的措施。“排”主要是结构外排水泄压，消除源头；“堵”主要是解决结构内渗水，在各结构层之间进行堵水，防止渗水对结构造成的破坏，同时对需控制地下水排放量的区域，换“排”为“堵”。通常采用的“排”措施是钻孔插管或设置泄水孔，“堵”措施为注浆封堵。局部地区也配合地锚，对基底进行加固。注浆堵水设计如图 10.13 所示。

对于地下水排水采用预埋管的方式，即在隧道侧沟、中心排水沟中按一定间隔预埋排水管，对地下水进行排泄。目前我国铁路隧道设计中对隧底排水问题考虑得尚不充分。在将来的隧道设计中，提前进行泄水管预埋可以有效地解决地下水对底鼓的影响。如某隧道双侧水沟及中心排水管设置泄水降压管，间距 1 m/孔，在有仰拱地段深度应至仰拱下 50 cm，在无仰拱地段应至水沟底 50 cm 处，采用粒径 10～15 mm 碎石填充，其双侧水沟泄水降压管设计同单线隧道。排水降压设计如图 10.14 所示。

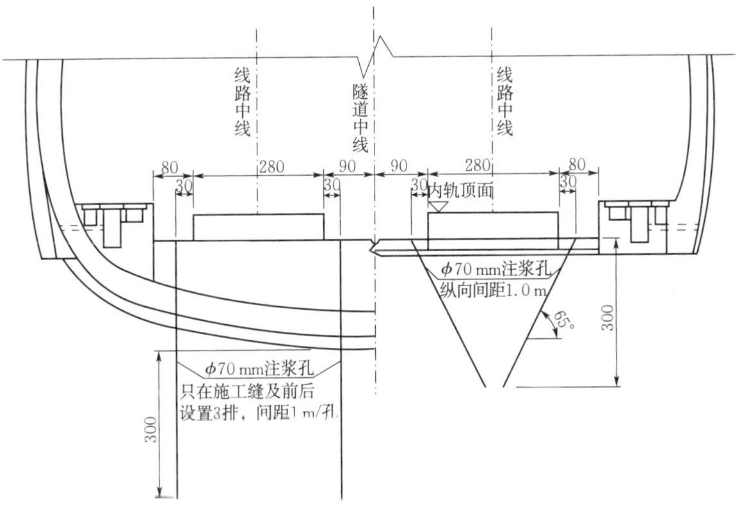

图 10.13 注浆堵水设计图示(单位:cm)

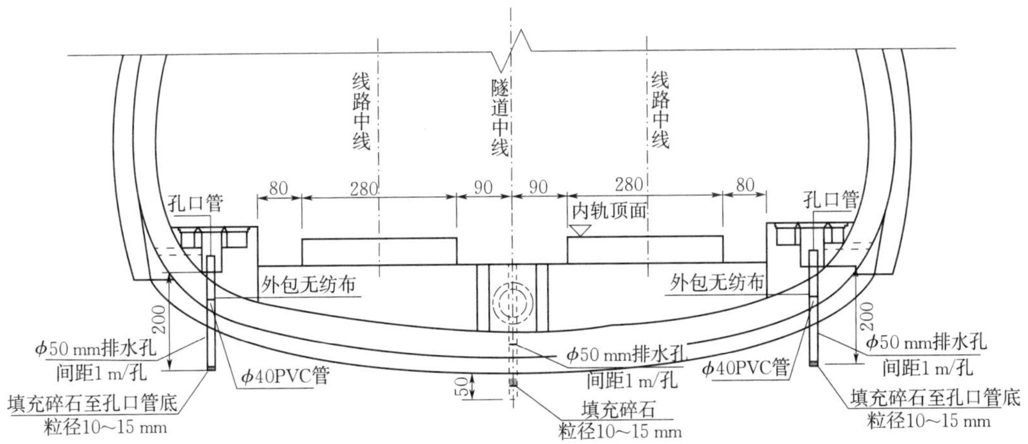

图 10.14 排水降压设计图示(单位:cm)

10.2.3 高速铁路隧道维修管理与组织

隧道建筑物的修理工作分为检查、维修和大修,维修工作分为周期性保养和综合维修。隧道维修工作应按照“预防为主,防治结合”的原则进行,采取综合维修与周期性保养相结合的方式,修复既有缺陷,预防病害发生,保持隧道建筑物状态均衡完好,使列车能以规定的速度安全、平稳和不间断地运行。

1. 维修管理现状

(1)国外高速铁路隧道维修管理现状

目前世界上有多个国家已建成或正在修建高速铁路,其中在综合维修管理上比较成熟的国家有日本、法国和德国,这些国家在高速铁路的运营维护方面积累了不少宝贵的经验。

国外高速铁路维修工作的突出特点是将管理、检测、维护、维修严格分开。它们在铁路维修机构方面的共性是维护维修由两部分组成:一是保养人员,二是维修人员。上述三个国家都在推进高速铁路维修的社会化,大的维修工程基本委托第三方机构进行。

国外高速铁路的维修机构侧重于管理。例如:法铁的基层维修班组由工程师领队,成立了由基础设施部门直接负责的维修监控中心。在各类信息的保障下,实现预防修和计划修,维持隧道完好技术状态,有效地减少了意外事故和设施损伤的发生。德铁和日铁均采取客、货线共管的方式,尤其是 JR 东日本公司,维修基地间距平均为 43 km,与高速线、既有线间均有联络线,再加上站间横移停车装置,有效地保障了养路轨道机械的作业出行和行车避让。法铁和德铁则采取每隔 30 km 设置区间道岔的方式(反向行车)来解决维修轨道机械的作业出行和行车避让问题。

(2)我国高速铁路隧道维修管理现状

我国高速铁路隧道运营的总里程已超过 3.7 万 km,是一笔巨大的社会财富。管好、用好这笔财富,是维修管理的重要任务。因此,从设计阶段、施工阶段就开始考虑今后的维修管理问题,为运营阶段的维修管理工作创造良好的条件是非常重要的。目前,我国在高速铁路隧道维修管理方面有以下不足:

①缺乏早期发现高速铁路隧道缺陷或病害等变异现象的检查和检测方法,因此在日常检查中,充实、改进和完善检查和检测方法是当务之急。

②对运营高速铁路隧道功能状态的判定和评估方法有待进一步提高。

③必须改变“重工程、轻维护”“重治理、轻检查”“重晚期、忽视早期”等错误观念,建立“预防为主、早期发现、及时维护、对症下药”的基本理念。

④高速铁路隧道缺陷修复或病害整治方法落后,需将一些先进的材料、成熟的工艺和有效的措施等引入到高速铁路隧道的缺陷修复或病害整治方案中。

2. 高速铁路隧道维修管理组织形式

(1)高速铁路隧道维修管理目的及基本原则

维修管理是指隧道混凝土结构物在使用期间,保持结构物性能在容许范围内的技术行为,即在合适的设计、施工和维修管理条件下,隧道结构物会具有良好的承载性、耐久性和满足耐久性要求的使用寿命。但如果设计、施工不当或对某些潜在的因素考虑不周,或维修管理不善,就会出现劣化现象或加速劣化的发展,从而造成结构物耐久性的降低或使用寿命的缩短。

高速铁路隧道维修管理的目的就是保证隧道良好的运营条件和结构物的使用功能，不断延长结构物的使用寿命。

高速铁路隧道维修管理的基本原则是确保隧道的功能和运营环境的质量，对影响隧道结构物安全性、耐久性的变异现象进行检查及调查，并采取适当的对策和措施。

(2)国外高速铁路隧道的维修管理组织

①法国 TGV 高速铁路

法国 TGV 高速铁路由法铁总局管理，管理机构纵向分为总局、地区局及基层单位三级。法国高速铁路的维修工作由路外维修公司承担，维修公司配有大型养路机械，按照与工务部门签订的合同进行维修。工务段只负责隧道等设备的日常养护管理、检查、巡视和监督工作。工务段下设工区，平均每个工务段管辖双线线路 150 km 左右，每个工区管辖双线线路 70～80 km。

②日本新干线高速铁路

以东海道新干线为例说明日本高速铁路工务组织机构。日本东海道新干线由东海铁道公司负责管理。东海铁道公司下设东海道新干线铁道事业部，东海道新干线铁道事业部下设设施部，负责新干线的养护维修工作。设施部下设保线课，保线课管理 10 个保线所。每个保线所下设 3 个管理室，每个管理室负责双线 20 km 左右线路的维修作业。

③德国 ICE 高速铁路

德国铁路下设铁路局，铁路局下设总代办处、运营处、机务处及新线建设处，其中运营处下设工务段、房产段及电务段等机构，并负责管理沿线车站。工务段下设领工区，领工区下设若干工区。

法铁管理层次是：路局基础运营部维修处→基础设施段→专业工区→维修小组。

日铁管理层次是：交通省→总社→支社→技术中心→派出。

德铁管理层次是：路局路网维修部→地区分部→分区→组。

由此可见，虽然现代管理和技术手段都有较大提高，但目前高速铁路分区域就近管理仍是常用模式。上述 3 个国家的高速铁路隧道维修管理机构目前均维持在 3 个层级以上，具体见表 10.6。

表 10.6 国外高速铁路隧道维修管理机构汇总表

项目	德铁	法铁	日铁
中央级	路网公司维修部	铁路总局	交通省
地区级	维修分部(例 NOBI)	地区局	总社(例 JR 东日本)
全国数量	6	23	4
中层	NOBI-Ⅰ	维修段	支社
管辖范围		按线 120～300 km	200～300 km
基层	NOBI-Ⅱ		技术中心
管辖距离	30～100 km		80～120 km 基地间隔平均为 43 km
作业组		工班	派出

(3)我国高速铁路隧道的维修管理组织

我国高速铁路隧道维修实行委托方式,委托铁路局集团公司组织实施。若维修技术特别复杂、难度大且铁路局集团公司专业维修单位难以胜任的,经充分论证,按规定程序可委托具备资质的公司实施。

中国国家铁路集团有限公司下设 18 个铁路局集团公司,各铁路局集团公司下设工务段(以下统称为设备管理单位),一般工务段下设路桥检查车间,负责桥隧、路基设备的日常管理。在路桥检查车间下设路桥检查工区,未设路桥检查车间的,必须设置路桥检查工区。长大隧道或隧道群设置专门的检查工区。路桥检查车间的管辖营业长度一般在300 km左右,且不超过 400 km;路桥检查工区管辖营业线长度一般在 100 km 左右;山区路段可适当缩小管辖长度。路桥检查工区负责桥隧和路基设备、附属及安全检查设施的日常检查、观测及适量的保养工作。车间、工区按照专业化管理的需要配备相应的交通运输工具、动力机械、专用检测设备及作业机具、高处检查平台等。

3. 高速铁路隧道保养管理

(1)保养工作目的和原则

高速铁路隧道保养分为紧急保养和周期保养。当检查发现有超限处所时,应立即安排紧急保养,消灭超限。周期保养为预防性保养,根据保养周期进行,可分区段进行。保养工作以“预防为主,消灭超限,宏观上以周期控制、微观上以状态控制”为基本原则,以及时消灭超限处所和临近超限处所,保持隧道设备状态日常均衡完好,确保行车安全平稳为主要目的。

(2)保养工作范围、计划编制与实施

高速铁路隧道保养的工作主要内容为:对隧道主体结构及附属设施进行日常维护以及风险排除等,保养工作范围包括隧道进出口坡面危石及隧道衬砌掉块的清理,隧道排水系统疏通、侧沟修补,涵洞清淤、倒虹吸盖板或拦污栅修复补充,以及各种标志、标识的刷新和修补等。

保养计划的编制与实施,应通过设备进行周期性检查,除对发现的超限处所及时整修消除外,还应对临近超限处所进行预防性周期保养,编制季度保养计划,经上级部门批准后实施,并将实施情况、班前安全质量预想防控项点及措施记录在保养日计划及完成表中。

(3)保养质量评定

定期评定工作应由设备管理单位组织有关人员,结合春检和秋检,每年对隧道设备进行一次保养质量评定。

每座隧道设备的保养质量评定根据该设备各部分存在的问题,按照《高速铁路桥隧建筑物保养质量评定标准》的规定,根据扣分情况评定保养质量。每座设备扣分总和除以该设备的长度(取整数)即为该设备的保养质量平均分(取小数点后一位)。保养质量每米长度平均分在 5 分及以下且无单项质量扣 10 分者为合格,否则为不合格。

每次评定的情况,均应填写《高速铁路桥隧建筑物保养质量评定记录表》。设备管理单位应对保养质量和数量进行不定期的现场抽查核实。

4. 高速铁路隧道维修管理

(1)维修工作目的和要求

高速铁路隧道建筑物综合维修工作主要是预防性修理,恢复各部件的功能,保持整座隧道设备质量均衡完好。高速铁路隧道建筑物维修工作按照“预防为主，早期发现，及早治理，对症下药”的理念，宏观上以周期控制，微观上以状态控制。一般以整座设备，全项目进行，特长隧道可分段进行。

(2)综合维修工作范围

高速铁路隧道综合维修工作主要是对隧道主体结构及附属设施、设备出现的问题进行修整。综合维修工作范围包括少量隧道漏水、小量衬砌圬工的整治，排水沟清理，隧道洞口边、仰坡危石处理及防护设施局部整修，通风设施整修，各种防护设备的砌体勾缝修补，防护墙、作业通道、救援疏散通道、安全检查设备、抗震设施、通风设施等的局部整修以及各种标志的增设、修理和更换等内容。

(3)综合维修计划编制与实施

高速铁路隧道综合维修年度计划，由设备管理单位编制《高速铁路桥隧建筑物综合维修年度计划表》，经铁路局集团公司批准后实施。高速铁路隧道综合维修的完成情况按月统计，逐级上报。

隧道设备的月度综合维修计划，按照设备管理单位下达的任务，根据综合维修的要求，以工作量调查结果为依据，编制《高速铁路桥隧建筑物综合维修月计划及完成表》，经批准后执行。

承担综合维修的单位，按照批准后的综合维修计划，制订实施计划和措施，并根据计划进度要求，编制综合维修日计划，填写《高速铁路桥隧建筑物维修保养日计划及完成表》，并组织实施。

高速铁路隧道综合维修作业应严格按照作业标准进行，实行质量控制，保证达到规定的质量要求。

(4)综合维修作业质量验收

高速铁路隧道综合维修作业质量的验收，要严格执行逐级验收制，分级把关，异体监督，控制综合维修质量。

作业过程中，每天应在作业中及收工前进行质量自检、互检和回检，发现不符合标准的项目应及时返修达标。做到每项作业勤检细修一次达标。每次检查的情况都应填写在日计划及完成表中或施工记录上。

每座隧道综合维修作业全部完工后，应按《高速铁路桥隧建筑物修理作业验收标准》的有关规定进行质量验收评定。

每次维修验收时，应根据验收记录在《高速铁路桥隧建筑物综合维验收证》内填写验收质量评定结果。

综合维修作业质量评定分为合格、不合格两个等级。全部项目一次验收达到合格，可评为“合格”，否则为“不合格”。若出现“不合格”，经返修复验合格，评为“合格”。

10.3 高速铁路隧道全生命周期结构安全性评价

10.3.1 高速铁路隧道全生命周期的概念

高速铁路隧道全生命周期即指隧道的整个生命周期，包括规划、设计、施工、运营等阶段。高速铁路隧道全生命周期结构安全可以简单定义为从隧道规划、设计、施工、运营和养护管理乃至拆除的各个环节来寻求恰当的安全方法和措施，以满足高速铁路隧道全生命周期的总体安全性能需求。

高速铁路隧道全生命周期结构安全性研究的实质是立足于“全生命周期”的概念，从整体安全的角度出发，在隧道由开始到结束的整个生命周期中，通过某些特定的方法，采取切实可行并且行之有效的指标体系，达到隧道全局性优化的目的。高速铁路隧道工程全生命周期安全是一种新型的风险管理模式，其核心是从全生命周期的视角，运用管理集成思想，在安全管理理念、安全管理组织、安全管理目标、安全管理方法和手段等方面进行有机集成，运用统一的安全管理规划及集成化的安全管理信息系统，对高速铁路隧道在整个生命周期内的安全进行识别、规划、管理和控制，从而能更好地实现全过程安全的目标。全生命周期隧道结构安全性评测的思想是以具体、明确的高速铁路隧道结构全生命周期目标体系为指导，确定隧道全生命周期安全的关键性指标，并在此基础上使用特定分析方法进行研究。

10.3.2　高速铁路隧道全生命周期安全的阶段

高速铁路隧道的基本建设程序包括从规划、选线、决策、设计、施工到竣工验收、投产使用、项目运营管理、投产使用的全过程，全生命周期结构安全性评测应包括：规划阶段、设计阶段、施工阶段、运营阶段。

1. 全生命周期安全的规划阶段

高速铁路隧道规划阶段的主要任务是对拟构建隧道工程项目进行规划，针对隧道项目的目标及使用功能，就其可行性进行经济、技术等方面的论证和分析，从而提出最优的规划方案。全生命周期安全评测的规划阶段主要包括：预计的施工方法、预期运营和维护安全、初始建设选线安全、预期项目失效和废除安全等，这些数据都可根据同类其他高速铁路隧道工程的经验和统计数据进行粗略的估计。规划方案的依据是在所有外部条件因素都相同的情况下，全生命周期安全性最优的情况下收益最大或成本最小。

2. 全生命周期安全的设计阶段

设计阶段是高速铁路隧道工程项目由规划方案变为可实现蓝图的重要阶段，应该根据隧道方案的设想和要求，为高速铁路隧道工程项目的实施提供尽可能具体的技术指导。设计者根据隧道类型的功能要求、技术规范等方面，在技术上实现高速铁路隧道工程具体的使用功能。因此，高速铁路隧道工程建成后的各项技术指标、安全程度实际是由设计阶段的工作质量的关系决定的，而且对隧道工程的初始安全、施工安全、运营期的运营和维护安全有很大影响，基本上决定了高速铁路隧道工程在结构上的安全。

3. 全生命周期安全的施工阶段

全生命周期安全的施工阶段是指在高速铁路隧道的建造过程中运用一定的工具和方法把各类结构材料，按照真实具体的设计意图实体化。因此，施工阶段的重点是高速铁路隧道工程在确保质量和进度的情况下，在全生命周期安全的思想和方法的指导下，使施工组织、施工方案的确定、设计方案的评价等方面更加科学安全。由此可知，在该阶段，因高速铁路隧道工程在逐步实施进程中不可预测的问题增多，故施工阶段的高速铁路隧道安全问题也将更加重要。

4. 全生命周期安全的运营阶段

高速铁路隧道在运营维护阶段，需要制定合理的维护维修和运营方案。因为运营阶段是高速铁路隧道投入使用并产生效益的阶段，所以维护维修和运营方案的制定必须要以安全最优为目标和准绳。运营隧道安全性评价是对隧道运营阶段的整体安全性所作出的总体评价，隧道安全状态评价与高速铁路隧道日常安全管理和安全监督检查工作不同，该安全评价的重点是从管理和技术带来的负效应角度去考虑，对产生的损失和伤害的严重程度、可能性、影响范围、应采取的对策措施等方面进行一系列论证、分析和评估。该安全评价的重要意义在于有助于提高铁路企业的安全管理水平和高速铁路隧道的运营管理水平。

10.3.3 高速铁路隧道全生命周期结构健康监测

1. 结构健康监测方案制定与实施

高速铁路隧道结构健康监测方案制定具体包括监测项目的选取、典型监测断面的确定、监测传感器元件的布设方式、监测传感器元件的编号规则及监测传感器元件的组网方式等内容。

(1)监测项目的选取

采用主动监测技术对隧道结构进行健康监测，监测项目应能够有效反映隧道结构受力状态，为隧道结构安全与健康状态的评价提供有效数据支持。主要监测项目可以分为以下三类：①对支护结构的变形、应力和应变监测；②对支护结构与周围地层相互作用的监测；③对隧道施工影响的周边环境的安全监测。

监测元器件应具有准确性、可靠性、多样性、互补性、耐久性和可更替性。施工阶段采用的振弦式传感器元件包括土压力盒、水压力计、锚杆轴力计、钢筋计、混凝土应变计以及多种光纤光栅传感器等，通过系统布置，测试围岩压力、初期支护与二次衬砌的接触压力、水压力、锚杆轴力、初期支护内力、二次衬砌内力等信息，以获得隧道结构健康状态指标的动态变化。

施工阶段埋设的振弦式传感器在运营期间通过协议转换器接入光缆，继续对隧道结构安全及健康状态进行监控。运营期可采用光纤光栅传感器和分布式光纤，通过光纤通信网络把传感器数据传至中心控制系统。

(2)典型监测断面的选取原则

在进行长期健康监测前，应根据隧道的区域环境、结构受力特点和可能的破坏模式，确定影响结构局部及整体健康状态的关键技术指标，同时考虑监测点的优化，确定出监测内容和重点。监测断面的选取包括以下原则：在不同地质情况处设置典型监测断面；在围岩变化较大处设置典型监测断面；在不同断面衬砌类型处设置典型监测断面；在特殊地质条件处设置典型监测断面；在施工条件发生较大变化处设置典型监测断面；对于单线高速铁路隧道而言，监测断面的布置应左右线错开。

2. 数据采集传输

振弦式传感器的输出均为频率，通过研制隧道结构安全远程终端(下文简称远程终端)

来采集传感器的原始频率输出值，远程终端根据传感器相应的标定算法将采集到的频率值转换成实际的物理量后传输给上位机。通过远程终端可以对隧道结构安全与健康状态监测数据进行自动采集，采集周期可进行调整。光纤光栅传感器通过光纤接线盒接入光缆实现数据的传输。

10.3.4 高速铁路隧道全生命周期结构安全评价方法

高速铁路隧道往往具有长大深埋、地质条件复杂等特点，通过准确、合理的方法对高速铁路隧道结构安全性做出评定是非常重要的。传统的评价方法包括专家评议法、安全检查法、故障假设法、失效模式和后果分析法等。近年来，随着理论技术的不断发展，诸多基于新型数学理论的评价模型被提出和广泛应用，譬如神经网络、可拓性理论、灰色理论、模糊理论等。

1. 传统评价方法

(1)专家评议法

此方法可分为专家评议法和专家质疑法。

专家评议法——按照特定规则，组织相关行业专家进行积极的、创造性的思考，对具体问题交流讨论的一种评议方法。

专家质疑法——需要先后组织两次会议议程，第一次会议是相关行业专家对具体问题直接进行讨论的过程；第二次会议则是专家对第一个会议提出的内容进行质疑的过程。专家评议法能够充分发挥专家深厚的理论基础和丰富的实践经验；专家质疑法通常对专项安全评价非常有效，能够将问题探讨得更细、更深、更透彻，对决策过程非常有利。

(2)安全检查法

所谓的安全检查法主要是对过程的设计、装置条件、实际生产过程以及维修维护等进行详细检查，以识别潜在的有害性和危险性的常见方法。进行安全检查的目的在于发现项目工程或系统存在的危险性以及损害性、分析确定危险性或损害性产生的条件及其造成的后果，以促使管理人员时刻保持警惕并及时采取应对措施，预防或是从根本上消除事故和危险状况的发生。安全检查不仅适用于安全预评价、安全现状综合评价、专项安全评价、安全验收评价，也能够检查正在建设的项目工程或系统。

(3)故障假设法

故障假设法是通常先对所分析的系统进行彻底、全面的检查，对所有带有一定危险性的目标，通过提出一系列诸如“如果…怎么办”的问题，全面了解存在的危险、危害性质及其危害程度。

(4)失效模式和后果分析法(FMEA 方法)

失效模式和后果分析法(FMEA 方法)在风险评价中占有重要地位，是一种非常有用的方法，通常用于预防失效。同时，在测试以及使用中，它又是一种有效的诊断工具。FMEA 方法在理论上是一种归纳法，能够对一个系统内部每个部件的每一种可能出现的失效模式或非常规运行模式进行详细分析，推断出对整个系统可能产生的影响、后果，以及如何才能减少或者避免损失。

2. 新型评价方法

(1)基于神经网络的隧道结构安全评价方法

神经网络是人类中枢神经系统的简化模型,可定义为一种由许多简单的、高度互连的处理单元(又称人工神经元,简称神经元)构成的运算处理系统,该系统以对外部输入做出动态响应的形式处理信息。

一个神经元的结构和功能是相对简单的,如图 10.15 所示。而大量神经元相互连接在一起所产生的全局作用,使神经网络呈现出高度的非线性的大规模连续时间动力系统。按照神经网络的结构可将其分为:前馈式网络、输入输出有反馈的前馈式网络、前馈内层互联网络、反馈型全互联网络等。

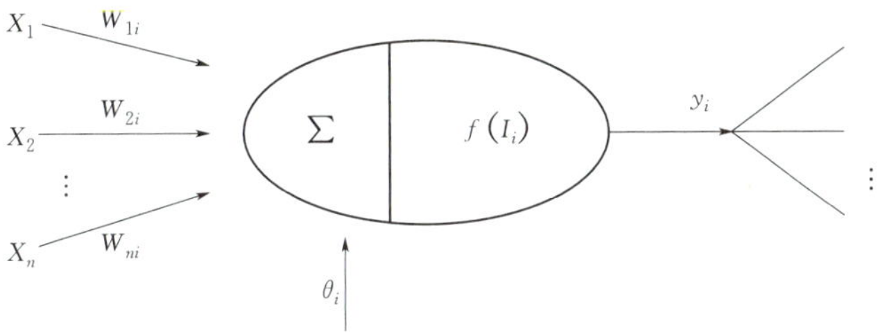

图 10.15 典型神经元模型

神经网络的最基本特点是并行分布的处理模式,可以使信息处理的效率得到惊人的提高。由于信息分布式存储(信息存储体现在神经元及其连接权值中)的作用,当部分网络损坏、输入信息不完整或受到噪声干扰时,神经网络仍有可能表现出良好的性能,即神经网络具有高度的鲁棒性和容错性。此外,神经网络还具有自适应、自学习和联想记忆等功能。

典型的三层前馈 BP 神经网络结构如图 10.16 所示。网络通过误差反向传播算法自动学习内部表达(即各节点的连接权值及隐节点与输出节点的阈值)。

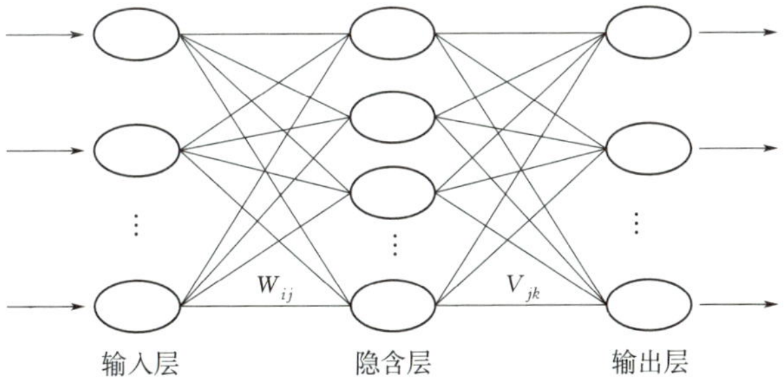

图 10.16 三层 BP 神经网络结构

(2)基于可拓性理论的隧道结构安全评价方法

可拓理论是以物元和可拓集合生成的知识体系,用来研究物元及其变换的理论。可拓评价方法实质上是属于多个特性的择近原则问题,是定性与定量的结合,利用物元的可拓性确定定性计算,利用可拓集合论的关联函数进行定量计算,通过建立物元模型将各个评价指标转化为一种相容的问题,然后进行评价,得出与实际相符合的结论。

隧道安全状态监控值常常表现为指标与指标之间的矛盾问题(如土压力盒监控数据表明层间接触压力大,但应变计监控值却可能较小)、定性信息与定量信息的共存的问题(如接触压力为定量信息,施工设计水平为定量信息),解决这类多属性、不相容问题,应采用定性与定量综合集成的方法加以研究。而可拓学正是采用物元的概念将研究对象、评估指标与其值域结合为一体,研究事物可拓性及其开拓规律,解决矛盾问题的一门新学科。应用可拓理论,基于多指标优化融合的思想,通过物元变换建立了隧道结构安全评价的物元体系,计算评价指标对评价等级的关联系数,建立基于可拓性的评价方法,是隧道结构安全评价值得重视的新方法。

可拓学评价法与其他评价方法的不同之处在于,其本身具有统一的评价模型,特别是把实变函数中距离的概念拓展为距的概念,使关联函数值域范围得到拓展,从而能更全面地评价对象属于集合的程度,利用可拓学理论对隧道结构安全状态物元可拓性评级,形成适合于隧道结构安全评价的新方法。

(3)基于灰色理论的隧道结构安全评价方法

灰色系统理论通过对动态过程发展态势的量化分析,完成对系统内时间序列有关统计数据几何关系的比较,求出参考数列与各比较数列之间的灰色关联度。与参考数列关联度越大的比较数列,其发展方向和速率与参考数列越接近,与参考数列的关系越紧密。灰色关联分析方法要求样本容量可以少到 4 个,对数据无规律同样适用,不会出现量化结果与定性分析结果不符的情况。其基本思想是将评价指标原始观测数进行无量纲化处理,计算关联系数、关联度以及根据关联度的大小对待评指标进行排序。灰色关联分析是指对一个系统发展变化态势的定量描述和比较的方法,其基本思想是通过确定参考数据列和若干个比较数据列的几何形状相似程度来判断其联系是否紧密,反映了曲线间的关联程度。

在应用灰色理论进行隧道结构安全评价的计算中,可假设由影响隧道结构安全的因素及隧道安全状态级别所构成的序列为因变量,需要进行结构安全评价且由评价因素集构成的序列为自变量。将变量序列无量纲化后求出灰色关联度系数:

$$\zeta_{0i}(k)=\frac{\min\limits_{ik}|x_0(k)'-x_i(k)'|+\xi\max\limits_{ik}|x_0(k)'-x_i(k)'|}{\Delta_{0i}(k)+\xi\max\limits_{ik}|x_0(k)'-x_i(k)'|} \tag{10.1}$$

式中 $x_i(k)'$——第 i 个比较序列的第 k 项指标;

ζ——分辨系数,常数,一般取 0.6。

再求得灰色关联度 $r_{0i}=\sum\limits_{k=1}^{N}\xi_{0i}(k)\cdot w_i$,式中 w_i 为评价因素集的权重。

(4)基于模糊理论的隧道结构安全评价方法

以模糊数学为基础,对多因素影响的事物或现象进行总体评价,评价过程中涉及的模糊因素采用模糊变换理论进行转化,即为模糊综合评判(fuzzy comprehensive assessment)。模糊综合评判属于多元分析,可应用于隧道工程结构质量问题、工程使用性能(火灾后衬砌损伤评价、工程运营安全评价)、结构病害(渗漏水灾害评价)等方面。这类问题存在很多模糊因素,可采用模糊综合评判对该类问题作出定量评价,使问题得到圆满解决。

当评判系统比较复杂时,需要考虑的因素往往很多,通常的做法是把基本的因素集按照某些属性分成几类，进行权重分配之后，就可以进行综合评判。这里每一方面的单因素评判又是低一层次的多因素综合的结果；同样，低一层次的单因素评判也可以是更低层次的多因素的综合，据此，可以设计出多层次的模糊综合评估模型。

模糊综合评判主要分为两步：第一步先按每个因素单独评判；第二步再按所有因素综合评判，其一般原理和步骤如图 10.17 所示。

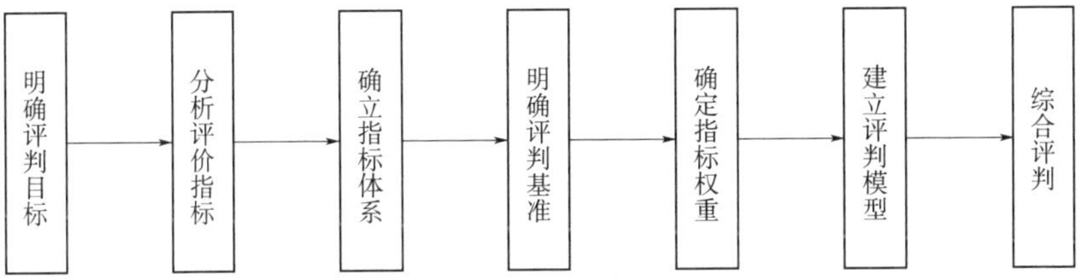

图 10.17 模糊综合评判的一般步骤

在实际工程中，由于高速铁路隧道往往受到错综复杂的因素影响，且各影响因素又具有不同的层次和类别，加之许多因素具有强烈的模糊性，故必须采用多级模糊综合评判。所谓多级模糊综合评判，即在进行模糊综合评判时，为便于区分各因素在总的评价中的地位和作用，较全面地吸收所有因素所提供的信息，先在较低的层次中分门别类地进行第一级综合评判，然后再综合第一级评判结果，进行高一层次的第二级综合评判，如此类推。二级模糊综合评判模型可用转换器表示为图 10.18。

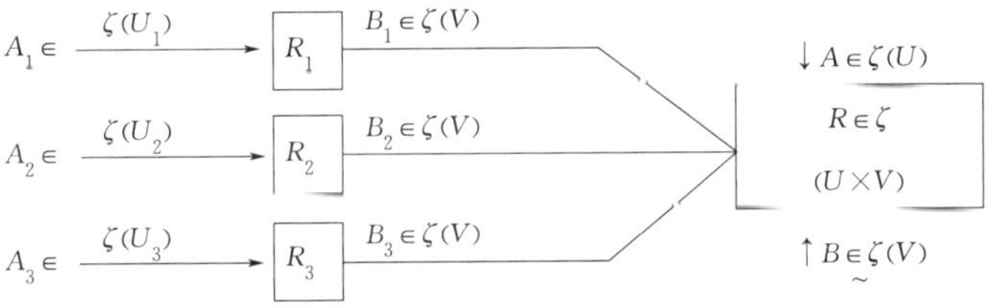

图 10.18 二级模糊转换关系

若评价指标体系 U 还可划分更多的层次，可得到三级乃至更多级的综合评判模型。多级综合评判由于反映了客观事物因素间的不同层次，同时又避免了因素过多而难于分配权重的问题，因此，这一模型对复杂的工程问题具有较好的适宜性。

10.3.5 高速铁路隧道结构安全评价流程

从高速铁路隧道全生命周期安全定义可知，隧道不同阶段的结构安全值的度量受安全事件的概率、安全事件后果等因素决定，隧道全生命周期安全主要由隧道全生命周期安全评价阶段分析、资料收集、致险因子分析、安全评价四大部分组成。其中致险因子分析将采用全生命周期安全进行，而在安全管理步骤中将对事件的概率和后果分别加以取值，这些步骤是自上而下，是一个有机整体，不可分割，缺少任何一部分都会导致隧道全生命周期安全的不完整，具体安全评价程序如图 10.19 所示。

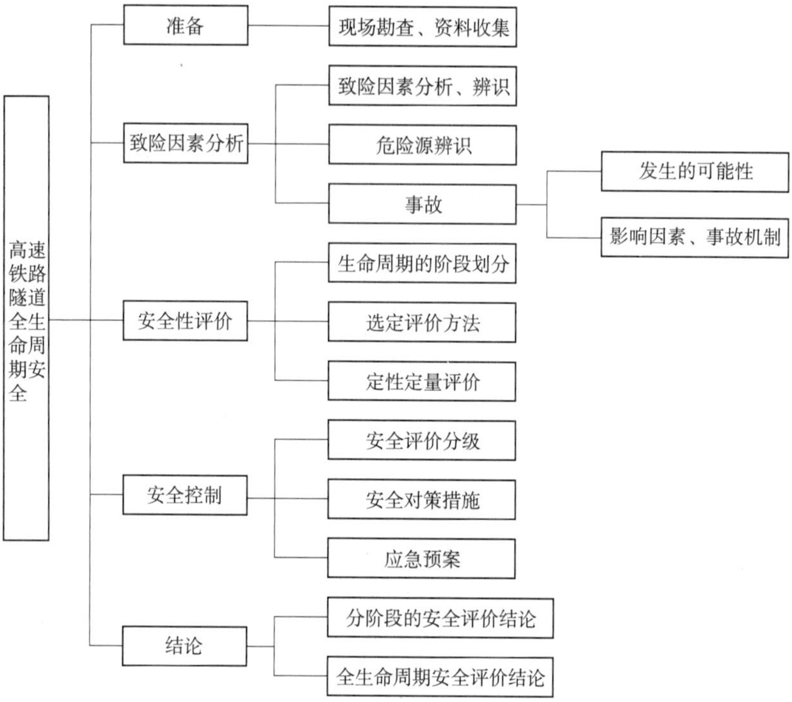

图 10.19 高速铁路隧道全生命周期安全评价程序

参考文献

[1] 赵勇，肖明清，肖广智.中国高速铁路隧道[M].北京：中国铁道出版社，2016.

[2] 关宝树.隧道工程设计要点集[M].北京：人民交通出版社，2003.

[3] 关宝树.隧道工程施工要点集[M].北京：人民交通出版社，2013.

[4] 日本城市矿山法隧道设计标准[S].丸善株式会社，2002.

[5] 中华人民共和国国家铁路局.铁路隧道设计规范：TB 10003—2016[S].北京：中国铁道出版社，2017.

[6] 中国铁路总公司.铁路隧道监控量测技术规程：Q/CR 9218—2015[S].北京：中国铁道出版社，2015.

[7] 何川，张志强，肖明清.水下隧道[M].成都：西南交通大学出版社，2011.

[8] 中华人民共和国国家铁路局.高速铁路设计规范：TB 10621—2014[S].北京：中国铁道出版社，2015.

[9] 中华人民共和国国家铁路局.铁路隧道防水材料　第 1 部分：防水板：TB/T 3360.1—2014[S].北京：中国铁道出版社，2015.

[10] 国家铁路局.铁路隧道防水材料　第 2 部分：止水带：TB/T 3360.2—2014[S].北京：中国铁道出版社，2015.

[11] 中华人民共和国住房和城乡建设部.地下工程防水技术规范：GB 50108—2008[S].北

京：中国计划出版社，2009.
[12] 中国铁路总公司.客货共线铁路隧道工程施工技术规程：Q/CR 9653—2017 [S].北京：中国铁道出版社，2017.
[13] 铁道部工程设计鉴定中心.高速铁路隧道[M].北京：中国铁道出版社，2006.
[14] 中铁二局股份有限公司.高速铁路施工技术(隧道工程分册)[M].北京：中国铁道出版社，2013.
[15] 铁道部第二勘测设计院.铁路工程设计技术手册·隧道[M].北京：中国铁道出版社，1995.
[16] 吕康成.隧道与地下工程防排水指南[M].北京：人民交通出版社，2012.
[17] 洪开荣.高速铁路特长水下盾构隧道施工技术[M].北京：中国铁道出版社，2013.
[18] 中铁第四勘察设计院集团有限公司等.高速铁路路桥隧工程技术总结[R].2014.
[19] 中华人民共和国铁道部.铁路工程特殊岩土勘察规程：TB 10038—2012[S].北京：中国铁道出版社，2012.
[20] 中国铁路总公司．高速铁路隧道工程施工技术规程：Q/CR 9604—2015[S].北京：中国铁道出版社，2015.
[21] 工程地质手册编写委员会.工程地质手册[M].4版.北京：中国建筑工业出版社，2007.
[22] 庞建勇.软弱围岩隧道新型半刚性网壳衬砌结构研究及应用[M].徐州：中国矿业大学出版社，2014.
[23] 朱永全，李文江，赵勇.软弱围岩隧道稳定性变形控制技术[M].北京：人民交通出版社，2012.
[24] 高军.高速铁路大断面软弱围岩隧道变形特性及施工关键技术[M].武汉：中国地质大学出版社，2017.
[25] 甘林卫.复杂地质条件下大规模隧道群结构健康状态评价研究[D].成都：西南交通大学，2019.
[26] 中华人民共和国铁道部．铁路运营隧道衬砌安全等级评定暂行规定(铁运函[2004]174号)[S].2004.
[27] 中华人民共和国铁道部．高速铁路桥隧建筑物修理规则(试行)：TG/GW 114—2011[S].2011.
[28] 中国国家铁路集团有限公司．铁路桥隧建筑物劣化评定　第2部分：隧道：Q/CR 405.2—2019[S].北京：中国铁道出版社有限公司，2020.

11 高速铁路隧道工程实例

本章以成渝高速铁路龙泉山隧道、广深港高速铁路狮子洋隧道、兰渝高速铁路西秦岭隧道为案例，分别介绍矿山法、盾构法以及 TBM 法在高速铁路隧道修建中的应用，通过典型工程实例分析，可更好地理解三种工法的优缺点及适应性，为后续工程建设提供一定的参考。

11.1 矿山法工程实例——成渝高速铁路龙泉山隧道

11.1.1 工程概况

成渝高速铁路起自四川省成都市的成都东客站出站端，向东达本线设计终点重庆市的重庆站，线路全长 308.454 km，共有隧道 39 座。龙泉山隧道全长 7 328 m，最大埋深约 378 m，位于成渝高速铁路成都东—简阳南区间，其位置如图 11.1 所示。隧道穿越龙泉山山脉，连接成都平原和川中丘陵，进口位于成都市龙泉驿区，出口位于简阳市，为全线最长隧道。

龙泉山隧道于 2011 年 2 月正式开始施工，2014 年 4 月全隧贯通，2015 年 12 月全线开通运营。

11.1.2 地质概况

工程场区以低山和丘陵为主，区内主要山脉为龙泉山，呈一条形山脉，地面高程 480～985 m。龙泉山山脉系四川盆地西部成都平原和川中丘陵的地理界线，是岷江与沱江的分水岭。丘陵与平原分别依伏于两侧，地形起伏大，相对高差 50～150 m，自然坡度 30°～50°，山势险峻，多处悬崖峭壁，冲沟多呈“V”形，纵向沟谷与山脉走向近于平行，形如梳状，坡面植被发育。

场区上覆第四系全新统坡残积（Q_4^{dl+el}）粉质黏土，上更新统风积层（Q_3^{eol}）松软土、成都黏土；下伏基岩为侏罗系中统上沙溪庙组（J_2s）泥岩夹砂岩，上统遂宁组（J_3s）泥岩夹砂岩，上统蓬莱镇组（J_3p）泥岩夹砂岩；压碎岩（Crr）。场区范围内无大的地表水系，地表水主要为季节性沟水及较小的常年流水沟，流量受季节控制明显，雨季水量较大，旱季相对较小。地下水主要有第四系土层孔隙潜水、基岩裂隙水。

隧道位于新华夏系第三沉降带四川盆地西缘的川西褶皱带中，主要构造体系为龙泉山褶皱带，发育卧龙寺向斜、龙泉山大背斜 2 条褶皱和龙泉驿断层、尖尖山断层 2 条断层。隧址区节理裂隙较发育，主要以构造裂隙为主，浅部基岩多为风化卸荷裂隙。测区地震动峰值加速度为 0.10 g，地震动反应谱特征周期为 0.45 s。

区内不良地质为浅层天然气、泥岩风化剥落。隧道位于龙泉山背斜含油气构造上，所经过的侏罗系上、中统地层以及更深部的三叠系须家河组砂岩内储存有具一定开采价值的天然气体区内无油层分布。测区内的天然气一般被上部厚层泥岩阻隔，但由于受龙泉驿断层及龙泉山背斜影响，隧道洞身段局部岩体节理裂隙发育、岩体破碎，天然气可能沿断层带及背斜核部溢出。勘测及施工均显示龙泉山隧道为高瓦斯隧道。隧道围岩分级情况见表 11.1。

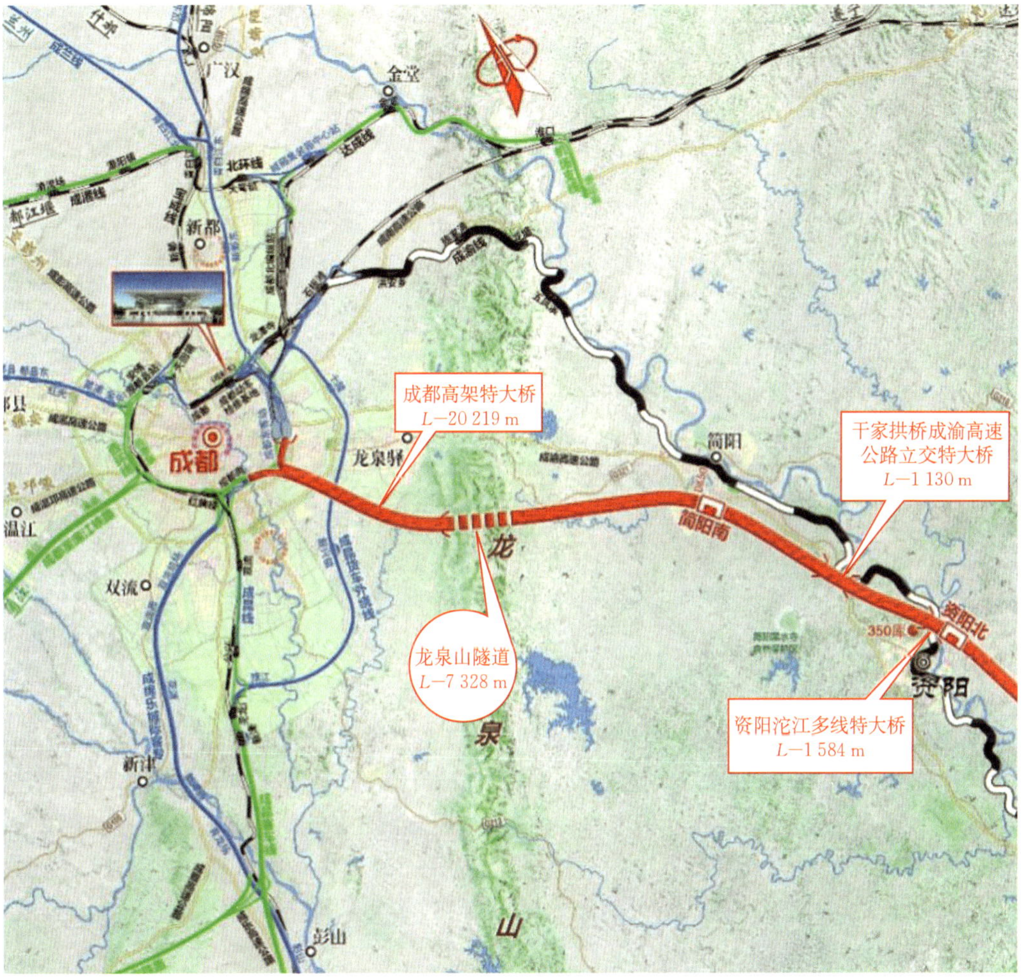

图 11.1 成渝高速铁路龙泉山隧道地理位置示意图

表 11.1 龙泉山隧道围岩级别分段长度

围岩级别	Ⅲ	Ⅳ	Ⅴ
长度/m	1 505	4 695	1 128

11.1.3 工程设计

1. 主要技术标准

隧道按旅客列车设计行车速度 350 km/h，双线隧道设计。隧道建筑限界及衬砌内轮廓如图 11.2 所示，线间距 5.0 m，轨面以上净空面积为 100 m²，曲线地段不设加宽。隧道轨道结构采用Ⅱ型板式无砟轨道，铺设 60 kg/m 钢轨，轨道结构高度 515 mm。

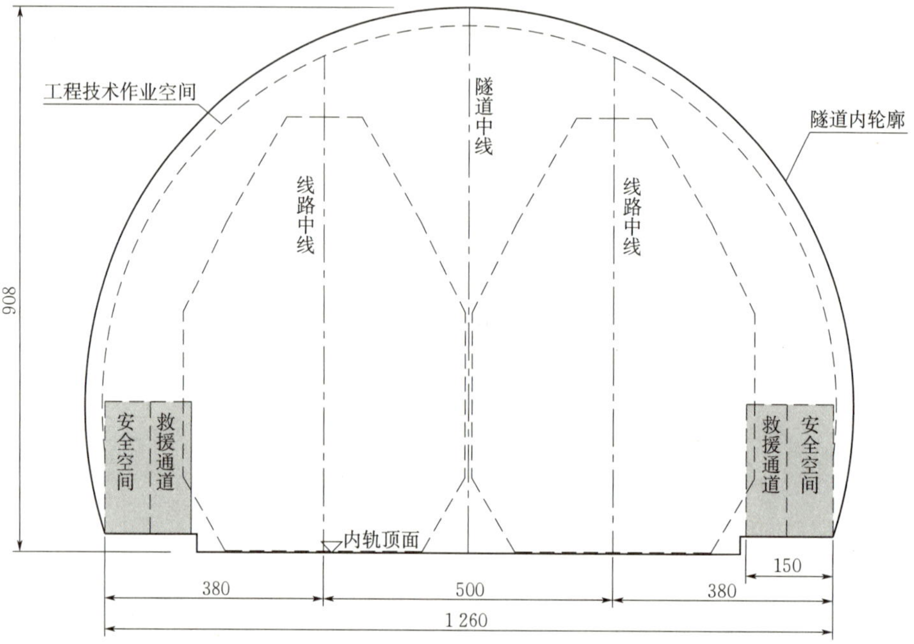

图 11.2 隧道建筑限界及内轮廓(单位:cm)

2. 总体设计

(1)隧道平面设计

隧道为直线隧道。为加快施工进度，解决施工及运营期间通风问题，设置 1 座进口平导+3 座斜井共 4 座辅助坑道。隧道进口平导设置于线路前进方向右侧 30 m 处，全长 3 825 m，并设 9 个横通道与隧道相连。3 座斜井设置于隧道中部，其中一号主斜井中线与线路大里程方向相交 40°，斜井平长 395 m；二号副斜井中线与线路大里程方向相交 36°，斜井平长 388 m；三号斜井中线与线路大里程方向相交 46°，斜井平长 510 m。隧道平面及辅助坑道如图 11.3 所示。

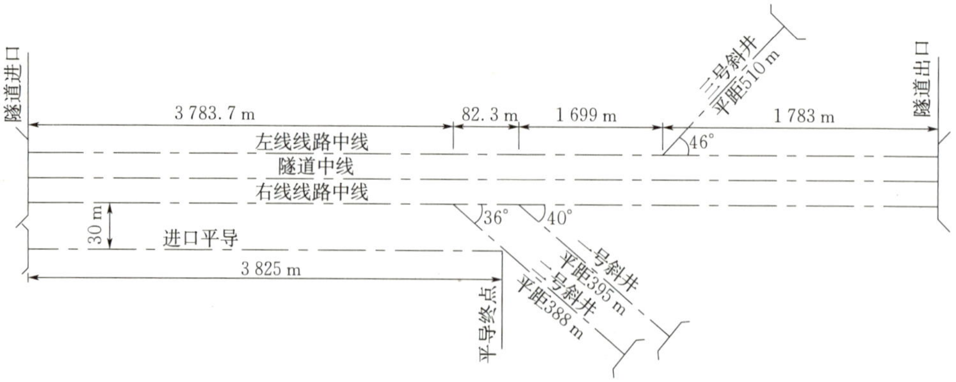

图 11.3 隧道平面及辅助坑道示意图

(2)隧道纵断面设计

全隧为单面下坡,坡度沿大里程方向依次为 4‰/7 115 m、10.3‰/213 m,轨面高程 524.753～494.266 m,最大埋深约 378 m。隧道纵断面如图 11.4 所示。

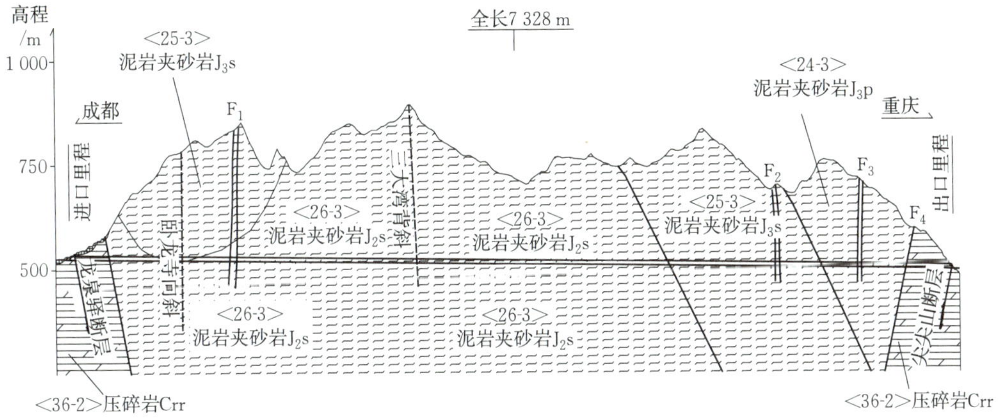

图 11.4 隧道纵断面图

(3)隧道横断面设计

隧道建筑限界及内轮廓如图 11.2 所示。隧道两侧设置贯通的救援通道,救援通道走行面较内轨顶面高 30 cm,救援通道边缘至同侧线路中线间距≥2.3 m,救援通道尺寸 1.5 m×2.2 m(宽×高)。隧道内轨顶面以下断面满足无砟轨道结构、防灾设备、通信信号、电力电缆及排水沟等服务设施所需空间的要求,按两侧各一沟两槽+中心沟布置,侧沟槽壁距同侧线路中线的距离≥2.2 m。

(4)气动效应及缓冲结构措施

隧道进出口均采用斜切式洞门。为缓解列车进洞时空气动力学效应,在进、出口斜切延伸段洞顶设置缓冲井,开孔尺寸均为 3 m×4 m;其中进口开孔 3 个,出口开孔 2 个。图 11.5 所示为出口缓冲结构。

3. 隧道结构设计

(1)正洞

全隧除进出口斜切及斜切延伸段衬砌外,其余段均按新奥法设计与施工,采用复合式衬砌,衬砌背后设全环防水板或瓦斯隔离板。

全隧除进出口浅埋段采用Ⅴ级Ⅰ型加强衬砌地段外,其余Ⅴ、Ⅳ、Ⅲ级围岩采用一般复合衬砌,Ⅴ级围岩采用全环格栅钢架或型钢钢架;Ⅳ级围岩地段采用拱墙格栅钢架,Ⅲ级围岩缓倾岩层地段根据施工揭示拱部泥岩分布状况、地下水软化作用及节理发育情况,局部地段增设拱部格栅钢架,同时取消边墙系统锚杆用于拱部超前支护;各级围岩高瓦斯地段采用全封闭衬砌。以Ⅳ级围岩全封闭衬砌(适用于Ⅳ级围岩一般深埋地段)为例,隧道衬砌断面如图 11.6 所示。

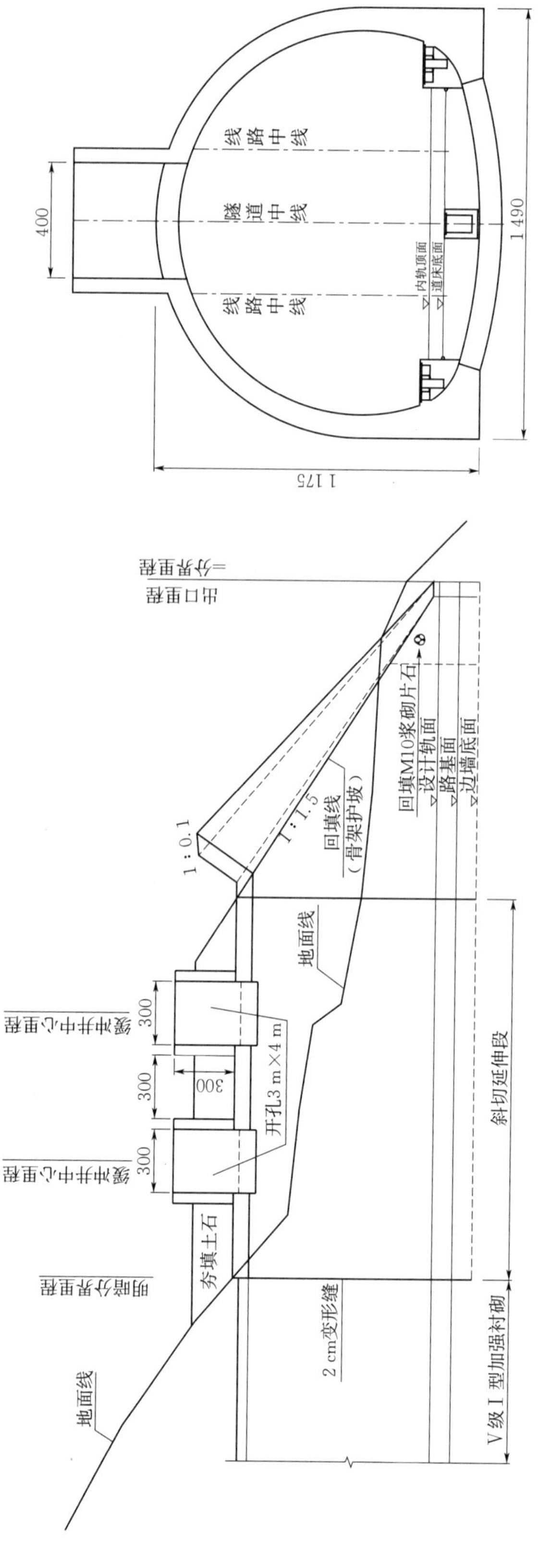

图11.5 斜切式洞口缓冲结构（单位：mm）

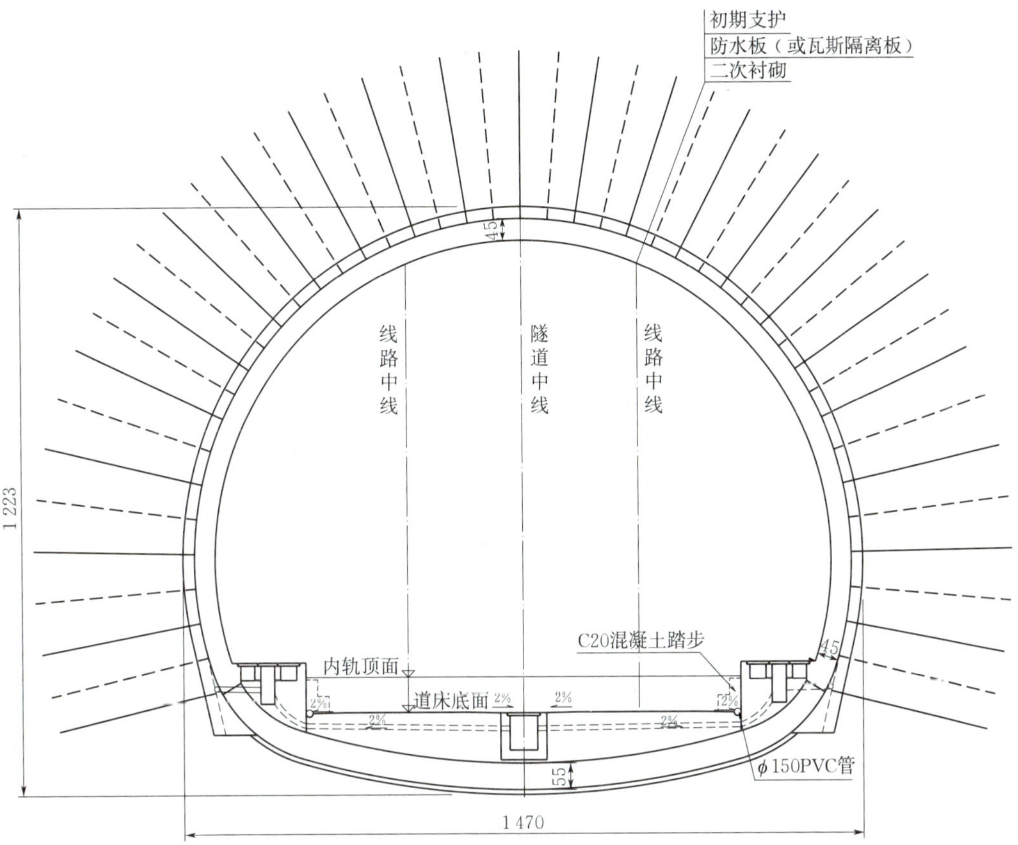

图 11.6 Ⅳ级围岩复合式衬砌断面（适用于Ⅳ级围岩深埋地段，单位：cm）

(2)辅助坑道

隧道四座辅助坑道中，一号主斜井采用双车道有轨运输，为了满足施工机械作业要求及风管、抽水管的布置，断面净空尺寸为 5.1 m(宽)×4.7 m(高)；进口平导与二号副斜井采用单车道有轨运输，断面净空尺寸为 4.0 m(宽)×4.6 m(高)；三号斜井采用双车道无轨运输，断面净空尺寸为 7.5 m(宽)×6.2 m(高)。

辅助坑道衬砌结构中Ⅲ、Ⅳ级围岩段采用锚喷衬砌，Ⅴ级一般地段采用锚喷衬砌，洞口及与正洞及平导连接段采用模筑衬砌。以Ⅳ级围岩锚喷衬砌为例，断面如图 11.7 所示。

4. 隧道防水设计

(1)洞口工程排水

洞口开挖前，应在边仰坡开挖边缘线外 5～10 m 设置天沟，天沟在分界断面处应与路基天沟顺接。

(2)洞身衬砌防水

①全隧二次衬砌拱部、边墙及仰拱混凝土抗渗等级不低于 P10。

②全隧暗洞衬砌一般段初期支护与二次衬砌之间拱部及边墙部位铺设防水板及无纺布(分离式)；高瓦斯段初期支护与二次衬砌之间全环铺设瓦斯隔离板及无纺布(分离式)。

③全隧环向施工缝设外贴橡胶止水带及中埋式橡胶止水带防水。纵向施工缝采用外贴

橡胶止水带及中埋式橡胶止水带防水。

④变形缝设中埋式钢边止水带及外贴式止水带，填充聚苯乙烯硬质泡沫板，变形缝内缘采用双组分聚硫密封膏嵌缝。

⑤斜切及斜切延伸段衬砌外缘设置聚合物防水水泥砂浆＋防水板及无纺布防水，斜切延伸衬砌拱脚外设置 ϕ100 纵向盲沟，每隔 8～10 m 采用 ϕ50 竖向盲管引入衬砌侧沟，拱脚处设置 50 cm 厚砂卵石反滤层，夯填土表面设置 50 cm 厚黏土隔水层。

⑥暗洞段二次衬砌拱部每隔 3 m 左右预留回填注浆孔，注浆孔采用单壁波纹管，待混凝土达到设计强度后，进行充填注浆。注浆完成后应对注浆孔封堵处理，防止砂浆掉块影响运营安全。

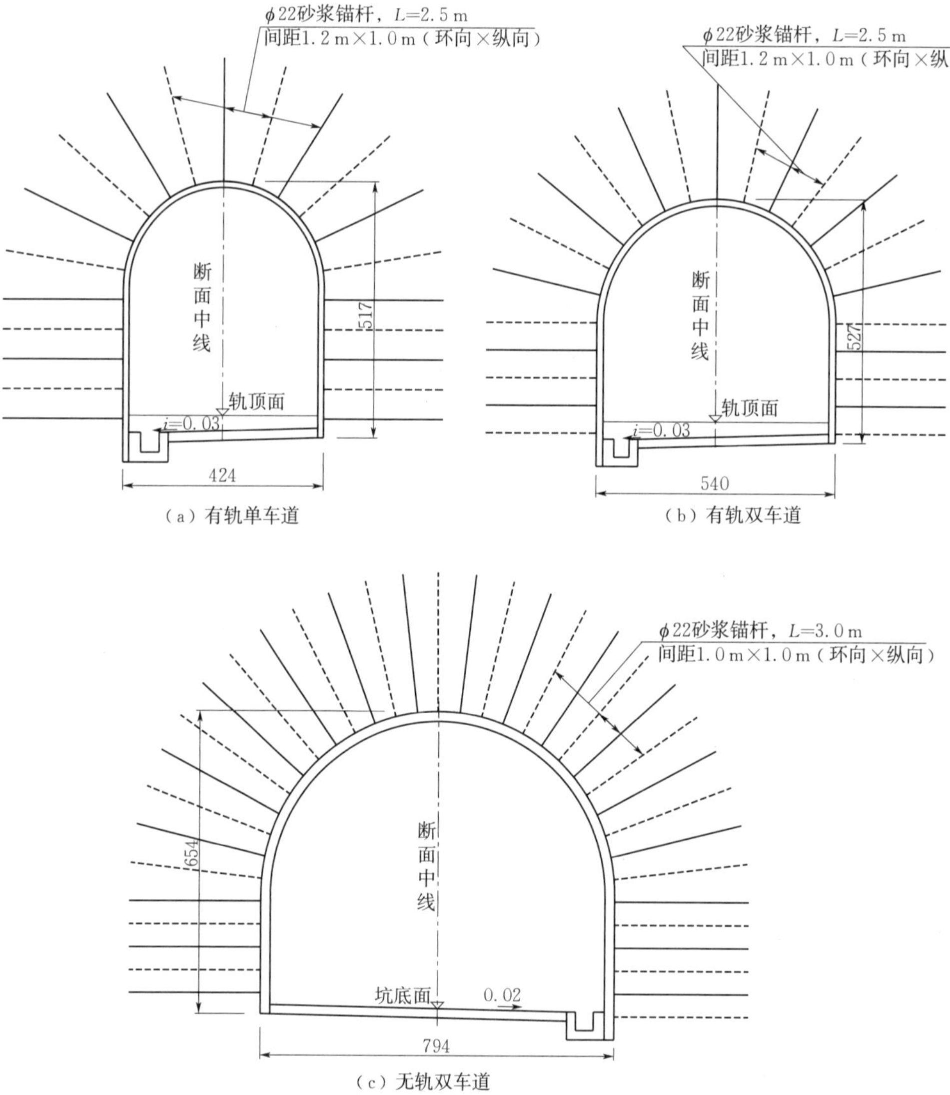

图 11.7 辅助坑道锚喷衬砌断面(单位：cm)

5. 隧道排水与瓦斯防治综合设计

隧道瓦斯等有害气体排放系统与洞内盲管排水系统结合设置。具体如下：

(1)隧道排水采用双侧沟加中心沟的方式。衬砌背后的积水通过环向和纵向盲管汇集后引入侧沟，再经过侧沟的汇集后通过横向导水管将侧沟水引入中心沟，由中心沟排出洞外。

(2)二次衬砌背后设置环向盲管，且与两侧 ϕ80PVC 瓦斯排气管连接；两侧边墙脚处设置纵向盲管，将衬砌背后的水气通过纵向盲管将水气混合体引入水气分离室内，将分离出来的水、气分别排放。

环向盲管按间距 10 m 布置，其中高瓦斯段环向盲管全部与瓦斯排放管连通，低瓦斯段按 100 m/处连通设置。全隧正洞衬砌按 100 m/处设置水气分离装置，若施工中涌水量较大时，应加密设置。斜井井底各设置水气分离池一处。

(3)地下水的排放路径为：纵向盲管→水气分离装置→洞内侧沟；瓦斯等有害气体的排放路径为：纵向盲管→水气分离装置→环向盲管→洞内瓦斯排气管→洞口瓦斯排放管排入大气。

(4)隧道纵向盲沟采用 ϕ100 双壁打孔波纹管，水气分离装置采用 ϕ80PVC 管。洞口处设置 ϕ100 镀锌钢管作为瓦斯排放管，与洞内 ϕ80PVC 瓦斯排气管相连。

6. 建筑材料

(1)混凝土

①二次衬砌抗渗等级：不得低于 P10。

②结构混凝土强度：衬砌拱部、边墙、仰拱为 C35 混凝土、C40 混凝土或 C35 钢筋混凝土、C40 钢筋混凝土；沟槽身为 C30 混凝土、仰拱填充 C20 混凝土、盖板为 C35 钢筋混凝土；喷 C25 混凝土或 C30 纤维混凝土；临时支护强度要求喷 C25 混凝土。

③当Ⅲ、Ⅳ级围岩地段二次衬砌为素混凝土时，其拱墙二次衬砌应采用纤维混凝土，混凝土内纤维素纤维掺量为 0.9 kg/m^3。

④抗腐蚀要求：环境作用等级为 H1、H2 的段落，初期支护喷射混凝土、衬砌拱墙混凝土、仰拱混凝土、沟槽混凝土及系统支护锚杆用砂浆均应掺外加剂，以增强其耐腐蚀性能，保证混凝土耐蚀系数不小于 0.9。混凝土原材料(水泥、矿物掺和料、粗细骨料、水、外加剂)及其配合比应满足《铁路混凝土结构耐久性设计规范》的相关要求，施工中根据混凝土原材料现场具体情况进行优化配置。

⑤预埋在混凝土中并部分暴露在外的吊环、紧固件、连接件等部件应与混凝土中的钢筋隔离，并应采取对该部件进行除锈及防锈等相应的措施，以消除其锈蚀后可能对构件承载力的影响。

⑥高瓦斯段初期支护喷射混凝土及二次衬砌混凝土均采用气密性混凝土，喷射混凝土透气系数不应大于 10^{-10} cm/s，模筑混凝土透气系数不应大于 10^{-11} cm/s。模筑混凝土衬砌施工缝应进行气密性处理，其封闭瓦斯性能不应小于衬砌本体。其施工材料及混凝土施工应满足《铁路瓦斯隧道技术规范》中的相关要求。

(2)锚杆

①全隧拱部系统锚杆采用带排气装置的 ϕ25 普通中空锚杆或 ϕ22 组合中空锚杆。

②边墙及临时支护采用 ϕ22 全长黏结型砂浆锚杆。

③锚杆技术要求必须满足现行《中空锚杆技术条件》。锚杆用砂浆强度等级不低于 M20。

④锚杆必须设置钢垫板、锚头、止浆塞等配件，垫板尺寸 150 mm×150 mm×6 mm。

(3)超前小导管采用 ϕ42 无缝钢花管，壁厚 3.5 mm；超前锚管采用 ϕ42 无缝钢管，壁厚 3.5 mm；大管棚采用 ϕ108 钢花管，壁厚 6 mm。

(4)纤维素纤维：断裂强度>700 MPa，初始模量 8.0～10.0 GPa，标称直经 16～20 μm。

(5)主要防排水材料：

防排水材料性能指标应满足相关要求。

①防水板：ECB 或 EVA，厚度 1.5 mm。

②无纺布：重量≥400 g/m^2。

③瓦斯隔离板：防水板 ECB 或 EVA，厚度 1.5 mm。

④施工缝采用中埋式橡胶止水带：宽度 300 mm，厚度 12 mm。

⑤变形缝采用中埋式钢边橡胶止水带：宽度 350 mm，厚度 10 mm。

⑥外贴式橡胶止水带：宽度 300 mm，厚度 8 mm，凸高 40 mm。

⑦环向盲沟：ϕ50 单壁打孔波纹管(外裹无纺布)。纵向盲沟：ϕ100 双壁打孔波纹管(外裹无纺布)；横向导水管：ϕ80PVC 管。

⑧嵌缝材料：双组分聚硫密封膏、灰色，渗出性指数≤4，低温柔性－30 ℃，最大伸长率≥300%，恢复率≥80%，加热失重≤10%，最大拉伸强度不应小于 0.2 MPa，且拉、压循环性能为 80 ℃时拉伸-压缩率不小于±25%。

7. 隧道运营通风预设计

隧道预留设置运营通风条件，进行运营通风预设计。待隧道二次衬砌完成后，根据瓦斯浓度检测情况确定是否安装风机装置，如不需要设置运营通风，则各辅助坑道洞口及联络通道均按设计予以封堵。预设计运营通风方案如下：

(1)方案 1——二号斜井吸出式

图 11.8 为二号斜井吸出式运营通风方案(方案 1)。二号斜井洞口设置机械通风设备，隧道内瓦斯浓度达到 0.4%时，开启通风设备吸出隧道内有害气体；当瓦斯浓度降至 0.3%时，可关闭通风。通风设备运行时间不小于 15 min。此方案需在二号斜井洞口预留接长风道、风机房、供配电引入设施等。

此方案通风设备为：洞口设 3 台轴流风机(并联、其中 1 台备用)，单台风机风量 110 m^3/s，全压 2 190 Pa，功率 320 kW；风机采用防爆型轴流风机。通风组织为：进口端由进口流向二号斜井，为防止瓦斯积聚，隧道内通风风速不小于 1 m/s；出口端由出口流向二号斜井。

(2)方案 2——进口平导吸出式

图 11.9 为进口平导吸出式运营通风方案(方案 2)，此方案于平导洞口预留接长风道、风机房、供配电引入设施等，当隧道内瓦斯浓度超标报警后，开启平导与隧道间联络横通道，开启通风设备吸出隧道内有害气体。

此方案通风设备为：洞口设 3 台轴流风机(并联、其中 1 台备用)，单台风机风量 165 m^3/s，全压 1 980 Pa，功率 445 kW；风机采用防爆型轴流风机。通风组织为：由隧道内流向平导内，并通过调节横通道开启大小,使得横通道内风速趋于均匀一致,隧道及平导内通风风速不小于 1 m/s。

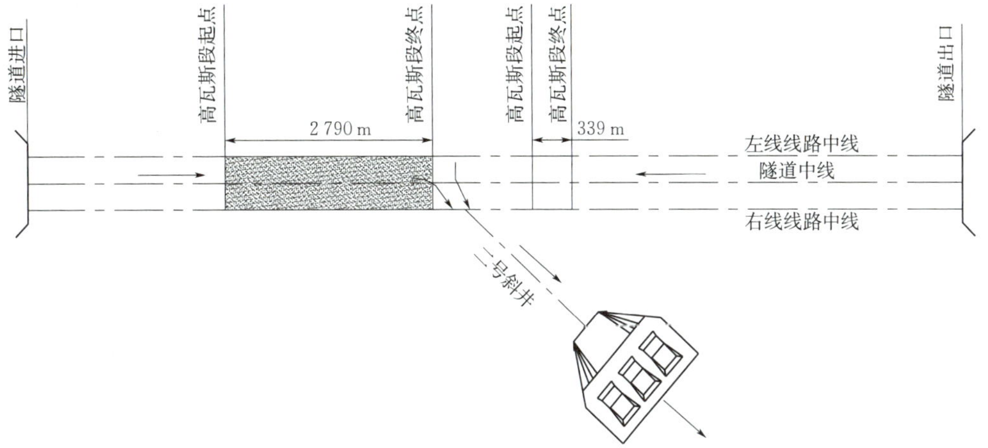

图 11.8 二号斜井吸出式运营通风方案

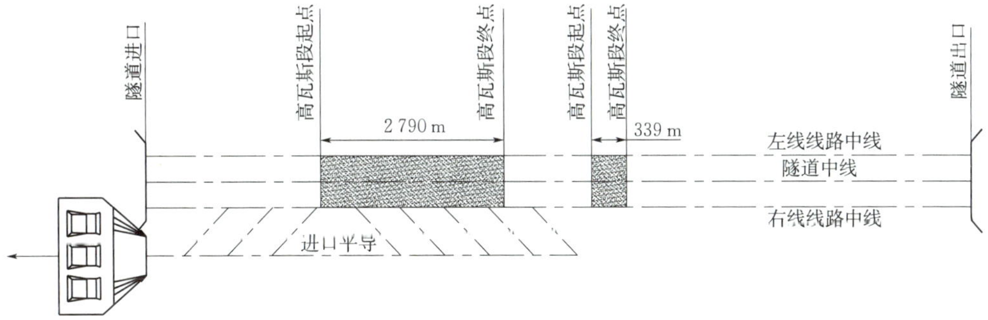

图 11.9 进口平导吸入式运营通风方案

(3)方案 3——出口风道送入式

图 11.10 为出口风道送入式运营通风方案(方案 3),此方案于出口另开挖短风道用于送风,风道与隧道交点距离隧道出口 144 m,风道与隧道出口方向夹角约 39°,风道长约 100 m,净空尺寸为 4.0 m(宽)×4.7m(高)。并在风道洞口设置机械通风设备,当隧道内瓦斯浓度超标报警后,开启通风设备送风,将隧道内有害气体从隧道进口端(高洞口端)吹出。

此方案通风设备为:洞口设 2 台轴流风机(并联、其中 1 台备用),单台风机风量140 m^3/s,全压 2 600 Pa,功率 495 kW。风机采用轴流风机。通风组织为:由出口(低洞口)流向进口(高洞口),隧道内通风风速不小于 1 m/s。

8. 隧道防灾疏散救援设计

(1)隧道防灾贯彻“以防为主,防消结合,消防结合,立足自救”的原则,加强列车火灾的检测及车内设备和旅客携带物品的检查。对火灾隐患做到早发现、早处理。列车在洞内发生火灾时拉出洞外处理。

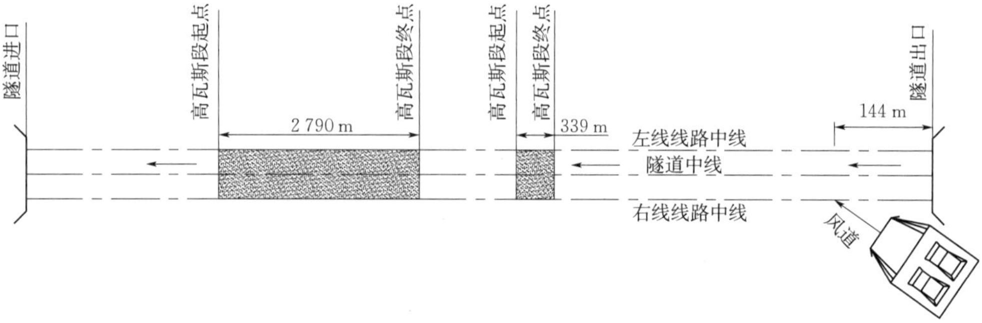

图 11.10 出口风道送入式运营通风方案

(2)隧道两侧设置救援通道,救援通道高 2.2 m,其外侧距线路中线 2.3 m,宽 1.5 m。

(3)隧道两侧专用洞室内设置紧急呼叫电话,单侧两部电话的距离为 500 m,隧道两侧错开设置,电话安装在专用洞室内,并设标志牌。

(4)救援通道按有关规定设置应急疏散标识,指示两个方向分别到洞口或紧急出口的整百米数,并配备灯光及应急照明明示方向。

(5)紧急出口和紧急电话标识牌处设灯光照明和应急照明,紧急出口通道内设应急照明设备。

(6)本隧设置固定照明设备和应急照明设备,应急照明灯具安装间隔不大于 50 m,且必须在供电中断时能自动接通并能连续工作 2 h 以上。

(7)洞内专用洞室处设置固定和应急照明设备。

(8)救援通风:采用平导吹入式通风。

11.1.4 工程施工

(1)总体施工组织

全隧除进出口斜切及斜切延伸段衬砌外,其他段落均采用矿山法施工,共分进口及进口平导、一、二号主副斜井、三号斜井及出口四个工区,土建总工期为 32.6 个月(不含无砟轨道铺设、观测时间)。其中进口工区承担 1 690.7 m 施工,出口工区承担 1 053 m 施工,一号斜井工区承担 2 514.3 m 施工,三号斜井工区承担 2 070 m 施工。

隧道施工进度指标设计值见表 11.2。

表 11.2 龙泉山隧道施工进度指标设计值

围岩级别	成洞进度/m				
	正洞工区	斜井工区	辅助坑道		
			无轨斜井	有轨斜井	平导
Ⅲ	120	120	220	100	120
Ⅳ	80	80	150	60	80(120)
Ⅴ	40	40	90	40	40(80)

注:表中平导进度指标中带括号的数值,为平导超前正洞一个月工期前的指标。

(2)施工方法

隧道除洞口斜切段采用明挖法和Ⅴ级围岩部分段落采用大拱脚三台阶法、CRD法、CD法外，其余地段均采用台阶法(或带临时横撑)开挖，按锚喷构筑法施工，采用光面爆破。各工法的施工组织工序如图11.11所示。

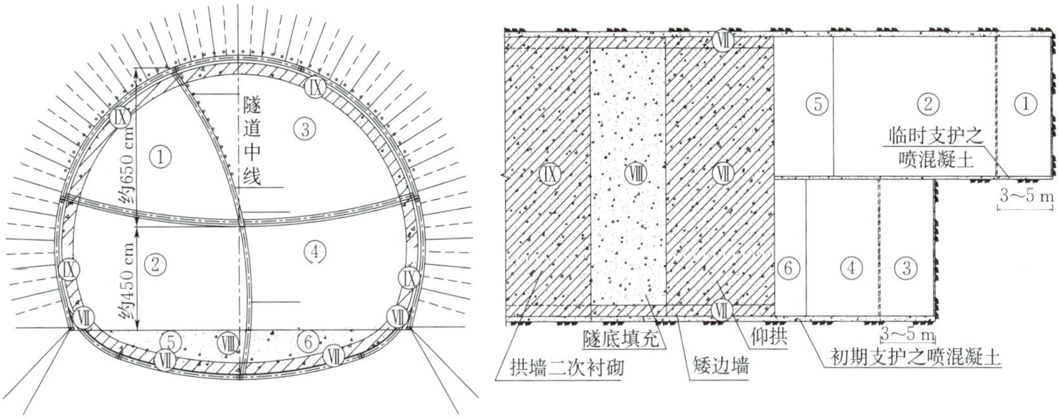

(a) 交叉中隔壁(CRD)法

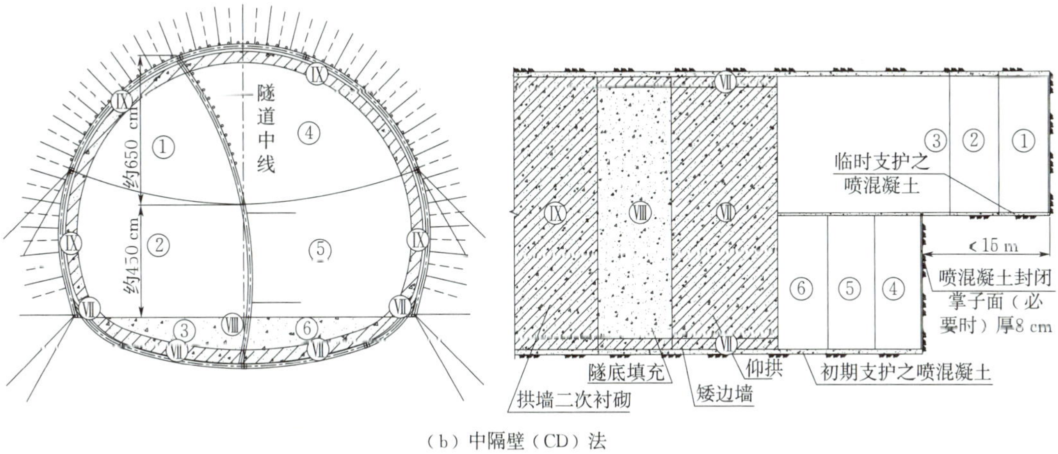

(b) 中隔壁(CD)法

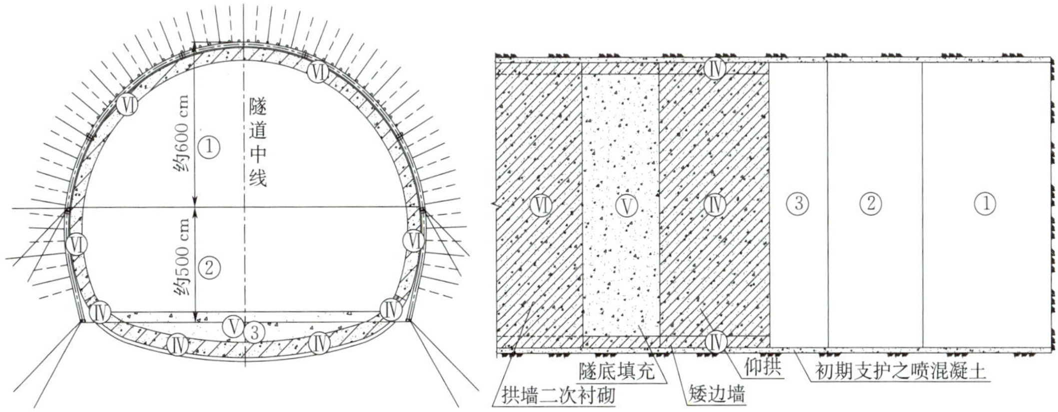

(c) 台阶法

图　11.11

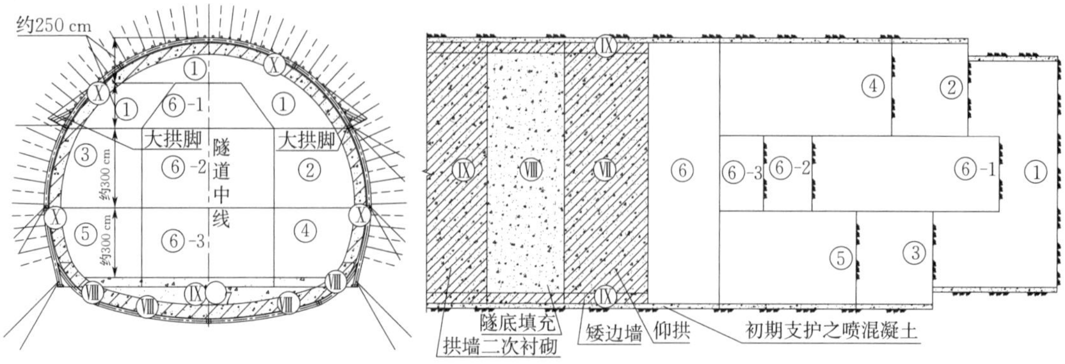

（d）大拱脚三台阶七步作业法

图 11.11　龙泉山隧道施工工序图

(3)施工通风

隧道进口及进口平导工区、一号斜井、二号斜井工区为高瓦斯工区，施工通风方式按如下两个阶段划分：第一阶段进口及平导、一号斜井及二号斜井连接平导均采用压入式通风；第二阶段采用巷道式通风，为避免污风回流，平导中部横通道临时封闭。三号斜井工区、出口工区为低瓦斯工区，采用压入式通风。

隧道施工中各工区均采用不间断通风，控制掌子面风速不得小于 0.25 m/s，风管内风速不大于 20 m/s，回风巷道内风速不大于 6 m/s，百米漏风率为 1%。施工中应按相关要求严格控制瓦斯浓度小于 0.5%，确保瓦斯不积聚；并于局部瓦斯易积聚位置设置局扇以加强通风稀释，风速不得小于 1 m/s。以一号斜井、二号斜井工区为例，其施工通风如图 11.12 所示。

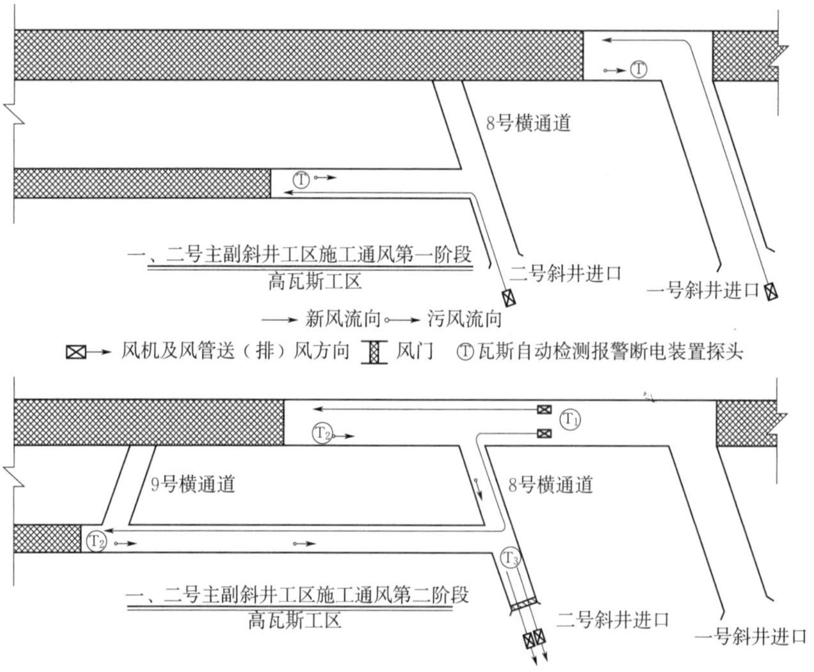

图 11.12　隧道施工通风设计图

(4)施工排水

除进口及斜井工区为反坡施工外，其余工区正洞段均为顺坡施工。各工区施工时应配备足够的抽排水设备；斜井底部设置水仓蓄水。如图 11.13 所示，隧道进口工区于 DK23＋419 专用洞室处设泵站一处抽水至进口洞外。泵站共配备固定水泵 2 台，其中工作 1 台，备用 1 台，工作泵和备用泵同时装机，水泵流量不小于 170 m^3/h。隧道一、二号主副斜井于 DK26＋351 处，三号斜井于 DK28＋050 处设置泵站。每处泵站共配备固定水泵 2 台，其中工作 1 台，备用 1 台，工作泵和备用泵同时装机；水泵流量不小于 210 m^3/h(流量计算未考虑斜井本身向正洞的涌水)，其中 DK26＋351 处泵站扬程不小于 150 m，DK28＋050 处泵站扬程不小于 50 m。隧道出口工区为顺坡排水，施工中正洞涌水通过临时侧沟将水排出洞外。

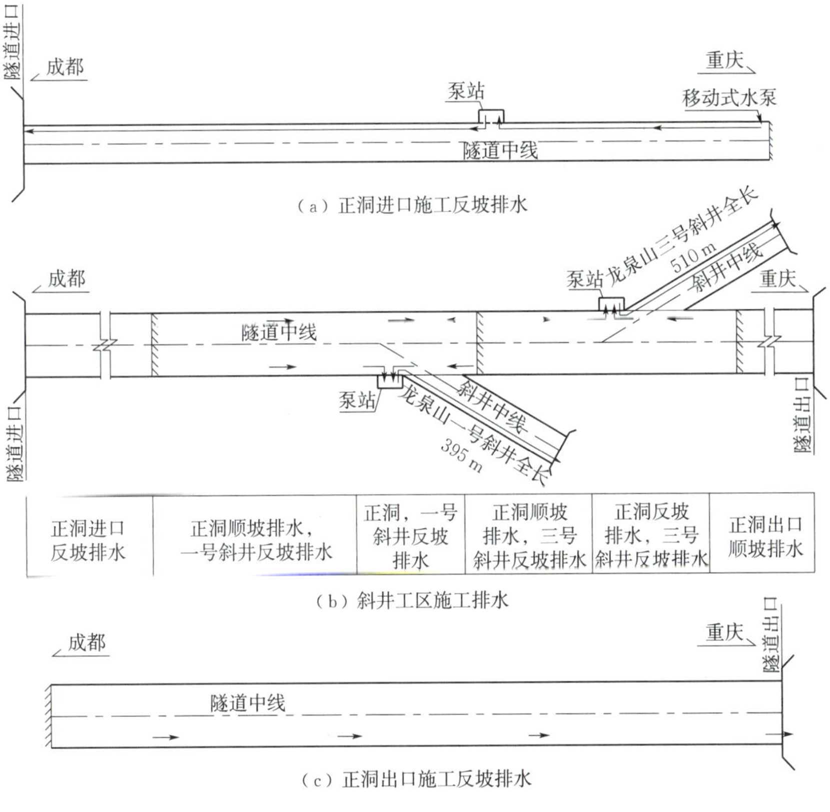

图 11.13 隧道施工排水示意图

(5)瓦斯隧道专项施工

该隧道赋存瓦斯、天然气等有害气体，所有施工机电设备按高、低瓦斯工区分别配备。高瓦斯工区必须使用防爆型；低瓦斯工区可使用非防爆型，其行车机械严禁驶入高瓦斯工区。按瓦斯隧道相关要求组织施工，瓦斯探测、检测控制标准及处理措施详见瓦斯(天然气)工区作业流程，如图 11.14 所示，并建立健全安检制度，制定应急预案。

施工中隧道正洞及辅助坑道均应进行全断面超前探测，超前探孔孔径一般为 108 mm，单孔长度为 30 m，搭接长度不小于 5 m，探测孔布置如图 11.15 所示，并在超前探孔处设置监测点，以检测是否有有害气体涌出。若探测到有害气体，应根据记录确定有害气体的涌出位置。

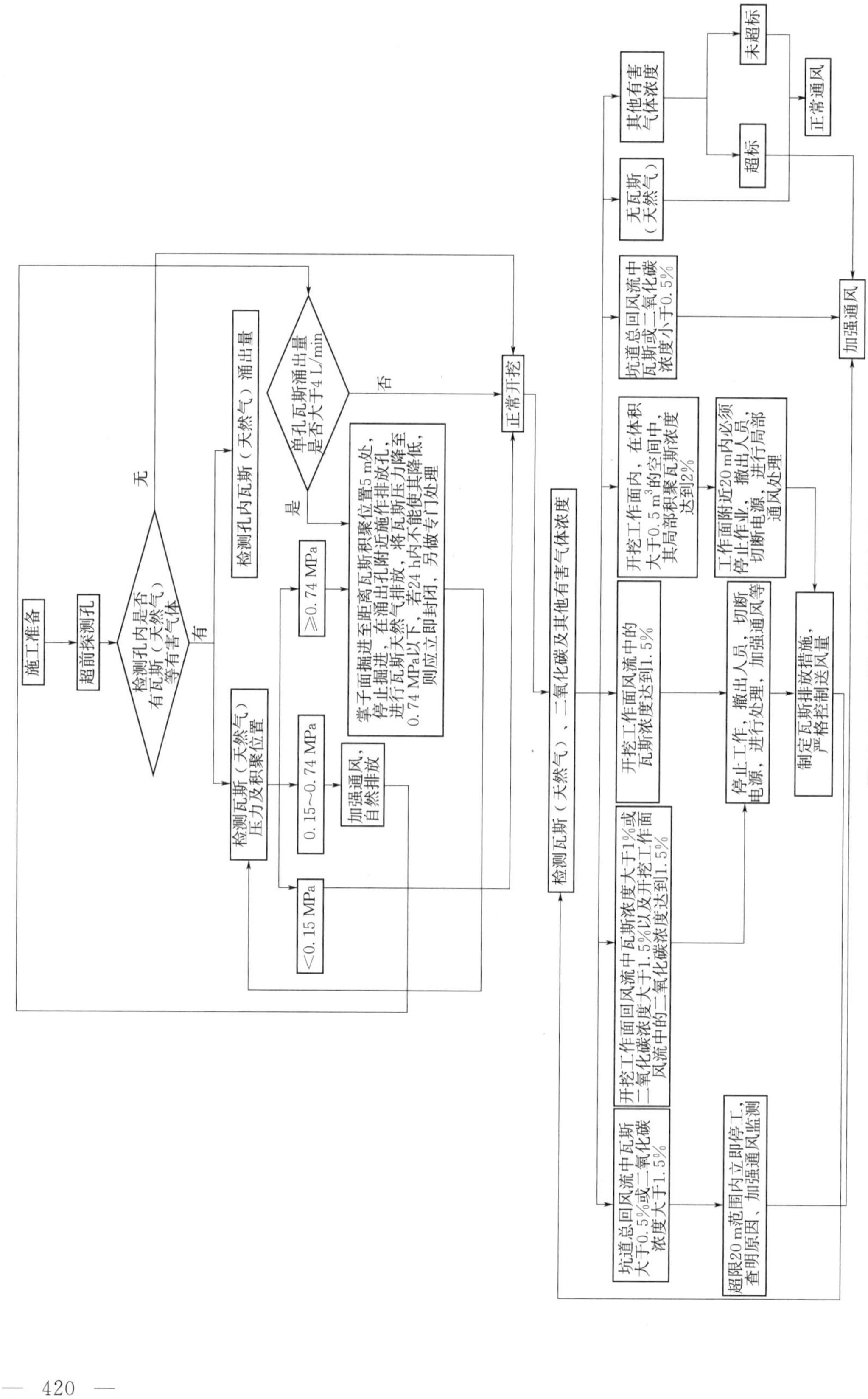

图11.14 瓦斯工区作业流程图

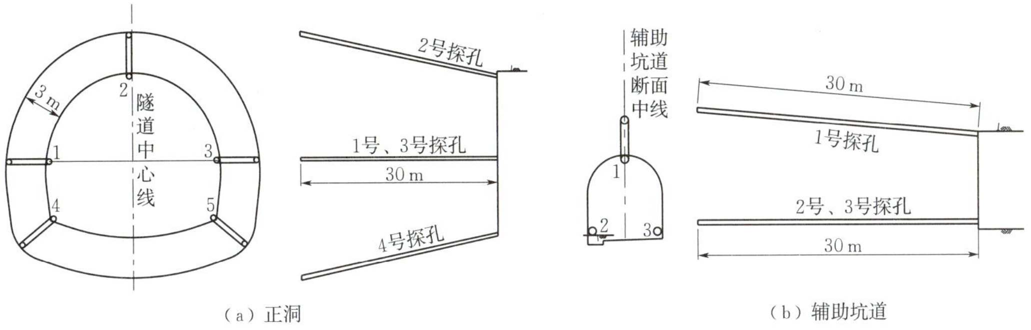

图 11.15　瓦斯超前探孔布置示意图

(6)超前地质预报

根据地质情况，隧道通过地质调查法、超前地质钻探、加深炮孔探测、地震波反射法、超前导坑法进行综合超前地质预测，并在施工过程中结合具体的地质情况优化调整超前地质预报方法。隧道超前地质预报采用地质调查与勘探相结合、物探与钻探相结合、长距离与短距离相结合、地面与地下相结合的方法，对各种方法预报结果综合分析，相互验证，提高预报准确性。并结合掌子面揭示的地质条件、发展规律、趋势及前兆进行预测、判断，根据超前地质预测预报结果，相应优化调整措施，制定应急预案，以确保施工安全及结构安全。地质预报实施流程如图 11.16 所示。

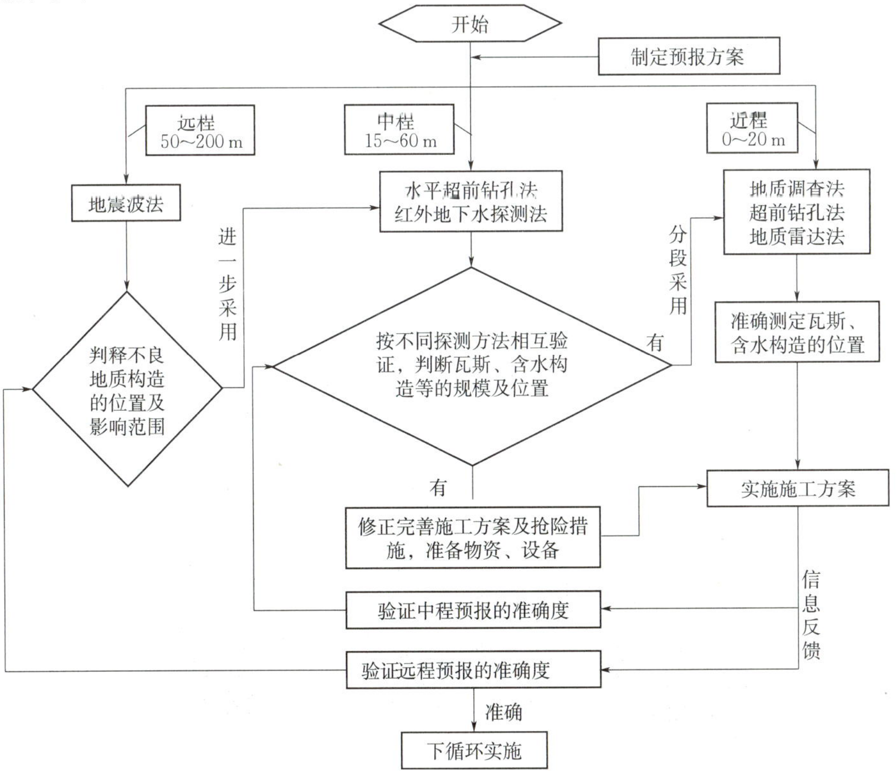

图 11.16　超前地质预报实施流程

针对龙泉山隧道的高瓦斯特征，进行瓦斯及天然气预报时，以地质调查法为基础，以超前钻探法为主，结合多种物探手段进行综合超前地质预报。应采用地震波反射法等物探手段进行前方岩层界面预报定位，并采用超前水平钻孔取岩芯进行验证。低瓦斯段落于拱部设置 1 个超前探孔；高瓦斯段增加不少于 3 个超前钻孔。

11.2 盾构法工程实例——广深港高速铁路狮子洋隧道

11.2.1 工程概况

广深港高速铁路连接广州、深圳、香港，是我国高速铁路八纵八横干线网的重要组成部分，线路全长约 140 km。

狮子洋隧道位于广深港高速铁路东涌站至虎门站之间，穿越珠江入海口的狮子洋（见图 11.17），是广深港高速铁路的控制性工程和工程建设的重大技术难题。隧址处水面宽度 6 100 m（含两个江心洲，总宽 1 770 m），最大水深 26.6 m，两岸港口码头密布，水面通航繁忙。隧道设计行车速度 350 km/h，最大纵坡 20‰。隧道建筑全长 10.8 km，暗洞段长 10.49 km，盾构段长 9 340 m，最大水压力 0.67 MPa。全隧道除出口段 120 m 为设中柱的单孔双线结构外，其余地段均由两条单线隧道组成（见图 11.18）。盾构隧道外径 10.8 m。盾构段采用四台复合式泥水平衡盾构机施工，两两相向掘进，地中对接，洞内解体。工程于 2006 年 5 月开工，2011 年 12 月开通运营。

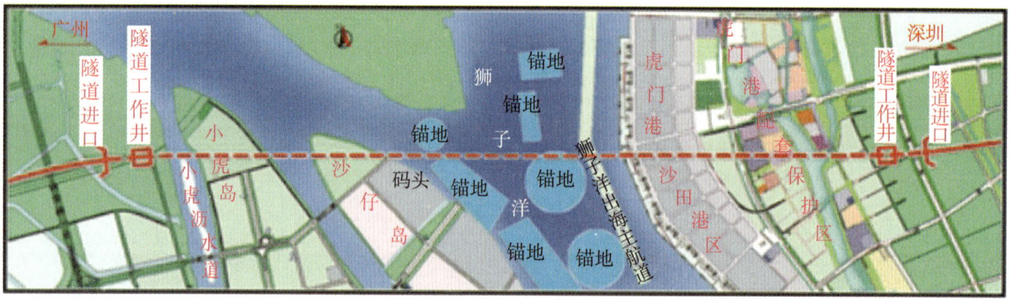

图 11.17 狮子洋隧道位置图

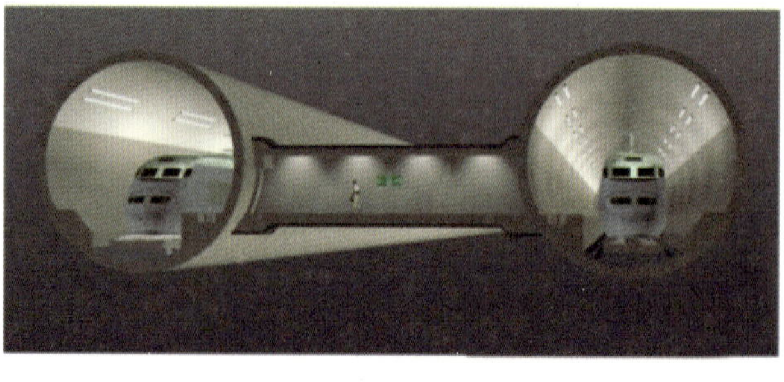

图 11.18 隧道断面示意图

11.2.2　地质概况

隧道穿越的地层主要为：素填土、淤泥质土、粉质黏土、粉细砂、中粗砂、全风化～弱风化泥质粉砂岩、粉砂岩、细砂岩、砂砾岩。盾构隧道穿越软弱地层（淤泥质土、粉质黏土及粉细砂）、上土下岩软硬不均地层、基岩及其破碎带的长度分别为 1 303 m、1 237 m、6 800 m，分别占总掘进长度的 14.0%、13.2%、72.8%（见图 11.19）。所穿越的基岩的最大单轴抗压强度为 82.8 MPa，最大渗透系数 6.4×10^{-4} m/s，最高石英含量 55.2%，岩层的黏粉粒（≤75 μm）含量为 26.1%～55.3%。地下水主要为第四系地层的孔隙水和基岩裂隙水，具承压性，地下水补给充足。

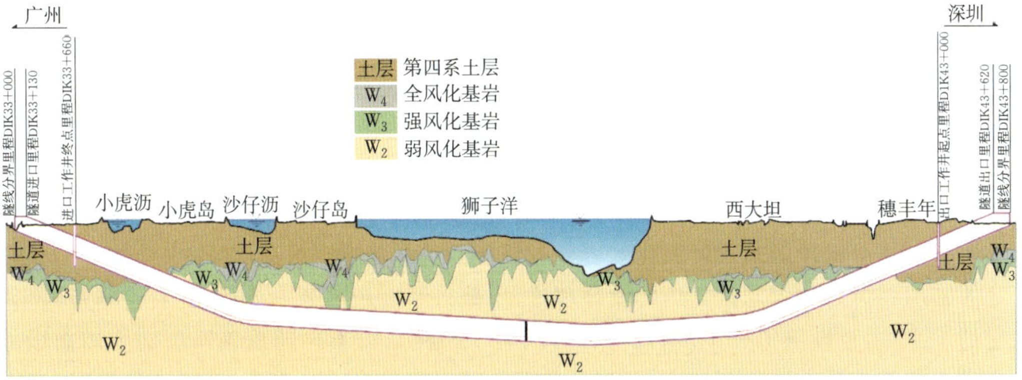

图 11.19　隧道地质纵断面图

11.2.3　工程设计

1. 主要技术标准

①铁路等级：客运专线；

②正线数目：双线；

③设计速度：基础设施按 350 km/h 设计；

④线间距：采用双孔单线结构，线间距根据盾构施工要求确定；

⑤最小曲线半径：7000 m；

⑥最大坡度：20‰；

⑦牵引种类：电力；

⑧列车运行方式：自动控制；

⑨行车指挥方式：综合调度。

2. 总体设计

(1)隧道平面设计

线路在出东涌站后，沿广州规划控制的铁路廊道行进，在沙公堡以 7 000 m 的曲线半径右转进入隧道，然后以直线下穿小虎沥、小虎岛、沙仔沥、沙仔岛（距离沙仔岛码头上游 50 m）、八塘尾水道、狮子洋水道、虎门港沙田港区 6 号泊位、规划虎门港的监管保税仓库后，以 7 000 m 曲线半径右转下穿沿江高速公路后出地面。隧道工程范围全长 10.8 km，其中曲线段长 2 819 m，占隧道全长的 26%。

(2)隧道纵断面设计

本隧道纵断面设计的主要控制因素有两个：一是下穿小虎沥河床处为粉细砂层，必须考虑河床冲刷深度的影响，根据河床演变分析及河工模型试验结果，当覆土厚度不小于 8 m 时，可以满足三百年一遇洪水冲刷后的运营抗浮安全要求，也可以满足施工安全要求；二是如何合理确定狮子洋主河流段的隧道埋置深度。

①狮子洋段隧道埋置地层的选择。

由于狮子洋主河床段微风化基岩面以上的软弱地层覆盖厚度较薄，且微风化基岩面起伏很大，如将隧道顶埋置于河床面以下约一倍洞径处，虽可最大限度地减小线路高差，降低线路纵坡，但盾构隧道大部分地段均需穿越软硬不均地层，对施工进度、施工安全、控制高速铁路隧道的不均匀变形等方面均极为不利。因此，根据本工程的具体条件，应尽可能将隧道埋置于微风化的基岩中。为此，隧道纵断面的设计原则是：线路自两岸以 20‰最大坡度迅速下潜，以最短的长度通过软弱地层和软硬不均地层，到达微风化基岩后，再以较平缓的坡度通过主河床。

②微风化基岩覆盖厚度的选择。

狮子洋主河床段隧道顶微风化基岩覆盖厚度的选择与隧道的施工安全、结构受力、防水设计等密切相关。根据暗挖隧道的设计理论，当覆盖厚度超过某一值后，围岩自身可以形成稳定的承载拱，也即隧道处于“深埋”状态，围岩“松弛”压力不再随覆盖厚度的增加而增加，但水压力却随埋深的增加而加大。因此，合理的基岩覆盖厚度应该是：使隧道处于“深埋”所需的最小覆盖厚度。

设计按《铁路隧道设计规范》(TB 10003—2016)，取围岩级别为Ⅳ级计算的深埋最小基岩覆盖厚度为 15m。当然，由于盾构法隧道施工对围岩扰动小，且支护及时，其“松弛”压力和最小覆盖厚度应小于《铁路隧道设计规范》(TB 10003—2016)的计算值，但考虑到本工程同时还具有以下不利条件：①水压力大，河床面以上最大水深约 30m，隧道开挖后将形成较大的渗流压力；②左、右线隧道的净间距仅为一倍洞径，不可避免存在相互影响；③需进行地中对接和横通道施工。因此，基岩最小覆盖厚度取 15 m。

据此确定的隧道纵断面设计方案为：线路出东涌站后，在 DIK32＋600 处以 2 950 m 长、20‰的下坡进入隧道，并下穿小虎沥、小虎岛、沙仔沥到达沙仔岛；然后以 3 750 m 长、3‰的下坡通过沙仔岛进入狮子洋深水航道下；接着以 1 700 m 长、3.5‰的上坡通过狮子洋航道和虎门港沙田港区 6 号泊位；最后以 3 276.9 m 长、20‰的上坡通过规划虎门港的监管保税仓库，在沿江高速公路东侧出洞。

(3)盾构隧道内轮廓设计与横断面布置

高速铁路盾构隧道内轮廓的设计需综合考虑隧道限界、净空有效面积(轨面以上)、疏散救援通道、各种沟槽管线及设备的布置等。

隧道建筑限界采用当时适用的《新建时速 300～350 公里客运专线铁路设计暂行规定》中的建筑限界及基本尺寸。隧道内单侧设置贯通的救援通道，宽度 1.5 m，高度 2.2 m，距离线路中线 2.3 m。隧道内轮廓拟定过程中，按规定预留技术作业空间 300 mm，结构变形及施工误差取 150 mm。

隧道最小净空有效面积主要根据隧道空气动力学效应确定。在不考虑空气动力效应的情况下，满足隧道建筑限界、疏散通道、各种沟槽管线及设备布置所需的隧道净空有效面积为 60 m^2，而设计暂行规定所要求的单线隧道净空有效面积为 70 m^2。由于盾构隧道直径的加大对施工难度与工程造价影响较大，因此，结合空气动力学效应研究成果，并参考国外类似工程经验，单线隧道净空有效面积采用 65 m^2。

根据以上要求，拟定狮子洋隧道的内轮廓直径 9.8 m，隧道横断面布置如图 11.20 所示。

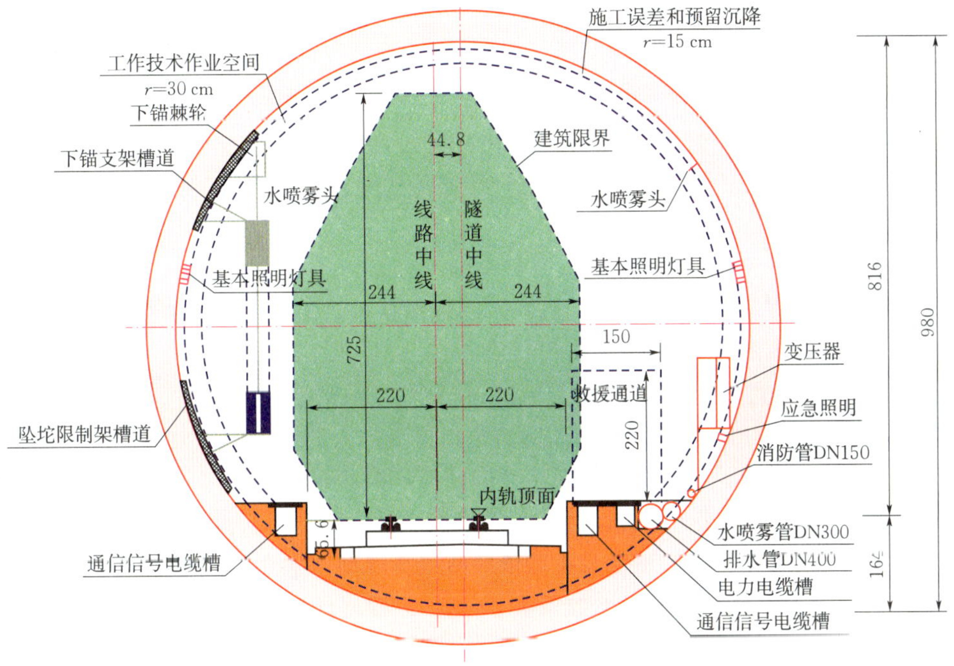

图 11.20　狮子洋隧道内轮廓及横断面布置图(单位:cm)

(4)气动效应及缓冲结构措施

①隧道最大瞬变压力控制标准及列车密封指数(τ)要求

a. 最大瞬变压力控制标准。

高速列车通过隧道时，国际上还没有统一的车内压力变化舒适性标准，我国在这方面的研究也较少。考虑到广深港高速铁路除狮子洋隧道为双孔单线隧道外，其余均为双线隧道，为使问题简化，该隧道设计时不探讨瞬变压力控制标准的选择问题，而按如下原则进行空气动力学问题的处理：考虑到本隧道为整个高速铁路的一部分，要求其瞬变压力控制标准不低于其余双线隧道，从而不至于对列车密封指数提出特殊要求，以此确定隧道内净空有效面积。经初步核算，国内同标准的高速铁路铁路双线隧道的最大瞬变压力控制标准约为 0.8 kPa/3 s。

b. 对列车密封指数 τ 的要求。

设计采用一维、非定常、可压缩流动模型和特征线方法，通过数值计算求解隧道压力波和列车内的压力变化。计算时考虑了运营速度分别为 300 km/h 和 350 km/h，运行列车分别为德国ICE(计算中取列车长300 m、断面积10.4 m^2、周长11.4 m)和日本高速列车(计算中取列车长300 m、断面积12.6 m^2、周长13.2 m)四种情况,计算结果见表11.3。

表 11.3 最大瞬变压力舒适性标准为 0.8 kPa/3s 时所需 τ 值

车型	列车速度/(km·h^{-1})	隧道断面积/m^2	τ
德国 ICE	300	65	5.0
	350	65	6.5
日本	300	65	5.9
	350	65	8.9

由表11.3可知,采用舒适性标准0.8 kPa/3 s时,列车密封性不小于9 s就可以满足要求,目前法国、德国和日本的高速列车的密封性都能满足该要求,我国的高速列车也能满足该密封性要求。

②洞口微气压波及缓冲结构

由于狮子洋隧道洞口位于城市规划建设区,隧道进出口附近均按有建筑物考虑,取隧道出口微压波压力峰值的标准为:距隧道出口中心20 m处小于20 Pa。

按德国ICE3型列车考虑,即使不考虑隧道长度和无砟轨道道床结构产生的不利影响,取列车运行速度为300 km/h进行计算,隧道出口区域产生的微压波压力峰值约75 Pa,超出了上述微压波压力峰值标准。为控制微压波问题所产生的影响,按行车速度300 km/h制定减缓措施,并预留行车速度350 km/h的减缓条件。经分析计算,设计采用的缓冲结构如下:

在每孔隧道列车入口段的顶部及边墙依照隧道空气动力学规律布置多个不同尺寸的方形或圆形开口,其中左线隧道开口参数见表11.4。工程现场情况如图11.21所示。由于开口沿隧道纵向的长度对缓解效果有明显影响,因此在开口的长度方向设置滑板,以便运营期可以根据实测情况调节开口长度。该措施可以在初始压缩波的形成阶段降低其最大压力梯度,减小出口微压波压力峰值。

图 11.21 狮子洋隧道洞口缓冲结构

表 11.4 列车入口段隧道缓冲结构开孔位置及几何尺寸表

开口序号	开口起始位置距隧道入口的距离/m	开口形状	开口尺寸/m	开口面积/m^2	备注
1	3	矩形	8×3.2	25.6	长度可调
2	14	矩形	8×2.0	16.0	长度可调
3	28	矩形	6×2.0	12.0	长度可调
4	40	矩形	5×2.0	10.0	长度可调
5	51	矩形	4×2.0	8.0	长度可调
6	65	圆形	ϕ3.2	8.0	350 km/h 预留,暂封闭
7	78.7	圆形	ϕ2.7	5.7	350 km/h 预留,暂封闭
8	92.4	圆形	ϕ2.2	3.8	350 km/h 预留,暂封闭

在每孔隧道列车出口段的顶部及边墙依照隧道空气动力学规律布置多个不同尺寸的方形或圆形开口,其中左线隧道开口参数见表 11.5。开口处同样设置滑板,以便运营期根据实测结果进行调整。该措施使压缩波传播至隧道出口附近以后,一部分从该处分流出去,从而降低压缩波的最大压力梯度,减小出口微压波压力峰值。

表 11.5 列车出口段隧道缓冲结构开孔位置及几何尺寸表

开口序号	开口起始位置距隧道入口的距离/m	开口形状	开口尺寸/m	开口面积/m^2	备注
1	214.6	圆形	ϕ2.2	3.8	350 km/h 预留,暂封闭
2	201.4	圆形	ϕ2.7	5.7	350 km/h 预留,暂封闭
3	188.2	圆形	ϕ2.2	8.0	350 km/h 预留,暂封闭
4	142	矩形	8×1.6	12.8	长度可调
5	131	矩形	8×1.6	12.8	长度可调
6	11	矩形	8×1.0	8.0	长度可调

3. 盾构法隧道结构设计

(1)衬砌结构选型

交通盾构隧道一般采用单层管片衬砌,是否需要设置内衬是工程界争论的焦点。本工程研究设计中首次提出了"围岩稳定性与结构抗灾可靠性相匹配"的结构选型方法,建立了相应的结构体系,即:软弱地层段采用"管片+混凝土内衬"的叠合式双层衬砌(见图 11.22),基岩段采用单层管片衬砌(见图 11.23)。

(2)管片结构设计主要参数

①衬砌类型:以单层钢筋混凝土管片衬砌为主,混凝土强度等级为 C50,局部采用双层衬砌。

②衬砌环形式:通用楔形环错缝拼装。

③衬砌环分块方式:分成 7+1 分块,即 5 块标准块、2 块邻接块和 1 块封顶块,标准块与

邻接所对应的圆心角相同，封顶块圆心角为标准块的 1/3，如图 11.24 所示。

④衬砌环环宽：2 m，设置双面楔形。

⑤管片厚度：0.5 m。

图 11.22 软弱地层段采用双层衬砌

图 11.23 基岩段采用单层管片衬砌

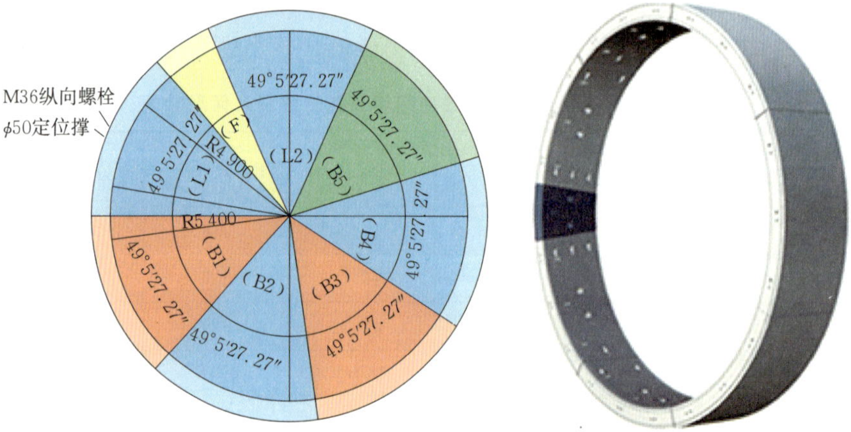

图 11.24 狮子洋隧道衬砌环管片分块图

(3)接缝设计

根据管片接缝防水设计方案，接缝设置双道弹性密封垫，内侧预留嵌缝槽。环缝采用光面接触，纵缝设置凹凸榫，如图 11.25 所示。管片环与环之间采用 22 颗 M36 纵向斜螺栓连接，每环内块与块之间采用 3 颗 M36 环向斜螺栓连接，如图 11.26 所示。

(4)结构计算与试验

狮子洋隧道采用梁—弹簧模型和修正惯用法计算模型进行横断面计算，基岩地段还采用有限元法进行补充验算。对于双层衬砌地段，结构计算中，所有地层荷载均由管片衬砌承担，内衬仅作为安全储备。为了解结构的最大承载能力和实际受力情况，对管片衬砌进行了整体结构原型加载试验和现场受力监测，此外还采用物理模型试验对双层衬砌结构的受力特征进行了研究。

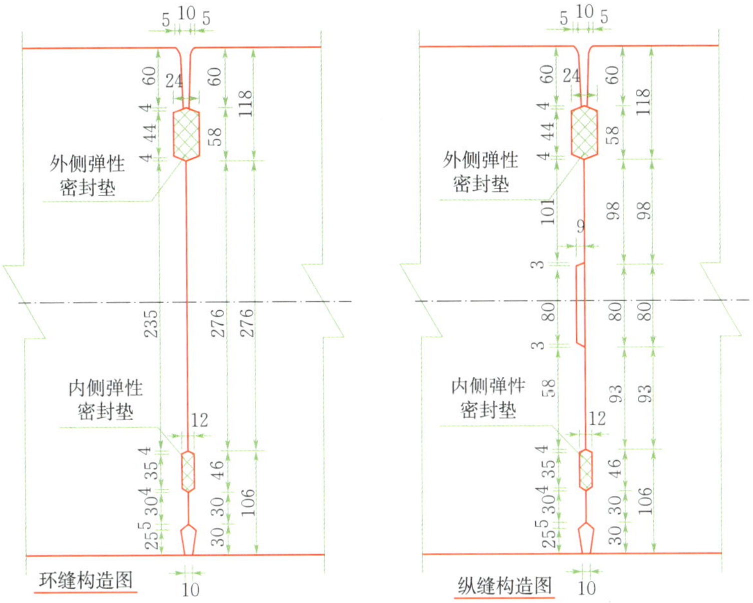

图 11.25　狮子洋隧道接缝构造图(单位:mm)

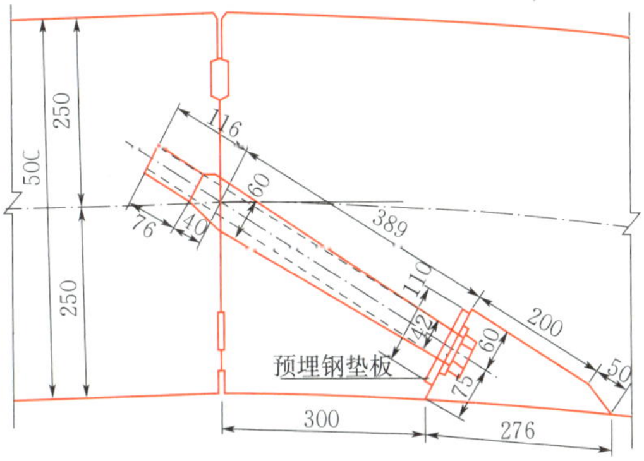

图 11.26　狮子洋隧道接缝连接图(单位:mm)

4. 盾构法隧道防水设计

高速铁路隧道要求防水等级为一级,即不允许渗水,结构表面无湿渍。

在结构自防水方面,设计中采用了高性能、高抗渗性混凝土、管片混凝土外表面涂刷水泥基渗透结晶型防水涂料、管片混凝土中掺加高抗拉强度的改性聚丙烯纤维,减小混凝土浇筑过程的早期裂缝等技术措施。在接缝防水方面,采用双道密封垫防水,软弱地层设置内衬加强防水,如图 11.27 所示。

图 11.27　安装于管片上的弹性密封垫

5. 列车荷载反复作用下软土塑性变形分析

狮子洋隧道局部穿越淤泥质土地层，列车循环振动作用容易导致软土塑性变形，产生工后沉降，影响轨道平顺性。在工后沉降控制方面，高速铁路要求极严格，最大沉降不超过15 mm，沉降曲率小于1/15 000。常规单层衬砌结构的刚度相对较小，难以有效控制沉降曲率。在对结构刚度与软土塑性变形、沉降曲率的关系进行充分研究的基础上，创建了“管片＋内衬＋隧底纵梁”新型空间结构。即在双层衬砌基础上，利用隧底填充混凝土设置钢筋混凝土纵梁，形成空间整体结构(见图11.28)。与单层衬砌相比，该结构环、纵向抗弯刚度分别增大300％、450％，隧底地层最大动应力降低了42％，因循环动荷载产生的软土塑性变形计算值由27 mm减小至14 mm(见图11.29)。狮子洋隧道采用该结构自2011年12月运营以来最大沉降不足2 mm，有力印证了该新型结构保障轨道平顺性的有效性。

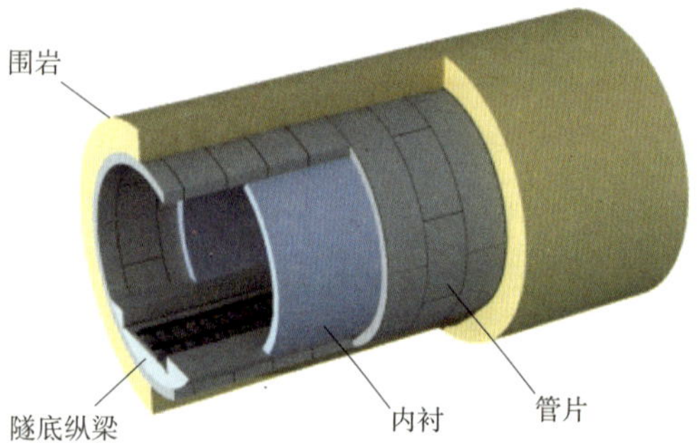

图11.28 “管片＋内衬＋隧底纵梁”空间结构

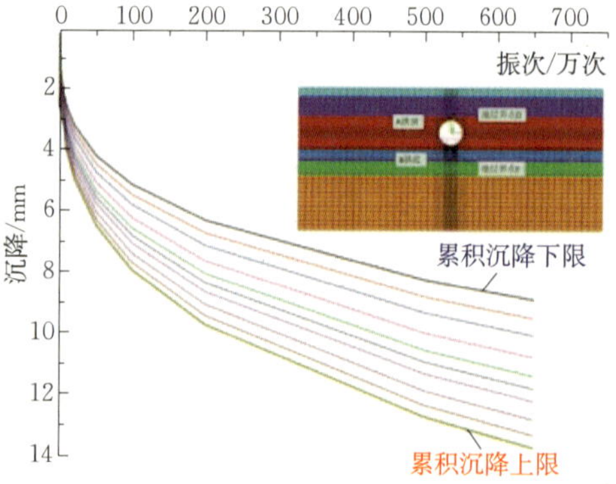

图11.29 软土塑性累积变形计算值与循环振次的关系曲线

6. 隧道运营防灾疏散技术

(1)水下紧急救援站

根据国内外惯例，长度20 km及以上的隧道或隧道群应设置紧急救援站。狮子洋隧道长度仅10.8 km，但考虑到其为水下隧道，安全等级需要适当提高；且隧道为凹形纵坡，如着火列车失去动力，则不能依靠重力滑行出隧道(山岭隧道采用单面坡或人字坡，即使列车失去动力，也可以依靠重力滑行出隧道)，因此，有必要考虑这种不利情况下的防灾疏散问题。对于采用V形纵坡的水下隧道，列车滑行至最低点段停靠的概率最大，因此在最低位置段设置了水下紧急救援站。紧急救援站采用加密横通道的方式设置(见图11.30)，救援站长度为600 m。

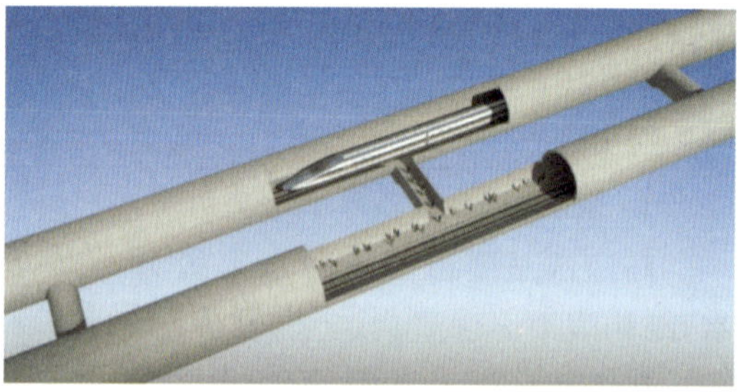

图11.30 横通道加密型紧急救援站

紧急救援站的主要设备配置有：

①横通道间距采用300 m(非救援站地段横通道间距：岩层段500 m，软弱地层段1 000 m)；

②隧道结构采用“管片＋混凝土内衬”的双层衬砌，防止火灾对管片结构的破坏；

③设置消防栓系统和水喷雾系统；

④利用隧道洞口段的射流风机进行纵向排烟。

(2)火灾热释放功率

火灾热释放功率是防灾设计的关键参数之一，在狮子洋隧道设计阶段，我国缺少高速铁路隧道的火灾功率设计标准。因此，对 CRH 动车组内的可燃物和旅客行李进行了调查分析与火灾试验。

动车组车体结构基本上采用金属等不燃材料制成，主要的可燃物为车厢内的旅客行李、内装材料以及车下设备舱内的设备等。动车组虽然采用了软垫座椅等内装材料，但均进行了阻燃处理，这对于降低火灾风险、减小火灾规模和防止重大火灾事故的发生极为有利。

对于旅客携带的行李，部分调研结果见表 11.6 和表 11.7。

表 11.6　行李包装类型及平均重量

行李包装类型	女式小提包	书包	塑料袋	公文包	大行李包、皮箱
平均质量/kg	1.22	3.01	2.5	2.49	6.37

表 11.7　人均行李重量及分位值

人均行李质量/kg	分位值/kg			
	80%	90%	95%	100%
3.9	7	8	9	11

注：80%分位值是指 80%的行李质量未超过此值；90%分位值是指 90%的行李质量未超过此值；95%分位值是指 95%的行李质量未超过此值；100%分位值是指调研中行李质量的最大值。

根据上述调研结果，在某消防研究所进行了行李火灾的全尺寸试验，对行李火灾的热释放速率及规模进行了测量。试验中行李的总质量为 11 kg，所包括物品种类及质量见表 11.8。试验得到的热释放速率曲线以及 t^2 慢速火与中速火的曲线如图 11.31 所示。只考虑一节列车车厢起火的火灾场景，则狮子洋隧道列车火灾热释放功率可取 15 MW，并按稳态火进行设计。

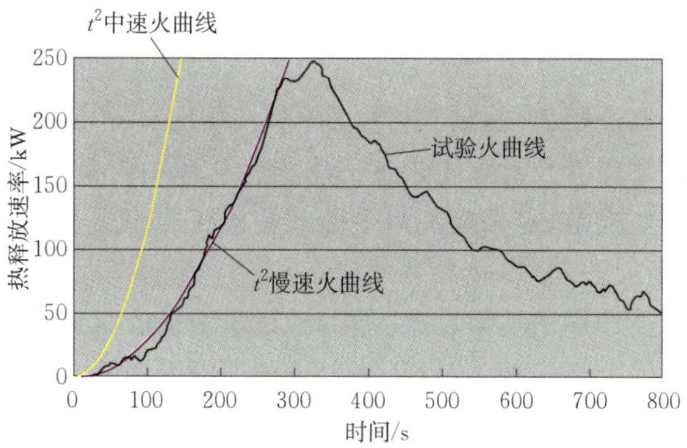

图 11.31　行李火灾试验热释放速率曲线

表 11.8 试验行李物品种类及质量

单件行李总质量/kg	衣物/kg	食物/kg	数码电子产品/kg	书籍公文资料/kg	化妆品日用品/kg	其他/kg
11.00	4.18	1.43	1.10	1.54	1.54	1.21

11.2.4 工程施工

1. 盾构机选型

根据工期要求，本隧道采用4台盾构机掘进。4台盾构均需穿越软硬不均地层，故盾构机应具备复合掘进能力，应采用复合式盾构。从隧道断面大小、覆盖厚度、水深、地层渗透性等因素分析，可供选择的盾构机主要有加泥式土压平衡盾构机（也可采用加泡沫等添加剂）及泥水平衡式盾构机。

（1）从地层条件分析

对于粉质黏土和淤泥质黏土等弱透水地层而言，土压平衡盾构机和泥水平衡盾构机均适应。

对于砂性地层而言，由于本工程中盾构穿越地段砂性地层厚度较薄，埋深较浅，仅约17%的长度范围内含有砂层，从适应砂层来说，两种类型盾构机均满足要求。

本工程大部分地段为基岩，且基岩稳定性较好，大部分情况下无需对开挖面施加平衡压力，因此从降低造价、提高掘进速度看，由于土压平衡盾构机可以在密闭式与敞开式之间转换，因而更合适；但如果基岩由于各种不可预见因素容易坍塌，则宜采用泥水平衡式盾构机。

（2）从水压、地层渗透性分析

地层渗透系数是盾构机的选型一个很重要的因素。当地层的渗透系数小于 10^{-7} cm/s 时，可以选用土压平衡盾构；当地层的渗透系数在 $10^{-7} \sim 10^{-4}$ cm/s 之间时，既可以选用土压平衡盾构机也可以选用泥水式盾构机；当地层的渗透系数大于 10^{-4} cm/s 时，宜选用泥水盾构机。

本工程粉、细砂地层渗透系数为 8.0×10^{-3} cm/s 左右，粗砂和砾砂地层渗透系数为 1.2×10^{-2} cm/s 左右，原则上宜采用泥水平衡式盾构机。但由于该种地层长度短，且水压力小于30 m，采取措施后采用土压平衡式盾构机也是可行的。基岩段虽然透水性较强，但稳定性较好，因而不控制盾构机械选型。

（3）从施工难易程度分析

本隧道盾构机一次掘进距离长，且基岩强度较大、石英含量高，对刀具磨损将十分严重，必须考虑刀具更换的难易程度及对施工进度的影响。从减小刀具更换量以及有利于直接进入开挖工作室进行刀具更换看，宜采用泥水平衡式盾构机。

（4）从施工风险分析

尽管本隧道已进行了详细的地质勘察，但由于技术手段的限制，实际的地质条件与勘察成果仍有可能在一定程度上不相符，特别是基岩风化深槽的位置与深度、节理密集带的稳定性等对不同类型的盾构设备存在不同程度的施工风险。从提高对地质条件的适应性、减少施工风险看，宜采用泥水平衡式盾构机。

综上所述，为减小施工风险，最终采用 4 台复合式泥水平衡盾构机施工。

2. 隧道施工情况

(1)管片生产

狮子洋隧道在进出口工作井附近各新建管片生产厂一处，每个管片生产厂各配备 6 套模具。

(2)岩石地段开挖渣土情况

岩石地段开挖渣土中，块石状渣土约占开挖总量的 30%，最大粒径约 15 cm，如图 11.32 所示。

(3)刀具磨损

正如施工前所预料，岩石地层对刀具的磨损极其严重，大部分地段每掘进 30～50 m 需进行一次刀具更换。刀具磨损情况如图 11.33 所示。此外，由于岩石强度高、石英含量高，且刀盘设计强度偏弱，施工中出现了多次刀盘开裂情况，需进行刀盘焊接。

图 11.32 狮子洋隧道渣土照片

图 11.33 狮子洋隧道刀具磨损照片

(4)地层破碎，开挖掉块严重

施工中开仓换刀时发现，部分地段地层破碎，围岩掉块严重(见图 11.34)；部分地段水量较大，单靠盾构机自带的水泵无法满足排水能力的要求，必须采取“带压进仓”方式，减少水量后才能进行刀具更换。

图 11.34 狮子洋隧道开挖面掉块照片

3. 盾构地中对接技术

(1)施工组织方案比较

狮子洋隧道由于盾构段长度达 9 340 m，且工期紧，必须采用 4 台盾构机施工。设计中对两个施工组织方案进行了研究比较。

①方案一：设二座工作井，4 台盾构机地中对接

该方案在盾构隧道段的两端各设置一座工作井，左右洞各采用 2 台盾构机掘进，分别从进口工作井和出口工作井始发，在狮子洋底进行地中对接(见图 11.35)，单台盾构机最大掘进长度约4 900 m。

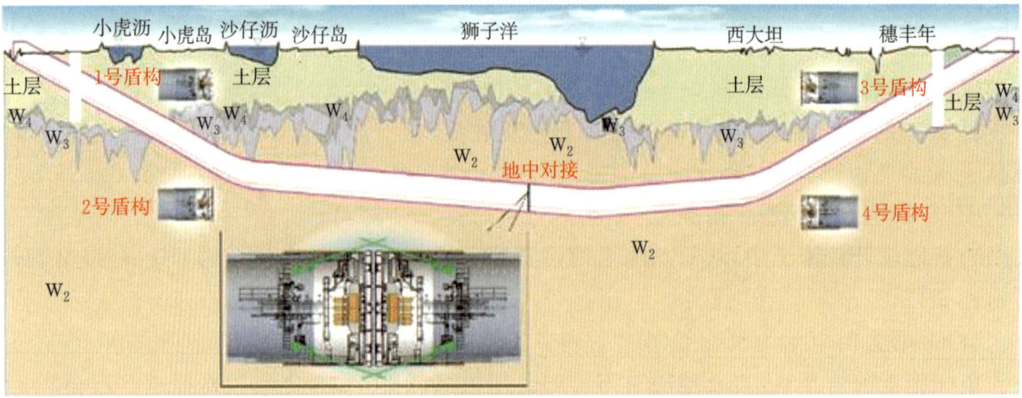

图 11.35 方案一施工组织方案示意图

②方案二：设四座工作井，4 台盾构机井内拆解

该方案的进口工作井与出口工作井设置同方案一，但在盾构段所穿越的沙仔岛和虎门港区各增设一座工作井，各工作井之间的盾构段长度依次为：2 394 m、4 620 m、2 277 m。4 台盾构机的掘进安排如下（见图 11.36）：

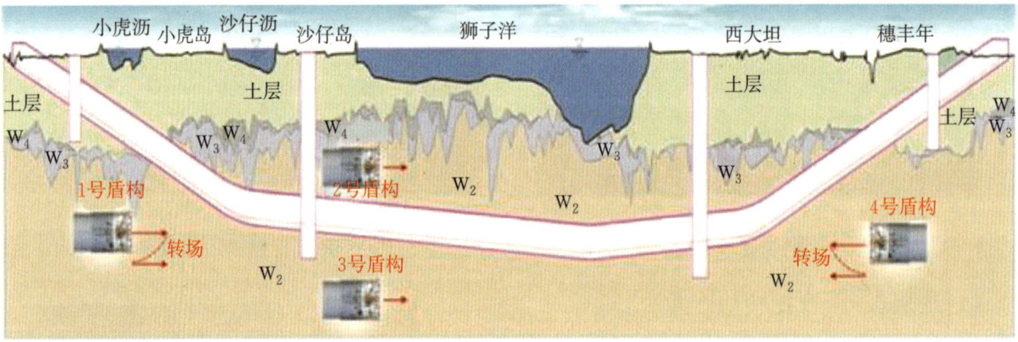

图 11.36 方案二施工组织方案示意图

a. 1 号盾构机：从进口工作井始发，掘进至沙仔岛工作井，吊出后转场至进口工作井，再从进口工作井始发掘进至沙仔岛工作井内解体，总掘进长度 4 788 m。

b. 2、3 号盾构机：均从沙仔岛工作井始发，分别施工左右洞，掘进至虎门港工作井后解体，每台盾构机掘进长度 4 620 m。

c. 4 号盾构机：从出口工作井始发，掘进至虎门港工作井，吊出后转场至出口工作井，再从出口工作井始发掘进至虎门港工作井内解体，总掘进长度 4 554 m。

③施工组织方案的确定

方案二的主要优点是符合盾构法施工的常规施工组织模式，避免了盾构机地中对接的施工风险，但在用地许可、工程造价、工期可靠性等方面的劣势十分明显。

在用地许可方面，由于方案二需要在虎门港设置工作井，而虎门港为国际港，航运作业繁忙，沙仔岛为广州港规划港区，则在此处修建盾构工作井操作起来比较困难，因此，方案二没有工作井用地条件。

在工程造价方面,沙仔岛工作井和虎门港工作井基坑开挖深度均超过 50 m,不仅工程难度大,而且导致方案二工程造价比方案一增加约 1.3 亿元。

在工期可靠性方面,根据以往工程经验,多台盾构机同时施工时,总会有部分盾构机达不到预定的进度要求,而本隧道需要长距离掘进,工期风险必须充分重视。对于方案二,任何一台盾构机达不到预定进度时,都将影响总工期;对于方案一,某一台盾构机未能达到预定进度时,可由与其对接的盾构机适当补偿,工期可靠性相对较高。假设任何一台盾构机达不到预定进度的概率为 10%,则方案一中对接的 2 台盾构机同时达不到预定进度的概率仅为 1%,方案一的工期可靠性比方案二提高了一个数量级。

经综合分析比较,推荐采用方案一,即全隧道设二座工作井,4 台盾构机地中对接。

(2)地中对接工艺设计

在对接工艺方面,世界首次采用盾构刀盘直接接触的对接方式,重点解决了对接段结构设计、测量、围岩止水、无盾壳段防水、小空间大构件拆除等难题。实现了贯通误差横向 28.5 mm、高程 19.6 mm 的良好指标。

地中对接施工的主要工序如下:

①根据对接的两台盾构机的施工状况及未掘进段的地质条件,选择对接地点。

②先期到达对接地点的盾构机停止掘进,对最后拼装的 10 环管片进行壁后补充注浆,进一步紧固纵向连接螺栓(纵向螺栓的紧固力应满足防止密封垫反弹的要求),并对周边及前方地层进行注浆加固(见图 11.37)。盾构机沿圆周方向匀布设置 22 个超前注浆孔(倾角 13°,孔径 100 mm),可用于超前注浆止水和加固围岩。

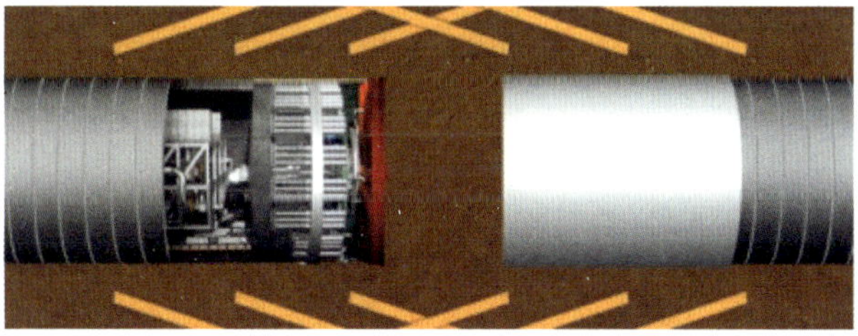

图 11.37 对接前利用盾构机超前注浆

③第二台盾构机缓慢接近,并调整好施工误差,当两台盾构刀盘接触时停止掘进,对最后拼装的 10 环管片进行壁后补充注浆,进一步紧固纵向连接螺栓,超前注浆加固地层。

④做好最后一环拼装管片端部与盾壳的连接,防止千斤顶泄压时管片反弹(见图 11.38)。

⑤在对接拆除前仓前检查对接掌子面地层涌水量情况,必要时进一步补充注浆止水。

⑥拖出后配套台车,拆除泥水管路,然后从盾尾往刀盘方向逐步拆除盾壳内的设备(见图 11.39),并保留盾壳作为对接段围岩的支护结构。

⑦分块拆除盾构刀盘,每拆除一块立即用钢板将两台盾构机的盾壳焊接,起到止水和支护围岩的作用。

⑧在盾壳的保护下现浇钢筋混凝土主体结构,完成全部施工。

图 11.38　管片与盾壳连接照片

图 11.39　盾构机洞内拆解

11.3　TBM 法工程实例——兰渝高速铁路西秦岭隧道

11.3.1　工程概况

兰渝高速铁路西秦岭隧道位于甘肃省陇南市境内，长 28.236 km，为兰渝铁路最长隧道，全线重点控制性工程，也是我国铁路施工 TBM 掘进最长的隧道。隧道通过秦岭高中山区，地势总体趋势西高东低，山体陡峻，沟谷深切多呈“V”形。高程多在 1 000～2 400 m，最大埋深约1 400 m。设计为两座单线隧道，线间距 40 m，洞身为直线地段，人字坡。进口采用钻爆法、出口采用两台直径 10.23 m 的开敞式 TBM 施工。西秦岭隧道设计方案平面示意图如图 11.40 所示。

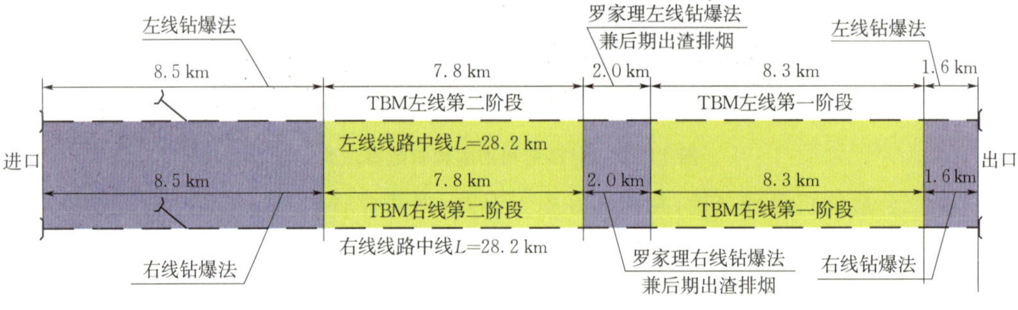

图 11.40　西秦岭隧道设计方案平面示意图

11.3.2　地质概况

如图 11.41 所示，西秦岭隧道通过主要地层有灰岩、千枚岩、变砂岩夹砂质千枚岩、变砂岩、砂质千枚岩，断层角砾岩和断层泥砾。工点范围内断层较为发育，其中 F6 为区域断层，f54、f55、f59、f60 为次级断层。正常涌水量为 42 566 m^3/d，可能出现最大涌水量为 129 209 m^3/d。

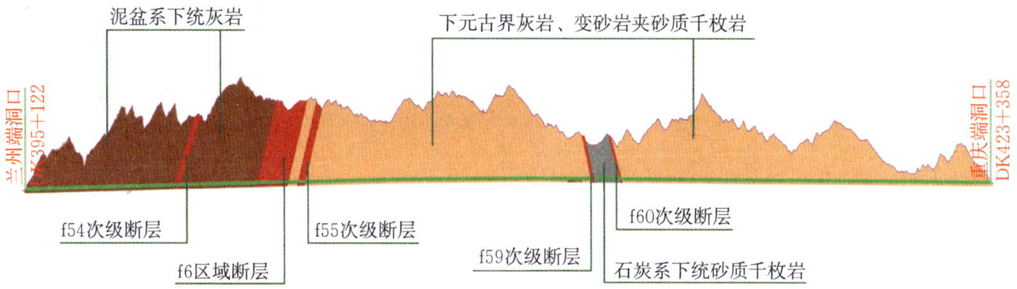

图 11.41 地质纵断面示意图

11.3.3 工程设计

1. 主要技术标准

(1)隧道建筑限界采用当时《200 km/h 客货共线铁路双层集装箱运输建筑限界(暂行)》(铁科技函〔2004〕157 号)中电力牵引铁路双层集装箱运输隧道建筑限界(SJX－SD)绘制。

(2)旅客列车设计行车速度为 200 km/h,货物列车设计行车速度为 120 km/h。

2. 总体设计

(1)隧道平面设计

西秦岭由东向西展布,主山体宽达 30 km,顶峰高程 2 600 m。勘察进行了大面积的方案研究和地质调查工作,布置了钻孔和可控源大地音频电磁法以及全隧道范围高密度电法、工程地震等方法的物探工作。选线时进行了多个越岭垭口隧道方案的对比,重点对老盘底出洞和下坝里出洞方案进行了比选。

老盘底出洞方案(DK)是采用桥梁跨越高速公路的方案,虽然出口离弃渣场地距离较远,但其线路顺直,线路长度最短,长隧道长度较短,静态投资较省;而下坝里出洞方案(D7K)虽其线路长度相对较长,长隧道长度相对较长,工程投资较 DK 方案增加较大,但其 TBM 施工场地条件较好,出口离弃渣场地距离最近,与高速公路影响也少,且有利于洛塘河车站高程的降低。故考虑长隧道 TBM 施工场地条件、洞口距弃渣场距离、与在建的武罐高速公路的影响及工程投资等方面因素,推荐线路顺直,隧道长度较短、投资较省的老盘底出洞方案(DK)。线路方案比选如图 11.42 所示。

(2)隧道纵断面设计

隧道纵坡设计为“人”字坡,进口段 11.6 km 分别以 10‰、12.9‰、13‰、7‰上坡,出口段 16.6 km 分别以 3‰、4.6‰下坡。

(3)隧道横断面设计

内轮廓按满足双层集装箱运输设计,TBM 隧道内轮廓按圆形设计,接触网采用简单链性悬挂方式及满足 200 km/h 标准轨面以上净空要求。

根据整体道床形式、中心排水沟及各种管沟、设备的布置及接触网采用简链悬挂等,确定隧道直线段基本内轮廓直径为 890 cm、开挖直径为 10.2 m 圆形断面。西秦岭隧道限界及内轮廓如图 11.43 所示,TBM 断面设计如图 11.44 所示。

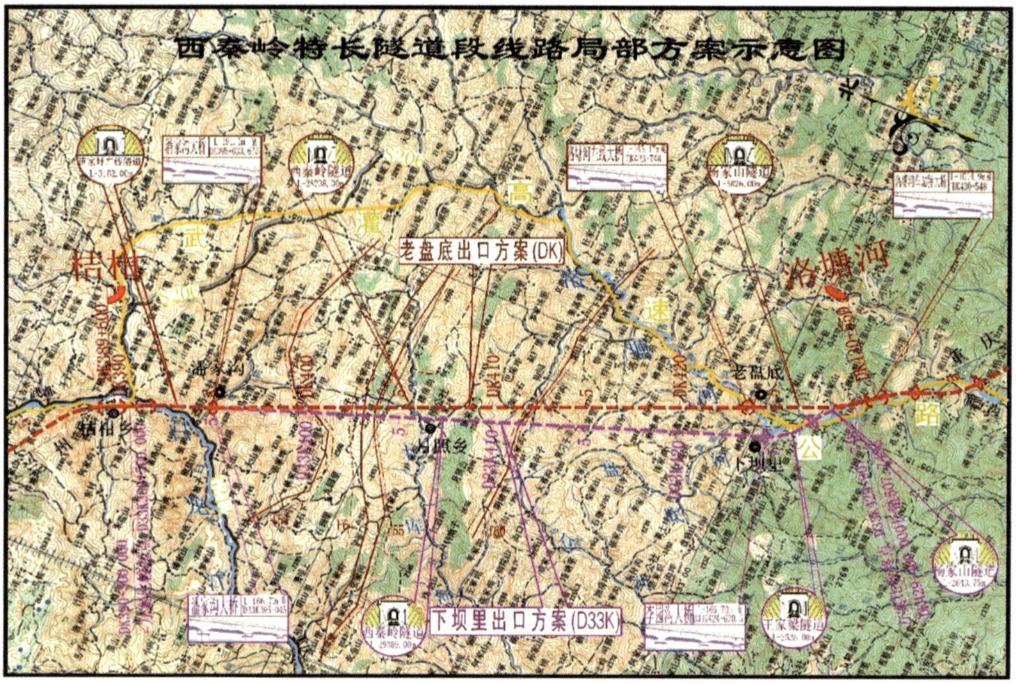

图 11.42　线路方案比选示意图

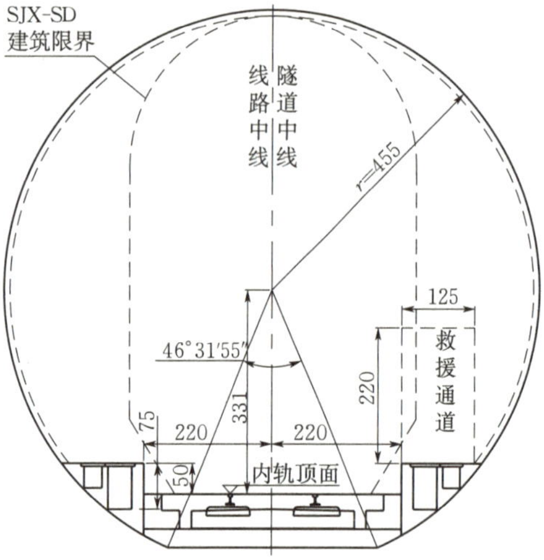

图 11.43　全断面 TBM 隧道限界及内轮廓(单位:cm)

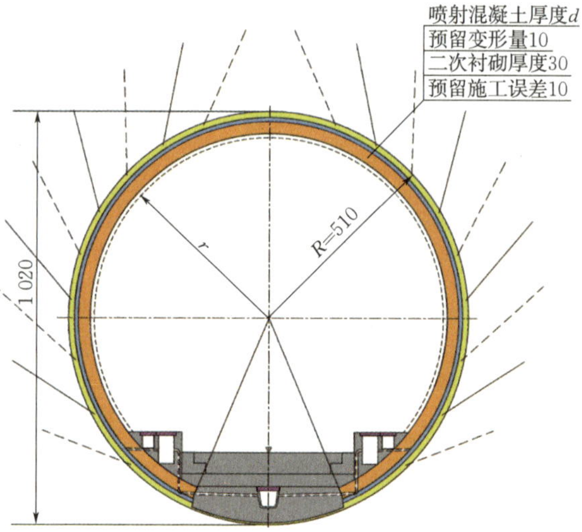

图 11.44　西秦岭隧道 TBM 断面设计图(单位:cm)

3. TBM 隧道结构设计

(1)出口 TBM 施工段衬砌设计

根据整体道床形式、中心排水沟及各种管沟、设备的布置及接触网采用简链悬挂等,确定隧道直线段基本内轮廓直径为 890 cm 的圆形断面。

采用 TBM 施工，考虑到其具备通过局部较破碎岩层地段的能力，具体参考表 11.9 和表 11.10，TBM 直径由岩层破碎地段支护参数推得，在岩层较破碎地段支护参数为：施工误差 10 cm，二次衬砌采用厚 30 cm 的钢筋混凝土，预留变形量 10 cm，初期支护采用喷、锚、网、钢架联合支护，全环采用 H150 钢架，喷层厚 15 cm。

由此得出，本隧道开敞式 TBM 开挖断面直径为 10.20 m＝8.90 m＋2×0.1 m(预留施工误差)＋2×0.30 m(衬砌厚度)＋2×0.1 m(预留变形量)＋2×0.15 m(喷射混凝土)，采用复合式衬砌。

表 11.9　全断面 TBM 复合衬砌类型与围岩级别对应表

饱和抗压强度/MPa	单位体积节理数/J_v	节理发育程度	围岩级别					
			Ⅴ	Ⅳ	Ⅲ		Ⅱ	
					一般地段	局部岩爆地段	一般地段	局部岩爆地段
＜30			A-1	A-2				
30～60	＞16	很发育		A-2				
	10～16	发育		A-2				
＞60	＞16	很发育		A-2	A-3	A-3		
	10～16	发育		A-2	A-4	A-3	A-5	A-5
	6～10	较发育			A-4	A-3	A-6	A-5
	＜6	不发育					A-6	A-5

表 11.10　出口全断面开敞式 TBM 施工段复合衬砌参数表

支护类型	预留变形量/cm	初期支护											超前支护			二次衬砌/cm	备注
		喷射混凝土		R25 中空注浆锚杆			ϕ22 全螺纹砂浆锚杆			ϕ8 钢筋网		H150 钢架					
		施作部位	厚度 d/cm	位置	长度/m	环×纵间距/m	位置	长度/m	环×纵间距/m	位置	间距/cm	纵距(榀·m^{-1})	支护种类	设置部位	环向间距/m		
A-1	10	全断面	15	半圆以上	3.5	1.0×0.8	边墙	3.5	1.0×0.8	全断面	20×20	1 榀/0.9m	小导管	拱部	0.4	30*	
A-2	10	全断面	15	半圆以上	3.5	1.0×1.0	边墙	3.5	1.0×1.0	全断面	20×20	1 榀/0.9～1.8 m	小导管	拱部	0.4	30	
A-3	10	全断面	12	半圆以上	3.0	1.2×1.2				半圆以上	20×20					30	

续上表

支护类型	预留变形量/cm	初期支护											超前支护			二次衬砌/cm	备注
		喷射混凝土		R25 中空注浆锚杆			ϕ22 全螺纹砂浆锚杆			ϕ8 钢筋网		H150 钢架					
		施作部位	厚度 d /cm	位置	长度/m	环×纵间距/m	位置	长度/m	环×纵间距/m	位置	间距/cm	纵距(榀·m^{-1})	支护种类	设置部位	环向间距/m		
A-4	10	全断面	8	半圆以上	2.5	1.2×1.5				半圆以上	20×20					30	
A-5	10	全断面	8	局部	2.5					半圆以上	25×25					30	
A-6	10	全断面	6	局部	2.5					局部						30	

注：二次衬砌栏中上角标＊表示钢筋混凝土，无角标表示模筑混凝土。

仰拱预制块的长度按 TBM 一个掘进行程 1.8 m 设计。仰拱预制块顶面宽度满足施工期间铺设四轨双线（轨距 900 mm）施工轨道的要求。在仰拱预制块上预留中心排水沟、泄水孔、注浆孔、起吊杆、螺栓孔、承轨槽以及安装止水带所需的凹槽等，每节仰拱预制块之间采用凹凸面连接方式。仰拱预制块设计为两种形式：初期支护设置钢架地段采用底部开槽式仰拱预制块，不设钢架地段采用不开槽式仰拱预制块。仰拱预制块采用 C40 钢筋混凝土现场预制。仰拱预制块正面图如图 11.45 所示。

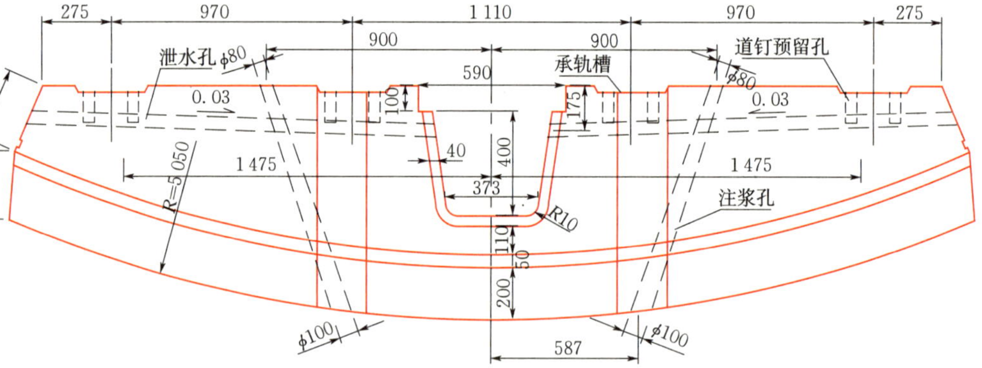

图 11.45　仰拱预制块正面图（单位：mm）

铺设仰拱预制块后，仰拱预制块底部与围岩尚有 5 cm 间隙，可利用两侧空隙向底部注入 C20 细石混凝土回填密实，然后再通过注浆孔补充注浆，以保证隧底密实。

（2）出口 TBM 预备隧道、出发隧道、检修隧道衬砌设计

隧道采用复合式衬砌，初期支护采用喷锚支护。

根据TBM组装调试要求，需要设置预备隧道并采用钻爆法提前施作。预备隧道断面形式采用圆形斜墙式断面，初期支护以锚喷网为主，二次初砌为模筑混凝土。断面开挖后及时施作初期支护。初期支护施作完成后应确保TBM外缘距喷射混凝土壁距离不小于25 cm（底部20 cm），以满足TBM通过要求，待TBM通过后及时施作二次衬砌。

根据TBM机型资料，刀盘至撑靴长度为15 m左右，为了给TBM提供足够的推进反力，出发洞长度为20 m，衬砌完成后，内径为ϕ10.40 m，预留10 cm空间为撑靴提供支撑反力。

在罗家理工区设TBM检修洞，用于TBM掘进中途对其主机进行局部维修，采用复合式衬砌，二次衬砌为钢筋混凝土结构，二次衬砌施作完成后确保TBM外缘四周的间隙不小于80 cm（预留检修及人行空间），检修洞室结合TBM主机长度及考虑皮带转场布置，长度为55 m。

(3)洞内防排水

①隧道衬砌防水应充分利用混凝土结构的自防水能力，抗渗等级不小于P8。

②左右线进口上坡地段采用双侧沟的排水方式，变坡点处各5 m仰拱预制块中心排水沟采用C20混凝土填充封堵，出口下坡地段采用双侧沟加中心排水沟排水方式，侧沟与中心排水沟间通过ϕ50 mmPVC管连通。

③全隧道拱墙喷射混凝土与模筑混凝土之间设EVA防水板，背衬无纺布，防水板厚度为1.5 mm。拱墙环向设ϕ50 mm盲管，弱～中等富水地段纵向间距为6 m，贫水地段纵向间距为10 m。隧道侧沟部位纵向设ϕ80 mm盲管，并按12～20 m分段引入隧道侧沟，以引排防水层背后的积水。在集中出水点，增加环向盲管，以引排集中出水。

④环向施工缝均采用外贴止水带与中埋止水带的复合防水构造，纵向施工缝采用外贴止水带与中埋钢边橡胶止水带的防水构造。变形缝采用中埋式止水带与外贴式防水层及防水嵌缝材料组合的防水构造。

⑤TBM施工段，仰拱预制块凹凸面采用DP-821BF复合型膨胀止水带止水，预制块接头处接缝采用HF-78水沟接头止水带止水。预制块底部采用压注水泥砂浆充填，确保预制块的稳定和防水。仰拱预制块与拱墙衬砌纵向施工缝防水采用20 mm×30 mm遇水膨胀橡胶止水条。

⑥洞身地下水发育的Ⅳ级围岩和Ⅴ级围岩的软弱破碎带地段，采用超前预注浆的措施加固地层和堵水。

(4)辅助坑道

西秦岭隧道进口左线DIK399＋350处设店子坪一号斜井，长1 816.92 m；进口左线DIK399＋450处设店子坪二号斜井，长1 812.01 m，出口段左线DIK413＋388处设罗家理斜井，长2 470.99 m。店子坪一号、二号斜井设计为单车道加错车道，罗家理斜井设计为双车道。

4. TBM隧道施工组织设计

(1)施工场地布置

西秦岭TBM掘进机主机拼装、仰拱预制等场地，均考虑洞外拼装及预制，出口位于洛塘镇老盘底S206旁边，洛塘河畔，因场地布置需改移S206省道，场地填土高约20 m，主机拼装场地大小为80 m×80 m（长×宽），主机拼装场地6 400 m^2。

(2)施工通风

左右线出口在TBM未到场前采用钻爆法施工，采用独头压入式通风；罗家理斜井钻爆法工区在 TBM 未到达时采用独头压入式通风。左右线出口 TBM 到场后采用独头压入式通风,TBM 通过罗家理斜井地段后,自正洞内取新鲜风,斜井排污风。

(3)施工组织及运输方案

如图 11.46 所示,西秦岭隧道进口采用钻爆法施工,出口采用两台外径为 10.2 m 的开敞式 TBM 施工,进口设店子坪一号斜井、店子坪二号斜井,出口设罗家理斜井辅助正洞施工。

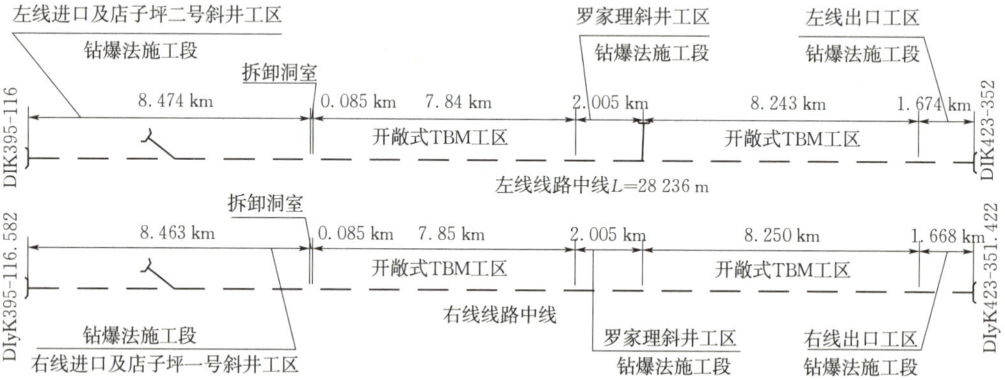

图 11.46 西秦岭隧道施组设计方案示意图

进口钻爆法地段正洞洞内运输及斜井均采用无轨运输方式。

TBM 施工段洞内进料采用四轨双线有轨运输,轨距为 900 mm,仰拱预制块按 1.8 m 一个行程铺设一块。运输钢轨采用 43 kg/m 钢轨,钢轨直接铺设在仰拱预制块上,通过预埋的螺栓孔采用硫黄砂浆锚固与扣件固定。TBM 段出渣采用连续皮带输送机出渣,TBM 通过罗家理斜井工区后,洞内连续皮带机转至罗家理斜井皮带机出渣。

11.3.4 工程施工

1. TBM 选型

开敞式 TBM 适应于较完整、有一定自稳性的围岩,特别是在硬岩、中硬岩掘进中,强大的支撑系统为刀盘提供了足够的推力,能充分发挥其优势。开敞式 TBM 刀盘附近有足够的空间用来安装钢架、锚杆、超前注浆、喷射混凝土等作业,能及时、有效地对不稳定围岩进行支护。

双护盾式 TBM 有圆筒形护盾保护结构,它可在掘进同时进行管片的安装,但是它适用相对稳定、岩石抗压强度适中、地下水不太丰富的地层,护盾式 TBM 的高速掘进记录也大都在这类地质中创造。采用双护盾 TBM 时,当它通过地应力变化大、破碎、块状围岩时如不能迅速通过,则护盾有被卡住的危险。

结合隧道围岩条件研究了开敞式 TBM 与护盾式 TBM,由于本隧道以Ⅲ级围岩为主,且大部分地段岩质较坚硬,适合开敞式 TBM 施工。西秦岭隧道围岩级别统计见表 11.11,岩石的物性参数及主要指标见表 11.12 和表 11.13,地表深孔钻孔岩芯如图 11.47 所示。

图 11.47 西秦岭隧道地表深孔钻孔岩芯

表 11.11　围岩级别统计表

围岩级别	Ⅲ	Ⅳ	Ⅴ	合计
长度/m	19 123	7 005	2 108	28 236
百分比	67.7%	24.8%	7.5%	100%

表 11.12　岩石物性参数表

序号	地层时代	岩性名称	通过长度/m	基本围岩分级	常规电阻率/Ω	波速/(m·s^{-1})	大地音频电磁法电阻率/Ω	EH4 电阻率/Ω
1	泥盆系	灰岩	2 910	Ⅲ	1 000～3 000	3 300～3 700	1 000～8 000	
2		千枚岩	3 697	Ⅳ	500～2 000	3 000～4 800	1 000～2 000	
3	石炭系	砂质千枚岩	768	Ⅲ	500～700	3 900		
4	下元古界	灰岩	210	Ⅲ			5 000～10 000	
5		变砂岩	1 326	Ⅲ	1 500～3 000	4 200～5 200	5 000～10 000	
6		砂质千枚岩	10 390	Ⅲ				
7		变质砂岩夹千枚岩	6 940	Ⅲ	1 200～2 000	4 200～4 500	5 000～10 000	
8	构造带	断层破碎带	1 317	Ⅴ	120～550	3 000～3 660	50～500	
9		不整合接触带	70	Ⅴ	800～1 200	2 200～3 100	50～500	
10		褶皱核部	610	Ⅳ	800～1 300	3 500～5 500	100～1 000	

表 11.13　岩石主要指标表

序号	地层时代	岩性名称	通过长度/m	基本围岩分级	饱和抗压强度 R/MPa	节理统计数 J_v/(条·m^{-3})	耐磨性 A_b(1/10mm)	隧道掘进机工作条件等级(初步)
1	泥盆系	灰岩	2 910	Ⅲ	40～80	5.16～9.4		ⅢB
2		千枚岩	3 697	Ⅳ	35～55	9.75		ⅣB
3	石炭系	砂质千枚岩	768	Ⅲ	30～50	5.6		ⅢB
4	下元古界	灰岩	210	Ⅲ	40～80	6.7		ⅢB
5		变砂岩	1 326	Ⅲ	45～60	9.3	3～3.5	ⅢA
6		砂质千枚岩	10 390	Ⅲ	30～50	4.05～8.67	3～5	ⅢA
7		变质砂岩夹千枚岩	6 940	Ⅲ	30～50	6.3～13.51	3～5	ⅢA
8	构造带	断层破碎带	1 317	Ⅴ	<5	15.2		不宜使用
9		不整合接触带	70	Ⅴ	<5	10.45～11.9		不宜使用
10		褶皱核部	610	Ⅳ	5～15	5.7		ⅣC

从表 11.11 可以看出，西秦岭特长隧道围岩以Ⅲ级为主，岩性以层状的变砂岩夹砂质千枚岩、变砂岩、砂质千枚岩居多，岩石饱和抗压强度小于 100 MPa，耐磨性小于 $5A_b$ (1/10 mm)，具体见表 11.13；各项物理力学参数适合 TBM 施工，其中出口段通过断层少，适应性好。

2. TBM 设备

TBM 整机分为主机、桥架、后配套三部分，负责隧道掘进，钢架、锚杆、钢筋网施工支护，连接桥为主机的控制操作及喷混凝土、锚杆支护，后配套为主机提供风、水、电等保障，并完成其他辅助施工。喷混凝土系统配置了 2 台美高的机械手，参数为 14 m^3/h。

该隧道由我国隧道集团及中铁十八局采用 TBM 和钻爆法结合施工，使用的 TBM 由美国罗宾斯公司设计，并提供技术支持，刀盘直径 10.23 m，采用 19 英寸滚刀，整机全长 180 余米，重1 800 t。罗宾斯 TBM 主要技术性能见表 11.14，其主机刀盘如图 11.48 所示，拼装场地如图 11.49 所示。

表 11.14　Robbinsϕ10.23m HD OPEN TBM 主要技术性能

序号	项目	性能	序号	项目	性能
1	设备直径/m	10.23	11	刀盘转速/($r \cdot min^{-1}$)	0～8
2	长度(含后配套)/m	179	12	推进油缸行程/m	1.8
3	刀盘最大推力/kN	21 148	13	刀具总数/把	67
4	最大脱困扭矩/(kN·m)	14 783	14	中心刀/把	4
5	额定扭矩/(kN·m)	9 864	15	正滚刀/把	50
6	脱困扭矩/(kN·m)	14 783	16	边滚刀/把	10
7	撑靴水平支撑比压/MPa	2.8	17	扩挖刀/把	3
8	单把刀承载力/kN	311	18	皮带运输机速度/($m \cdot s^{-1}$)	0～2.5
9	主电机功率/kW	9 752	19	喷混凝土系统/(台 $m^3 \cdot h^{-1}$)	2×14
10	掘进速度/($m \cdot h^{-1}$)	2.3～2.5	20	整机质量/t	1 800

图 11.48　TBM 主机刀盘

图 11.49　隧道出口 TBM 拼装场地

3. TBM 步进

如图 11.50 所示，TBM 步进采用摩擦滑动方案，即用弧形钢板支撑刀盘支撑块放在预先施工好的混凝土弧形滑道上，弧形钢板上安装 2 组步进推力油缸(200 t×4，行程1.8 m)，以弧形钢板和弧形滑道的摩擦力作为反作用力推动刀盘整体前进，然后通过 TBM 的拖拽油缸和在主机下支撑的辅助下呈蠕虫状步进，整机分二次步进到位，即主机和 1 号桥架、2 号桥架及后配套各前进 1.8 m 完成整机 1.8 m 的步进行程。TBM 的步进驱动动部件全部集中在主机上及 TBM 前端的 25 m 范围内，TBM 通过举升油缸、步进油缸、推进油缸、后下支撑、拖拽油缸进行配合动作从而实现整机的位移，每次步进 6～7 个循环，边步进边进行仰拱块的安装，在完成 12 m 以上仰拱块后，集中进行轨道铺设 12 m。每月步进距离约2 000 m。

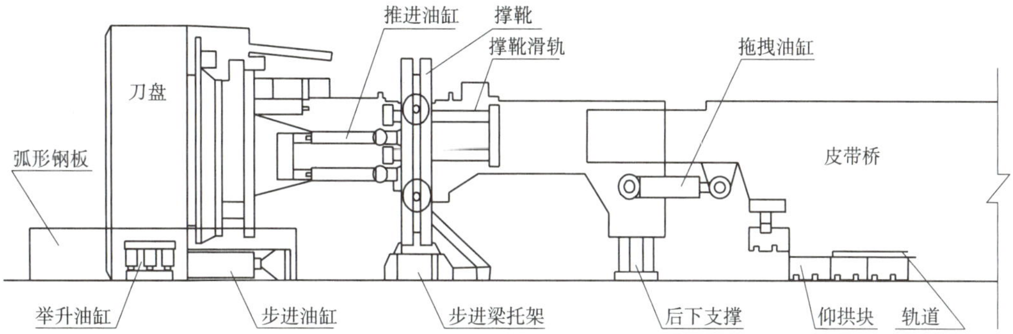

图 11.50 TBM 步进方案示意图

4. TBM 掘进

(1)Ⅲ级围岩地段

Ⅲ级围岩的岩性主要是千枚岩和变质砂岩，岩体较完整，节理较发育，适合 TBM 掘进机掘进，采用锚喷网支护(见图 11.51)。推进油缸推力一般维持在 16～19 MPa，刀盘转速在 6 r/min左右，TBM 掘进速度为 2.5～3.5 m/h。

(2)Ⅳ级围岩地段

Ⅳ级围岩岩体较完整～较破碎，节理较发育～发育，容易发生坍塌甚至大型塌方，撑靴位置提供支撑反力不足，易塌陷。因而选择掘进参数时必须考虑尽量减小对岩体的破坏、保持围岩稳定，采用钢拱架、锚喷网支护(见图 11.52)。

图 11.51 TBM 掘进Ⅲ级围岩地段锚喷网支护

图 11.52 TBM 掘进Ⅳ围岩地段钢拱架、锚喷网支护

推进油缸推力一般维持在 16 MPa 以下，刀盘转速在 4 r/min 以下，刀盘扭矩控制在正

常值的 70%，TBM 掘进速度为 2.5 m/h 以下。

5. TBM 掘进与同步衬砌技术

国外采用敞开式 TBM 施工时，在掘进贯通设备拆解后再进行混凝土二次衬砌，施工工期长，西秦岭隧道在方案设计时提出了 TBM 皮带运输条件下的开挖与衬砌同步施工要求，经现场科研攻关，达到了连续皮带机工况下的隧道同步衬砌，为 TBM 技术的进步做出了贡献。同步衬砌台车设计断面图如图 11.53 所示。

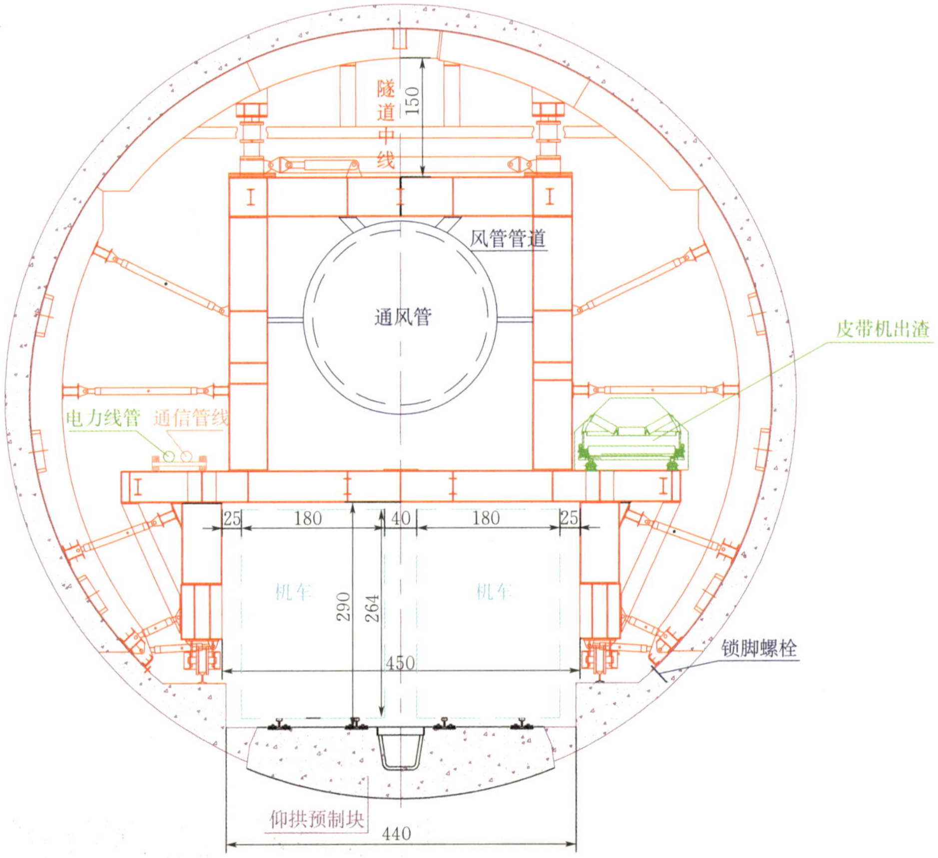

图 11.53　同步衬砌台车设计断面图(单位:cm)

其主要技术路线为优化传统衬砌台车和施工台架，在台车和台架之间设置具有纵向自由度的伸缩台架代替皮带机支撑装置，实现在 TBM 掘进、皮带机运行、机车通行的同时进行混凝土浇筑的同步衬砌方法，且在 TBM 正常掘进的情况下，实现皮带机三角之间的拆装、台车台架的行走、台架的伸缩。连续皮带机出渣条件下四轨双线运输列车穿行同步衬砌台车如图 11.54 所示。

图 11.54　连续皮带机出渣条件下四轨双线运输列车穿行同步衬砌台车图

6. 连续皮带机出渣

TBM 掘进过程中采用了多级级联、连续转运皮带快速出渣系统，实现了从 TBM 掘进工作面到渣场的连续快速出渣(见图 11.55)。连续皮带机皮带桥采用两种支撑方式，在 TBM 掘进段采用洞壁三角固定支架(见图 11.56)，在 TBM 预备洞段采用竖向固定支撑。

图 11.55　洞外出渣连续皮带机

图 11.56　TBM 掘进洞段洞壁三角固定支撑

7. TBM 施工 20 km 超长距离通风

掘进过程中建立了 TBM 独头施工 20 km 超长距离两阶段通风模式。第一阶段：隧道出口至罗家理斜井，采用独头压入式通风，通风距离长 10 km；第二阶段：出口正洞与罗家理斜井贯通后，采用正洞巷道式和长管路压入式联合供风、斜井排风的混合式通风方案，通风长度达 20 km。首次在 TBM 超长距离施工中采用了大功率节能变频风机、大直径高压软风管、防漏型高强接头等节能降耗综合措施，满足了洞内通风标准。风管现场布置图如图 11.57 和图 11.58 所示。

图 11.57　大直径高压软风管悬挂图

图 11.58　风管穿行衬砌台车图

8. TBM 拆卸

如图 11.59 所示，TBM 拆卸洞室长 65 m，宽 13.4 m，高 19.76 m，考虑到主机单件最大质量 127.9 t(主轴承与密封装配)，采用 2×75 t 天车作为拆卸设备，天车起吊高度 13.4 m，采用地面遥控方式控制。主机及后配套拆卸时间约 2 个月，拆解后运出洞外。

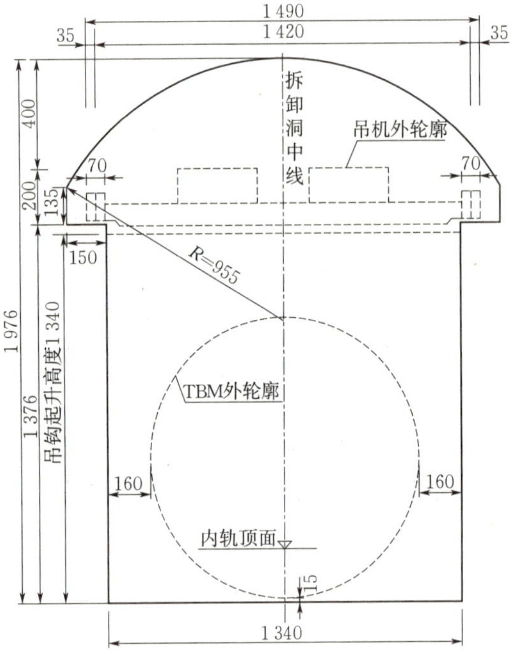

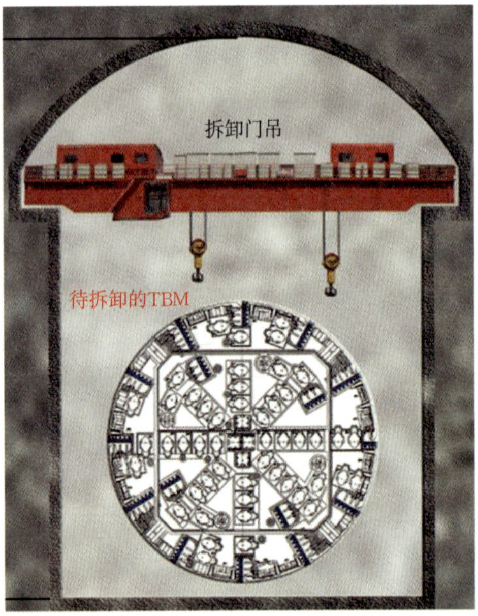

图 11.59　TBM 拆卸洞室图(单位:cm)

11.3.5　工程总结

西秦岭隧道总长 28.236 km,为兰渝高速铁路第一长隧道,原计划工期 6 年,实际施工用时较计划工期提前约 20 个月,施工中创造了大直径(10.23 m)硬岩开敞式 TBM 月掘进 843 m、周掘进 235 m、日掘进 42 m 的世界纪录,同时也创造了连续掘进 14.9 km 的大直径 TBM 硬岩掘进机最长掘进纪录,并取得了良好的效果。

(1)通过先进的综合勘察技术所选择的 28.236 km 隧道方案是合理的。按设计方案,出口的 f59、f60 断层通过罗家理斜井进入正洞施工完成后,然后 TBM 通过;进口 F6、f54、f55 断层由进口及店子坪斜井工区采用钻爆法施工完成。隧道施工中未遭遇严重影响施工的不良地质现象。

TBM 通过的地层主要有变质砂岩、砂质千枚岩、千枚岩夹变质砂岩和局部灰岩,各段地层参数见表 11.15。

表 11.15　西秦岭隧道各围岩地段 TBM 适应性及掘进效率评估表

序号	岩性名称	饱和抗压强度 R/MPa	节理统计数 J_v /(条·m^{-3})	岩体完整性系数 K_v	耐磨性 A_b (1/10 mm)	控制性因素	掘进效率 /(m·h^{-1})
1	变质砂岩	47～55.3	9.3	0.6～0.55	3～3.5	岩体完整程度	1.5～2.0
2	砂质千枚岩	12.7～19.6	4.05～8.67	0.75～0.6	3～5	岩石耐磨性	1.5～2.5
3	千枚岩夹变质砂岩	12.7～55.3	6.3～13.51	0.75～0.55	3～5	岩体完整程度 岩石耐磨性	1.5～2.0
4	灰岩	24.2～36.7	6.7	0.7～0.6		岩体完整程度	1.5～2.5

由表 11.15 看出，岩石大部分为硬岩，岩石较完整，岩石耐磨性为低～中等耐磨性，适宜 TBM 施工。

(2)研究确定的 TBM 机型、刀盘总体设计、19 英寸盘形滚刀、72 mm 刀间距、推力、扭矩等关键设备参数与西秦岭隧道岩性条件的适应性良好，创造了大直径 TBM 的掘进纪录。

通过对西康铁路秦岭隧道及南疆铁路中天山隧道 TBM 各类刀具损耗比例统计分析可知，TBM 刀具消耗主要是正刀为主，占到 87%，其次为中刀，占到 12%，边刀损耗仅为 1%左右。西秦岭隧道在 TBM 刀具设计和配置时，调整和优化刀具布置，共设计有 67 把刀，其中中心刀 4 把、正滚刀 50 把、边滚刀 10 把，扩挖刀 3 把，减少了刀具的损耗，提高了刀具的利用率。

(3)首创的 TBM 掘进与二次衬砌同步施工技术及研发的相关配套设备在西秦岭隧道施工中得到了很好应用，取得了 TBM 最大月掘进 843 m，同步衬砌最大月进度 860 m 的纪录，效果显著。

同步衬砌台车在二次衬砌施工时连续皮带机出渣不间断；二次衬砌时大直径软管通风系统连续运行；实现了不倒管作业，避免浇筑过程中混凝土管路影响台车下面的列车通行；同步衬砌台车行走不影响四轨双线有轨运输列车运行。采用的同步衬砌台车确保了 TBM 连续、高效作业。

(4)连续皮带机快速出渣系统为从 TBM 掘进工作面到渣场的 14 km 连续皮带机高效运转及 TBM 不间断连续掘进 14.9 km 奠定了良好的基础。

(5)采用的分阶段通风模式，很好地解决了西秦岭隧道 TBM 施工 20 km 超长距离通风这一世界性难题。

西秦岭隧道工程获 2018 年度国际咨询工程师联合会 FIDIC 优秀工程奖，获 2018 年度国际隧协重大工程提名奖，获 2012 年度中国施工企业管理协会科技创新成果特等奖，获 2017—2018 年度国家铁路局铁路优秀设计一等奖，获 2017—2018 年度国家铁路局铁路优质工程一等奖，获 2019 年度中国铁道学会科技进步一等奖，获 2018—2019 年度中国建设工程鲁班奖。

大直径 TBM 在西秦岭隧道修建中成功实施，实现了大直径、快速、长距离、高效施工的目的，提高了我国特长隧道修建技术水平，推动了我国 TBM 产业的发展，在同类工程中具有重大的推广应用价值。

参考文献

[1] 中铁第四勘察设计院集团有限公司.广深港客运专线狮子洋隧道施工设计[R].2006.

[2] 肖明清，邓朝辉，赵勇. 高速铁路水下隧道研究与设计[M]. 北京：中国铁道出版社，2015.

[3] 王梦恕，洪开荣，于昆蓉，等. 中国隧道及地下工程修建技术[M]. 北京：人民交通出版社，2010.

[4] 邱月，封坤，张玉春，等. 铁路盾构隧道双层衬砌结构耐火性能的数值模拟分析[J]. 中国铁道科学，2015，36(1)：83-89.

[5] 中华人民共和国国家铁路局. 高速铁路设计规范：TB 10621—2014 [S]. 北京：中国铁道

出版社,2015.
[6] 肖明清. 水下隧道设计技术[M]. 北京:中国铁道出版社,2016.
[7] 杜闯东. 狮子洋隧道盾构地中对接技术及实施[J]. 隧道建设,2014,34(8):771-777.
[8] 王建宇,万晓燕,吴剑. 隧道长度对瞬变压力的影响[J]. 现代隧道技术,2008,45(6):1-4.
[9] 王建宇,吴剑,万晓燕. 车辆的密封性及瞬变压力向列车内传递规律[J]. 现代隧道技术,2009,46(3):12-16.
[10] 赵红莉,徐志胜,姜学鹏,等. 铁路隧道火灾温度分布和烟气蔓延的模型试验与数值模拟分析[J]. 2010(沈阳)国际安全科学与技术学术研讨会论文集:851-856.